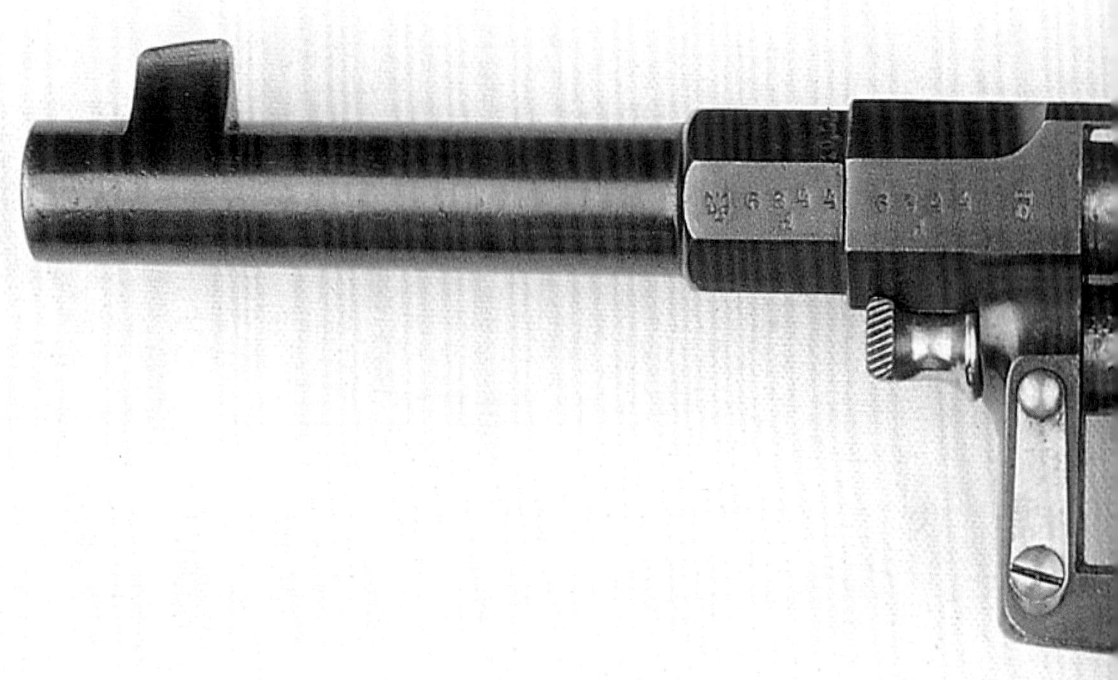

Der Reichsrevolver und seine Varianten

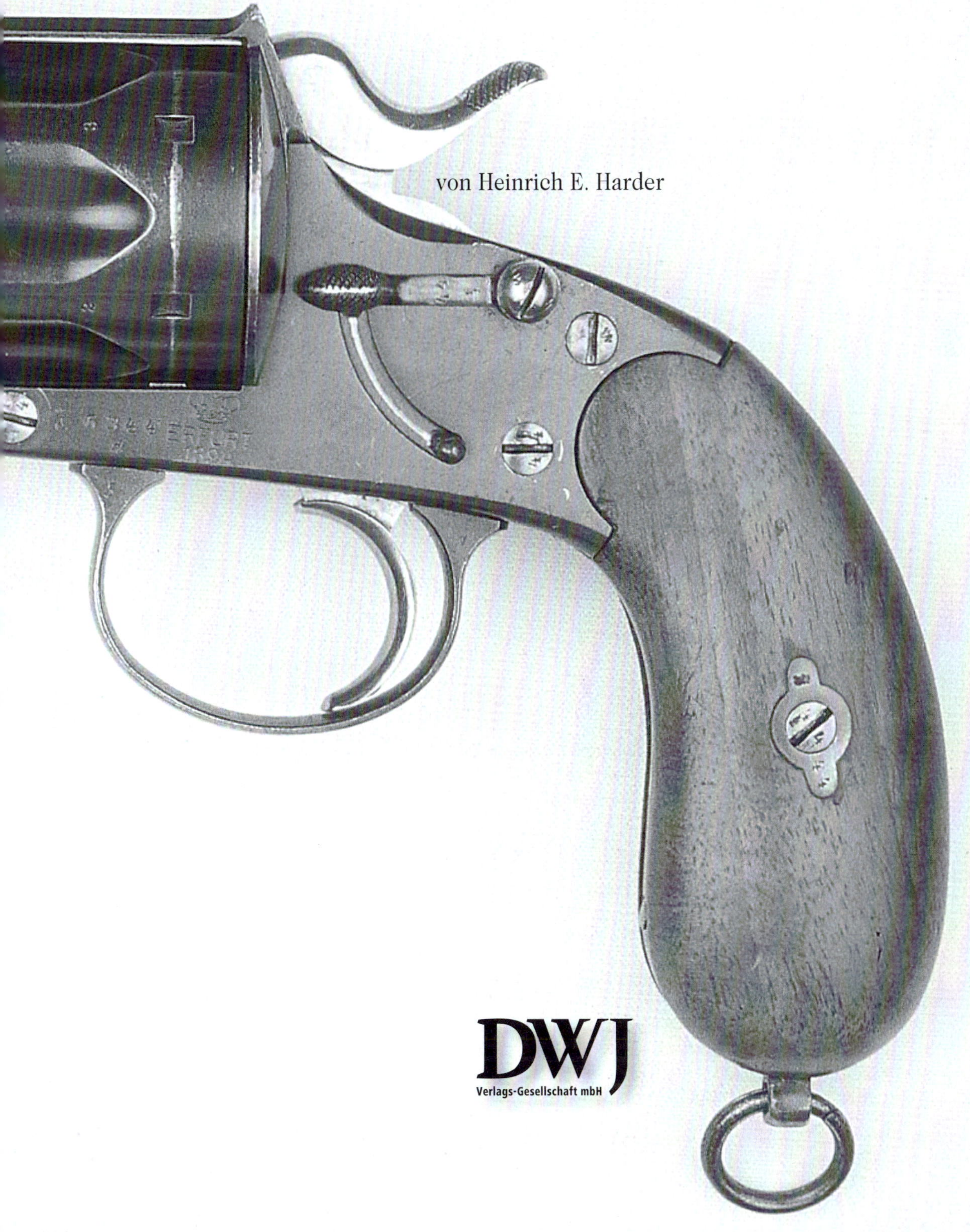

von Heinrich E. Harder

DWJ
Verlags-Gesellschaft mbH

Die Bilder auf der Titelseite zeigen: (Oben) Revolver M/79, Seriennumer 9397, gefertigt vom Suhler Konsortium für das Königreich Preußen, Die Waffe wurde beim Feldartillerie-Regiment Nr. 41 geführt.
(Unten) Revolver M/83, Seriennummer 6344 d, gefertigt 1894 bei der Königlich Preußischen Gewehrfabrik Erfurt.
Der Revolver wurde u. a. beim Reservefeldartillerie-Regiment Nr. 18 geführt.

Rückseite: (Oben und Mitte) Revolver M/83 und M/79, gezeichnet von Guy Alston-Roberts-West, England.
(Unten) Sächsischer Revolver M/73, erster offiziell im deutschen Reich eingeführter Revolver.

Der Reichsrevolver und seine Varianten

von Heinrich E. Harder

ISBN 3-936632-40-5

Grafik und Layout: Torsten Helber, 74523 Schwäbisch Hall

Druck: W. Tümmels Buchdruckerei und Verlag GmbH & Co. KG

Vorwort

In der fachwissenschaftlichen Darstellung der Ordonnanzbewaffnung mit Faustfeuerwaffen der deutschen Heere wird mit dem vorgelegten Werk von Dipl.-Ing. Heinrich E. Harder eine große Lücke geschlossen.

Selbstladepistolen, wie die P08, die P38 oder die P8 der Bundeswehr finden bereits ausführliche Darstellungen, ebenso die sogenannten Hilfsordonnanzwaffen. Eine Aufarbeitung der in den deutschen Heeren geführten Revolver ist hingegen längst überfällig. Denn obwohl der Revolver über Jahrzehnte als persönliche Bewaffnung der Offiziere, Unteroffiziere und Mannschaften in fast allen Regimentern der alten Armee geführt wurde, fand er – von einigen Ausnahmen abgesehen – kaum Erwähnung.

Die vorliegende Arbeit geht jedoch nicht nur ausführlich auf die inoffiziell „Reichsrevolver" genannten Revolver 79 und 83 ein, sondern auch auf den Zündnadelrevolver sowie den sächsischen Revolver M/73.

Die Auswertung neu entdeckten Archivmaterials und das Studium zahlreicher Realstücke machte es möglich, erstmals verlässliche Angaben über die Güteprüfung und Stückzahlen zu dokumentieren; beeindruckend ist zudem die Fülle des beschrieben Revolverzubehörs und der Patronen.

Die technischen Aspekte nehmen einen breiten Raum ein und vermitteln dem Leser die hohen Anforderungen an das Personal der damals an der Produktion beteiligten Firmen.

Der berufliche Werdegang des Autors machte es möglich, technische Details so darzustellen, dass sie sowohl interessierten Laien als auch Fachkollegen verständlich werden.

Darüber hinaus ermöglichen die Zusammenfassungen zu den einzelnen Kapiteln sowie die Bildunterschriften in englischer Sprache auch den nicht deutschsprachigen Lesern den Zugang zum Inhalt.

Die vorliegende Arbeit wird sich in den Bibliotheken von Waffenfreunden und mit der Waffentechnik und forensischer Ballistik befassten Wissenschaftler als Standardwerk über die deutschen Revolver etablieren.

Professor Dr. Rolf Gminder
Dipl. rer. oec. et soc.
Oberst d. R.

Inhaltsverzeichniss

Einführung

Die nachfolgenden Ausführungen befassen sich mit dem „Reichsrevolver".

Obwohl sich die Bezeichnung „Reichsrevolver" in keiner offiziellen Vorschrift findet, ist sie doch gelegentlich sogar im offiziellen Schriftverkehr, insbesondere bei Mauser, verwendet worden.

Mittlerweile haben sich die Revolver 79 und 83 unter dieser Bezeichnung jedoch weltweit eingeprägt: Wir wollen es dabei belassen.

Zugegeben, sie haben bei Sammlern niemals die Popularität der Parabellum-Pistolen erreicht; ihre breite Verwendung, ihre lange Einsatzdauer von 1881 bis zum Ende des ersten Weltkriegs und die lehrenhaltige, anspruchsvolle Anfertigung bis ins letzte Detail, rechtfertigen jedoch die Arbeit, die mit der Entstehung des Buches verbunden war.

Die Vereinigung Deutschlands, verbunden mit den Möglichkeiten neue Primärquellen zu erschließen, machte es überhaupt erst möglich, die Geschichte der Revolver 79 und 83 zusammenzutragen.

Von Hans Reckendorf erhielt ich die ausdrückliche Erlaubnis, seine Schriften verwerten zu dürfen. Seine Arbeiten waren Beispiel für mich und mein Dank an dieser Stelle ist mehr als eine höfliche Geste.

Die Quellen, die Hans Reckendorf ausgewertet hatte, stammten vorzugsweise aus dem Bayerischen Hauptstaatsarchiv. Die Fülle des dort eingelagerten Materials machte es mir später möglich, weitere Dokumente zu erschließen, insbesondere was die technische Seite und die zugehörigen Vorschriften betraf.

Entgegen allen Verlautbarungen der Vergangenheit, sind die Akten des Sächsischen Hauptstaatsrchivs in Dresden nicht den Feuerstürmen des II. Weltkrieges zum Opfer gefallen. Die Unterlagen sind seiner Zeit ausgelagert und in die damalige Sowjetunion verbracht worden. Von dort aus gingen sie zurück, zuerst nach Potsdam, dann wieder nach Dresden. Diese Unterlagen bildeten die zweite Quelle, die es möglich machte, die Geschichte des Revolvers nachzuzeichnen. Dass bei dieser Gelegenheit auch der sächsische Revolver M/73 ausführlich behandelt wurde, versteht sich von selbst.

Auf die Wiedergabe originaler Akten musste allerdings bewusst verzichtet werden, da die handgeschriebenen Texte in deutscher Schrift vielen Lesern nicht mehr zugänglich sind. Ich selbst muss zugeben, dass ich anfangs mit dieser Schrift große Probleme hatte, insbesondere dann, wenn nicht die Kanzleischreiber mit ihrer sauberen Handschrift am Werke waren, sondern die beteiligten Militärs mit ihren Randbemerkungen und Notizen.

An dieser Stelle möchte ich mich für die Hilfe und Geduld bei meiner Frau Brigitte bedanken, die manch handgeschriebenes Dokument in kurzer Zeit hat entziffern können.

Die Übernahme handgeschriebener Dokumente erfolgte im Text in *Kursivschrift*.

Auf Quellenangaben mit Indizies wurde verzichtet, den einzelnen Kapiteln ist jedoch ein Verzeichnis der benutzten Quellen beigefügt. Diese Angaben ermöglichen ohne Schwierigkeiten weiter gehende Studien, zumal die Mitarbeiter in den Archiven den Interessierten professionelle Hilfe anbieten.

Neben der Darstellung der historischen Aspekte der deutschen Revolverbewaffnung habe ich versucht, die Technik ein wenig in den Vordergrund zu rücken, da ich der Auffassung bin, dass diese Seite bei der Beschreibung historischer Waffen oftmals zu stiefmütterlich behandelt wird.

Auf die Revolver, die für die Marine beschafft worden waren, wurde nicht näher eingegangen. Dieses Kapitel ist einer späteren Veröffentlichung vorbehalten.

Reken, im Juli 2004

Heinrich E. Harder

1. Die Vorgeschichte

Vergleicht man die Einführung des Waffentyps Revolver in Deutschland mit der anderer europäischer Staaten, so muss man feststellen, dass die Teilstaaten des deutschen Reiches, mit Ausnahme Sachsens, recht spät mit der Einführung der Revolverbewaffnung bei ihren Landstreitkräften begannen: Später als alle Freunde, Verbündete oder Staaten, gegen die man Feindseligkeiten hegte.

In Anbetracht der erst im Jahre 1879 in Preußen, Bayern und Württemberg erfolgten Einführung des Revolvers gbt die nachfolgende Übersicht diesen Umstand deutich wieder.

Dass Sachsen als Ausnahme bereits 1873 einen Revolver für seine Berittenen anschaffte, ist ein anderes Thema, auf das später noch einzugehen ist.

Bulgarien 1874
Dänemark 1865
Frankreich 1873
Großbritannien 1854
Italien 1861
Niederlande 1873
Norwegen 1864
Österreich / Ungarn 1870
Portugal 1878
Rumänien 1864
Russland 1871
Schweden 1863
Schweiz 1871
Spanien 1860

Die aufgeführten Einführungsjahre beziehen sich auf die jeweiligen Landstreitkräfte. Die Marinen dagegen waren in nahezu sämtlichen europäischen Staaten in dieser Hinsicht der Zeit weiter voraus und führten die Revolver oft fünfzehn Jahre früher ein.

Mit der Gründung des Deutschen Reiches im Jahre 1871 wurde in Artikel 63 der Verfassung vom 16. April 1871 ein für die Armeen der Teilstaaten wichtiger Grundsatz festgeschrieben, nämlich die: *„...Unentbehrlichkeit der Einheit der Bewaffnung innerhalb der Reichsarmee..“*

Die Verluste aus dem Deutsch-Französischen Krieg von 1870/71 an Material und Waffen erforderten enorme finanzielle Mittel, um auch nur annähernd den etatmäßigen Zustand der Streitkräfte wieder herzustellen. Die Beschaffung neuen Materials konnte als Chance verstanden werden, eine Modernisierung der Bewaffnung voranzutreiben. Was die Bewaffnung der Kavallerien betraf, so wurde diese Chance nur von Sachsen genutzt (unter Verstoß des besagten Artikels 63 der Reichsverfassung!), während Preußen als federführender Staat die Entwicklung sehr wohl beobachtete, jedoch erst zehn Jahre später den Revolver 79 an seine Regimenter ausgab. Summa summarum, das Deutsche Reich war also der letzte europäische Staat, der Revolver als militärische Waffe einführte.

Der sächsische Alleingang hingegen ist ein wohl einmaliger Vorgang in der Bewaffnungsgeschichte des Reiches und wird im Abschnitt „Sachsen“ näher behandelt.

Vor der Reichsgründung waren die Königreiche Preußen, Bayern, Sachsen und Württemberg in ihren Entscheidungen, nicht nur was die Fragen der Bewaffnung betrifft, unabhängig. Sie folgten in der Entwicklung und Erprobung ihren Ideen und Erfahrungen, die wiederum von der eigenen Landesgeschichte geprägt waren.

Das Ergebnis war eine Vielzahl verschiedener Faustfeuerwaffen-Typen, die im Krieg 1870/71 für logistische Probleme sorgten.

Wenn wir uns also mit den Revolvertypen der deutschen Landstreitkräfte befassen, so beginnt die Geschichte zwangsläufig bei den einzelnen Königreichen und mündet in deren Beschaffung der reichseinheitlichen Revolver M/79 und M/83. (Die verschiedenen offiziellen Bezeichnungen sind Gegenstand eines späteren Kapitels)

Bevor wir uns den einzelnen Teilstaaten zuwenden, zunächst ein paar allgemeine Anmerkungen zu den Beschaffungsgepflogenheiten der jeweiligen Kriegsministerien:

1. Ein für das Fiskaljahr beschlossenes Budget sorgte für eine disziplinierte Verwendung der stets knappen Gelder.
2. Verantwortlich für die Einhaltung der Budgetposten war das Kriegsministerium mit dem Kriegsminister an der Spitze. Er genehmigte die beantragten Mittel der verschiedenen Etatposten.
3. Die fachliche Verantwortung lag in den Händen der Artillerie-Abteilung.
4. Innerhalb der Artillerie-Abteilung zeichnete jeweils ein höherer Offizier verantwortlich für den Bereich „Handfeuerwaffen“ nebst angegliederten Formationen wie Werkstätten und Schiessschulen (Erprobungsstellen).
5. Die Artillerie-Abteilungen waren über die Bewaffnungen der deutschen Teilstaaten und deren Entwicklungstendenzen informiert. In der Regel auch über die Bewaffnung der befreundeten und feindlichen europäischen Staaten.
6. Private, aber auch staatliche Anbieter boten ihre neuesten Revolver an, die dann entweder erprobt oder gleich wieder zurückgesandt wurden.
7. Bei beschlossenen Beschaffungsvorhaben wurden Ausschreibungen angeordnet.

Diese Strukturen finden wir, von Ausnahmen abgesehen, bei allen beteiligten Teilstreitkräften; selbst bei den heutigen Armeen finden sich in den Grundzügen die gleichen Mechanismen.

Das Informationssystem unterschied sich in keiner Weise von dem unserer Zeit. Auf der einen Seite existierten Zeitschriften, die der einzelne Offizier abonnieren konnte, oder sie lagen in den Kasinos und Offiziersclubs zur kostenlosen Einsichtnahme aus. Auf der anderen Seite erschienen Neuerungen oder Änderungen in den offiziellen Verordnungsblättern der einzelnen Bundesstaaten.

Die Berichterstattung aus den Nachbarstaaten erfolgte relativ rasch, falls es sich um geheime Vorgänge handelte, die eine Weile unter Verschluss bleiben mussten jedoch oftmals Jahre später.
Zu den populärsten deutschen Mitteilungsblättern unseres Betrachtungszeitraumes zählten:

- die „Allgemeine Militärzeitung"
- das „Militär-Wochenblatt"
- das „Archiv für die Artillerie- und Ingenieur-Offiziere des deutschen Reichheeres"
- die „Jahresberichte über die Veränderungen und Fortschritte im Militärwesen"

Zur Pflichtlektüre gehörten zudem die Verordnungsblätter der Teilstaaten:

- das „Verordnungsblatt des Großherzoglich Hessischen Kriegsministeriums"
- das „Verordnungsblatt des Königlich Bayer. Kriegsministeriums"
- das „Armee-Verordnungs-Blatt" Preußens, Sachsens und Württembergs.

Eine ähnliche Zeitschriftenvielfalt, einschließlich der amtlichen Verordnungsblätter, war Normalität in sämtlichen Armeen. Die Verfügbarkeit dieser ausländischen Schriften stellte kein großes Problem dar, sie wurden abonniert und standen Offizieren zur Verfügung.

Bezogen auf das Thema der deutschen Revolver zählen die amtlichen Verordnungsblätter zu den Primärdokumenten. Da in vielen Fällen die Akten nicht mehr vorhanden sind, helfen die gedruckten Fakten in scheinbar hoffnungslosen Fällen oft einen Schritt weiter – diesem Umstand wird oft nicht genug Rechnung getragen.

1.1 Pro und Kontra

Die Einführung der Revolver verlief in keinem Land ohne Kontroversen.

Aus heutiger Sicht mag das ein wenig unverständlich erscheinen, versetzt man sich jedoch in jene Zeit und stellt man sich dann vor, dass der Revolver eine völlig neue Waffenart war, die in kurzer Zeit in den verschiedensten Varianten auf dem Markt erschien, so wird die Kontroverse verständlich. Da nahezu bei allen Streitkräften die Bewaffnung der Kavallerie mit Revolvern im Vordergrund stand, prallten konservative („der Säbel ist und bleibt die Hauptwaffe") und fortschrittlichere Meinungen aufeinander. Die Diskussion beschränkte sich nicht nur auf den Kreis der Entscheidungsträger, sondern wurde öffentlich über die erwähnten Publikationen ausgetragen.

Im Jahre 1861 erschien in der „Allgemeinen Militär-Zeitung" ein längerer Artikel mit dem Titel *„Ueber die Bewaffnung der Infanterie mit Revolver-Pistolen"*, der sich mit der Einführung des Revolvers bei der französischen Armee befasste. Die zu dieser Zeit bereits als ...*„die älteren Drehpistolen von Colt, Adams, Deane usw...*" bezeichneten Konstruktionen wurden dann in ihrer Wirkung und Handhabung mit der von Infanteriegewehren verglichen. Da dem Verfasser der französische Marinerevolver (eine Lefaucheux-Konstruktion, Verf.) bekannt war, erstreckte sich seine vergleichende Untersuchung daher sowohl auf den Revolver von F. Peterlongo aus Innsbruck, als auch auf den Zündnadelrevolver von N. Dreyse aus Sömmerda.

Die Kostenfrage wurde ebenfalls nicht ausgelassen: *„Die zur Bewaffnung eines Theils der deutschen Infanterie erforderlichen Revolver mit Munition und allem Zubehör würden allerdings mindestens ebensoviel kosten als die anderthalbfache Zahl von gezogenen Gewehren, an welchen wir noch keineswegs einen zur Nationalvertheidigung genügenden Vorrath besitzen"*

Als Kostenvergleich nannte der Verfasser 14 Taler für ein Gewehr und 21 Taler für einen Revolver. Der Revolver als Mehrlade-Waffe für die Infanterie? Die Idee ist dann nicht mehr ganz so absurd, bedenkt man, dass zu jener Zeit die Infanteriegewehre einschüssig waren.

Die 5 – 6 Schuss der Revolver stellten in dieser Beziehung schon einen gewaltigen Fortschritt dar, der ausgiebig diskutiert wurde.

Der verwendete Ausdruck „Revolver-Pistole" zeigt recht deutlich die Präsens der vorhandenen Pistolen als Standard-Faustfeuerwaffe.

1. 2 Der Dreyse Zündnadel-Revolver

Über das Zündnadelgewehr zu berichten erübrigt sich, da das System hinreichend beschrieben wurde. Die ausgezeichnete Arbeit von Rolf Wirtgen, „Das Zündnadelgewehr", sei an dieser Stelle demjenigen empfohlen, der tiefer in diese interessante Thematik eindringen möchte.

Als noch keine verbindliche Verfügung fü die persönliche Bewaffnung der Offiziere existierte, stand ihnen der gesamte Markt des In- und Auslands zur Verfügung.

Scheinen insbesondere bezüglich des Zündnadel-Revolvers jüngere Offiziere verstärktes

1.1.–1.2. Der Dreyse-Zündnadelrevolver war eine der bevorzugten persönlichen Waffen der Offiziere im Krieg 1870/71.

Sammlung H. Hüve

The Dreyse-needle fire revolver was one of the favourite officer's handguns during the war 1870 – 71.

H. Hüve collection

Interesse an dieser neuartigen Waffe gefunden zu haben. Der Markt reagierte, und neben Lefaucheux mit seinem Stiftfeuersystem bot die Firma Dreyse, unter dem damaligen Besitzer Nikolaus von Dreyse, einen Revolver an, dessen Zündsystem weitgehend mit dem seines Gewehres identisch war.

Nikolaus von Dreyse arbeitete ab 1809 bei dem Schweizer Samuel Johann Pauly in Paris (zu dieser Zeit natürlich noch ohne das Adelsprädikat „von", das er im Jahre 1864 verliehen bekam). Nach fast fünfjähriger Tätigkeit und reich an Erfahrungen, die er bei dem findigen Pauly erworben hatte, kehrte er 1814 nach Sömmerda zurück.

Der von ihm auf den Markt gebrachte Revolver war nicht seine eigene Konstruktion, sondern basierte auf dem britischen Patent Nr. 13994/1852 eines G.L.L. Kuhfal.

Kuhfals Revolver hatte an der rechten Seite einen Spannhebel, den Dreyse nicht übernahm. Seine Konstruktion war so ausgeführt, dass mittels Abzug die Nadel gespannt werden konnte. Revolver dieser Art verließen das Werk in Sömmerda ab ca. 1860. Diese Aussage hat Bestand, da ein Realstück vorliegt, das eine Beschriftung mit Jahreszahl aufweist: „ZUM ANDENKEN von N.Dreyse SÖMMRDA 1860". Die Seriennummer ist 514.

In der preußischen A.K.O. vom 22. Mai 1868 heißt es: *„...Zur Schusswaffe dienen den Kavallerie-Offizieren Pistolen, welche am Sattelzeug untergebracht werden; nebenbei können noch Revolver geführt werden, deren Lederfutterale über die Schulter oder um den Leib geschnallt werden."*

Die Offiziere, die sich für einen Dreyse-Revolver entschieden hatten, konnten eine oder auch zwei zusätzliche Trommeln erwerben, die am Gürtel in einem Täschchen untergebracht waren.

Das Foto auf Seite 14 zeigt den jungen Paul von Hindenburg, als Leutnant im 3. Garderegiment zu Fuß, im Jahre 1866 mit einer solchen Ausrüstung.

Neben der Ersatztrommel wurde ein Ladehebel zum Eindrücken der Patrone mitgeführt, der auf einen linksseitig angebrachten Zapfen aufgesteckt werden musste. Am Ende des Ladehebels befand sich ein korkenzieherförmiges Gewinde zum Entfernen etwaiger Papierreste oder einer nicht gezündeten Patrone aus den Kammern.

Die Revolver konnten mit oder ohne Fangschnurring bestellt werden. Die anfangs waagerecht eingelassene Grifflinse ab Serien-Nummer 5600 kommt, mit einer gewissen Überschneidung, nur noch senkrecht vor. Diese Anordnung verhinderte ein Aufspalten des Holzes bei übermäßigem Anziehen der Schraube.

Mit Ausnahme der an preußische Militärstellen gelieferten Revolver sind die Zündnadelrevolver mit einer Rankengravur und Silberdrahteinlagen versehen.

Folgende Kaliberangaben konnten registriert werden:

0,30
0,34
0,35
0,39

Die Daten beziehen sich auf das preußische Zoll. (1 preußisches Zoll = 26,15 mm)

Sämtliche Dreyse-Revolver waren gebläut.

Bis etwa zur Seriennummer 5000 konnte der Käufer wählen, ob eine 2. Trommelachsenarretierung (hinter der Trommel links) angebracht werden sollte oder nicht.

Bei Verwendung einer Ersatztrommel war die Arretierung wegen des sichereren Wechselns der Trommel sinnvoll. Ab der Seriennummer 5000, wieder mit einer gewissen Überlappung, scheint die Feder zum Arretieren serienmäßig geliefert worden zu sein.

Noch vor dem Krieg 1870/71 bezog die Preußische Armee eine unbekannte Anzahl Dreyse-Revolver. Sie sind an den drei Stempeln zu erkennen, die links vor der Trommel eingeschlagen wurden:

1) Der RC-Stempel (RC = Revisions-Controlle) hatte in diesem Fall nicht die Aufgabe einen kleineren Fertigungsfehler zu sanktionieren, sondern dokumentierte die Abnahme der Revolver ohne gültige Revisions- oder Abnahmevorschrift. Im Gegensatz zu den nicht mit RC gekennzeichneten Ausführungen, waren diese militärisch abgenommenen Revolver, von wenigen Ausnahmen (spätere Nachbestellungen) abgesehen, ohne jeglichen Zierrat.
2) Der Beschusstempel in Form eines stilisierten Adlers.
3) Der Stempel des Inspektors, der die Waffe einer Güteprüfung unterzogen hatte, bestand aus einem gotischen Buchstaben mit einer Krone darüber.

Das Kaliber dieser Revolver betrug 0,39 preußisches Zoll, umgerechnet 10,2 mm; die Ladung bestand aus einer Papierpatrone mit 2,1 g Schwarzpulver. Der Seriennummernbereich erstreckte sich von 5200 bis ca. 11100. Eine Konzentration der Seriennummern findet sich im Bereich von 5200 bis 9100.

Aus diversen Quellen der Sekundärliteratur lässt sich entnehmen, dass die Dreyse-Zündnadelrevolver noch vor dem Krieg 1870/71 bei der preußischen Feldgendarmerie eingeführt worden waren.

Eine generelle Einführung kam nach einer Erprobungsphase um 1867 nicht in Betracht.

Die Krankenträger wurden erst viele Jahre später mit dem Revolver M/83 bewaffnet.

1.2a. Der gekrönte RC-Stempel weist diesen Dreyse-Zündnadelrevolver als Feldgendarmerie-Revolver Preußens aus.

Sammlung Dr. J. Alles

The crowned RC-stamp on this Dreyse needle-fire revolver indicates its issue to the Prussian Military Police (Feldgendarmerie).

Dr. J. Alles collection

Die zivilen wie auch die militärischen Dreyse-Revolver wurden ohne Trennung in einer gemeinsamen Serie durchnummeriert. Die dem Verfasser bekannte höchste Seriennummer ist 12669. Die insgesamt gefertigte Menge beträgt rund 13000 Stück.

Diese Angabe basiert auf statistisch ausgewerteten Aufzeichnungen des Verfassers.

1.3 Eine kritische Stellungnahme

1877 griff ein anonymer Verfasser in der „Allgemeine Militär-Zeitung“ das Thema nochmals auf: *„Zur Revolver-Frage. Nachdem nun die Neu-Bewaffnung unserer Infanterie, wie auch die der Artillerie vollendet worden, ist jetzt bloß noch die Cavallerie darin im Rückstand, und wenn sie auch theilweise schon mit dem Karabiner des Modells 1871 ausgerüstet ist, so fehlt ihr doch noch an Stelle des alten Reiter-Pistols eine den neuesten Anforderungen genügende Handfeuerwaffe. Daß dieses alte Pistol, welches auf 20 Schritte kaum noch die trifft, in Wegfall kommen und durch eine andere Waffe ersetzt werden muß, liegt ja auf der Hand, und es sind auch zu dem Behuf mehreren Cavallerie-Regimentern eine Anzahl Revolver zur Probe in den Gebrauch gegeben worden.* (sic)

Es fragt sich nun: hat der Revolver zu seinen vielen und großen Nachteilen auch entsprechende Vorzüge, die ihn als Reiter-Waffe geeignet erscheinen lassen? Darauf ist allerdings zu erwidern, daß es dem Cavalleristen, der meistens nur die rechte Hand zur Bedienung der Waffe benutzen kann, ein süßer Trost ist, im Falle der Not 5 – 6 Schüsse parat zu haben; ob aber all diese Schüsse – bei der Entfernung des Gegners von einigen Metern – treffen werden, wird sehr zweifelhaft sein, denn bekanntlich ist ja Treffähigkeit des Revolvers nur eine ganz geringe.

Diese Unsicherheit des Schusses kommt hauptsächlich daher, daß das Geschoß von Anfang an nicht in seinem Führungsraum liegt, sondern nach der Entzündung der Patrone in den von ihr getrennten Lauf übertreten muß. Dieser Übertritt ist aber in den meisten Fällen ein unegaler, da das entsprechende Patronen-Lager der Trommel mit der Seele des Laufs nie passend zusammen stimmt. Dazu kommt noch ein viel zu langer und starker Abzug, der das Abkommen des Schützen sehr erschwert und auf die Trefffähigkeit der Waffe höchst ungünstig einwirkt.

Rechnen wir noch dazu, wie complizirt der ganze Mechanismus und dadurch auch sehr gefährlich dem eigenen Besitzer ist, – man lese nur die täglichen Zeitungs-Nachrichten über Revolver-Unglücksfälle, die nicht nur Laien, sondern auch Sachverständigen passiren, – so haben wir eine reihe Nachtheile, denen nur geringe Vorteile gegenüberstehen.

Wozu braucht überhaupt der Cavallerist mehrere Schüsse im Lauf? Er wird selten in den Fall kommen, dieselben nach einander abgeben zu müssen, und wenn dieser Fall je eintreten sollte, so muß die Treffähigkeit seiner Waffe auch derart sein, daß diese Schüsse keine verlorenen sein werden.

Man gebe ihm daher eine Waffe in die Hand, die bei einem einfachen Mechanismus als gezogener Hinterlader nur einen Schuß gestattet, zugleich aber eine so schnelle Ladeweise ermöglichen muß, daß auch zu Pferde ein möglichst rasches Feuer erzielt werden kann. Als Offiziers-Waffe würde sich ein derartiges Pistol gewiss besser eignen wie der Revolver, welcher zudem, daß er unbequem zu tragen ist, schon manchmal den Besitzer selbst traf, weil dieser in der Meinung nicht mehr geladen zu haben, zu unvorsichtig den complizirten Mechanismus behandelte.

Die Gebrüder Mauser, die Erfinder des Infanterie-Gewehrs Modell 1871, haben nun ein solches Pistol construirt und wenn sich dieses ebenso bewährt wie ihr Gewehr, so möge man es getrost einführen, und stolz darauf sein, daß es ja Deutsche Männer sind, die durch diese Erfindung sich einen Namen in der Waffen-Technik gemacht haben.“

Bei näherer Betrachtung muss man diesen Bericht unter „Propaganda für die einschüssige MAUSER-Pistole“ einordnen. Wie wir sehen, ist die Methode, mittels an den Haaren herbeigezogener Argumente Meinungsbildung zu betreiben, kein Produkt unserer Zeit: Die sauber gebaute Pistole des Hauses Mauser fand kaum Käufer und ist heute ein ganz seltenes Sammlerstück.

Noch 1882, also zu einer Zeit, als sich der Revolver M/79 bereits im Stadium der Ausgabe an die Truppe befand, publizierte das renommierte

„Militär-Wochenblatt“ in der Nr. 16 einen Artikel, der gegen eine Bewaffnung der Kavallerie mit Revolvern gerichtet war. Der Verfasser favorisierte eine andere Bewaffnung:

„Ohne pro domo zu sprechen, möchten wir der Bewaffnung der gesammten Kavallerie dagegen mit der Lanze das Wort reden. Mit Recht wird sie die Königin der Waffen genannt, gar nicht des moralischen Eindrucks zu gedenken, den sie auf den Gegner macht, sei er ohne oder mit Lanze“.

Dennoch wurde letztlich der Revolver eingeführt. Allerdings hatte er in Deutschland, verglichen mit anderen Ländern, niemals eine besondere Beliebtheit erreicht. Zeitgenössische Fotos von Revolver tragenden Offizieren, Unteroffizieren und Mannschaften des Deutschen Reiches sind aus diesem Grunde relativ selten anzutreffen.

1.3. Hindenburg als Leutnant im Dritten Garde-Regt. zu Fuß im Feldzug 1866. Welcher Revolver sich in seiner Tasche verbarg, wird wohl ein Geheimnis bleiben.

Sammlung des Autors

Lieutenant Hindenburg served with the Prussian 3rd Regiment of Foot Guards during the 1866 campaign (Austro-Prussian War, or Seven weeks' War). The identity of the revolver in his holster will remain a mystery. Author's collection

Quellen

Rolf Wirtgen: *„Das Zündnadelgewehr“*. Verlag E.S. Mittler & Sohn GmbH, Herford. 1991. ISBN 3-8132-0378-6

Annegret Schüle: *„BWS Sömmerda: Die wechselvolle Geschichte eines Industriestandortes in Thüringen 1816 – 1995“*, Erfurt 1995. ISBN 3-9803931-1-9

Allgemeine Militär-Zeitung, Darmstadt 1877

Chapter 1

Based on the British patent of George L.L. Kufahl (No. 13,994 of 3 Mar. 1852), Franz von Dreyse commenced production of a needle-fire revolver about 1860. At this date there was no unified 'German Army' only the military organizations of the many German states, each of which had its own designs and calibres of small arms. This double-action only Dreyse revolver was often privately purchased by the officers of these various German armies. With the foundation of the German Empire in January, 1871, through the efforts and skill of Otto von Bismarck, the armaments situation within the new empire changed drastically.

The Dreyse needle-fire revolver was often sold with a spare cylinder which was carried in a pouch on the waist belt. Examination of revolvers indicates that until about serial number 5000 some examples have a small lever spring behind the cylinder which secures the cylinder pin. This device makes rapid changing of cylinders much easier. After about number 5000 all revolvers are fitted with this device.

Up to approximately number 5600 the olive (plates supporting and protecting the grip-screw) on the grips was positioned horizontally, after that number the position was changed to a vertical alignment.

The lanyard ring in the butt was optional at the buyer's preference.

The finish of Dreyse revolvers is blued with engraving and silver inlay. Only revolvers supplied specifically for the Prussian field gendarmerie, with crowned RC (Revisions Controlle = inspection administration) markings, lack the engraving.

The stud on the left side of the frame is for attaching a separate loading rod. Revolvers with fixed, integral loading rods are very rare, as also are cased examples.

Calibres range from .30" to .39" in Prussian inches, and the calibre and recommended powder charge are marked on the frame.

Based on a study of surviving examples and their serial numbers, the author calculates a production of some 13,000 Dreyse revolvers.

2. Der lange Weg zum Revolver 79

Die Entwicklung des M/79 lag in preußischer Hand. Die Erprobungen Bayerns oder der bereits 1873 in Sachsen eingeführte Revolver M 73 spielten bei der Konstruktion des M/79 keine Rolle.

Dokumente, die entsprechende Empfehlungen der anderen Teilstaaten zur Detailgestaltung beinhalten, sind bislang nicht nachweisbar.

Der europäische und US-amerikanische Markt für Revolver offerierte eine Vielzahl verschiedenster Konstruktionsprinzipien. Freie Kapazitäten sowie die Information, dass Preußen beabsichtigte eine größere Menge Revolver zu beschaffen, führte zwangsläufig zu besonderer Aktivität der Revolverproduzenten.

Die Beziehungen zwischen dem amerikanischen Hersteller Smith & Wesson und der preußischen Regierung müssen relativ eng gewesen sein. Wie wir später sehen, führte diese Verbindung nicht nur zur deutschen Standard-Revolverpatrone, sondern auch zum Schloss des Revolvers M/79, das nahezu identisch von Smith & Wesson übernommen wurde.

Die Kontakte zwischen dem preußischen Kriegsministerium und dem Hause Smith & Wesson pflegte die Verkaufsagentur C.W. May von Paris aus. Später übernahm die Firma Markt Co., Catharinenstr. 22 in Hamburg, diese Aufgabe, die 1879 nachweislich für Smith & Wesson tätig war.

Leider sind noch nicht alle Dokumente und Akten bei S & W zur Zeit der Niederschrift dieses Textes ausgewertet gewesen. Hier könnte noch manch interessanter Beitrag zur Geschichte der Beziehung zwischen Smith & Wesson und dem preußischen Staat schlummern. Erfreulicherweise ist jedoch der Schriftverkehr zwischen der Colt-Fabrik und ihrer Londoner Agentur erhalten geblieben und von C. Kenneth Moore detailliert ausgewertet worden.

2.1 Preußische Versuche mit dem Colt Single Action Army

Um 1872 war ein gewisser Baron von Oppen Leiter der COLT-Niederlassung in London, der von dort aus die europäischen Aktivitäten steuerte.
Für die Zeit vor Einführung des M/79 sind die Briefe Oppens von ganz besonderem Interesse, geben sie doch einen Einblick in geschäftliche Vorgänge der damaligen Zeit.

Der anstehende Bedarf an Revolvern in Preußen war der Colt-Company über den gut informierten von Oppen demnach schon bald bekannt, und in Anbetracht der enormen Nachfrage wurde die US-Firma umgehend aktiv.

Mitte des Jahres 1872 unternahm General Franklin, Vize-Präsident der Colt-Company eine Reise durch Europa und hielt sich volle zwei Wochen lang in Berlin auf. Im Reisegepäck hatte er zwei bemerkenswerte Vorlagerevolver: Einen Colt-Navy Conversion Randfeuerrevolver im Kaliber .38 und einen Single Action Army mit der Seriennummer S/1 im Kaliber .44 S&W American. (Das Kaliber

2.1. Bereits 1872 hatte der damalige Colt-Präsident Franklin bei seinem Besuch in Berlin diesen damals neuen Single Action Army Revolver im Gepäck. Das Kaliber war .44 S&W American.

Colt SAA Revolver, Seriennummer S/1; Colt Industries, Autry Museum of Western Heritage, Los Angeles

During his 1872 visit to Berlin, former Colt president Franklin carried with him the brand new Single Action Army, in calibre .44 S&W American.

Colt SAA revolver, Serial Number S/1; Colt Industries, Autry Museum of Western Heritage, Los Angeles

wurde anhand des noch existierenden Realstücks durch Ausmessen der Trommelkammern und des Laufs ermittelt.)

Bei dem letzteren handelt es sich tatsächlich um einen Musterrevolver. Er hat nichts mit dem bekannten Revolver mit der Seriennummer 1 der Lieferung an die US-Armee gemein. Beide Revolver wurden am 5. April 1873 General Wolff zur Ansicht übergeben.

Am 20. Mai 1873 übergab die Colt-Agentur ein drittes Modell an Adresse *„The Royal Small Arms Inspection, Berlin, Prussia."* Bei diesem Modell handelte es sich um den Colt-Army Conversion im Kaliber .44. Der Revolver wurde mit Hülsen, Geschossen, Schmier- und Crimpvorrichtung abgeliefert.

Am 14. Oktober1873 schrieb Major Petersen, Mitglied der Militär-Schießschule, an Baron von Oppen: *„Die unterzeichnende Direktion bittet respektvoll sie darüber zu informieren, dass beabsichtigt ist, Versuche in größerem Umfang mit vierzig (40) Colt Revolvern zu unternehmen.*

Dazu bitten wir sie die folgenden Fragen so schnell wie möglich zu beantworten:

1. *Bis wann können sie die 40 Revolver mit 6000 Patronen nach Spandau liefern?*
2. *Was ist der Preis pro Revolver und pro 1000 Patronen. Bedingung ist, dass nur die Revolver und Patronen geliefert werden dürfen, die exakt den Mustern entsprechen.*

Sollte die Colt Company uns akzeptable Konditionen geben, wird ein Auftrag erteilt. Dem Brief beigefügte Muster sind frühest möglich zurückzuschicken."

Der Brief erwähnt „Muster", aber welche? Wir erinnern uns, 3 Revolver lagen den preußischen Autoritäten vor.

Der Baron antwortete am 21.Oktober 1873: *„Nur ihr Brief vom 14. d. M. erreichte uns heute, nicht jedoch der Musterrevolver und Patronen. Sobald wir sie in Händen haben werde ich wegen ihres Briefes zu unserer Company telegraphieren, zwischenzeitlich kann ich ihnen sagen, dass der Preis nicht höher als 45 shillings frei Spandau betragen wird und für die Patronen nicht mehr als 57 shillings pro 1000. Die Revolver als auch die Patronen werden 2 1/2 Monate nach Eingang der Rechnung und der Muster hier in London, geliefert. Möglicherweise ist die benötigte Zeit auch viel geringer, da es häufig Probleme gibt Patronen zu versenden und anzulanden. Wir legen ihnen nur zwei Musterrevolver vor, es würde hilfreich für uns sein zu wissen, ob der größere (mit der Stange über der Trommel) für den Auftrag gewünscht wird, oder ob wir das kleinere Modell wieder sehen werden, falls das Modell gewünscht werden sollte. In der Hoffnung, dass diese Information zufriedenstellend ausfallen wird um 40 Revolver zu bestellen."*

Wie wir feststellen, wurden keine Muster aus Spandau empfangen. Der Baron bezog sich bei dem „größeren mit der Stange über der Trommel" auf das Modell Single Action Army. Ein ordentlicher Name existierte noch nicht für dieses Modell. Bei dem erwähnten „kleineren Modell" handelte es sich um den „Navy-Conversion" im Kaliber .38 Randfeuer.

Ein zweiter Brief von oppens, ebenfalls am 21.Oktober 1873 geschrieben, bringt Klarheit: *„P.S. Der Revolver von der preußischen Regierung ist soeben eingetroffen. Es ist der neue Army Revolver mit dem Band über der Trommel"*

Mit anderen Worten, der retournierte Revolver war der Single Action Army mit der Seriennummer S/1, der im Juni 1872 das Colt-Werk verlassen hatte.

Anfang November 1873 besuchte von Oppen wiederum die Militär-Schießschule in Spandau. Hier sein Besuchsbericht an die Colt-Fabrik:

„Gestern bin ich von Berlin zurückgekommen von wo aus ich ihnen folgendes gekabelt habe: ‚Sende vierzig Revolver sechstausend geladene Patronen nach Preußen'.

Diese vierzig neuen Army Revolver mit Patronen sind zu adressieren:
An die Direktion
der Militär-Schießschule
Spandau
Prussia
Und da sie für ausführlichere Versuche des Systems dienen, werden sie natürlich zusehen, dass die Revolver und Patronen gründlich und gut sind und dass sie mit der geringst möglichen Verspätung geliefert werden.

Major Petersen, Mitglied der Direktion, der uns angeschrieben hatte, erzählte mir, die preußische Regierung bis jetzt unsicher war, ob ein Selbstausstoßer-Revolver wie der von Smith & Wesson, oder ein Double Action wie der von Adams oder der Single Action von Colt, das beste für den Einsatz bei der Kavallerie ist; um das zu entscheiden werden vierzig Revolver von jedem System zur Nutzung an die Truppen ausgegeben. Er gab zu bedenken, der Double Action Revolver würde zahlreiche Opponenten finden, dass aber ein Selbstausstoßer sehr verlockend für den Kavalleristen war. Ich erzählte ihm, dass gerade laut Bericht der U.S. Regierung dieser Selbstausstoßer zu Gunsten unseres verworfen wurde. Es scheint, dass die preußische Regierung zahlreiche Beispiele von Revolvern und Angeboten für Ihren Bedarf von amerikanischen, englischen, belgischen und deutschen Häusern erhalten hat, die sämtliche drei Systeme beinhalten, und dass sie zögerten, uns einen Auftrag für vierzig Revolver, wegen der langen Zeit, die wir benötigen, die Patronen zu liefern, zu geben. Sie wünschen keine Hülsen

2.2. Dieser Revolvertyp, Smith & Wesson First Model Russian, wurde in Spandau getestet und hinterließ einen nachhaltigen Eindruck. Sammlung H. Hüve
This revolver type, Smith & Wesson First Model Russian, was tested in Spandau with lasting impression. H. Hüve collection

2.3. Der Adams-Revolver MKIII kam ebenfalls in die engere Wahl. Sammlung des Autors
The Adams-Revolver MKIII was put on the short list. Author's collection

& Geschosse mit Ladevorrichtungen. Ich fragte ausdrücklich um Erlaubnis sie liefern zu dürfen. Ich versprach umgehend wegen der Waren zu telegraphieren und mir wurde versichert, dass der schriftliche Auftrag in wenigen Tagen nach London folgen würde. Mir wurde ebenfalls mitgeteilt, dass darin möglicherweise der Wunsch zum Ausdruck gebracht werden wird, dass der Revolver mit einem Ring am Griff versehen werden soll. Ich denke es war gut dort nachzufassen. Ich bin nicht sicher, ob wir den Auftrag ohne (den Besuch, Verf.) *bekommen hätten.*"

Die Firma Colt stand also in einem harten Wettbewerb mit namhaften Konkurrenten. Dass allerdings bereits eine gewisse Vorauswahl getroffen worden war, belegt die Zulassung der drei Anbieter zu einem größeren Truppenversuch.

Das folgende Telegramm vom 18.November 1873 liefert zusätzliche, wichtige Informationen: „*Sende vierzig vergrößerte Kaliber Revolver mit siebentausend Patronen nicht sechs.*" (Der grammatikalisch anfechtbare Text wurde in Hinblick auf die enormen Kosten für ein Telegramm möglichst kurz formuliert.) Eine auf den ersten Blick unklare Mitteilung, die durch den folgenden Brief, ebenfalls vom 18.November 1873, deutlicher wird: „*....Gestern erhielten wir den definitiven Auftrag für 40 Revolver und für 7000 Patronen, nicht 6000, wie mir mündlich mitgeteilt wurde. Darin wurde ebenfalls ausgesagt, dass, falls wir keine* *geladenen Patronen liefern können, Materialien und Ladeeinrichtungen akzeptiert würden und dass der extremen Lieferzeit von 2 ½ Monaten zugestimmt worden ist. Heute morgen erhielt ich ihre Nachricht vom 4. d. M. und erwiderte als Antwort: ‚Sende vierzig......' und habe sofort der Direktion geschrieben und erklärt, was sie über das vergrößerte Kaliber sagen und dass ich telegraphiert habe, damit Revolver mit vergrößertem Kaliber geliefert werden, aber, falls diese nicht erprobt werden sollten, bat ich darüber informiert zu werden und dass Revolver, wie das Muster, ebenfalls die Bohrung betreffend, speziell für sie angefertigt würden. Selbst wenn die Preußen die 40 Revolver und die Patronen nicht übernehmen, würden sie für diese Agentur sehr nützlich sein.“*

Hier wird nun deutlich, dass von Oppen dem Werk in den USA mit unpräzisen Aussagen den Auftrag erteilt hatte. Der Brief von Major Petersen war, zugegeben, ebenfalls etwas schwammig formuliert. Der Begriff „vergrößertes Kaliber“ veranlasste das Werk, ebenso wie die 8000 Stück des ersten Auftrages für die US-Armee. Auch der nächste Brief von Oppens an das Werk vom 27.November 1873 zeigt das Ausmaß der Informationslücken zwischen Spandau, der Londoner Vertretung und dem Werk in Hartford.

„Ich habe ihren Brief vom 14. d.M. erhalten. Gestern erhielten wir einen Brief aus Spandau, in dem die Direktion mitteilte, daß sie die Revolver mit vergrößertem Kaliber nicht akzeptieren können, und ich telegraphierte ihnen: ‚Sende weitere vierzig Revolver siebentausend Patronen Originalkaliber Preußen, andere zurückgewiesen.' Bitte behandeln mit der kürzest möglichen Lieferzeit; die Agentur wird im Stande sein jene Revolver zu verwerten, welche die Spandauer Autoritäten ablehnen werden in Empfang zu nehmen. Es tut mir leid, dass sie diese Probleme haben. Heute habe ich dem Agenten des Baltic Lloyd in Stettin geschrieben. Ich denke es ist das Beste, die Revolver und die Patronen direkt nach Spandau zu senden, um sie dort zu lassen, bis die anderen angekommen sind. Die Preußen können nach allem entscheiden diese zu übernehmen. Die Direktion bittet sie ebenfalls, über mich, ein paar gedruckte (oder handgeschriebene) Instruktionen zu senden, wie die Revolver behandelt werden, wie sie zerlegt werden, wie sie gesäubert und wieder zusammengesetzt werden; falls möglich ebenfalls eine Übersetzung in deutsch. Vielleicht existiert eine Anleitung für die US-Truppen von diesen Revolvern. Freundlich dazu angemerkt.“

Dieser Brief bringt den Wunsch Preußens nach einem eigenen Kaliber für Revolver klar zum Ausdruck. Er zeigt ebenfalls, dass ein Modell einer preußischen Revolvertrommel oder zumindest eine Kammerlehre und Patronen zwischenzeitlich nach Hartford geschickt wurden. Anderenfalls wäre die Fabrik nicht im Stande gewesen, die Revolver den Forderungen entsprechend auszulegen. Wie die Teile nach Hartford gelangt sind, ist nicht ganz klar. Die Preußische Direktion wies in ihrem Brief vom 14.November 1873 an: *„Beigefügte Muster mit der Bitte um Rücksendung.“* Der Schluss liegt nahe, dass Spandau die Muster direkt nach Hartford gesandt hatte. Die 40 Revolver im Kaliber .45 Long Colt waren bereits unterwegs und erreichten Anfang Dezember 1873 Hamburg, von wo aus sie am 5.Dezember 1873 nach Spandau weiter versandt wurden. In diesem Zeitraum hatte von Oppen die gewünschte Instruktion übersetzt und der Schießschule zugestellt. Die Fehllieferung der Patronen im Kaliber .45 Long Colt über 6000 Stück erreichte Spandau erst am 30. Dezember 1873; der Hersteller dieser .45 Long Colt Patronen war die Munitionsfabrik Union Metallic Cartridge Company in Lowell, Massachusetts. Im Brief vom 6.Januar 1874 berichtete von Oppen u.a. an Hartford: *„Ich schrieb gestern nach Spandau und unterrichtete die Direktion über die zweite Sendung von 40 Revolvern und Material für 7000 Patronen und der Ladeeinrichtung mit einer Übersetzung und Zeichnung für den Gebrauch der letzteren....“*

Die Aufzeichnungen der Colt Company zeigen, dass die Lieferung am 23. Dezember 1873 erfolgte. Das Kaliber war .44 German oder 10,6 mm Deutscher Revolver. Diese Patrone hatte sehr viel Ähnlichkeit mit der Patrone .44 Smith & Wesson Russian. Die 40 Seriennummern der 2. Lieferung konnten mit freundlicher Unterstützung der Mitarbeiter des Colt-Museums ermittelt werden:

2367	3000	3172	3358
2923	3001	3335	3363
2981	3002	3337	3370
2982	3004	3343	3372
2991	3005	3344	3374
2995	3009	3347	3375
2996	3012	3348	3376
2997	3160	3350	3413
2998	3166	3354	3478
2999	3167	3356	3541

Die 40 Revolver der 2. Lieferung im gewünschten Kaliber 10,6 mm Deutsch verließen Hamburg am 10. Januar 1874 und waren ein paar Tage später in Spandau. Für von Oppen waren diese Lieferungen reine Mustersendungen. Sein Ziel war es, den Auftrag für die Gesamtmenge zu erhalten. Mit der Erprobung ließ Preußen sich Zeit. Der Baron berichtete am 10. März 1874: *„Durch Herrn L. Loewe erfuhr ich, dass die Revolver, durch Preußen beschafft für Versuche und verteilt zum Gebrauch bei den Kavallerie-Regimentern, ein volles Jahr Versuchen unterzogen werden, bevor entschieden*

wird, welches System das bessere ist. Ich würde ihnen diese Information telegraphiert haben, hätte ich sie von den preußischen Autoritäten erhalten, doch glaube ich, dass sie korrekt ist."

Die 40 Revolver im Kaliber .45 Long Colt wurden nicht bezahlt und gingen am 12. September 1874 an die Londoner Vertretung zurück sandte. Danach wurden die 40 Revolver der Fehllieferung auf dem amerikanischen Zivilmarkt verkauft und sind heute gesuchte Belegstücke aus der Anfangsphase der Colt Single Action Army Fertigung.

Der nächste wichtige Brief des Barons ist auf den 29. September 1874 datiert: *„...aber die preußische Regierung hat die Erprobungen noch nicht abgeschlossen. Das Schießen unserer Revolver ....wurde in Spandau als überragend zu den anderen 6 eingereichten Arten befunden. Ich erwarte bald mehr darüber zu erfahren."*

Der Kreis der im Test befindlichen Typen war also inzwischen auf 6 erweitert worden. Da Colt nur den Single Action Army im Test hatte, mussten die anderen Wettbewerber demnach Systemvarianten ins Rennen geschickt haben. Leider werden in dieser Korrespondenz weder die Firmen, noch die Systeme erwähnt. Dem Colt-Werk wurde also signalisiert, dass die Erprobung sich hinziehen würde. Von Oppen hatte in der Zwischenzeit häufiger mit Ludwig Loewe Kontakt aufgenommen, der über gute Beziehungen verfügte und über interne Vorgänge im Preußischen Kriegsministerium und der Militär-Schießschule bestens informiert war. Nach einem Besuch im Oktober 1876 forderte von Oppen das Werk auf, Staffelpreise für 10000, 20000 und 50000 Stück zu nennen. Die Revolverfrage war immer noch nicht entschieden, und inzwischen hatte sich auch das Personalkarussell gedreht: Von Oppens Gesprächspartner in Spandau waren nun Hauptmann von Jahn, Mitglied des Revolver-Komitees und Adjutant von Oberst Engelhardt, dem Direktor der Militär-Schießschule und Präsident des Revolver-Komitees. Von Oppen musste zur Kenntnis nehmen, dass die Entscheidung bezüglich der endgültigen Genehmigungnicht mehr in Händen des Komitees lag, sondern beim Kriegsministerium in Berlin zur entgültigen Genehmigung. Im Offizierscorps gab es auch zu diesem Zeitpunkt noch völlig konträre Ansichten. Einer der Hauptgegner der Revolverbewaffnung war Prinz Friedrich Carl, der Chef der Preußischen Kavallerie. Er favorisierte die Bewaffnung dieser Einheiten mit Karabinern. Die Entscheidung, die Husaren und Dragoner mit Karabinern zu bewaffnen, war bereits gefallen. Es blieb die Frage, wie die Kürassiere, die Artillerie, der Train und die Unteroffiziere der gesamten Kavallerie bewaffnet werden sollten. Ein längerer Brief von Oppens vom 22.Oktober 1876 liefert weitere Details über das Verhältnis zwischen der Erprobungsstelle und dem Ministerium: *„.... Ich wurde durch diese Offiziere aufgefordert wegen der Sache direkt an das Kriegsministerium zu schreiben; es war ihnen untersagt, weder etwas zu den Ergebnissen der Tests zu sagen, noch über die Richtung. Ich schloss aus dem was sie*

2.4.–2.6. Die erfolgreiche Einführung des Pirlot-Revolvers bei der Schweizer Armee war in Preußen Grund genug, auch dieses Model zu testen. Sammlung H. Hüve

The successful introduction of the Pirlot- Revolver at the Swiss Army was the reason to start trials also with this revolver in Prussia. H Hüve collection

mir sagten, dass sie nicht dachten es würden große Differenzen zwischen Pirlot-, Smith & Wesson- und Colt-Revolver geben, dass einige Offiziere für diese, einige für jene Waffe, dass jedoch die Berichte der Kavallerie-Regimenter, an welche die Waffen ausgegeben worden waren, möglicherweise von größerer Wichtigkeit waren...".

Inzwischen hatte von Oppens vermeintlicher Fürsprecher General Wolff die Armee in Ehren verlassen. Er wurde in höheren Kreisen verdächtigt, an Geschäften mit Pratt & Whitney interessiert zu sein. (Pratt & Whitney war Hersteller der seiner Zeit modernsten Werkzeugmaschinen und Ausrüster der staatlich-preußischen Gewehrfabriken. Erst später etablierten sich deutsche Firmen auf diesem Gebiet, so u. a. Ludwig Loewe in Berlin, Verf.)

Dieser Brief liefert damit eine wichtige Information, die dazu beiträgt, die Vorgänge vor Einführung des M/79 etwas aufzuhellen.

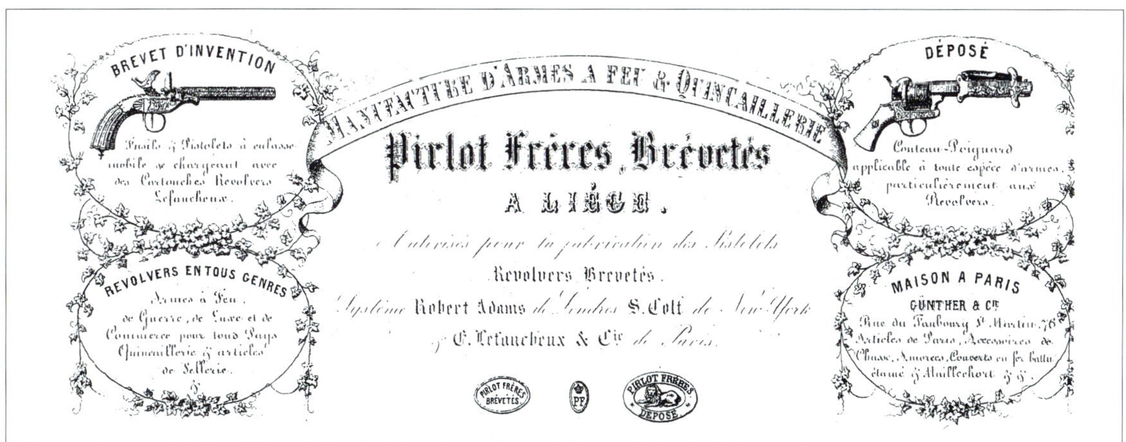

2.6a. Briefkopf der Lütticher Firma Gebrüder Pirlot.
Letter head of the Liege firm Pirlot Brothers.

Sammlung A. Galka
A. Galka collection

2.2 Europäische Anbieter in Preußen

Revolver des Lütticher Herstellers Pirlot Frères wurde demnach zusammen mit den beiden amerikanischen Wettbewerbern erprobt.

Wichtig ist zu wissen, dass die Firma Pirlot Frères im Jahre 1872 900 Stück an die Schweizer Armee geliefert hatte, allerdings im Kaliber 10,4 mm Randfeuer. Bei dem Revolver handelte es sich um das System Chamelot-Delvigne, modifiziert durch den Schweizer Oberst Rudolf Schmidt. Sie wurden 1878 bis auf wenige Ausnahmen auf das Kaliber 10,4 mm Zentralfeuer abgeändert. Für Pirlot Frères ein interessanter Auftrag, der bei der hervorragenden Referenz den Einstieg ins Preußische Erprobungsprogramm sicherlich erst möglich gemacht hatte. Bei dem bereits vor 1873 in Spandau vorliegenden Smith & Wesson Revolver kann es sich nur um das ab 1871 produzierte „Model 3 Russian First Model" gehandelt haben. Das Kaliber .44 Smith & Wesson Russian war also zu diesem Zeitpunkt in Preußen bekannt. Ein früheres Eintreffen dieses Revolvertyps in Berlin, also in den Jahren 1871/1872, ist mehr als wahrscheinlich, da die Erprobung der .44 Russian Patrone soweit abgeschlossen war, dass sie als Musterpatrone der Bestellung an Colt beigefügt werden konnte.

Bereits zu dieser Zeit (Oktober 1876) ahnte von Oppen, dass Preußen eine völlig andere Lösung anstreben könnte: „...Der Wunsch, das gesamte Material im Lande *selbst herzustellen, mag sich auch, nachteilig für uns, auf die preußische Revolverfrage beziehen; bei sämtlichen Ereignissen kann man sicher sein, als Ausländer keine fairen Preise in Preußen zu erzielen..*"

General Franklin, immer noch in der Hoffnung den Auftrag zu erhalten, schrieb mit Brief vom 26.Oktober 1876:

„Wir haben keine großen Hoffnungen den Revolverauftrag zu erhalten. Aber sollte es noch eine Chance geben, sollten wir sie ergreifen und nichts unversucht lassen, ihn zu beschaffen. Die Preise und die Provision, die sie empfohlen haben, sind genehmigt, aber die Güteprüfung muss hier in unserem Werk erfolgen und ein fairer Standard muss eingefordert werden. Wir sind bereit, den Griff zu ändern und einen Ring am Bodenstück ohne Mehrkosten anzubringen, falls das erforderlich ist. Wir begreifen, dass die Preise 41 shillings für 10000, 40 s für 20000 und 38 s für 50000 betragen, bei 2½ % Provision. Sie müssen beurteilen, ob es besser ist die Provision anzubieten oder nicht. Aber sie können auch 40 s für 10000 und 39 s für 20000 falls diese Änderung den Auftrag sichert. Wir können sofort 100 Revolver pro Tag liefern, eine vertretbare Zeit für eventuelle Änderungen muss erlaubt sein und wir können nach Beginn der Lieferung in 6 Monaten die Produktion auf 500 pro Tag hochfahren, falls 100000 gefordert werden, oder 250 bis 300 pro Tag, falls 50000 verlangt werden."

Bei den in der Korrespondenz angegebenen Preisen handelt es sich um das alte britische monetäre System:

1 Pfund = 20 Schilling
1 Schilling = 12 Pence

Das Verhältnis zum Dollar war zu jener Zeit:

1 Pfund = 5,33 US $

Das zum Taler:

1 Pfund = 3 Taler

Der preußische Taler unterteilte sich in 30 Groschen, der Groschen wiederum in 12 Pfennige.

Das Angebot zu 39 s entsprach demnach US $ 10,40 . Erinnern wir uns, die US-Armee bezahlte $ 13, ohne Griffveränderung und ohne Fangschnurring. Daran lässt sich ablesen, mit welchen Kampfpreisen die Firma Colt bemüht war, den lukrativen Auftrag an sich zu ziehen. Der Brief General Franklins vom 26. Oktober 1876 war leider die letzte Information aus der Korrespondenz zwischen der Londoner Agentur und dem Werk in Hartford, Connecticut, USA, die sich auf die Beschaffung preußischer Revolver bezog.

Eine weitere wichtige Quelle zum Fortgang der Erprobung stammt aus der Feder von Armand Mieg, Hauptmann im Bayerischen KM und kommandiert als Verbindungsoffizier an der Schießschule in Spandau. Er berichtete brieflich dem Königlich Bayerischen Kriegsministerium am 7. Mai 1877: *„Dem Königlichen Kriegs-Ministerium melde ich im nebigen Betreffe gehorsamst Nachfolgendes: Die Truppen-Versuche mit den drei aufgestellten Revolvermodellen von Smith & Wesson, Colt und Pirlot sind nunmehr beendet. Die bezüglichen Berichte, die im allgemeinen als sehr sachgemäß bezeichnet werden, sprechen sich für keines der drei Modelle definitiv aus. Allgemein wird jedoch der Mechanismus des Revolvers von Pirlot als der zusagenste und beste erklärt, dagegen wird die mangelnde Präzision, die von dem etwas zu kurzen Laufe größtenteils herrührt, bei diesem Revolvermodell als nicht entsprechend bezeichnet. In dieser Richtung wird der Revolver von Smith & Wesson als der beste befunden. Die Vorrichtung zum Selbstspannen wird von allen Abteilungen wie höheren einschlägigen Stellen durchgehend verworfen, insofern es kaum anzunehmen sein dürfte, dass die Unteroffiziere oder Gemeinen sich die bedeutenden Fertigkeiten, welche das Selbstspannen ohne Zweifel bedingt, aneignen werden. Aus Anlaß der erwähnten Truppenberichte haben sich übrigens die betreffenden Kürassier-Regimenter wie die sämtlichen niederen und höheren infrage kommenden Kommandostellen durchgehend für die Bewaffnung mit dem Karabiner M/71 ausgesprochen. Zur Aufstellung eines Truppenmodells wurde aus Anlaß des Truppenberichts eine Spezial-Kommission* (sic), *in die auch Offiziere der Gewehrfabrik Spandau beordert sind, eingesetzt. Diese beabsichtigt, wie mir bekannt, ein Modell zu kombinieren, welche den Mechanismus von Pirlot und Lauf nebst Patrone von Smith & Wesson in sich vereinigt. Gelegentlich eines Vergleichsversuchs hat sich gezeigt, dass unter mehreren Revolver- und Pistolenmodellen der obige Revolver von Smith & Wesson nach dem Coltschen Revolver die flachste Bahn – wenigstens bis 100 Meter – und mit dem russischen Revolver von Smith & Wesson bis zur gleichen Distanz die beste Präzision aufweist. Die bayerische Pistole, welche wegen gröberer Visierung – die sich übrigens als die geeignetste empfehlen dürfte – bis 100 Meter hinter Smith & Wesson etwas zurückbleibt, ist den sämtlichen Revolvern überlegen. Nachdem der eingesetzten Spezial-Kommission bei der neuen Sachlage nicht genau bekannt war, welchen Zwecken der zu konstruierende Revolver dienen sollte, so wurde hierzu vom Präses der Kommission unter näherer Erörterung der Sachlage bei Königlichem Kriegsministerium eine nähere Verfügung eingeholt. Sollte nämlich eine einhändige, kurze Waffe an die Truppe, Unteroffiziere und Gemeine abgegeben werden, so ist die Militär-Schießschule der Anschauung, dass dann eine weittragende Präzisionspistole die richtige Waffe wäre namentlich dann, wenn dieselbe nach früheren Vorgängen, mit einem Kolben durch einfache Mechanik gebunden, einen leichten Karabiner darstellt. Anderenfalls, wenn nur die Chargierten eine kurze Waffe erhalten sollten, würde sich allerdings die Militär-Schießschule für einen Revolver aussprechen, da letzterer für Disziplineurzwecke und zum eigenen persönlichen Schutz die beste Waffe sein müsste. Soviel ich übrigens von competenter Quelle erfahren habe, ist zur Zeit von Seite des Königlichen Kriegs-Ministeriums erneut Allerhöchst der Antrag auf Bewaffnung der gesamten Kavallerie mit Karabiner M/71 gestellt, da nur der Karabiner die Kavallerie zu selbständigen Unternehmungen geeignet macht und zum Gefecht zu Fuß befähigt.*

Die Bestimmungen über die Schießübungen der Kavallerie sind nunmehr erschienen, die selben in der Wesenheit das Referat des gehorsamst Unterzeichneten und, was die Verwendbarkeit des Karabiners anbelangt, im Ganzen ein Auszug aus meiner Abhandlung über die Verwendung des M/71, dürften auch hier neue Bestimmungen mustergültig sein. Eine Abänderung der letzten ist indessen erst etwa binnen Jahresfrist in Aussicht genommen. Die den Bestimmungen für die Kavallerie beigefügte Theorie des Schießens dürfte sich nach den entsprechenden Änderungen für den Gebrauch der Infanterie gleichfalls empfehlen. Es wird hierdurch die zukünftige Nomenklatur bereits jetzt eingeführt und den neuen Begriffen beziehungsweise Themen Rechnung tragen.“

Der von der Militär-Schießschule eingebrachte Vorschlag, unter gewissen Umständen eine Pistole mit Anschlagschaft einzuführen, kam nicht von ungefähr.

2.3 Versuche mit einschüssigen Pistolen

Die Suhler Firma V. Chr. Schilling hatte 1876 dem Bayerischen Kriegsministerium eine Musterwaffe vorgelegt, die nach der Beschreibung eine Kombination aus einem Revolver und einer Repetierpistole mit selbsttätigem Hülsenauswerfer gewesen sein muss. Das Kaliber war 11 mm (eine eingekürzte Patrone des Inf.-Gewehrs M/71); die Trommel fasste 5 Patronen. Ein zweites, verbessertes Modell, folgte rund einen Monat später und zeichnete sich durch folgende Verbesserungen aus:

- Winchester-Patrone
- 6 Kammern in der Trommel
- Entladung ohne Ausziehermulde
- Wegfall des Repetiermechanismus
- Horizontal bewegliche Sicherung
- durch eine axiale Bewegung der Trommel um 1 mm wurde ein fast gasdichter Übergang zwischen Lauf und Trommel erzielt.

Es ist davon auszugehen, dass auch Preußen in diesem Bemusterungsvorgang involviert war.

Die Gebrüder Mauser präsentierten im Jahre 1877 eine Einzellader-Pistole, mit der Bezeichnung C77, (C steht für Construction) mit einem Blockverschluss. Details dieser Pistole waren durch das Patent DRP Nr.1192 vom 7. August 1877 geschützt.

Zwei Jahre späterfolgte ein weiteres Musterstück der Firma V. Chr. Schilling, das von Preußen offenbar noch eingehend geprüft wurde, obwohl die Einführung eines Revolvers, bereits beschlossene Sache war.

Es handelte sich dabei um ein Pistolenmodell mit einem Verschluss in der Art des Gewehres M/71, jedoch ohne Mehrladeeinrichtung. Die Waffen mit den Nummern 3 und 5 sind bekannt. Sie tragen alle üblichen Stempel der preußischen Revision und Güteprüfung.

Quellen

Bertold Buxbaum, *„Der deutsche Werkzeugmaschinen- und Werkzeugbau im 19. Jahrhundert“.* Aus: Beiträge zur Geschichte der Technik und Industrie, Heft 9, 1919; Heft 10, 1920

Kenneth Moore: *„Colt Single Action Army Revolver Study”* New Discoveries, 2003. Andrew Mowbray/ publishers, Box 460, Lincoln, R.I. 02865; USA

HRB II, S.253; HRP I, S. 96

Korrespondenz mit Smith & Wesson, Springfield, MA, USA

Eugen Heer: *„Die Faustfeuerwaffen von 1850 bis zur Gegenwart“*, 1971, Akademische Druck- und Verlagsanstalt Graz – Austria.

Chapters 2 and 3

Before the foundation of the German Empire the separate kingdoms of Prussia, Bavaria, Saxony and Württemberg each carried out their own revolver trials. The new Imperial laws governing the armed forces of the federal empire required the standardization of arms and equipment, and since Prussia had been responsible for the new political organization and had the largest armed forces, she gave the lead to the other states. As a result of this new situation, Bavaria and Württemberg cancelled further revolver trials and waited to see what Prussia would suggest. Saxony, however, did not wait, and in 1873 adopted a revolver based on American designs for its mounted troops.

This produced a great controversy between Prussia and Saxony, and as a result most of the Saxon revolvers were stored in the Dresden Arsenal rather than being issued as planned. About eight years later the Kingdom of Saxony placed their first order for the M/79.

Although many different designs of revolver had already been adopted and issued in most European countries and the USA, the Prussian Small arms Trails Commission conducted their own particular trials without outside influence.

An excellent impression of how things were done in the firearms business of those days comes across in Kenneth Moore's *Colt Single Action Army Revolvers and the London Agency.* The correspondence between Colt's German sales manager, Baron v. Oppen and the factory in Hartford shows how hard v. Oppen worked to get Colt's revolvers adopted by the Prussian, Bavarian and Saxon armies. Most of the effort was concentrated on Berlin because of the exhaustive and comprehensive nature of the Prussian trials, of which Colt's London agency was aware. Moore's work shows us that Smith & Wesson, John Adams, and later Pirlot Freres of Liège were serious competitors with Colt for the German revolver contracts.

Eventually Prussia ordered 40 Single Action Army revolvers from Colt for field trials by different regiments. These revolvers reached the main Prussian arsenal at Spandau, together with 7000 rounds and accessories at the beginning of December 1874. The calibre of these 40 revolvers was referred to in the correspondence as 'the Prussian calibre' which was in fact the German 10.6mm (.44-calibre) cartridge which was a close copy of the .44 Russian cartridge. The Prussians first adopted a cartridge and then searched for a revolver in which to use it.

Colt's offer price was very competitive because they offered changes required by the Prussians- a lanyard ring and a new larger trigger- at no additional cost. Despite this the Prussians rejected all foreign designs and set up their own design team, the so-called Special Commission. At the beginning of 1877 this new team was given the task of designing a revolver for use by the cavalry and artillery which would meet the requirements of each of these branches of the service. The result was the M/79.

The Mauser factory, through the personal efforts of Wilhelm Mauser, tried hard during 1878 to get the Prussian authorities to carry out field trials with the famous 'zig-zag' revolver, but to no avail. Their timing was simply too late; the Prussian Ministry of War had completed its trials and did not think the Mauser design worth additional trials. The die was cast: on 21 March 1879 Emperor Wilhelm 1. approved the new Reichsrevolver M/79 which had been designed by the Special Commission at Spandau.

The M/79 was a large revolver with a grip suitable for soldiers with military gloves. The muzzle ring, intended to prevent damage to the rifling and general holster wear, was similar to that used on the Prussian Model 1850 single shot percussion muzzle-loading pistol, favoured by the conservative-minded officers of the Commission; the cartridge was of Russian origin, and the lockwork owed much to that of Smith & Wesson.

The Government factory at Spandau produced a series of sample revolvers which were presented to the other three Ministries of War (Bavaria, Saxony and Württemberg) and they then purchased the samples along with the gauges, drawings and instructions.

3. Spandau, die Geburtsstätte des Revolvers 79

Die in den vorher zitierten Schriftstücken häufig erwähnte ‚Militär-Schießschule' in Spandau war Ansprechpartner sämtlicher Anbieter und Erprobungsstelle für die Hand- und Faustfeuerbewaffnung des deutschen Reiches.

Zum besseren Verständnis sei hier kurz die historische Entwicklung dieser Militärbehörde dargestellt. Gemäß A.K.O. vom 1. Dezember 1854 wurde die Errichtung einer ständigen Gewehr-Prüfungskommission angewiesen. Die Einrichtung befand sich in Spandau-Ruhleben. Sie diente als Hilfs- und Beratungsgremium des Kriegsministeriums in Bezug auf Erprobung und Verbesserung der Bewaffnung. Mit A.K.O. vom 29. November1860 wurde die Gewehr-Prüfungskommission zum 1.Januar 1861 in Militär-Schießschule umbenannt. Die immer komplexer werdende Waffentechnik, mit hohen Anforderungen in Hinblick auf Werkstoffkunde und Chemie (besonders ab Einführung des Gewehrs M/71) machten eine erneute Organisationsänderung erforderlich. Am 29. Dezember 1877 wurde die Schule zunächst provisoriscg neu gegliedert. Am 10. Mai 1879 erfolgte die endgültige Umstrukturierung, im Zuge derer die Teilung in Direktion, Lehr- und Versuchsabteilung durchgeführt wurde.

3.1. Siegelmarke der „Königl. Preußischen Gewehr-Prüfungs-Kommission" in Spandau-Ruhleben. Sammlung des Autors
Seal of the Royal Prussian Smallarms Trials Commission, located in Spandau-Ruhleben, near Berlin. Author's collection

Außerdem wurde die Gewehr-Prüfungskommission wieder etabliert. Das Ganze spielte sich also just in der Phase ab, als sich der neu zu beschaffende Revolver im Endstadium der Erprobung und Konstruktion befand.

Die Anfang 1877 gegründete Spezial-Kommission, die Hauptmann Mieg in seinem Rapport erwähnt hatte, war nun verantwortlich für die Umsetzung der Versuchsergebnisse in ein brauchbares „Truppenmodell". Die Einsetzung einer derartigen Kommission macht deutlich, dass die verantwortlichen Stellen mit ihrer Geduld am Ende waren, nach nunmehr fünf Jahren der Erprobung, immer noch kein akzeptables Vorschlagsmodell präsentiert werden konnte.

Leider gibt der Bericht nicht wieder, wem diese Kommission direkt unterstellt war und an wen sie zu berichten hatte.

3.2. Der Revolver 79 musste Forderungen der verschiedenen Richtungen innerhalb der Preußischen Armee in sich vereinigen. Die konservative Richtung wurde durch eine weitgehende Anlehnung an die Pistole M/50 gewonnen. Griff-Form und -Winkel sowie dem typischen Mündungswulst hatte man übernommen. Sammlung des Autors
The Revolver 79 had to fulfil conflicting requirements of the varies arms in the Prussian Army. Conservative examiners clung as far as possible to the previous pattern, the model 1850 Pistol. Features such as the shape and angle of the grip and muzzle-ring were carried over to the revolver. Author's collection

Es ist verwunderlich, dass in Zusammenhang mit dem Entwurf des M/79 zahlreiche Autoren immer nur die Gewehr-Prüfungskommission als die Institution beschreiben, die den M/79 entworfen haben soll. Die Spezial-Kommission, mit eindeutigem Auftrag bleibt unerwähnt.

Die Spezial-Kommission nahm ihren Auftrag zügig wahr und entwarf innerhalb kurzer Zeit einen Revolver, der die unterschiedlichsten Anforderungen, Strömungen und taktischen Forderungen unter dem Gesichtspunkt der technischen Machbarkeit abdecken konnte. Mit viel Geschick wurden sowohl die Fortschrittlichen als auch die Konservativen innerhalb der Militäradministration bedient.

Die Kommission übernahm sämtliche von den Erprobungsrevolvern verlangte oder als feldtüchtig erkannte Details und vereinigte sie in einem Modell. Die Konservativen unter den Entscheidungsträgern stellte die Kommission mit konstruktiven Anleihen von der Pistole M/50 zufrieden.

Die Ähnlichkeit mit der Pistole M/50 war unverkennbar (siehe großes Bild auf der vorherigen Seite).

Der Miegsche Bericht deutete bereits an, dass der sogenannte ‚Selbstspanner' (heute als Double Action geläufig) von allen preußischen Militärstellen einheitlich abgelehnt worden war. Wie wir wissen, ging dann später das Hahnspannerschloss (Single Action) in Serie. Das Schloss des Pirlot Frères Revolvers kam, obwohl von der Spezial-Kommission anfangs favorisiert, nicht zum Zuge.

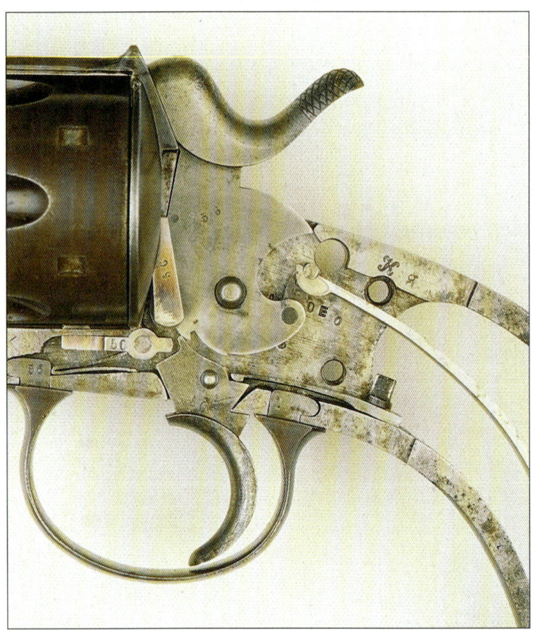

3.2a. Das Schloss des neuen Revolvers wurde von dem Modell übernommen, das Smith & Wesson dem preußischen Kriegsministerium zu Testzwecken überlassen hatte.

Sammlung des Autors

The lock mechanism of the new revolver was taken over from the Smith & Wesson which had been lent to the Prussian War Ministry for their trials. Author's collection

Das Single Action Schloss übernahm man nahezu identisch vom russischen Erprobungsrevolver, geliefert von Smith & Wesson, USA. Ebenfalls weitestgehend übernommen wurde die bereits erwähnte Patrone, die von der .44 S&W Russian zur deutschen 10,6 mm Revolverpatrone mutierte. Vom Colt Single Action Army überzeugte nur die nach rechts umzulegende Ladeklappe, die in abgeänderter Ausführung beim M/79 Verwendung fand. Ansonsten konnte die Kommission dem Colt-Revolver nicht viel Brauchbares abgewinnen. Die Griffgröße des Single Action Army entsprach nicht den Vorstellungen der Kavallerie, da eine behandschuhte Faust den Griff nicht voll umfassen konnte. Ebenso fiel der schmale Abzug durch. In beiden Fällen machte man dann Anleihen bei der Pistole M/50, deren Griffform, von der verrundeten Abschlusskappe einmal abgesehen, nahezu identisch mit der des Revolvers 79 ist. Auch der für die Pistole M/50 typische Mündungswulst und die Form des Dachkorns fanden sich am Revolver wieder. Der Ausstoßer des Colt- sowie der des Pirlot Frères-Revolvers fanden ebenfalls nicht die Zustimmung der Kommissionsmitglieder. Die Überlegungen, die zu dieser Entscheidung führten, waren ähnlich wie diejenigen der niederländischen Kavallerie fünf Jahre zuvor.

Die nach hinten umzulegende Ladeklappe, die Trommelachsverriegelung sowie der Ausstoßer am Pirlot Frères-Revolver konnte nicht so ohne weiteres übernommen werden, da diese Details des Patents auch im deutschen Reich angemeldet und damit geschützt waren:

Patentschrift des Kaiserlichen Patentamtes Nr. 6374 , vom 30. Juli 1878.

Patentinhaber waren die Herren J. Chamelot und Heinrich Gustav Delvigne aus Lüttich.

Recht merkwürdig, zumindest aus heutiger Sicht, ist ein an der linken Seite angebrachter Sicherungshebel, der in heruntergedrückter Stellung das Spannen des Hahns in die Abfeuerstellung verhindert. In den später verfassten Schießvorschriften wird immer wieder auf eine besondere Gefährlichkeit des Revolvers hingewiesen und die Anwendung der Sicherung verbindlich vorgeschrieben.

Anmerkung des Autors

Die Sicherung des M/79 verhindert bei einem Fall auf den Hahn nicht, dass sich ein Schuss lösen kann. Die Möglichkeit eines Bruchs der Hahnrast oder des eingreifenden Abzugs ist gegeben. Im „gesicherten" Zustand lässt sich der Hahn eines intakten M/79 nicht in die Sicherheitsrast ziehen. Beim M/79 ist daher auch im Zustand „gesichert" keinerlei Gewähr einer unfallfreien Handhabung gegeben.

3.1 Mauser-Revolver in Berlin

Eine tragische Rolle gegen Ende der Erprobungsphase spielten die Gebrüder Mauser, deren Werk in Oberndorf/Neckar zu dieser Zeit unter einem Existenz bedrohenden Auftragsmangel litt. Zwar hatten sich die Gebrüder Mauser seit 1876 mit der Entwicklung eines Armeerevolvers befasst, allerdings war es erst 1878 soweit, dass zwei ausgereifte Modelle zur Vorlage bei den Kriegsministerien eingereicht werden konnten.

In der *„Geschichte der Mauserwerke"*, herausgegeben 1938, kann nachgelesen werden: „....*Das*

3.3.–3.4. Mauser-Revolver mit geschlossenem Rahmen. Dieser Typ ist heute sehr selten, da er seiner Zeit keine wesentliche Neuerung darstellte und im Vergleich zum Auswerfermodell wenige Käufer fand. Wegen der späten Vorstellung im Jahre 1878 fand keine Erprobung mehr statt. Sammlung J. Lux

Mauser Revolver with a solid frame. This pattern is very rare today because it offered no significant new design features, and sold far fewer revolvers than the model fitted with an ejector. Due to the late date of its submission in 1878, field trials of this design were never carried out. J. Lux collection

Jahr 1878 war für die Brüder vor allem ausgefüllt mit der Entwicklung des Revolvers und mit den Bemühungen, seine Einführung bei der deutschen oder einer fremden Armee durchzusetzen.

Mehrmals war Wilhelm Mauser aus diesem Anlaß in Berlin; er führte die Waffe der Militärkommission vor, er hatte Besprechungen mit maßgebenden Militärs, unter anderem mit dem Kriegsminister. Man lobte den Revolver, man machte Verbesserungsvorschläge; die Entscheidung ließ aber auf sich warten.

Dazwischen reiste er nach Dresden, nach Bern, verhandelte mit russischen, norwegischen und anderen Offizieren; die Erfolge blieben aus, zum Teil deshalb, weil die Brüder mit ihrem neuen Revolver zu spät kamen; andere Systeme

3.5.–3.6. Mauser-Revolver mit Auswerfersystem. Dieses Typ ist häufiger anzutreffen als der abgebildete Revolver auf der vorherigen Seite. Offiziere wie auch Private kauften dieses Modell. Sammlung J. Lux

Mauser- Revolver with an ejector system. This pattern was much more popular with both officers and civilians than the type shown in Plates 3.3 and 3.4. J. Lux collection

waren schon früher vorgelegt und erprobt worden".

„Überall, immer das fürchterliche Zuspät", schreibt Wilhelm einmal ganz verzweifelt." Mitte 1878 war man noch recht optimistisch; am 11. Juli 1878 schrieb Wilhelm Mauser an seinen Bruder Paul unter anderem: *„Wir haben tüchtig gearbeitet und alle unsere Zeit nur unserem gewidmet; es ist uns auch gelungen, einen Revolver zu konstruieren, der alles bis jetzt in dieser Waffengattung bestehende übertrifft, eine Behauptung, die Dir gegenüber allerdings etwas kühn erscheinen mag, aber immerhin eine richtige ist. Es ist nicht etwas Nachgemachtes, oder eine Perfektion des Bestehenden, sondern wirklich etwas Neues und Gutes, was auch Du zu Deiner eigenen Genugtuung erkennen wirst. Patente haben wir in allen Ländern des Kontinents sowie auch in Amerika auf diese Waffe erworben. An das amerikanische Patentamt zu Washington haben wir unterm 18. April dieses Jahres durch das Patentbüro von Herrn Peter Barthel in Frankfurt am Main das Patentgesuch mit Zeichnung und Modell unseres Revolvers eingegeben. Um nun keiner Gefahr oder der Annahme einer Gefahr für den Verlust unserer Sache ausgesetzt zu sein, bitten wir Dich angelegentlich, dein Interesse unserer Erfindung zuwenden und Erkundigung darüber anstellen zu wollen, bis zu welchem Zeitpunkte wie wohl der definitiven Erteilung des Patentes entgegensehen dürfen. Seit der Zeit der Eingabe unseres Patentgesuches in Amerika haben wir noch einige Verbesserungen angebracht, die wir durch ein Nachpatent sichern möchten. Es wäre für uns und gewiss für Dich, lieber Bruder, vorteilhaft, wenn Du Dich unserer Erfindung annehmen würdest, um möglichsten Nutzen daraus zu ziehen, und solltest Du geneigt sein, eine Vertretung in dieser Sache für uns eingehen zu wollen, würden wir Dir nach Erhalt Deiner Nachrichten einen unserer neuesten Revolver zuschicken. Ohne Zweifel dringen wir in Deutschland auch mit dieser Waffe durch, was für uns von besonderem Vorteil wäre, da der Bedarf für die Truppe* 60 000 bis 65 000 Stück (Hervorhebung durch den Autor) *sein wird. Ich bitte Dich deshalb, lieber Bruder, gebe nur sobald wie möglich Nachricht...."*

Die „Geschichte der Mauserwerke" fährt fort: *„Ein letzter Versuch die Revolverangelegenheit in Berlin zur baldigen Entscheidung zu bringen, war ein Gesuch der Brüder an den deutschen Kronprinzen. Sie baten ihn, er möge den Befehl geben, dass ihr Revolver zu Truppenversuchen zuzulassen sei. Sie verwiesen bei dieser Gelegenheit darauf, dass sie seit Jahren alles, was auf dem Gebiete der Waffentechnik Neues konstruiert und erfunden, in erster Linie dem preußischen Kriegsministerium vorgelegt hätten und es stets ihr Bestreben gewesen sei, der Armee nützlich zu sein. Die Entscheidung zog sich noch bis zum April 1879 hin und fiel dann doch gegen den Mauserrevolver aus; der von der Spandauer Militärkommission entwickelte Revolver wurde vom Kaiser als Reichsrevolver angenommen. Die Nachricht war für die Brüder Mauser niederschmetternd. ‚Ich kann es kaum glauben, dass all dies Abmühen umsonst gewesen sein soll', schreibt Paul. ‚Über meinen inneren Zustand muß auch ich schweigen, Dein eigenes Fühlen und Denken kann Dir hierfür der Maßstab sein', antwortet Wilhelm.*

Die Ablehnung traf die Brüder um so schwerer, als sich die Lage der Firma immer mehr verschlechtert hatte und auch Wilhelms Reise nach Petersburg, wo er wochenlang wegen des Revolvers verhandelte, erfolglos blieb. An der Entscheidung des Kaisers war nicht zu rütteln; es blieb nur noch die Hoffnung, wenigstens Aufträge für die Herstellung des neuen Revolvers zu bekommen. Ein Gesuch an den preußischen Kriegsminister wurde aber abschlägig beantwortet. Besuche Wilhelm Mausers in Dresden und Karlsruhe führten zu keinem Ergebnis, ebenso hatte er beim österreichischen Kriegsministerium keinen Erfolg".

Die Gebrüder Mauser nahmen dennoch die Fertigung des heute sogenannten „Zick-Zack Revolvers" auf. Der Spitzname wurde von den am Trommelumfang eingefrästen Nuten, in die der Transporteur eingreift, abgeleitet. Die Waffe wurde in den Kalibern 7 mm, 9mm und 10,6 mm Mauser angeboten. Letzteres ist identisch mit dem Kaliber des Revolvers M/79. Die Mauser-Patrone ist nur durch den Bodenstempel identifizierbar (DWM KK 7 und DWM KK 200). Die wenigen im Kaliber 10,6 mm hergestellten Revolver kauften unter anderm jene Offiziere zur persönlichen Bewaffnung, denen der M/79 zu unförmig erschien.

Die großrahmigen 10,6 mm Revolver sind in zwei Grundausführungen bekannt: Zum einen mit aufklappbarem Rahmen und zum anderen mit geschlossenem Rahmen. Mauser Zick-Zack Revolver mit geschlossenem Rahmen sind heute rar und dienten sicherlich als Vorlagestücke nicht nur in Berlin, sondern auch in Dresden, Petersburg und Wien. In der Zeichnung, welche der Beschreibung beider Modelle beiliegt, ist die Variante mit geschlossenem Rahmen mit einem Kanonenlauf abgebildet. Hier ist Mauser den Vorstellungen der Spandauer Spezial-Kommission, was die äußere Gestaltung betraf, entgegengekommen.

Ende 1878 war die Erprobung in Spandau abgeschlossen und ein Musterrevolver Kaiser Wilhelm I. (1797 – 1888) vorgelegt worden.

Der abgebildete M/79 in hervorragender Erhaltung besitzt weder eine Seriennummer noch eine Herstellerbezeichnung bzw. Markierungen, die auf eine Güteprüfung schließen lassen. Die

Kaiser Wilhelm I. (1797 – 1888), ab 1871 deutscher Kaiser, verfügte die Einführung der Revolver M/79 und M/83

Oberfläche ist makellos braun streichbrüniert und etwas glänzender als die spätere Serienausführung.

Der Verfasser hatte Gelegenheit, den Revolver zu vermessen und mit den Daten der Dimensionstabellen zu vergleichen:

Detail amlst-Maß Vorlagemodell	Soll-Maß lt. Dimensionstabelle	
Länge Achtkant	26 – 0,5	21,65
Länge der Hahnspitze	7,2 + 0,1	7,89
Schraubenkopf am Sicherungshebel	8 – 0,2	7,50

Alle anderen Maße stimmten überein.Die kleinen Körnerschläge, mit der die obere rechte Schraube sowie unmittelbar daneben auch die Deckplatte gekennzeichnet waren, fehlen an dem untersuchten Vorlagemodell.

Da die Erprobungsrevolver bei der Truppe vom Typ M/79 mit Sicherheit die vorgeschrieben Stempel einer vorläufigen Güteprüfung, in Kombination mit einer Seriennummer, aufwiesen, ist es mehr als wahrscheinlich, dass es sich hier tatsächlich um das Vorlagemodell handelt.

Nach rund siebenjähriger Erprobungsdauer stimmte Wilhelm I mit A.K.O. vom 21. März 1879 zu, die dafür vorgesehenen Streitkräfte des Deutschen Reiches mit dem Revolver zu bewaffnen; vornehmlich die Kavallerie und Feld-Artillerie.

Mit einem gleichlautenden Schreiben wurden die Kriegsministerien Bayerns, Sachsens und Württembergs über die Annahme eines Reichs – einheitlichen Revolvers informiert: *„Seine Majestät der Kaiser und König haben mittels Allerhöchster Kabinets-Ordre vom 21.März 1879 die Probe zu einem Revolver Allergnädigst zu genehmigen und zugleich zu bestimmen geruht, daß der Revolver in der Bewaffnung der Armee an Stelle des Pistols treten soll.*

Dem Königlichen Kriegs-Ministerium beehrt sich das unterzeichnete Departement von dieser Allerhöchsten Bestimmung ganz ergebenst Mittheilung zu machen.

Mit der Ausgabe der Revolver an die Armee wird vorgegangen werden, sobald die Beschaffung, welche bereits eingeleitet ist, stattgefunden haben wird.“

Die Erprobungsrevolver wurden im Artillerie-Depot Spandau eingelagert und dienten, wie wir später sehen werden, als Musterrevolver, die gegen Bezahlung den Kriegsministerien in Bayern, Sachsen und Württemberg geliefert wurden.

Die bei der Erprobung benutzten Revolver waren Produkte der Gewehrfabrik Spandau. Sie wurden einzeln, ohne besondere Vorrichtungen, angefertigt. Eine durchgehende Lehrenhaltigkeit war noch nicht gegeben. Leider sind von diesen Revolver weder die Stückzahlen, noch die Markierungen bekannt. Da mit Sicherheit wieder die verschiedenen Kavallerie- und Artillerieeinheiten mit der praktischen Erprobung beauftragt waren, kann man allerdings mengenmäßig von der Größenordnung des Colt-Auftrages ausgehen.

Quellen

„Das Sponton“, Jahrgang 1964, S. 22
HRB I, S.485
Andrea Theissen, Arnold Wirtgen: *„Militärstadt Spandau“*, herausgegeben im Auftrag der Deutschen Gesellschaft für Heereskunde e.V., des Kreises der Freunde und Förderer des Heimatmuseums Spandau e.V. und des Stadtgeschichtlichen Museums Spandau. 1998, ISBN 3-89488-129-1
„Geschichte der Mauser Werke“ VDI – Verlag GmbH, NW 7 1938

3.8.–3.9. Dieser Revolver M/79 gehört ohne Zweifel zur Kategorie Vorserienmuster. Der Revolver hat keine Nummerierung und Stempelung. Die Waffe weist Details auf, die später bei der Serienausführung nicht mehr vorhanden waren. Auffallend ist z.B. der kürzere Achtkant am Lauf, der in dieser Vermaßung am Serienmodell nicht mehr zu finden ist. Sammlung Dr. J. Alles

This Revolver M/79 is unquestionable a pre-production example. It has neither serial number nor markings, and shows some details which were altered prior to commencement of serial production. Note especially the shorter octagonal section of the barrel, which was not used in serial production. Dr. J.Alles collection

4. Die Revolverentwicklung und Erprobung in Sachsen und Bayern

Wir können davon ausgehen, dass lange vor den Erprobungen in Preußen, die schließlich zum M/79 führten, Revolver der verschiedenen Systeme und Hersteller ausgiebig getestet worden sind. MZwar mangelt es an preußischer Primärquellen, jedoch können die beschriebenen Vorgänge im den Königreichen Bayern und Sachsen helfen, einen Einblick zu vermitteln, welche Revolver in der Zeit des Perkussions- und des Stiftfeuersystems diversen Erprobungen unterzogen worden waren.

Unterlagen über Württembergische Revolvervorgänge sind nicht vorhanden, obwohl auch hier als sicher angenommen werden kann, dass sich dieses kleine Königreich mit der Revolverfrage befasst haben wird.

4.1 Bayern

Aufgrund eines Gesuches des Festungskommandanten der Stadt Germersheim vom 20. April 1860 und dem fortlaufenden Drängen der Kavallerie wird die Direktion der Gewehrfabrik in Amberg am 20. Februar 1861 vom KBKM aufgefordert, zur Einführung von Revolvern in der bayerischen Armee Stellung zu nehmen.

Die Antwort erfolgte bereits am 5. März 1861, deren Einleitung es wert ist, wörtlich wiedergegeben zu werden: *„Die Gewehrfabrik-Direktion hat den dem allerehrfurchtsvollst Unterzeichneten von Herrn Hauptmann Freyherrn von Gumppenberg brevi manu zugesendeten Revolver ungesäumt in jeder Richtung geprüft, dessen Prinzip oder System studirt, die mechanische Construction der geeigneten Kritik unterworfen und die Leistungsfähigkeit durch Versuche erprobt.*

Das erzielte Resultat, soweit dieses nach den in so kurzer Zeit gewonnenen Erfahrungen und gemachten Beobachtungen nur als annähernd sichere Basis genommen werden kann, dürfte vorerst zu nachstehender Beurtheilung der fraglichen Waffe berechtigen:

a. Das System ist nach Lefaucheux und kann dasselbe für den Gebrauch der Reiterei als vortheilhaft begutachtet werden, wegen den Eigenschaften einer bequemen Ladeweise, des leichten Entladens und Vermeidung von Anbrandung der Kammern; dagegen darf als wesentlich nicht unerwähnt bleiben, daß diese Vorteile nur um das Opfer einer sehr complicirten und kostspieligen Munition errungen werden können.

b. Die Construction und der Mechanismus des vorliegenden Revolvers – eines Fabrikates von Peterlongo – muß als eine wünschenswerthe Vervollkommerung bezeichnet werden, da der Schuß auf zweierlei Art abgegeben werden kann, entweder mittels Spannen des Hahnes oder wie gewöhnlich durch einen fortgesetzten Druck an dem Abzuge. Im Allgemeinen jedoch wird die Revolverwahl für alle Folge der unvermeidliche Vorwurf treffen, daß die vom militärischen Standpunkte aus so werthvollen Eigenschaften der Einfachheit, Solidität und Dauer der Construction nur in sehr untergeordnetem Grade vertreten sind und auch eine wesentliche Besserung hierin sich nicht erwarten läßt, da für die vielen Funktionen des Revolvers die Zahl der beweglichen und sich abnutzenden Theile immer bedeutend bleiben wird und vielen derselben zu wenig Raum gegönnt werden kann um ihnen die nöthige Stärke geben zu können.

c. Die Treffähigkeit besitzt die fragliche Waffe in jedenfalls genügendem Grade. Es liegt dies schon in der Anwendung des gezogenen Rohres, welches, wenn keine Fabrikationsfehler vorkommen, immer die gewünschte Treffähigkeit auf noch größere Entfernung geben wird, als die Leistungsfähigkeit eines Revolvers im Allgemeinen in Anspruch genommen werden kann.

An dem Fabrikate von Peterlongo ist zwar der der Waffe eigene Grad der absoluten Treffähigkeit durch Anwendung eines zu großen Visierwinkels und daraus entspringendem abnormen Hochschuß in schädlicher Weise alterirt; es dürfte jedoch hierauf kein Gewicht gelegt werden, da sich derselbe im constructiven Wege beseitigen lässt. Was schlüßlich die hochwertige Eigenschaft der Durchschlagskraft betrifft, war das Resultat der Prüfung ein gänzlich ungenügendes. Der nach Lefaucheux construirte Revolver schlug nur einmal auf 2 Schritte Entfernung ein ¾ Zoll starkes weiches Brett durch; blieb dann auf diese ganz geringe Entfernung im Brette stecken und machte auf 5 Schritte, dann auf 12 und 25 Schritte nur Eindrücke von ¼ Zoll Tiefe in das Brett. Ganz dieselbe geringe Wirkung gab auch ein zweiter Revolver von bekannter Construction wie er gewöhnlich im Handel und Privatgebrauche vorkömmt.

Der treugehorsamst Unterzeichnete hält es im Interesse eines richtigen Urteiles in der Revolverfrage für sachdienlich, zur Veranschaulichung dieses missliebigen Prüfungsergebnisses die Ausschnitte aus den Durchschlagswänden in der Anlage allerunterthänigst in Vorlage zu bringen.

Als Ursache dieser ungenügenden Wirkung erscheint die geringe Pulverladung, welche sich bei den der Probe unterworfenen Revolvern wegen Dimensions- und Conctructions-Verhältnissen ohne Gefahr nicht wohl weiter steigern läßt; dann speziell bei dem Lefaucheux-Revolver ein Mißverhältnis zwischen Caliber und Geschoßlänge.

Einem so niederen Grade an Leistungsfähigkeit gegenüber glaubt der allerehrfurchtsvollst Unterzeichnete kein anderes Gutachten abgeben zu können als daß weder der geprüfte Revolver nach Lefaucheux, so wie er ist, noch die Revolver anderer Modelle, wie sie gewöhnlich im Privatgebrauch und im Handel vorkommen, zum Militärgebrauche und zur Einführung im Heere sich eignen."

Soweit der Direktor der Gewehrfabrik in Amberg, Generalmajor von Podewils, der im weiteren Verlauf seines Berichtes Argumente gegen eine Anfertigung von Revolvern in der Fabrik anführte. Wegen der hohen Auslastung und den technisch-finanziellen Risiken schlug er vor, weitere, auf dem Markt befindliche Revolvertypen zu prüfen. Mit Nr. 3699 des KBKM vom 5. 4. 1861 erhielt die Gewehrfabrik den gewichtigen Auftrag, sich mit der Herstellung neuer Muster von Handfeuerwaffen für die Kavallerie zu beschäftigen. Dieser Auftrag löste nicht nur die Aktivitäten auf dem Gebiet der gezogenen Kavallerie Pistolen aus, sondern auch Versuche mit damals bekannten und nach Möglichkeit bereits anderweitig militärisch eingeführten Revolvermodellen.

Bezüglich der Beschaffung von Revolvern berichtete die königliche bayerische Gesandtschaft in London über das „Staats Ministerium des Königlichen Hauses und des Aeussern" nicht sonderlich ermutigend am 17. April 1861 an den König: *„Inhaltl. der mir mittels des h. Minist. Reskr. obigen Betr. Nr. 5357 v. 10. d. M. erteilten Weisung, habe ich mich vorerst bei einem Offizier des k. großbr. Kriegsministeriums u. bei einem höheren Marine Offizier gesprächsweise erkundigt, ob die Revolverpistolen in ihren betr. Heeresbranchen eingeführt seien, u. von ihnen in Erfahrung gebracht, daß es allerdings einmal die Absicht gewesen sey, solche einzuführen, daß dieses aber seitdem nicht geschehen. Unter diesen Umständen glaube ich, Abstand nehmen zu sollen, die betr. Demarsche bei Lord John Ruhsell, außer auf speziell erneuerten Befehl noch, vorzunehmen, was ich hiermit zur geh. Anzeige bringe."*

Einen weiteren Anstoß in der Revolverfrage gab König Max selbst mit einem Handschreiben vom 1. Dezember 1862: *„Ich wünsche gutachtliche Berichterstattung darüber, ob es nicht räthlich wäre, die Bewaffnung der Cavallerie mit Revolver-Pistolen einzuführen."* Der für das Waffenwesen zuständige Referent „H" des KBKM erörterte die Frage der Bewaffnung der Kavallerie vom 3. Dezember 1862 zunächst wie folgt: *„Was insbesondere die Revolver betrifft, so ist vorläufig ein für den Kriegsgebrauch entsprechendes Modell überhaupt diesseits nicht bekannt. Die Versuche der Direction mit einem Revolver nach Lefaucheux, dann mit einem gewohnlichen Revolver aus der Fabrik Peterlongo in Innsbruck haben schlechte Resultate in bezug auf Durchschlag ergeben. Erkundigungen nach englischen Dienstrevolvern wurde durch die k. Gesandschaft dahin erwidert, daß man solche Waffen in Heer und Flotte zwar mehrfach habe einführen wollen, sich aber bis jetzt nicht dafür entschieden habe. Hingegen steht nunmehr die Mittheilung amerikanischer Muster von Revolvern in Aussicht. Die Kenntnis dieser neuen Construction wird wohl die technische Aufgabe auch diesseits ihrer Lösung näher bringen."*

Der Referent „H" verfügte dann, die Forderung des Königs verfolgend, mit gleichem Datum. *„An den Generalinspecteur der Armee, Feldmarschall Prinz Carl von Bayern K. H. Auf Befehl S. M. der König haben unter'm 1.1. Mts. gutachtliche Berichterstattung darüber allerh. befohlen: ob es nicht räthlich wäre, die Bewaffnung der Cavallerie mit Revolver Pistolen einzuführen.*

Der Generalinspecteur der Armee wird hiernach beauftragt, die Cavallerieberathungskommission zur Erwägung dieser principiellen Frage anzuweisen u. das Ergebnis mit Gutachten auch der Generalinspection d. Armee anher vorzulegen."

König Max erhielt mit Nr. 1904 vom 21. März 1863 den von ihm mit Signat vom 1. Dezember 1862 gewünschten gutachterlichen Bericht, der u. a. folgenden Inhalt hatte: *„Modelle von verschiedenen im nordamerikanischen Unions Heere eingeführten Revolver Pistolen wurden bereits der Gewehrfabrik Direktion in Amberg für sorgfältige Prüfung übergeben.*

Technische Ausführung

Es ist unvermeidlich, daß ein so complicirter Mechanismus, wie der eines Revolvers, ziemlich viele Einzeltheile erfordert, daß diese Theile auf einen sehr kleinen Raum zusammen gedrängt sind, also kleine Dimensionen haben müssen, daß dieser letzte Umstand ein vorzügliches Material und sehr genaue Arbeit erheischt, welche den Preis der Waffe ungemein vertheuern, daß trotz guten Materials und genauer Arbeit sowohl die Wahrscheinlichkeit der Abnützung, als auch die Möglichkeit einer Zerstörung einzelner Theile größer ist, als bei den meisten anderen Feuerwaffen, daher die Erhaltung des Revolvers in einem guten Zustande, erhöhte Sorgfalt erfordert.

Wenn man auch keine Kosten scheut und ganz verlässige Bezugs Quellen hat, die eben erwähnten Mängel werden doch wohl immer den Revolvern anhängen und bilden ein Haupt Moment ihrer Charakteristik.

Schußthätigkeit

Die Schwere der Revolver, beim Halten, Zielen und Abdrücken in einer einzigen Hand concentrirt, wirkt abschwächend auf die der Hand und dem Arme bei diesen Verrichtungen so nothwendige Ruhe und Festigkeit.

Die Rücksicht auf das Gewicht der Revolver bedingt daher möglichste Verminderung der Dimensionen aller Theile und nöthigt in Folge dessen auch zur möglichsten Verringerung des Kalibers und der Pulverladung, wodurch dann wieder nicht nur die Treffsicherheit, sondern auch die Perkussionskraft der Geschosse herabgesetzt wird. Der Hauptwerth dieser Waffe besteht in seiner nachhaltigen Schußbereitschaft, welche sich je nach der getroffenen Einrichtung auf sechs Schüsse erhöht, zu deren Entladung nichts erforderlich ist, als ein jemaliges Abziehen des Drückers.

Die gezogenen Revolver schießen auf 50 bis 100 Schritte mit ziemlicher Sicherheit auf 100 bis 150 Schritte mit Wahrscheinlichkeit und können ihre Geschosse etwa auf 150 Schritte Entfernung noch Pferde und auf 250 Schritte Entfernung Menschen tödten.

Bewaffnung der Cavallerie mit Feuergewehren

Die Hauptwirkung des Cavalleristen bleibt der Angriff, dabei ist seine Waffe der Säbel, diesem muß er sein volles Vertrauen und seine Vorliebe schenken, weil dieser ihm in dem schönsten Gefechts Momente dient. Der Gebrauch einer Feuer-Waffe bei dem Angriffe würde zu großer Unordnung führen, den Lärm und Dampf vermehren, das Commando übertönen, die Pferde scheu und ihre Führung unsicher machen und so die ganze Vehemenz der Attaque verhindern. Geht der Angriff in das Handgemenge über, so muß der Reiter bei dem Gebrauche seines Säbels bleiben und wird etwa nur einem fliehenden oder verfolgenden Gegner einen Schuß nachsenden. Bei dem der Cavallerie vorzugsweise zustehendem Vorposten und Sicherungs-Dienste aber muß dem Reiter der Besitz einer Feuerwaffe als nothwendig und wünschenswerth erscheinen, und sei es auch oft nur um damit alarmiren zu können. Diesem Bedürfnisse Rechnung tragend und in der Überzeugung, daß die gegenwärtig bei Euerer Koeniglichen Majestaet Cavalerie eingeführten Feuer Waffen, den Anforderungen der Neuzeit nicht mehr entsprechen, hat das Kriegsministerium nicht verfehlt, schon unterm 5. April 1861 die Gewehrfabrik-Direktion in Amberg zu beauftragen, Muster neuer Feuerwaffen für die Cavallerie, mit besonderer Berücksichtigung der Vortheile der Kammerladung, anzufertigen und vorzulegen.

Die Erledigung dieses Auftrages steht nun alsbald zu erwarten und wird sodann der treugehorsamst Unterzeichnete nicht ermangeln, hierwegen Euerer Koeniglichen Majestaet allerunterthänigst Bericht und Antrag zu erstatten.

Bewaffnung der Cavallerie mit Revolverpistolen

Eine den allgemeinen Anforderungen entsprechende Feuerwaffe genügt dem Bedürfnisse der Cavallerie, weil jede darüber hinausgehende Verfeinerung in ihrer Wirkung dadurch abgeschwächt wird, daß die Unruhe des Pferdes doch nur sehr selten ein sicheres Zielen und Abdrücken des Hahnes gestattet.

Die Revolver-Pistolen sind dem Gewichte nach schwer, ihre Anschaffung sehr theuer, sie erfordern eine äußerst subtile mit dem Mechanismus genau vertraute Behandlung und eine sorgfältige und häufige Schießübung, durch welch letztere Anforderungen die ohnehin mannigfachen Ausbildungszweige des Cavalleristen noch erweitert würden.

Der Revolver hat aber in seiner Schußbereitschaft eine Eigenschaft, von der zu befürchten steht, daß sie das Vertrauen des Reiters von der blanken Waffe ab, auf sich herüberlocken könnte, dadurch den ritterlichen Sinn des Reiters herabstimmen und denselben von seinem eigentlichen Reithandwerke abziehen würde.

Wenn nun schon durch die bisher gepflogenen eingehenden Berathungen und Erhebungen mit voller Sicherheit sich ergeben dürfte, daß eine allgemeine Bewaffnung der Cavallerie mit Revolvern nicht wohl empfehlenswerth und entsprechend erachtet werden könne, so bleibt nach dem Dafürhalten des treugehorsamst Unterzeichneten doch die Frage noch unentschieden; ob nicht die Bewaffnung wenigstens der Offiziere und Unteroffiziere der Cavallerie mit Revolvern zweckmäßig sei. Für die endgültige Entscheidung dieser Frage dürfte aber vorerst das Ergebnis der vom Gewehrfabrik-Direktor, Obersten Freyherrn von Podewils in Folge Kriegsministerial-Auftrages vom Jahre 1861 zu gegenwärtigenden Gutachten hinsichtlich der Bewaffnung der Reiterei überhaupt abzuwarten und bis dahin erneuerter allerunterthänigster Bericht zu erstatten sein.“

Der König schrieb an den Rand des abschließenden Antrages: *„Einverstanden. München am 1. Mai 1863 Max.“* Daraufhin verfügte das KBKM am 2. 5. 1863 den Vorgang „bis zur angezeigten weiteren Beschäftigung zu den Akten.“

Obwohl in der Mitte der sechziger Jahre eher die gezogene Kavallerie-Pistole als künftige Waffe der Reiterei gesehen wurde, blieb doch die Revolverfrage nicht völlig außer Acht. Das KBKM verfügte am 5. Februar 1864: *„Das Artillerie-Corps-Commando wird beauftragt, die nachstehend verzeichneten Modelle amerikanischer Waffen, Rüstungsstücke u.s.w. durch einen Offizier der Zeughaus-Direktion übernehmen zu lassen.*

I. Waffen und Zubehör

***Nr. 1)** 2 Infanterie-Gewehre der Fabrik zu Springfield mit Bajonetten, Pfropfen, Zerlegewerkzeug;*
***Nr. 2)** 1 Revolvergewehr, System Colt, mit Bajonett, Pfropf, Geschoß-Modell, Schraubenzieher;*

Nr. 3) 1 Carabiner (Rückladungs) System Burnside mit Reinigungs-Bürste, Schraubenzieher, dann Gebrauchs-Instruktion;
Nr. 4) 1 Carabiner (Rückladungs) System Scharp, Requisiten und Instruktion wie Nr. 3, außerdem Gießform und Wischstock;
Nr. 5) 1 Revolverpistole, System Colt mit Gießform;
Nr. 6) 1 Revolverpistole, System Remington, mit Gießform, Schraubenzieher, das ganze im Etui
Nr. 7) 1 Revolverpistole, System Starr mit Gießmodel, Schraubenzieher, dann Instruktion;
Nr. 8) 1 Revolverpistole, System Whitney, mit Gießform und Schraubenzieher;
Nr. 9) 2 Säbel (mit Scheiden) Für leichte Cavalerie. (Die Feuerwaffen sind sämtlich gezogen)

II. Munition

III.Rüstungswerk mit Zubehör
Von den unter Ziffer 1 u. 9 genannten Waffen ist je 1 Exemplar unmittelbar im Conservatorium der Zeughaus Direktion zu deponieren, die anderen Muster aber mit Patronen und Requisiten sollen zur thunlichsten Förderung der der Gewehr-Fabrik-Direktion zugewiesenen speciellen Aufgabe in analoger Anwendung des Kriegsministerial Reskriptes vom 22. Januar 1862 Nr. 14 529 zunächst an diese Stelle gesendet werden.

Lag bisher die Initiative bei der bayerischen Armee, so bemühte sich ein Reinhard Stahl aus Haßfurtam 18. Dezember 1863 beim KBKM zur Prüfung vorlegen zu dürfen.

Hier seine Bewerbung: *„Der Unterzeichnete erlaubt sich, einem hohen koeniglichen Kriegs-Ministerium, einen selbst gefertigten Revolver als Muster zur Einführung in der Armee vorzulegen.*

Derselbe steht hinsichtlich der Dauerhaftigkeit, durch die Einfachheit der Construction, jeder einfachen Pistole gleich, ebenso in der Treffähigkeit, so daß 100 Schuß, mit bestem Erfolg, ohne zu reinigen, gemacht werden können.

Nachdem die Waffe, durch die Schußzahl, jede andere Pistole übertrifft, insbesondere den Vortheil nachweist, daß sich nie eine Kugel beim Reiten schiebt, ferner durch vieles und langjähriges Probieren, ich von der Dauerhaftigkeit der Waffe überzeugt bin, so glaube ich, es wagen zu dürfen, einem hohen koeniglichen Kriegs-Ministerium, die Waffe zur Prüfung zu unterbreiten. Ich selbst bin bereit nach München zu kommen, um bei der Prüfung über allenfallsige Zweifel, mit Auskunft dienen zu können.

Schließlich erlaube ich mir zu bemerken, daß ich vollkommene Kenntnisse besitze, diese Waffe in größerer Anzahl zu fabriciren; da ich früher dieses Fach, bei Colt in America erlernte, auch hier wieder betreibe, und die meisten Herrn Offiziere Bayerns, damit versah, deren vollkommene Zufriedenheit ich mir erwarb.

Wenn ich mich in meiner Hoffnung nicht täusche, daß die Waffe eingeführt wird, so erkläre ich mich bereit, solche hier, oder auch in Amberg, unter Leitung der bisherigen Direction zu fabriciren.“

Das KBKM gab den Revolver mit Nr. 8092 vom 31. 12. 1863 an die Handfeuerwaffen-Versuchskommission mit der Weisung, die Waffe einer Erprobung unterziehen zu lassen und über die Ergebnisse der Versuche zu berichten.

Die Handfeuerwaffen-Versuchskomission berichtete am 23. Juli 1864 dem königlichen Generalkomitee und dieses am 26. Juli 1864 dem KBKM): *„Anliegend unterbreitet der treugehorsamst Unterzeichnete Euerer Königlichen Majestaet das Referat der Handfeuerwaffenversuchs-Commission mit seinen Beilagen über die mit Kriegs Ministerial-Rescript vom 29. Dezember 1863 Nr. 14 067 zur Erprobung herabgelangte Revolverpistole des Richard Stahl aus Haßfurth mit dem allerehrfurchtsvollsten Bemerken, daß er auf Grund des Referates sich dem Antrage der genannten Commission anschließe, welcher dahin geht, dieses Anerbieten des Richard Stahl zurückzuweisen.“*

Reinhard Stahl legte dann offenbar mindestens einen verbesserten Revolver vor, und am 27. September 1864 und am 13. April 1865 erhielt die Gewehrfabrikdirektion dann den Auftrag, *„sich sowohl über die Qualität der von Reinhard Stahl zu Haßfurt in Vorlage gebrachten beiden Revolver auszusprechen, als auch über das zur Zeit zur Einführung zu speciellem Gebrauche geeignetste und beste Revolvermodelle gutachtlich technisch zu äußern.“*

Das *„Technisches Gutachten über die Beschaffenheit der von Reinhard Stahl zu Haßfurt vorgelegten Revolver, sowie über die Frage der Annahme des zur Zeit geeignetsten Revolver Musters für Bewaffnung einzelner Mannschaften, Chargen und der Offiziere“* lag dem KBKM als Beilage zum Bericht der Gewehrfabrik Nr. 528 vom 10. 7. 1865 vor. Der nachstehend fast ungekürzt wiedergegebene Text, von Oberst v. Podewils unterschrieben, enthält äußerst interessante Ausführungen zu den Revolvern der damaligen Zeit.

Der Revolver im Allgemeinen
Als Direktive bei Beurtheilung der verschiedenen Revolver-Construktionen und deren Verwendbarkeit zum militärischen Gebrauche dürften nachfolgende Betrachtungen über die Natur dieser Waffe im Allgemeinen sachdienlich zu benützen seyn:

1. Der Revolver ist seinem Wesen und seiner ganzen Beschaffenheit nach, eine Waffe mehr defensiver Natur; er ist wenig geeignet ein

Feuergefecht auf entsprechende Entfernungen einzuleiten. Noch weniger ein solches eine mäßige Zeitdauer fortzuführen und steht endlich in seiner Wirkung weit unter den übrigen weittragenden Waffen der Neuzeit; dagegen bietet derselbe ganz im Nähegefecht und deshalb im entscheidenden Augenblick eine quantitative concentrirte und dadurch momentan gesteigerte Wirkung. Hieraus ergibt sich, daß der Revolver, auch wenn die neuesten technischen Verbesserungen in Anschlag gebracht werden, als allgemeine Militär Waffe, von welcher entsprechende Dienstleistung in allen verschiedenen Gefechts Arten gefordert werden muß, wenigstens jetzt noch nicht empfehlenswerth erscheint, und daß derselbe bezüglich Verwendbarkeit zu militärischen Zwecken nur für jene spezielle Fälle in Betracht gezogen werden könne, in welchem seine eigenthümliche potenzirte Wirkung im Nähegefecht oder zur Selbstvertheidigung so zu sagen im Faustkampfe besonderen Werth hat, demnach bei Bewaffnung einzelner Chargen, der Offiziere, der Marine und allenfalls der Mineure und Artilleriebedienungs-Mannschaft.

2. *Es ist wenig Aussicht vorhanden, daß es der Technik jemals gelingen werde, die Revolverkonstruktion derart zu vervollkommen, daß diese Waffe in die Reihe der weittragenden Handfeuerwaffen eintreten könnte. Der Revolver verträgt nämlich nur zu geringe Ladungen, weil zwischen Lauf und den Kammermündungen gar kein Verschluß stattfindet und die Gase hier durch den unvermeidlichen Spielraum ungehindert entweichen können. In Folge dieses Umstandes verringert sich die Gewalt der Gase und ein baldiger Ruin der Waffe an der fraglichen Stelle wird nur bei geringer Ladung und ebensolcher Dichtheit der ausströmenden Gase vermieden. Bei starken Ladungen und dadurch größerer Spannung derselben würde die zerstörende Wirkung bald fühlbar werden.*
   Rüstow gibt zwar den Waffentechnikern den Rath, vielmehr die Aufgabe, sich mit Beseitigung dieses Übelstandes zu beschäftigen und sich zu bemühen einen gasdichten Verschluß zwischen Lauf und Kammer herzustellen; leider aber hat derselbe unterlassen, anzugeben oder nur anzudeuten, wie dies geschehen solle oder könne. Nach Ansicht des gehorsamst Unterzeichneten ist diese Aufgabe zwar keine absolute mechanische Unmöglichkeit, aber unvermeidlich würde die ohnedem schon zu große Complicirtheit des Revolvers, durch eine neue weitere mechanische Funktion sich derart steigern, daß es mehr als bedenklich würde, eine derartige Waffe zum Militärgebrauche zu adoptiren. Es dürfte demnach wohl nichts anderes übrig bleiben, als von dem Bestreben abzugehen, den Revolver auf eine Höhe heben zu wollen , welche seiner Natur widerspricht und ihn nur dahin zu verwenden, wo diese mit den Anforderungen seine Leistung übereinstimmt.

3. *In dem beschränkten Wirkungskreise des Revolvers ist der Grund zu suchen, warum derselbe ungeeignet ist, ein Feuergefecht auch nur auf ganz kurze Zeitdauer zu unterhalten. In so großer Nähe des Feindes und bei dem zur wiederholten Ladung nöthigen Zeitaufwand, dürfte es kaum denkbar erscheinen, daß es möglich sein sollte, denselben mehrere Male oder nur zum zweitenmale zu laden.*
   Ein zweites und sehr wesentliches Hindernis für ein andauerndes Feuer liegt in der übermäßigen und raschen Anbrandung des Cylinders und der Reibungsflächen in Folge der oben unter Ziffer 2 erwähnten bedeutenden Gasausströmung zwischen den Kammermündungen und dem Laufe.
   Nach Versuchsergebnissen wird diese nach 15 Schüssen, bei trockenem Brande schon nach 10 so stark, daß die Selbstthätigkeit des Mechanismus gestört wird und der Cylinder mit der Hand gedreht werden muß. Wenn solche Vorkommnisse bei neuen und vollkommen gut gearbeiteten Revolvern beachtet werden können, so steht zu erwarten, daß derlei Hindernisse bei gebrauchten Waffen in gesteigertem Maße auftreten werden, und es dürfte deshalb rathsam erscheinen, von dem Revolver keine seiner Natur zuwiderlaufende Leistung zu verlangen, denselben in der Regel nur in Einklang mit dieser zu verwenden und als besonders werthvoll nur auf die erste Serie von 5 bis 6 im Faustkampfe abzugebenden Schüsse zu zählen. Von jeder anderen Gebrauchsweise nämlich von einzelnen auf Entfernungen abgegebenen Schüssen wäre nur geringer Effect zu erwarten, dagegen eine Herabsetzung seiner eigenthümlichen gesteigerten Wirkung zu befürchten, weil angenommen werden kann, daß dann der Revolver im entscheidenden Momente nur theilweise geladen und schon in schädlicher Weise angebrandet sein würde.

4. *Die Complicirtheit der Funktionsleistung des Revolvers bedingt auch unvermeidlich eine complicirte Construktion dieser Waffe. Um nun der für Militärwaffen so wünschenswerthen Eigenschaft der Haltbarkeit und Dauer möglichst gerecht zu werden, wird es deshalb vor Allem unumgänglich nothwendig, daß die einzelnen Theile des Mechanismus so stark gemacht werden, als die Raumverhältnisse es nur immer gestatten, daß die Situation und das Zusammenwirken derselben vollkommen mechanisch richtig, sowie daß das Material erster Qualität*

und die Fabrikation eine tadellos exacte sey. Erst wenn diese Bedingungen, ohne welche die Waffe jeden militärischen Werth verliert, vollkommen erfüllt sind, kann die Frage des Kostenpunktes bei der Wahl des Modelles in die Waagschale gelegt werden.

5. *Eine der wesentlichsten Anforderungen an eine gute Revolver Construction ist ein vollkommener Parallelismus zwischen der Seelenachse des Laufes, der Achse des Cylinders und den Achsen der Kammern, so, daß die Laufachse mit der Achse jener Kammer, welche sich gerade hinter demselben befindet möglichst genau in eine Linie zusammenfällt. Von dieser Eigenschaft hängen nicht nur die Treffähigkeit und sonstige Leistungen der Waffe überhaupt ab, sondern auch die Haltbarkeit und Dauer derselben, weil nur durch dieselbe ein sanfter regelmäßiger Übergang des Geschosses von der Kammer in das Rohr erzielt und jeder gewaltsame Stoß bei diesem Vorgang vermieden werden kann. Eine in dieser Richtung tadellose Construktion erscheint deshalb besonders werthvoll und dürfte, wenn auch die Kosten der ersten Anschaffung sich steigern, als Hauptanforderung nicht außer Acht zu lassen seyn.*
   Es genügt nicht, daß die richtige Lage der genannten verschiedenen Achsen an den neuen Waffen hergestellt ist; es handelt sich auch noch um die Construktionsmittel, durch welche das Ziel erreicht wurde und ob durch diese eine möglichst dauernde Erhaltung des erwähnten Parallelismus nach längerem Gebrauche der Waffen gesichert erscheint.
   Nach Allem dem ist unter sonst gleichen Verhältnissen dasjenige Revolver-Modell das vorzüglichere, welches sich derart rationell fabriciren läßt, daß die beiden Achsen des Laufes und des Cylinders nicht nur von vorneherein in genau parallele Lage kommen, sondern auch nach längerem Gebrauche sicher in dieser sich erhalten. Dies wird am Besten dadurch erreicht, wenn beide Achsen nicht in zwei getrennten und auf irgend eine Weise wieder zusammengefügten Theilen sondern in ein und demselben Körper sich befinden.
6. *Sehr wichtig ist schlüßlich beim Revolver, daß die Zündhütchen auf den Zündkegeln ganz fest sitzen und durch die Erschütterung der ersten Schüsse, die übrigen Zündhütchen sich nicht lockern. Um dies zu erreichen, müssen die Hütchen möglichst exacte Fabrikate, vorzüglich von genau gleichem Caliber seyn; ebenso richtig und identisch gleich sollen die Zündkegel gefertigt seyn und eine wenig conische Form haben, damit die Hütchen mit großer Reibungsfläche in Anlage kommen und fest aufgedrückt werden können, ohne aufzureißen.*

Schießversuche und Benehmen im Feuer

Wenn die in dem soeben geschlossenen Abschnitte über die Natur des Revolvers im Allgemeinen aufgeführten Behauptungen und Betrachtungen richtig sind, so gelangt man bezüglich der Wirkung und Leistungsfähigkeit dieser Waffe zu dem Schlusse, daß es genüge, wem der Revolver auf 25 bis 50 Schritte entsprechende Treffähigkeit bietet und tödtliche Verwundungen verursacht, demnach ein einzölliges weiches Brett durchschlägt.

Bei einer so geringen Anforderung an die Wirkung eines gezogenen Rohres und Spitzgeschosses würde eine richtige technische Untersuchung der Construction des Calibers, der Geschoßform und der Pulverladung schon allein und ohne Schießversuche hinreichen, um sich ein richtiges Urtheil über ein der Prüfung unterworfenes Revolver Modell zu bilden. Die Erprobung der Wirksamkeit eines Modelles ist demnach hier mehr untergeordneter Zweck der Schießversuche und leisten diese dadurch einen wichtigeren Dienst, daß sie Gelegenheit geben, Beobachtungen über das Benehmen der Waffe im Feuer, über das Auftreten von störenden Erscheinungen im praktischen Gebrauche, sowie über die Qualität der Construktion überhaupt zu machen.

Die Schießversuche wurden noch auf weitere Entfernungen ausgedehnt, als der oben bezeichnete wesentliche Wirkungskreis des Revolvers beträgt. Zu diesem Verfahren wurde darin Grund gefunden, daß es für eine wesentliche Garantie für sichere Wirkung im Nähegefecht, für gediegene Construktion der Waffe und besonders für den mehr erwähnten Parallelismus der Achsen betrachtet werden kann, wenn die Maximalporte eine größere Ausdehnung hat und die Treffähigkeit nicht zu rasch abnimmt, sondern noch auf weitere Distanzen anhält, als der eigentliche Wirkungs- und Gebrauchs-Kreis verlangt.

Zu den Versuchen wurden nachstehende Waffen herangezogen.

Revolver Nr. I; System Adams, Modell der niederländischen Marine, Fabrikat von August Francotte in Lüttich, *Caliber 12 am = 0,458 Zoll rheinisch, Pulverladung 1,125/16 Loth neues Gewehrpulver; 35,6 Stück Geschosse auf l Pfund bayerisch.*

Revolver Nr. II; System Lefaucheux, Fabrikat von Peterlongo in Innsbruck; Caliber 12 mm = 0,4S8 Zoll rheinisch; Pulverladung 0,5/16 Loth feines Scheibenpulver, 51,2 Stück Geschosse auf l Pfund bayerisch.

Revolver Nr. III; System Lefaucheux, Fabrikat von August Francotte in Lüttich; *Caliber 12 mm = 0,458 Zoll rheinisch; Pulverladung 0,5/16 Loth feines Scheibenpulver; 51,2 Stück Geschosse auf l Pfund* bayerisch.

Revolver Nr. IV; Adams modifizirt durch Verbindung des Laufes mit dem Körper durch Ein-

schrauben; Fabrikat von Büchsenmacher Stahl in Haßfurth; *Caliber 9 mm = 0,344 Zoll rheinisch; Pulverladung 0,875/16 und 0,75/16 Loth neues Gewehrpulver; 79,3 Stück Geschosse auf l Pfund bayerisch.*

Revolver Nr. V; Adams Beaumont, Spannen des Hahnes mittelst des Abzuges; Fabrikat von August Francotte in Lüttich; *Caliber 9 mm = 0,344 Zoll rheinisch; Pulverladung 0,5/16 und 0,75/16 Loth neues Gewehrpulver; 100 Stück Geschosse auf l Pfund bayerisch.*

Um die absolute Treffähigkeit der Waffen nahezu darzustellen, wurde an diesen ein provisorischer Anschlag angebracht und aufgelegt geschossen.

Die Resultate des Revolvers Nr. I sind in den Scheibenbildern 1 und 2 mit den treffenden Bemerkungen der dominirenden Erscheinungen verzeichnet. Bis auf die Entfernung von 200 Schritten zeigt sich immer noch ein respektabler Grad von Treffähigkeit und ein vollkommener Durchschlag eines einzölligen weichen Brettes. Es ist dies Alles, was bezüglich Wirkung von dem Revolver gewünscht oder erwartet werden kann.

Das Scheibenbild Nr. 3 enthält die Leistung des Revolvers Nr. II. Die Trefffähigkeit läßt auf 50 Schritte schon nach und ebenso setzt sich der Durchschlag schneller herab. Die Versuche wurden deshalb mit dieser Waffe mit 100 Schritten geschlossen. Diese im Verhältnis zu Revolver Nr. I entschieden geringere Wirksamkeit erscheint als Ausfluß der kleinen Pulverladung, welche nur das System Lefaucheux verträgt.

Der Revolver Nr. III besitzt im Vergleich zu dem Nr. II eine wirklich höhere Treffähigkeit. Es spricht dies für die Vorzüglichkeit der Lütticher Fabrikate gegen jene des Peterlongo und besonders für den genaueren Parallelismus der Achse. Der Revolver Nr. III repräsentiert außerdem noch das neueste und beste Lefaucheux-Modell und ist dessen Leistungsfähigkeit in dem Scheibenbild Nr. 4 aufgenommen.

Die Scheibenbilder Nr. 5 und 6 enthalten die Schießresultate des Revolvers Nr. IV und zwar Ersteres mit der Pulverladung 0,875/16 Loth und Letzteres mit 0,75/16 Loth neues Gewehrpulver. Es sind diese wenig zufriedenstellend und lassen eine Unsicherheit der Wirkung erkennen, welche zu dem Schlusse mangelhafter Construktion und ungenauer Fabrikation berechtigt.

Die mit dem Revolver Nr. V gleichen Calibers mit 0,5/16 und 0,75/16 Loth Pulverladung gewonnenen Scheibenbilder Nr. 7 und 8 zeigen dagegen ein tadelloses Resultat und documentiren im Vergleich zu den Leistungen des Revolvers Nr. IV in entschiedener Weise, welches Gewicht auf die Construktion Adams, die Lauf und Körper in einem Stück vereinigt, sowie auf ganz exacte Fabrikation zu legen sey.

Es erübrigt weiteres nur noch in nachstehenden Bemerkungen alle bei den Versuchen bezüglich des Benehmens der Revolver im Feuer und praktischen Gebrauche gemachten Beobachtungen hier anzuführen und die aus diesen zu ziehenden Schlüsse in Kürze zu recapituliren.

1. *Das Ausströmen der Gase zwischen Cylinder und Laufende findet naturgemäß auch bei den besten Fabrikaten statt. In Folge der hierdurch entstehenden Anbrandung reiben sich die Cylinderflächen und dessen Achse derart, daß die Selbstthätigkeit des Mechanismus unsicher wird oder ganz aufhört, und der Cylinder durch Nachhülfe mit der Hand gedreht werden muß. Bei den Versuchen trat dieses unliebe Vorkommnis meistens schon nach 10 Schüssen auf, und machte eine Reinigung nothwendig. Bei gebrauchten Waffen steigert sich wahrscheinlich dieses Übel, und da dasselbe in der Natur der Revolver-Construktion liegt und wie schon oben erwähnt, wenig Aussicht vorhanden ist, daß es in entsprechender Weise je gehoben werden kann, so dürfte es gerathen erscheinen, von vorneherein auf ein anhaltendes Feuer-Gefecht mit dem Revolver zu verzichten und das Hauptaugenmerk auf eine Gebrauchsweise zu richten, welche dessen Wesen entspricht.*
2. *Bei Adams und den verwandten Systemen überhaupt, mit Ausnahme des Lefaucheux bei Allen muß das Geschoß streng in die Kammer gehen, weil sonst durch die vorhergehenden Schüsse die Projektile lockern, verrutschen oder herausfallen könnten, wodurch der Gang des Cylinders gehemmt würde. Das Laden der Kammern fordert deshalb einen bedeutenden Kraftaufwand, besonders, wenn man über das Aufsitzen des Geschosses Sicherheit haben will. Bei dem Revolver Adams hat sich nun gezeigt, daß die Ladevorrichtung nicht solide genug sey, um den nöthigen starken Druck, besonders bei wiederholter Ladung in angebrandeter Kammer auszuhalten, und daß bei dieser Gelegenheit Verletzungen des nicht hinreichend geführten Ladstockkopfes oder des Randes der Kammern vorkommen. Es mag hierin eine Schwäche des in der Hauptsache vorzüglichen Adams-Systemes erkannt werden und es würde deshalb sich der Mühe lohnen, noch weiteres nach einem verbesserten Lademechanismus zu forschen und dahin zu trachten besonders dem Ladstockkopfe eine solidere Führung zu geben, wenn die disponiblen Raumverhältnisse dies gestatten.*
3. *Die für die Revolver anwendbaren geringen Pulverladungen machen es nöthig, daß bei Gelegenheit der Ladung auch nicht das kleinste Quantum Pulvers verschüttet werde. Das Einbringen des Pulvers ist aber bei dem Revolver*

besonders schwierig und es fordert eine große Aufmerksamkeit und Ruhe, wenn beim Laden mit geöffneter Patrone nichts verloren gehen soll. Es wäre demnach, wenn auch – weil doch nicht in der Nähe des Feindes geladen werden kann – nicht absolut nöthig, jedoch gewiß sehr wünschenswerth, eine Patrone zu adoptiren, welche nicht geöffnet zu werden braucht; allenfalls wie die zu Revolver Nr. V gehörigen Original Patentpatronen.

4. *Bei den Versuchen kam es einige mal vor, daß Stückchen von explodirten oder locker gewordenen Zündhütchen den Gang des Drehmechanismus hinderten.*
   Da solche Vorkommnisse im entscheidenden Momente die Wirksamkeit der Waffe ganz aufheben würden, so verdient die im vorigen Abschnitt Ziffer 6 erwähnte Qualität und Beschaffenheit der Zündhütchen und Zündkegel besonders Augenmerk.
5. *Ist der Schloß- und Drehmechanismus mangelhaft construirt oder unfleißig bearbeitet, so geht die Funktion dieser Waffen, wenn sie gut und frisch geoelt sind, allenfalls auf dem Schießplatz ohne auffallende Störung vor sich; fehlt aber, was im Kriegsgebrauche leicht vorkommen kann, das frische Oel oder tritt, was ebenfalls in kurzer Gebrauchszeit geschieht, ein, wenn auch nur geringes Stadium der Abnützung ein, so versagen dieselben alsbald gänzlich den Dienst. Solche wohlfeile Waffen bei welchen der niedere Preis durch schlechtes Material und ungenaue Fabrikation oder mangelhafte Construktion erzielt ist, sind zum Militärgebrauche nicht zu verwenden, denn sie versprechen gar keine Dauer und leisten nichts.*
6. *Ein Versuch mit dem Revolver Nr. IV von Büchsenmacher Stahl führte unter Anwendung einer Pulverladung von 0,5/16 Loth zu dem auffallenden Ergebnis, daß die Geschosse den Lauf öfter gar nicht verließen, sondern in bedeutend deformirtem Zustande in demselben stecken blieben.*
   Es gehört also bei dieser Waffe schon eine vollständige für das Caliber 9 mm eigentlich normale Pulverladung dazu, um nur die Reibungshindernisse zu überwinden, welche nichts Anderes als ein Ausfluß fehlerhafter Geschoßführung und hauptsächlich unrichtiger Achsenstellung sein können.
   Wird dagegen das Scheibenbild Nr. 7 welches mit dem Lütticher Adams-Beaumont-Revolver Nr. V mit gleicher Ladung und sonst gleichen Verhältnissen gewonnen wurde, in Betracht gezogen, so ist dies ein schlagender und augenfälliger Beweis für die Behauptung, daß der Parallelismus der Achsen den höchsten Werth habe, und daß demnach zum Militärgebrauche nur Fabrikate erster Classe verwendbar seien, und daß unbedingt eine Construktion gewählt werden müsse, welche Lauf und Körper des Revolvers also die Achsen des Laufes und des Cylinders in einem Stücke vereinigt. Es mag immerhin gelingen bei einer andern Construktion, Lauf und Körper auf irgendeine Weise zu verbinden und diese beiden Achsen in parallele Lage zu bringen, aber dauernd werden diese nicht in solcher Lage bleiben.

Wahl des Systemes.

Unter allen zur Zeit bekannten Systemen, verdienen nach der Ansicht des gehorsamst Unterzeichneten in der vorliegenden Frage nur zwei der Beachtung und zwar in erster Linie das reine System Adams und dann das System Lefaucheux.

Das System Adams hat den Vorzug, weil Lauf und Körper aus einem Stücke sind, wodurch die parallele Lage der beiden Hauptachsen leichter herstellbar ist und sich voraussichtlich im Gebrauche dauernder erhält, weil dessen Wirkung eine größere und auch mehr sichere ist, und weil endlich dessen Schloß- und Drehmechanismus nicht complizirter ist, als unumgänglich nöthig ist, und deshalb dessen Einzeltheile hinreichend stark und dauerhaft gehalten werden können. Oberwiegende Leistung, möglichste Solidität und Dauer, und geringste Wahrscheinlichkeit rascher Abnützung und baldigen Ruines, lassen das System Adams, so wie es in dem Modelle Revolver Nr. I repräsentirt ist, als das geeignetste zu militärischen Zwecken erscheinen.

Das System Lefaucheux bietet zwar, jedoch um den Preis einer sehr complicirten und theueren Munition, eine entschieden leichter ausführbare Ladeweise und es würde demnach den Schein gewinnen, daß sich derselbe mehr eigne ein einigermaßen andauerndes, schon auf größere Distanz beginnendes Feuer zu unterhalten. Es ist dies jedoch nicht der Fall, da sein Wirkungskreis bedeutend beschränkter ist, als der des Revolvers Nr. I.

Ein werthvolleres Moment bei diesem System liegt wohl darin, daß keine Lockerung des Geschosses zu fürchten ist und Hindernisse mit dem Zündhütchen nicht vorkommen können. Trotzdem möchte es der Unterzeichnete nicht wagen, dasselbe als Militärwaffe in erste Reihe zu stellen, so lange es nicht auf die Höhe der Leistung des Revolvers Nr. I gebracht ist, und so lange seine Construktion weniger Dauer verspricht, so lange also Lauf und Körper nicht ein Ganzes bilden, sondern nur mit Schraube und Cylinderachse miteinander verbunden sind.

Die Modification Adams durch Beaumont mit Doppelbewegung, bei welcher sich nämlich der

Hahn auch durch den Abzug spannt, dürfte zum Militärgebrauch nicht empfehlenswerth sein. Es erfordert diese Construktion einen weiteren Theil des ohnedem complicirten Mechanismus, welcher nicht unbedingt nöthig ist. Hierdurch erscheint nicht nur ein zerbrechliches Stück mehr in der Waffe, sondern dieses nimmt auch noch den übrigen absolut nothwendigen Stücken einen Theil des ohnedem knappen Raumes weg, so, daß auch diese nicht so stark und widerstandsfähig gemacht werden können, als wünschenswerth ist.

Diese Manier des Abziehens findet zwar im Publikum viele Vertheidiger und Anhänger, bei eingehender Würdigung aller Verhältnisse und gründlicher Betrachtung jedoch stellt sich dem ebenerwähnten für Militärwaffen sehr wesentlichen Nachtheile gegenüber, kaum ein anderer, als ein scheinbarer Vortheil heraus.

Die Abgabe der fünf Schüsse nämlich – wenn diese Treffer sein sollen kostet wahrscheinlich weniger, keinesfalls mehr Zeit, wenn der Hahn vorher gespannt wird, was leicht mit einer Hand geschehen kann – als wenn dieselben pure durch den Abzug abgegeben werden: da in dem letzteren Falle, wenn man den Schuß nicht verreißen, das ist, sicher treffen will, der Finger geraume Zeit an dem Drücker liegen muß, ehe der Schuß bricht.

Technisches Gutachten

Im Rückblick auf Alles bisher gesagte, stellt sich das motivirte technische Gutachten über die Eingangs erwähnten schwebenden Fragen in folgenden Punkten zusammen.

A. *Der von Reinhard Stahl in Haßfurt vorgelegte und von der Handfeuerwaffen-Versuchs-Commission geprüfte Revolver, dessen Geschoß den Durchmesser jenes des neuen Infanterie Gewehres hat, ist als zu militärischer Dienstleistung nicht geeignet, unbedingt zu bezeichnen.*

   Die Dimensions- und Gewichts-Verhältnisse dieses Modells stehen nicht einmal im entfernten Einklange mit dem Wesen und den Principien des Revolvers, welche dem Construkteur wenig bekannt zu sein scheinen. In Folge dieses Mißverhältnisses entstehen viele von der Handfeuerwaffen Versuchs-Commission bereits angeführte Nachtheile, ohne daß ein einziger Vortheil erreicht wäre, welcher sich nicht auch bei einem handsamen und technisch richtig construirten Revolver gewinnen läßt.

   Die Direktion schließt sich demnach auf Grund technischer Untersuchung des fraglichen Modelles und nach genommener Einsicht der mit demselben erzielten Ergebnisse commissioneller Versuche, ganz dem Gutachten der Handfeuerwaffen-Versuchs-Commission an.

B. *Der Revolver Nr. IV Fabrikat des Büchsemachers Reinhard Stahl von Haßfurt ist weder als Militärwaffe, überhaupt noch speziell als Bewaffnung für Offiziere tauglich zu erklären. Dessen Leistungsfähigkeit steht nicht auf der Höhe jener anderer richtig construirter und fleißig fabrizirter Revolver gleichen Calibers. Das Modell verspricht keine Dauer; der Schloß und Drehungsmechanismus ist in der Lage seiner Einzeltheile nicht mechanisch richtig und nicht mit dem nöthigen Fleiße ausgearbeitet; derselbe hat deshalb einen unwilligen und durch die geringsten Hindernisse alterirbaren Gang.*

   Der Körper des Revolvers ist höchstwahrscheinlich von adoucirtem (weichem, Verf.) *Gußeisen, einem wenig widerstandsfähigen Material, aus welchem Hauptheile an Waffen erster Qualität nicht gefertigt werden sollen, wenn auch der niedere Fabrikationspreis hierzu verlockend ist. Es läßt sich aus der vorliegenden fertigen Waffe zwar nicht bestimmt erkennen, ob der Körper Gußeisen ist, aber es kann aus dem niederen Preise sowohl, als weil dieses Material gewöhnlich zu Waffen im Handel verwendet wird, der Schluß gezogen werden, daß dem so ist.*

   Die Gravirung nützt an Militärwaffen nichts, sie ist aber schädlich, wenn wie hier die darauf verwendeten Geldmittel einer rationellen Construktions-Fabrikationsmanier entzogen werden.

   Das ganze Modell zeigt ein bis an die Grenze der Schädlichkeit gehendes Streben nach Wohlfeilheit und nach äußerem Schein auf Kosten des inneren Gehaltes.

C. *Für die Bewaffnung einzelner Mannschaften und Chargen, technischer und Sanitäts-Truppen sowie der Artillerie-Bedinungs-Mannschaft erscheint unter allen zur Zeit bekannten Revolver-Modellen der Revolver Nr. I System Adam , als der vorzüglichste.*

   Derselbe entspricht bezüglich seiner Wirkung vollkommen allen Anforderungen, welche an den Revolver gestellt werden können und läßt vermöge seiner mechanisch richtigen Construktion einen Grad von Haltbarkeit und Dauer erwarten, wie dies bei einer complicirten Waffe nur immer möglich ist.

   Den in dem Abschnitte ‚Der Revolver im Allgemeinen' unter Ziffer 4 und 5 aufgeführten wesentlichen Bedingungen und Anforderungen ist in dem Modell Adams in bester Weise Rechnung getragen. Außerdem spricht es für dieses Modell, daß dasselbe für die niederländische Marine adoptirt ist und demnach das wichtige Moment praktischer Erprobung im Militärgebrauche für sich hat.

D. *Was die Feuerwaffe der Cavallerie-Offiziere betrifft, so huldigt der gehorsamst Unterzeich-*

nete der Ansicht, daß dieselbe im System und Caliber die gleiche mit der Mannschaft sein sollte und demnach kein Revolver, der sich zur allgemeinen Cavalerie-Bewaffnung nicht eignet, sein könnte.

Wollte jedoch kein besonderer Werth auf die Gleichheit der Munition gelegt werden und es in der allerhöchsten Absicht liegen, dem Cavallerie-Offizier einen Revolver zu geben, so wäre es vom technischen Standpunkte aus, wieder nur der Revolver Nr. I, welcher aus mehrerwähnten Gründen auch zu diesem Zwecke begutachtet werden kann. Es würde, wenn es gewünscht werden sollte, keinem Anstande unterliegen, dem Modelle eine bemessener Preiserhöhung entsprechende elegantere äußere Ausstattung zu geben, wenn überhaupt eine solche dem Ernst der Sache passend erachtet werden sollte.

E. *Die taktische Frage, ob dem Infanterie-Offiziere ein Revolver oder überhaupt eine Feuerwaffe zur Selbstvertheidigung gegeben werden solle, schlägt nicht in das Fach der Gewehrfabrik-Direktion.*

Wird dieselbe jedoch von competenter Seite bejaht, so würde sich ein leichter tragbares Modell als das des Revolvers Nr. I unbedingt hierfür begutachten lassen, für das System Adams sprechen jedoch hier dieselben Motive. Das Modell eines Revolvers für Infanterie-Offiziere würde demnach System Adams, Caliber 9 mm ganz ähnlich dem Revolver Nr. V nur mit dem Unterschiede, daß aus oben erwähnten Gründen die Modefication Beaumont „Das Spannen des Hahnes mittelst Abzug“ als unnöthige und deshalb schädliche Complicirtheit wegfiele. Was die äußere Ausstattung betrifft, würde hier dasselbe gelten, was oben unter Lit. D. gesagt wurde.

Administrative und Fabrikations-Verhältnisse

In Lüttich ist man der Fabrikation der Revolver vollkommen mächtig und liefert besonders August Francotte äußerst exacte Fabrikate von ausgezeichnetem Material. Die Preise für dieselben sind für den Revolver Nr. I Adams 28 Gulden und für den Revolver Nr. III Lefaucheux 20 Gulden 18 Kreuzer. Die Gewehrfabrik-Direktion hat nun zwar in diesem Fabrikationszweige noch keine praktischen Erfahrungen und fehlt es ihr noch gänzlich an allen nothwendigen speziellen Einrichtungen und mechanischen Hilfsmitteln. Dieselbe ist jedoch in dem Studium aller Einzeltheile des ganzen Mechanismus und der Halbfabrikate so weit gediehen, daß sie sich der Aufgabe gewachsen glaubt, alle zweckentsprechenden Einrichtungen schaffen, die besseren Arbeiter herausbilden und überhaupt die Revolverfabrikation in ersprießlicher Weise in Gang bringen zu können.

Die oben erwähnten Preise sind zwar nicht unerheblich, aber sie werden immerhin zu Grunde gelegt werden müssen, wenn man brauchbare Militärrevolver acquiriren will; denn nirgends mehr als beim Revolver, dürfte es als Wahrheit gelten, daß das theuerste Fabrikat in Folge erhöhter Dienstdauer in Wirklichkeit das wohlfeilste ist, wenn es vermöge aller seiner Eigenschaften preiswürdig ist. In das Detail einer Kostenrechnung glaubt die Direktion vor definitiver Feststellung des Modelles, nicht eingehen zu können, doch dürfte immerhin in Aussicht genommen werden, wenn analog von anderen Fabrikaten auf diese geschlossen wird, daß die Gewehrfabrik im Stande sein wird, nach gewonnener Einübung geringere Preise zu erzielen und daß z. B. der Revolver Nr. I in der Fabrikation im Großen um 25 Gulden herstellbar sey.

Schlußbemerkung

Der gehorsamst Unterzeichnete glaubt zwar durch vorliegende Arbeit die Revolverfrage ihrem Abschlusse sehr nahe gebracht und in dem Revolver Nr. I nicht nur unter den Bekannten das Beste sondern auch absolut betrachtet, etwas Gutes genannt und in Vorschlag gebracht zu haben; demselben schwebt jedoch die Idee vor, daß im Wege weiteren Forschens und unter bestimmten Voraussetzungen sich jetzt schon ein weiterer Fortschritt erreichen lasse, deshalb es sachdienlich erachtet werden möchte, vor definitivem Entscheid über die Wahl des Modelles, solchen Forschungen und Modellarbeiten in nachstehend bezeichneten Richtungen Zeit zu widmen.

a. *Gäbe man dem Modelle Revolver Nr. I statt dem Caliber 12 mm das 9 mm behielte jedoch die Schwere der Waffe, die Stärke der Pulverladung und das Gewicht des Geschosses bei, so möchte es kaum einen Zweifel unterliegen, daß ohne irgend einen anderen Nachtheil dagegen eintauschen zu müssen, die Wirksamkeit der Waffe sich noch weiter erhöhen und die Bahn flacher werden würde. Es ließe sich dagegen wohl einwenden, daß eine größere Wirkung, als sie das Modell I bietet beim Revolvergebrauche unnütz sey; dennoch möchte es bei jeder Militärwaffe nicht zu verachten sein, an einer werthvollen Eigenschaft ein Surplus zu besitzen, da in der Praxis eine Menge Einflüsse auf Herabsetzung solcher Eigenschaften sich geltend machen und denkbare Fälle eintreten können, in welchen der Unterschied zwischen Gut und Besser fühlbar wird.*

Jedenfalls möchte nicht außer Acht gelassen werden dürfen, daß ein verbesserter Lademechanismus an dem Revolver Nr. 1 sehr wünschenswerth sey und es sich des Versuches lohne einen solchen herzustellen.

b. *In der Voraussetzung, daß eine so complicirte und theuere Patrone wie die des Lefaucheux Allerhöchst gebilligt und adoptirt werden sollte, aber auch nur in diesem Falle, würde es im Wege weiterer Versuche denkbarer Weise möglich werden, daß das System Lefaucheux als Militärwaffe dem System Adams Revolver Nr. I wegen seiner Ladeweise und dem Wegfall der Hindernisse durch lockerwerdende Geschosse und Zündhütchen den ersten Rang abgewänne.*
Bei Anwendung einer Patrone nach dem Principe des Systemes Perrin, welches der Unterzeichnete bei Gelegenheit der jüngsten Inspizirung durch den Herrn Oberlieutenant und Adjutanten Ferdinand von Grundherr kennen gelernt hat, wäre es zu hoffen, daß dem Lefaucheux-Revolver die Construktion des Systemes Adams gegeben und Lauf und Körper aus einem Stück gemacht werden könnten.
Glückt dies, so würde dies die weitere Folge haben, daß Lefaucheux gehörig modificirt auf die Leistungsfähigkeit, Solidität und Dauerhaftigkeit des Systemes Adams gebracht werde, und dann würde einer solchen Waffe vom militärischen Standpunkte aus, der erste Rang unter den Revolvern gebühren.
Wenn demnach eine derlei Patrone nicht schon von vorneherein verworfen wird, wären weitere Versuche in dieser Richtung als voraussichtlich sachlich rentabel, wohl gerechtfertigt.
Wären wider Erwarten die Resultate auch negativ, so würden diese wenigstens den Vortheil bieten mit voller Beruhigung darüber, etwas Besseres nicht versäumt zu haben, den Adams-Revolver Nr. I annehmen zu können.“

Dieser ausführliche Bericht spiegelt in realistischer Weise den damaligen Wissensstand wieder und veranschauulicht aus welcher Sicht der Direktor der Waffenfabrik Amberg die Situation auf dem Gebiet der Revolver einschätzte.

Die Antwort aus München ließ nicht lange auf sich warten; der Bericht wurde vom KBKM mit Befriedigung aufgenommen, aber dennoch kritisiert, weil Oberst v. Podewils über die Erprobung der amerikanischen Revolver keinerlei Aussagen getroffen hatte.

„An das Artilleriecorpscommando – Auf Befehl. Das im rubr. Betreff mit Bericht vom 13. 1. Mts., Nr. 2478, anher vorgelegte Gutachten der Gewehrfabrik-Direction hat zur befriedigenden Kenntnis gedient; nur wurde darin nähere Äußerung speciell hinsichtlich der verschiedenen Modelle amerikanischer Revolver vermißt, welche der Direction durch K.M.R. vom 5. Februar 1867 Nr. 1345 zur Prüfung zugewiesen worden sind – weshalb in diesem Punkte ergänzender Berichterstattung entgegengesehen wird.

Im Übrigen geben die dargelegten Verhältnisse zu folgenden weiteren Bemerkungen und resp. Aufträgen Anlaß.

1.) *Büchsenmacher R. Stahl in Haßfurt ist unter Rücksendung seiner beiden Revolver von der Gewehrfabrik-Direction ablehnend zu verbescheiden, sobald die sicher eingeschickten Waffen, welche nebst dem Gutachten der Direction vorerst die Handfeuerwaffen-Versuchscommission zur Einsicht erhalten wird … durch diese wieder nach Amberg übermittelt sind.*
2.) *Die für zweckmäßig erkannten Versuche zur Herstellung eines entsprechenden Revolver Modells des Systems Lefaucheux sollen Seitens der Direction stattfinden. Wenn auch die complicirte und theuere Munition allerdings z. Z. ein Hindernis zur Annahme solcher Revolver für die Ausrüstung von Mannschaften bilden könnte, so erscheint jene Eigenthümlichkeit der Patrone bei einer sonst vorzüglichen Waffe wenigstens für Offiziere von minderem Belange.*
3.) *In Erwägung endlich, daß in neuerer Zeit zahlreiche Anerbietungen von Revolvern nicht selten mangelhafter Modelle auf verschiedenen Wegen veröffentlicht und solche Waffen (z. B. auch Fabrikate des genannten Büchsenmachers Stahl) auch mehrfach von Offizieren gekauft werden, wodurch den Letzteren Nachtheile zugehen – hat die Gewehrfabrik-Direction eine allgemeine Darlegung der hier entscheidenden Constructionsprinzipien mit näherer Bezugnahme auf die nach ihrer Ansicht besten Revolver-Systeme zu verfassen, welche genügend Anhaltspunkte zu einem richtigen Urtheil in der Sache liefert.*
Diese Arbeit ist zugleich mit dem Eingangs erwähnten Nachtrags-Bericht baldmöglichst hierher vorzulegen.“

Mit Begleitbericht vom 13. 11. 1865 hatte das Artilleriekorpskommando das mit Nr. 7469 von der Gewehrfabrikdirektion abverlangte und von dieser zwischenzeitlich vorgelegte Gutachten über die amerikanischen Revolver dem KBKM vorgelegt. Am 12. 6. 1866, zwei Tage vor der von Österreich durchgesetzten Bundesmobilmachung gegen Preußen, griff der Referent „H“ des KBKM die Angelegenheit erneut auf: *„Nach KMR. vom 22. Juli vor. Jrs. Nr. 7469 wurde die Gewehrfabrikdir. zunächst wegen Vorlage eines früher verlangten Gutachtens über mehrere amerikanische Revolver erinnert, dazu weiter verfügt, daß:*

1.) *eine Lieferungsofferte des Büchsenmachers Stahl in Haßfurt abgelehnt*
2.) *die Herstellung eines verbesserten Militärrevolvers des Systems Lefaucheux in Angriff genommen*
3.) *eine allgemeine Darlegung der wichtigsten Constructionsprinzipien zur Beurtheilung der*

Revolver überhaupt verfaßt werden solle, welche für Offiziere als Anleitung beim Ankaufen solcher Waffen dienen könne.

Mit dem adnumerirten Berichte hat die Gewehrfabrikdir. s. Z. jenen Anordnungen entsprochen. Der Auftrag Ziffer 1 ist seitdem vollzogen. Ebenso wurde die unter Zi. 3 erwähnte Arbeit eingereicht; doch unterblieb nach höchstem Befehle ihre Veröffentlichung, theils weil ihr Inhalt besonderen Nutzen nicht versprach, theils auch wegen der aus der Gegenmaßregel zu folgenden Consequenz der Herausgabe gleicher Anleitungen für die Offiziere auch in Bezug auf andere Objekte ihrer Rüstung und Bewaffnung. Endlich enthält die Vorlage auch jenes Gutachten über verschiedene amerikanische Revolver; inhaltlich desselben können diese bei der weiteren Behandlung der Revolverfragen im Ganzen füglich außer Acht gelassen werden, da sie trotz einzelner Vorzüge doch wieder in anderen wesentlichen Punkten schon durch neuere Constructionen, insbesondere von den Systemen Adams und Lefaucheux, überholt sind.

Von den Aufträgen des Reskriptes bleibt demgemäß nur jener Ziffer 2 der sich aber auf die Vervollkommnung des Lefaucheux-Revolvers (durch Anwendung einiger Specialitäten der Construction Adams nach Vorschlag der Direction) bezieht.

Es wäre deshalb für jetzt einfach unter Bezugnahme hierauf die mit dem adnumerirten Berichte anher gelangten Revolver an die Gewehrfabrik zurückzusenden und können in diesem Sinne etwa Folgendes erlassen: An das Artilleriecorpscommando – Auf Befehl. Das Artilleriecorpscommando wird beauftragt, die mit Bericht vom 13. November vor. Jrs., Nr. 4104, anher gekommenen, nun zurückfolgenden Revolver und Geschoßmodell unter Bezugnahme auf die Bestimmung Ziffer 2 des Kriegsministerial Rescriptes vom 22. Juli 1865, Nr. 7469, wieder an die Gewehrfabrikdirection gelangen zu lassen.“

Wie wir Abschnitt B des Technischen Gutachtens entnehmen konnten, war der von Reinhard Stahl angefertigte Revolver zwar durchgefallen, dennoch verdient er als lokaler Anbieter verdient er hier dennoch ein paar Zeilen zu seinem Lebensweg:

Reinhard Stahl wurde am 10. Juni 1832 in Selb bei Hof geboren. Als junger Mann ging er nach Würzburg, um dort das Büchsenmacherhandwerk zu erlernen. Nach Abschluß seiner Ausbildung wechselte er nach München und arbeitete dort bei der bekannten Firma Stiegle.

Mit 26 Jahren wanderte er 1858 nach Amerika aus und lebte dort bis 1861. Er soll in den Vereinigten Staaten eine Revolverfabrik besessen haben und war Inhaber eines Patentes eines von ihm konstruierten Revolvermodells.

Im Jahre 1862 kehrte er nach Deutschland zurück und arbeitete in Amberg, wo er auch heiratete. Von Amberg verzog er nach Haßfurt und 1869 nach Suhl.

Sein Spezialgebiet wurden nun Scheibenbüchsen, die in Schützenkreisen einen vorzüglichen Ruf genossen. Neben der Fabrikation dieser Waffen erarbeitete er sich Schritt für Schritt einen Markt für ein noch recht neues Produkt: Patronenhülsen.

Die Qualität der Hülsen genoss ebenfalls einen guten Ruf und ermöglichte den Schützen ein mehrmaliges Wiederladen der seiner Zeit recht teueren Komponente.

Am 31. Januar 1880 verstarb Reinhard Stahl, nach einem Unglücksfall auf dem Schießstand beim Einschießen einer Büchse.

Seine Witwe Babette, die schon immer die geschäftliche Seite des kleinen Unternehmens betreut hatte, übernahm nun die Firma, die dann 1901 an die Firma Dornheim verkauft wurde.

Aus dieser Zeit stammen auch die recht seltenen Hülsen mit dem Bodenstempel ***B.STAHL,*** oder ***B.STAHL SUHL.*** 1901 wurde das Unternehmen an die Firma Dornheim weiterveräußert.

Um auf den Entscheidungsprozeß im KBKM zurückzukommen: Eine Entscheidung zu Gunsten eines Revolvers zur Kavalleriebewaffnung wurde nicht getroffen; die parallel laufende Versuche mit dem Werder-System führten zu der Entscheidung, Karabiner und Pistolen nach diesem Muster einzuführen.

Nach einem Bericht der Gewehrfabrik vom 14.10.1869, verfügte das KM am 28.10.1869 u. a.: *„ Die Lieferung der 4000 Carabiner Muster 1869 ist dem August Francotte zu Lüttich, die Lieferung der 4000 Pistolen Muster 1869 zu gleichen Theilen den Büchsenmachern Greis in München und Schönamsgruber in Nürnberg zu übertragen.*

Hiernach hat die Gewehrfabrikdirektion unter Zugrundlage der Lieferungsbedingnisse und der von den Waffenfabrikanten gemachten Offerte bindende Verträge abzuschließen, welche, unbeschadet des sofortigen Vollzugs, zur nachträglichen Genehmigung anher vorzulegen sind.“

Durch KMR vom 25.11.1869 genehmigte das KM einen Vertrag über die Lieferung von 4000 Pistolenläufen, und vermerkte: *„Die bis ult. Mai 1870 durch Berger & Compag. in Witten zu liefernden 4000 Gußstahlläufe für Pistolen kosten franco Amberg 39 318 Kreuzer per Stück oder zusammen 2625 fl.“*

Mit KMR vom 25.02.1870 genehmigte das KM auch den Vertrag zur Lieferung von 4000 Karabinern („exclusive der Mechanismen“) mit Francotte in Lüttich, wonach dieser die Waffen bis Ende Juli 1870 nach Amberg zu liefern hatte.

Bayern hatte damit als erster deutscher Staat eine Zentralfeuerpatrone für eine Faustfeuerwaffe eingeführt.

4.1.1 Bayerns Aktivitäten nach 1871

Der Krieg gegen Frankreich 1870/71 unterbrach weitere Revolverversuche in Bayern, diese wurden jedoch 1873 bereits wieder aufgenommen, obwohl die Werder-Pistole erst kurze Zeit bei der Truppe im Einsatz war.

Inzwischen lag eine Offerte mit Datum 19. September 1873 des Schweizer Fabrikanten Steiger aus Thun vor. Des weiteren ein Österreichischer Revolver (M 1870) nebst Schraubenzieher und 298 scharfen Patronen, der im Tausch gegen bayerische Kavalleriewaffen aus Österreich bezogen worden war.

Am 24. September wurde die Militär-Schießschule durch das KBKM beauftragt, die beiden Revolvertypen unter Einbeziehung der Pistole M/69 einem Vergleichsschießen zu unterziehen.

Die Schießschule erhielt den Befehl, 2 Revolver mit Zubehör und 600 Patronen bei Steiger in Thun zu bestellen.

Die Londoner Colt-Agentur konzentrierte sich aus verständlichen Gründen auf Preußen, ohne jedoch die kleineren Bedarfsträger zu vernachlässigen.

Die Agentur hatte mit Datum 13. Mai 1874 dem KBKM eine Offerte zugestellt, die bereits am 17. Mai zu folgenden Auftrag führte: *„Der Militär-Schieß-Schule wird das Offert der Colts Company d. d. London den 13. 1. Mts. mit dem Auftrag hierbei zugeschlossen, zwei Exemplare der angebotenen Revolver mit Zubehör und sechshundert scharfen Patronen dazu von genannter Compagnie käuflich zu erwerben und diese Waffen in gleicher Weise zu prüfen und über das Ergebnis gutachtlichen Bericht zu erstatten, wie dieses durch KMR vom 24. September v. J. Nr. 18 264 bezüglich der Österreichischen und Schweizer Revolver bestimmt worden ist.“*

Baron von Oppen unterrichtete unverzüglich das Werk in Hartford über diesen und einen weiteren Auftrag aus Dänemark. Im folgenden Brief hatte von Oppen bewusst als Besteller das „Dänische Kriegsministerium“ zitiert, obwohl die Waffe, wie wir später sehen, vom Kopenhagener Museum bestellt wurde.

Der Brief trägt das Datum vom 2. Juni 1874: *„Da das Dänische Kriegsministerium mit Datum vom 28. April, dringend einen Revolver des Armeemusters der amerikanischen Regierung mit 200 Berdan-Patronen bestellt hat, und da wir gestern einen Auftrag von der Bayerischen-Militär-Schießschule über 2 von diesem Revolver mit 600 Berdan-Patrone, zur Erprobung in Hinblick auf eine Annahme, erhielten, und da Korvettenkapitän Folger (US-Marine; zu diesem Zeitpunkt mit der Erprobung der Gatling-Kanone befasst, Verf.) ebenfalls 3 dieser Revolver mit Patronen als Muster wünscht, und da wir keine von diesen Revolvern zur Hand haben, telegraphierte ich Ihnen gestern wie folgt:*

‚Sende 6 ausgesuchte Amerikanische Armeerevolver, 2000 Berdan Hülsen, Geschosse, 6 Ladevorrichtungen' Ich hoffe, dass Sie im Stande sind sie bald zu senden. Korvettenkapitän Folger hat Wien verlassen um nach Madrid zu reisen, obwohl er kurzfristig Aufträge für Gatlings in Wien erwarte.“ Wir können hier nebenbei zur Kenntnis nehmen, dass Korvettenkapitän Folger als Offizier der US-Marine die Interessen der Firma Colt bezüglich der Gatling-Kanonen im Ausland vertrat. Was nicht aus dem Schriftgut hervorgeht, ist die Frage, ob Folger tatsächlich noch im Dienst der US-Navy stand oder sich bereits im Ruhestand befand.

Die Aktivierung ehemaliger Ränge im Ruhestand war demnach auch früher schon für Geschäfte recht nützlich und half die damaligen, nicht all zu üppigen Pensionen ein wenig aufzubessern.

Der Eingang der erbetenen Waren wurde durch von Oppens Brief vom 30. Juni bestätigt: *„....die Ware, berechnet am 8. des Monats erscheint sehr gut verarbeitet und ist uns willkommen.*

Von den 6 Armeerevolvern nach Muster der Amerikanischen Regierung im Kaliber .450, die Sie uns gesandt haben, wurden 2 mit 600 Hülsen und Geschossen zur Bayerischen Regierung versendet; 1 mit 200 Hülsen und Geschossen an die Dänen, ... eine Ladevorrichtung wurde jeder Lieferung beigefügt.“

Die beiden an Bayern gelieferten Colt Single Action Army Revolver hatten demnach das Kaliber .45 der US-Armee. Heute wird zur Unterscheidung zum späteren .45 ACP-Pistolenkaliber diese Patrone .45 Long Colt genannt. Der nach Dänemark gelieferte Single Action Army ist noch vorhanden und befindet sich in der Sammlung des Tøjhus-Museums in Kopenhagen. Interessant ist, dass dieser Revolver nicht zu Erprobungszwecken erworben worden war.

Der Direktor für den Bereich Waffen stellte am 14.Februar 1874 beim Direktorium des Museums den Antrag einen „Colt's New Model revolving pistol“ kaufen zu dürfen. Am 25. März genehmigte das Direktorium den Ankauf. Da die beiden bayerischen Colt-Revolver aus derselben Lieferung stammten, ist davon auszugehen, dass sie in der Ausführung dem noch vorhandenen dänischen Exemplar entsprachen. Hier einige kennzeichnende Merkmale:

- Kaliber: .45 Long Colt
- Lauflänge: 7,5 amerik. Zoll
- Seriennummer: 2867
- Markierungen auf dem Rahmen:
  U.S. und die üblichen zweizeiligen
  Patentdaten auf der linken Seite.
- Griff, einteilig aus Walnussholz, lackiert.

Auf der Waffe befinden sich keine Stempel der

U.S.-Güteprüfer; weder auf den Stahlteilen, noch auf dem Holz.

Über die umfangreichen Versuche zu den noch heute sehr bekannten und damals in ihren Herstellerländern für die Armee eingeführten Revolver von Colt (Single Action Army) und Gasser (Österreich M 1870) trug am 9. 7. 1875 Premier-Leutnant und Direktions-Assistent Theodor Bruch als beauftragter Referent schriftlich vor. Sein 19 Seiten umfassender Bericht ist nachfolgend stark gekürzt, teilweise nur in Gliederungspunkten wiedergegeben:

1. ***Beschreibung des Revolvers der Colt-Company***
2. ***Beschreibung des österreichischen Armeerevolvers***
3. ***Innere Ballistik der Revolver von Colt und Gasser sowie der Pistole M/69*** *(Tabelle 1)*
4. ***Vergleichende Zusammenstellung der Patronendaten*** *(Tabelle 2)*
5. ***Anfangsgeschwindigkeiten***
   Beim Colt-Rev. werden nur 5,2 Kubik mm Blei durch die Felder in die Kannelierung verdrängt, dagegen beim österr. Armeerev. 40 Kubik mm. ***Die mit dem Boulanger-Apparat gemessenen Anfangsgeschwindigkeiten betragen:***
   Colt-Revolver 252,6 m/s
   Österreich. Armeerevolver 177,4 m/s
   Pistole M/69 215,0 m/s
6. ***Rückstoß der Waffe als Rücklaufgeschwindigkeit:***

Waffe	***Gewicht***	***Rücklaufgeschw.***
Colt-Rev.	*1058 g*	*3,9 m*
Österr. Armeerev.	*1381 g*	*2,6 m*
Pistole M/69	*1610 g*	*2,9 m*

7. ***Vibrationswinkel***
   Länge des Laufes und Schwerpunktslage am Ende der Waffen lassen die Vibration nach aufwärts stattfinden. Sie hängt ab von Lauflänge, Drallänge, Geschoßgewicht, Eintritt des Geschosses in die Züge, Pulverladung, Schwerpunktslage und Gewicht der Waffe; sie läßt sich nicht genau berechnen und muß mit Hilfe der äußeren Ballistikfestgestellt werden. Bei den Revolvern trägt auch der Übergang vom Zylinder zum Lauf zum Anstieg der Vibration bei.
   Alle Fakten sorgen dafür, daß bei der Pistole M/69 die Vibration am geringsten ist und beim österr. Armeerev. am größten sein muß.
8. ***Äußere Ballistik***

8.1. *Visiereinrichtungen der drei Waffen*
8.2. *Abgangswinkel für Distanzen von 25 zu 25 m, von 25 m bis 200 m*
8.3. *Einfallswinkel für Distanzen von 25 zu 25 m, von 25 m bis 200 m.*
8.4. *Zusammenfassung zu den Punkten 8.1. bis 8.3. Der Colt-Rev. hat bis zu 150 m Schußentfernungen die günstigsten Leistungen, die Pistole M/69 darüber.*
8.5. *Flugbahnen für Visierschußweiten von 100, 125, 150 und 175 m.*
8.6 *Präzision*
8.7. *Perkussion*
Einwirkungen der Geschosse auf Eisenplatten von 3 mm Stärke, auf Vorder- und Rückenstücke von Kürassen und auf Bretter zeigen für den Colt-Rev. und die Pistole M/69 deutlich bessere Leistungen (4 Bretter durchschlagen)als für den Gasser-Rev. (2 Bretter durchschlagen).

9. ***Feuergeschwindigkeit***
   Die Ergebnisse wurden unter Bedingungen ermittelt, welche den Militärischen Anforderungen angepaßt waren.
   Colt-Rev.: *6 Schüsse in 6 bis 9 Sek., bei geladenem Revolver; Laden und Entladen etwa 30 Sekunden*
   Österr. Armeerev.: *6 Schüsse in 2 bis 3 Sek., bei geladenem Revolver; Laden und Entladen etwa 30 Sekunden*
   Zum gezielten Feuer von 6 Schüssen sind bei beiden Revolvern etwa 15 Sekunden erforderlich.
10. ***Konstruktionsnachteile***

10.1. *Colt-Revolver*
Der Hebel zur Feststellung der Trommel reibt sich am Hahnzapfen dünner.
Er müßte aus besserem Stahl gefertigt werden. Der Holzgriff ist leicht zerbrechlich und auch etwas zu kurz; man kann ihn nicht fest fassen.
Der Abzugsbügel ist etwas zu schmal. Das schmale Korn erschwert das Visieren.

10.2. *österreichischer Armeerevolver*
Die Verbindung des Laufes mit dem Gehäuse ist nicht fest genug. Da sich auch beim Schießen die Schrauben lockern, verändert sich dann der Vibrationswinkel. So ist die Präzision schlechter als bei Colt. Es bleibt festzustellen, daß nur einer innigen Verbindung von Lauf und Gehäuse der Vorzug zu geben ist. Der Entladestock kann sich leicht verbiegen. Da außerdem der Mann vergessen kann, ihn durch die Schraube festzustellen, kann er den Zylinder blockieren.

11. ***Zusammenfassung***
    Weder der Colt-Revolver noch der österreichische Armeerevolver entsprechen ganz den zu stellenden Anforderungen

11.1. *Zum Colt-Revolver.*
Der Mechanismus des Colt-Revolvers läßt die Abzugsspannung vermissen.
Die vorher genannten Konstruktionsnach-

teile müßten behoben werden.
Mechanismus, Griff, Abzug und Korn sind zu verwerfen.
Lauf, Patrone, Laufverbindung mit dem Gehäuse und Entladestock sind als sehr günstig zu bezeichnen.
Die ballistischen Leistungen des Revolvers übertrafen auf nahe Entfernungen die der Pistole M/69.
Der Zylinder des Colt-Rev. ist leichter und kürzer als der des österr. Armeerevolver und somit vorteilhafter.

11.2. Zum österreichischen Armeerevolver
Die ballistischen Leistungen des österreichischen Armeerevolvers stehen weit hinter denen der Pistole M/69 zurück. Konstruktionsnachteile sind von solch ernster Natur, daß auch eine besser konstruierte Patrone ihn nicht zu seiner Einführung befähigt.
Die Konstruktion von Lauf, Patrone, Laufverbindung mit dem Gehäuse und der Ladestock sind zu verwerfen. Die Sicherheitsvorrichtung, der Mechanismus, Griff, Abzug und Korn sind besser als beim Colt-Revolver.

12. Antrag
Weder der österreichische Armee-Revolver, noch der Revolver der Colts Company eignen sich in ihrer gegenwärtigen Zusammensetzung zu einer eventuellen Einführung in der Armee."

Am 27. 7. 1875 fand in der Königlich Bayerischen Schießschule eine Abstimmung über Vortrag und Antrag des Premierleutnants Bruch statt. Als Mitglieder der Kommission waren anwesend: Oberstleutnant und Direktor Freiherr von Reitzenstein, Rittmeister Freiherr von Hartmann (bei den Schießproben beteiligt und Vorstand der Waffen-Reparatur-Kommission des 4. Chevaulegers-Regiment „König"), Hauptmann und Direktionsmitglied Staubwahsen, Hauptmann und Direktionsmitglied Eiles, Premierleutnant und Direktionsassistent Leeb, Premierleutnant und Direktionsassistent Bruch, Premierleutnant und Direktionsassistent Freiherr von Barth. Dem Ergebnis der Abstimmung trat nach vorangegangener Diskussion die Kommission einstimmig bei: „*Weder der österreichische Armee-Revolver noch der Revolver der Colts-Company sind in ihrer gegenwärtigen Zusammenstellung zur eventuellen Einführung in der Armee geeignet.*"

Neben den Revolvern von Colt und Gasser waren im gleichen Zeitraum auch die beiden Revolvermodelle des Gewehrfabrikanten v. Steiger, Thun, System „Küchlin" zu prüfen. Werkmeister Küchlin aus der Firma des Herrn von Steiger war Erfinder eines Selbstauswerfer-Revolvers. Sein Revolvermodell lag gleichzeitig und über einen langen Zeitraum der Kommission der Schweiz vor, hatte dort zunächst große Aussicht auf Annahme und wurde erst nach anhaltenden heftigen Auseinandersetzungen im Jahre 1878 abgelehnt. Durch das eingangs genannte Kriegsministerialreskript vom 24. 9. 1873 war die Schießschule ermächtigt worden, zwei Revolvermodelle mit Zubehör und 600 scharfe Patronen vom Gewehrfabrikanten v. Steiger zu kaufen. Der erste der beiden Revolver, ein Modell ohne Abzugsspannung, traf am 20. 4. 1874 in der Schießschule ein; das zweite Revolvermodell, mit Doppelbewegung, am 15. 5. 1874. Da der zuletzt gelieferte Revolver aber „*in mancher Beziehung nicht vollständig korrekt gearbeitet und der Gewehrfabrikant Steiger in der Zwischenzeit im Auftrage der schweizerischen Gewehr-Commission einige Verbesserungen an diesem Modelle vorgenommen hatte, so erschien es geboten, dieses verbesserte Modell bei ... Erprobung mit in Prüfung zu ziehen.*" Das verbesserte Modell traf erst am 10. 1. 1875 zum Umtausch in der Schießschule ein. Über die beiden Modelle sowie über den Umfang und die Ergebnisse der Prüfungen trug der Premierleutnant und Direktions-Assistent Hugo Freiherr von Barth mit einem 47 Seiten starken Bericht vor.

Der Bericht, dem noch 4 große Tabellen beigefügt waren, gleicht weitgehend dem vorhergehend behandelten, so daß seine Gliederung nachfolgend noch kürzer skizziert werden kann:

1. Konstruktion der Waffen
1.1. Revolvermodell I ohne Spannabzug, Kaliber 9 mm, fünfschüssig, selbst auswerfend (Tabelle 3)
1.1.1. Funktion des Mechanismus
1.1.2. Zerlegen und Zusammensetzen des Revolvers
1.2. Revolvermodell II, mit Spannabzug, Kaliber 10,1 mm, fünfschüssig, selbst auswerfend (Tabelle 3)
1.2.1. Funktion des Mechanismus
1.2.2. Zerlegen und Zusammensetzen des Revolvers.
Beschreibung der Munition (Tab. 4)
Beurteilung der Konstruktionsverhältnisse beider Revolver

4. Ballistische Leistung der Revolver im Vergleich mit der Pistole M/69
Feuerschnelligkeit
Zum Laden und Feuern von 5 Schuß, ohne Benutzung des Spannabzuges, 16 Sekunden. 5 Schuß mit bereits geladenem Revolver, ohne Benutzung des Spannabzuges, 7 Sekunden. Zum Laden und Feuern von 5 Schuß, unter Benutzung des Spannabzuges, 14 Sekunden. 5 Schuß mit bereits geladenem Revolver, mit Benutzung des Spannabzuges, 5 Sekunden.

6. Zusammenfassung
6.1. Beide Revolver haben keine genügende So-

lidität in der Konstruktion, um in ihrem gegenwärtigen Zustand als kriegsbrauchbare Waffe bezeichnet werden zu können.

6.2. Hervorragender Konstruktionsfehler ist die ungenügende Sicherheitsvorrichtung.

6.3. Der Auswerfer ist zwar originell, erzeugte aber sehr viele Störungen. (Es traten bei den Versuchen im Minimum 8 %, max. 15 % Versager pro Tag, bei beiden Modellen, auf. Diese waren z. Teil auf die Munition zum weitaus größeren Teil aber auf die schwache Schlagkraft des Hahnes zurückzuführen. Die Schlagkraft des Hahnes wird beim Selbstauswerfer um die für das Auswerfen der Hülsen erforderliche Energie gemindert!

6.4. In ballistischer Hinsicht müssen zwar die Leistungen beider Modelle als genügend erachtet werden, wenn man annimmt, daß der Revolver lediglich die Waffe des Handgemenges und des Nahkampfes ist, es muß jedoch nochmals hervorgehoben werden, daß die Leistungen beider Modelle bei besserer Munitions-Konstruktion bedeutend hätten gesteigert werden können.

6.5. In Bezug auf die Feuergeschwindigkeit entsprechen beide Modelle allen Anforderungen.

7. Antrag

Beide Revolver sind trotz mancher Vorzüge wegen ihrer ungenügenden Solidität in der Konstruktion halber und der daraus entspringenden häufigen Funktionsstörungen in ihrem gegenwärtigen Zustande als nicht kriegsbrauchbare Waffe zu bezeichnen und eignen sich deshalb nicht zu einer eventuellen Einführung bei einer Truppe."

Im Abstimmungsprotokoll vom 26. 7. 1875 bestätigte die bereits früher vorgestellte Kommission einstimmig das Urteil des Herrn von Barth.

Mit den früher genannten Reskripten erging an die Militär-Schießschule auch der

Tabelle 1	Colt-Revolver	Österr. Revolver	Pistole M/69
Kaliber	11 mm	11 mm	11 mm
Lauflänge mit Zylinder bzw. Laderaum	230 mm	235 mm	205,5 mm
Länge des Zylinders bzw. Laderaum	40 mm	50 mm	35,5 mm
Länge des Überganges bis zur Felderhöhe	5 mm	10 mm	–
Länge des gleichmäßig gezogenen Teils	185 mm	175 mm	170 mm
Zahl der Züge	6	6	4
Breite der Züge	5,9 mm	2,25 mm	4,2 mm
Tiefe der Züge	0,25 mm	0,25 mm	0,26 mm
Breite der Felder	0,75 mm	3,25 mm	4,4 mm
Drallwinkel	4° 37' 57"	6° 47' 44"	2° 31' 44"

Tabelle 2	Colt-Revolver	Österr. Revolver	Pistole M/69
Hülsenmaterial	Messing	Messing	Messing
Zündungsart	Berdan, Zentralz.	Berdan, Zentralz.	Berdan, Zentralz.
Patronengewicht	24,5 g	27,95 g	32,9 g
Patronenlänge	41 mm	46 mm	51 mm
Pulverladung	1,92 g	1,45 g	2,5 g
Zwischenlage	2 Kartonblätter	5 mm Pappe	1 Kartonblatt
Geschoßform	zylindrokonisch, massiv	zylindrokonisch, kleine Expansionshöhlung	zylindroogival, kleine Expansionshöhlung
Geschoßlänge	18,9 mm	23,9 mm	24,32 mm
Länge des zylindrischen Teils	11,5 mm	12,5 mm	9,81 mm
Zahl der Rillen	2	2	3
Fettung der Rillen	Wachs	Wachs	Fett
Größter Durchmesser	11,5 mm	11,4 mm	11,51 mm
Gewicht	17 g	20,3 g	21,96 g
2 Bleigewicht pro mm	0,16 g	0,158 g	0,21 g
2 Pulvergewicht pro mm	0,018 g	0,011 g	0,024 g

Tabelle 3	Revolvermodell I	Revolvermodell II
System	Hahnspanner	Doppelspanner
Gewicht der Waffe	1026 g	1130 g
Kaliber	9 mm	10,1 mm
Lauflänge	172 mm	152 mm
Zahl der Züge	6	6
Breite der Züge	2,3 mm	2,3 mm
Tiefe der Züge	0,1 mm	0,15 mm
Breite der Felder	2,5 mm	3 mm
Drallwinkel	3° 11' 49"	3° 49' 36"
Drallänge	534 mm	473,9 mm
Anfangsgeschwindigkeiten	179,6 m	185 m
Beschreibung des Revolvers	Korn ohne Kornsattel, 25 mm vor der Mündung. Schloßmechanismus besteht aus 14 Teilen: 2 Schloßplatten, welche die einzelnen Schloßteile aufnehmen und verbinden, Hahn und Kette, Auswerferfeder, Stange, Abzug, Schlagfeder, Schalter, Schalterfeder, Spann- und Abzugsfeder, Schloß- und Schlagfeder-Schraube Der Auswerfer besteht aus zwei getrennten Teilen: Ejektor mit Kralle, zweiarmiger Hebel.	Korn mit dünnem Kornfuß, 15 mm vor der Mündung. Schloßmechanismus besteht aus 16 Teilen: 2 Schloßplatten, Schloßbügel, Hahn mit Kette, Auswerferfeder und Platte, Auswerfer, Stange, Abzug mit Schalter, Schalterfeder, Spanner, Sperrfeder, Abzugstange, Schlagfeder.

Tabelle 4	System Werder	System Steiger Mod. I	System Steiger Mod. II
Patronenlänge	49,9 mm	–	–
Hülsenmaterial	Messing	Messing	Messing
Zündungsart	Berdan, zentral	Berdan, zentral, 1 Zündloch	Berdan, zentral, 3 Zündlöcher
Hülsenlänge	35,05 mm	19 mm	20,9 mm
Hülsendurchmesser	fließend	9,6 mm	10,8 mm
Bodendurchmesser	15,95 mm	12,3 mm	13,5 mm
Pulverladung	2,5 g neues Gewehrpulver	0,8 g feinkörniges Schweizer Pulver Nr. I	1,24 g feinkörniges Schweizer Pulver Nr. I
Geschoßgewicht	21,96 g	8 g	13 g
Geschoßform	Zylindroogival, 3 Rillen kleine Expansions-höhlung	Zylindroogival, 1 Rille Expansionhöhlung 4,4 mm tief	Zylindroogival, 1 Rille Expansionhöhlung 4,5 mm tief
Geschoßmaterial	Weichblei	Weichblei	Weichblei
Geschoßlänge	24,32 mm	14 mm	16,8 mm
Länge des zylindrischen Teils	9,81 mm	8,4 mm	10 mm
Durchmesser des zylindr. Teils	11,51 mm	9,0 mm	10,2 mm
Fettung	Fett in den Rillen	Fett in der Rille und auf außenliegendem Geschoßteil	Fett in der Rille und auf außenliegendem Geschoßteil
Größter ø des Geschoßes	11,51 mm	9,4 mm	10,6 mm
Zwischenlage	1 Kartonblatt	keine	keine
Patronengewicht	32,9 g	11,7 g	18,44 g
Belastung mit Plei pro mm^2	0,21 g	0,115 g	0,147 g

Auftrag, das Ergebnis der Prüfungen und die geprüften Waffen der Direktion der Gewehrfabrik Amberg zur Kenntnisnahme zu übersenden, deren technische Gutachten einzuholen und ‚unter Abgabe eines bestimmten Gutachtens über das Verhalten und die Leistungsfähigkeit der geprüften Waffen an sich und im Vergleich mit den Cavallerie-Waffen M/69 eingehenden Bericht allerhöchsten Ortes zu erstatten'."

Da die Waffen schon während der Versuche Konstruktionsfehler, häufige Störungen und starke Abnutzung gezeigt hatten, so daß sie schon von der Militär-Schießschule als unbrauchbar verworfen werden mußten, brauchte die Direktion der Gewehrfabrik die Fehler nur noch vom technischen Standpunkt aus zu bestätigen:

1. *Der Revolver der Colts-Company*
   Im Mechanismus ist der gespaltene sich federnde Hebel zur Feststellung des Cylinders zu schwach und zu sehr der Reibung ausgesetzt, überhaupt für die einzelnen Theile zu wenig Raum gelassen.
   Der etwas zu schwach gehaltene Abzug, der zu enge Bügel und kleine Griff sind Mängel ohne besondere Bedeutung, weil dieses nur Modellformen sind.
2. *Der österreichische Armee-Revolver*
   Die Verbindung des Laufes mit dem Gehäuse ist durch die Cylinderachsenschraube und die Laufbefestigungsschraube hergestellt; diese Befestigungsart ist zu wenig solid und gegen Erschütterungen des Schusses zu schwach, um nicht nach wenigen Schüssen, wie die Versuche ergaben, eine baldige Laufachsenabweichung und somit einen Ruin herbeizuführen, der den Gebrauch der Waffe in der Hand des Schützen gefährden kann.
   Der Mechanismus ist für doppelte Spannung einfach, in seinen Einzeltheilen genügend stark gehalten, nur dürfte die vordere Bügelschraube einer baldigen Abnützung unterliegen, da dieselbe beim Einschrauben den am vorderen Bügellaub als Stützpunkt anliegenden zweiten Arm der Stangenfeder zu bewältigen hat.
   Der Entladestock dürfte vor Verbiegungen besser gesichert sowie auch die Sperre für denselben eine verläßlichere und bessere sein.
3. *Zwei Revolver-Modelle, System Küchlin, des Gewehrfabrikanten von Steiger in Thun.*
   Der Mechanismus des einen mit einfacher, wie des andern mit doppelter Spannvorrichtung ist aus so vielen kleinen und in der Form complicierten Theilen zusammengesetzt, die Zusammenwirkung dieser Theile von so vielen kleinen Federn abhängig, daß bei öfterem wirklichen Gebrauch Störungen in den Funktionen unbedingt eintreten müssen, welche eine solche Waffe für Militärzwecke als ganz verwerflich erscheinen lassen.
   Die Befestigungsweise des Abzugsbügels nur mit Haken und seiner Federkraft überlassen, ist ungenügend.
   Ferner mangelt dem Revolver mit doppelter Spannvorrichtung jede Sicherung und ist diese des anderen Revolvers eine höchst unzuverlässige.
   Außerdem dürfte der Patronenhalter am Kopfe mehr Federkraft haben, um das Herausfallen der Patronen zu verhüten, ein Fehler, der leicht zu verbessern ist und die Konstruktion nicht beeinträchtigt.

Eine eingehendere technische Critik dieser sämtlichen Waffen auszuführen, glaubt die Direktion der Gewehrfabrik umsomehr als überflüssig, als die wenigen angegebenen Konstruktionsfehler schon genügen, diese Waffen in ihrer jetzigen Beschaffenheit zum Militärgebrauch zu verwerfen, es schließt sich demnach die Direktion der Gewehrfabrik vollkommen dem Anspruch der Militär-Schieß-Schule an."

Das KBKM schloß den Vorgang über die Revolverversuche unter anderem mit einer offenbar inzwischen gewonnenen und richtungweisenden Erkenntnis am 23. 2. 1876 mit folgenden Worten ab: *„... Da jedoch mit Einführung von Revolvern zu warten ist, bis die in Preußen im Gange befindliche Erprobung mehrerer Revolver-Systeme zu einem Abschluß gediehen sein wird, diese Erkenntnis und Entscheidung wurde in den Motiven zu einem Gesetzentwurf aus 1876 zum Grundsatz erhoben, als man festlegte: „Für die Erzielung möglichster Einheit in der Bewaffnung wird das bei den übrigen Bundeskontingenten zur Einführung gelangende Revolvermuster gleichfalls zur Einstellung in Bayern in Aussicht genommen. Die dann überzählig werdenden 4000 Werder-Pistolen sollten von dann an der Bewaffnung der Trainfahrer dienen."*

Auf vergleichbare Weise hatte das KBKM bereits Stellung genommen, als der Fabrikant Bernhard Bader der Militär-Schießschule einen Revolver mit der Bitte vorgelegt hatte, man möge die Waffe auf militärische Brauchbarkeit prüfen: Das von der Schießschule informierte Ministerium verfügte mit Nr. 13 249 vom 23. 9. 1875 u. a.: *„Nachdem diesseits jedenfalls das preuß. Revolvermodell – als deutsches Einheitsmodell – angenommen werden wird, dürften eigene Versuche mit anderen Modellen und speciell mit dem vorliegenden auch aus* *dem Grunde zu unterbleiben haben, weil damit bei dem Konstrukteur Hoffnungen auf spätere Bestellungen rege gemacht werden, die nicht erfüllt werden können. …dem anliegenden Gesuche des Bernhard Bader aus Mehlis bei Suhl … nicht nachgekommen werden soll. Der Genannte ist hiervon unter Rückstellung der eingesandten Waffe geeignet verständigen zu lassen.“*

Die deutschen Waffenfabrikanten boten dem KBKM zwar weiterhin Revolvermodelle an und für den Fall der Einführung eines fremden Revolvermodells auch ihre Fertigungskapazitäten; Käufe, Prüfungen und Versuche fanden aber nicht mehr statt. Auch die nachstehend aufgeführten Anbieter wurden bereits mit einem Vormerkbescheid vorläufig abgewiesen:

- *Fabrikanten Spangenberg & Sauer, V. Chr. Schilling, C. G. Haenel, Suhl; Vormerkbescheid vom 16. 2. 1876.*
- *Ludwig Loewe u. Co, Berlin; Vormerkbescheid vom 27. 6. 1876.*
- *Geheimer Comissionsrath Dreyse, Soemmerda; Vormerkbescheid vom 2. 7. 1876.*
- *Spangenberg & Sauer, V. Chr. Schilling und C. G. Haenel, Suhl; erneutes Angebot vom 19. 11. 1877.*
- *Ludwig Loewe, Berlin; Angebot des SuW-Russian-Revolvers und der Fertigung jeden anderen Modells; Bescheid vom 9. 11. 1878.*

„Josef Barth, technischer Dirigent der Gewehrfabrik V. Chr. Schilling in Suhl/ Preußen“, legte dem KBKM mit Schreiben vom 22. 3. 1876 das provisorisch gefertigte Modell einer Mischung aus Revolver und Repetierpistole mit selbsttätigem Hülsenauswurf vor und bat um eine eingehende Prüfung, obwohl das Modell nach eigenen Angaben für Schießversuche nicht geeignet war. Ein zweites auch für Schießversuche fertiggestelltes Modell, eingerichtet für eine Winchester-Patrone (vermutlich Kal. 44/40 Winchester), wollte er anschließend ggf. vorlegen.

Die leider sehr unvollkommene Zuschrift, zu welcher die ehemals beigefügte Zeichnung bedauerlicherweise heute fehlt, gibt nur wenige kennzeichnende Merkmale her: Repetierpistole Kal. 11 mm; Patrone nach dem Inf.-Gew. M/71 in verkürzter Länge; Trommel für 5 Patronen.

Für das zweite Modell hatte Barth u. a. folgende technische Verbesserungen vorgesehen: Winchester-Patrone, dadurch 6 Kammern in der Trommel und Entladung ohne Ausziehermulde bei gleichzeitig höherer Stabilität; Wegfall des Repetiermechanismus; horizontal bewegliche Sicherung; fast gasdichter Obergang zwischen Trommel und Lauf, da die Trommel, welche sonst 1 mm Spielraum zum Lauf hat, beim Schuß vom „Auszieher und Hebebügel“ an den Lauf gedrückt wird; Vorrichtung für eine Beriemung auf Wunsch. Das KBM entschied mit Nr. 3589 vom 3. 4. 1876 in doppelter Beziehung richtungweisend: *„Das eingereichte Modell befindet sich nach eigenen Angaben des Herstellers noch im Versuchsstadium. Es scheint aber nicht angemessen, Waffen, welche dieses Stadium noch nicht passiert haben, der Schießschule zur Erprobung und Urtheilsabgabe zuzuschicken, da hierdurch ohne einen endgültigen Zweck zu erreichen nur Zeit und Mittel verausgabt werden. Es dürfte von einem einseitigen Vorgehen in der Bewaffnung der Cavallerie und Artillerie mit Pistolen überhaupt abzusehen, jedenfalls die Maßnahmen Preußens abzuwarten sein.“*

Herr Barth erhielt mit gleichem Datum die Antwort auf sein Ersuchen: *„…dass die Zulassung Ihrer Repetierpistole zu Versuchen auf Einstellung in der Armee nicht in Aussicht gestellt werden kann.“*

Dem Vorgang kann zwar nur begrenzt Bedeutung beigemessen werden, er ist aber sowohl aus waffentechnischer als auch aus militärhistorischer Sicht interessant. Außerdem ist ein im Jahre 1878 von der Firma Schilling-Suhl vorgelegtes Pistolenmodell mit dem Verschluss in der Art des Gewehres M/71, das allerdings keine Mehrladeeinrichtung hatte, von Preußen offenbar noch eingehend geprüft worden. Die Nummern 3 und 5 dieses Modells, die heute noch bekannt sind, weisen alle damals üblichen preußischen militärischen Stempel der Revision und Abnahme auf. Da leider alle Quellen in Berlin vernichtet wurden, gewinnt der vorstehend wiedergegebene Schriftverkehr etwas breitere Bedeutung.

Auch die Mauser-Pistole Modell C. 77, eine Einzelladerpistole für Metallpatronen mit Blockverschluss, lag der Direktion der Gewehrfabrik Amberg beim Jahresübergang 1876/77 zur Prüfung vor. Paul Mauser hatte die Pistole in der Hoffnung konstruiert, dass sie zu Militärzwecken, zumindest aber von Offizieren erworben würde. Dem KBKM ging das Modell allerdings aus anderen Gründen zu. Paul Mauser hatte mit Eingabe vom 27. 12. 1876 ein *„Gewerbsprivilegium auf Verbesserungen an Hinterladungsfeuerwaffen“* beantragt. Nach allerhöchster Verordnung vom 21. 4. 1862 war daraufhin das KBKM einzuschalten, das dann den hier zuständigen Inspekteur der Artillerie und des Trains um Stellungnahme ersuchte, die dieser aufgrund eines Gutachtens der Gewehrfabrik, hier Nr. 261 vom 17. 1. 1877, abgab. Das *„Technische Gutachten“* nahm etwa folgende Standpunkte ein:

„1. Die Konstruktion der Pistole, die mit nur drei Handgriffen zu bedienen ist, ist neu und ihr eigentümlich.
2. Ob die Verbesserungen wesentlichen Einfluß auf die Waffenfabrikation haben werden, kann

weder festgestellt noch verneint werden.

3. *Auf die gegenwärtig in der Armee geführten Handfeuerwaffen wird diese Verbesserung wohl kaum je Anwendung finden; sie wird aber auch in keiner Weise hinderlich sein.*
4. *Aus den vorstehenden Gründen sollte ein Patent erteilt werden.*"

Die gewünschte Urkunde ging P. Mauser in Oberndorf a. N. dann auch mit Schreiben des K.B. Staatsministeriums des Innern, Abteilung für Landwirtschaft, Gewerbe und Handel, Nr. 327 vom 25. 1. 1877 zu.

Die bayerischen Fachleute inspizierten auch den Mauser-Revolver. Das Königlich Bayerische Kriegs-Ministerium vermerkte zum Mauser Zick-Zack-Revolver mit Nr. 15 163 vom 16. 11. 1878:*„Der Mauser-Revolver besitzt eine wesentliche Verbesserung in seiner soliden Trommelbewegung gegenüber den bisherigen Revolversystemen und zeichnet sich durch Einfachheit und Solidität aus.*

Sofern das Preußische Km. sich für Einführung eines Revolvers älterer Construktion entschließen sollte, wird es angezeigt sein, mit diesem und dem Mauser-Revolver vergleichende Schießversuche und Proben auf Dauerhaftigkeit anzustellen und erst hiernach sich für die Annahme des einen oder anderen Revolver-Modells zu entscheiden.

Dem Vernehmen nach wird in Sachsen der Mauser-Revolver angenommen und eingeführt."

Wie wir feststellen konnten, war bereits im September 1875 Preußens Absicht bekannt, ein deutsches Einheitsmodell zu entwickeln und den anderen Königreichen verbindlich vorzugeben.

Quelle
HRB I, S. 443 – 484

4.2 Sachsen

Erprobungsvorgänge in Sachsen sind weitestgehend unbekannt. Unterlagen, die den Zeitraum vor 1873 betreffen, sind nicht mehr vorhanden.

Ein erster verwertbarer Hinweis stammt aus dem Jahr 1892: Die in Suhl ansässige Firma C.G. Haenel steht, neben zahlreichen anderen Mitbewerbern (vorzugsweise international agierende Firmen aus Hamburg, aber auch Offiziere der sächsischen Armee, wie ein Major v.d. Weigel, der im Jahre 1892 36000 Gewehre 71/84, 2700 Kavallerie-Karabiner 71, 17600 Gewehre 71 und 1,8 Mio. Patronen 71/84 an China verkaufte) in engem Kontakt zum Königlich Sächsischen Kriegsministerium (KSKM) und bewirbt sich darum, überzählige Waffen und Munition anzukaufen.

4.2.1 Sharps-Revolver und der Reichsrechnungshof

Mit Königlich Sächsischer Verfügung Nr. 1076 I.B. 92. erwirbt die Firma C.G. Haenel 68 Stück Sharps-Revolver zu 1,75 Mark einschließlich Tasche. (sic)

(Dass der Kanzleischreiber in der Aufstellung ‚Shraps' geschrieben hatte, ist ein sicherlich verzeihlicher Fehler.)

Da die sächsischen Militärs wissen wollten, an wen die Sharps-Revolver weitergereicht werden sollten, musste Haenel zumindest das Bestimmungsland nennen. In diesem Falle war der Eintrag im Kontrakt „London". Sollten also ein paar Exemplare in Großbritannien verblieben sein, so lohnt es sich, die Augen offen zuhalten.

Ein weiterer Hinweis, der insbesondere die Verwendung des Sharps-Revolvers betrifft, ist einem Bericht des Rechnungshofs des Deutschen Reiches an Kaiser Wilhelm I. zu entnehmen: *„Potsdam, den 18. September 1876 An des Kaisers und Königs Majestät. Bei Gelegenheit der Revision der Jahres-Rechnung des Sächsischen Artillerie-Depots zu Dresden für 1874 ist von dem Rechnungshof eine Ausgabe von 46290 Reichstalern, 0 Silbergroschen, 8 Pfennigen für die Bewaffnung der Königlich Sächsischen Reiter-Regimenter mit Revolvern a Conto der durch das Reichsgesetz vom 2. Juli 1873 (...) für das Retablissement der Deutschen Armee bewilligten Mittel bemerkt worden.*

„Da die betreffenden Regimenter während des Krieges 1870/71 wie die Preußische Reiterei mit Pistolen bewaffnet waren und für das Retablissement der von dem Preußischen Kriegs-Ministerium ressortierenden Reiter-Regimentern neben dem Karabiner wiederum die Pistole beibehalten worden ist, so hat der Rechnungshof sich die Frage vorlegen müssen, ob das abweichende Verfahren des Sächsischen Kriegs-Ministeriums mit den Zwecken der betreffenden außerordentlichen Bewilligung und dem Artikel 63 der Verfassung des Deutschen Reiches vom 16. April 1871, welcher von der Unentbehrlichkeit der Einheit der Bewaffnung innerhalb der Reichsarmee handelt, im Einklang stehe, oder ob es sich hier um eine nach den bestehenden gesetzlichen Vorschriften nicht zureichend begründete Ausgabe handele. Im Verlaufe der hierüber mit dem Sächsischen Königlichen Kriegsministerium geführten Schriftverkehr ist besagter Behörde am 17. März 1876 von dem Rechnungshof, nachdem der verlangte Nachweis, daß die Einführung der Revolver auch für die preußische Kavallerie noch bevorstehe, in bestimmter Weise nicht hat geführt werden können, verfügt worden, die besondere Allerhöchste Genehmigung Euerer Kaiserlichen und Königlichen Majestät zu der getroffenen Maßregel nachzusuchen und beizubringen".

Das Sächsische Kriegsministerium geht jedoch von der Auffassung aus, daß die Retablierung der Reiter-Regimenter des 12. Armee-Korps mit Revolvern im Falle der im Kriege unbrauchbar gewor-

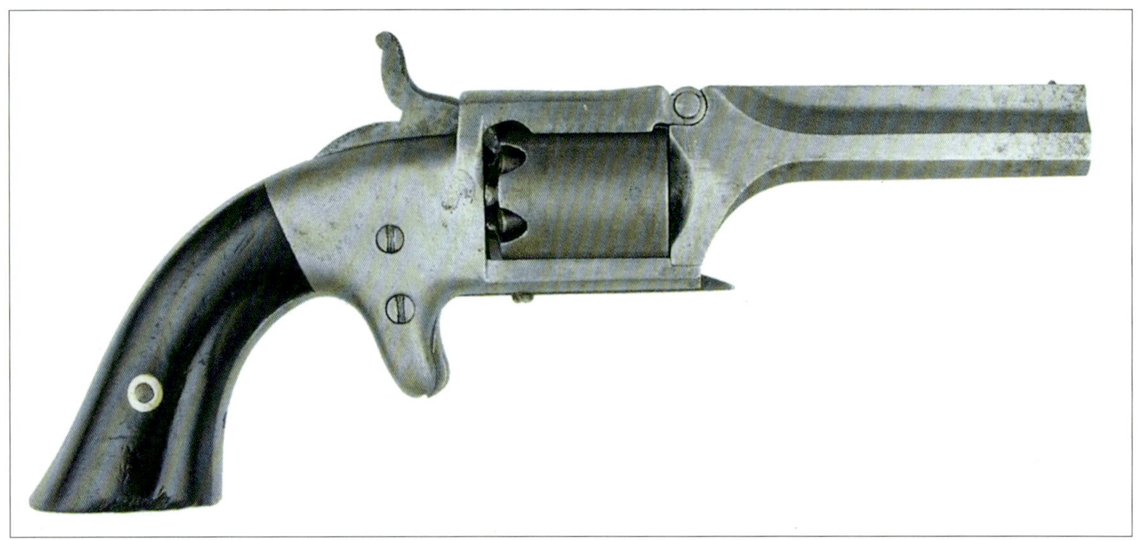

4.1. Ein Sharps-Revolver, der in Sachsen bei der Feldgendarmerie im Krieg 1870/71 geführt wurde. Dieser Typ, in Verbindung mit dem Smith & Wesson Modell 1½ 1. Ausführung, führte ein paar Jahre später zum sächsischen Revolver M/73. Privatsammlung
A Saxon Sharps revolver which was used by the Military Police in the war 1870-71. This subsequent Saxon model 1873 combines features from this revolver and the Smith & Wesson Model 1½ First issue. Private collection

denen und dem Standpunkt der Waffentechnik nicht mehr entsprechenden Pistolen eine unbedingt nothwendige Maßregel gewesen sei, welche zur Einhaltung der Schlagfertigkeit des Kontingents und zur Wahrung der bezüglichen Verantwortlichkeit habe getroffen werden müssen, unerwartet etwaiger in Preußen noch zu fassender Entschließungen hinsichtlich der Bewaffnung der Preußischen Reiter-Regimenter.

Außerdem aber sei die Maßregel auf dem gesetzlichen Wege zur Kenntnis Eurer Kaiserlichen und Königlichen Majestät sowohl, wie des Bundesraths und des Reichstags, gelangt, indem dieselbe in der ‚Nachweisung a conto des Retablissements verausgabten Geldbeträge' (No. 42 der Drucksachen des Reichstags Session 1874/75) unter B zu 1. besonderen Erwähnungen gefunden haben und auf Grund dieser Nachweisung demnächst das Reichsgesetz vom 16. Februar 1875 (:Reichsgesetzblatt Seit 6:) erlassen worden sein, ohne dass von irgend einer Seite die von Sachsen geleistete Ausgabe bemängelt worden wäre. Grundsätzlich ist nach meinem Schreiben des Sächsische Kriegsministerium vom 9. April 1871 das beobachtete Verfahren auch formell sanktioniert worden und glaubt dasselbe doch der Nothwendigkeit, die ausdrückliche bezügliche Genehmigung Eurer Kaiserlichen und Königlichen Majestät nachbringen zu müssen enthoben zu sein.

Nach der Auffassung des Rechnungshofes, gestützt auf den in §5 Artikel 2 des Reichsgesetzes vom 2. Juli 1870 angegebenen Zwang der vorgedachten Nachweisung der Retablissements. Kosten, womit auch der Inhalt der bezüglichen Verhandlungen des Bundesraths (Seite 341 §493 des Protokolls für 1874) und des Reichstags (: Nr. 116 der Drucksachen und Seiten 265, 707 und 870 der stenographierten Berichte für die Sitzung 1874/75) sich in Übereinstimmung befindet, wann indes die Ausnahmen einzelner Ausgabeposten in die Nachweisung der für das Retablissement der Reichsarmee bis zu einem bestimmten Zeitpunkt gezahlten Beträge nicht die Wirkung gaben, die materielle Prüfung der Ausgabefähigkeit folgender Beträge dem Rechnungshof gegenüber im Voraus auszugleichen, so dass die Kenntnisnahme von derselben vor der rechnungsmäßigen Prüfung die sonst erforderliche materielle Allerhöchste Genehmigung Euerer Kaiserlichen und Königlichen Majestät in den betreffenden Fällen vertritt. Gleichwohl hat der Rechnungshof von seinem weiteren Verfolg der Sache gegen das Sächsische Kriegs-Ministerium unter den obwaltenden Verhältnissen Abstand nehmen zu sollen geglaubt; derselbe hält sich aber für verpflichtet, Euerer Kaiserlichen und Königlichen Majestät über diese Angelegenheit den vorstehenden alleruntertänigsten Vortrag mit dem ehrfurchtsvollsten Hinzufügen zu erstatten, dass von dem für die Revolver in den Jahre 1873 und 1874 angefertigten 160930 Metallpatronen im letzten Jahre bereits der ganze verbliebende Bestand von 157880 Stück zerlegt, und dass in den Jahren 1874 und 1875 ein Vorrath von 124570 neuer Patronen mit Zentralzündung angefertigt worden ist.

Gez. Rechnungshof des Deutschen Reiches."

Der Brief des preußischen Rechnungshofes an den Kaiser brachte mit dem eindeutigen Verstoßes Sachsens (...) ein brisantes Thema zur Sprache. Sachsen hatte mit der Beschaffung eines

Revolvers gegen den Grundsatz der „Unentbehrlichkeit der Einheit der Bewaffnung" verstoßen; die Sanktionierung dieses Rechtsbruchs konnte jedoch nur durch den Kaiser halbwegs geräuschlos vollzogen werden. Er forderte seinen Reichskanzler und Kriegsminister auf, darüber zu berichten, da ein Einspruch des Rechnungshofes vorläge.

Am 27. Oktober 1876 schrieb Kriegsminister von Kameke an seinen sächsischen Kollegen von Fabrice und bat um Beantwortung folgender Fragen:

1. *für welche Regimenter bzw. für welche Chargen in demselben die Revolver ausgegeben sind;*
2. *das System, eventuell eine Beschreibung dieser Revolver und ihrer Munition;*
3. *inwieweit Revolver und Munition im bisherigen Friedensgebrauch sich dort bewährt haben.*

Georg Arnold Kameke, Preußischer Kriegsminister von 1873 bis 1883

Von Fabrice antwortete am 2. November des Jahres: *„Zu 1. Die Revolver sind im diesseitigen Armeekorps ausgegeben bzw. bereitgestellt worden für sämtliche Unteroffiziere und Mannschaften der Feldgendarmerie, Cavallerie und Feldartillerie, welche bislang mit der Pistole bewaffnet waren und zwar bei der Cavallerie in völliger Übereinstimmung mit den desfalsigen preußischen Bestimmungen an alle diejenigen Unteroffiziere und Mannschaften, welche nicht mit dem Karabiner bewaffnet sind. Die Ausgabe der Revolver an die Cavallerie und Artillerie ist im Sommer 1874 erfolgt.*

Zu 2. ...an die Truppe ausgegebener Leitfaden, welcher die genaue Beschreibung enthält.

Zu 3. Der Revolver hat sich trefflich bewährt. Bereits im Kriege 1870/71 war die Feldgendarmerie des Armeekorps mit der fraglichen Waffe versehen und die günstigen Erfahrungen, welche diese Abteilung während des Feldzugs mit derselben gemacht hat, gaben Veranlassung, eben dieses Modell nur mit geringfügiger Modification später nach sorgfältigen Versuchen zur Einführung zu bringen. Die Schußwirkung ist eine ausgezeichnete. Einfachheit in der Handhabung und Dauerhaftigkeit entsprechen den Anforderungen.

Eins von den beiden Modells für die nach den französischen Kriege notwendig gewordenen Neubeschaffungen zu Grunde zu legen, wäre eine unbedingt zu verwerfende Maßnahme gewesen. Ebenso unausführbar dürfte es aber auch gewesen sein, nach dem Kriege das preußische Pistolen-Modell diesseits zu adaptieren, da genügend bekannt war, daß auch dieses Modell nicht mehr als völlig zeitgemäß galt und Neuanschaffungen auf demselben in der Kgl. Preußischen Armee nicht mehr stattfinden sollten..."

Alfred von Fabrice. Kriegsminister von Sachsen 1866 bis 1891

Dem Leser wird jetzt sicherlich deutlich, dass der Autor u. a. deshalb den Brief des Rechnungshofs in Gänze wiedergegeben hat, weil die Antwort des Sächsischen Kriegsministeriums, aus dem Zusammenhang genommen, unverständlich erscheinen muss. Die Antwort enthält einen sensationellen As-

pekt: Die Feldgendarmerie der Sächsischen Armee führte im Krieg 1870/71 einen Revolver!
Dieses Modell, *„nur mit geringfügigen Modificationen"* war Vorbild für den späteren Revolver 73, *„der nach sorgfältigen Versuchen zur Einführung"* gebracht wurde.

Spätestens an dieser Stelle wird man zwangsläufig zu der Frage geführt, die auch Hans Bert Lockhoven in seiner ausführlichen Artikelserie über den sächsischen Revolver M/73 aufgegriffen hatte:

1. *„Welche Stückzahl könnte unter Kriegsbedingungen bei der Sächsischen Feldgendarmerie vorhanden gewesen sein?"*
2. *„Um welches Modell hat es sich gehandelt?"*

Zu 1.

Nimmt man die Stärke der Feldgendarmerie, die H.B. Lockhoven in dem besagten Artikel recherchiert hat, so kommt man zu folgenden Zahlen:
Laut Feldgendarmerie-Ordnung vom 7. Januar 1869 hatte jedes Armeekorps ein Detachement aufzustellen.
1 Offizier
2 Oberwachtmeister
15 berittene Gendarmen
Zur Anhebung der Stärke wurden dazu noch
15 Unteroffiziere und
30 Gefreite aus den Kavallerie-Regimentern abkommandiert.

In Summa also 63 Mann, unter Berücksichtigung einer wohl im Krieg 1870/71 notwendig gewordenen „Anhebung der Stärke".

Hier liegt nun der Schluss auf der Hand, dass die an die Firma Haenel in Suhl verkauften 68 Sharps-Revolver diejenigen sind, die einst zur Bewaffnung der Feldgendarmerie dienten.

Ein erster, sicherlich wichtiger Mosaikstein zum Verständnis der damaligen Vorgänge.

Zu 2.

Was den Revolvertyp betrifft, so lieferte Minister von Fabrice einen deutlichen Hinweis, der, siehe oben, eindeutig auf ein Modell hinwies, welches mit geringen Änderungen zum Modell 1873 mutierte.

Mit anderen Worten, der Feldgendarmerie-Revolver als Vorbild muss ähnlich ausgesehen haben wie das spätere preußisch-sächsische Streitobjekt, der M/73.

Also nahm auch der Autor die Suche nach einem Sharps-Revolver auf. Zugegeben, es hat Mühe gemacht. Die Literatur befasste sich mit den Sharps- bzw. Sharps & Hankins- Büchsen und natürlich mit den vierläufigen Pistolen. Das Internet zeigte sich wenig ergiebig. Allerdings fiel mir zufällig die Bibliotheksliste des kürzlich verstorbenen Howard L. Blackmore (GB) in die Hände, und dort war ein Titel verzeichnet, der mich hoffen ließ:*„Sharps Firearms"* von Frank Sellers; erschienen 1978.

Und tatsächlich, die drei abgebildeten Revolver entsprechen im äußeren Erscheinungsbild weitgehend dem sächsischen Revolver M/1873 – Ein zweiter Mosaikstein war gefunden.

Hier einige Daten zum Sharps-Revolver:
- Kaliber .25
- Perkussion- Vorderlader
- Lauflänge: 3"
- 6 Schuss
- Finish: gebläut
- Rahmen: Temperguss, versilbert
- Griffschalen: Walnuss oder Palisander
- Korn: Messingstift
- Länge: 189 mm
- Seriennummernbereich: 1 bis 2000
- Beschriftung: C.SHARPS&CO.PHILA,PA.
- Fertigungsperiode: Mitte 1857 bis 1859

Aber wie so oft wirft eine Antwort weitere Fragen auf: Die Sharps-Revolver haben auf den zweiten Blick eine frappierende Ähnlichkeit mit dem Smith & Wesson-Revolver „Erstes Modell, erste Ausführung".

Wir wollen an dieser Stelle die Frage nicht weiter vertiefen, wer wen wohl kopiert haben könnte, da sowohl Sharps als auch S & W die Produktion 1857 haben anlaufen lassen. Ohnehin sind diesbezügliche Nachforschungen sind in den USA bereits ohne Ergebnis durchgeführt worden. Patentrechtliche Streitigkeiten sind jedenfalls nicht bekannt geworden, zumal das von S&W erworbene Rollin-White-Patent (durchbohrte Trommel für Hinterladerpatronen) von Sharps ja nicht verletzt worden war.

War dieser Revolver die Waffe der sächsische Feldgendarmerie?
Im Kaliber .25, also rund 6,3 mm?
Ein Perkussionsrevolver im Krieg 1870/71 mag noch angehen, da die alliierte deutsche Seite durchweg mit Perkussionspistolen bewaffnet war.
Die Formulierung *„...nur mit geringfügiger Modification..."* erscheint nun in einem etwas anderen Licht, d. h. die Änderungen waren doch umfangreicher als v. Fabrice dem preußischen Kriegsminister wissen ließ.

Einen interessanten Beitrag zum Revolver M/73 und dessen Vorgeschichte veröffentlichte Dr. B. Wandolleck in Band 3 (1902 – 1905) der *„Zeitschrift für Historische Waffenkunde"*:

„...Als sächsischer Revolver wurde damals ein Modell Smith und Wesson gewählt und zwar das 2. Modell dieser Firma. Nach der Inschrift eines in meiner Sammlung befindlichen echten Smith und Wesson diesen Modells rührt das Patent vom 5. Juli 1859 her. Es ist ein Randfeuerrevolver, dessen Lauf nach oben aufklappt. Zum Laden oder zum Entfernen der abgeschossenen Hülsen muss die

nach dem Aufklappen des Laufes freie Walze herausgenommen und zum Entladen müssen mittels eines unter dem Lauf befestigten Stiftes die Ladungen oder die Hülsen ausgestoßen werden."

Nach dieser Beschreibung besaß Herr Wandolleck das Modell 1½, 1.Ausführung im Kaliber .32 mit einer Seriennummer vor 15304. Nur dieses besaß Patentdaten des Jahres 1855 und des erwähnten Jahres 1859.

Mit der Äußerung *„Der Revolver hat große Ähnlichkeit mit dem allerersten Modell jener Firma, dem sogen. Revolver Sharps (unter diesen Namen im Dresdener Arsenal). "*

Irrte B. Wandolleck, denn die Waffenfabrik Sharps gehörte weder zur Firma Smith & Wesson, noch wurde je ein Revolver dieses Hauses mit „Sharps" bezeichnet.

„Der Unterschied liegt nur in der Walzenarretierung, dem Visier und der Sicherung. In beiden Fällen wird die Arretierung durch die Nase einer Feder bewirkt, die auf dem Walzenumfang schleift und in die Rasten der Walze einspringt. Bei Modell I (Sharps) liegt sie vor dem Hahn oben auf dem Gestell, bei Modell II vor dem Abzug unten im Gestell. Eine kleine Nase der Hahnrippe hebt an M. I beim Spanner die Feder aus, damit die Rast freigegeben, und die Walze durch den Umsatzhebel gedreht werden kann. Die Feder ist hier gleichzeitig Visier und enthält die Kimme. Bei M. II schickt die unten liegende Feder einen hakenförmigen Fortsatz in das Schloss, dieser Fortsatz lehnt sich gegen einen kurzen nach hinten abgeschrägten Stift, der auf der linken Seite unterhalb der Hahnachse aus dem Hahnkörper herausragt. Wird der Hahn gespannt, so drückt dieser Stift auf ganz kurze Zeit den hakenförmigen Fortsatz der Arretierfeder und damit auch die Feder selbst nach unten, die Nase tritt aus der Walzenrast, und der Umsatzhebel kann die Walze drehen.

Während bei gewöhnlichen Smith und Wesson Rev. diesen Systems die Kimme im Daumenstollen des Hahns liegt, ist dem sächsischen Revolver ein starkes Standvisier auf die Mitte des Gestells gesetzt worden, außerdem hat der Revolver eine auf der Krümmung des Schaftes liegende Schiebesicherung erhalten..."

„...Wie schon bemerkt, hatten diese Revolver Randzündung, später sind sie wohl zur Centralzündung abgeändert worden, wenigstens ist bei den mir vorliegenden Exemplaren der Sammlung Werner die Hahnrippe bis auf eine Warze fortgefeilt." „...die Arretierung des sächsischen Revolvers ist jedoch wie die seines Vorgängers Sharps eine ganz andere und eigentlich direkt den alten Drehlingen anlehnend..."

Für den Sammler ist Wandollecks abschließender Satz sicherlich bemerkenswert: *„Der sächs. Rev. ist übrigens sehr selten geworden, so dass es mir bis jetzt nicht gelungen ist ihn für meine Sammlung zu erwerben."*

Das war um 1904. An der Situation hat sich bis heute nichts geändert.

Der Name Sharps tauchte später auch in Frankreich nochmals auf. Im Jahre 1894 erschien in Paris das Buch «*LES ARMES A FEU PORTATIVES DES ARMEES ET LEURS MUNITIONS PAR UN OFFICIER SUPERIEUR*»

Im Abschnitt, der sich mit Deutschland befasst, ist vermerkt: *„In Sachsen sind die Unteroffiziere der Kavallerie und Artillerie, sowie die Bedienungsmannschaft zu Pferde mit einem Revolver Sharp, Modell 1873, mit fünf Schuss bewaffnet."*

Der Ahn, zumindest der Urahn des sächsischen Revolvers war demnach ein Sharps-Revolver. Dennoch muss später der S&W-Revolver Modell $1^1/_2$, 2. Ausführung in Sachsen vorgelegen haben, dessen Konstruktionsdetails weitgehend übernommen wurden. Sächsische Offiziere sprachen fortan nur noch von einem Smith & Wesson-Revolver. Formulierungen wie „System Smith & Wesson" oder „nach Art Smith & Wesson" waren nicht üblich.

Quellen

Bibliothek des AMB, « *LES ARMES A FEU PORTATIVES DES ARMEES ET LEURS MUNITIONS PAR UN OFFICIER SUPERIEUR* «, Paris 1894

DWJ, 5/1992

Wandolleck B.: *„Zur Geschichte des sächsischen Revolvers"*. In der *„Zeitschrift für Historische Waffenkunde"*, Band 3, Heft 12, S. 366f.

Chapters 4 and 5

Unfortunately the files of the Prussian Ministry of War are no longer available in the German archives. However, those of the Bavarian and Saxon ministries survive and from them we gain a clear picture of events regarding the progress of revolver design and production.

In March 1861 a final report was made to the Royal Bavarian War Ministry (KBKM) on the Lefaucheux pin-fire revolvers, stating that they were unsuitable for military purposes, and that the examining board intended to examine other designs. In December 1863 the Hassfurt firm of Reinhard Stahl offered his percussion revolver to the ministry, but they rejected it. Stahl offered two improved examples in 1864 and 1865, which were then included in the trials. Early in 1864 the Bavarians purchased examples of the Colt, Remington, Starr and Whitney percussion revolvers.

In 1865 the director of the Bavarian government gun factory at Amberg wrote a long report about the new trials, as well as recommendations for the choice of a reliable military revolver. The following types had been tested in detail: the Adams revolver used in the Dutch Navy as made by August Francotte of Liège; two Lefaucheux revolvers as made by Peterlongo of Innsbruck and by Francotte; the Adams pattern as made by Reinhard Stahl; and the Beaumont- Adams as made by Francotte. No decision was made because once again the Ministry rejected the Lefaucheux system and the Stahl revolver.

As a result of the successful development of the centre-fire cartridge in the mid-1860s, Bavaria introduced a single shot pistol for their cavalry in 1869 (the Werder), one of the first military handguns in Europe to use a centre-fire cartridge.

Despite the adoption of the Werder pistol, Colt's London agency managed to sell two Colt revolvers to the Bavarian government. In July 1875 a report on additional trials with the .45 Colt Single Action Army, the Austrian M/70 Gasser revolver and the Werder pistol was published, which came down in favour of the Werder. The Colt revolver was criticised in several areas: the lock mechanism was weak, the grip and the trigger were too small, and the front sight was not robust enough. These were similar to the complaints previously made by the Prussian authorities. On the positive side the Colt was praised for its barrel, the connection of barrel and frame, the cartridge and its ballistics, and the ejector system.

Also in 1875 the Swiss rifle maker von Steiger of Thun offered the Bavarians two revolvers of different designs; these were tried against the Werder in the same way as the Colt and Gasser, but were rejected on the grounds that the mechanisms were too complicated and lacked robustness for military use.

At this point Bavaria ceased all further revolver trials, on the realization that only a Prussian-approved revolver design would be introduced for the armed forces of Imperial Germany.

This did not, however, stop the arms manufacturers from submitting samples of their work to the KBKM right up to November 1878. These included:

February 1876: Spangenberg & Sauer, V.C. Schilling and C.G. Haenel of Suhl.
March 1876. Schilling offered two different designs, a revolver and a pistol with a self-ejecting device.
June 1876: Ludwig Loewe of Berlin.
July 1876: Franz v. Dreyse of Sömmerda.
January 1877: Paul Mauser of Oberndorf offered a single shot pistol.
November 1877: the Suhl combine of Feb. 1876, made a new offer.
November 1878: Loewe offered the S&W Russian model, or the production of any other design.

Saxony's activities

The history of the revolver in the kingdom of Saxony began with a clear violation of the new laws of the German Empire concerning the standardisation of military weapons. In 1873 Saxony ordered 4000 revolvers and was the first of the German kingdoms to be armed with a cartridge revolver. The Prussians protested this violation and demanded an explanation. In reply the Royal Saxon War Ministry (KSKM) said that this type of revolver was already in successful use with the field gendarmerie, and that with several minor modifications it had now been issued to the cavalry and artillery. It was officially designated the M/73.

The M/73 was supplied by the Dresden arms dealer Friedrich Wilhelm Ludwig, as shown in the contract, but the name of the actual producer does not appear in the surviving archives. There is a statement in the *Deutsche Schützen-und Wehrzeitung* of 10 June 1879 which says that the Saxon army had received 4000 revolvers made by F. Langenhan of Zella, near Suhl. This author's opinion is that Langenhan was the actual manufacturer of these revolvers, but conclusive evidence is lacking. Research in Zella-Mehlis, Suhl and Dresden produced no answers, and there are no markings on the actual revolvers to indicate their origin.

The design of the M /73 must be considered next. Basically it looks like the Smith & Wesson Model 11/2 First Issue. But the revolver mentioned as being in issue to the field gendarmerie as described as Sharps revolvers! This fact came to light in 1892 when 68 of the revolvers in their holsters were sold off to Haenel in Suhl.

Shortly after production commenced, the cartridge ignition was changed from 11 mm rim fire to centre fire, and the revolvers already manufactured were converted during the production process. The rim fire cartridges were scrapped and the cases melted and used for the new cartridge production.

The end of the Saxon M/73 revolver

In 1892 the KSKM sold off 3932 of the 4000 M/73s to C.G. Haenel of Suhl, along with 188,000 cartridges. Haenel then sold them on to the Antwerp firm of J. Pire. Part of the group was refinished from the original brown to a fine commercial quality blue, and fitted with chequered grips. The company's name was rolled onto the top rib. This is the version normally found today on the collector's market. M/73 revolvers with their original brown finish are quite rare.

The Colt Single Action Army in Saxony

In 1874 the Saxon Government ordered 3 Colt revolvers from the London agency "exactly according to the U. S. Government model" as mentioned in their letter to Hartford. But it led to nothing. The London office manager von Oppen wrote later to Hartford: „... a Saxon officer informed us that the Saxon Government has definitely introduced the Smith & Wesson revolver." Thus was a half-truth born. It must be pointed out that the quality of the Saxon M/73 was not comparable with the high quality of the original American product.

Further offers

Even though the Langenhan revolver was adopted and issued, other arms makers continued to deliver samples to the Saxon War Ministry. These include: January 1876: a Warnant system revolver from P. D. Lüneschloss of Solingen, November 1877: a Warnant system revolver from Scholberg & Gadet of Liège. May 1879: two zig-zag revolvers from Gebrüder Mauser of Oberndorf. None of these led to any orders because the Prussian Reichsrevolver M/79 was already in the wings.

5. Der sächsische Revolver M/73

Dieser Revolver führte also zu einigen Verstimmungen zwischen Preußen und Sachsen. Es war zwar keine Staatsaffäre, aber immerhin, der Kaiser war eingeschaltet und damit war die Angelegenheit doch ziemlich hochgespielt worden. Die Details, die zur Konstruktion des M/73 geführt haben, liegen im Dunklen. Unbekannt ist ebenfalls, welche Person, oder welcher militäradministrative Bereich den Revolver entworfen hat. Private Initiativen können nicht ausgeschlossen werden. Hierfür sprechen sogar einige Eigenarten der technischen Ausführung. Mit Sicherheit kann man davon ausgehen, dass auch der Revolver M/73 am Ende einer Phase der Entwicklung und Erprobung stand. In dieser Beziehung sind die militärischen Erprobungs- und Beschaffungsstellen in allen Staaten gleich. Was letztlich dabei herauskam, waren Konsenserzeugnisse, die späteren Generationen immer noch Anlass zu heftigen Diskussionen lieferten. Die Frage, wer die sächsischen M/73 geliefert (nicht produziert!) hat, lässt sich endlich beantworten, da hierüber ein Dokument vorhanden ist: Der Vertrag zur Beschaffung der M/73 wurde zwischen der *„Direction der vereinigten Artillerie-Werkstätten und Depoth"* und dem Dresdener Kaufmann Friedrich Wilhelm Ludwig geschlossen.

Contract

über die Beschaffung von 4000 Stück Revolvern zur Ausrüstung für die Reiterei

Hier der Vertragstext mit zahlreichen technischen Details über die Ausführung sowie die ausführlichen juristisch-kommerziellen Bedingungen. Letztere sind aus heutiger Sicht sicherlich als ungewöhnlich zu bezeichnen.

SHS, 2171, 1873

Contract

über die Beschaffung von 4000 Stück Revolvern zur Ausrüstung für die Reiterei

Zwischen der Direction den vereinigten Artillerie-Werkstätten und Depoth und dem Kaufmann Herrn Ludwig, von hier, ist behuft der Lieferung von 4000 Stück Revolvern unter heutigem Tage folgender Contract verabredet und abgeschlossen worden.

1.

Herr Kaufmann Ludwig macht sich verbindlich, die zu liefernden vier Tausend Stück Revolver nach dem ihm übergebenen besiegelten Modell genau anzufertigen und nachstehende Bestimmungen fest einzuhalten, als: das Rohr, die Trommel und der Hauptheil sind von Gußstahl, ohne alle Härtung.

Der Hahn, sämtliche Federn, der Trieb, das Kettenglied, das Triebrad der Trommel, der Trommelstift und der Abzug sind von gutem Stahl zu fertigen. Sämtliche Federn und das Triebrad müssen federhart sein. Mit Ausnahme sämtlicher Federn und des Triebrades kann Gußstahl verwendet werden. Alle anderen Teile können aus gutem Eisen geschmiedet sein.

Das Visier und das Korn ist von Stahl und gut geschwärzt.Die Schaftplatten von Nußbaum, unpoliert und nur geölt.

Das Rohr und alle äußeren Teile mit Ausnahme des Hahnes, Visiers, Abzuges und Ringes sind brüniert.

Alle blank bleibenden Teile werden nur gut geschmiergelt.

Die beiden Stirnflächen der Trommel bleiben blank.

Die Feder der Trommel und der Kopf der Sicherung blau angelassen.

2.

Die Revolver werden von einer Kommission übernommen, deren Ausspruch sich Lieferant und in letzter Instanz, dem des Direktors der vereinigten Artillerie-Werkstätten und Depoths zu unterwerfen hat. Revolver, welche den oben bezeichneten Bestimmungen oder dem Modell nicht oder nur mangelhaft entsprechen und deren Abnahme beanstandet wird, hat Herr Lieferant unverzüglich zurückzunehmen und binnen den in Punkt 4. bezeichneten Terminen durch andere zu ersetzen.

3.

Der Preis eines Revolvers wird auf $10^1/_2$ Thaler, (Anm. d. Verf.) *wörtlich Zehn Thaler Fünfzehn Neugroschen festgesetzt, mit der Bestimmung, daß für jede um einen halben Monat oder noch zeitiger erfolgende Ablieferung einer vollen Rate von 500 Stück, eine Preiserhöhung von 7 Neugroschen, 5 Pfennige für das Stück gewährt werden soll (Am 9. Juli 1873, also vier Monate nach Abschluss des Vertrags, wurde reichseinheitlich die Mark eingeführt; bei einem Umrechnungskurs von 1 Taler = 3 Mark, kostete der M/73 der sächsischen Staatskasse 31,50 Mark. Eine vergleichbare Größenordnung finden wir später auch beim Revolver 79.)*

4.

Bezüglich der Ablieferung verpflichtet sich der Lieferant die ersten 500 Stück bis Ende Juni, die zweiten 500 Stück bis Ende August dieses Jahres abgeliefert zu haben und den Rest von 3000 Stück in Monatsraten so zu liefern, daß die ganze Lieferung von 4000 Stück nach Verlauf eines Jahres, vom Tage des abgeschlossenen Contractes an gerechnet, beendigt ist.

5.

Zur Sicherstellung der Lieferung hinterlegt Herr Lieferant eine Kaution von vier Tausend Thalern bei der Hauptzeughauskasse, welche nach vollendeter Ablieferung und vollendeter Übernahme zurückgezahlt wird.

6.

Nach erfolgter Übernahme einer Ratenlieferung erhält Herr Lieferant den entsprechenden Betrag aus der vorgenannten Kasse ausgezahlt.

7.

Für den Fall, daß Herr Lieferant die bezeichneten Ablieferungstermine nicht einhalten sollte, so verfällt derselbe in eine Konventionalstrafe von 10% pro Woche für die Summe der ganzen Zahl der laut Punkt 4. bestimmten zur Ablieferung kommen sollenden Quote, wobei auf die Restlieferung der letzten 6 Monate, pro Monat 500 Mark zu rechnen sind.

8.

Den vorgeschriebenen Stempelimpost (Warensteuer, Verfasser) *von 2 Neugroschen, 5 Pfennige. Vom Hundert der Empfangssumme trägt der Lieferant.*

9.

Beiderseits Contrahenten erklären sich mit allen diesen Bestimmungen durchgehend einverstanden und haben zu dessen Urkund gegenwärtigen Contract unter Entsagung aller dagegen zu erhebenden Einsprüche und Ausflüchte, sie mögen Namen haben wie sie wollen, durch eigenhändige Namensunterschriften vollzogen.

Dresden, der 15. März 1873

Die Direction der vereinigten Artillerie-Werkstätten und Depoth (Unleserliche Unterschrift)
Friedrich Wilhelm Ludwig"

Laut dem Dresdener Adressbuch von 1873 war Friedrich Wilhelm Ludwigs Beruf Kaufmann. Sein Geschäftszweig: „Eisen- und Eisenwaren-Engros-Geschäft", Badergasse 28. (diese Gasse existiert nicht mehr, Verf.)

Seine Wohnung war zugänglich von der Weißegasse her. Das Anwesen lag mitten in der Altstadt, nur ein paar hundert Meter vom KSKM entfernt.

Der Name des Produzenten der 4 000 Revolver geht leider nicht aus dem Vertrag hervor.

Einen beachtenswerten Hinweis hierzu lieferte ein Artikel aus der „Deutschen Schützen- und Wehrzeitung" vom 10. Juni 1879.

Es ist lohnenswert, den Bericht einmal aufzugliedern und zu analysieren:

1. Der Artikel wurde in Dresden geschrieben.
2. Der Verfasser spricht von „unserem Armee-Corps".

Deutsche Waffenfabrikation.

Dresden, 10 Juni. Ein Beispiel dafür, daß die deutsche Industrie nicht nur in vielen Zweigen der ausländischen ebenbürtig gegenübersteht, sondern diese in manchen Punkten auch übertrifft, bieten wieder einmal die bei den sächsischen Cavallerie-Regimentern neuerdings eingeführten Revolver. Dieselben haben sich als so vorzüglich construirt erwiesen, daß sie bekanntlich nunmehr bei der gesammten Reiterei der deutschen Reichsarmee eingeführt werden sollen. Die Waffe rührt aber weder aus England noch aus Amerika her, welche beiden Staaten gerade in der Anfertigung von Revolvern bis jetzt besonders excellirten, sondern aus einer einfachen Waffenfabrik Thüringens, und zwar aus der von F. Langenhan in Zella bei Suhl. Unser Armee-Corps hat von dort 4000 Stück bezogen, die genau nach dem Modell angefertigt sind, welches der genannte Fabrikant s. Z. an das sächsische Kriegsministerium eingesandt hatte.

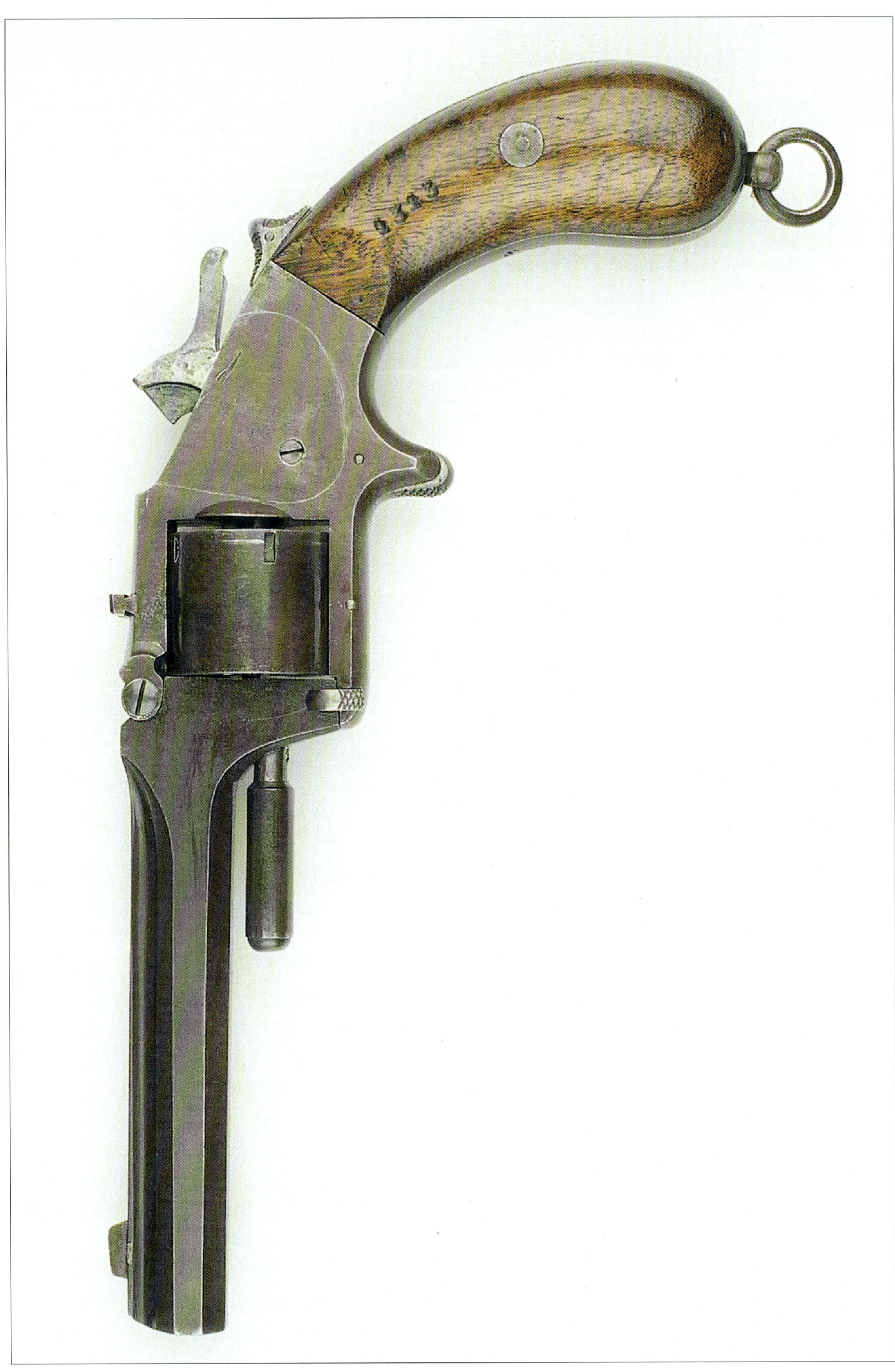

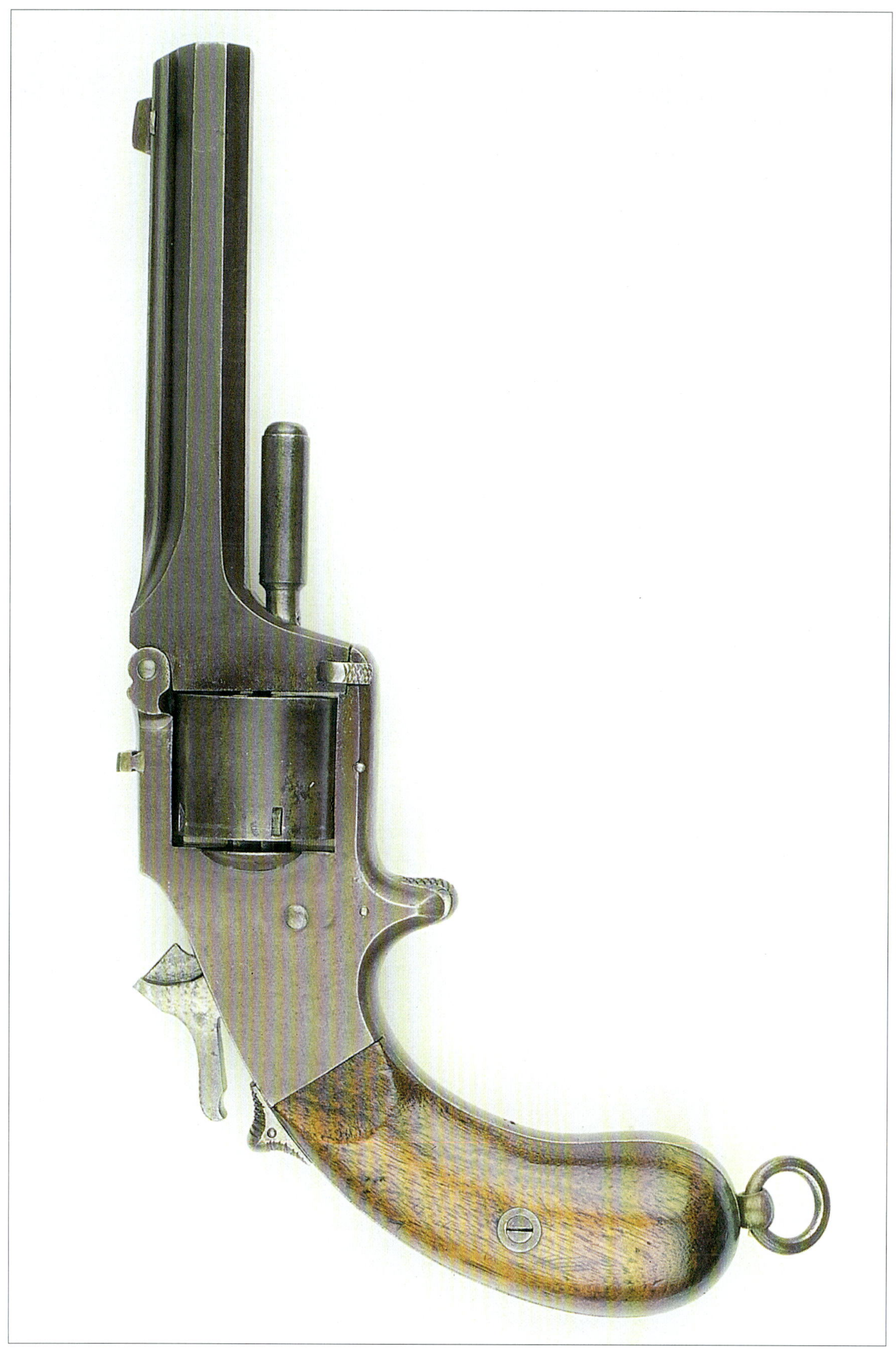

5.1.–5.2. Der sächsische Revolver M/73 in der ursprünglichen Ausführung mit Randzündung. Sammlung J. Lux
The Saxon revolver M/73 in the initial version with rim fire ignition. J. Lux collection

3. Er führt aus, dass das Armeekorps von der Thüringischen Firma F. Langenhan in Zella bei Suhl 4000 Revolver bezogen hatte.
4. Die Revolver wurden exakt nach einem Modell gefertigt, das der genannte Fabrikant seiner Zeit dem sächsischen Kriegsministerium eingesandt hatte, was auf die Konstruktionsverantwortung des Produzenten schließen lässt.
5. Die Revolver wurden neuerdings bei den sächsischen Kavallerie-Regimentern eingeführt.
6. Der Revolver soll nun bei der gesamten Reiterei der deutschen Reichsarmee eingeführt werden.

Zu 1. Es ist anzunehmen, dass der Verfasser aus Dresden stammte oder die dortigen Verhältnisse kannte.

Zu 2. Es handelte sich um das Sächsische XII-Armeekorps, mit der General-Kommandantur in Dresden. Desgleichen befand sich das Kriegsministerium in der sächsischen Metropole.

Zu 3. Die Bestellmenge von 4000 Stück stimmt exakt mit dem Liefervertrag überein! Mit an Sicherheit grenzender Wahrscheinlichkeit ist die Aussage, dass Friedrich Langenhan der Fabrikant war, korrekt.

Für eine Fertigung in den eigenen Artilleriewerkstätten gibt es nicht den geringsten Hinweis. Für eine dortige Anfertigung wäre die Verwendung von kompletten Lehrensätzen und verbindlichen Revisionsvorschriften zwingend erforderlich gewesen, denn in einem Staatsbetrieb muss geklärt sein, was z.B. bei Abweichungen zu geschehen hat, oder mit der Behandlung von Ausschuss.

Zu 4. Auch diese Aussage wird richtig sein, berücksichtigt man die mittelmäßige Qualität und die fehlende Austauschbarkeit der Einzelteile.

Gestützt wird die Annahme auch durch ein Schreiben des Chefs der Artillerie-Werkstätten und Depots, Oberst Hammer vom 28. Juli 1881 an das KSKM: *„Die Ausrüstung der Preußischen Revolver mit Leeren und Reserveteilen ist viel reichlicher, als hierorts für den Sächsischen Revolvers zur Zt. für nötig erachtet wurde und auch jetzt für nöthig erachtet werden kann. Insbesondere gestattet der Sächsische Revolver nicht in dem Maße die Prüfung durch Leeren ähnlich wie der Preußische Revolver, da bei dessen Beschaffung von einer Vertauschbarkeit der Teile, ziemliche Stimmigkeit der Kaliber pp. nicht die Rede gewesen ist...“*

Zu 5. Die Revolver M/73 mussten bis Ende März 1874 geliefert werden. Der Artikel in der Schützenzeitschrift wurde im Juni 1879 abgedruckt also rund fünf Jahre nach Ablieferung der letzten Exemplare. Die Aussage „neuerdings“ kann nur dann halbwegs logisch interpretiert werden, falls die Revolver erst später bei der Kavallerie die Revolver ausgegeben worden waren. Oder dem Schreiber erschien der Zeitraum von fünf Jahren subjektiv als relativ kurz.

5.3. Valentin Friedrich Langenhan, Fabrikant in Zella (heute Zella-Mehlis). Er gilt als derjenige, der den sächsischen Revolver M/73 produziert hat.
Valentin Friedrich Langenhan, manufacturer of Zella (today Zella-Mehlis, Thuringen), was almost certainly the producer of the Saxon Model 1873 revolvers.

Zu 6. Diese Formulierung des Schreibers konnte nur unter dem Eindruck eines patriotischen Überschwangs entstanden sein. Er muss etwas davon gehört haben, dass Teile der preußischen Armee mit Revolvern ausgerüstet werden sollen. Erinnern wir uns an das Datum: 10. Juni 1879, also nur drei Monate nach dem offiziellen kaiserlichen Beschluss.

Wäre ihm die Menge bekannt gewesen, was hier angezweifelt werden muss, so hätte auch einem technisch weniger vorbelasteten Zeitgenossen ein Licht aufgehen müssen. Friedrich Langenhan war nur unter Einbeziehung von Zulieferern in der Lage 4000 Revolver herzustellen, nicht jedoch 50 000 bis 60 000 Stück bis Juli 1882. Nach Harry Ansorgs Artikel „Hermann Langenhan“ publiziert 1998 in der Chronik der Stadt Zella-Mehlis standen im Jahre 1886 7 Mitarbeiter auf der Lohnliste. Interessant ist noch folgende Ausführung des Chronis-

5.4. In dieser Fabrik von V. F. Langenhan entstand der Revolver M/73. Das Gebäude im Hintergrund diente u.a. als Kontor.

Abb. 5.3 u. 5.4, aus: Harry Ansorg, „Chronik der Stadt Zella-Mehlis. Historische Persönlichkeiten von A-Z."

V.F. Langenhan's factory in which the Model 1873 revolver was manufactured. The building in the background served, among other things, as the office.

ten Harry Ansorg: „...*Friedrich Langenhan brachte seinen Betrieb zunächst im Hause seines Schwiegervaters Georg Ernst Barthelmes in der Forstgasse Löwenhaus unter, dann in dem übernommenen Hammerwerk in der Nähe, das nach und nach völlig den Fabrikationszwecken diente.*
Hier wurde in zunehmendem Maße die Revolverfabrikation aufgenommen mit vielen Neuerungen und Verbesserungen durch den Inhaber, und es wurden gute Umsätze im In- und Ausland erzielt. Damals mussten noch alle Teile handgeschmiedet werden, wie Kästen, Schlösser, Hähne, Abzüge, und das Schmieden, Härten, Löten und Brünieren erfolgte mittels Holzkohlenfeuerung, wofür die Eisenhämmer ihre eigenen Köhlereien unterhielten..."

5.1 Weitere Versuche

Die Londoner Colt-Vertretung nutzte natürlich die Kontakte, die sich in Berlin durch die dort akkreditierten Verbindungsoffiziere der anderen Königreiche ergaben.

Nicht nur bayerische, sondern auch sächsische Offiziere waren Baron von Oppen gut bekannt.

Am 7. Juli 1874 bestellte von Oppen beim Colt-Werk 3 Revolver im Auftrage Sachsens, also rund 3 Monate nach Auslieferung der Revolver 73.

„*Seit meiner Mitteilung an Sie vom 4. des Monats erhielt ich von der Sächsischen Regierung den Auftrag 3 Revolver, exakt dem U.S.-Regierungsmodell entsprechend, und 300 Patronen für Versuche einzusenden. Da ich aber nur noch 2 von den sechsen habe, die Sie mir geschickt haben und diese beiden auch noch Defekte am Schloss aufweisen, bitte ich Sie höflich uns, falls möglich unter Rückgabe, sechs oder zehn sorgfältig ausgesuchte Revolver, geeignet für Regierungsversuche, zuzusenden.*"

10 Single Action Army-Revolver im Kaliber .45 Colt, einschließlich der Hülsen und Geschosse trafen bereits am 17. August 1874 in London ein, die 3 Testrevolver für das KSKM dürften wenige Tage später Dresden erreicht haben. Welche Motive vorlagen, zu diesem Zeitpunkt weitere Erprobungen durchzuführen, ist schwierig zu erklären. Vielleicht wollte Sachsen, die ja die Vorgänge in Preußen kannten, ebenfalls diesen Revolvertyp testen.

Ein paar Monate später sah sich der Chef der Londoner Agentur jedoch von der Realität genötigt, den Auftrag an das Colt-Werk in Hartford mit folgender Mitteilung zurückzuziehen: „...*Ein sächsischer Offizier informierte uns, dass die Sächsische Regierung nun mit Sicherheit den Smith & Wesson-Revolver eingeführt hat.*"

Der Brief beweist, wie schnell Halbwahrheiten in die Welt gesetzt werden können. Nicht mit einem Wort ist davon die Rede, dass Sachsen eine qualitativ weniger gute S&W-Kopie eines deutschen Fabrikanten angenommen hatte.

War der Auftrag an die Colt-Company durch das KSKM erteilt worden, versuchten in den folgenden Jahren verschiedene Lieferanten durch eigene Initiative ihre Revolver zu verkaufen.

Ob sie gewusst haben, dass Sachsen bereits mit Revolvern versorgt war? Es gingen folgende Angebote ein:

8. Januar 1876: P. D. Lüneschloss, Solingen bietet einen Warnant-Revolver an.
6. November 1877: Scholberg & Gadet aus Lüttich bieten ebenfalls einen Warnant-Revolver an. Dem Angebot beigefügt ist ein Revolver nebst Zeichnung.
2. Mai 1879: Die Gebrüder Mauser bieten dem KSKM ihre beiden Revolvertypen an:
- 1 Revolver, Kaliber 10,6 mm blau mit Scharnier.
- 1 Revolver, Kaliber 10,6 mm blau mit geschlossenem Kasten.

Wie wir wissen, kam die Offerte gut zwei Wochen nach der offiziellen Einführungsverfügung des Revolvers M/79 durch Kaiser Wilhelm I. von Preußen. Die Würfel waren gefallen.

5.2 Technische Ausführung und Markierungen

5.2.1 Oberflächen, Deckungsmittel

Eine Beschreibung der Oberflächenbehandlungen und der Griffschalen erübrigt sich aufgrund der präzisen Beschreibung im 1. Abschnitt des Vertrags mit der Fa. Ludwig.

Hinzuzufügen ist noch, dass es sich um eine braune Streichbrünierung handelt. Zu den zahlreicher auftretenden Exemplaren mit blauer Brünierung werden wir später kommen.

5.2.2 Technische Daten und konstruktive Details

- Gesamtlänge: 270 mm
- Lauflänge: 140 mm
- Dralllänge: 230 mm
- Felddurchmesser: 10,7 mm
- Zugtiefe: 0,1 mm, 6 Züge
- Patronen-Nennkaliber: 11 mm
- Patronenlager vorn: 11,1 mm

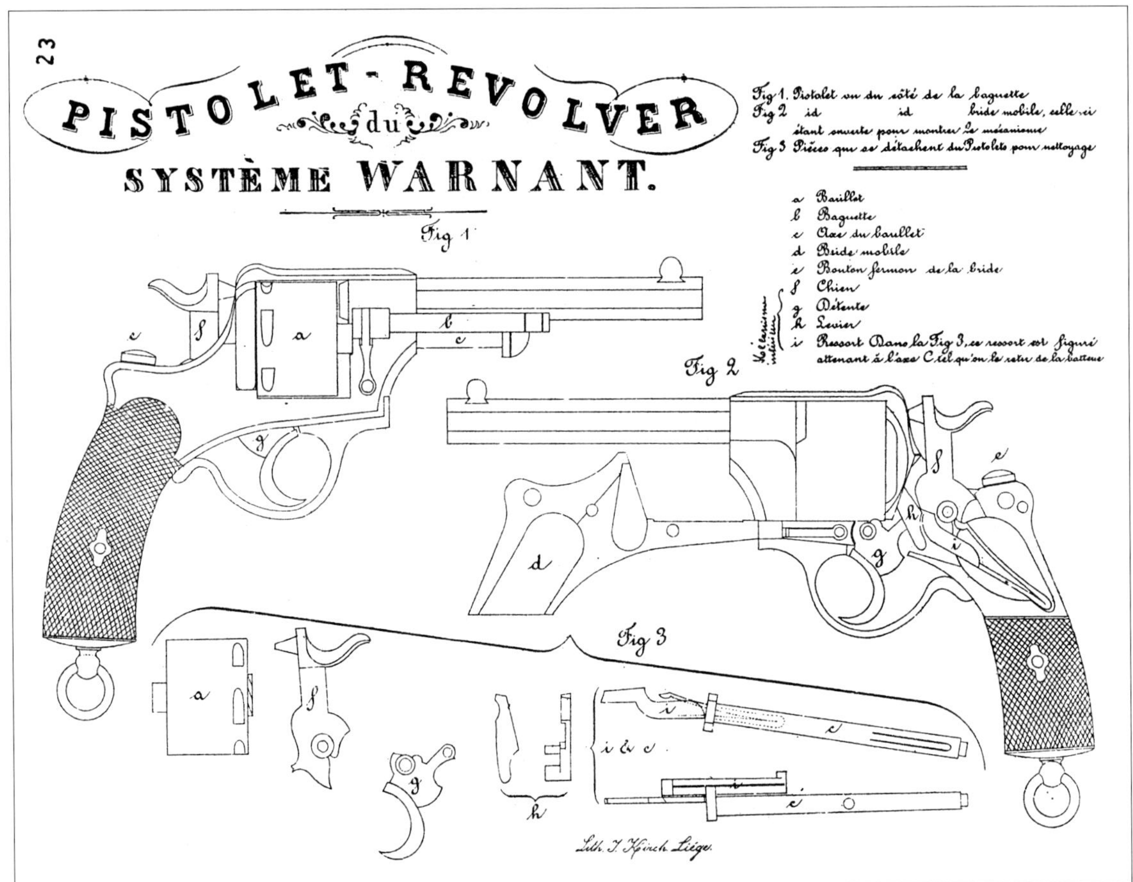

5.5. Diesen Warnant-Revolver bot 1877 die Firma Scholberg & Gadet aus Lüttich dem KSKM an. SHS, 2171, Bl. 23
This Warnant-revolver was offered by the Liege company Scholberg & Gadet in 1877. SHS, 2171, Bl. 23

- Patronenlager hinten: 11,8 mm
- Länge des Hülsenlagers: 21,2 mm
- Trommellänge: 30,5 mm
- Trommelkapazität: 5 Schuss
- Genutete Trommel (ursprünglich außen glatt, später geflutet)
- Korn und Kimme mittels Schwalbenschwanz eingeschoben
- Gewicht: ca. 880 – 910 g
- Schiebesicherung am oberen Griffrahmen

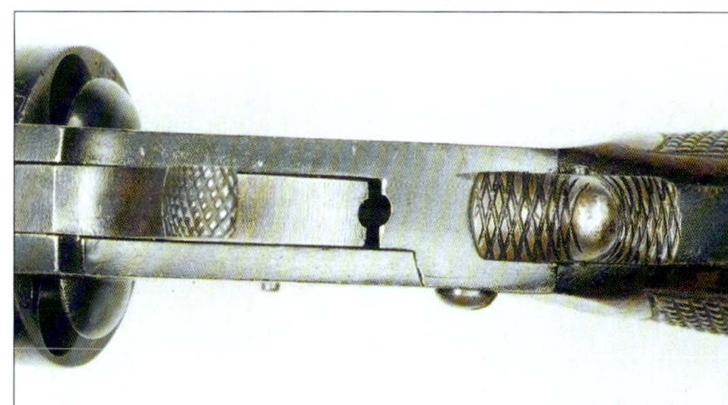

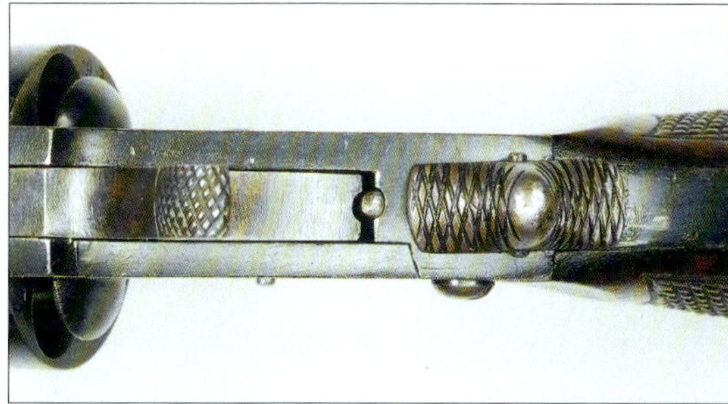

5.5a–5.5b. In der Stellung „gesichert" blockiert ein kleiner Stift das Spannen des Hahns. Sammlung des Autors
In the position „safe" a small pin blocks the hammer's cocking. Author's collection

Bemerkenswert ist die Dralllänge des Laufs von nur 230 mm. Eine entsprechende Geschossführungslänge war demnach notwendig um die Präzision der Flugbahn sicher zu stellen.

Leider sind Realpatronen für den M/73 nicht sicher nachweisbar dass die Form des Geschosses nicht überprüft werden kann. Die Abmessungen und Gewichte können wegen der nicht vorhandenen Lehrenhaltigkeit von den o.a. Daten mehr oder weniger stark abweichen.

Die Trommel wird hinten auf einen ca. 10 mm langen Zapfen (rahmenseitig) aufgesteckt und ist vorn mit einem kleineren Zapfen, ca. 3 mm lang vorstehend, versehen.

Dieser Trommelzapfen ist in der Trommel eingeschraubt und erlaubt ein gewisses Nachstellen bei Verschleiß. Die Teile des M/73 sind ohne Anpassarbeiten untereinander nicht austauschbar.

Die Entscheidung für eine solche Konstruktion ist unverständlich, denn bereits in Frankreich war das Gewehr M/1777 lehrenhaltig gefertigt worden

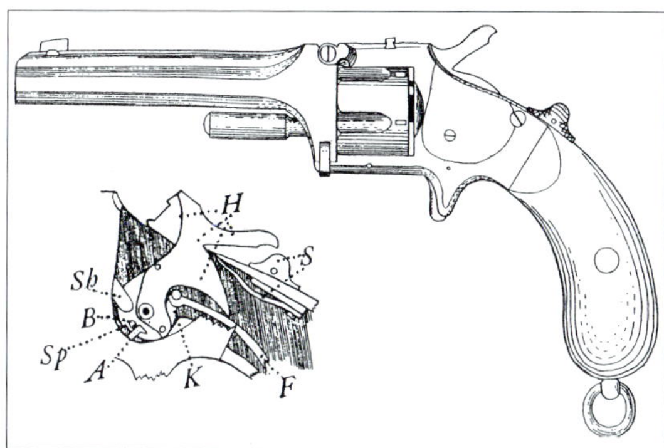

5.5c. Instruktions-Zeichnung des Revolvers M/73 mit Erläuterungen zur Schlosskonstruktion. Erkennbar ist, dass der abgebildete Revolver für die Zentralfeuerpatrone eingerichtet ist. Die Schlossplatte besitzt die später angebrachte zusätzliche Halteschraube. Sammlung des Autors
Instruction drawing of the Revolver M/73 with explanations of the lock design. It is discernible that the reproduced revolver was adapted for the central fire cartridge. The side plate has the later added additional mounting screw. Author's collection

und auch das deutsche Gewehr 71 befand sich just zu der Zeit der Anfertigung des M/73 an verschiedenen Produktionsstandorten des Reiches in der Serienfertigung; lehrenhaltig und mit austauschbaren Teilen.

Der sächsische Revolver M/73 war in dieser Beziehung nicht revisionsfähig!

5.2.3 Seriennummerierung

Von einer Durchnummerierung sämtlicher 4000 Stück ist auszugehen. H.B. Lockhoven fand bei rund 50 untersuchten Revolvern eine gleichmäßige Verteilung der Seriennummern von 9 bis 3915.

Die vollständige Seriennummer befindet sich immer auf dem Griffrücken und auf der linken Griffschale, falls diese nicht später einmal ersetzt worden ist.

Ausnahmen von dieser Regel sind bekannt.

Zusätzlich finden sich auf folgenden Teilen maximal 2 Endziffern:
- auf der hinteren Stirnfläche der Trommel.
- auf der Fläche unterhalb der Laufmündung, trommelseitig.
- auf dem linken Griffrahmen, (linke Griffschale abgenommen).
- auf der Trommelverriegelung.

Bei einigen wenigen M/73 findet man auf der Trommel und auf dem hinteren Laufstück, unterhalb der Mündung, weitere Ziffern, die mit der eigentlichen Seriennummer der Waffe nichts gemein haben.

Es handelt sich hierbei um Montagenummern, die dazu dienen, gepaarte Teile nach weiteren Arbeitsschritten (z.B. Brünieren) wieder ordnungsgemäß zusammenzuführen.

Diese Verfahrensweise ist im Waffenbau durchweg üblich und man findet diese „assembly numbers" auch bei Colt- und S&W-Waffen.

5.2.4 Stempel der Güteprüfung

Der einzige bekannte Stempel, der auf eine Güteprüfung hinweist, befindet auf der rechten Seite hinter dem Trommelschild.
Er besteht aus einem gekrönten A.

5.6. Nur wenige Revolver M/73 besitzen einen Güteprüfstempel. Das gekrönte A hat keinen Bezug zu König Albert von Sachsen. Privatsammlung
Only a few Revolvers M/73 show an inspection mark. The crowned A has no relation to King Albert of Saxony. Private collection

Die häufig publizierte Auslegung, es würde sich um das Hoheitszeichen von König Albert von Sachsen handeln, ist aus folgenden Gründen nicht haltbar:

1. Am 29.Oktober 1873, also mitten in der Produktions- und Lieferphase, starb König Johann von Sachsen. Laut Liefervertrag hätten bis zu diesem Datum rund 1500 Revolver geliefert werden müssen. Stempel mit König Johanns Initialen, also JR mit Krone, existieren auf den Revolvern M/73 nicht. Wohl jedoch auf den Karabinern M/73, die nach dem Tod von König Johann folgerichtig mit dem gekrönten AR gekennzeichnet wurden.
2. Die königlichen Hoheitskennzeichen im deutschen Reich bestehen aus zwei Buchstaben, dem Anfangsbuchstaben des Königs und dem Buchstaben R (lat. Rex = König; Ausnahmen bilden Ludwig II. und die Württemberger Könige Wilhelm und Karl).
   Die später beschafften Revolver 79 und 83 Sachsens tragen den AR-Stempel mit Krone gleich zweimal; als Beschussstempel und als Superrevisionsstempel.

Über die Frage, weshalb nur ein Teil der M/73 Revolver einen Güteprüf- oder Revisionsstempel tragen, kann man nur spekulieren. Vielleicht war der Vorgang vergleichbar mit der Prüfung der niederländischen Revolver M/91, die wegen Erkrankung des Abnahmeoffiziers und dringendem Bedarf nicht alle geprüft und dennoch abgeliefert wurden.

Oder wurden nur die Revolver gekennzeichnet, die bei äußerstem Wohlwollen des Abnahmeoffiziers als übernahmefähig galten? Die nicht revisionsfähige Qualität der M/73 könnte der Grund gewesen sein.

H.B. Lockhoven hatte bei der Auswertung der M/73-Seriennummern festgestellt, dass, von wenigen Ausnahmen abgesehen, der gekrönte Buchstabe A nur bis zur Seriennummer von ca.1400 vorkommt.

Die Antwort wird offen bleiben müssen, da die Akten dieser Phase nicht mehr vorhanden sind.

Die häufig auf den M/73 zu findenden Buchstabenstempel ohne Krone haben keinen Bezug zur regulären Güteprüfung. Es handelt sich hierbei um Montagenummern oder Markierungen der an der Produktion beteiligten Arbeiter.

Die später vom sächsischen Staat über Haenel nach Antwerpen verkauften Revolver M/73 tragen die bekannten belgischen Beschusszeichen, die ab 1893 gültig waren.

5.2.5 Jahreszahlen

Jahreszahlen befinden sich, falls vorhanden, in der Regel auf der linken Seite vor der Trommel.

5.7. Dieser Revolver M/73 wurde 1874 ausgegeben. Sammlung des Autors
This M/73 Revolver was issued in 1874. Author's collection

Jahreszahlen auf der rechten Seite konnten, wenn auch seltener, ebenfalls beobachtet werden.

Sie wurden geschlagen, wenn das Depot die Waffen dem jeweiligen Regiment zur Verwendung übergab. Die Jahreszahl kennzeichnet also das Ausgabejahr.

Eine Systematik ist kaum erkennbar. Die Jahresstempel auf den untersuchten Realstücken umfassen die Jahre 1874 bis 1884 mit gewissen Häufungen um 1874 und 1883. Eine Erklärung dazu mag die Tatsache sein, dass 2050 neue, ungebrauchte Revolver als Dispositionsvorrat im Depot eingela-

5.8. Seltener wurde der Ausgabestempel rechts geschlagen. Sammlung J. Lux
A scarce stamp of the issue year on the right side. J. Lux collection

gert blieben, die später mit den ausgegebenen, also gebrauchten, verkauft wurden. (Siehe unten)

Anzumerken ist noch, dass bereits Ende 1882 der erste Auftrag über 2000 Stück Revolver M/79 ausgeliefert und im sächsischen Artilleriedepot zu Dresden eingelagert worden war.

5.2.6 Truppenstempel

Da die M/73 Revolver für die Reiterei und die Artillerie beschafft worden waren, tragen sie in der Regel die entsprechenden Truppenstempel. Ungestempelte Stücke kommen vor, da, wie bereits berichtet, ein Reservebestand von 2050 Stück im Depot vorgehalten wurde. Diese Menge war teilweise bereits mit den Truppenstempeln der im Mobilmachungsfall aufzustellenden Einheiten gekennzeichnet. Die reine Reservemenge jedoch blieb ohne Truppenstempel.

Zur Zeit der Beschaffung verfügte Sachsen über folgende Artillerie-Regimenter

1. Feldart.-Regt. Nr.12 , Standort Dresden
2. Feldart.-Regt. Nr. 28, Standort Pirna
1. Fußart.-Regt. Nr. 12, Standort Metz

Das Fußartillerie-Regiment Nr.12 wurde erst 1873 aufgestellt und nach Metz kommandiert. Es gehörte zum XIX.- (dem 2.sächsischen) Armeekorps, während die anderen Regimenter dem XII.-Armeekorps zugeordnet waren.

Die entsprechende Kennzeichnung der sächsischen Artillerie-Regimenter auf den Revolvern ist wie folgt:

12.A...
28.A...
12.A.F...

Es folgen die Nummern der Batterien und die lfd. Nr. der Waffe (nicht zu verwechseln mit der Seriennummer).

Beispiele auf Realstücken:
12.A.4.62.
12.A.3.6.
Feldart.-Rgt. Nr.12, 4.Batterie, Revolver Nr.62
Serien-Nr. des Revolvers: 390

Ein seltener M/73-Truppenstempel

12.A.A.r.3. Abteilungsstab des Feldart.-Regt. Nr.12,Revolver Nr.3 Serien-Nr. des Revolvers: 3157

5.8a. Truppenstempel auf dem Griffrücken eines M/73. (Sächsisches Feldartillerieregiments Nr.12, 3. Batterie, Waffe 6.) Sammlung des Autors
Unit marking on the back strap of a M/73. (Saxon field artillery regiment no. 12, 3. battery, revolver 6.) Author's collection

Die sächsische Kavallerie bestand aus folgenden Einheiten:
Garde-Reiter-Regiment, Standort Dresden
1.Hus.-Regt. Nr.18, Standort Großenhain
2.Hus.-Regt.Nr.19, Standort Grimma
1.Ulan.-Regt. Nr.17, Standort Oschatz
2.Ulan.-Regt. Nr.18, Standort Leipzig
Karabinier-Rgt., Standort Borna

Die entsprechenden Truppenstempel der o. a. Kavallerie-Einheiten sind folgende:
G.R. ..
18.H. ..
19.H. ..
17.U. ..
18.U. ..
C. ..

Die Waffen der Reserveeinheiten erhielten ein vorangestelltes R. z. B.
R. A. XII. 3. 12. Reserve-Feldart.-Regt. des XII.-Armeekorps, 3. Batterie, Revolver Nr.3

H.B.Lockhoven fand auf Realstücken noch Stempel der Munitionskolonnen: A.M.XII. 1.7. Artillerie-Munitionskolonne des XII. Armeekorps, 1.Kolonne, Revolver Nr.7 I.M.XII. Infanterie-Munitionskolonne des XII.-Armeekorps.

Die Deutung von Truppenstempeln auf Feuerwaffen ist oft eine schwierige, aber reizvolle Aufgabe. verrät sie dem Historiker / Sammler doch, wo die Waffe „gedient" hat. Wegen der permanenten Änderungen in der militärischen Struktur, der Neuformierung von Waffengattungen usw. wurden die Stempelvorschriften häufig geändert.

5.2.7 Anlauf, Änderungen und Produktion

Die M/73 Revolver wurden ursprünglich für eine 11mm Randfeuerpatrone bestellt, die, wie wir später sehen werden, kurzfristig für die Verwendung einer Zentralfeuerpatrone geändert wurden.

Die wenigen frühen M/73 in der originalen Randfeuerversion (H.B. Lockhoven spricht von 4 erhaltenen Exemplaren) geben Hinweise auf Verbesserungen und Änderungen an verschiedenen Stellen:

1. Änderung: Reduzierung der Rahmendicke: Die ersten Revolver 73 waren insgesamt breiter ausgeführt.

Es konnten folgende Abmessungen ermittelt werden:

	Ser.-Nr. 13:	Ser.-Nr. 2906:
am Lauf ca.	16,6 mm	16,4mm
hinter der Trommel	17,0 mm	16,6mm
am Griffrahmen	11,6 mm	10,0 mm

Spätere Überprüfungen an anderen Realstücken bestätigten in etwa die Maße der rechten Spalte.

2. Änderung: Wegfall der Sicherungsschraube für den hinteren, rahmenseitigen Achszapfen.

Der als Musterrevolver einzustufende M/73 ohne

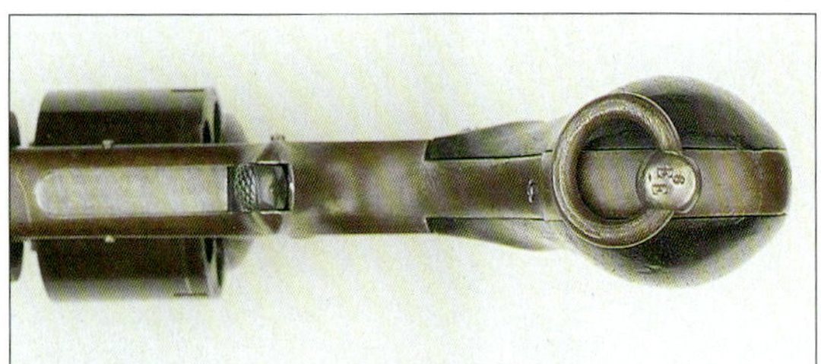

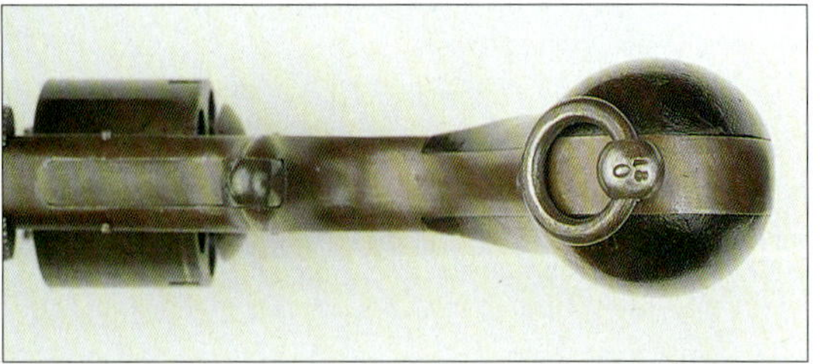

5.9a.–5.9b. Die 1. Änderung am Revolver M/73. Die ur-sprüngliche Rahmendicke (oben) wurde reduziert. Sammlung J. Lux
The first change in the M/73 Revolver: The thickness of the frame (upper site) is reduced. J. Lux collection

Seriennummerierung, jedoch mit dem Ausgabejahr 1874 aus der ehemaligen Sammlung R.H. Müllers, weist diese Sicherungsschraube auf. (Die kleine Schraube ist hinter dem rechten Trommelschild sichtbar.)

In der Serie hat man diese Zapfensicherung weggelassen, jedoch bei eventuellen Reparaturen wieder verwendet.

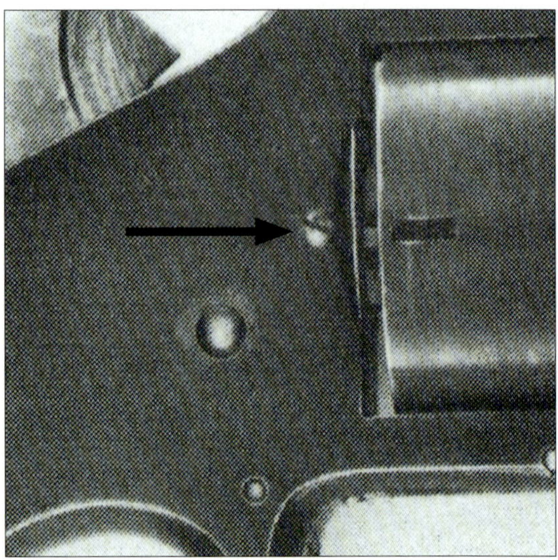

5.10. Die 2. Änderung. Einige der frühen Revolver M/73 besaßen eine kleine Schraube, die den Trommelzapfen arretierte. RHM
The second change to the M/73 Revolver: some of the early pieces had a small screw, retaining the cylinder-pin. RHM

Der nicht ganz einfach herauszufräsende Zapfen konnte bei Misslingen dieses Arbeitsganges durch einen separat einzusetzenden Zapfen ersetzt werden. Er wurde dann durch die besagte kleine

Schraube gesichert. Der teure Revolverrahmen konnte somit vor dem Verschrotten gerettet werden. Von dieser technischen Möglichkeit wurde z.B. bei der Seriennummer 1617 Gebrauch gemacht. Das Einverständnis der verantwortlichen Stelle war dazu notwendig.

Diese Art der Zapfenarretierung kann nicht als Reparatur nach Ausgabe der Waffe an die Truppen betrachtet werden, da sie durch die wenigen Trommeldrehungen beim Übungsschießen oder den Drill der Zapfen schwerlich soweit verschleißen konnte, dass diese Reparatur notwendig wurde.

3. Änderung: Die Schlossplatte (linksseitig) erhielt auf der linken Umfangsfläche einen ca. 4 mm langen Stift, der in eine entsprechende Bohrung des Rahmens eingeführt werden konnte.

hintere Bereich bis auf 11,95 mm konisch aufgerieben.

2. Der Hahn wurde durch Einlöten eines passenden Einsatzes für das mittig sitzende Zündhütchen geändert.

Sämtliche Hähne des Auftrags erfuhren diese Art der Änderung. Im Grunde eine sachlich richtige Entscheidung, falls eine abgebrochene oder abgenutzte Schlagnase ersetzt werden musste. Dass die Hähne in der Mitte der Abwicklungsphase bereits fertig gestellt waren und somit sämtlich hätten geändert werden müssen, ist mehr als unwahrscheinlich. Die Trommel wurde zwecks Erleichterung genutet.Vergleiche haben gezeigt, dass die Nuten von Trommel zu Trommel unterschiedlich ausfallen, was deren Breite und Tiefe betrifft. Eine Erklärung

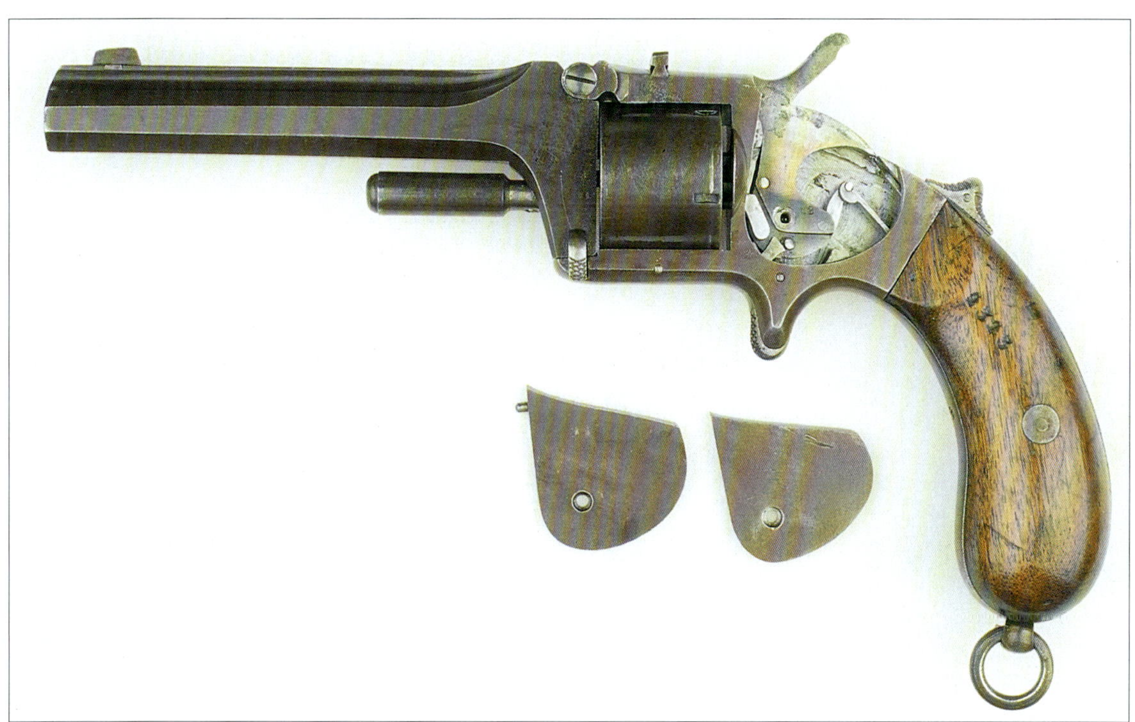

5.11. Die 3. Änderung. Die Fixierung der Seitenplatte im Rahmen wurde durch einen Stift verbessert. Links die Platte mit dem Stift an der linken oberen Ecke. Sammlung J. Lux

The third change to the M/73 Revolver: the fixing of the sideplate with a pin on the upper left side represented an improvement. J. Lux collection

4. Änderung: Die besagte Schlossplatte wurde mit einer zusätzlichen Schraube rechts oben gesichert. Die Platte war somit dreifach gehalten.

5. Änderung: Der Wechsel von der Randzünderpatrone zur Zentralzünderpatronen zwang zu einer aufwendigen Modifizierung:

1. Die Trommelbohrungen wurden entsprechend der neuen Patrone zu $^2/_3$ der Länge aufgerieben (R. H. Müller spricht in diesem Zusammenhang von Bohrungsabmessungen für das Kal. .450).
   Das vordere Drittel der Trommelbohrungen verblieb im ursprünglichen Durchmesser, der

könnte die kurzfristig beschlossene Änderung der Patronenart gewesen sein. Um die Liefertermine zu halten, wurden sicherlich Zulieferer in Zella-Mehlis und Umgebung eingeschaltet.

Aus dem aufschlussreichen Bericht des Rechnungshofes des Deutschen Reiches vom 18. September 1876, dessen Thema ja die Prüfung des sächsischen Artillerie-Depots des Jahres 1874 war, erfahren wir einige Fakten, die sich u.a. mit den Patronen befassen.

Der zitierte Bericht hilft, ein wenig Licht in den Ablauf der Ereignisse zu bringen:

5.12. Die 4. Änderung. Weitere Verbesserung des Plattensitzes durch eine Schraube an der oberen rechten Seite. Sammlung J. Lux
The fourth change: a further improvement to the lock plate seat by the use of a flat-head screw on the upper right side.
J. Lux collection

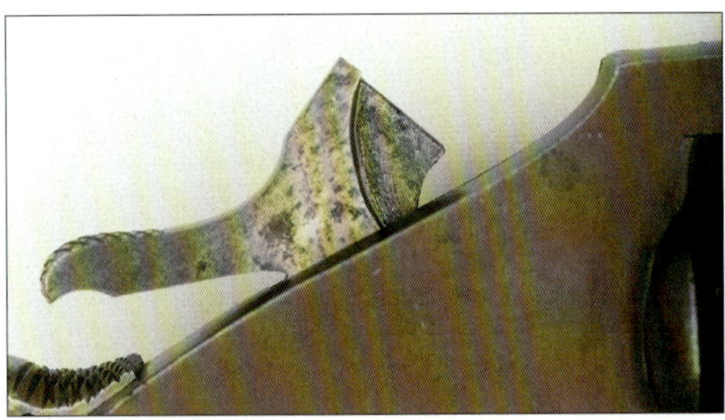

5.13. Die 5. Änderung. Der Hahn, hier in der ursprünglichen Form für Randfeuerpatronen. Neben anderen Änderungen wurde er für Zentralfeuerpatronen abgeändert. Sammlung J. Lux
The fifth change: the hammer shown here as originally produced for rim fire ignition. In addition to other changes it was modified to fire centre-fire cartridges. J. Lux collection

1. in den Jahren 1873 und 1874, also parallel zur Fertigung der Revolver, wurden hergestellt: 160930 Stück Randfeuerpatronen.
2. in der Zeit von 1874 und 1875 wurden hergestellt: 124 570 Zentralfeuerpatronen.
3. im Jahre 1874 zerlegte man den gesamten verbliebenen Bestand von 157 880 Randfeuerpatronen zur Gewinnung und Verwertung der Metalle.

Die Änderung der Patrone, verbunden mit nicht unerheblichen Zusatzkosten, konnte nur offiziell mit Genehmigung der außerplanmäßigen Gelder in Angriff genommen werden. Es müssen stichhaltige Argumente vorgelegen haben, um das in einer eher trägen Militäradministration durchzubringen.

Betrachtet man das militärtechnische Umfeld, zu dem auch die preußischen Revolverversuche zu zählen sind (die Verbindungsoffiziere Bayerns, Sachsens und Württembergs waren in Berlin vor Ort), so war die Randfeuerpatrone 1873 bereits überholt.

In dem Jahr hatten bereits folgende europäische Staaten Revolver für Zentralzündung eingeführt oder deren Einführung beschlossen:

1868 Großbritannien
1870 Frankreich, Marine
1870 Österreich
1871 Russland
1871 Schweden
1872 Italien
1873 Niederlande
1873 Frankreich, Heer

Man kann getrost davon ausgehen, dass diese Tatsachen in Dresden bekannt waren und jemand mit Weitsicht im KSKM sich hat durchsetzen können.

Unter Berücksichtigung der Zeit der Entscheidungsfindung in Verbindung mit der zwingend notwendigen Erprobung der neuen Patrone, hat das Sächsische Kriegsministerium gegen Ende 1873 oder Anfang 1874 die Änderung beschließen müssen.

Mit anderen Worten, die Änderung erfolgte während der Produktions- und Lieferphase!

Bereits abgelieferte Revolver mussten also geändert werden, d. h. es muss also in Dresden hoch hergegangen sein. Da die Lieferungen durch die Firma

Ludwig lt. Vertrag erst im März 1874 abgeschlossen waren (wahrscheinlich jedoch später, da nur recht selten die Liefertermine bei neuen Konstruktionen in dieser Zeit eingehalten wurden), liegt der Gedanke nahe, dass nur der Hersteller die recht aufwendige Änderung durchgeführt haben kann.

5.2.8 Reserveteile

Am 10. Februar 1881 genehmigte Kriegsminister v. Fabrice die Bestellung zahlreicher Ersatzteile. Sicher ist, dass die Revolver zum Übungsschießen benutzt wurden. Die später erwähnten Munitionsbestellungen sprechen dafür. Verschleiß, Beschädigungen oder Verluste mussten also ausgeglichen werden.

Die Bestellung, die zu Lasten des Budgets der Artilleriewerkstätten ging, umfasste folgende Teile:

750 Abzüge
100 Einlegeschieber
100 Abzugsfedern
100 Schlagfedern
200 Schieberfedern
100 Sicherungsfedern
200 Trommelhalterfedern
750 Hähne
100 Hahnwellen
200 Korne
750 Ringe mit Kopf und Mutter
760 Paar Schaftplatten
100 Scharnierschrauben
200 große Deckenschrauben
200 kleine Deckenschrauben
100 Trommeln
750 Trommelhalter
200 Trommelschieber
100 Visiere
750 Spannstiftfedern
750 Entladestöcke
750 Triebfedern
750 Spannstifte
750 Ketten

Bemerkenswert ist der Posten „50 Entladestöcke". Ein Utensil, dessen Existenz dem Interessierten neu sein wird. Wie der Ausstoßer aussah, ist unbekannt. Und wer ihn sein Eigen nennt, wird sicherlich nicht wissen, um was es sich handelt.

5.3 Die Patronen des Revolver M/73

Erfreulicherweise sind ein paar Akten bezüglich der M/73-Patronen erhalten geblieben. Leider stammt das älteste Dokument aus dem Jahr 1877, so dass sich nicht mehr nachvollziehen lässt, wer die Randfeuerhülsen oder eventuell fertige Patronen geliefert hat. Aus den folgenden Ausführungen lässt sich jedoch ableiten, dass keine fertigen Patronen angekauft worden sind, sondern nur Randfeuerhülsen.

Ob mit Zündmasse oder ohne muss offen bleiben. Wahrscheinlich ist jedoch, dass die Hülsen mit der Zündmasse bezogen wurden, zumal der Umgang mit dem hochbrisanten Stoff besondere Maßnahmen erforderlich machte und das Einbringen der Masse in den Rand spezielle Maschinen erforderte. Bei dem geringen Bedarf wäre das eine völlig unwirtschaftliche Investition gewesen.

Die Beschaffung der Munitionskomponenten oblag den „Vereinigten Artilleriewerkstätten und Depot" in Dresden. Die Laborierung der Patronen selbst erfolgte in der staatlichen Munitionsfabrik Dresden, die in großen Mengen die Patronen für das Gewehr 71 produzierte.

Aus den noch vorhandenen Akten, beginnend ab dem 1. August 1877, lässt sich entnehmen, dass der bisherige Lieferant, die Firma Oschatz aus Dresden, keine Aufträge mehr erhielt. Grund: ein neuer Lieferant war billiger und hatte bereits qualitativ gute Hülsen für das Gewehr 71 geliefert.
Dieser neue Lieferant wardie Firma Henri Ehrmann & Co. in Karlsruhe. Sie erhält am 3.August 1877 einen Auftrag über 40000 Stück Revolver-Patronenhülsen nach beigefügtem Muster und einer Dimensionstabelle (so nannte man zu dieser Zeit eine Zeichnung, Verf.).

Anmerkungen zur Firma Henri Ehrmann & Co.
25. Oktober 1872: Gründung der Patronenhülsenfabrik Henri Ehrmann & Co. in Karlsruhe. Teilhaber der OHG (Offenen Handelsgesellschaft) sind Henri Ehrmann, Leopold Holtz und Wilhelm Holtz.
1875: Wilhelm Lorenz tritt in die Patronenhülsenfabrik Henri Ehrmann & Co. ein.
25. Januar 1877: die Firma Henri Ehrmann & Co. ist als Gesellschaft erloschen und wird als Einzelfirma weiter geführt. Alleininhaber ist Wilhelm Holtz.
15. Juni 1878: Wilhelm Holtz veräußert die Firma, einschließlich aller Grundstücke und Gebäude, für 220000 Mark an Wilhelm Lorenz.
22. Juni 1878: Die Firma Deutsche Metallpatronenfabrik Lorenz wird in das Handelsregister eingetragen.
7. März 1883: Die Deutsche Metallpatronenfabrik Lorenz erhält die Genehmigung, scharfe Patronen herzustellen. Die Gesellschaft mündet später (1896) in die DWM, die Deutschen Waffen und Munitionsfabriken.

Zurück zu dem Auftrag vom 3.August 1877: Die Firma Henri Ehrmann & Co. verpflichtet sich unentgeltlich 1000 Hülsen zur Prüfung an das Artillerie-Depot zu liefern.

Der Preis pro 1000 Hülsen beträgt 35 Mark; verworfene Hülsen können dem Artillerie-Depot zur Anfertigung von Platzpatronen billiger angeboten werden.

Als Liefertermin wurde der 31.Oktober 1877 festgeschrieben.

28. Dezember 1877: die „Vereinigten Artillerie-werkstätten und Depot“ bitten das KSKM, die 40000 Hülsen und ca. 2500 minder brauchbare für Platzpatronen übernehmen zu dürfen.

Das KSKM genehmigt die Übernahme dieser Hülsen zu einem Preis von 22 Mark pro 1000 Stück.

13. Juni 1878: Die „Vereinigten Artilleriewerkstätten und Depot“ beantragen beim KSKM die Beschaffung von 20000 Revolver-Patronenhülsen. Lieferant: H. Ehrmann, Karlsruhe. Preis: 35 Mark pro 1000 Stück.Der Kontrakt wird am 15. Juni gutgeheißen.

3. Januar 1879: Der Direktor der „Vereinigten Artilleriewerkstätten und Depot“ beantragt beim KSKM die Einführung und Beschaffung von Exerzierpatronen: *„...zu melden, dass das beigefügte Modell einer Exerzierpatrone für Revolver in der Herstellung pro Stück 4 Groschen kostet, wozu die Hülsen aus den minder brauchbaren und Platzpatronenhülsen den Vorräten des Artillerie-Depots entnommen werden müssten.*

Sofern das KSKM die Einführung derartiger Exerzierpatronen für Revolver bei den Kavallerie- und Artillerie-Regimentern verfügen würde, entstünde für 5100 Stück, (5060 Bedarf, 40 Stück Reserve) ein Aufwand von 204 Mark welcher vom ... zu übernehmen sein müsste. Gez. Hammer, Oberstleutnant und Direktor der Vereinigten Artilleriewerkstätten und Depot.“

Das Schreiben wurde mit Erledigungsvermerk ad acta gelegt.

15.Oktober 1881: Genehmigung zur Beschaffung von 40000 Stück Hülsen für den Revolver 73 bei Lorenz in Karlsruhe. Preis 30 Mark pro 1000 Stück.

Die zugehörigen Bleigeschosse wurden nicht zugekauft, sondern in der Munitionsfabrik in Eigenfertigung produziert.

Den dazu notwendigen Bleidraht bezog man anfangs von der Firma B. Strauß & Co., Berlin, später vom Hüttenwerk Freiberg. Die Zündhütchen lieferte die Firma Dreyse & Collenbusch, Sömmerda in Thüringen.

Über technische Details der Patronen des sächsischen Revolvers 73 ist recht wenig bekannt.

Nach Hans Reckendorf hatte die Randzünderpatrone folgende Daten:
Kaliber: .442 (11 mm)
Hülsenlänge: 16,5 mm
Geschossgewicht: 13 g
Pulverladung: 0,97 g (Schwarzpulver)

Von der Zentralfeuerpatrone existieren nur wenige Realstücke.

Verlässliche Angaben liefert jedoch ein zeitgenössischer Katalog der Firma Lorenz:
Kaliber: 11 mm Sachsen
Hülsenlänge: 20 mm
Hülsenmaterial: Messing
Gesamtlänge der Patrone: 29,5 mm
Geschossgewicht: 15,3 g
Pulverladung: 1,1 g (Schwarzpulver)
Bodenstempel: keinen

Festzuhalten ist noch, dass die Patrone .450 kurz aus deutscher RWS-Fertigung sauber passt, eine mit gleicher Kaliberbezeichnung aus britischer Kynoch-Produktion dagegen nicht. Elf Jahre später, am 5. März 1892, lagen noch folgende Munitionskomponenten im Depot, die neben den für die Firma C.G. Haenel vorgesehenen 188000 Stück scharfen Patronen zum Verkauf freigegeben waren:
50503 Stück Hülsen zur scharfen Revolverpatrone 73
6856 Stück Hülsen zur Platzpatrone 73
86929 Stück Geschosse 73 zur Revolverpatrone 73
8006 Stück Packschachteln für scharfe Revolverpatr. 73
4879 Stück Hülsen zur Revolver-Platzpatr. 73
24894 Stück Etiketten für Packschachteln f. Revolverpatrone 73

Die Schachteln und Etiketten standen als Altpapier zum Verkauf.

5.4 Offiziersrevolver M/73

Die persönliche Bewaffnung der sächsischen Offiziere erfolgte, wie in zahlreichen anderen Armeen auch, zu eigenen Lasten. Ob nun Sachsen eine Verfügung erlassen hatte, aus der hervorgeht, welche Feuerwaffen diesbezüglich zugelassen waren, ist nicht bekannt.

Tatsache ist, dass Offiziere auf Antrag reguläre M/73 erwerben konnten. Aktenkundig ist der Erwerb eines Revolvers M/73 im August des Jahre 1880; demnach erhielt ein Rittmeister v. Sandersleben die Genehmigung zum Preise von 31,50 Mark einen Revolver zu erwerben: Diese Summe entsprach exakt dem im Ludwig-Vertrag vereinbarten Stückpreis. Ferner genehmigte das KSKM am 6. August 1881 den Verkauf von 1000 scharfen Patronen für den Revolver 73 an Offiziere der Armee. Der Preis betrug 57 Mark. Bei weiteren Bestellungen im Mai 1883 sank der Preis auf 48,32 Mark pro 1000 Stück.

B. Wandolleck erwähnt in seinem Artikel „Zur Geschichte des sächsischen Revolvers“: *„...Ausserdem gab es ein etwas erleichtertes, feiner ausgeführtes Modell für Offiziere. Hier ist der Schaft abgestutzt und mit Fischhaut versehen; Gewicht 880 g...“* Hier sind, was das Gewicht betrifft, gewisse Zweifel angebracht. Lag doch das Gewicht des reglementierten Modells bereits bei 880 g. Das auf Abb. 5.14/ 5.15 gezeigte Exemplar wiegt 716 g. und kommt damit der Formulierung *„...etwas erleichtetes...Modell...“* wesentlich näher.

In der Sammlung von R.H. Müller befand sich ein Offiziersrevolver (Seriennummer 9) dessen Griffform sich vom Standardmodell unterschied. Der Griff war ca. 5 mm länger und unten gerade. Die Griffschalen besaßen eine flache Fischhaut. Die Oberflächenbearbeitung entsprach derjenigen des regulären Revolvers.

Auf der linken Seite vor der Trommel war die Jahreszahl 1883 eingeschlagen. Außer einer Registrierungsnummer auf dem Griffrücken, dem Trommelboden und dem Laufstück ist keine weitere Stempelung vorhanden. Als Hersteller kommt mit großer Wahrscheinlichkeit die Firma Langenhan in Frage. Typische Bearbeitungsmerkmale deuten darauf hin.

Der private Erwerb der Offizierswaffen lockte natürlich weitere Lieferanten an. Insbesondere konnten die Lütticher Fabrikanten preislich attraktive Angebote machen, zumal auch das Äußere der belgischen Offiziersrevolver durch ein hochglänzendes Blau ansprechender war als das Braun der Langenhan-Offiziersrevolver.

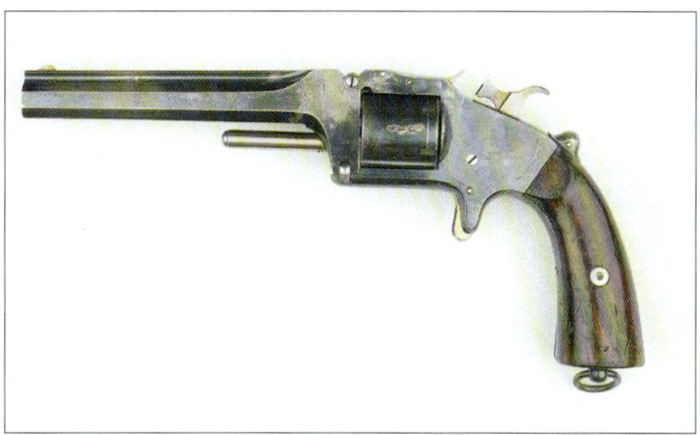

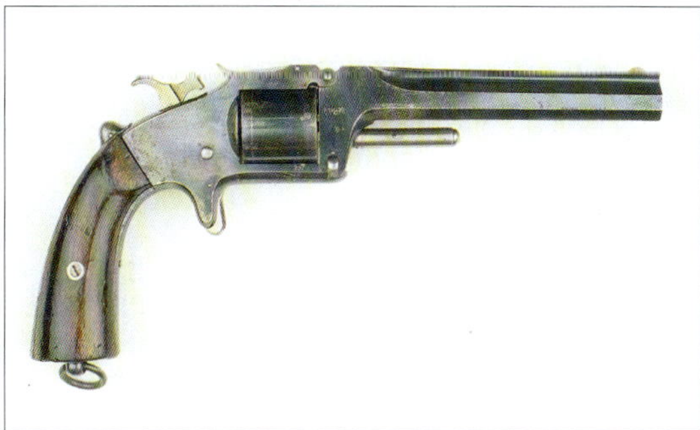

5.14.–5.15. Ein in Lüttich produzierter Revolver vom Typ M/73 im Kaliber 7,5 mm Randfeuer. Die sorgfältige Ausführung spricht für einen privat beschafften Offiziersrevolver. Sammlung J. Lux
A Liege manufactured revolver of M/73 type in 7,5 mm rim fire calibre. The high quality of its finish suggest private purchase by an officer. J. Lux collection

Die Abbildungen 5.14 und 5.15 zeigen ein kleiner gehaltenes Exemplar belgischer Fertigung.

Beiden gemeinsam ist jedoch das Hochglanzblau der Oberfläche, das Kaliber 7,5 mm Randzündung und die Abmessungen von Lauf und Trommel:

5.15a. Dieser Revolver ist nahezu identisch mit dem nach Abbildungen 5.14 / 5.15. Belgische Beschusszeichen und Herstellermarkierung sind nicht vorhanden. Sammlung Dr. J. Alles
This revolver is identical with those on plate 5.14 / 5.15. There are no Belgium proofmarks or manufacturer's name. Dr. J. Alles collection

Felddurchmesser: 7,73 mm
Zugdurchmesser: 7,80 mm
Kammerdurchmesser hinten: 8,16 mm
Kammerdurchmesser vorne: 8,04 mm

Die Patronen mit Randzündung spielten in Sachsen demnach für kurze Zeit auch bei den Offiziersrevolvern eine Rolle.

Ob die Wahl des Kalibers im Ermessen der sächsischen Offiziere lag, kann demnach mit ja beantwortet werden.

Randzünderpatronen mit dem Kaliber 7,5 mm lieferte die Firma Sellier & Bellot, Prag. Während anfangs die Patronen nicht gekennzeichnet waren, erkennt man die später von dieser Firma gelieferten Patronen am Bodenstempel S.B.

Auch die österreichische Firma Keller& Co. aus Hirtenberg führte dieses Kaliber in ihrem Produktionsprogramm.

5.5 Die Trageweise der Revolver M/73

Akten über Erprobungen zur Unterbringung der M/73 sind nicht erhalten geblieben. Wichtige Hinweise finden sich jedoch in Zusammenhang mit der Einführung der M/79-Revolver.

Als die Einführung des reichseinheitlichen Revolvers M/79 auch in Sachsen beschlossen wurde, waren die Taschen für den M/73 entweder bei den Einheiten oder im Depot. Selbstverständlich wurde die Art der Trageweise neu erörtert und entsprechende Vorschläge zur Änderung der vorhandenen Taschen unterbreitet und kommentiert.

Bezüglich der Trageweise bei den Artillerie-Regimentern war die Situation nicht so kompliziert wie bei der Kavallerie, bei der die verschiedenen Trageweisen aus der Sicht der Regimenter erprobt und dem KSKM gegenüber kommentiert worden waren.

Am 13. März 1883 erstatte die zur Kavallerie-Division gehörende „Militär-Reit-Anstalt“ in Dresden dem KSKM über Versuche mit dem „neuen“ Revolver, sprich M/79, Bericht.

5.5.1 Die Situation bei der Kavallerie

Greifen wir jene Passagen heraus, die Hinweise zur Trageweise der M/73 bei den Kavallerie-Regimentern liefern. Die Details, die zum M/79 gehören werden später behandelt.

„Die diesseits angestellten Versuche haben ergeben, daß…die Revolverholfter die Unterbringung der für die Packtasche bestimmten Gegenstände erlauben würde…Bei der Unterbringung der Revolvertasche in der bisherigen Weise in einem an der linken Packtasche angebrachten Täschchen tritt jedoch die Erschwerung ein, dass die neu zur Aufnahme des schwereren und längeren Revolvers nöthige Revolvertasche gegen die frühere bedeutend dimensiöser (größer, Verf.) *ausgeführt werden muss und eine solche an der Packtasche kaum unterzubringen ist.“*

Und weiter: *„Auch erscheint die in § 5 der Vorschriften über Anlegung der Pferde-Equipage zur Führung der Revolver im Gefecht anbefohlenen Anbringung desselben am Bandolier resp. Paß oder Schürze nicht empfehlenswert…“*

Im weiteren Text geht man ausführlich auf das Mitführen des Revolvers am Säbelkoppel ein, was aber einem späteren Kapitel über die Holster des M/79 vorbehalten bleiben muss.

„…Was die Führung der Munition anbelangt, so ist die während 14 Tagen solche in einer Patronentasche preußischen Modells und ebenso in einer Patronentasche sächsischen Modells geführt worden und hat diese Ausprobierung in allen Gangarten stattgefunden.“

„…Der Entladestock würde sich, falls das bisherige sächsische Modell beibehalten werden sollte, ohne besondere Schwierigkeiten unter dem Patronentaschendeckel unterbringen lassen.
von der Planitz
Major und Direktor“

Zum sächsischen Revolver M/73 gehörten also ein Entladestock und eine Kartusche.

Die Abteilung III kommentierte am 15. Oktober 1883 wie folgt: *„…Aus diesseitiger Sicht würde die Einführung…zunächst nur eine teilweise Abänderung der bei der Kavallerie zur Mannschafts-Ausrüstung gehörenden Packtaschen und auch der Kartuschen erfordern…“*

In der Mitteilung vom 13. März 1883 wird ein „Täschchen“ erwähnt, das an der linken Packtasche angebracht war. Außerdem erweckt das Wort „Täschchen“ in seiner Verkleinerungsform den Eindruck, als würde es sich hier um das Utensil zur Aufnahme des Revolvers handeln, was nicht richtig ist.

Der komplexe Zusammenhang lässt sich nur mit Hilfe der Satteltaschen-Zeichnung verstehen.

Die im Text verwendeten Begriffe **Holfter, Täschchen** und **Tasche** dürfen nicht verwechselt werden. Jeder Begriff steht für ein in der Vorschrift ebenso benanntes Behältnis.

Zur Erläuterung:

1. Der Revolver M/73 wurde in einer Tasche aufbewahrt.
2. Diese Tasche wurde in Friedenszeiten zusammen mit dem Revolver in einem in der linken Packtasche eingenähten „Holfter“ verstaut.
3. Im Felde musste die Tasche mit dem Revolver dem „Holfter“ entnommen und nach Vorschrift am Mann befestigt werden.
4. Diese Befestigung am Mann erfolgte bei den Reiter-Regimentern am Bandolier, bei den Ulanen am Paß und bei den Husaren an der Schärpe.

SHS, Nr. 1195/1,
Deckblatt der Vorschrift von 1874

Vorschriften
über
Anlegung der Pferde-Equipage
und
des Gepäcks
für die Königl. Sächs. Cavallerie.
1874.

Die Kavallerie-Vorschrift aus dem Jahre 1867 wurde 1874 u.a. wegen der Einführung des Revolvers M/73 geändert und ergänzt.

Der uns interessierende §5 obiger Vorschrift lautet wörtlich:

§ 5

„Die Revolverholfter befinden sich bei den mit Revolver bewaffneten Mannschaften in der linken Packtasche. Zur Führung des Revolvers im Gefecht und Vorpostendienst wird derselbe in die Revolvertasche gesteckt und diese bei den Reiter-Regimentern am Bandolier, bei den Ulanen am Paß angeschnallt, während der übrigen Zeit wird diese Tasche in einem an der linken Packtasche angebrachten Täschchen geführt.“

Das Wort „Täschchen“ hatte der Schreiber im März 1883 also der gültigen Vorschrift, i. d. F. von 1874, entnommen, führt jedoch zu gewissen Verständnisproblemen.

(Abbildung 5.16) zeigt die zu den Artillerie-Werkstätten gehörende Zeichnung der Packtasche von der sächsischen Perkussionspistolen M/1847 und M/1870 notwendig war.

5.5.2 Die Situation bei der Artillerie

Aus der Aktennotiz der I. Abteilung B. vom 12. Dezember 1883 erfahren wir etwas über die Tragewei-

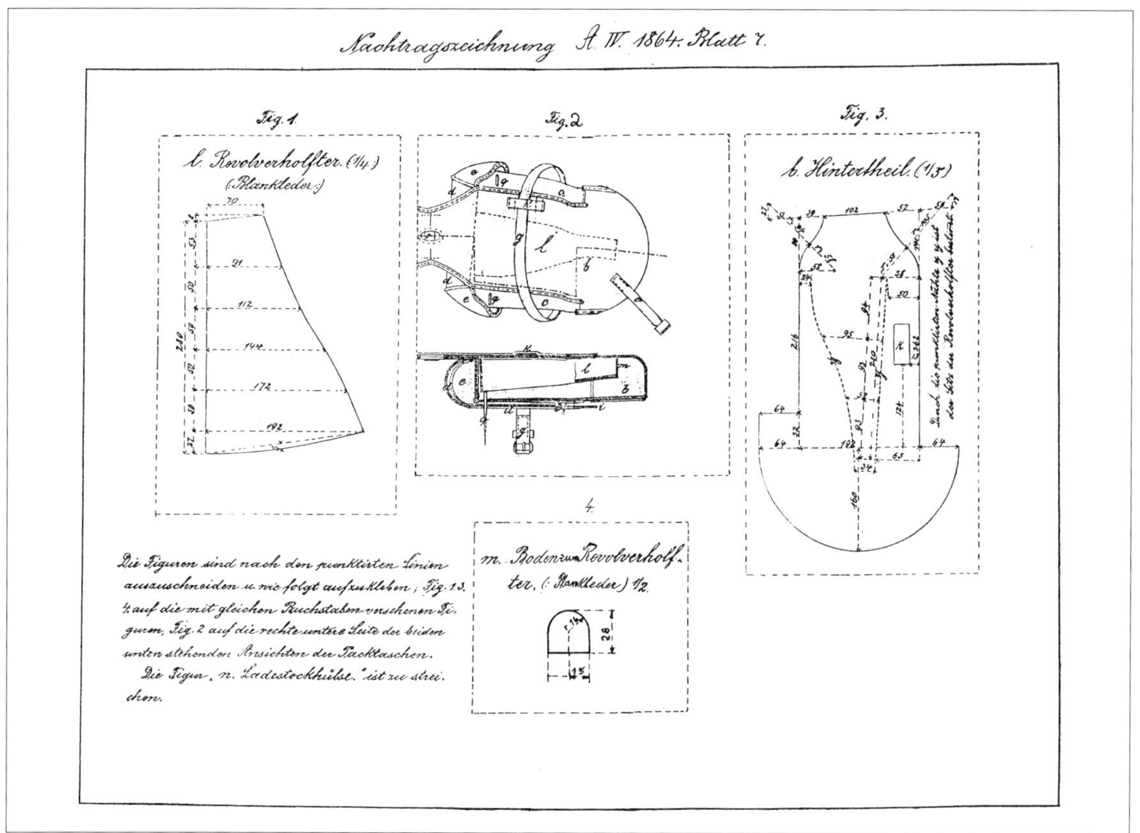

5.16. Der Revolver M/73 konnte bei der sächsischen Kavallerie in der Satteltasche mitgeführt werden. SHS, 2171, Bl. 63
The M/73 Revolver of the Saxon cavalry could be carried in the saddlebag. SHS, 2171, Bl. 63

1864 (A.W. 1864 Blatt 7), die hier mit „Nachtragszeichnung“ bezeichnet wird. Bei dem Nachtrag handelt es sich um das Einnähen des Holfters für den M/73. Von der neuen Kavallerie-Vorschrift waren folgerichtig auch die „Artillerie-Werkstätten und Depots“ betroffen, welche die Änderung entweder in Eigenregie durchführten oder bei privaten Sattlern in Auftrag gaben.

Zu dem Nachtrag gehörten die Skizzen, die dazu dienten die Tafeln durch Überkleben der neuen Situation anzupassen. (Das Überkleben war in vielen Ländern bei militärischen Vorschriften üblich. Insbesondere die damals teueren Zeichnungen konnten so über eine längere Periode benutzt werden.) Die mit – l – bezeichnete Einzelheit zeigt, wie der Revolver M/73 in der Packtasche unterzubringen war.

Die Anweisung „*Die Figur- n. Ladestockhülse- ist zu streichen*“ zeigt, dass die Packtasche bis 1874 eien Ladestock aufnehmen konnte, der zum Laden

se der Revolver M/73 bei den Artilleristen: „*...der Herr Minister bestimmt hat, dass zur Bewaffnung der Krankenträger und nicht mit Schusswaffen ausgerüsteter Chargen der Fußtruppen der mobilen Armee mit Revolvern – so lange ein Modell hierfür seitens des Königlich Preußischen Kriegs-Ministeriums nicht festgestellt – für den Mobilmachungsfall die bisher bei der diesseitigen Kavallerie und Artillerie geführten Revolver M/73 bereit gehalten werden und hierzu die seither bei den Feld-Artillerie-Regimentern etatmäßig gewesenen, für den Revolver M/79 nicht verwendbaren schwarzen Revolverfutterale, Verwendung finden und deshalb an das Montierungs-Depot abgegeben werden sollen. Die III. Abteilung wird um Erklärung des Einverständnis damit ergebenst ersucht, dass Vorstehendem entsprechend, die Feld-Artillerie-Regimenter angewiesen werden, den ihren s. Zt. Überwiesenen Contobestand an Revolver-Futteralen und zwar:*

712 Stück des 1.Feld-Artillerie-Regiments No. 12 und
389 Stück des 2. Feld-Artillerie-Regiments No. 28 in felddienstmäßigen, soweit vorhanden in neuen Stücken unentgeltlich, dagegen alle über jene Bestände bei den Regimentern überschießenden dergleichen Stücke, zum Taxpreise gegen Bezahlung an das Montierungs-Depot abzuliefern....

...Schließlich gestattet man sich noch ganz ergebenst zu bemerken, wie die beim 8. Infanterie-Regiment Nr. 107 bzw. beim Train-Regiment Nr. 12 für die Feldpost-Expedition niedergelegten Revolver-Futterale, in Betracht, dass diese Branchen den Revolver M/79 erhalten haben und das bisherige Futteral zu kurz ist, event. durch Verlängerung aptiert werden müssen und man nun geneigte weitere Veranlassung hierin ergebenst ersucht. Sn. Excellenz hat jedoch die anbei zurückfolgende Probe eines aptierten Futterals nicht für angängig erachtet, wünscht vielmehr dass das neu angesetzte Stück mit einem Teile das bisherige untere Ende des Futterals übergreife.“

Am 29. Februar 1884 notiert die I. Abteilung B. : *„..der Minister die Verfügung betreffend, die Verausgabung der Revolver M/73 zwar genehmigt, jedoch angeordnet hat, die Angelegenheit bis auf Weiteres zu sistieren.“*

Die Krankenträger bekamen also den M/73 nicht; die weitere Verwendung der M/73 wurde auf Eis gelegt. Die Aptierung der Futterale zur Aufnahme der M/79 hat man ebenfalls nicht weiter verfolgt: *„..Nach mündlicher Mitteilung des Hauptmann Berner und Hauptmann Franke wird auf die Verwendung der alten Revolverfutterale für die mit Revolver auszurüstenden Krankenträger und Chargen der Fußtruppen nicht mehr reflektiert, da inzwischen für die Krankenträger ein neues Revolvermodell angenommen worden ist...*
Ad acta (zu den Akten, Ablage, Verf.) “
Latendentur (soviel wie geheime Ablage, Verf.) *der Armee*
Dresden, am 3.April 1884

Fassen wir zusammen: Die Kavallerie ergänzte die linken Packtaschen zur Aufnahme der Revolver M/73. Die Artillerie erhielt schwarze Holster, die am Gürtel getragen wurden. Eine spätere Aptierung dieser Holster zur Aufnahme des M/79 erfolgte nicht.

Das im o.a. Schriftgut erwähnte „angenommene neue Revolvermodell“ war der Revolver M/83, über den später berichtet werden wird.

5.6 Das Ende des M/73

Die Weiterentwicklung des sächsischen Revolvers M/73, welche gleichzeitig das Ende des hier beschriebenen Typus einläutete begann im Jahre 1891 mit einer Anfrage der Suhler Firma Carl Gottlieb Haenel.

Adressat war das KSKM, das inzwischen mit der Firma Haenel in engen Geschäftsbeziehungen stand. Als Mitglied des Suhler Konsortiums war die Firma u.a. an der Lieferung der Revolver M/79 und M/83 beteiligt.

Wie bereits am Anfang des Kapitels 4.2 über Sachsen angedeutet hatte Haenel sich nicht nur ausschließlich auf die Produktion von Waffen konzentriert, sondern seine Aktivitäten auch auf das lukrativere Handelsgeschäft ausgedehnt.

Er wusste demnach, was zum Verkauf anstand, und bat Ende August 1891 um Zusendung von je einem Muster-Revolver M/73 in ungebrauchtem und gebrauchtem Zustand.

Die Genehmigung durch das KSKM erfolgte im September des Jahres. Als Kaufpreis wurden 6 Mark für den gebrauchten und 8 Mark für den ungebrauchten festgelegt.

Mit diesen beiden Revolvern muss C.G. Haenel umgehend auf Verkaufstour gegangen sein, denn bereits am 16. November des Jahres bestellte er zweimal 6 weitere M/73.

Die Verkaufsbemühungen müssen erfolgreich verlaufen sein, da die AWD (Artillerie-Werkstätten und Depots) kurz danach beim KSKM angefragt hatten, ob und zu welchem Preis die eingelagerten Revolver verkauft werden könnten.

Das KSKM gab am 4. März 1892 den Verkauf des restlichen Lagerbestandes von 2050 ungebrauchten und 1890 gebrauchten Revolvern M/73 zu 1 Mark das Stück frei.

Bereits am 7. April lag die offizielle Anfrage der Firma Haenel zum Kauf von 3932 Revolvern M/73 bei den AWD. Die Haenel-Anfrage umfasste auch die 68 Sharps-Revolver aus, wie es in den Akten hieß, „Sächsischen Landesbeständen“.

6 weitere Revolver wurden lt. Aufstellung des AWD vom 17. Juli 1893 an Offiziere, Polizei und Verwaltungen verkauft.

Das Kriegsministerium in Dresden genehmigte am 20. April 1892 den Verkauf an die Firma C.G. Haenel: 3932 Revolver M/73 zu 1 Mark pro Stück und 188000 Stück zughöriger Patronen zu 5 Mark pro 1000 Stück sowie den Verkauf der 68 Sharps-Revolver mit Tasche zu 1,75 Mark .

Bei bestimmten Artikeln waren die Aufkäufer gezwungen, dem KSKM den Verbleib der Waffen offen zu legen. Das Ministerium wollte damit diplomatische Verwicklungen mit anderen Staaten verhindern und gab die Lieferung erst nach Prüfung der Unterlagen frei. Die für den Zivilmarkt vorgesehenen Waffen bedurften keiner Genehmigung, sodass der Händler bei Weiterverkäufen frei war. Bei einigen M/73-Revolvern läßt sich die Spur jedoch noch weiter verfolgen.

In einigen Sammlungen existieren M/73, die sich in einigen Details von den Originalstücken unterscheiden.

Kennzeichnende Merkmale dieser Stücke sind:

- dunkelblaue Streichbrünierung
- Griffschalen häufig mit Fischhaut
- Beschriftung auf der Laufschiene: J.PIRE & CO ANVERS
- Belgische Beschussstempel der Stadt Lüttich. Die Art dieser Stempel beweist den Beschuss nach dem 11. Juli 1893.

Eine unbekannte Anzahl der von C.G. Haenel aufgekauften Revolver hat demnach den Weg nach Belgien gefunden. Geschäftsverbindungen des Hauses Haenel nach Lüttich waren vorhanden. Deutlich werden diese Verbindungen auch in Zusammenhang mit dem Verkauf einiger M/79, über den später berichtet wird. Da das belgische Beschussgesetz angewendet werden mußte tragen diese M/73 die ab 1893 gültigen Beschussstempel.

Um den Verkauf zu erleichtern hat man in Lüttich die Revolver neu brüniert. An Stelle der ursprünglichen braunen Farbe trat ein ansprechenderes Blauschwarz.

Aus gleichem Grunde wurden die Griffschalen mit einer ordentlich ausgeführten Fischhaut versehen, wobei man unansehnliche Griffschalen durch neue ersetzte. Die Laufschienenbeschriftung zeigt den Antwerpener Händler J. Pire & Co, der den Vertrieb der aufgefrischten M/73 betrieben hatte.

5.17.–5.18. Einer der häufiger vorkommenden Revolver M/73 mit der belgischen Händleradresse – J.PIRE & CO ANVERS – Sammlung des Autors
One of the more common M/73 Revolvers with the Belgian retailer's address – J.PIRE & CO ANVERS – Author's collection

5.18a. Die Händlermarkierung auf der Laufoberseite.
Sammlung des Autors
The rolled dealer's marking on the top of the barrel.
Author's collection

Untersuchungen durch den Verfasser haben ergeben, dass J.Pire & Co nicht nur die „gebrauchten“ erhalten hat, sondern auch die besseren Depot-Stücke. Es existieren Revolver mit o. a. Markierung in guter Qualität, (wobei man den Begriff – gute Qualität – bei den M/73 relativieren muss) mit blanken Bohrungen und leidlich engem Spiel am oberen Gelenk.

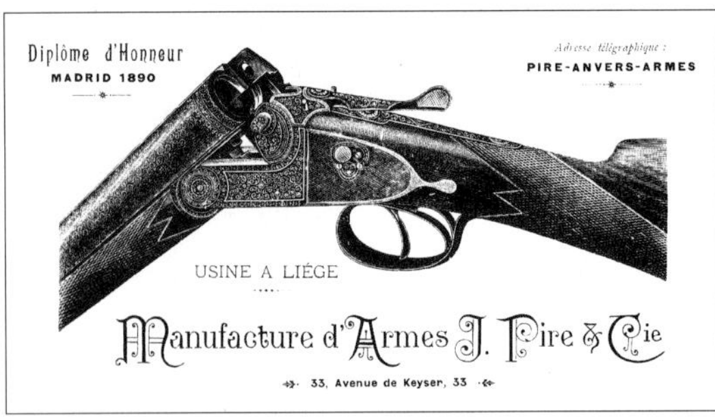

Die Firma Jules Pire & Co. mit Geschäftssitz und Lager in Antwerpen, Belgien, firmierte als „Waffenmanufaktur“, beschäftigte sich aber zusätzlich mit dem Ankauf und Vertrieb von ausgemusterten Armeewaffen. Aus dem Briefkopf des Jahres 1899 läßt sich entn

ehmen, dass J.Pire auch eine Fabrik in Lüttich unterhielt. Sie war nicht allzu groß und es waren eher Kleinfabrikanten, die in heimischen Werkstätten für ihn arbeiteten.

Jules Pire hat nicht nur die sächsischen Revolver M/73 aufgekauft, sondern auch die bekannten belgischen doppelläufigen Gendarmeriepistolen M/1877, von Nagant gefertigt.

In deren Katalog, Ausgabe Januar 1906, wurde die Pistole in zwei Ausführungen angeboten:
„Niet vernieuwd PRIJS : 9 FRANK
Vernieuwd en gebronsd 12 FRANK“

D. h.: Nicht erneuert hat die Pistole 9 Franken und erneuert und brüniert 12 Franken gekostet.

Diese Offerte läßt sich analog auf die sächsischen Revolver übertragen, da beide Varianten heute vorkommen. Häufiger sind jedoch die neu brünierten mit der Händleraufschrift.

Erfreulich ist, dass Jules Pire die original belassenen Stücke nicht mit seinem Namen versehen hat.

Quellen

AMB *«Les Armes a Feu Portatives des Armées Actuelles et leurs Munitions par un Officier Supérieur»* Paris 1894
SHS, 1195/1, 2120, 2171, 2192, 2252, 4223
Deutsche Schützen- und Wehrzeitung, Gotha 1879
DWJ, 5/1992
Hans-Bert Lockhoven: *„Sachsens Alleingang“*
DWJ, 1992, S. 199 ff.
Frank Sellers: *„Sharps Firearms“* N. Hollywood. CA, USA, 1978; ISBN 0-917714-12-1
Harry Ansorg, „Hermann Langenhan“, aus „Chronik der Stadt Zella-Mehlis“, Zella-Mehlis 1998; ISBN 3-930588-46-3
Kenneth Moore: *„Colt Single Action Army Revolver and the London Agency”* 1990, Andrew Mowbray/ publishers, Box 460, Lincoln, R.I. 02865; USA; ISBN: 0-917218-43-4
„Einteilung und Standorte des Deutschen Heeres“. Berlin, Stand 1911
C.Feys; R.Smeets, „Les Revolvers et les Fusils Nagant“, Paris 1982
Nicole Paquay, *«Un album insolite: anciens en-têtes d'armuriers ou Ce que nous disent les lettres non écrites...»*, Bulletin périodique: *«Les Amis du Musée d'Armes de Liège»*, No. 88–89, 1998.
Wandolleck B.: Zur Geschichte des sächsischen Revolvers, aus *„Zeitschrift für Historische Waffenkunde“*, Band 3, Heft 12, S. 366f.

6.0. Artillerist mit Revolver 79 während des Ersten Weltkriegs.
Gunner with Revolver 79 during WWI.

Sammlung des Autors
Author's collection

6. Die Beschaffung des Revolvers 79

Kaiser Wilhelm I. hatte mit Verfügung Nr. 597 vom 24. März 1879 die Bewaffnung der Armee mit Revolvern angeordnet. Der Beschaffungsvorgang war bereits eingeleitet und die Militärbevollmächtigten Bayerns, Sachsens und Württembergs informierten umgehend ihre Ministerien. Die für ihre Bewaffnung selbst verantwortlichen Königreiche wurden mittels gleichlautender Briefe von Berlin aus informiert.

Am Beispiel des Briefes an das KSKM Dresden sei der Inhalt hier wiedergegeben:

„Berlin, 21. April 1879. Dem Königlichen Kriegsministerium beehrt sich das untergezeichnete auf das sehr gefällige Schreiben vom 8. April 1879 ganz ergebenst zu erwidern, dass das Artillerie-Depot Spandau Anweisung erhalten hat, Wohldemselben von den zu den Versuchen benutzten Revolvern ein Exemplar einzusenden.

Diese Versuchs-Revolver sind aus der Hand gefertigt und können daher keinen Anspruch auf völlig korrekte Arbeit machen. Ihr Preis beträgt 66 Mark per Stück loco Fabrik. Die Beschaffung die für die diesseitige Armee erforderlichen Revolver ist eingeleitet, jedoch schweben die bezüglichen Verhandlungen noch und kann demnach über den Preis zur Zeit noch nichts angegeben werden.

Dem späteren Umtausch der aus Spandau eintreffenden Revolver, wenn derselbe gewünscht werden sollte, würde nichts entgegenstehen, und wird um eine gefällige Mittheilung dieserhalb ebenmäßig ersucht.

Königlich Preußisches Kriegsministerium. v. Kameke"

Der Brief war vom preußischen Kriegsminister von Kameke abgezeichnet.

Wie später ausgeführt wird, bestellten Bayern und Sachsen Musterrevolver. Das Königreich Württemberg wird ebenso verfahren haben, da zur Produktion einer völlig neuen Waffe ein Muster für die vorbereitenden Arbeiten (Vorrichtungen, Werkzeuge) eine große Hilfe darstellt.

Parallel zu der eingeleiteten Beschaffung erstellte das Spandauer Konstruktionsbüro die notwendigen sogenannten „Dimensionstabellen", die im heutigen Sprachgebrauch technische Zeichnungen genannt werden.

Wie die Abbildungen zeigen, wurden die Toleranzangaben nicht dem jeweiligen Nennmaß zugeordnet, sondern separat ausgewiesen. Siehe dazu die Zeichnungen in Kapitel 12.1

Des weiteren erstellten die Königlich Preußische Gewehrfabriken Spandau und Erfurt mehrere Sätze Prüflehren und Kaliber, von denen jeweils ein Satz den Fabrikanten übergeben wurde und ein weiterer den Güteprüfern vor Ort.

Neben dem Materiellen mussten sämtliche zur Herstellung und Beschaffung notwendigen Revisions- und Abnahmevorschriften erarbeitet werden.

Auch zum Komplex „Munition" waren die notwendigen Vorschriften zu erstellen.

In den später behandelten Beschaffungsvorgängen Bayerns und Sachsens finden wir detaillierte Angaben über die Abläufe mit all ihren Problemen.

6.1 Bestellungen Preußens

Obwohl Kaiser Wilhelm I. den Proberevolver bereits genehmigt hatte, mussten auf Anweisung des KPKM noch „einige, kleinere Änderungen" durchgeführt werden".

„27. Mai 1879, Oberst Xylander berichtet nach München: An dem bei dem Artillerie-Depot Spandau vorhandenen und von Seiner Majestät dem Kaiser genehmigten Probe-Revolver müssen im Auftrag des Preußischen Kriegsministeriums noch einige kleinere Änderungen vorgenommen werden. Submissionsverhandlungen über die Lieferung von Revolvern für Preußen haben noch nicht stattgefunden. Württemberg soll seinen Bedarf bei Mauser in Oberndorf vergeben haben."

Anmerkung: Es handelte sich um folgende Änderungen, die an dem oben beschriebenen und abgebildeten Vorlagemodell noch nicht vorhanden waren:

1. Der Laufachtkant wurde bis über den Kopf der Zylinderachse verlängert.
2. Auf der rechten oberen Deckplattenschraube wurde ein Körnerschlag angebracht, ebenfalls daneben auf der Platte.
3. Die Griffschaleneinsätze wurden fertigungstechnisch vereinfacht.

Am 2. Dezember 1879 teilte das KPKM dem KBKM mit, dass die Revolver-Aufträge zum Preise von 32,50 Mark pro Stück an Privatfabrikanten vergeben worden seien. Ebenfalls die Entladestöcke zu 45 Pf.

6.1.1 Bestellumfang und Lieferungen.

War der genaue Bestellumfang bisher nur den angefragten Firmen bekannt, so informierte die Hennebergische Zeitung, Organ für die Stadt Suhl, die Kreise Schleusingen und Schmalkalden im Januar 1880 die Bevölkerung.

Dieser Artikel liefert uns einen wichtigen Hinweis zur Menge:

„...Der Auftrag auf Revolver erreicht einmal lange nicht die genannte Anzahl,..."

Die „Hennebergische Zeitung" war seiner Zeit das am meisten verbreitete Blatt in Suhl und Umgebung. Aus der oben zitierten Bemerkung lässt sich entnehmen, dass die Bestellmenge für Suhl wesent-

* Verschiedene Localblätter der Umgegend melden von hier, daß Suhl wieder einen Auftrag auf 60,000 Mausergewehre erhalten habe. Zu unserm Bedauern müssen wir unsern geehrten Collegen in Meiningen, Schmalkalden, Gotha 2c. mittheilen, daß irgend ein Spaßvogel ihnen einen Bären aufgebunden hat. Vielleicht hat auch ein schlecht unterrichteter Correspondent einen von der Regierung auf Cavallerie-Revolver ertheilten Auftrag mit verwechselt. Der Auftrag auf Revolver erreicht einmal lange nicht die genannte Anzahl, dann aber sind die Preise auch so gedrückt, daß von großem Segen dabei leider weder für die Fabrikanten, noch viel weniger aber für die Arbeiter die Rede sein kann.

lich geringer war, als die in Umlauf gebrachte Menge von 60000 Stück.

Eine Bestätigung der Situation findet sich in einer späteren bayerischen Akte: Am 9. Mai 1881 schreibt die Firma Franz von Dreyse an die Königlich Bayerische Gewehrfabrik in Amberg u.a.: *„Offen und dazu bekennend, ist es eine Unmöglichkeit die Gesamtzahl der vertraglichten Revolver, welche aus denen für das Königlich Bayerische Ministerium abgeschlossenen 3300 Stück und für das Königlich Preußische Ministerium zu liefernden 30000 St. zusammen 33300 St. ausmacht, in der verbindlichen Zeit zu liefern...“*

1879 hatte Preußen also die Bedarfsmenge von 60000 Revolvern geteilt und Aufträge von je 30000 Stück an die Waffenfabrik Franz von Dreyse in Sömmerda, und, wie wir der Stempelung entnehmen können, an ein Konsortium in Suhl vergeben.

Der in den preußischen Kontrakten festgeschriebenen Preis von 32,50 Mark war kaum auskömmlich. Den Anbietern blieb jedoch keine andere Wahl, da gerade zu dieser Zeit sämtliche Waffenfabriken unter Auftragsmangel litten. Die Lieferungen des Gewehrs M/71 waren im Laufe des Jahres 1876 abgeschlossen und Aufträge mit einem ähnlichen Volumen nicht in Sicht. 1878 beschäftigte man zahlreiche arbeitslose Suhler Waffenarbeiter und Meister im Straßenbau für einen Taglohn von 78 Pfennigen.

In Sömmerda war die Situation noch gravierender. Die M/71-Aufträge waren in Suhl platziert worden und die Phase der Unterbeschäftigung demnach erheblich länger. Vor diesem Hintergrund ist es also weniger verwunderlich, dass Franz v. Dreyse mit einem „Kampfpreis“ auf den Markt erschien. Wie wir später sehen, ist seine Rechnung jedoch nicht aufgegangen.

Der auf der linken Seite, unterhalb der Trommel, geschlagenen Fabrikstempel weist auf das aus drei Partnern bestehende Konsortium hin:

1. S & S: Bedeutet: Johann Paul SAUER & SOHN (nicht Spangenberg & Sauer)
2. C.G. HAENEL: Bedeutet: Carl Gottlieb Haenel
3. V.C. SCHILLING: Bedeutet: Valentin Christoph Schilling

Alle drei Firmen hatten ihren Sitz in Suhl.

6.1.2 Die Fabrikanten der preußischen Revolver M/79

Im folgenden Abschnitt werden die beteiligten Firmen vorgestellt.

Exkurs: Die Firmen des Konsortiums:

J.P. SAUER & SOHN, Suhl.

Die Waffenfabrik J.P. Sauer und Sohn, gegründet 1751 von Johann Paul Sauer, gilt als die älteste Waffenmanufaktur Deutschlands.

Als 1835 das „preußische allgemeine Kriegsdepartment“ auf eine Zentralisierung der einzelnen Waffenfabriken in Suhl drang, gründeten Ferdinand Spangenberg (1802-1866) und Paul Sauer jun. eine gemeinsame Firma mit dem Namen: „Spangenberg & Sauer“.

Die Firma J.P. Sauer & Sohn bestand jedoch weiterhin. Ein Grund mit zur Gründung der gemeinsamen Firma war ein Auftrag Sachsens zur Anfertigung der ersten militärischen Perkussionswaffen mit einer Menge von 2650 Stück.

In den nächsten Jahren folgten ähnliche Aufträge, auch die unruhige Zeit von 1830 – 1840 brachte große Aufträge. Preußen bestellte in Suhl u.a. 21519 Gewehre, 200 Paar Pistolen und 1000 Kavallerie-Karabiner.

Die Niederlande ließen 40 000 Gewehre anfertigen. Sachsen bestellte in den Jahren 1835/1836 2650 Perkussionsgewehre.

Die Belegschaft umfasste im Jahre 1858 264 Mitarbeiter.

An Inventar waren Anfang 1859 6 Drehbänke, 5 Fräsmaschinen und 4 Sondermaschinen im Einsatz. In den ersten Monaten des Jahres 1868 nahm man eine mobile Dampfmaschine mit 12 P.S. in Betrieb.

Nach Annahme des Mauser-Gewehrs 71 wurden neben den staatlichen Gewehrfabriken auch andere Produzenten in den Hochlauf der Fertigung eingebunden, so auch die Firma Spangenberg & Sauer. Dafür wurde im Oktober 1872 eine zweite Dampfmaschine angeschafft. Diese teure Investition hatte eine Leistung von 25 PS.

Sieben Jahre später wurde die Anschaffung eines neuen, größeren Kessels notwendig. Auch hier wird die Ausweitung der Produktionskapazität der Grund gewesen sein, denn im Dezember 1879 hatte Preußen die Aufträge zur Beschaffung des Revolvers M/79 vergeben.

Der letzte Firmeninhaber, Heinrich Spangenberg verstarb 1870 im jugendlichen Alter von 18 Jahren. Seine Frau Hedwig Spangenberg, geb. von Flotow übernahm die Geschäftsanteile.

6.1. Ansicht der Waffenfabrik von J.P. SAUER & SOHN. Die Aufnahme stammt aus der Zeit nach 1884, da ein Teil der Eisenbahnbrücke deutlich zu erkennen ist. Am rechten Gebäude ist der Schriftzug „GEWEHRFABRIK" zu erkennen.

Mit freundlicher Genehmigung durch Nico J. van Gijn

The arms factory of J.P. SAUER & SOHN. The presence of the railway bridge dates the picture post 1884. On the front of the right-hand building „GEWEHRFABRIK" can be made out. Courtesy Nico J. van Gijn

6.2. Blick über die Grabenbrücke auf die Fabrik- und Kontorgebäude. Der rechts befindliche „Gewerksgraben" diente dem Antrieb der Wasserräder, die später durch Dampfmaschinen ersetzt wurden. Mit freundlicher Genehmigung durch Nico J. van Gijn

View from the canal bridge of the shop and office buildings. The mill-race (Gewerksgraben) on the right was originally used for water-wheels to drive the machinery; they were later replaced by steam engines. Courtesy Nico J. van Gijn

Am 7. Januar 1873 ergaben sich erhebliche Veränderungen in der Zusammensetzung der Sauer-Beteiligungen: Franz Victor Wilhelm Sauer und sein Bruder Friedrich Ferdinand Rudolph traten in die Firma J.P. Sauer & Sohn ein, die sich vorher im Alleinbesitz von Paul Sauer befand. Mit gleichem Datum traten die beiden Brüder als Gesellschafter in die bisher als offene Handelsgesellschaft geführte Firma Spangenberg & Sauer in Suhl ein. Die bisherigen Besitzer waren die bereits erwähnte Hedwig Spangenberg und wiederum Paul Sauer. Zur Klarstellung sei hier eine Anmerkung erlaubt. Die Revolver-Kontrakte wurden ausschließlich mit der Stammfirma J.P. SAUER & SOHN abgeschlossen, die ihren Namen beibehielt, auch wenn die Namen der Besitzer wechselten.

Die zu dieser Zeit als Handelsgesellschaft geführte Firma Spangenberg & Sauer hatte juristisch mit den Revolveraufträgen nichts zu tun.

Die Lieferungen der M/79 Revolver an Preußen, Bayern und Sachsen waren gegen Ende Juli 1883 abgewickelt. In diesen Zeitabschnitt fiel auch die Auflösung der Partnerschaft zwischen den Häusern Spangenberg und Sauer. Die Gebrüder Sauer übernahmen die Firmenanteile der Hedwig Spangenberg. Bereits im Januar 1883 existierte nur noch die Firma mit dem Namen „ J.P. Sauer & Sohn".

hatte C.G. Haenel auch Gelegenheit im Inland (Saarn, Oberndorf, Amberg, Hattingen) zusätzliche Kenntnisse zu erwerben.

Im Auftrag der preußischen Regierung studierte er die Einrichtungen namhafter Gewehrfabriken in
Frankreich: Paris, Chatelleraue, Brayon, Mutzig,
England: London, Birmingham,
Belgien: Lüttich, Chaudfontaine
Österreich: Wien, Steyr.

In seiner Fabrik wurden jährlich 2000 neue Perkussions-Infanteriegewehre hergestellt und 1000 Steinschlossgewehre zu Perkussionsgewehren geändert. Die Fabrikationsstätte lag an der Bahnhofstraße, nahe dem Zentrum. Noch heute sind einige Gebäude an dieser Straße auszumachen.

Vor Aufnahme der Fertigung des M/79 war die Haenelsche Waffenfabrik (allein oder mit Partnern)

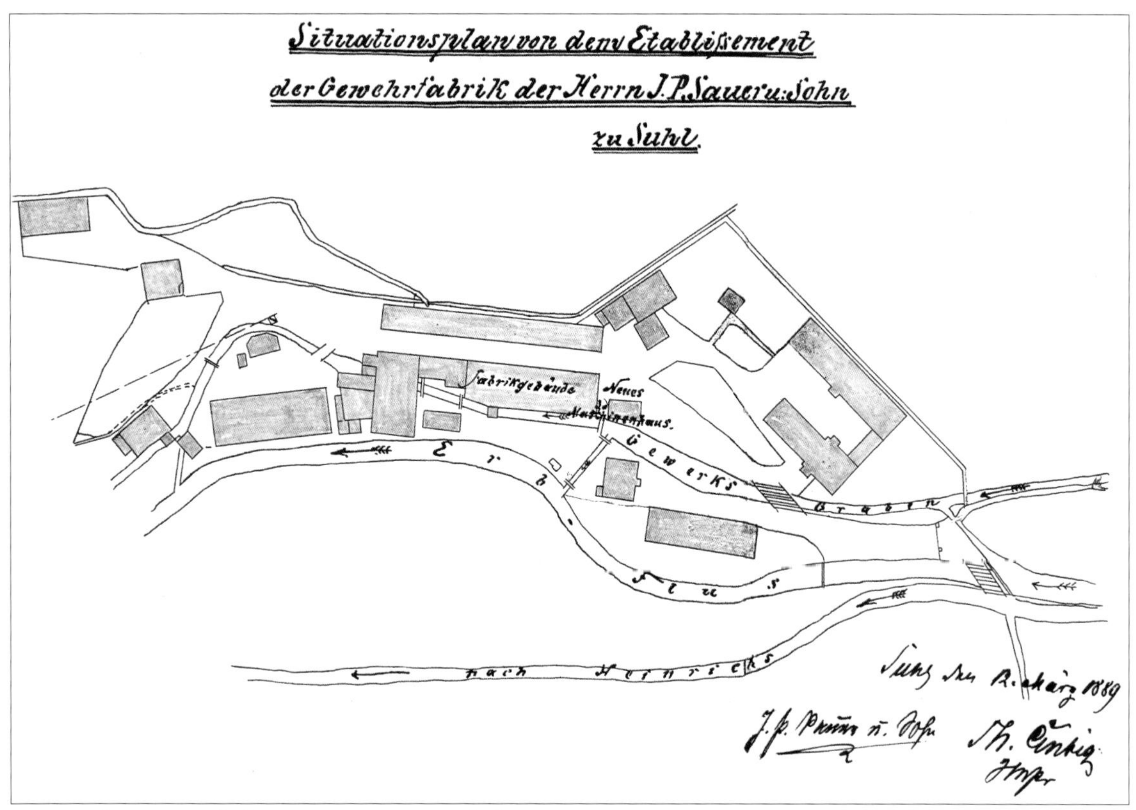

6.3. Lageplan der Gewehrfabrik von „J.P. Sauer & Sohn" im März 1889. SAS
Ground plan of the arms factory of J.P. Sauer & Sohn in March, 1889. SAS

An späteren Revolverlieferungen des Modells M/83 war diese Firma nicht mehr beteiligt.

C.G. HAENEL, Suhl.
Carl Gottlieb Haenel, seines Zeichens Kgl. Preußischer Fabrikkommissar und Gewehrfabrikant, gründete 1840 eine Fabrikationsstätte mit dem Anspruch einer Musterfabrik zur Ausbildung der Königlichen Militär-Büchsenmacher. Neben einer in Suhl erworbenen soliden fachlichen Ausbildung

mit der Produktion diverser Handfeuerwaffen beschäftigt, dazu gehören

- Pistolen für die Marine des deutschen Bundes, 1849
- Pistolen M/50 für Preußen,1850 bis 1874
- Pistolen für die Preußische Marine, 1853

Am 3. März 1855 wurde Carl Haenel geboren, der später die Firma übernahm, den Firmennamen C.G. Haenel jedoch beibehielt. In der Revolverzeit war Carl Haenel der Inhaber des Unternehmens und zusammen mit V.C. Schilling Vertragspartner der KM Preußens, Bayerns und Sachsens. Carl Haenel verstarb am 19. Oktober 1917.

6.4. Portraitaufnahme von Carl Haenel, der in der Revolverzeit Inhaber der Firma C.G. Haenel war. Archiv der Erben C.G. Haenel mit freundlicher Genehmigung durch Nico J. van Gijn
Photographic portrait of Carl Haenel, owner of the firm C.G. Haenel during the period of his work.
Heritage archive of C.G. Haenel, courtesy Nico J. van Gijn

Wie auch bei der erwähnten Partnerfirma lässt sich der wirtschaftlich-technische Fortschritt am Erwerb der für die Produktion lebensnotwendigen Dampfmaschinen ablesen:

Bereits am 27. Mai 1865 stellte C.G. Haenel bei der Suhler Polizeibehörde einen Antrag auf Aufstellung einer Dampfmaschine. Es folgten dann 3 weitere. Am jeweiligen Beschaffungsdatum lässt sich leicht der Grund der Investitionen ableiten.

6.6. Das Foto zeigt den Haupteingang der Haenel-Waffenfabrik in den dreißiger Jahren des letzten Jahrhunderts. Es handelt sich um den Haupteingang im U-förmigen Innenhof, wie die Abbildung 6.5 im Vordergrund zeigt. Der Windfang wurde später ergänzt. Archiv der Erben C.G. Haenel mit freundlicher Genehmigung durch Nico J. van Gijn
The main entrance of the Haenel factory as it was in the 1930s, compared with the entrance to the U- shaped inner courtyard shown in the foreground of Plate 6.5. The porch is a later addition.
Heritage archive of C.G. Haenel, courtesy Nico J. van Gijn

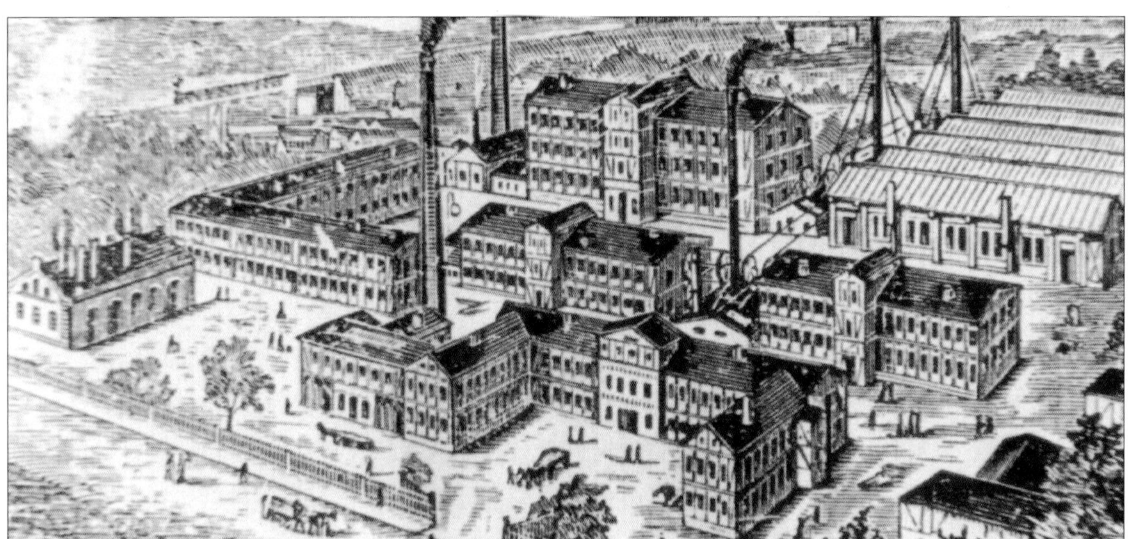

6.5. Ansicht der Waffenfabrik von C.G. Haenel im Jahre 1890. Auch wenn die Art der Zeichnung der Zeit entsprechend ein wenig übertrieben dargestellt ist, so vermittelt sie dennoch einen Eindruck der damaligen Größe. Archiv der Erben C.G. Haenel mit freundlicher Genehmigung durch Nico J. van Gijn
Overview of the arms factory of C.G. Haenel in 1890. Although typical of its period in slightly exaggerating the overall size of the works, it nevertheless gives a clear idea of the general appearance of the factory complex.
Heritage archive of C.G. Haenel, courtesy Nico J. van Gijn

- März 1872: eine Dampfmaschine mit 25 P.S. für die Fertigung des Gewehres 71
- Oktober 1874: 2. Dampfmaschine mit 16 P.S. für die Fertigung des Gewehres 71
- Oktober 1889: 3. Dampfmaschine mit 30 P.S. für die Fertigung des Gewehres 88

Speziell zur Produktionsaufnahme der M/79 Revolver beschaffte C.G. Haenel außerdem „Werkzeugmaschinen amerikanischen Systems“.

Diese Sondermaschinen lieferte die 1863 in Suhl gegründete Firma Schilling & Krämer. Es handelte sich um Maschinen kleinerer und mittlerer Baugröße, die zur Produktion von Revolverteilen besonders geeignet waren.

Die nachstehende Abbildung aus dem Jahre 1920 zeigt eine Zweispindel-Fräsmaschine mit Kopiereinrichtung der Firma Schilling und Krämer, die bereits in nahezu gleicher Bauart zum Profilfräsen der Außen- und Innenkonturen des M/79 benutzt wurde.

6.7. Anzeige der Firma Schilling & Krämer um 1925. Diese Firma belieferte Suhler Waffenproduzenten vor und während Revolverzeit mit Werkzeugmaschinen. Sammlung des Autors

Advertisement of Schilling & Krämer, ca.1925. This firm supplied machine tools to the arms manufacturers of Suhl before and during the period when they were producing the revolvers described in this work. Author's collection

Als Vorbild dienten Werkzeugmaschinen der amerikanischen Firma Pratt & Whitney, die 1872 für insgesamt 350 000 $ Maschinen, Lehren und Vorrichtungen an die staatlichen preußischen Gewehrfabriken Spandau, Erfurt und Danzig geliefert hatte.

All diese Einrichtungen dienten der Herstellung des Gewehres 71 und legten den Grundstein für eine moderne Waffenproduktion in Deutschland.

In Jahre 1896 nahm die Firma Haenel zusätzlich die Herstellung von Fahrrädern und Fahrradteilen auf und gehörte damit zu den größten Suhler Betrieben. Nach dem 2. Weltkrieg begann Haenel, wie auch die anderen namhaften Produzenten, Zivilprodukte herzustellen, so u.a. Federgehäuse und Handwagen. Bereits im November 1945 lieferte Haenel, mit Genehmigung der sowjetischen Militärbehörde, die ersten 554 Doppelflintenläufe. Am 8. Januar 1946 wird die Firma C.G. Haenel unter treuhändlerische Verwaltung gestellt und kurz darauf von der SAG übernommen. Ab dem 1. Juni 1948 werden die Betriebe in Suhl in „Volkseigentum“ überführt.

Nach der Vereinigung beider deutscher Staaten entsteht die „Suhler Jagd und Sportwaffen GmbH, Suhl, die nun Inhaberin der bekannten Namen Simson, Haenel und Merkel ist. Besitzerin dieser GmbH ist die Steyr-Mannlicher AG, Österreich. (Stand 2000)

V.C. SCHILLING, Suhl.

Die Quellen zur Firmengeschichte der Waffenfabrik des Valentin Christoph Schilling zu Suhl sind mehr als dürftig. Erwähnt wird die Firma lediglich 1846 in der „Chronik der Stadt Suhl“. Nach eigenen Angaben wurde sie 1816 gegründet.

In der Zeit von 1849 bis ca. 1880 war sie, zusammen mit weiteren Suhler Firmen, mit der Herstellung der preußischen Pistole M/50 und der Lieferung der Ersatzteile dieser Pistole befasst. Aus den vorliegenden Preislisten der Jahre 1861, 1875 und 1878/79 lässt sich schließen, dass in diesen Jahren und darüber hinaus Ersatzteile bestellt wurden.

Truppenteile und Militärbehörden waren verpflichtet, direkt bei den betreffenden Fabrikanten zu bestellen. Abgeliefert wurden die Ersatzteile jedoch bei der „Gewehr-Revisions-Kommission zu Suhl“, die im Oktober 1878 aufgelöst wurde; danach bei der Königlichen Gewehrfabrik Erfurt. Erst nach bestandener Güteprüfung erfolgte die Ablieferung und Bezahlung.

Aus dem Adressbuch der Stadt Suhl des Jahres 1895 geht hervor, dass die Firma V. Chr. Schilling eine Gewehrfabrik, Anschrift Rimbachstr. 52c unterhielt. Die Inhaber waren zu dieser Zeit Albert und Moritz Schilling. 1910 wird als Firmensitz Rimbachstraße und 1925 Bahnhofstr. 10 angegeben. In der Zeit von 1895 bis 1910 hatte die Firma V.C. Schilling zusätzlich die Fabrikation von Fahrrädern aufgenommen. Im Adressbuch von 1925 werden

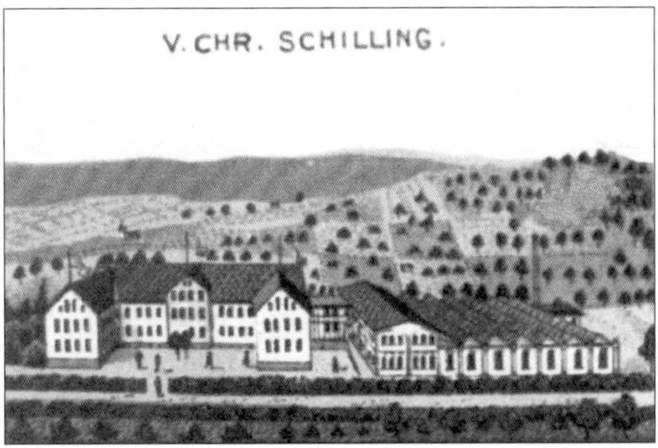

6.8. Der Ausschnitt einer Postkarte, ca. 1890, zeigt die Fabrik von V. C. Schilling. Privatsammlung
Part of a postcard showing the factory of V.C. Schilling, ca.1890. Private collection

6.8a.–6.8b. Briefkopf und Anzeige der Firma V.C. Schilling um 1910. Privatsammlung
Letterhead and advertisement of V.C. Schilling, ca.1910. Private collection

die Fahrräder allerdings nicht mehr erwähnt; nach einer Anzeige desselben Jahres hatte sich die Firma auf den Versandhandel verlegt.

Bereits vor der Reichsrevolverzeit hatten sich die Firmen Spangenberg & Sauer, Schilling und Haenel zu einer Arbeitsgemeinschaft zusammengeschlossen, um einen Auftrag zur Anfertigung von 150 000 Gewehren M/71 abzuwickeln.

Nach der Reichsrevolverzeit ab 1888 bis ca. 1890 fertigten Schilling und Haenel große Mengen des Karabiners M/88. Bemerkenswert ist, dass die Firma Sauer auch bei diesem Großauftrag nicht mehr involviert war.

Sie hatte sich vorläufig von der Militärwaffenproduktion verabschiedet.

Einige Jahre später begann die hektische Phase der Pistolenentwicklung. Namhafte und unbekannte Erfinder diesseits und jenseits des Atlantiks ließen ihre teilweise skurrilen Ideen patentrechtlich schützen und versuchten ihre Erfindungen in bare Münze umzusetzen. In dieser Zeit griff ein Industrieller namens Theodor Bergmann das Patent des ungarischen Erfinders Otto Braunswetter auf, ließ es von dem Waffenfachmann Louis Schmeißer fertigungsgerecht überarbeiten und meldete die Pistole auf seinen Namen als Patent an.

Hier nun beginnt der Bezug zur Firma V.C. Schilling in Suhl. Theodor Bergmann ließ nämlich seine Pistole mit der Bezeichnung M 1896 bei V.C. Schilling produzieren.

Die Waffen lassen sich an dem gemeinsamen Warenzeichen identifizieren: Die kleine Figur stellt einen Bergmann dar, der vor der Brust eine Lampe und in der rechten Hand eine Picke trägt. Sie symbolisiert den Namen „Bergmann". Oberhalb befindet sich der Schriftzug Gaggenau, der Firmensitz der Bergmanns Industriewerke GmbH. V.C. Schillings Firmenlogo V.C.S. SUHL findet man unten. Den Bergmann Pistolen war kein großer Erfolg beschieden und damit auch kein kommerzieller Erfolg für die Schillingsche Waffenfabrik.

Der I. Weltkrieg brachte für Suhl nochmals einen gewaltigen Aufschwung. Sämtliche Suhler Fabriken liefen Tag und Nacht auf Hochtouren, um dann nach dem Krieg in eine der größten wirtschaftlichen Krisen zu stürzen. Ein paar Jahre existierte die Firma V.C. Schilling noch, wurde dann aber Anfang der zwanziger Jahre von der ebenfalls in Suhl ansässigen Waffenfabrik Heinrich Krieghoff übernommen, die insbesondere an der gut ausgestatteten Laufzieherei interessiert war.

Die Beziehungen der Konsortien untereinander

Die drei oben beschriebenen Firmen, die das Suhler Konsortium bildeten, waren also der eine Vertragspartner des KPKM in Berlin.

Der zweite, die Waffenfabrik Franz von Dreyse, befand sich in Sömmerda, im nordwestlichen Teil von Thüringen.

Bevor wir zur Geschichte dieses namhaften Unternehmens in der „Revolverzeit" kommen, wird versucht, die Arbeitsweise des Suhler Konsortiums einmal nachzuvollziehen.

Die Betriebe in Suhl waren auf der einen Seite Konkurrenten, auf der anderen jedoch auch Partner, wenn es um die Erfüllung staatlicher Aufträge ging.

Zahlreiche Firmen hatten sich spezialisiert und waren daher in der Lage, bestimmte Bauteile günstig anbieten zu können. So waren Haenel und Schilling bestens mit Laufziehmaschinen ausgerüstet.

Kleinteile für das Schloss, Schrauben, Federn und Beschlagteile wurden von Unterlieferanten, teilweise Familienbetrieben, zugeliefert. Sie waren nicht alle in Suhl ansässig, sondern in der gesamten Region, wie z.B. in Zella-Mehlis und Schmalkalden.

Die in diesem Zusammenhang wichtige Frage der Endmontage oder, wie diese Tätigkeit früher genannt wurde, der „Ingangbarmachung" kann eindeutig beantwortet werden: Wie man den sächsischen Akten entnehmen kann, legten die drei Mitglieder des Konsortiums die Revolver separat der „Übernahme-Commission" vor: Am 26. Juli 1883 berichtet der nach Suhl als Abnahmeoffizier abkommandierte Premier-Leutnant Heydenreich seinem Abteilungschef Hauptmann Hammer nach Dresden unter anderem: *„...Nach der dem Unterzeichneten vom Oberbüchsenmacher Eidner gemachten Meldung sind von den bestellten 2200 Revolvern*

von der Firma Schilling	*588*
von der Firma Haenel	*582*
von der Firma Sauer	*593*
in Summa	*1763 Revolver*

übernommen worden."

Ob die Endmontage in dieser Form von Anfang an bestanden hat, ist mit letzter Gewissheit nicht zu sagen. Bei Lieferdruck konnten sich aus dieser Lösung gewisse Vorteile ergeben, und Lieferdruck gab es allemal.

Der zivile Markt sowie der Export wurde von jeder Firma getrennt bearbeitet. Hier waren die drei Partner wieder Wettbewerber, was jedoch nicht die Produktion der Revolver betraf, sondern ausschließlich deren Vertrieb.

Die Namen anfragender Kunden behielt jeder für sich. War jeder der Partner angeschrieben, so stimmte man untereinander ab.

Da sich das Ender der Revolverfertigung abzeichnete, versuchten die Produzenten, die künftigen Kapazitäten mit Exportaufträgen zu füllen.

Dass jeder Partner des Konsortiums hierbei bemüht war, sich seinen eigenen Markt zu sichern, zeigt folgender Entwurf einer Initiativofferte von C.G. Haenel (der Entwurf war in lateinischer Schrift geschrieben):

„An ein Kaiserlich Japanisches Hohes Kriegsministerium zu Tokio

Hohes Kriegs-Ministerium wolle hochgeneigte entschuldigen, wenn ich mir gestatte Hochdemselben meine Dienste zur Lieferung von Handfeuerwaffen aller Art, sowie deren Theilen und Werkzeugen zur Herstellung derselben ganz gehorsamst anzubieten, vermöge großer und bedeutender Lieferungen von Gewehren aller Art, vor allem zuletzt des Infanterie Gewehres M/71 für das Königlich Preußische Hohe Kriegs-Ministerium bin ich mit den neuesten Waffentechnischen maschinellen Einrichtungen versehen und somit im Stande jedes Modell in bester Ausführung herzustellen. Das Königlich Preußische Hohe Kriegs-Ministerium, für welche ich gegenwärtig wieder Cavallerie Revolver M/79 anfertige, dürfte zu einer Auskunft über meine Leistungsfähigkeit gern bereit sein.

Indem ich bei Bedarf an Waffen oder Waffen-Theilen irgend welcher Art um hochgeneigte Berücksichtigung ergebenst bitte, verharre ich eines gefälligen Bescheides gerne gewärtig,

Eines Hohen Kriegs-Ministerium
ganz gehorsamster:
C.G. Haenel
Waffen Fabrikant
Suhl, i./Preußen
April 1882"

Dieser mit Tinte geschriebene Entwurf wurde mit Bleistift und in deutscher Schrift für ein weiteres Land ergänzt. Diese Ergänzung ist im folgenden wiedergegeben:

„An
Hohes Kriegs-Ministerium
der Republik Ecuador
zu Quito

...habe dieselben durch große Aufträge auf Cavallerie Revolver M/79 für das Preußische Kriegs-Ministerium noch erweitert und verbessert. Hohes Kriegs-Ministerium kann ich deshalb beste Ausführung eines eventuellen Auftrages versichern.

Muster würde ich Hohem Kriegs-Ministerium auf Wunsch und größter Bereitwilligkeit zusenden, auch... sonstige Modelle nach Angabe anfertigen.

Auch dürfte das Königlich Preußische Hohe Kriegs-Ministerium zu einer Auskunft über meine Leistungsfähigkeit gerne bereit sein."

Eine Anfrage des Autors an das „The National Institute for Defense Studies" in Tokio, Japan ergab, dass keine Dokumente über die Haenel-Offerte vorhanden waren.

Eigentlich nicht weiter verwunderlich, denn der japanische Markt war seit Jahren fest in der Hand von Smith & Wesson.

Obwohl der Autor z.Z. der Niederschrift trotz mehrerer Anläufe noch keine Antwort aus Ecuador erhalten hatte, gibt es Hinweise über Revolver 79 für Südamerika. So wurde ihm vor wenigen Monaten ein M/79 angeboten; der schlechte Zustand in Verbindung mit einem absurden Preis ließen den Ankauf jedoch platzen. Des weiteren befindet sich in der Sammlung eines deutschen Sammlers ein Revolver 79, der statt eines der 4 deutschen Beschussstempel den folgenden Stempel aufweist:

Er ist ca. 4 mm groß und befindet sich an zwei Stellen:

- auf dem Lauf vor der Seriennummer, dort. wo auch die deutschen Militärbeschusszeichen geschlagen wurden.

6.8c. Nicht eindeutig identifizierter Beschussstempel auf einem Revolver M/79 des Suhler Konsortiums. Vieles spricht für eine Lieferung an die Armee Ecuadors. Sammlung J. Lux
Revolver M/79 made by the Suhl Consortium with an unidentified proofmark, possibly related to an order for the Ecuadorian army. J. Lux collection

- auf der trommelseitigen Fläche der Ladeklappe. Die Trommel trug diesen Stempel nicht. Truppenstempel waren nicht vorhanden. Auffallend war die schlechtere Qualität der Trommel. Der Bereich um die Bohrungen herum war nicht so sorgfältig entgratet wie man es sonst bei den Suhler-Revolvern erwarten kann.

Ein anderer Vorgang ist ebenfalls erhalten geblieben und gibt ein interessantes Bild über den Umgang der Konsortialmitglieder untereinander wieder. Dieses Mal schrieb der Fabrikant V.C. Schilling im Januar 1883 an seine Partner:
„Revolver M/79. II. Classe.
Herrn J.P. Sauer & Sohn
Herrn C.G. Haenel
Hier.
Suhl, 13 Januar 1883.
Ich habe soeben eine Anfrage auf einige Tausend Armee-Revolver M/79 für ein überseeisches Gouvernement. Gute aber billige Ware u. fragt das betr. Haus an, zu welchem Preise ich solche liefern wolle u. wie viel in 3 – 4 Monaten liefern könne. Das betr. Haus bemerkt dazu, daß ich die Concurrenz von Sömmerda und Oberndorf, Fabr. Oberndorf fällt wohl nicht in die Waagschale, nur Sömmerda, welches allerdings billige Preise stellen wird. Ich bitte Sie mir hier unter Ihre Ansicht bekannt zu geben, damit ich dem betr. Haus sofort Nachricht geben kann.

Mit Hochachtung empfiehlt sich Ihnen ergebenst V.C.S.“

Paul Sauer antwortet unverzüglich: *„Kenntnis genommen und sogleich mit dem ergebensten Bemerken weiter gereicht, daß wir der Meinung sind, auch hier den in der letzten Besprechung vereinbarten Preis von M. 29,00 franco Hafenplatz incl. Holz = Zinkkisten zu normieren. Sollte es nöthig sein noch eine Kleinigkeit den Preis zu ermäßigen, so sind wir auch damit einverstanden. Als Quantum könnten wir ja angeben, daß wir monatlich bis zu 2000 Stück fabrizieren können, augenblicklich aber noch in Unterhandlung stehen, weshalb nicht genaueres Quantum erst nach näherer Vereinbarung angegeben werden könnte. J.P.S. u. S.”*

Zwei Tage später antwortete C.G.Haenel: *„Kenntnis genommen u. mit dem ergebensten Bemerken weiter gereicht, daß ich mit dem Preis von M. 29,00 p. St. einverstanden bin aber auch nicht dagegen sein werde, wenn wir den Preis noch etwas ermäßigen wollen.*
S. d. 15.1. 83
C.G.H.“

Der abgesprochene Preis von M. 29,00 lag also erheblich unter dem, der mit den deutschen Kriegsministerien abgeschlossen worden war. Möglich, dass die geringeren Anforderungen und die eventuelle Verwertung zurückgewiesener Teile in die Kalkulation eingeflossen waren.

Am 28. Januar 1883 benachrichtigte V. Chr. Schilling seine beiden Partner: *„Soeben habe ich wieder Nachricht bezügl. der Rev. für den Export erhalten und theilt mir der betr. Herr mit, daß der geforderte Preis von M. 29,00 franco Holz/ Zinkkisten & franco Hafen sehr hoch sei; es solle doch nur II. Classe sein.*

Die Zahl würde zwischen 4000 – 5000 Stk. sein und bitte ich Sie hierunter Ihre gefl. Ansicht mitzutheilen.

Hauptsächlich wird es ja mit darauf ankommen, zu welchen Preisen Sie glauben deren Satztheile II. Classe liefern zu können u. worin seine Mitteilung hierüber auch gleichzeitig verweist.
V. Chr. Schilling “

Ob das die Fortsetzung der Geschichte des Exportauftrags nach Ecuador war?

Auch im Thüringischen Staatsarchiv, Meiningen, liegen keine weiteren Dokumente zum Ausgang der Exportanfrage vor.

Aus der Mitteilung lässt sich jedoch etwas über die Arbeitsteilung, bzw. Methodik ableiten: Das Wort Satzteile bezeichnet treffend die technische Arbeitsteilung der 3 Fabrikanten. Demnach hatte jede Firma bestimmte Teile, die zu einem Satz, also einem Satz Revolvereinzelteile gehörten, herzustellen, wobei die Verrechnung durch Bewertung jedes zugekauften Teils, plus Montage- und Justierkosten erfolgt sein wird.

WAFFEN- UND MUNITIONSFABRIK N.V. DREYSE IN SÖMMERDA.

Franz von Dreyse übernahm nach dem Tode seines berühmten Vaters Nikolaus von Dreyse (20. November 1787, gest. 9. Dezember 1867) dessen Fabrik. Nikolaus Dreyse erhielt wegen seiner Verdienste zur Einführung des Zündnadelgewehrs am 22. März 1864 den vererbbaren Adelstitel, der somit auch auf seinen Sohn Franz überging.

Mit Auslauf der Zündnadelgewehrproduktion und der nahezu zeitgleichen Einführung eines neuen Gewehres M/71, an der die Firma Dreyse nicht mehr beteiligt worden war, geriet die Fabrik und damit auch die Stadt Sömmerda in eine schwierige Phase. Trotz Diversifikation nahm die Zahl der Mitarbeiter ständig ab.

Von 1875 bis 1894, dem Todesjahr von Franz v. Dreyse, verringerte sich die Belegschaft von 1500 auf 300.

Die Folge war, dass eine große Zahl vorwiegend jüngerer Facharbeiter, der Stadt den Rücken kehrte, was sich etwas später als fatal bemerkbar machen sollte.Weshalb der Fabrikstempel auf den Dreyse-Revolvern M/79 mit F. v. DREYSE, also Franz von Dreyse, ausgeführt worden war, ist unklar.

Der offizielle Name lautete auch noch im Jahre 1883, wie eine Anzeige aus diesem Jahr zeigt, „Waffen- und Munitions-Fabrik N. v. Dreyse in Sömmerda."

Die

Waffen- und Munitions-Fabrik

von

N. v. Dreyse in Sömmerda (Deutschland)

empfiehlt ihre anerkannt vorzüglichen Fabrikate, als:

Zündnadel-Doppelflinten für Papierpatrone.
Zündnadel-Doppelflinten für Zündnadel-Pappcartouche.
Centralfeuer-Doppelflinten verschiedener Systeme.
Lefaucheux-Doppelflinten.
Centralfeuer-Doppelflinten ohne Hähne, mit seitwärts ausrückenden Läufen.
Specialität: Einrichtung obengenannter Gewehre mit der patentirten Geschoß-Rotations-Vorrichtung, zum gleichzeitigen Gebrauch der Doppelflinten für Schrot- und Kugel-Schuß.
Centralfeuer-Büchsflinten, Kugellauf mit Expreßzug, für Metall-Patronen.
Doppelbüchsen mit Expreßzug für Metallpatronen.
Pürsch- und **Scheibenbüchsen** mit Kammerschloß patentirter Construction, in 3 Größen, Cal. 11 und 9,5 Millimeter.
Pürschbüchsen mit patentirtem Blockverschluß.
Repetir-Pürschbüchsen in mehreren eigenen patent. Constructionen.
Revolver, Modell der deutschen Armee, sowohl für Offiziere als für Mannschaften, in 5 verschiedenen Sorten.
Zündnadel-Revolver für Papierpatrone, billigste Munition.
Pistolen, Teschins für Papier- und für Metallpatronen.
Flobert-Teschins mit patentirtem Kammerschloß.
Gewehr-Munition, sowie **Metallpatronen** für sämmtliche Hinterlade-Systeme.

Preiscourante stehen gratis und franco zu Diensten.

Verkaufsstellen:

Fabrik in **Sömmerda.** — Filiale in **Berlin W.,** Markgrafenstr. 42.
In **Bernburg i. Anh.** bei Herrn **August Müller.**
In **Halle a. S.** bei Herrn **Rich. Schröder,** Grafeweg 23.
In **Leipzig** bei Herrn **Gust. Unger Nachf.,** Peterstr. 10 11.
In **Metz** bei Herrn **Bruno Noot,** rue de clercs 16.

Möglich, dass der Sohn Franz seinen Namen in den Vordergrund spielen wollte, um aus dem Schatten des berühmten Vaters zu treten.

Nach dem Tode von Franz v. Dreyse am 17. August 1894 übernahm sein ältester Sohn Nikolaus die Fabriken. Nikolaus v. Dreyse war Leutnant a.D. und mit der Führung eines Unternehmens offensichtlich überfordert. Er lebte in Berlin und ein persönliches Engagement war nicht erkennbar. Im Jahre 1899 erfolgte die Umwandlung in eine

6.8d. Porträt von Franz von Dreyse (1822 – 1894).
Mit freundlicher Genehmigung durch den Ururenkel, Herrn Hartmut Sieckmann, Weimar.
Portrait of Franz von Dreyse (1822 – 1894).
Courtesy of his great-great grandson, Mr. Hartmut Siekmann, Weimar.

Aktiengesellschaft, die bereits ein Jahr später vor dem Ruin stand.

Mit einer Beteiligung des Düsseldorfer Industriellen Heinrich Ehrhardt konnte das Unternehmen fortgeführt werden. Zwei Jahre später übernahm die Firma Rheinmetall das gesamte Aktienpaket. Anzumerken ist noch, dass Heinrich Ehrhardt an diesem Unternehmen mit etwas über 21% beteiligt war.

Der Name Dreyse existierte fortan nur noch als Markenname; die Waffenfabrik Dreyse gab es nicht mehr.

6.1.3 Die Kontrakte

Originalkontrakte oder Abschriften der preußischen Bestellungen sind nicht mehr verfügbar. Wir können jedoch mit Sicherheit davon ausgehen, dass die Vertragsgestaltung Preußens von den anderen Königreichen übernommen worden ist, zumal, wie wir später sehen, auf preußische Vorschriften häufig Bezug genommen wird.

Die Kontrakte umfassten im Wesentlichen folgende Punkte:

1. Namen der Vertragspartner
2. Preisfestsetzung
3. Lieferzeiten
4. Technische Details und Abnahme
5. Kaution
6. Haftung
7. Rechte der Abnahmekommission

Kontrakte über je 30 000 Stück wurden mit dem Suhler Konsortium und der Waffenfabrik Franz von

Dreyse abgeschlossen. Ein weiterer Kontrakt sollte später noch folgen. Der vereinbarte Preis betrug 32,50 Mark pro Revolver, den Preußen ja bereits gegen Ende 1879 ausgehandelt hatte.

6.1.4 Die Reserveteile

Die Reserveteil-Auflistungen Sachsens mögen hier als Vorbild dienen.

Die von Preußen bestellten Reserveteile werden in Art und entsprechend hochgerechnetem Umfang in gleicher Form auch bestellt worden sein. (siehe unten unter „Bestellungen Sachsens"); die Menge mag um den Faktor 10 bis 15 höher gewesen sein.

Weitere Details zu den Reserveteilen werden später in den Kapiteln 15 und 16. behandelt.

6.1.5 Lieferungen und technische Probleme

War vertragsseitig noch alles zügig abgewickelt worden, so ergaben sich bereits kurz nach Fertigungsanlauf erhebliche Probleme bei der Herstellung.

In der Zeit von Dezember 1879 bis September 1880 hatte die Königl. Preußische Gewehrfabrik Spandau die technische Verantwortung und Weiterführung der Revolverbeschaffung an die Königl. Preußische Gewehrfabrik Erfurt übertragen. Diese organisatorische Änderung war sicherlich sinnvoll, da Suhl und auch Sömmerda nicht allzu weit von Erfurt entfernt liegen. Da das KPKM am 14. September 1878 verfügt hatte, die bislang in Suhl etablierte Gewehr-Revisions-Kommission im Laufe des Monats Oktober 1878 aufzulösen, lag nun auch die Güteprüfung der preußischen Revolver M/79 in der Verantwortung der Erfurter Gewehrfabrik.

Die Ausführungsbestimmungen zur Einführung der Revolver 79 bei der Truppe vom 16. März 1881 gaben dazu folgende Hinweise:„5. *Die Revolver sind in Suhl und Sömmerda bestellt worden, werden bei der Gewehrfabrik Erfurt visitiert und abgenommen und suczessive an das Artillerie-Depot zu Erfurt abgeliefert...*

Mit Rücksicht darauf, daß die zur Ausgabe kommenden Revolver vollkommen neu und ungebraucht sind, hat die Entsendung von Übernahme-Kommissarien seitens der Kavallerie- und der Feldartillerie-Regimenter nach Erfurt in diesem Falle nicht stattzufinden auch ist die Hinzuziehung stellvertretender Übernahme-Kommissarien nicht erforderlich. Die Versendung der Revolver erfolgt in eigens dafür konstruierten Kisten und sind letztere nach Auspackung der Revolver ohne Aufenthalt an das Artillerie-Depot zu Erfurt zurück zu befördern. "

Das bayerische Revisionskommando beanstandete am 11. Juli 1880 eine Vielzahl von durchgeschlagenen Zündhütchen bei den von Mauser produzierten M/79, obwohl die Zeichnungsmaße exakt eingehalten worden waren. Die Württemberger Firma, die fast zeitgleich für Bayern einen Auftrag an M/79 abwickelte, meldete drei Tage später, neben zu spät erhaltenen Lehren, auch deren Unzulänglichkeiten; desgleichen zu wenig Rücksichtnahme auf die maschinelle Bearbeitung seitens der Vermassung der Dimensionstabellen. Die Beanstandungen gelangten natürlich unmittelbar zur Gewehrfabrik Erfurt, die mit geänderten Maßen der Hahnspitze die Situation entschärfen konnte.

Auch die anderen technisch korrekten Beanstandungen, die in ähnlicher Form sicherlich auch aus Suhl zugestellt worden waren, wurden nicht ungehört zur Seite gelegt, sondern führten zu einer völligen Überarbeitung der Konstruktion: Am 25. September 1880 verständigte die preußische Gewehrfabrik Erfurt die zuständigen Stellen in Bayern, Sachsen und Württemberg, die mit der Beschaffung der M/79 Revolver betraut waren, über weitreichende Änderungen der Dimensionstabellen.

Betroffen waren folgende Teile des Revolvers M/79:

Schlosskasten
Lauf
Abzug und Abzugsfeder
Sicherung
Kette
Schlagfeder
Tragring
Kolbenschalen
Trommel
Visierung
Härtungen

Diese Änderungen machten natürlich die Anpassung bzw. den Austausch der Revisionsgeräte und der Revisionsvorschriften notwendig.

Nachforderungen seitens der Herstellfirmen ließen ebenfalls nicht lange auf sich warten.

Neben Terminverschiebungen machte man verständlicherweise auch finanzielle Anpassungen geltend.

Im November 1882 mussten die Umsetzhebel nachgebessert werden, da in zahlreichen Fällen der kleine Zapfen am unteren Ende des Umsetzhebels abgebrochen war.

Die bayerische Verfügung ist erhalten geblieben: Der hohe technische Anspruch bei der Fertigung traf insbesondere die Firma Dreyse.

Die Zahl der RC-Stempel (Genehmigung einer Abweichung) ist bei den von Dreyse gefertigten Revolvern M/79 auffallend groß. (Nähere Erläuterungen zu diesem Stempel siehe unter Kapitel 13. „Markierungen und Stempel".)

Die Qualitäts- und damit einhergehend die Lieferprobleme waren dermaßen gravierend, dass jene Paragraphen des Kontaktes, welche die Kaution betrafen, angewendet werden mussten. Die bayerische Gewehrfabrik Amberg meldete am 6. De-

6.9.–6.10. Revolver M/79, gefertigt vom Konsortium Suhl für Preußen.
Revolver M/79 manufactured for Prussia by the Suhl Consortium.

Sammlung des Autors
Author's collection

6.11. – 6.12. Revolver M/79, gefertigt für Preußen von der Waffenfabrik N.von Dreyse, Sömmerda.
Revolver M/79 manufactured for Prussia by the factory of N. von Dreyse, Sömmerda.

Sammlung des Autors
Author's collection

508

Nro 14997. München, 6. November 1882.

Betreff: Revolver M/79, hier Härtegrad des Umsatzhebels.

Bei den im Besitze der Truppenteile und Dienstesstellen befindlichen, aus der ersten Anfertigungsperiode stammenden Revolvern **M/79**, welche gelb angelassene Umsatzhebel besitzen, sind diese behufs thunlichster Beschränkung vorkommender Beschädigungen demnächst durch die Büchsenmacher der in § 10 der Revolver-Reparatur-Instruktion gegebenen Bestimmung entsprechend herzustellen. Hiezu müssen alle derartigen Hebel aus den Hahnen genommen, am untern Ende und an der Welle blau angelassen und schließlich wieder in die zugehörigen Hahnen eingesetzt werden.

Kriegs-Ministerium — Abteilung für Allgemeine Armee-Angelegenheiten.

Schuh, Oberstlieutenant.

zember 1882: „*...Dreyse kann auch die gegenüber Preußen eingegangenen Verpflichtungen, Lieferung von 30 000 Revolvern, nicht erfüllen.*“

Während seitens der Bestellungen nun belegbare Stückzahlen vorliegen, fehlen verlässliche Zahlen, was die Liefermenge der beiden Produzenten an Preußen betrifft. Dem Verfasser war im Laufe der Zeit ein gewisses Ungleichgewicht zwischen den Suhler Konsortium und Dreyse aufgefallen.

Er hatte nämlich im Laufe von ca. 20 Jahren die Seriennummern sämtlicher Reichsrevolver notiert, jeweils nach Königreich und Art getrennt. Zahlreiche Sammler, und Museen hatten die Daten ihrer Bestände bereitwillig zur Verfügung gestellt. Was anfangs nur eine Idee war, erwies sich später als Segen: Eine erste Auswertung hatte ergeben, dass die Verteilung der Seriennummern Suhler Konsortium gegen Dreyse sich wie 2,63:1 verhielt. (Das im DWJ-Artikel, Heft 1 /1999 vom Verfasser genannte Verhältnis von 2,10:1 hat sich bis zu dieser Niederschrift aufgrund weiterer Seriennummern und neuerer Erkenntnisse nochmals präzisiert.)

Ist nun eine Teilmenge oder die Gesamtmenge bekannt, so lässt sich die Menge des jeweiligen anderen Lieferanten einfach ermitteln. Die Folgenummernanalyse, die sonst bei ähnlichen Fällen recht brauchbare Aussagen liefert (Genauigkeit:± 95%), brachte nicht den gewünschten Erfolg. (Die Methode wurde während des Zweiten Weltkriegs von den Amerikanern zur Ermittlung der deutschen Panzerproduktion angewendet und erwies sich nach dem Krieg als genauer, verglichen mit den Angaben der Geheimdienste. Ausführlich wird die Rechenoperation von Dr. Harry Parker und Dr. Joan Reisch in der Zeitschrift „Man at Arms“, Nr. 4, 1983 beschrieben.) Die Methode lieferte jedoch die Erkenntnis, dass

1. kein M/79 eine Seriennummer über 10 000 aufweisen konnte und dass
2. mehrere Nummernserien ohne gesonderte Unterscheidung von beiden Lieferanten angefertigt worden waren. Das heißt auch, dass die preußischen M/79 nicht fortlaufend durchnumeriert sind und Seriennummern somit mehrfach vorkommen müssen. (Durch Zufall fand der Autor zwei preußische Revolver M/79 des Suhler Konsortiums mit zwei gleichen Seriennummern am Stand eines Hamburger Anbieters auf der Dortmunder Waffenbörse 1993)

Die sich daran anschließende Frage der Unterscheidung bei der Truppe lässt sich wohl mit den konsequent geschlagenen Truppenstempeln auf der unteren Griffplatte beantworten. Aus der jeweils notierten Anzahl der einzelnen Seriennummern lässt sich der Lieferanteil in guter Annäherung ermitteln.

Ein weiterer Kontrakt

Der Auftrag über 30 000 Stück war in Suhl bis Ende Juli 1882 abgewickelt worden, nur die Reserveteile wurden noch in den Folgemonaten ausgeliefert. So blieben nur die kleineren Aufträge Bayerns und Sachsens. Zu diesem Zeitpunkt betrug die Fertigungskapazität des Konsortiums 100 Revolver M/79 pro Arbeitstag. Diese Kapazität musste nun in relativ kurzer Zeit heruntergefahren werden.

Die Lieferprobleme in Sömmerda ließen sich nicht geheim halten, und so ist es nicht weiter verwunderlich, dass die drei Suhler Fabrikanten ihre Chance wahrnahmen und ein entsprechendes Gesuch um weitere Aufträge an das KPKM richteten.

Aber nicht nur wegen der in Lieferschwierigkeiten geratenen Firma Dreyse versprach sich das Konsortium weitere Aufträge. Die mögliche Bewaffnung der Kürassiere mit Revolvern M/79 war bekannt, denn Preußen hatte bereits während der laufenden Erprobung sowohl Karabiner M/71 als auch Revolver M/79 angefragt.

Das Konsortium hatte angeboten und inzwischen diesbezüglich bei der Gewehrfabrik in Erfurt nachgefasst. Die Antwort der angeschriebenen Stelle an die Firma V. Chr. Schilling ist erhalten:

26. Juni 1882
An den Waffenfabrikanten
Herrn V.Chr. Schilling
Wohlgeboren
zu Suhl

„In Erwiderung auf die gefällige Offerte vom 1. Juni betreffend die ev. Lieferung von 27 000 Jägerbüchsen und 12 500 Kavallerie-Karabiner M/71, sowie 9000 Revolver M/79

werden Euer Wohlgeboren ergebenst davon in Kenntnis gesetzt, daß Seitens des Königlichen Allgemeinen Kriegs-Departements davon Abstand genommen ist schon jetzt Kontrakte über die Waffenlieferungen abzuschließen, welche erst nach Eintritt gewisser Verhältnisse auszuführen sein würden.

Der Oberst und Inspecteur.“

Die ersten beiden Aufträge über je 30 000 Stück von 1879 waren u. a. für die Bewaffnung der Kavallerie, mit Ausnahme der Kürassiere, vorgesehen. Zur Zeit der Bestellung befand sich bei diesen Kavallerie-Formationen der Karabiner 71 in der Erprobung, der jedoch wegen Unhandlichkeit in Verbindung mit dem Brustpanzer abgelehnt wurde.

Mit A.K.O. vom 22. Juni 1882 genehmigte Kaiser Wilhelm I. die Bewaffnung der Kürassiere mit dem Revolver M/79. Diese Entscheidung löste natürlich Beschaffungsvorgänge für weitere Revolver M/79 aus.

Preußen verfügte zu dieser Zeit über 10 Kürassier-Regimenter, die zusammen mit den Reserve-Eskadrons einen Bedarf von 8570 Revolvern auswiesen.

Bei den im Schreiben an Herrn Schilling erwähnten 9000 Revolvern können wir davon ausgehen, dass es sich um den aufgerundeten Bedarf handelte, den Preußen nun zur Ausrüstung der Kürassier-Regimenter benötigte.

Die *„gewissen Verhältnisse“* müssen bereits kurze Zeit später eingetreten sein.

Preußen vergab den Auftrag über 9000 Revolver M/79 für die Bewaffnung der Kürassiere an das Suhler Konsortium.

Die Formulierung des Inspekteurs zeigt eine gewisse Zurückhaltung, obwohl allen Beteiligten bekannt war, was sich im Hintergrund abspielte. Das KPKM verhielt sich korrekterweise bedeckt; man wollte, zumindest öffentlich, die stärker werdende Position des Suhler Konsortiums herunterspielen.

Der Revolver M/79 verblieb jedoch nicht all zu lang bei den Kürassieren; unter Nr.115 des A.V. vom 12. Mai 1888 wurde der Kürassier von der feldmarschmäßigen Ausrüstung gestrichen. Die Kürassiere erhielten nun den Karabiner M/71 *„...unter Fortfall des Revolvers M/79...“. „ Das Schießen der Gemeinen mit dem Revolver ist bei den vorgenannten Regimentern einzustellen.“*

Zu diesem Zeitpunkt war man in Berlin und Erfurt der Meinung, dass Dreyse die 30 000 Revolver M/79 liefern würde.

Dass diese Zahl später nach unten korrigiert werden musste, zeigen die o. a. Auswertungen. Dreyse lieferte gegenüber der Kontraktmenge rund 10 000 weniger.

War die Qualität der Revolver M/79 des Suhler Konsortiums durchweg besser als die der Konkurrenz aus Sömmerda, so gab es doch auch hier gelegentlich Beanstandungen. Der folgende Brief der Revision in Erfurt gibt darüber Aufschluss.

„Erfurt, den 25. August 1882
An den Fabrikanten
Herrn V.Chr. Schilling
Wohlgeboren
Suhl

Euer Wohlgeboren teilt die Direktion nachstehend das Revisions-Ergebnis der durch Schreiben vom 10. August avisierten und in der Kiste V.C.S.#1853 hier eingegangenen Theile zum Revolver M/79 ergebenst mit.
1. Als brauchbar angenommen wurden:
25 Walzen ohne Achsfutter,
35 Achsfuttermuttern,
138 Achsfutter,
523 Sperrstifte und
186 Ladeklappenfedern.
Als nicht annehmbar wurden befunden:
3 Walzen ohne Achsfutter, weil die Bohrung des Achsfutters zu groß ist und
13 Sperrstifte, welche gebrochen sind.
Gez. 3 Unterschriften“ (unleserlich)

Das Schreiben wurde an die Firma Haenel weitergereicht:

„An
Herrn C.G. Haenel
z. gef. Kenntnisnahme
erg. zugesandt
S.a.28.8.82
Kenntnis genommen
S.a. 28.8.82
C.G. Haenel“

Der Brief, der an den Sprecher des Konsortiums V.Chr. Schilling gerichtet war, macht deutlich, wie höflich man innerhalb des Konsortiums miteinander umging, zumindest offiziell.

Auffällig ist auch, dass der dritte Partner, die Firma Sauer & Sohn, nicht angeschrieben worden war. Hier liegt die Vermutung nahe, dass Sauer & Sohn keines der Reserveteile geliefert hatte und die Abnahme bzw. Beanstandung der Teile die Firma nicht betrafen.

Was den technischen Inhalt betrifft, so ist die große Anzahl der bestellten „Sperrstifte“ auffällig.

Bei dem Sperrstift handelt es sich um den kleinen Hebel auf der linken Seite, der die Trommelachse sichert. Hier wurde seitens der Besteller der große Labilität dieses Bauteils Rechnung getragen. Fast jeder Sammler kennt diesen Schwachpunkt und auch die oft haarsträubenden Reparaturversuche an dem Hebel.

Zugegeben, einfach herzustellen war der Sperrstift nicht und mancher Besitzer eines M/79 wäre heute froh, einen originalen Reservestift zur Hand zu haben.

Die Revisionsabteilung der Gewehrfabrik Erfurt hatte von 536 gelieferten Sperrstiften immerhin 13 wegen Bruches zurückgegeben, d. h., die 13 zurückgesandten Sperrstifte dürften die Biegeprobe nicht überstanden haben.

Diese spezielle Prüfung wiederum ist mit Sicherheit in Erfurt erfolgt, da man davon ausgehen kann, dass V. Chr. Schilling keine gebrochene Sperrstifte abgeliefert hat.

Die ersten Revolver gingen bereits 1881 an die Formationen. Wie üblich zuerst an diejenigen Einheiten der Garde-Regimenter, die für eine Bewaffnung mit Revolvern vorgesehen war.

Demnach lieferte das
Suhler Konsortium 50 000 Stück
Franz von Dreyse 19 000 Stück
In Summe: 69 000 Stück
Revolver M/79 an die preußische Armee.

Quellen

SHS, 2083-2335
BHS, AX 3, Bd. 20a
RHM, Bd. 1
SAS
Ferdinand Werther: *„Chronik der Stadt Suhl“*, 1846
Max Perkow: *„Suhl in alter und neuer Zeit“*. Suhl 1928
A. Haussknecht: *„Die Spangenbergs, Eine alte Suhler Büchsenmacherfamilie“*. Zeitschrift für historische Waffen und Kostümkunde, 1935/1936
Annegret Schüle: *„BWS Sömmerda, Die wechselvolle Geschichte eines Industriestandortes in Thüringen 1816 – 1995“*. Erfurt 1995; ISBN 3-9803931-1-9
TSA

6.2 Bestellungen Bayerns

In Bayern beschloss das KBKM, nachdem Preußen ein voraussichtlich einzuführendes Revolvermodell bei verschiedenen Einheiten zur Erprobung gegeben hatte, keine weiteren Revolverversuche mehr durchzuführen.

Ein am 21. Juni 1879 von der Firma Gustav Fichtner in Wien angebotener Revolver des Systems „Sederl“ (ein Revolver mit selbsttätigem Hülsenauswurf) wurde deshalb zuruckgewiesen.

Bayerns Aktivitäten zur Beschaffung und Einführung des neuen Revolvers gingen nahezu zeitgleich mit denen Preußens vonstatten; nur Sachsen ließ sich, wie wir noch sehen werden, mehr Zeit.

Auf Grund der kaiserlichen Verfügung, den Revolver M/79 einzuführen, beauftragte das KBKM seinen in Berlin weilenden Militärbevollmächtigten, Oberst Ritter von Xylander am 10. April 1879 *„...über den in der kgl. pr. Armee nunmehr definitiv eingeführten Revolver dem KM das Nähere zu berichten und hierbei ... Musterstücke und diesseitige Einführung fördernde Mittheilungen einsenden zu wollen.“*

Die Antwort des Herrn Oberst Ritter von Xylander Nr. 373 vom 1 6. April 1879 aus Berlin enthielt im wesentlichen folgende Informationen:

1. *Dem pr. KM sind Ersuchen vorgelegt, Revolver-Musterstücke und zugehörige Munition gegen Erstattung der Kosten abzugeben.*
2. *Mauser setzt seine Bemühungen, das von ihm dem pr. KM vor einem halben Jahr vorgelegte Revolver-Modell zur Anerkennung zu bringen, noch fort, von der Einführung dieses Modells ist jedoch keine Rede.*
3. *Das Zubehör des Armee-Revolvers besteht in einem messingnen Entladestock. Die Länge des Revolvers ist etwas geringer als jene der Werder-Pistole.*
4. *Die Herstellung des Revolvers geschieht in Privatfabriken, der Munition in den Königlichen Munitionsfabriken. Sachsen und Württemberg werden sich den betreffenden Submissionen* (Ausschreibung, Verf.) *der preußischen Militärverwaltung anschließen.*
5. *Die Kosten des Revolvers mit Entladestock, ohne Munition, sind auf ca. 36 Mark veranschlagt; man glaubt jedoch um 2 bis 3 Mark billiger submittieren zu können.*

Das unter Punkt 1. erwähnte Ersuchen legte der Bevollmächtigte mit gleichem Datum in Berlin vor. Das preußische KM antwortete ihm am 25. April 1879 etwa wie folgt:

1. *Das Artillerie-Depot zu Spandau hat Anweisung erhalten, von den zu den Versuchen benutzten Revolvern ein Exemplar nebst Entladestock sowie 6 scharfen, Platzund Exerzier-Patronen dem Königlich Bayerischen Kriegs-Ministerium zu München einzusenden.*
2. *Die Versuchs-Revolver sind aus der Hand gefertigt und können daher keinen Anspruch auf völlig korrekte Arbeit machen.*
3. *Der Preis dieser Revolver beträgt 66 Mark pro Stück.*
4. *Die Beschaffung der für die diesseitige Armee erforderlichen Revolver ist eingeleitet.*
5. *Von den für die Fabrikation der Revolver erforderlichen Revisionsgeräten ist diesseits auch ein Satz für das Koniglich Bayerische Kriegs-Ministerium in Bestellung gegeben worden.*
6. *Später werden auch die Dimensionstabellen, Abnahmevorschriften u.s.w. zugesandt werden.“*

In Bayern begannen nun die Vorbereitungen zur Beschaffung der neuen Waffe M/79.

An erster Stelle musste die Frage des Budgets geklärt werden, da Mittel für den Posten „Revolver“ im laufenden Rechnungsjahr nicht vorgesehen waren. Nur mit Bewilligung eines außerordentlichen Kredits konnte diese Hürde genommen werden.

Die Summe betrug 300 000 Reichs-Mark und reichte bei einem früheren Planansatz von 60 Mark pro Revolver für 5000 Stück. Die Bedarfsermittlung ergab jedoch eine Menge von 8300 Revolvern, einschließlich einer Reserve von 20%. Nachdem ein realistische Beschaffungspreis von 33 bis 36 Mark in Ansatz gebracht werden konnte, reichte die Summe aus und dem König konnte der Antrag vom 6. Juni 1879 zur Beschaffung vorgelegt werden. Er enthielt in Stichworten folgende Argumente:

1. *Von den berittenen Truppen führen die Unteroffiziere der Kavallerie- und der Feldartillerie-Regimenter sowie die Kanoniere der reitenden Batterien als Feuerwaffen die Pistole M/69, während die Fahrer vom Sattel provisorisch mit der glatten Pistole M/45 ausgerüstet sind.*
2. *Keine der genannten Waffen ist als den derzeitigen Anforderungen der Waffentechnik entsprechend zu bezeichnen, so daß sie durch leistungsfähigere Waffen zu ersetzen wären.*
3. *Alle größeren Armeen Europas führen inzwischen Revolver.*
4. *In Hinblick auf die möglichen Vorteile durch übereinstimmende Vorschriften, gleichmäßige Ausbildung der in Frage kommenden Truppenteile, erleichterten Munitionsersatzes im Felde und aus ökonomischen Rücksichten glaubt der Unterzeichnete als geeignete Konstruktion des in Eurer Königl.-Maj. Armee einzuführenden Revolvers das Modell befürworten zu sollen, welches auf Grund langandauernder Versuche und Erprobungen nun auch in den übrigen Bundes-Kontingenten zur Annahme gelangt.*
5. *Es wird der Antrag gestellt, zu entscheiden, daß für alle Mannschaften, welche mit einhändig zu gebrauchenden Feuerwaffen ausgerüstet sind, der Revolver M/79 eingeführt wird.*

König Ludwig genehmigte den Antrag am 13. Juni 1879, mit Vermerk und Unterschrift am Rande des Schreibens. Es folgte auch eine im Verordnungsblatt bekannt gegebene allerhöchste Entschließung vom gleichen Tage, die das KBKM zum entsprechenden Vollzug ermächtigte, sodass damit der Einführung des Revolvers M/79 in Bayern als alleinige Faustfeuerwaffe grundsätzlich nichts mehr im Wege stand.

Am 30. Mai hatte das KPKM
einen Muster-Revolver mit Futteral,
einen Messing-Entladestock,
einen Schraubenzieher,
6 scharfe Patronen,
6 Platzpatronen und
6 Exerzierpatronen
an das KBKM, München abgeschickt.

Die Firma Mauser war inzwischen nicht untätig geblieben. Sie bot sich mit Schreiben vom 30. April 1879, das auch die Unterschrift Paul Mausers trägt, dem KBKM erneut als Hersteller von Revolvern, „auch des nun in Bestellung zu gebenden", an.

Als Beweis für die Leistungsfähigkeit der Firma und ihrer Maschinen waren je ein Mauser-Revolver mit festem Kasten und aufklappbarem Lauf, beide im Kaliber 10,6 mm und mit Zubehör, außerdem ein gefräster Lauf und eine gefräste Trommel zur Ansicht beigefügt.

Das KBM antwortete am 16. Juni 1879, dass von dem der Firma Mauser patentierten System zwar kein Gebrauch gemacht werde, die Gewehrfabrik

6.13. König Ludwig II von Bayern. In seine Regierungszeit fiel die Beschaffung des Revolvers M/79. Privatsammlung
King Ludwig II of Bavaria. During his reign the purchase of the Revolvers M/79 occurred. Private collection

Amberg jedoch angewiesen wurde, die Firma Mauser bei der Ausschreibung mit einzubeziehen.

Die Königliche Inspektion der Artillerie als zuständige Behörde verfügte am 20. Juni 1879 folgende Details:

1. *Die Direktion der Gewehrfabrik ist zunächst mit der Beschaffung des zum Ersatz der Pistolen M/69 benötigten Bedarfes an Revolvern, welcher sich ein einschließlich einer angemessenen Reserve auf rund 5 000 Stück beläuft, auf dem Wege der beschränkten Submission zu beauftragen.*
2. *In die Submission ist auch die Firma Gebrüder Mauser einzubeziehen.*
3. *Es ist ausdrücklich bekannt zu geben, daß das Musterstück nur als Information dienen kann und die „Vorschriften für Revision und Abnahme der Revolver" maßgebend sind, wie sie in Preußen aufgestellt werden.*
4. *Die abschließenden Verträge sind zur Genehmigung vorzulegen.*
5. *Die Ablieferung der zu fertigenden Revolver bis zum 1. März 1880 ist vertraglich sicherzustellen.*
6. *Die Herstellung der Entladestöcke und Schraubenzieher hat zu gleichen Teilen in den Artillerie-Depots München und Würzburg zu erfolgen.*

7. *Die Direktion des Hauptlaboratoriums ist mit der Anfertigung von 400 000 scharfen Patronen (pro Revolver 80 Stück), 100 000 Platz-Patronen (pro Revolver 20 Stück) und 30 000 Exerzierpatronen (pro Revolver 6 Stück) zu beauftragen.*
8. *Die mitgegebenen Revolver-Musterstücke sind nach dem Ablauf der Beschaffung an das Ministerium zurückzugeben.“*

Mit Bericht Nr. 2554 vom 30. Juni 1879 meldete die Direktion der Gewehrfabrik, die Ausschreibung sei an die bekannten leistungsfähigen Fabriken herausgegangen, und fragte beim KBKM an, ob bei Vertragsabschluß die später für Revision und Abnahme erforderlichen Lehrensätze an die Gewehrfabrik abgegeben würde, oder ob diese erst nach den Dimensionstabellen selber zu fertigen seien. Es erscheine aus Gründen der Übereinstimmung und der Zeitersparnis rationeller, Lehrensätze von der mit der Anfertigung der in Preußen erforderlichen Lehrensätze beauftragten Königlich Preußischen Gewehrfabrik zu beziehen.

6.13a. Die Königliche Gewehrfabrik Amberg um 1899. Sammlung des Autors

The Royal Arms Factory in Amberg ca. 1899. Author's collection

Das KBKM stimmte dem letzteren zu und wies an, für die Gewehrfabrik in Amberg einen Satz Lehren zu bestellen. Neben den zuvor genannten Firmen suchte nun laut Aktenvermerk vom 21. Juli 1879 die Schweizerische Eidgenössische Waffen-Fabrik auch nach, an der bevorstehenden Ausschreibung auf Revolverlieferungen beteiligt zu werden.

Am 13. August 1879 berichtete die Gewehrfabrik über den Ablauf und die Ergebnisse der Ausschreibung. Der sehr sorgfältig abgefasste und umfassende Bericht ist stark gekürzt nachfolgend wiedergegeben:

1. *Zur Teilnahme an der Submission auf Lieferung wurden nachstehende Firmen eingeladen:*
a) *Waffenfabrik der Gebrüder Mauser in Oberndorf*
b) *Waffenfabrik von Dreyse in Sömmerda.*
c) *Waffenfabrik-Konsortium Spangenberg & Sauer, Schilling und Haenel in Suhl*
d) *Kommanditgesellschaft von Ludwig Loewe und Kompagnon in Berlin*
2. *Die Firma L. Loewe lehnte eine Beteiligung wegen des geringen Umfanges der Bestellung ab.*
3. *Es wurden bei der Eröffnung an Preisangeboten je Revolver festgestellt:*
a) *Waffenfabrik Mauser 29 M 50 Pf*
b) *Waffenfabrik von Dreyse 35 M*
c) *Suhler Konsortium 32 M 45 Pf*
4. *Der Preis der Firma Mauser erhöht sich zwar um 25 Pf Transportkosten je Stück, trotzdem bleibt er unter den Forderungen der weiteren Firmen, so dass mit der Firma Mauser abzuschließen wäre.*
5. *Die rechtzeitige Anlieferung der erforderlichen Lehren und Revisionsgeräte scheint nicht sichergestellt zu sein. Es sollte deshalb, entsprechend dem mit dem Angebot ausgesprochenen Wunsch der Firma Mauser... der Abliefertermin für die Revolver nicht auf den 1. März 1880, sondern auf einen Termin 7 Monate vom Tage des Erhalts der Lehren festgelegt werden.*
6. *Im Vertrag sollte bestimmt werden, dass Revision und Abnahme in der Gewehrfabrik zu erfolgen haben. Sofern das KBKM aber einen ihrer Offiziere in die Firma entsendet, müsste die Firma sich verpflichten, dem Delegierten Einblick in alle Fabrikationsdetails zu gestatten.*
7. *Der Kostenvoranschlag wird vorgelegt, sobald die königliche Direktion der Gewehrfabrik Spandau den Preis des dort zu beziehenden Lehrensatzes bekannt gegeben hat.*

6.2.1 Mauser erhält einen Auftrag

Der Inspekteur der Artillerie und des Trains folgte dem Antrag der Gewehrfabrik und beantragte beim KBKM am 18. August 1879 mit der Waffenfabrik Mauser und Kompagnon für den Preis von 29 M 75 Pf pro Revolver den Vertrag abschließen zu dürfen sowie über die weiteren Anträge zu entschließen.

Mit Königlichem Kriegsministerial-Reskript vom 28. 8. 1879 erhielt die K.B. Direktion der Gewehrfabrik dann den Auftrag, mit der Firma Mauser einen Vertrag über die Lieferung von 5003 Revolvern abzuschließen.

Die zusätzlichen 3 Revolver waren für das Hauptlaboratorium (2 Stück) und für die Gewehrfabrik vorgesehen. Die Direktion legte den am 21. Oktober 1879 abgeschlossenen Vertrag dem Inspekteur der Artillerie und des Trains, General der Infanterie von Bothmer, zur Genehmigung vor. Dieser legte ihn wiederum mit Bericht vom 28. August 1879 dem KBKM vor, das ihn schließlich am 31. Oktober 1879 genehmigte.

Die 9 Paragraphen des Vertrages entsparchen in wesentlichen Punkten dem 1. sächsischen Kontrakt.

- Lieferung von 5003 Revolvern.
- Die Ablieferung der gesamten in Lieferung gegebenen Revolver hat innerhalb eines Zeitraumes von 7 Monaten zu erfolgen; von dem Tage an gerechnet, an welchem die Waffenfabrik die zur Anfertigung der Revolver benötigten Dimensionstabellen, Lehren und Revisionsgeräte von der Gewehrfabrik in Amberg erhalten haben wird.
- Der Anschuss der Revolver geschieht stets unter Aufsicht eines Delegierten der Königlich Bayerischen Gewehrfabrik.
- Die Güteprüfung der abgelieferten Revolver erfolgt in Amberg.
- Für die als gut abgenommenen Revolver werden der Firma Mauser 29,75 Mark vergütet.

Der Vertrag trägt die Unterschriften von Wilhelm und Paul Mauser.

Anmerkungen zur Waffenfabrik Mauser in Oberndorf a. Neckar, Württemberg:

Die Geschichte der Waffenfabrik Mauser ist von zahlreichen Autoren hinreichend dokumentiert worden. Wir wollen uns deshalb nur auf den Abschnitt beschränken, der zum Verständnis des historisch-ökonomischen Umfeldes beiträgt.

Seit 1874 firmiert Mauser unter „Gebrüder Mauser & Cie.". Die Firma gehört mit einer Einlage von 200000 Mark den Gebrüdern Wilhelm und Paul Mauser und der „Württembergischen Vereinsbank" mit einer Einlage von 1 Mio. Mark.

Paul Gehring schreibt 1941 unter dem Titel *„Wilhelm und Paul Mauser"*, herausgegeben von der Württ. Kommission für Landesgeschichte u. a.: *„Im August 1874 laufen schon rund 200 Maschinen; es werden aber noch gut 150 weitere gebraucht. Ein großer Brand im Oberen Werk in diesem Monat vermag den Aufbau kaum aufzuhalten. Große Teile, besonders die Wasserkraftanlagen, werden zweckmäßig und gänzlich erneuert. Bis Herbst 1876 sind schon 40000 Gewehre (M/71, Verf.) an Württemberg geliefert und ist das Bauliche meist fertig. Die Ausstattung mit Maschinen geht immer weiter. Ziel ist, alle Gewehrteile im Betrieb selbst herzustellen. Mit Herrn Schäffer, dem kaufmännischen Leiter, kommt man im allgemeinen gut aus, auch mit der Bank. 1878, ein halbes Jahr vor dem Termin, ist der württembergische Auftrag erfüllt und damit ein vorhergesehener kritischer Zeitpunkt gekommen. 26000 Gewehre M/71 für China 1876 bei sehr gedrückten Preisen sowie einige kleinere sonstige Aufträge waren zwar inzwischen hereingekommen. Namentlich hatte man sich von Anfang an auf das eifrigste mit neuen Verbesserungen des Gewehrs und mit Versuchen an anderen Waffen beschäftigt, so insbesondere seit 1876 mit einem Armeerevolver. Vornehmlich Paul widmete sich diesem neben den sonstigen technischen Arbeiten mit unermüdlichen Scharfsinn. Daneben sucht Wilhelm hauptsächlich durch Reisen weitere Aufträge hereinzubringen. So führt er im Herbst 1877 in Stockholm ein verbessertes Gewehr vor – statt eines Auftrags kam dann ein Orden –, 1878 bei wiederholten Aufenthalten in Spandau den Revolver, auf den unendliche Mühe verwendet ist und der dann doch im April 1879 unversucht dem in Spandau selbst entwickelten minderwertigen Reichsrevolver weichen muß, zur Entrüstung*

6.14. Die Waffenfabrik Mauser, ca. 1880. Aus: Prof. Dr. C. Matschoß: „Geschichte der Mauser-Werke". VDI- Verlag, Berlin 1938, Blatt 2 und Seite 75. Abdruck mit freundlicher Genehmigung des Verlages
The Mauser arms factory, ca.1880. Courtesy VDI-Verlag

6.14a. Portraits von Wilhelm und Paul Mauser. Aus: Prof. Dr. C.Matschoß: „Geschichte der Mauser- Werke". VDI- Verlag, Berlin 1938, Blatt 2 und Seite 75. Mit freundlicher Genehmigung des VDI-Verlags
Portraits of Wilhelm and Paul Mauser. Courtesy VDI-Verlag

der Brüder. Also alles umsonst. Dabei arbeitete man seit 1878 mit Verlust; Entlassungen aus dem eben erst mühsam angeschulten Arbeiterstamm werden unvermeidlich. Im September 1878 reist Wilhelm wieder nach Berlin und bald weiter nach Petersburg, wo die Brüder dringend hoffen, mit dem Mauser-Revolver anzukommen – wieder vergeblich. Nun geht es zurück nach Prag und Wien, aber auch da ist nichts zu machen. So ist man schließlich „recht froh", im August 1879 für Bayern 5000 und im Dezember für Württemberg 3000 solcher Reichsrevolver in Auftrag zu bekommen..."

Die nun anlaufenden Arbeiten an den Revolvern machten andere, zeitlich parallele, Aktivitäten erforderlich. Neben der Erstellung der Vorschriften in der bayerischen Version und der Klärung der Trageweise musste für den Be- und Anschuss eine ausreichende Menge an Munition pünktlich verfügbar sein. Immerhin schrieb die Vorschrift für den Anschuss der bayerischen M/79 je Kammer 5 Schuss vor!

Zusätzlich wurden 10 Schuss allgemeiner Vorrat gerechnet, so dass pro Revolver 40 Schuss, d. h. mindestens 200 000 Patronen zu beschaffen waren. Die Direktion der Gewehrfabrik Spandau teilte dem KBKM am 12. November 1879 die Fertigstellung und die zu erwartende Absendung der Revisionsgeräte mit.

Es fehlten jedoch weiterhin zur Aufnahme der Fertigung die Dimensionstabellen.

Je ein Exemplar

- der „Dimensionstabellen zum Revolver M/79" mit 24 Blatt,
- der „Zeichnung des Revisionsgerätes und der zugehörigen Rapporteure" in 13 Blatt,
- der „Zeichnung zur Numerierung und Stempelung des Revolvers" in 1 Blatt
- der „*Vorschrift zur Untersuchung und Abnahme der Revolvertheile und fertigen Revolver*" gingen dem KBKM mit Schreiben des KPKM vom 2. Dezember 1879 zu.

Preußen teilte darin auch mit, dass die Revisionsgeräte am 19. November 1879 nach München abgegangen seien und es seine Revolver zum Preise von 32,50 M (je Entladestock 45 Pf. zusätzlich) bei Privatfabrikanten in Auftrag gegeben habe. Die Revisionsgeräte und Lehren sowie die Dimensionstabellen usw. lagen am 10. Dezember 1879 in 9 Kistchen verpackt im KBKM bereit. Berlin berechnete mit Schreiben vom 5. Februar 1880 für die Bereitstellung Kosten in Höhe von 4966 M und 60 Pf. Einen am 21. Februar 1880 von der Gewehrfabrik über den Inspekteur der Artillerie und des Trains vorgelegten Kostenanschlag von 158 000 Mark für die Beschaffung von 5000 Revolvern M/79 genehmigte das KBKM mit Datum vom 7. März 1880.

So konnte nun die Königlich Bayerische Armee der Lieferung der 5000 Revolver für Ende Juli 1880 entgegensehen.

Juli 1879 waren aber neben den Werder-Pistolen noch 3030 Pistolen M/45 bei den Truppenteilen der Artillerie im Gebrauch.

Das Kriegsministerium jeweils am 10. und 17. März 1880, der Inspekteur der Artillerie und des Trains sowie die Gewehrfabrik bereiteten deshalb

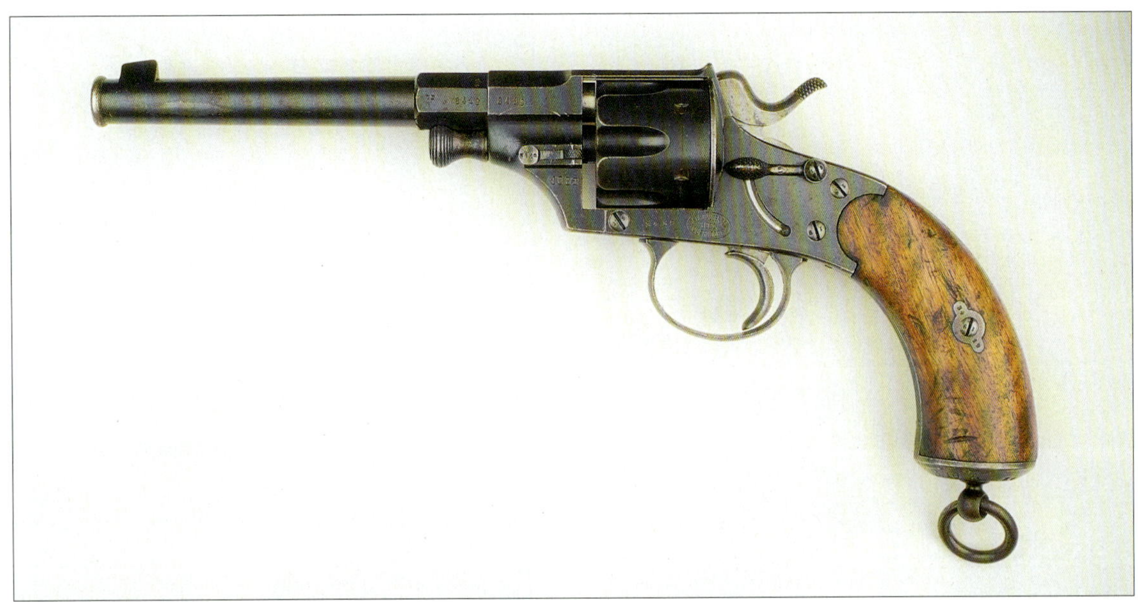

6.15. Revolver M/79, angefertigt von Mauser und geliefert an das Bayerische Heer. Sammlung W. Frank
Revolver M/79 manufactured by Mauser and supplied to the Bavarian armed forces. W. Frank collection

bereits die Ausschreibung und Auftragsvergabe für weitere 3300 Revolver vor. Diese Menge sollte die 3030 Pistolen M/45 ersetzen.

6.2.2 Ein Auftrag an Dreyse

Inzwischen hatte Franz von Dreyse sein Angebot gesenkt und bot die M/79 Revolver nun zu einem Preis von 29,50 Mark an.

Am 22. Mai 1880 wurde mit Dreyse ein Kontrakt zur Lieferung der 3300 Revolver M/79 abgeschlossen.

Bayern hatte also bis zu diesem Datum 8303 Revolver M/79 bestellt. Ein weiterer kleinerer Auftrag über 428 Stück sollte später folgen.

6.2.3 Lieferungen und Lieferantenwechsel

Die in Preußen vorhandenen technischen Anlaufprobleme trafen natürlich auch Bayern.

Neben der bereits erwähnten zu langen Hahnspitze verursachten die anderen konstruktionsbedingten Unzulänglichkeiten bei Mauser erhebliche Schwierigkeiten.

Die Gebrüder Mauser & Komp. meldeten deshalb am 14. Juli 1880 nach Amberg, dass sie den Liefertermin nicht einhalten können. Als Gründe werden genannt:

„Zu spät erhaltene Lehren; Schwierigkeiten mit unzulänglichen Lehren; umfangreiche Vorarbeiten; in den Konstruktionen zu wenig Rücksichtnahme auf die Möglichkeit der maschinellen Bearbeitung; große Anforderungen an die Arbeitskräfte, da Toleranzen praktisch nicht gestattet sind; fertigungstechnische Schwierigkeiten beim Härten von Korn und Visier sowie beim Verschrauben von Lauf und Kasten; notwendige geringfügige Abänderung des Schalthebels; notwendige Abänderung des Hahns".

„Zum Schlusse erlauben wir uns im Allgemeinen als unsere Erfahrungen hervorzuheben, daß REICHSREVOLVER M/79 (eine der wenigen Erwähnungen der Bezeichnung „Reichsrevolver" in einem offiziellen Dokument, Verf.) nach seinen Lehren und Dimensionstabellen bearbeitet, weit mehr Zeit in Anspruch nimmt, als wir bei Besichtigung des Musters glaubten in Anspruch nehmen zu müssen. Wir haben jetzt die gleich große Zahl Maschinen in Betrieb mit welchen wir seiner Zeit 100 Gewehre M/71 pro Tag fertigstellen lassen konnten, kommen aber nur auf etwa 50 fertige Revolver täglich."

Mauser meldet deshalb Lieferverzug bis Ende Dezember 1880.

17. Juli 1880: Die Gewehrfabrik beantragt Fristverlängerung bis Ende 1880 für die Firma Mauser.

24. Juli 1880: Der Inspekteur der Artillerie und des Trains legt den Antrag befürwortend dem KBKM vor.

30. Juli 1880: Das KBKM verlängert die Frist für die Firma Mauser bis zum 31. Dezember 1880.

4. September 1880: Die Gewehrfabrik legt eine Zusammenstellung der inzwischen notwendig gewordenen Abänderungen der Dimensionstabellen vor, die auch Mauser und Dreyse zugeleitet werden.

25. September 1880: Die preußische Gewehrfabrik Erfurt verständigt die Gewehrfabrik Amberg über die geänderten Dimensionstabellen.

25. September 1880 Die Gewehrfabrik meldet, dass die Einzelteilfertigung bereits so weit fortgeschritten ist, dass die Änderungen ein neues Geschäft bilden, das besonders abzulohnen wäre.

8. Dezember 1880: Die Firma Franz von Dreyse meldet sich außer Stande, den Liefertermin einzuhalten. Als Gründe werden ebenfalls die Änderungen genannt. Dreyse beantragt Fristverlängerung um etwa 6 Monate bis Ende Juni 1881.
22. Dezember 1880: Das KBKM genehmigt eine Fristverlängerung für Dreyse bis zum 10. Juni 1881.
7. März 1881: Die Gewehrfabrik Amberg meldet, dass der bis Ende 1880 verlängerte Termin der Ablieferung der 5000 von Mauser zu fertigenden Revolver nicht eingehalten werden konnte. Als Gründe werden Lehrenänderungen, Änderung der Hahnspitzen usw. genannt. 2223 Revolver waren inzwischen vorgelegt worden, von denen aber 937 Stück zurückgewiesen werden mussten. Die beanstandeten Revolver waren zwar gut gefertigt, hatten aber nach Beschuss und Anschuss wahrscheinlich aufgrund ungenügender Reinigung starken Rost angesetzt, der ohne Schmirgeln und somit Kalibererweiterung nicht beseitigt werden konnte. Es werden nun 300 Revolver pro Woche geliefert. Die Gewehrfabrik stellt den Antrag, diese Ratenlieferung gutzuheißen.
19. März 1881: Die Terminänderung für die Firma Mauser und die Lieferung in Wochenraten zu 300 Stück werden vom KBKM genehmigt.
17. Juni 1881: Die Gewehrfabrik Amberg meldet, dass die Firma Dreyse trotz der Terminverlängerung bis zum 10. Juni 1881 noch keinen Revolver lieferte.

Am 13. Juni 1881 wendet sich Franz von Dreyse Hilfe suchend und unterwürfigst an die Direktion der Gewehrfabrik Amberg: *„Der Königlichen Direktion beehre [ich] mich in gehorsamster Beantwortung der geehrten Verfügung vom 8. d. M. Nr. 1825 ergebenst mitzutheilen, dass ich außerordentlich bedaure, den von Seiten der Königl. Direktion bisher gewährten gütigen Nachsicht habe wiederholt missbrauchen zu müssen, aber leider trotz der angestrengten Bemühungen ist es mir gegenwärtig eine Unmöglichkeit, meinen vertraglichen Verpflichtungen, durch Lieferung der Revolver nachkommen zu können.*

Die Gründe, welche mich zu der Erfüllung meiner Lieferungen behindern, sind restlich an den sehr hohen Anforderungen, welche der Anfertigung der Revolver durch den vom Königlich Preußischen Kriegs-Ministerium gestellten Dimensionstabellen und Fabrikationsbedingungen, resp. deren Einhaltung nach allen Richtungen der Fabrikation hin, zu suchen.

Um diesen Anforderungen an der Fabrikation nachzukommen, machten sich wiederholt vollständige Umarbeitungen der betreffenden Werkzeugmaschinen erforderlich und verursachten diese Arbeiten an den Maschinen, sowie die sich immer wieder notwendig machende Einschaltung neuer, erst zu construierender Werkzeugmaschinen einen sehr großen Zeitaufwand.

Wie (ich) bereits in meinem gehorsamsten Schreiben vom 9. Mai d. J. mittheilte, sind die Schwierigkeiten in der Fabrikation nunmehr beseitigt und ist auch schon eine größere Anzahl von Revolvern bei der Königl. Direktion der Gewehrfabrik in Erfurt zur Abnahme gelangt. Um aber die Gesamtzahl der vertraglichen Revolver in möglichster Kürze zur Lieferung zu bringen, ist es erforderlich, den Betrieb bedeutend zu erhöhen und noch eine Garnitur Werkzeugmaschinen aufzustellen, mit der Fertigstellung dieser Einrichtungen bin ich gegenwärtig eifrigst beschäftigt, aber es werden noch einige Wochen vergehen, bis der Betrieb die erforderliche Höhe erreicht hat.

Vor der Fabrikation mit den ersten Einrichtungen und von der Zeit her, als die Höhe der Anforderungen noch nicht vollständig bekannt war, ist ein Bestand von 800 fertigen Revolvern vorhanden, [ich] diese aber, da eben kleine Mängel daran haften, nicht zur Ablieferung bringen lasse.

Fertige, und als vollkommen gute lieferungsfähige Revolver, welche ich für die Königl. Direktion der Gewehrfabrik zu Amberg bestimmt habe, sind ca. 200 Stück vorhanden.

Ich bitte nun sehr inständigst aber unterthänigst die Königl. Direktion wolle gütigst bei dem Hohen Königl. Bayerischen Kriegs-Ministerium befürwortend dahin wirken, daß die diesseitige Fabrikation hochgeneigtest nachsichtlich berücksichtigt, und der Termin zur Lieferung der Revolver verlängert werde.

Mit vorzüglicher Hochachtung
gez. Franz von Dreyse
ergebenster Diener

Mit anderen Worten, ebenso wie Mauser hatte Dreyse die Fertigungsprobleme an Hand der Zeichnungen nicht erkannt und war somit in einen gefährlichen Lieferrückstand geraten. Die Abnahmebeamten nahmen die Maßvorgaben und Prüfanweisungen ernst, bei unbedeutenden Mängeln konnten jedoch etliche Revolver mit einer Prüfausnahme passieren.

Die von Dreyse beschriebenen „kleinen Mängel" waren aber allemal zu schwerwiegend, um die Ausnahmeregelung anzuwenden zu können. Dreyse saß also auf 800 fertigen Revolvern, die für militärische Kunden nicht akzeptabel waren.

Der hohe Fertigungsaufwand bei den Revolvern band die Fertigungskapazitäten seines kompletten Werkes. Die beschriebene Ausweitung konnte er in der Kürze der Zeit nicht mehr umsetzen und forcierte mit allen Mitteln die Lieferungen an Preußen, aber zu Lasten Bayerns. Mauser hatte zwar in ähnlicher Form die Fehleinschätzung zugegeben, konnte aber von der freien Kapazität profitieren, die nach Abschluss der Gewehr M/71-Lieferungen zur Verfügung stand.

14. November 1881: Aktenvermerk des KBKM: *„Trotz Verlängerung der Lieferfrist um ein Jahr hat die Firma Dreyse bis zur Stunde keinen einzigen Revolver geliefert! Mauser hat bereits vollständig geliefert. Die Kontraktbestimmungen sollten nun nach Ablauf eines Endtermins in Kraft treten. Danach sollte der Auftrag an Suhler Privatfirmen vergeben werden und die Kaution der Firma Dreyse zur Deckung eventuell erwachsender Mehrkosten herangezogen werden."*

6. Dezember 1881: Die Gewehrfabrik Amberg meldet: „Dreyse kann seinen Verpflichtungen gegenüber *Bayern nicht nachkommen. Wie weit sich die Lieferung verzögert, ist gar nicht abzusehen. Soweit sich die Direktion informieren konnte, erfüllt Dreyse auch die gegenüber Preußen eingegangenen Verpflichtungen, Lieferungen von*

6.16. Recht seltener Revolver M/79, angefertigt von Dreyse für das Bayerische Heer. — Sammlung Dr. J. Alles
A Bavarian M/79, made by Dreyse. One of the more rare specimens. — Dr. J. Alles collection

6.17. Revolver M/79, angefertigt vom Suhler Konsortium ebenfalls für das Bayerische Heer. — Sammlung des Autors
Revolver M/79 manufactured by the Suhl Consortium, also for the Bavarian armed forces. — Author's collection

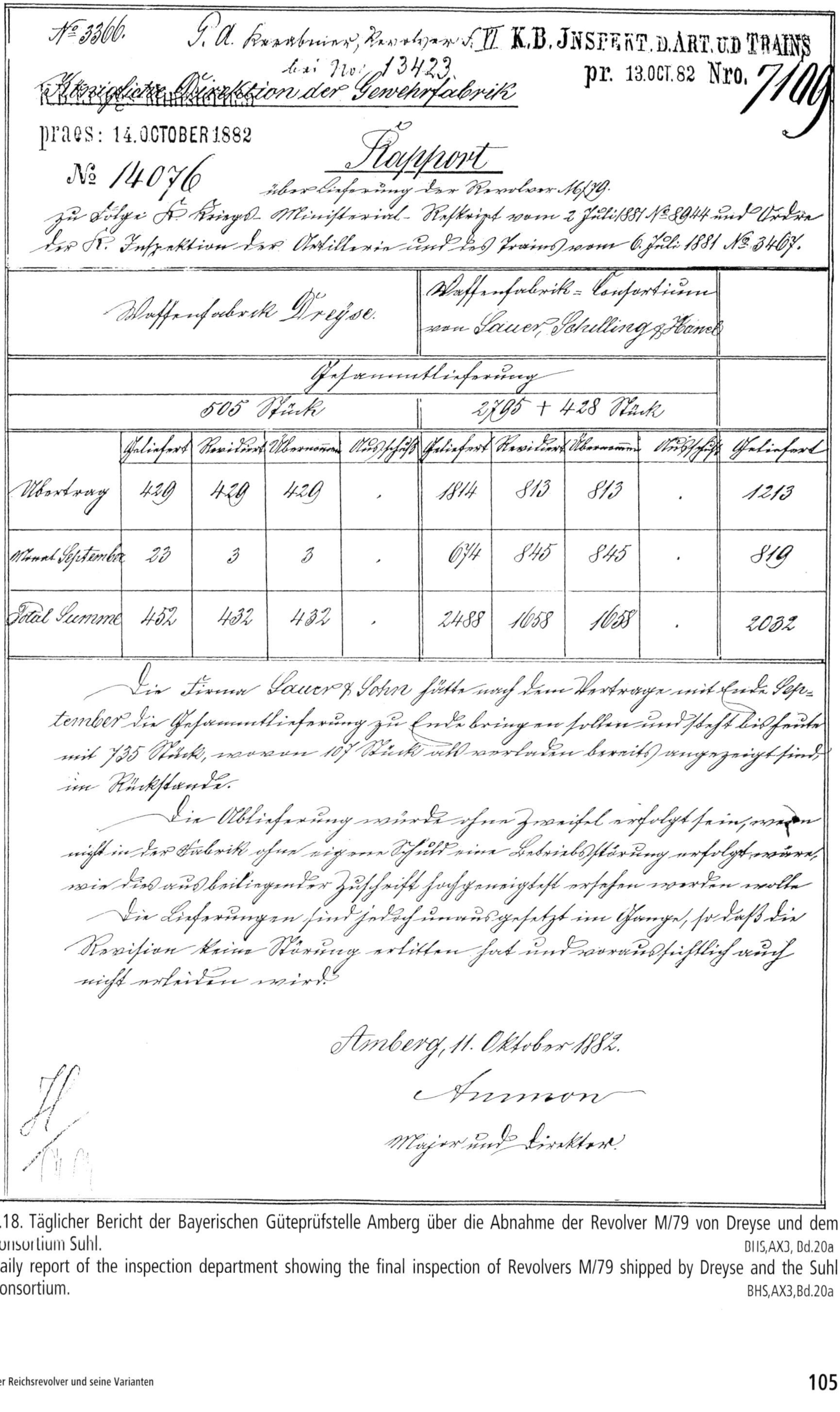

No 3366. G. A. [illegible] V K.B. JNSPEKT. D.ART. U.D TRAINS pr. 13.OCT.82 Nro. 7109

bei No. 13423

Königliche Direktion der Gewehrfabrik

praes: 14. OCTOBER 1882

Rapport

No 14076

über Lieferung der Revolver M/79.

zu Folge K. Kriegs-Ministerial-Reskript vom 2. Juli 1881 No 8944 und Order der K. Inspektion der Artillerie und des Trains vom 6. Juli 1881 No 3467.

	Waffenfabrik Dreyse				Waffenfabrik-Consortium von Sauer, Schilling & Haenel				
	Gesammtlieferung								
	505 Stück				2795 + 428 Stück				
	Geliefert	Revidiert	Übernommen	Ausschuss	Geliefert	Revidiert	Übernommen	Ausschuss	Geliefert
Übertrag	429	429	429	.	1814	813	813	.	1213
Monat September	23	3	3	.	674	845	845	.	819
Total Summe	452	432	432	.	2488	1658	1658	.	2032

Die Firma Sauer & Sohn hätte nach dem Vertrage mit Ende September die Gesammtlieferung zu Ende bringen sollen und steht dieselbe mit 735 Stück, wovon 107 Stück als verladen bereits angezeigt sind, im Rückstande.

Die Ablieferung würde ohne Zweifel erfolgt sein, wenn nicht in der Fabrik ohne eigene Schuld eine Betriebsstörung erfolgt wäre, wie dies aus beiliegender Zuschrift hochgeneigtest ersehen werden wolle.

Die Lieferungen sind jedoch ununterbrochen im Gange, so daß die Revision keine Störung erlitten hat und voraussichtlich auch nicht erleiden wird.

Amberg, 11. Oktober 1882.

Ammon

Major und Direktor

6.18. Täglicher Bericht der Bayerischen Güteprüfstelle Amberg über die Abnahme der Revolver M/79 von Dreyse und dem Konsortium Suhl. BHS,AX3,Bd.20a

Daily report of the inspection department showing the final inspection of Revolvers M/79 shipped by Dreyse and the Suhl Consortium. BHS,AX3,Bd.20a

30 000 Revolvern, nicht. Es ist anzunehmen, dass Dreyse erst mit allen Kräften die Lieferung der bedeutend größeren Bestellung Preußens anstreben wird, um die Hauptgefahr abzuwenden, ehe er darangeht, weitere Verpflichtungen zu erfüllen. Die Gewehrfabrik schlägt vor, die bis Ende des Jahres gelieferten Revolver abzunehmen, den Rest aber anderweitig und unter Zuhilfenahme der Kaution zu vergeben.

Eine Besprechung mit Herrn Sauer als Vertreter des Suhler Konsortiums hat ergeben, dass dieses in Erfüllung eines bestehenden Liefervertrages noch bis Juli 1882 100 Revolver pro Tag an Preußen zu liefern hat. Die Gewehrfabrik beantragt, den Restauftrag an das Konsortium zu vergeben. Sie beantragt außerdem, alle entstehenden Mehrkosten durch die von Dreyse geleistete Kaution in Höhe von 10000 Mark zu decken, die mit Nr. 5464 vom 23. April 1881 des KBKM und Ordre der K. Insp. der Art. und des Trains Nr. 2190 vom 28. April 1881 genehmigte und zunächst zurückgestellte Beschaffung von weiteren 428 Revolvern vergeben zu dürfen und alle Einzelheiten der Vertragslösung und der erforderlichen finanziellen Regelungen.“

11. Januar 1882: Die Gewehrfabrik Amberg meldet, dass Dreyse bis zum Jahresende nur alle bestellten aufgeschnittenen Revolver lieferte und dazu 500 Revolver M/79; von den ersten 350 geprüften mussten aber bereits bis auf 7 Stück alle zurückgegeben werden, da die Walzen wegen zu weiter Patronenlager Ausschuss waren.

14. Januar 1882: Mit dem Suhler Konsortium wird ein Kontrakt auf Lieferung von 2 795 Revolvern in steigenden Raten ab März bis September 1882 zum Preis von 32 M 50 Pf je Stück abgeschlossen. 9 100 M Kaution sind zu stellen. Eine weitere Bestellung über 428 Revolver erfolgte im Nachtrag.

11. Oktober 1882: Die Gewehrfabrik in Amberg meldet der Königl. Bayerischen Inspektion der Artillerie u. d. Trains den Stand der Revolver-Übernahmen bis Ende September 1882:
Dreyse: 432 Stück
Suhler Konsortium: 2 032 Stück

Dass auch beim Suhler Konsortium nicht alles reibungslos lief, zeigt der Rapport vom 11. Oktober 1882, unterzeichnet von Major Ammon, dem Direktor der Waffenfabrik Amberg. Er ist nachstehend wiedergegeben.

Der Kommentar lautet: *„Die Firma Sauer & Sohn hätte nach dem Vertrage mit Ende September die Gesamtlieferung zu Ende bringen sollen und steht bis heute mit 735 Stück, wovon 107 Stück als verladen bereits angezeigt sind, im Rückstand.*

Die Ablieferung würde ohne Zweifel erfolgt sein, wenn nicht in der Fabrik ohne eigene Schuld eine Betriebsstörung erfolgt wäre, wie dies aus beiliegender Zuschrift hochgeneigtest ersehen werden solle. Die Lieferungen sind jedoch unausgesetzt im Gange, so daß die Revision keine Störung erlitten hat und voraussichtlich auch nicht erleiden wird.“

8. November 1882: Das KBKM teilt mit, dass Seine Majestät der König durch allerhöchste Entschließung vom 4. November 1882 dem königlich preußischen Geheimen Kommissionsrat Franz von Dreyse den Ersatz der Hälfte der von ihm vertragsmäßig zu leistenden Entschädigung von 8 385 Mark, somit den Betrag von 4 192 M 50 Pf, aus Allerhöchster Gnade zu erlassen geruht.

4. Januar 1883: Die Gewehrfabrik meldet den Abschluss der Beschaffung. Es lieferten die Firma Dreyse: 505 Stück. Das Konsortium 2795 + 428 = 3223 Stück. Summe aller Revolver M/79 der zweiten Beschaffungsgruppe: 3728 Stück.

Zusammengefasst lieferten an Bayern:

Gebr. Mauser:	5003 Stück
Suhler Konsortium:	3223 Stück
Franz von Dreyse:	505 Stück
Total:	8731 Stück

Entsprechend dem Bericht der Gewehrfabrik vom 13. August 1879 und den daraufhin erfolgten Festlegungen im Liefervertrag fanden Revision und Abnahme der Revolver durch bayerische Güteprüfer statt, so dass sie den bayerischen militärischen Beschussstempel „GF“ auf Lauf, Rahmen und Trommel, den bayerischen Super-Revisionsstempel „L“ unter der Krone (für Ludwig) an der Griffunterseite nahe dem Tragering und den personengebundenen Revisionsstempel tragen. Über die geplante Verteilung der Revolver auf die Artillerie-Depots München, Würzburg, Augsburg, Germersheim und Ingolstadt und von dort auf die Kommandobehörden und Truppenteile, verfügte das KBKM mit Reskript vom 12. Dezember 1881. Die Beilagen 1 (I. Armee-Korps) und 2 (II. Armee-Korps) zu diesem Reskript geben genauesten Aufschluss über den dem Waffenetat entsprechenden Verbleib der Revolver, während das lange Reskript selbst etwa folgende Anordnungen enthält:

„1. Die Revolver gehen den Truppenteilen wegen der bereits herrschenden Verzögerungen direkt von der Gewehrfabrik nach erfolgter Abnahme und entsprechend Beilagen 1 und 2 zu. Nur der Rest geht an die Artillerie Depots.

2. 24 Revolver gingen bereits an die Militärschießschule, 3 weitere sind an die Equitationsanstalt zu überweisen.

3. An Zubehör ist auszugeben
1 Entladestock für jeden Revolver
1 Schraubenzieher für 10 Revolver.

4. Die Ausgabe der Revolver erfolgt korpsweise, zuerst an das II. Armee-Korps.

5. Transport- und Übergaberegelungen

6. Die Bezeichnung und Numerierung der Revolver hat wie folgt stattzufinden:
a) auf dem Kolbenboden mit den sub II a bis c

der ‚Vorschrift über das Bezeichnen und Numerieren der in Händen der Kommando-Behörden befindlichen Waffen München 1877 angeführten Bezeichnungen (vollständiger Truppenstempel, Verf.);
b) auf der linken Seite des Vorderteils am Kasten unterhalb der Anlagefläche für den Flügel des Sperrstiftes mit der sub II d der genannten Vorschrift eingeführten Bezeichnung (Jahreszahl der Ausgabe, Verf.);
c) der Entladestock an seinem Schaft cirka 10 mm unterhalb des Einstrichs mit den sub II b und c der vorerwähnten Vorschrift angeführten Bezeichnungen (Nr. der Komp. bzw. Eskadron, Batterie, Kolonne, Landwehr- oder Garnison-Komp. oder dergl.; laufende Nr. der Waffe, Verf.);
d) der Schraubenzieher auf der Kopffläche des Griffs mit der sub II b und c ebenda angeführten Bezeichnung (wie unter 6. c aufgeführt, Verf.).
7. *Ersatzteilbeschaffung ausschließlich bei der Gewehrfabrik.*
8. *Mit der Ingebrauchnahme der Revolver treten die im Besitz der Truppen befindlichen Pistolen M/69 und M/45 nebst Zubehör außer Gebrauch. Sie sind in die Artillerie-Depots einzuliefern.*
9. *Regelung bei Fehlbeständen.*
10. *Die abgelieferten Pistolen sind zum Verkauf bereit zu stellen. 50 scharfe Patronen pro Schußwaffe können zur Erleichterung des Verkaufsgeschäfts mit veräußert werden.*
11. *Bezüglich der Munition und der Trageweise der Revolver ergeht besondere Bestimmung.“*

Bereits mit Schreiben vom 15. April 1880 hatte das pr. KM dem Königlich Bayerischen Militärbevollmächtigten in Berlin mitgeteilt, Preußen habe vorgesehen, seinen Truppenteilen auf je 10 Revolver einen Schraubenzieher zu geben. Die Probe eines Schraubenziehers war beigefügt und eine Dimensionstabelle dazu angeboten worden. Bayern ließ – gleichzeitig mit dem Auftrag vom 22. Mai 1880 an die Firma Dreyse – das Zubehör, einen Entladestock je Revolver und auf 10 Revolver einen Schraubenzieher, in der Gewehrfabrik herstellen. Das pr. KM teilt mit Schreiben vom 4. Juni 1880 dem KBKM noch mit, dass der Schraubenzieher nunmehr nach einer neuen, beigefügten Probe angefertigt werden solle; er sei laut Anordnung auch künftig nicht mehr zu schwärzen, sondern grau zu beizen.

Quellen
HRB I
BHS, AX 3

6.3 Bestellungen Sachsens

Das Sächsische Königreich ließ sich mit der Einführung des Revolvers M/79 Zeit, obwohl das KPKM Berlin auch Sachsen am 21. April 1879 über seinen Entschluss informiert hatte, den erprobten Revolver nun definitiv einzuführen. (Die Mitteilung entsprach im Wortlaut der an Bayern gesandten Version; siehe links.)

König Albert von Sachsen. Regierte vom 29. Oktober 1873 bis 19. Juni 1902

Größere Eile seitens Sachsens bestand nicht, da, wie oben berichtet, der Revolver M/73 bereits als Waffe bei der Reiterei und Feldartillerie eingeführt war. Da in Sachsen noch keine Entscheidung gefallen war, machte sich die Firma Mauser Hoffnung, mit Sachsen vielleicht doch noch mit einem ihrer „Zick-Zack-Revolver“ ins Geschäft zu kommen.

Mit Datum vom 30. April 1879 bewarb sich Mauser in Dresden um den Revolverauftrag:

An das Hohe Königlich Sächsische Kriegsministerium Dresden

Nachdem die Ausrüstung der deutschen Armee mit dem Revolver eine beschlossenen Sache ist und ein Hohes Königl. Sächsisches Kriegsministerium sich in nächster Zeit ohne Zweifel in der Lage befinden den für Sein Contingent benöthigten Bedarf von jener Waffe in Bestellung zu geben.

Wir erlauben uns darum als Bewerber uns gehorsamst zu melden mit dem geziemenden Anfügen, daß wir auf die Fabrikation der Revolver speziell eingerichtet sind, wir beehren uns Einem Hohen Königl. Sächsischen Kriegsministerium einen Revolver unseres neuesten patentierten Systems in 2 Exemplaren: 10,6 m/m blau mit Scharnier 10,6 m/m blau mit geschlossenem Kasten nebst Zubehör als Anhaltspunkt für die Qualität unserer Arbeit ergebenst vorzulegen. Zu dem noch besonders beigelegten 1 Lauf – gefräst – ‚1 Walze mit Ausziehe – gefräst – , bitten wir bloß einen Beleg dafür erkennen zu wollen, ... überhaupt unsere maschinale Einrichtung leistungsfähig ist, etwa nöthig werdende Formabänderungen von den einzelnen Bestandteilen können wir unschwer durchführen.

Wir verharren in Erwartung geneigter Befehle.

Hochachtungsvoll

P. Mauser ppa. W. Schäffer"

Am 3. April 1880, also rund ein Jahr später, erhielt das KSKM vom Preußischen Artillerie-Depot folgendes Schreiben:

„Spandau, den 2. April 1880

An

das Königlich Sächsische Kriegs-Ministerium

zu Dresden

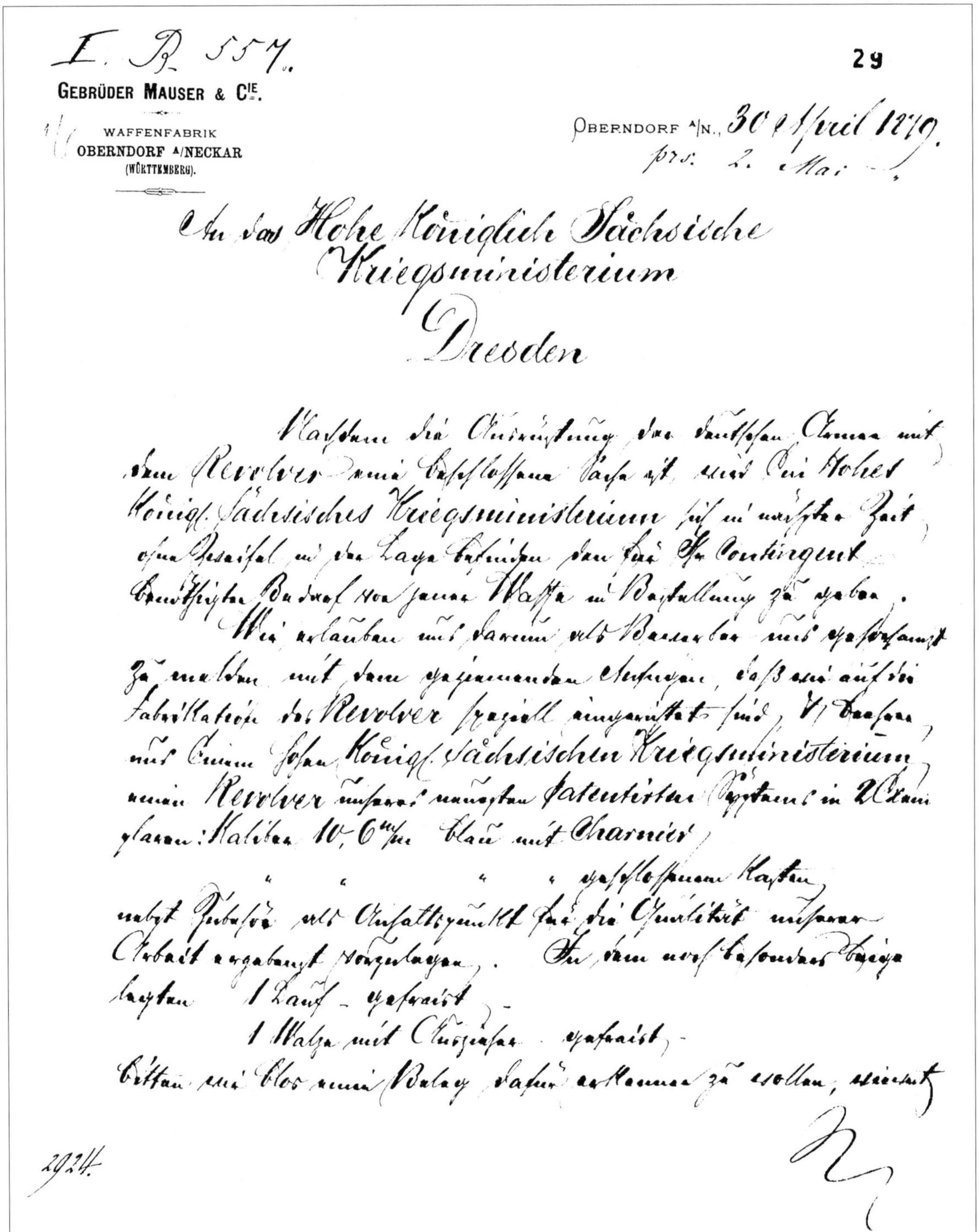

I. R. 557.

29

GEBRÜDER MAUSER & CIE.

WAFFENFABRIK
OBERNDORF A/NECKAR
(WÜRTTEMBERG).

OBERNDORF A/N., 30 April 1879.
prs: 2. Mai

An das Hohe Königliche Sächsische Kriegsministerium

Dresden

Nachdem die Ausrüstung der deutschen Armee mit dem Revolver eine beschlossene Sache ist, und ein Hohes Königl. Sächsisches Kriegsministerium sich in nächster Zeit ohne Zweifel in der Lage befinden dürfte den für Ihr Contingent benöthigten Bedarf von jener Waffe in Bestellung zu geben.

Wir erlauben uns darum, als Bewerber uns gehorsamst zu melden mit dem ergebenden Antragen, dass wir auf die Fabrikation des Revolver speziell eingerichtet sind, und dessen uns einem hohen Königl. Sächsischen Kriegsministerium einen Revolver unseres neuesten patentirten Systems in Ur-Exemplaren: Kaliber 10,6 m/m blau mit Charnier

" " " " in verschlossenem Kasten

nebst Zubehör als Anhaltspunkt für die Qualität unserer Arbeit ergebenst vorzulegen. Für den noch besonders beizulegenden

1 Lauf – gefraist –

1 Walze mit Auszieher gefraist, –

bitten wir blos einen Beleg dafür erkennen zu wollen, [illegible]

2924.

6.19. Wiedergabe des Originalbriefs, den Paul Mauser 1879 an das Sächsische Kriegsministerium gerichtet hatte. SHS, 2171, Bl. 29

Facsimile of the original letter sent by Paul Mauser to the Saxon Ministry of War in 1879. SHS, 2171, Bl. 29

In folge Verfügung des Königlichen Preußischen Kriegs-Ministeriums vom 24. März d.J. Nr. 597. 3. Art.1. soll der unterm

31. Mai 1879 dem Königlichen Kriegs-Ministerium aus diesseitigen Beständen übersandten Revolver nebst Zubehör und Patronen definitiv verausgabt werden.

Hochdemselben übersendet deshalb das Artillerie-Depot anliegend ein Einnahme Attest mit der ganz gehorsamsten Bitte, eine bezügliche Quittung zur definitiven Verausgabung, sowie das von hier erteilte Attachirungs-Attest (Beifügungs-Attest, Verf.) sehr gefälligst hierher gelangen lassen zu wollen.“

Die Antwort aus Sachsen erfolgte mit Schreiben vom 6. April 1880.

„An das
Königliche Artillerie-Depot
zu Spandau

In Erwiderung der gefälligen Zuschrift des Königl. Artill. Depots vom 2. d.M. übersendet das unterzeichnete Königl.-Ministerium anliegend Quittung über den aus dortseitigen Beständen anher übersandten Revolver nebst Zubehör und Patronen, sowie das dem jenseitigen Schreiben vom 3. Juni 1879 mit beigefügt gewesenem Attachirungs-Attest.

Dresden, am 5. April 1880.
Königl. Sächsisches Kriegs-Ministerium
gez. (Unterschrift unleserlich)

Mit anderen Worten, Sachsen hatte den M/79 Muster-Revolver übernommen, bezahlt und der definitiven „Verausgabung“ zugestimmt.

Der Beschluss zur Einführung in Sachsen erfolgte jedoch erst am 17. Juni 1881.

Mauser war also auch in Sachsen nicht zum Zuge gekommen.

Das KSKM verfügt, die bei den Truppen befindlichen M/73 durch 1854 Stück Revolver M/79 zu ersetzen.

Dass die Bestellung erst im März 1882 paraphiert wurde, mag an der Vollauslastung des Suhler Konsortiums und Dreyses gelegen haben, die bis Mitte 1882 mit der Abarbeitung der Aufträge Preußens und Bayerns befasst waren.

Sachsen übernahm den Preis pro Revolver, sowie sämtliche Vorschriften, die mit der Beschaffung zu tun hatten, von Preußen.

6.3.1 Die Kontrakte

Der 1. sächsische Auftrag umfasste 2000 Revolver M/79. (Die ursprünglich beschlossenen Anzahl von 1854 wurde demnach nach 9 Monaten um 46 Revolver erhöht.)

Der Kontrakt ist im schönsten Kanzleideutsch geschrieben und somit wohl für die meisten Leser nicht zu entziffern.

Der Verfasser muss eingestehen, dass anfangs manches Wort nur mit Hilfe älterer Menschen gelesen werden konnte, welche die deutsche Schrift noch in der Schule gelernt haben.

„Contract

der Beschaffung von 2000 Stück Revolver M/79 betreffend.

Nachdem durch die Königliche Ministerial-Verordnung I.B.141 vom 6. Februar a. die Beschaffung von 2000 Revolver M/79 verfügt worden, ist zwischen der Direktion der vereinigten Artillerie-Werkstätten und Depots zu Dresden einerseits und dem Consortium der Herren Waffenfabrikanten

V.Chr. Schilling
J.P. Sauer & Sohn
C.G. Haenel
in Suhl

vertreten durch die Firma V.Chr. Schilling andererseits auf Grund freier Vereinbarung und vorbehaltlich der Genehmigung des Königl. Sächsischen Kriegs-Ministeriums nachstehenden Lieferungs-Contract abgeschlossen worden.

§ 1

Das obengenannte Consortium vertreten durch die Firma V.Chr. Schilling in Suhl, übernimmt die Lieferung von 2000 Stück Revolver M/79 nach gleichen Grundsätzen der Preußischen Contracte in 5 Raten und verpflichtet sich das Consortium die

1. Rate von 150 Stück spätestens am 30. Juni a.c.
2. Rate von 150 Stück spätestens am 31.Juli a.c.
3. Rate von 500 Stück spätestens am 31. August a.c.
4. Rate von 500 Stück spätestens am 30. September a.c.
5. Rate von 700 Stück spätestens am 31. October a.c.

zur Ablieferung zu bringen. (a.c.= anni currentis, lat. für: laufenden Jahres, Verf.)

Die Ablieferung ist so zu verstehen, dass an den obenbezeichneten Lieferungsterminen die betreffende Anzahl Revolver M/79 an das Artillerie Depot zu Dresden zur Ablieferung gelangen kann.

§ 2

Die in § 1 genannten 2000 Stück Revolver sind nach den dem Consortium bereits bekannten Preußischen Dimensionstabellen, Revisions- und Abnahme-Vorschriften und Lieferbedingungen für den Revolver M/79 aus bestem Material zu fertigen und nach Anleitung der bekannten Preußischen Stempelungs-Vorschrift mit Nummern von 1 bis 2000 derart zu beziffern, dass alle Teile eines Revolvers dieselbe Nummer tragen.

§ 3

Das Consortium verpflichtet sich, nachdem die ersten 150 Stück Revolver fertig gestellt sind, der Direktion der vereinigten Artillerie-Werkstätten und Depot so zeitig Nachricht zu geben, dass eine Übernahme-Kommission zur Abnahme der ersten 150 Stück Revolver M/79 nach Suhl befehligt werden kann.

Zur Übernahme der weiteren Raten in Summa 1850 Stück Revolver M/79 wird auch eine Kommission nach Suhl entsendet werden, welcher ebenfalls der Be- und Anschuss und die Abnahme der Teile und der zusammengestellten Revolver M/79 obliegt.

Die Direktion der vereinigten Artillerie-Werkstätten und Depot behält sich vor, die Übernahme der 1850 Stück Revolver zusammen im Laufe des Monats Oktober a. a. bewirken zu lassen und ist seitens des Consortiums der Direktion der vereinigten Artillerie-Werkstätten und Depots so zeitig Nachricht von der Fertigstellung der Revolver zu geben, dass die vollständige Übernahme bis zum Endtermin erfolgen kann.

Sollten im Laufe der Lieferungsperiode die Übernahme der einzelnen Raten schon zu den im § 1 festgesetzten Terminen besonders erwünscht sein, so ist das Consortium 4 Wochen vor dem betreffenden Ablieferungstermin zu benachrichtigen.

§ 4

Dem Königlich Sächsischen Kriegsministerium zu Dresden bleibt vorbehalten, während der Zeit der Lieferung der Revolver, Offizieren oder technischen Beamten zur Information über die Fabrikation der Revolver nach Suhl zu entsenden und ist das Consortium verpflichtet den betreffenden Offizieren und technischen Beamten die Besichtigung der Fabrikation zu gestatten.

§ 5

Die bei dem Consortium befindlichen Königl. Preußischen Dimensionstabellen und Übernahmevorschriften pp. Sind dem Königl. Sächsischen Revisions-Kommando nach dem Eintreffen in Suhl zum Gebrauch zur Verfügung zu stellen.

Ebenso hat das Consortium dem genannten Revisions-Kommando die erforderlichen Übernahme-Instrumente pp. Zur freien Verfügung zu überlassen.

Die Anzahl der zur Übernahme gehörigen Instrumente, Lehren pp. sowie überhaupt die Zahl der zur Revision in Suhl erforderlichen Stücke bestimmt nach Maßgabe des Bedarfs des Königl. Sächsischen Revisions-Kommando am genannten Orte, welchem auch alle Revisions-Instrumente, Lehren pp. vor der Ingebrauchnahme zur Controlle vorgelegt werden müssen.

In Zweifelsfällen betreffs der Dimensionen pp. hat sich das Consortium an das in Suhl befindliche Königl. Sächs. Revisions-Kommando zu wenden, welchem die Entscheidung auch bei irgend welchen anderen Angelegenheiten betreffs der Anfertigung der Revolver zusteht.

§ 6

Da das Consortium bereits die gleichen Revolver für die Königl. Preußische Armee angefertigt und geliefert hat, wird von Zusendung eines Probe-Revolvers in beiderseitigem Einverständnis abgesehen.

§ 7

Das Consortium verpflichtet sich alle Theile der Revolver von seinen Beamten vor der Abgabe an die Übernahme-Kommission einer genauen Revision unterziehen zu lassen.

§ 8

Jeder Revolver ist unter Controlle des Königl. Sächs. Revisions-Kommando nach Maßgabe der bei den Königl. Preuß. Gewehrfabriken bestehenden Vorschriften dem Beschuß und Anschuß auf den Strich zu unterwerfen. Die Munition sowohl als auch die Schützen hierzu werden von der Direktion der vereinigten Artillerie-Werkstätten und Depot zu Dresden unentgeldlich gestellt, dagegen verpflichtet sich das Consortium der Königl. Sächs. Übernahme-Kommission den Schießstand mit Scheiben unentgeldlich zur Benutzung zu übergeben und die nötigen Handdienstleistungen ohne Kosten bewirken zu lassen. Die erforderlichen Rundkugeln zur Kugelung der Läufe stellt das Konsortium unentgeldlich, dagegen überlässt die Direktion der vereinigten Artillerie-Werkstätten und Depot die beim Be- und Anschuss deformierten Geschosse.

§ 9

Dem Consortium steht es frei, sich bei der Revision durch einen Bevollmächtigten vertreten zu lassen und durch angemessene Erörterungen ihr Interesse wahrzunehmen.

Dem Schlussurteil der Übernahme-Kommission hat das Consortium sich unbedingt und unter Verzicht auf jeden Recours (Ersatzanspruch, Verf.) *an die oberen Verwaltungsbehörden unterwerfen.*

§ 10

Das Konsortium ist verpflichtet die zum Transport erforderlichen Kisten und Emballagen unentgeldlich zu stellen; die Kisten werden dem Consortium zur weiteren Benutzung zurückgesandt, doch hat dasselbe die Kosten des Transportes selbst zu tragen. Das Consortium ist verpflichtet die Waffen vor Versand gut einfetten zu lassen, für gute Verpackung Sorge zu tragen und trägt jeden Schaden, der durch Verpackung oder auf dem Transport entstehen sollte.

Sollte die Direktion der vereinigten Artillerie-Werkstätten und Depot einen Theil der Kisten übernehmen wollen, so hat solche das Consortium der Direktion gegen entsprechend billige Entschädigung zu überlassen.

§ 11

Das Consortium verpflichtet sich den Offizieren und Beamten des Revisions-Kommandos den Zutritt zu den Werkstätten zu jeder Tageszeit zu gestatten, die zur Revision und Abnahme der Revolver erforderlichen verschließbaren Lokale, Utensilien und Werkzeuge sowie die eventuelle Heizung der Lokale und geeignete Aufbewahrungsräume für die in Kisten verpackten Revolver wird unentgeldlich seitens des Consortiums gestellt.

§ 12

Der Preis für jeden franco Arsenal Dresden zu liefernden und bei der Revision als gut abgenommenen Revolver beträgt 32 Mark, 50 Pf. Deutsche Reichswährung, mithin für 2000 Revolver 65000 Mark, die in dem, dem Contracte angeschlossenen Verzeichnis aufgeführten Reserve-Theile werden zu den daselbst festgesetzten Preisen franco Dresden unter denselben Abnahmebedingungen geliefert.

§ 13

Wenn seitens des Königl. Sächs. Kriegs-Ministeriums an den Revolvern im Laufe des Kontrakts etwa noch Änderungen angeordnet werden sollten, so ist das Consortium verpflichtet, Veränderungen an den noch anzufertigenden Waffen zu den im Kontrakt festgesetzten Preisen auszuführen, sofern sich dadurch der Arbeitslohn und der Bedarf an Material nicht wesentlich erhöht oder vermindert. Ist dagegen das Erstere der Fall, so wird zu jenem Preise soviel zugelegt, als nach genauer commissarischer Ermittlung die Selbstkosten mehr betragen, während entgegengesetzten Falles einer in gleicher Weise zu ermittelnde Preis-Verminderung eintreten soll.

§ 14

Die Bezahlung der als gut übernommenen Revolver erfolgt seitens des Königl. Sächs. Artillerie-Depots zu Dresden an das Consortium auf Grund eingereichter Rechnung und Eingang im Arsenal daselbst. Der Betrag kann nach Wahl des Consortiums entweder in Dresden selbst empfangen oder für Rechnung des Consortiums per Post übersendet werden.

§ 15

Zur Sicherstellung der vollständigen Erfüllung seiner kontraktlichen Verbindlichkeiten und für allen und jeden Nachteil, welcher dem fiscalischen Interesse dadurch erwächst, dass der Kontrakt von dem Consortium in irgend einer Beziehung nicht erfüllt wird, haftet dasselbe mit seinem ganzen Vermögen und hat außerdem eine Kaution von einem Zehntel des Werthes der Lieferung und zwar 6500 Mark entweder in Baarzahlung ohne Zinsvergütung oder in Königl. Sächs. bezügl. Königl. Preuß. Staatspapieren oder von einem deutschen Bundesstaaten garantierten Papieren zum Nennwerth bei dem Königl. Artillerie-Depot zu Dresden zu hinterlegen. Kommt das Consortium seinen Verpflichtungen nicht pünktlich nach, so hat die kontrahierende Behörde das Recht über die Kaution zur Erreichung des Zweckes des Kontraktes ohne Weiteres zu verfügen und den etwa nothwendigen Verkauf von Staatspapieren, welche als Kaution deponiert sind, zum Börsenkurse zu bewirken.

§ 16

Wird das Konsortium durch äußeren, nicht in seiner Gewalt liegende Umstände, wie Naturereignisse, Unglücksfälle, Streiks p.p. nachweislich verhindern seinen Verpflichtungen nachzukommen, so hat dasselbe hiervon rechtzeitig der Königl. Sächs. Direktion der vereinigten Artillerie-Werkstätten und Depots per Telegramm Mitteilung zu machen. In diesem Falle wird von der in § 15 stipulierten Verwendung der Kaution abgesehen, sofern das Königl. Sächs. Kriegs-Ministerium nicht findet, dass das Consortium die Unterbrechung selbst verschuldet hat.

§ 17

Die für den sächsischen Fiscus aus diesem Kontraktabschluß hervorgehenden Rechtsverbindlichkeiten treten erst dann in Kraft, wenn dieser Kontrakt seitens des Königl. Sächs. Kriegs-Ministeriums Bestätigung gefunden hat.

Das Consortium verbleibt jedoch vom Tage der Unterzeichnung dieses Kontrakts an gerechnet 4 Wochen an seine Offerte resp. Verpflichtung gebunden. Sollte sich jedoch die Bestätigung ohne Verschulden des Consortiums länger verzögern, so steht es demselben frei den Kontrakt für aufgehoben zu erklären.

§ 18

Etwaige Stempelgebühren und das Porto für alle im Betreff dieses Lieferungsgeschäftes mit dem Consortium zu führenden Correspondenzen trägt dasselbe allein.

§ 19

Die Kontrahenten erklären sich beiderseits mit allen diesen Bedingungen vollkommen einverstanden und haben zu dessen Urkunde gegenwärtigen Contract.

Unter Entsagung aller dagegen zu erhebenden Einwände und Ausflüchte, mögen sie Namen haben wie sie wollen, durch eigenhändige Namensunterschrift vollzogen.

Dresden und Suhl, am 16. März 1882

Gez.	*Gez.*
Im Auftrage	*V.Chr. Schilling*
Schlick	*Waffenfabrikant*
Oberst z. D. und	
Juspiziant der	
Handwaffen"	

Eine neue, überarbeitete Fassung des Bedarfs an Revolvern M/79 entstand unter Federführung des Chefs des Dresdener Artillerie Depots Oberst Hammer. Die Aufstellung trägt das Datum vom 6. Februar 1883.

Bedarf an Revolvern M/79

I. Reiterei

1.)	*An 6 Reiter-Regimenter inkl. Ersatz Escadrons a, 126 Stück*	*= 756 Stück*
2.)	*Erhöhung der Ersatz-Escadron des 1. Husaren-Regiments Nr. 18 =*	*4 Stück*
3.)	*An das Reserve-Reiterregiment, =*	*102 Stück*
4.)	*Für Feld-Gendarmerie*	
5.)	*„ Stabs-Wachen und*	
6.)	*„ Ordonanzen*	*= 147 Stück*
		Summa = 1009 Stück

II. Artillerie

1.)	*2. Regimentsstäbe a, 2. Stück*	*= 4 Stück*
2.)	*5. Abtheilungsstäbe a, 3. Stück*	*= 15 Stück*
3.)	*16 Feldbatterien a, 87 Stück*	*= 1392 Stück*
4.)	*2. reitende Batterien a, 155 St.*	*= 310 Stück*
5.)	*2. Munitions-Kolonnen, Abteilungs-Stäbe a, 3Stück*	*= 6 Stück*
6.)	*5. Infanterie-Munitions-Kolonne a, 23 Stück*	*= 115 Stück*
7.)	*6. Artillerie-Munitionskol. a, 23 “*	*= 138 Stück*
8.)	*Colonne VII des Feld-Munitions-Parks*	*= 17 Stück*
		Summa = 1997 Stück

Transport

9.)	*3. schwere Ersatz-Batterien a, 50 Stück*	*= 150 Stück*
10.)	*1 reitende Ersatzbatterie*	*= 138 Stück*
11.)	*Stab der Husaren-Artillerie Abteilung*	*= 3 Stück*
12.)	*4. Reserve-Batterien a, 87 Stück*	*= 348 Stück*
13.)	*2. Reserve Infanterie-Munitionskolonnen a, 23 Stück*	*= 46 Stück*
14.)	*1. Artillerie Munitions-Kolonne (Reserve)*	*= 23 Stück*
15.)	*4. Batterien Neuformation a, 87 „*	*= 348 Stück*
		Summa = 3053 Stück

III. Fuß-Artillerie Commando-Behörden etc.

1.)	*2. Fuß-Artillerie-Bataillon nebst je einer Park-Compagnien*	*= 20 Stück*
2.)	*Feldpostbehörden*	*= 14 Stück*
3.)	*Commandostäbe und zwar:*	
	2. Stück der Kavallerie-Division	
	1. „ Commandantur der Artillerie-Brigade	
	2. „ General der Artillerie beim Ober-Commando der IV. Armee	*= 5 Stück*
		Summa = 39 Stück

Zusammenstellung

sub. I.	***= 1009 Stück***
„ II.	***= 3053 Stück***
„ III.	***= 39 Stück***

Summa S. 4101 Stück Revolver M/79
Bedarf für die Feld-Ausrüstung

Dresden, am 6. Februar 1883
gez. Hammer, Oberst

Dieses mal fiel in Dresden die Entscheidung wesentlich rascher. Bereits am 28. Februar 1883 schloss das KSKM mit dem Konsortium in Suhl den 2. Kontrakt zur Lieferung von 2 200 Revolvern M/79. Aus dem sächsischen Folgekontrakt vom 28. Februar 1883 sind im folgenden nur die Passagen erwähnt, die etwaige Unterschiede, oder technische Besonderheiten aufweisen.

§ 3

Die Übernahme und der Beschuß der 2200 Revolver M./79 in weißem Zustande, sowie hierauf die Übernahme der complett fertigen Revolver erfolgt durch eine von Dresden nach Suhl abkommandierte Commission....

Anmerkung des Verfassers: Die Übernahme der Beschuss sowie auch der Anschuss in „weißem Zustande“ stand im Widerspruch zur preußischen Vorschrift, die den Be- und auch den Anschuss im brünierten Zustand vorschrieb. An den Realstücken läßt sich an Hand fehlender Stempelaufwürfe ablesen, dass die sinnvolle sächsische Verfahrensweise auch bei der preußischen Abnahme üblich war.

Entsprechende Anweisungen diesbezüglich waren mit Sicherheit ergänzt worden. **Siehe dazu auch Kapitel 14.**

§ 4

Die in die oben bezeichneten 2200 Revolver gehörenden 2200 Stück Schlagfedern müssen behufs Prüfung bei Übernahme spätestens am 31. März a.a. im Artillerie-Depot zu Dresden eingetroffen sein.

Das Consortium verpflichtet sich die hierzu erforderlichen Übernahmegerätschaften, wie Spannvorrichtung, Lehren pp. zur gleichen Zeit mit anher zu senden, ohne irgendwelche Vergütung zu beanspruchen. Nach erfolgter Prüfung bez. Übernahme der 2200 Stück Schlagfedern, werden dieselben, sowie die zur Übernahme derselben mit anher gesendeten Stücken, an das Consortium zurückgeschickt...

§ 5

...und nach Anleitung der bekannten Preußischen Stempelungs-Vorschriften von 2001 bis 4200 derart zu bezeichnen, dass alle Theile eines Revolvers dieselbe Nummer tragen.

§ 13

...Der Preis für jeden franco Arsenal Dresden zu liefernden und bei der Revision als gut abgenommenen Revolver beträgt 31 Mark 50 Pf.

6.3.2. Die Reserveteile

Das erwähnte Verzeichnis der Reserveteile wollen wir den technisch interessierten Lesern nicht vorenthalten:

Verzeichnis von Reserveteilen für Revolver M/79 zum Kontrakt vom 16. März 1882

Anzahl	Benennung	Mark, Pf.
30	Walzenachsen, fertig, Kopf gebläut	18,–
30	Achsfuttermuttern, fertig, weich, unbrüniert	3,15
10 Paar	Kolbenschalen, fertig gefräst, ungeölt	3,75
50	Sperrstifte für die Walzenachsen, fertig, federhart, blau angelassen	29,–
100	Haltestifte zur Ladeklappe	8,–
60	Abzugsfedernschrauben, fertig, weich	3,90
60	Schlagfederschrauben, fertig, weich	4,80
60	Ladeklappenschrauben, fertig, weich	1,80
60	Ladeklappenfederschrauben, fertig, weich	1,65
50	Sicherungsschrauben, fertig, weich	1,50
50	vordere Schlossblechschrauben, fertig, weich	1,50
50	hintere Schlossblechschrauben, fertig, weich	1,75
50	Verbindungsschrauben, fertig, weich	2,25
30	Ladeklappen, fertig, ohne Haltestift, unbrüniert	21,60
30	Hähne, fertig, hart, in normalen Dimensionen	56,70
60	Abzüge, fertig, hart, in normalen Dimensionen	36,–
20	Paar Rosetten, fertig, hart, grau gebeizt	5,60
20	Abzugsbügel, fertig, brüniert	17,60
30	Tragringe, fertig, blau angelassen	14,10
50	Umsetzhebel, fertig, hart, in normalen Dimensionen	18,–
100	Umsetzhebelfedern, fertig, federhart	9,50
50	Ketten, fertig, hart, blau	11,50
40	Abzugsfedern, fertig, federhart, poliert	7,–
50	Arretierhebel, fertig, weich	12,25
100	Ladeklappenfedern, fertig, federhart, poliert	7,25
60	Arretierhebelfedern, fertig, federhart, poliert	7,80
50	Sicherungen, fertig, weich	50,–
30	Schlagfedern, fertig, federhart, poliert	21,–
20	Walzen mit Achsfutter, Mutter und Stift, fertig und brüniert	82,–
10	Läufe, fertig, unbrüniert	31,–
10	Walzen ohne Achsfutter, Mutter und Stift, fertig, brüniert	31,50
20	Achsfutter, fertig, weich	10,30
10	Schloßkasten, fertig, mit eingeschraubten Wellen, brüniert	117,50
20	Wellen für den Hahn, fertig, weich	2,–
20	Wellen für den Abzug, fertig, weich	1,90
20	Wellen für den Arretierhebel, fertig, weich	1,90
20	Sicherungswellen, fertig, weich	5,80
20	Sicherungsflügel, fertig, weich	12,–
10	Schloßbleche, gefräst	10,20
20	Unterlegscheiben	1,30

Gez. Schlick — Gez. V.Chr. Schilling

Auch im folgenden Kontrakt wurden diverse Ersatzteile mitbestellt, von denen nachstehend diejenigen erwähnt werden, die sich von der Bestellung vom 21. März 1882 unterscheiden.

Verzeichnis von Reserveteilen für Revolver M/79 zum Kontrakt vom 28. Februar 1883

Anzahl	Benennung	Mark, Pf.
15	Läufe, fertig, unbrüniert, mit stärkerem Gewindetheil	45,–
100	Haltestifte zur Ladeklappe mit von der Norm abweichenden Maßen	3,–
100	Hähne, fertig, weich, mit von der Norm abweichenden Maßen	162,–
180	Abzüge, fertig, weich, mit von der Norm abweichenden Maßen	98,–
150	Umsetzhebel, fertig, weich, mit von der Norm abweichenden Maßen	45,–
150	Sicherungen, fertig, hart, blau angelassen	162,–
60	Sicherungswellen, fertig, hart, blau angelassen	18,60
60	Sicherungsflügel, fertig, federhart, blau angelassen	40,20
30	Tragringe mit stärkerem Schaft, fertig, blau angelassen	14,10
90	Ladeklappenschrauben, angeschnit.	2,70
90	Abzugsfederschrauben, „	5,40
90	Ladeklappenfederschrauben, „	2,25
90	Schlagfederschrauben, „	6,75
75	Sicherungsschrauben, „	2,25
75	vordere Schloßblechschrauben, „	2,25
75	hintere „, „	2,63
75	Verbindungsschrauben, „	3,38
150	Schrauben zur Reparatur der Rast für die Warze des Sperrstiftes, angeschnitten	4,50

Zusammen mit dem 1. Kontrakt über 2000 summierte sich die Gesamtzahl der sächsischen M/79 auf 4200 Stück. Wie wir sehen, liegt diese Menge recht nahe an der von Oberst Hammer ermittelten Bedarfszahl von 4101 Revolver.

6.3.3 Lieferungen und Abnahme

Terminverzögerungen gab es bei den sächsischen M/79-Lieferungen nicht. Preußen hatte seine Lieferungen nahezu vollständig erhalten. Die bayerischen Aufträge und der erste sächsische Auftrag liefen fast parallel von Januar bis Oktober 1882. Die Mengen stellten für die Suhler kein Problem dar, war die Kapazität doch verfügbar, desgleichen das „know how" einer eingearbeiteten Arbeiterschaft.

Über die Abnahme der ersten sächsischen M/79 gibt folgende interessante Akte Auskunft:

„Dresden, den 29. August 1882
XII. Königlich Sächsische Armee-Corps
Artillerie-Brigade Nr. 12
Direction der vereinigten Artillerie-Werkstätten und Depots.
An das Königliche Kriegsministerium zu Dresden
Dem Königlichen Kriegs-Ministerium beehrt sich die Direktion der vereinigten Artillerie-Werkstätten und Depots ganz gehorsamst zu melden, dass die aus 153 Stück bestehende, zur Complettierung des Kriegsbedarfs benötigte 1. Rate Revolver von dem Consortium Schilling und Genossen in Suhl rechtzeitig eingegangen sind, sowie dass die Abnahmeprüfung von 1850 Stück Abzugsfedern beim Artillerie-Depot Dresden statt gefunden hat. Nach Rücknahme mit dem Inspizienten der Handwaffen, Oberst z. D. Schlick, dürfte es sich empfehlen, die Abnahme der noch anzuliefernden Revolver nicht in Monatsraten, sondern wie in § 3 des Contractes vorgesehen, zusammen vorzunehmen. Es würde möglich sein, die Übernahme der sämtlichen Revolver im Monat Oktober zu Ende zu führen.

Vom Königlichen Kriegs-Ministerium gestattet sich die unterzeichnete Stelle den ganz gehorsamsten Vorschlag zu machen, zur Abnahme der Revolver nachstehendes Commando nach Suhl zu entsenden: Den 1. Oktober Oberst z. D. Schlick auf 2 bis 3 Tage zur Einweisung des Oberbüchsenmacher Eidner, Büchsenmacher Freyer I des Garde-Reiter-Regiments, Büchsenmacher Scheumann des 2. Ulanen-Regiments Nr. 18, welche Büchsenmacher bis zu Ende der Abnahme commandiert zu bleiben hätten.

Zur Superrevision, Erledigung etwaiger Anstände, dürfte dann sodann an einem noch zu bestimmenden Termin gegen Ende Oktober d. J. der Inspizient der Handwaffen, Oberst z. D. Schlick in Begleitung von 1 bis 2 Reiter-Offizieren nach Suhl zu befehligen sein, welche voraussichtlich in der Zeit von 8 Tagen das Abnahmegeschäft zur definitiven Erledigung bringen würden…"

Am 15. November 1882 meldete das Artillerie-Depot den Eingang der 2000 Revolver M/79 der 1. Bestellung.

Auch das Revolver-Zubehör und Lehren für die Regimentsbüchsenmacher gingen einige Wochen später ein. Der Brief war wiederum an das KSKM adressiert und von Oberst Hammer unterzeichnet:

„ Dresden, den 6. Februar 1883
Dem Königlichen Kriegsministerium beehrt sich die Direction der vereinigten Artillerie-Werkstätten und Depots ganz ergebenst zu melden, dass nach beendigter Fertigstellung der Lehren und Entladestöcke, die neu beschafften 2000 Stück Revolver M/79 zur eventuellen Verausgabung an die Truppen bereit stehen."

Zur Abnahme des zweiten Auftrags wurde, wie bereits beim vorherigen, ein Revisionskommando unter Leitung eines Offiziers nach Suhl entsandt. Wiederum gehörte der erfahrenen Oberbüchsenmacher Eidner diesem Kommando an. Sein neuer Chef war ein Premierleutnant (Oberleutnant, Verf.) Heydenreich, der zum 1. Feldartillerie-Regiment Nr.12 gehörte. Er ersetzte den Obersten Schlick, der überraschend verstorben war.

Nun hatte Oberst Schlick vorher angewiesen, fast alle fertigen Revolver ohne Superrevision nach Dresden zu versenden, wo später die Schlussprüfung stattfinden sollte. Diese Vorgehensweise widersprach jedoch der Abnahmevorschrift und folgerichtig bat Oberleutnant Heydenreich seinen Vorgesetzten in Dresden um nähere Anweisungen:

„An den Königlichen Hauptmann und
Abteilungschef im Kriegsministerium
Herrn Zerener
Hochwohlgeboren
Suhl, den 26.Juli 1883
Euer Hochwohlgeboren unterbreitet der Unterzeichnete ganz gehorsamst nachstehenden Brief über den augenblicklichen Stand der Übernahme der für das Königliche Armee Corps bestimmten Revolver M/79.

Nach der dem Unterzeichneten vom Oberbüchsenmacher Eidner gemachten Meldung sind von den 2200 bestellten Revolvern

von der Firma Schilling	***588***
von der Firma Haenel	***582***
von der Firma Sauer	***593***
in Summa	***1763*** *Revolver*

übernommen worden.

Angeschossen sind sämtliche 2200 Revolver.

Von obengenannten 1763 durch die anher commandierten Büchsenmacher übernommenen Revolver sind auf Anordnung des verstorbenen Herrn Oberst Schlick 1043 Stück bereits an das Königliche Artilleriedepot zu Dresden abgeschickt worden, und von diesem das Eintreffen genannter Revolver der hiesigen Firma Schilling mit dem Bemerken mitgeteilt, daß die Superrevision dieser Revolver in Dresden stattzufinden habe.

6.20. Revolver M/79, angefertigt vom Suhler Konsortium und geliefert an die Sächsische Armee. Sachsen bestellte den gesamten Bedarf an Revolvern M/79 und auch M/83 ausschließlich bei diesem Lieferanten. Sammlung des Autors
Revolver M/79, manufactured by the Suhl Consortium and shipped to the Saxon Army. Saxony ordered all of their M/79 and M/83 revolvers exclusively from the Consortium. Author's collection

Seitens der Übernahme Commission hat hier noch die Übernahme von 437 Revolvern, den gesamten Reserveteilen, sowie die Superrevision von 1157 Revolvern zu erfolgen.

Laut Mitteilung der Firma Haenel und Sauer dürfte die Fertigstellung der letzten Lieferung von ca. 300 Stück Revolver vor Mitte nächster Woche nicht erfolgen können.

Eine Besichtigung der Werkstätten unter besonderer Bezugnahme auf die Reihenfolge des Fabrikationsverfahrens durch die anher commandierten Büchsenmacher hat bis jetzt wegen mangelnder Zeit noch nicht stattfinden können.

Unter Bezugname auf §24 der ,Vorschrift zur Untersuchung und Abnahme der Revolverteile und fertigen Revolver M/79' betreffend die Superrevision, bittet der Unterzeichnete ganz gehorsamst um Befehl, ein wie großer Prozentsatz der fertiggestellten Revolver einer Superrevision und nochmaligem Anschießen unterworfen werden soll.

Heydenreich
Premierleutnant im 1. Feldartillerie
Regiment Nr. 12

Die Antwort kam nicht von Heydenreichs Vorgesetzten, sondern von Oberst Hammer, Chef der vereinigten Artillerie-Werkstätten und Depots: *„Dem Königlichen Kriegsministerium, Abteilung 1/B mit dem sehr ergebenen Bemerken zurück zu reichen, daß sich die Superrevision bei jedem Revolver auf die Gangbarkeit der Trommel und das Äußere bei einem höchstens 5% betragenden Prozentsatz auf weiteres Detail erstrecken möchte, daß aber nach Maßgabe der Erfahrungen und Prüfungen des Vorkommandos welches aus erfahrenen und gewissenhaften Büchsenmachern besteht und nach Lage der selbstgemachten Erfahrungen der Übernahme-Commission, insbesondere bei den Detailprüfungen bis zu 1% herabzugehen, zulässig erscheint. Ein nochmaliges Anschießen erscheint nicht nöthig, doch dürfte der Commission freizustellen bleiben ½ – 1% nochmaligem Beschuß zu unterziehen.*

Dresden, den 28 Juli 1883
Hammer
Oberst

Der § 24 der *„Vorschrift zur Untersuchung und Abnahme der Revolvertheile und fertigen Revolver M/79"* ließ demnach den Revisoren einen gewissen Spielraum, auf welche Merkmale hin und mit welchem Prozentsatz die Revolver zum Schluss nochmals überprüft werden mussten.

Einer Gangbarkeits- und Sichtprüfung wurden bei der Superrevision sämtliche Revolver unterzogen.

Der hierfürrelevante Text der Vorschrift wird im **Kapitel 13 „Markierungen und Stempel"** ausführlicher behandelt.

Der erste sächsische Auftrag war bis Ende Oktober 1882 ausgeliefert, beim zweiten Auftrag wurde der Endtermin um ein paar Tage überzogen. Am Ende der ersten August-Woche 1883 war aber auch dieser Auftrag erledigt.

Quellen
SHS, 2171, 2172

6.4 Bestellungen Württembergs

Zur Zeit dieser Niederschrift waren keine Primärunterlagen über militärische Beschaffungsvorgänge der Revolver M/79 für Württemberg greifbar, weder im Haupt-Staatsarchiv Stuttgart, dessen Aktenbestände nur bis 1870 vorhanden sind, noch aus privater Hand. In dem bereits zitierten Beitrag von Paul Gehring „Wilhelm und Paul Mauser", herausgegeben von der Württembergischen Kommission für Landesgeschichte wird für das kleine Königreich Württemberg eine Anzahl von 3000 Revolvern genannt. Da der Verfasser wahrscheinlich Zugang zum Firmenarchiv der Mauser-Werke hatte, kann die Zahl 3000 als realistisch eingeschätzt werden.

Erhärtet wird diese Annahme zusätzlich durch eigene Auswertungen der Seriennummern, welche eine Anzahl von über 2900 Stück belegen. Im Dezember des Jahres 1879 hatte also das Königlich Württembergische Kriegsministerium 3000 Revolver M/79 bei der Waffenfabrik Mauser in Oberndorf a. N. bestellt.

Von wenigen Ausnahmen abgesehen, sind sämtliche Württemberger M/79 mit dem Ausgabe-Jahresstempel 1881 gekennzeichnet. Die Revolver wurden demnach nach Fertigstellung der bayerischen M/79 ab Juli 1881 produziert und, legt man die erwähnte Kapazität des Mauser-Werkes von 300 Revolvern pro Woche in zu Grunde, so war der Württemberger Auftrag im August 1881 ausgeliefert.

Die Abnahme erfolgte durch die Königl. Württembergische Revisions-Commission, die in Ludwigsburg etabliert worden war.

Den Revisionsstempel schlug ein Oberbüchsenmacher mit dem Anfangsbuchstaben A.

Die Revolver wurden noch im selben Jahr mit dem Stempel des Ausgabejahres versehen und der Truppe übergeben.

Die Verbindung zwischen dem württembergischen Armeekorps und Mauser blieb natürlich weiterhin bestehen. Für das Gewehr M/71 und für den Revolver M/79 lieferte Mauser zahlreiche Ersatzteile.

Teile für den Revolver wurden geliefert an:

Dezember 1884:
- die I. Abt. des Feldartillerieregiments Nr.13 in Ulm,
  20 Ladeklappenfedern,
  2 Abzüge

6.21. Revolver M/79, angefertigt bei Mauser und geliefert an die Armee Württembergs. Auch Württemberg hatte anfangs sämtliche Revolver bei Mauser bestellt. Erst als ab 1891 die Kanoniere der Feldartillerie mit Revolvern 83 ausgerüstet werden mussten, bestellte Württemberg den Bedarf bei der Königlichen Gewehrfabrik Erfurt. Sammlung des Autors

Revolver M/79 manufactured by Mauser and delivered to the Württemberg Army.
All of Württemberg's initial orders for revolvers went to Mauser, but with the arming of the field artillery gunners starting in 1891, they placed their orders with the Royal Arms Factory at Erfurt. Author's collection

Dezember 1884:
- die II. Abt. des Feldartillerieregiments Nr. 13 in Ulm,
  4 Sperrstifte,
  6 Ladeklappenfedern,
  6 Arretierhebelfedern,
  6 Abzugsfedern hart,
  4 Umsetzhebel,
  6 Umsetzhebelfedern

Februar 1885:
- die Königl. Württ. Revisions-Commission, in Ludwigsburg, zu senden an den Zeughausbüchsenmacher Messer,
  3 Abzüge, eingestellt in 3 Revolver M/79.

April 1885:
- das Dragoner-Regiment Nr. 25 in Ludwigsburg,
  6 Ladeklappenfedern,
  6 Umsatzhebel

Juni 1885:
- das Ulanen-Regiment Nr. 20 in Ludwigsburg,
  6 Abzüge

August 1885:
- das Dragoner-Regiment Nr. 26 in Ulm,
  2 Entladestöcke zum Revolver M/79,
  2 Schraubenzieher,
  6 Abzüge mit verlängertem Schnabel

Dezember 1885:
- das Ulanen-Regiment Nr. 20 in Ludwigsburg,
  6 Entladestöcke z. Rev. M/79

Bemerkenswert ist, dass die Lieferunterlagen der Ersatzteile immer mit *„...für Revolver M/79“* versehen waren. Die Lieferungen kompletter Revolver M/79 dagegen grundsätzlich mit *„Reichs-Revolver M/79“* bezeichnet wurden.

6.4.1 Mauser liefert an Private

Man möchte annehmen, dass die Waffenfabrik Gebr. Mauser & Cie. nach der Markteinführung ihres 10,6 mm Zick-Zack-Revolvers nur noch diesen Typ an Händler oder Privatpersonen verkauft hat. Dem ist aber nicht so. Auch der Reichsrevolver M/79 hatte seinen Markt. Verwunderlich war das nicht, denn der Mauser Zick-Zack-Revolver war mit einem Händler-Einkaufspreis zwischen 45 und 52 Mark erheblich teurer als der Reichsrevolver, für den Mauser 36 Mark verlangte. Ausgenommen waren andere Unternehmen, wie z. B. Banken. So musste die Koester-Bank in Mannheim 40 Mark bezahlen; vermutlich deshalb, weil es sich nicht um einen Wiederverkäufer handelte.

Lieferungen an Aktive der Streitkräfte erfolgten ebenfalls zum Händler-Einkaufspreis.

Im Zeitraum von August 1883 bis November 1885 lassen sich folgende Lieferungen nachweisen:

August 1883:
- Carl Grube, Fa. Scharban & Co., Geestermünde,
  1 Reichs-Revolver M/79,
  100 Patronen für M/79
- Gebr. Böhler & Co., Wien,
  1 Reichs-Revolver M/79

Mai 1884:
- Koester-Bank, Mannheim,
  1 Reichs-Revolver M/79,
  1 Entladestock,
  1 Schraubenzieher (gratis)

November 1884:
- Sergeant Gleinicke, 3 Chev. Regiment, 5. Eskadron, München,
  2 Reichsrevolver M/79
  (Sergeant war ein Dienstgrad zwischen Unteroffizier und Vize-Feldwebel, Anmerkung des Verf.)

Dezember 1884:
- A. Sorg, Büchsenmacher in Augsburg,
  1 Reichsrevolver M/79
- J. Ellert in Bamberg,
  1 Reichsrevolver M/79

Mai 1885:
- C.A. Staehle in Stuttgart,
  1 Reichsrevolver M/79

September 1885:
- G.L. Rasch, Hofbüchsenmacher Braunschweig,
  2 Reichsrevolver M/79
- A. Senger, Sergeant des I. Eskadron 1. schweren Reiter-Regiment, P. K. v. B.
  (Prinz Karl von Bayern, Verf.) München,
  1 Reichsrevolver M/79

November 1885:
- A. Pistor, Büchsenmacher im 1. schweren Reiter-Regiment, München,
  1 Reichs-Revolver M/79

Die Schreibweise Reichs-Revolver, alternativ Reichsrevolver, wurde wie im Original geschrieben, übernommen.

Die oben angeführten Revolver, die an Private geliefert wurden, tragen keine militärischen Beschusszeichen oder Stempel der Güteprüfung.

Bei jenen, die an die Sergeanten geliefert worden waren, mag die Situation nicht anders gewesen sein.

Lt. Waffen-Etat von 1881 waren auch die Sergeanten der Kavallerie- und Feldartillerieregimenter mit dem Revolver M/79 bewaffnet. Es kann sich also demnach nur um private Bestellungen gehandelt haben, zumal die Lieferung an die Sergeanten jeweils per Nachnahme erfolgte.

Hätten diese Waffen zur regulären Ausrüstung gezählt, so wäre die Bezahlung über die Kasse des Württembergischen Kriegsministeriums erfolgt.

Das gleiche gilt zweifelsfrei auch für die Lieferung an den Büchsenmacher A. Pistor, denn die Regimentsbüchsenmacher der Kavallerie waren lt. Waffen-Etat mit Blankwaffen, nur die der Feldartillerie mit dem Revolver M/79 ausgerüstet. (Bei der Feldartillerie hatten sie die Dienstbezeichnung „Waffenmeister“)

Quellen

Paul Gehring: *„Wilhelm und Paul Mauser“*. Württembergische Kommission für Landesgeschichte, Stuttgart 1941.

Versandbücher der Firma Mauser von August 1883 bis November 1885 (in Privatbesitz).

Chapter 6

Prussia

On 24th March 1879 Emperor Wilhelm I approved the introduction of the M/79 revolver for Prussian service. This revolver was the result of extensive trials and ultimately of several compromises. When compared with the percussion muzzle-loading pistol Model 1850 it is easy to recognise how many of its design features were transfered to the M/79. Prussia was the leading kingdom within the federal German Empire and from this time onwards all Imperial weapons and equipment were developed and approved by Prussia.

In order to clearly understand the arming of Germany's forces with revolvers and other weapons it is important to remember that each of the four kingdoms within the Empire retained their own military budgets and purchasing structure: only design specifications were unified. The student of the Reichsrevolvers should keep this situation in mind when considering the different markings found on the revolvers.

The files containing Prussian arms contracts for this period have either been destroyed or they may still be in Russian archives. But through the use of other surviving German archives in combination with secondary sources it is possible to reconstruct the quantities of arms purchased.

During 1879 Prussia placed orders for the Revolver M/79 with the following companies:

30,000 with the Suhl Consortium (Sauer & Son, C. G. Haenel and V. C. Schilling).

30,000 with Franz von Dreyse in Sömmerda.

Because of late deliveries and quality-control problems the KPKM reduced the number of revolvers from von Dreyse to 19,000. The balance of 11,000 was added to the Suhl contract. Later, in 1882, an additional order of 9,000 M/79s was placed with the Suhl Consortium. This second contract was for rearming the cuirassiers with revolvers because there were problems with the use of the carbine with the cuirass.

In total the Suhl Consortium delivered	30,000
	11,000
	9,000
Revolvers M/79	50,000
Franz von Dreyse delivered	19,000
making the total M79s for Prussia	69,000

Bavaria

In May 1879 Prussia sent to the Bavarian War Ministry at Munich:

1 sample Revolver M/79 with holster
1 brass rod for pushing out empty shells
1 screwdriver
6 ball cartridges
6 blank cartridges
6 drill cartridges

Bavaria calculated an initial demand of 5,000 revolvers to replace the M/69 Werder pistols, and contacted the following firms. Mauser Brothers at Oberndorf, von Dreyse at Sömmerda, the Suhl Consortium and Ludwig Loewe & Co. at Berlin. Loewe rejected the enquiry on the grounds of too small a quantity. The lowest offer came from Mauser at 29.50 marks. The War Ministry approved the agreement with Mauser and an order for 5,003 was placed. The additional three revolvers were for the cartridge manufacturers (2) and a pattern for the gun factory at Amberg. A further demand of May 1880 was contracted with von Dreyse. Both Mauser and von Dreyse had great problems in meeting the stringent quality requirements. Mauser delivered the full number ordered, but by January 1882 von Dreyse had only seven revolvers accepted by the inspectors. This resulted in the balance of his order being turned over to the Suhl Consortium, with an additional number of 428 pieces.

The total number of M/79 revolvers purchased by Bavaria was:

Mauser Brothers	5003
F. v. Dreyse	505
Suhl Consortium	3223
	8731

Saxony

Saxony passed its first resolution for the purchase of M/79 revolvers in June 1881. This may have been due to the condition, or the functioning, of the M/73 revolvers, or perhaps to the capacity and degree of readiness of the makers in Suhl and Oberndorf. In March 1882 the first order for 2,000 M79s was placed with the Suhl Consortium. A second contract for 2,200 was signed in February 1883 with the same supplier. Saxony therefore purchased a total of 4,200 Revolvers M/79.

Württemberg

Although the Württemberg archives for this period exist, for the years from 1876 to 1890 there are no papers relating to revolvers. However, from the correspondence of the Mauser firm we are able to put together what took place. Although the Mauser Brothers were a Württemberg firmactually located in the former State Gun Factory at Oberndorf am Neckar their zig-zag revolver was not adopted by their own government because of the new imperial laws and pressure from the Prussian government. In their correspondence Mauser mentions the delivery of 3,000 M/79 revolvers on orders placed in 1879, and this number compares well with the author's calculation (2,900+) based on recorded serial numbers.

7. Der Revolver M/83

Die Revolver M/79 waren inzwischen ausgegeben oder lagen in kleinerer Anzahl als Reserve in den Depots. Geführt wurde der recht schwere Revolver vorzugsweise bei der Kavallerie und den Feldartillerie-Regimentern, also Einheiten, bei denen das Gewicht der Waffe von untergeordneter Bedeutung war.

Seit längerem ungeklärt hingegen war die Bewaffnung der Unteroffiziere der Fußtruppen und insbesondere die der Krankenträger. Preußen hatte zwar mit einer dubiosen Verfügung bereits 1868 das Thema der Krankenträger-Bewaffnung aufgegriffen, jedoch nicht umgesetzt: Der preußische König hatte bereits am 22. Juni 1868 nachstehende Verordnung unterzeichnet: *„Auf den Mir gehaltenen Vortrag bestimme Ich hierdurch Folgendes: Die Mannschaften der Krankenträger-Kompagnien sind von jetzt ab nicht mehr mit Karabinern, sondern mit Revolvern nach einem noch näher festzustellenden Modell zu bewaffnen. Ich will jedoch in Rücksicht darauf, daß die Mittel zur Beschaffung der letzteren zur Zeit nicht disponibel gestellt werden können, nachgeben, daß bis auf Weiteres an Stelle des Revolvers die Pistole zur Verwendung kommt. Das Kriegsministerium hat hiernach das Weitere zu veranlassen.“*

Zur Trageweise der Pistole M/50 bei den Krankenträgern hatte das KPKM am gleichen Tage verfügt:*„Vorstehende Allerhöchste Ordre bringt das Kriegs-Ministerium mit dem Hinzufügen zur Kenntniß, daß den Königlichen General-Kommandos die Probe einer Lederholfter mit Lederschlaufe zu der vorn am Leibriemen zu tragenden Pistole durch das Militär-Ökonomie-Department zugehen wird.“*

Der Revolver M/79 mit einem Gewicht von rund 1,3 kg konnte weder den Krankenträgern, noch den Unteroffizieren der Fußtruppen zugemutet werden. Auch viele Offiziere, die gegen Bezahlung den M/79 als persönliche Waffe erwerben konnten, schreckten vor dem Erwerb zurück. Dreyse bot zwar eine erleichterte Variante des M/79 an, konnte aber damit keine größeren Umsätze erzielen. Erinnern wir uns: Die Firma Dreyse saß auf rund 800 von preußischen Revisoren zurückgewiesenen M/79 und suchte händeringend nach einer Verwendung. (Hierzu an späterer Stelle mehr)

Im Laufe der Jahre 1882/1883 wurde der M/79 in Spandau einer sinnvollen Umkonstruktion unterzogen:

1. Kürzung des Laufs von 180 auf 118 mm
2. Reduzierung des äußeren Laufdurchmessers
3. Reduzierung der Kornlänge
4. Verkürzung der achtkantigen Laufaufnahme am Rahmen
5. Wegfall des Mündungswulstes
6. Erleichterung des Trommelachsenkopfs
7. Änderung des labilen Sperrstiftes in einen gefederten Sperrbolzen
8. Verkleinerung des Griffs
9. Verkleinerung des Fangriemenringes
10. Änderung der Bräunierung in ein ansprechenderes Blau
11. Verkleinerung des Sicherungshebels

Das Gewicht sank dadurch auf 0,93 kg.

Der abgebildete Revolver 83 könnte zu den Exemplaren gehört haben, die den Bundesgenossen als Musterstücke zugestellt worden waren. Der Revolver besitzt keinerlei Markierungen, d. h. weder Abnahmestempel, Fabrikmarke, noch Seriennummer.

Entgegen den sonst üblichen offiziellen Einführungsverfügungen durch den Kaiser, unterblieb dieser Vorgang beim Revolver M/83 völlig.
Im Schriftverkehr wurde die Bezeichnung „Revolver M/83“ von Anfang an benutzt und den Bundesstaaten mit Zusendung der geänderten Unterlagen bekannt gemacht. Erst viel später sollte die Einführungsverfügung doch noch kommen.

Die Königlich Preußische Inspektion der Gewehrfabrik, die für die waffentechnische Betreuung der Bundesgenossen zuständig war, lieferte Anfang November 1883 über die Gewehrfabrik Erfurt folgende Unterlagen nach München und Dresden:

„– je 5 Exemplare der vorläufig genehmigten Dimensionstabellen zum Revolver M/83 in a 12 Blatt.
– Vorschrift zur Untersuchung und Abnahme derjenigen Teile des Revolvers M/83, welche von den entsprechenden Teilen des Revolvers M/79 abweichen.
– Zeichnungen der Revisionsgeräte zum Revolver M/83 in a 5 Blatt.“

Quellen
HRB I
BHS, ASV 71

7.1 Bestellungen Preußens

Im gleichen Zeitraum, also Anfang November 1883 hatte Preußen, zur Überraschung der Kriegsministerien in München und Dresden, 10 000 Revolver M/83 zur Bewaffnung seiner Krankenträger bestellt.

Der Kontrakt wurde mit dem Konsortium in Suhl geschlossen, das zu diesem Zeitpunkt nur noch aus den Partnern V. C. Schilling und C. G. Haenel bestand.

Die Firma J.P. Sauer & Sohn konnte sich wegen *„anderweitiger Beschäftigung an der Lieferung von dergleichen Revolver M/83 nicht beteiligen“*.

7.1.–7.2. Dieser Revolver M/83 ist unmarkiert. Eine Zuordnung als „Muster" analog zur Abbildung 3.8 und 3.9 liegt nahe.
Sammlung J. Lux

This Revolver M/83 is unmarked. It is probably a „sample" analogous to the revolvers shown in Plates 3.8 and 3.9. J. Lux collection

Der Preis von 31 Mark wurde später auch mit Bayern vereinbart

Nachdem der Auftrag der M/83 für die Krankenträger erteilt war, ließ sich Preußen mit der noch offenen Frage der Bewaffnung der Feldwebel, Vicefeldwebel, Fahnenträger und Bataillons- (Regiments) Tambours einige Jahre Zeit: Erst um 1885 herum hatte Preußen den Auftrag vergeben, diesmal jedoch nicht an das Suhler Konsortium, sondern an die Firma Franz von Dreyse.

Welche Gründe bei der Auswahl ausschlaggebend waren, ist aktenmäßig nicht belegt. Man kann davon ausgehen, dass auch in diesem Fall der Preis entscheidend war. Die kränkelnde Waffenfabrik in

Sömmerda mit der Vergabe eines Auftrags zu stützen entsprach sicherlich nicht dem Denken der preußischen Militäradministration.

Immerhin bestellte das KPKM bei Dreyse eine Anzahl von rund 13 000 Stück.

Mangels originaler Dokumente musste der Verfasser auch in diesem Fall auf seine Aufzeichnungen zurückgreifen und mittels der bereits beschriebenen Methode diese Zahl ermitteln. Die Ungenauigkeit liegt dank der aktenkundigen Menge der 1. Bestellung von 10000 Stück bei kleiner 1%.

War bisher der Revolver M/83 den Unteroffizieren und Krankenträgern vorbehalten geblieben, so tat Preußen nun einen weiteren entscheidenden Schritt:

„Seine Majestät der Kaiser und König haben mittels Allerhöchster Kabinets-Ordre vom 7. Mai 1885 Allergnädigst zu befehlen geruht, daß diejenigen Truppen, welche gemäß der Allerhöchsten Kabinets-Ordre vom 21. März 1879 mit Revolvern M/79 bewaffnet worden sind, nach Maßgabe des Aufbrauchs der Bestände an Revolvern dieser Kategorie, Revolver M/83 erhalten sollen.“

Kaiser Wilhelm I. verfügte damit, dass im Falle von Nachbestellungen ausschließlich der Revolver M/83 in Frage kommt; d. h. auch bei den Einheiten, die mit dem M/79 ausgerüstet waren.

Bislang ungeklärt war auch die zweckmäßige Bewaffnung der Kanoniere der fahrenden Artillerie. Das KPKM wies deshalb am 11. August 1889 umfangreiche Truppenversuche an. Ein Zwischenbericht vom 5. Juni 1890 schildert die Auswertung der 1. Versuchsreihe:

„Die vorjährigen Truppen-Versuche, betreffend ‚Bewaffnung der Kanoniere der fahrenden Artillerie mit einer Schußwaffe‘ haben für eine endgültige Entscheidung noch keine Unterlage geschaffen und sollen – besonders auch mit Rücksicht auf die inzwischen zur Ausgabe gelangten Karabiner 88 – bis nach den Herbstübungen dieses Jahres fortgesetzt werden.

Die gemäß diesseitiger Verfügung vom 11. August 1889 No 799./7.98A.4 eingereichten Berichte haben folgendes ergeben:

I. Wahl der Waffe

Der größte Theil der Berichte (etwa 2/3) sprechen sich für allgemeine Bewaffnung der Kanoniere mit Revolvern 83 und gleichzeitiger Mitführung einer Anzahl von Karabinern an den Fahrzeugen (12 bis 24 für jede Batterie) aus. Die Trageweise des Revolvers 83, rechts oder links, hat sich als gleich bequem erwiesen, bei der Trageweise rechts soll die Entnahme des Revolvers aus der Tasche etwas erschwert sein. Durch Vergrößerung der Schlaufen kann Letztere auf dem Leibriemen leicht verschiebbar gemacht und jenem Übelstande abgeholfen werden.

Da für die Berittenen die Trageweise links ausgeschlossen ist, innerhalb der Batterie zwei Trageweisen aber unerwünscht sind, so ist für die demnächstigen Versuche nur die Trageweise rechts anzuordnen.

Für allgemeine Bewaffnung der Kanoniere mit Karabinern sprechen sich etwa 1/3 der Berichte aus. Mehrere Stellen halten die Trageweise am Mann wegen der Belästigung beim Geschützbedienen und beim Fahren für ausgeschlossen und schlagen die Anbringung am Handpferde vor. Da in der diesseitigen Verfügung vom 11. August 1889 die Trageweise der Schußwaffe am Mann, um denselben zur Selbstverteidigung zu befähigen, als Bedingung gestellt war, müssen diese Vorschläge außer Betracht bleiben.

...erscheint die Fortsetzung der Versuche allerdings notwendig, um einwandfreie Ergebnisse zu erhalten.

Es kommt somit nur in Betracht:

a. die Bewaffnung der Kanoniere mit Revolvern 83, rechts zu tragen, bei gleichzeitiger Mitführung einiger Karabiner an den Fahrzeugen,

b. die Bewaffnung mit Karabinern 88.

Zu diesem Zweck werden, wie im Vorjahre jedem Feld-Artillerie-Regiment, für je eine Geschütz-Bedienung derselben Batterie, 5 Revolver 83 und 5 Karabiner 88 überwiesen werden,...

Die im Vorjahr benutzten Taschen 85 sind auch in diesem Jahr zu verwenden. Änderungen an den Revolvertaschen , wie Versetzen der Schlaufe pp., welche für den Versuch erforderlich erachtet werden, bleiben den Truppenteilen überlassen,...“

Berichte der an den Truppenversuchen beteiligten Batterien wurden zum 15. November 1890 angefordert. Nach deren Auswertung, die zu Gunsten der Revolver ausging, erging am 12. März 1891 die AKO: *„Auf den Mir gehaltenen Vortrag bestimme Ich, daß die Kanoniere der fahrenden Batterien nach Maßgabe der verfügbaren Mittel mit dem Revolver 83 bewaffnet werden. Das Kriegsministerium hat hiernach das Weitere zu veranlassen.“*

Der KM gab die AKO mit Verfügung vom 2. April 1891 im ArmeeVerordnungsblatt bekannt: *„mit dem Hinzufügen, daß weitere Bestimmungen nachfolgen werden“.*

Als Preußen im März 1891 verfügte, die Kanoniere der fahrenden Batterien der Feldartillerie mit dem Revolver M/83 auszustatten, vergab das KPKM später den größten Revolverauftrag in der deutschen Geschichte.

In Gegensatz zu dem in der Vergangenheit praktizierten Verfahren, die Anfertigung der Revolver durch Privatfirmen ausführen zu lassen, vergab Preußen diesen Auftrag an seine Gewehrfabrik in Erfurt.

Wann nun exakt die Verfügung an die Gewehrfabrik ging, ist nicht nachweisbar. Man kann aber davon ausgehen, dass die vorbereitenden Arbeiten in den Jahren 1891 und 1892 durchgeführt worden waren, da die Auslieferungen zügig ab Ende 1892 begannen.

Der Grund für die Entscheidung zu Gunsten der eigenen Fabrikation lag im Auslauf der Fertigung des Gewehrs 88. Nicht nur Erfurt war von einem drückenden Arbeitsmangel betroffen, sondern auch die anderen staatlichen Gewehrfabriken. Viele Arbeiter verloren ihren Arbeitsplatz.

Die „Allgemeine Militär-Zeitung" meldete dazu damals: *„Aus Erfurt wird gemeldet, daß die Königliche Gewehr-Fabrik ihre früher nach Tausenden zählenden Arbeiter auf etwa 300 vermindert habe, da größere Bestellungen nicht vorliegen und die älteren Lieferungen erledigt seien. So wurden am 8. d. Mon. erst wieder 450 Arbeiter entlassen. Wie man erfährt, sollen verschiedene neue Modelle zur Verbesserung des jetzt im Gebrauch befindlichen Infanterie-Gewehrs zur Begutachtung vorliegen. Sollte hierin eine Verfügung erlassen werden, so dürften die jetzt entlassenen Arbeiter in nächster Zeit wieder ihre alten Plätze einnehmen."*

In der Gewehrfabrik Erfurt wurden jedoch keine Gewehre 88 mehr gefertigt, sondern Karabiner 88 und Gewehre 91.

Der Revolver-Auftrag kam also wie gerufen und lastete die Fabrik für einige Jahre aus.

Für die Feldartillerie-Regimenter und, weit vorausschauend geplant, für die in 1899 neu zu errichtenden 37 zusätzlichen Regimenter wurden 95000 Stück M/83 vom KPKM bei der Gewehrfabrik in Erfurt in Auftrag gegeben. Kleinere Bestellungen bei privaten Fabrikanten hat es später dennoch gegeben, da in der Gewehrfabrik Erfurt, nach Auslauf des Revolverauftrags, die Maschinen zur Fertigung des Gewehres 98 vorbereitet wurden.

Es sind auch einige wenige Revolver 83 von Dreyse bekannt, die zivile Beschussstempel und Truppenstempel tragen, so z. B. ein Dreyse M/83 mit der Seriennummer 2535. Die Waffe wurde dem Feldartillerie-Regiment Nr. 46 zugeteilt, das zu denjenigen gehörte, die erst 1899 aufgestellt worden waren. (Truppenstempel: 46.A.6.$_{40.}$)

7.1.1 Bestellungen und Lieferungen

Wann der erste Kontrakt (mit dem Suhler Konsortium) über 10 000 Stück komplett ausgeliefert wurde, kann nur abgeschätzt werden. Der im November 1883 platzierte Auftrag war in grober Annäherung im August 1884 ausgeliefert. Leider haben diese 10 000 Suhler M/83 nur sehr selten geschlagene Jahreszahlen der Ausgabe an die Einheiten, so dass auch diese Information nicht als Anhaltspunkt zur Verfügung steht. Gegenteilig verhält es sich mit dem zweiten Kontrakt (mit F. v. Dreyse) über 13000 Stück. Die Dreyse-Revolver haben nur in Ausnahmefällen keine Ausgabe-Jahreszahl. Fast alle sind mit 1886, wenige mit 1885 gestempelt. Recht spät, denn die Auslieferung der Erfurter M/83 hatte bereits 2 Jahre zuvor begonnen, erließ das „Allgemeine Kriegs-Department" die Ausführungsbestimmungen:

„Kriegsministerium
Berlin, den 18. März 1894
Allgemeines Kriegs-Department
Ausführungs-Bestimmungen zur Allerhöchsten Kabinets-Order vom 12. März 1891, betreffend die Bewaffnung der Kanoniere der fahrenden Batterien mit dem Revolver 83.

1. *Die Bewaffnung erfolgt nach Maßgabe des Waffen-Etats.*
2. *Zubehör zu den Revolvern (Entladestock und Schraubenzieher) gelangt nicht mit zur Verausgabung. In den seltenen Fällen, in denen ein Schraubenzieher gebraucht werden soll, können die bei den Truppen vorhandenen Schraubenzieher der Revolver 79 benutzt werden, während die Entladung des Revolvers mit Hilfe eines Holzstäbchens leicht bewirkt werden kann.*
3. *Die Lieferung der Revolver 83 erfolgt aus dem Artilleriedepot zu Erfurt. An die vorhandenen Batterien sind die Revolver, soweit sie in eigenen Verwahrsam der Truppe treten und die Batterien mit dem zuständigen Artillerie-Depot nicht denselben Standort haben garnisonsweise in einem Transport vereinigt, unmittelbar aus Erfurt zu versenden. Die Versendung aller übrigen Revolver erfolgt an die zuständigen Artilleriedepots, die den Batterien am Orte die in ihrem eigenem Verwahrsam zu nehmenden Revolver verabfolgen. Alle Transportkosten sind von den Artillerie-Depots zu zahlen bzw. zu erstatten und beim Kapitel 12 Titel 19 der einmaligen Ausgaben zu berechnen. Eine Entsendung von Übernahme-Kommissionen seitens der Truppen nach Erfurt hat nicht stattzufinden.*
4. *Die Revolver gelangen armeekorpsweise auf einmal, und zwar nach der Nummerfolge der Armeekorps (Garde- ,I. bis XI., XIV. bis XVII. Armee-Korps) zur Ausgabe an die Truppen bzw. zur Einstellung bei den Etatsbeständen der Artilleriedepots.*
5. *Zur Versendung sind die Revolver in Kisten zu verpacken, die an das Artilleriedepot Erfurt nach Auspackung der Revolver ohne Aufenthalt zurückzubefördern sind.*
6. *Die Regelung der Munitionsbestände hat nach § 4 des Etats zur Gewehrmunition zu erfolgen."*

Bei dieser Bestellung wird die extreme Sparsamkeit des preußischen Militärs deutlich. Insbesonde-

7.3.–7.4. Revolver M/83, gefertigt vom Konsortium Suhl und geliefert an Preußen.
Revolver M/83 manufactured by the Suhl Consortium for Prussia.

Sammlung des Autors
Author's collection

7.5. Revolver M/83, gefertigt von Dreyse und ebenfalls an Preußen geliefert.
Revolver M/83 manufactured by Dreyse, also for Prussia.

Sammlung des Autors
Author's collection

re dann, wenn es um Waffen und Ausrüstung ging.

Bei der farbigen Selbstdarstellung hinsichtlich der Uniformierung war der Zwang nicht so ausgeprägt.

Das zitierte „Holzstäbchen“ zum Entladen findet sich in den späteren Vorschriften der Feldartillerie wieder.

Übernahmekommissionen brauchten also nicht nach Erfurt zu reisen, da in der dortigen Gewehrfabrik eine unabhängige Revision etabliert war.

Da die Erfurter M/83 grundsätzlich mit dem Herstellungsjahr gestempelt waren, lassen sich Beginn und Auslauf der Lieferungen damit bestimmen. Demnach erstreckte sich die Produktionsphase von 1892 bis 1896.

Erfurter Revolver mit der Jahreszahl 1892 sind sehr selten, lediglich ein Exemplar mit der Seriennummer 665 und der Jahreszahl 1892 konnte registriert werden. Die erste 10000er-Serie, ohne einen kleinen Zusatzbuchstaben in lateinischer Schreibschrift, endete im laufenden Jahr 1893. **(siehe Kapitel 13 „Stempel und Markierungen“)**.

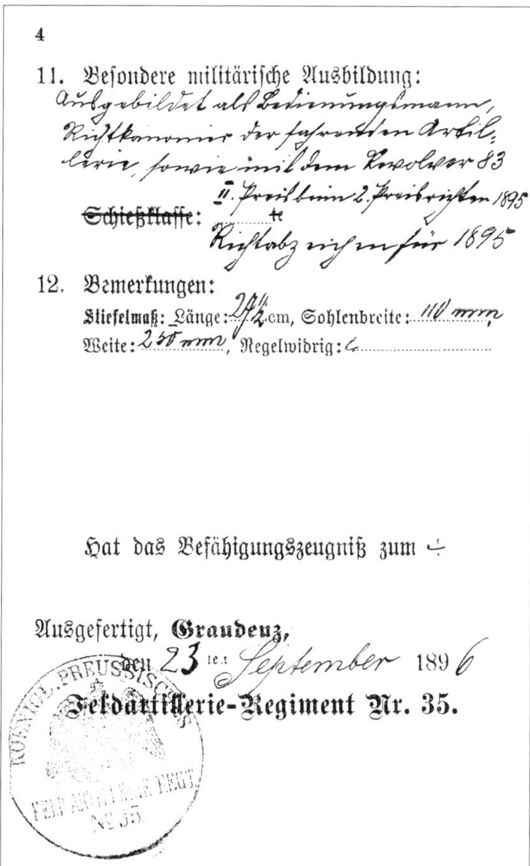

4

11. Besondere militärische Ausbildung: ausgebildet als Bedienungsmann, Richtkanonier der fahrenden Artillerie, sowie mit dem Revolver 83

~~Schießklasse~~: II. Preisklasse [illegible] 1895
Richtabzeichen für 1895

12. Bemerkungen:
Stiefelmaß: Länge: 27½ cm, Sohlenbreite: 110 mm,
Weite: 250 mm, Regelwidrig: –

Hat das Befähigungszeugniß zum –

Ausgefertigt, Graudenz,
den 23ten September 1896
Feldartillerie-Regiment Nr. 35.

Königl. Preussisches Feld-Artillerie-Regt. No 35

7.6. Ausschnitt aus dem Militärpass eines Feldartilleristen, der am Revolver 83 ausgebildet worden war. Privatsammlung

Page from a gunner's military passbook, showing his completion of a M/83 revolver training course. Private collection

7.6a. Die Mannschaft zur Bedienung einer Kanone der Feldartillerie bestand aus 8 Mann: 3 „Fahrer“, aufgesessen und 5 Kanoniere einschließlich dem Geschützführer. Der Kanonier rechts trägt den Revolver M/83 in der Tasche M/91. Die Geschützmannschaft gehörte zum Feldartillerieregiment Nr. 27, stationiert in Mainz-Wiesbaden. Bei dem Geschütz handelt es sich um die Feldkanone 96 n/A (neuer Art). Sammlung des Autors

Eight men were required to operate a field artillery piece: 3 mounted drivers and 5 gunners including the sergeant. The gunner on the right is carrying the Revolver M/83 in a M/91 holster. These men were serving with the Field Artillery Regiment No.27 at Mainz-Wiesbaden. The field piece is the Model 96 n/A (new model). Author's collection

7.1.2 Technische Änderungen

Die Einleitung der einzigen nennenswerten technischen Änderung am Revolver 83 erfolgte im Oktober 1894: In diesem Monat erfolgte ein Austausch der Trommelzeichnung und die Zeichnung des Rahmens wurde durch Überkleben der betroffenen Stellen auf den neuesten Stand gebracht.

Grund: Die Rasten am Trommelumfang wurden durch Erhöhungen verstärkt. Dazu war es notwendig, eine kleine Aussparung um den Arretierhebel unten am Rahmen einzufräsen; zusätzlich eine weitere kleine Aussparung innen an der Rahmenbrücke. Die Trommel mit den „Nasen“ konnte nun frei rotieren.

Die Aussparungen werden sichtbar, wenn die Trommel herausgenommen wird.

Die beschriebene Änderung erfolgte, nachdem die Gewehrfabrik bereits rund 62 000 Revolver M/83 produziert hatte.

Zwischen den Seriennummern **4300 f und 4500 f** floss diese Verbesserung ein.

1896 verfügte das Kriegsdepartment in Berlin, die Fangschnurringe von 2,5 mm auf 3,0 mm zu

7.7. Revolver 83 1. Ausführung, gefertigt in der Königlich Preußischen Gewehrfabrik Erfurt.
Revolver 83 First issue, manufactured at the Royal Prussian Arms Factory Erfurt.

Sammlung des Autors
Author's collection

7.8. Revolver 83 2. Ausführung. Die Nuten am Umfang der Trommel wurden durch Erhöhungen verstärkt. Sammlung des Autors
Revolver 83 Second issue. The cylinder stops were reinforced by small rectangular lugs. Author's collectio

verstärken. Die Änderung erfolgte nicht in der laufenden Produktion. Die stärkeren Ringe wurden nur dann verwendet, wenn ein 2,5 mm Ring wegen Verschleiß oder Bruch getauscht werden musste. Dazu war es notwendig, die Öse von 3,2 mm auf 3,4 mm aufzureiben. Der Ringwechsel fand häufig in Verbindung mit einer Reparatur oder Erneuerung des Deckungsmittels (bläuen) statt.

Ein bislang wenig beachtetes Detail ist die Änderung der Rändelrichtung am Kopf der M/83-Trommelachsen. Das Suhler Konsortium, sowie auch F.v. Dreyse hielten die lt. Zeichnung vorgegebene Richtung der Riffelung ein: von links oben nach rechts unten verlaufend.

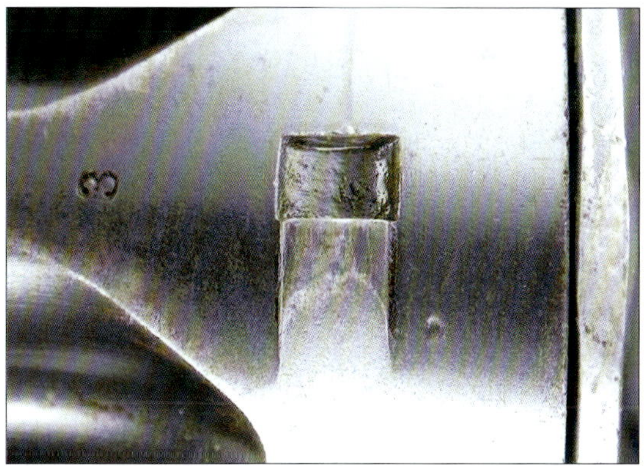

7.9. Die Verbesserung im Detail. Sammlung des Autors
Closeup of the cylinder stop improvement. Author's collection

Die Gewehrfabrik in Erfurt machte hier eine Ausnahme. Bei den Revolvern 83 aus Erfurt verläuft die Riffelung von rechts oben nach links unten (siehe Abbildung):

7.10. Die unterschiedlichen Rändel der M/83-Trommelachsen. Die obere entspricht der Zeichnung, die beim Konsortium Suhl und bei Dreyse verwendet worden war. Die untere Achse mit dem Rändel von rechts oben nach links unten ist eine Eigenart der Erfurter Fertigung. Sammlung des Autors
Variations in the milling of the cylinder pin. The upper view shows the original according to the drawings, which was used by at the Suhl Consortium and Dreyse; the lower view shows the pin with milling from upper right to lower left, characteristic of Erfurt production. Author's collection

Zusammengefasst verfügte Preußen nun über
10 000 Stück M/83, geliefert vom Suhler Konsortium,
13 000 Stück M/83, geliefert von Dreyse
95 000 Stück M/83, geliefert von der Preuß. Gewehrfabrik Erfurt*

7.1.3 Exkurs: Anmerkungen zur Königlich Preußischen Gewehrfabrik Erfurt

Der Ursprung der Gewehrfabrik Erfurt lag weit entfernt im Westfälischen. Seit 1815 nutzte der Staat hier die Gefälle des Flusses Ruhr, der später der Region seinen Namen gab. In Hattingen und Saarn, einer Ortschaft bei Mülheim a. d. Ruhr, betrieb Preußen Fabrikationsstätten für die Anfertigung militärischer Handfeuerwaffen.

Allerdings machten sich Wassermangel im Sommer und Zerstörungen durch Eis im Frühjahr so störend bemerkbar, dass die Produktion zunehmend zum Erliegen kam.

Dadurch wirde die Wahl eines geeigneteren Standortes immer dringlicher, und schließlich fiel eine Entscheidung zu Gunsten Erfurts.

Neben der existenziellen Frage der Wasserkraft spielten auch strategische Überlegungen eine immer wichtigere Rolle: Erfurt lag ein beträchtliches Stück weiter östlich und war somit dem Zugriff potentieller Angreifer aus dem Westen entzogen.

Die Wasserkraft war durch den Fluss Gera mit seinem Nebenarm Bergstrom gesichert, so dass mit dem Umzug ab 1859 begonnen werden konnte.

Nach 3-jähriger Bauzeit konnte der erste Bauabschnitt am Mainzerhofplatz in Errfurt abgeschlossen werden.

Mit königlicher Genehmigung wurde 1862 die Gewehrfabrik Saarn und 1863 auch die Gewehrfabrik Hattingen verkauft.

War anfangs noch eine stetige Zunahme an Beschäftigten zu verzeichnen, so kam es ab 1874 zu sprunghaften Veränderungen in der Kopfzahl:

Jahr	Beschäftigte
1860	100
1863	220
1866	420
1867	680
1870	320
1874	900
1875	1030
1878	330
1880	430
1884	430
1886	1590
1888	760
1890	2820
1891	800
1896	900
1897	850

Die sozialen Probleme lassen sich an Hand der Aufstellung nur erahnen. Entlassen wurden zuerst die angelernten Arbeiter. Fachkräfte versuchte man mit allen Mitteln zu halten. Eine große Anzahl dieser Mitarbeiter wurden in ein Beamtenverhältnis übernommen und waren damit den Ein- und Freistellungswellen entzogen.

In der Revolverzeit von 1893 bis 1896 konnte der Personalstand auf einem Niveau von ca. 800 Personen gehalten werden. Die Gewehrfabrik war lange Zeit der größte Arbeitgeber in der Region um Erfurt. Zur Anfertigung des Gewehrs 71 wurden die bereits erwähnten Werkzeugmaschinen von Pratt & Whitney aus Hartford, USA beschafft, die später die Basis der Revolver-Fertigung bildeten. Erweitert hatte Erfurt auch die Schmiedeabteilung, da stärkere Fundamente notwendig wurden.

Eine neue 200 PS Dampfmaschine sorgte für den Antrieb der Werkzeugmaschinen und Schmiedepressen.

Die Fabrikgebäude am Mainzerhof stehen heute nicht mehr. Nur das abgebildete Gebäude an der Lauentorstraße ist vorhanden und beherbergt z. Zt. die Bibliothek der Fachhochschule.

Quellen

BHS, AX 3
HRB I
E. Vollmer, *„Die deutsche Gewehrindustrie“*, Düsseldorf, 1913

7.11. Das Hauptgebäude der Königlich Preußischen Gewehrfabrik in Erfurt. Dieser Bau steht heute noch und beherbergt die Bibliothek der Fachhochschule. Stadtarchiv Erfurt
The main building of the Royal Prussian Arms Factory at Erfurt. This building is still in existence and is used as a library for the engineering university. Erfurt City Archives

*** siehe dazu auch Seite 455**

7.12. Blick auf die gesamte Gewehrfabrik etwa zur Zeit der Revolverfertigung. Stadtarchiv Erfurt
Overall view of the Erfurt Factory in their period of revolver production. Erfurt City Archives

Eigentum der Gewehr-Fabrik.

Vom Inhaber bei Entlassung zurückzugeben.

Ausweiskarte.

Königliche Gewehr-Fabrik in Erfurt.

Beim Betreten der Fabrik vorzeigen.

Vor- und Zuname: Bischof Karl
Geburtstag: 20. 5. 53
Geburtsort: Neuhausen
Wohnung: Schaffhausen Schweiz
Kontroll-Nr.
Gewerk D.I.

Bischof Karl
(Unterschrift des Inhabers.)

(Dienststempel.)

7.13.–7.14. Ausweiskarte eines Mitarbeiters der Gewehrfabrik. Wie man sieht, handelte es sich bei dem Inhaber Karl Fischer um einen Schweizer Staatsbürger, der in deutschen Diensten stand. In Familienbesitz
Identification card of an employee of the Arms Factory. As can be seen, he was a Swiss citizen working in a German state factory. Property of the family

7.2 Bestellungen Bayerns

Dank der noch vorhandenen Bestände im Münchener Hauptstaatsarchiv und der gewissenhaften Auswertung des Materials durch H. Reckendorf, kann die Geschichte der bayerischen M/83 fast lückenlos nachvollzogen werden.

Die von der Gewehrfabrik Erfurt der Amberger Gewehrfabrik zugestellten Zeichnungen (Dimensionstabellen) und geänderten Vorschriften waren der erste Hinweis zum neuen Revolver M/83. Dieser zum Teil recht merkwürdige Vorgang spielte sich Anfang November 1883 ab und betraf die militärischen Ebenen unterhalb des KBKM.

Die Direktion in Amberg teilte diesen Vorgang der *„Königlichen Inspektion der Artillerie und des Trains“* in folgenden Wortlaut mit:

„...Königlicher Inspektion bringe ich sonach vorerst je 2 Exemplare dieser Produkte (gemeint sind die Zeichnungen und Vorschriften, Verf.) *nebst einem von der Firma Schilling in Suhl, welche von Seite des Königl. Preuß. Kriegs-Ministeriums mit Anfertigung dieser Revolver betraut ist, gegen Rückgabe anher gelieferten Revolver M/83 gehorsamst in Vorlage. Ob Revolver dieses Musters als allmählicher Ersatz für jene M/79 in Aussicht genommen sind, oder ob dieselben für bestimmte Truppen und für welche sie in Preußen bestimmt seien, konnte diesseits bis jetzt noch nicht in Erfahrung gebracht werden.(sic.)“*

Der vorstehende Bericht ging von der Inspektion der Artillerie und des Trains entgegen üblicher Grundsätze erst am 13. 11. 1883 an das KBKM weiter, so ist es verständlich, dass dieses überrascht und überfordert war, als es am 9. November 1883 ein Angebot zur Anfertigung von Revolvern M/83, auch für die Firma C. G. Haenel sprechend, von V. Chr. Schilling erhielt, mit dem Hinweis: *„Vom Königlich Preußischen Kriegs-Ministerium mit der Anfertigung und Lieferung von vorläufig 5000 Revolvern M/83 (kürzeres Modell für Krankenträger bestimmt) beauftragt, bin ich soeben mit der Einrichtung für das in einzelnen Theilen gegen Revolver M/79 abweichende Modell 83 beschäftigt...“*

Auch der am 11. November 1883 eingehende Bericht des K.B. Militärbevollmächtigten in Berlin war nicht geeignet, den Informationsstand in München zu verbessern. Er besagte, die Einführung eines kürzeren und leichteren Revolvers sei zwar beabsichtigt, das Modell aber noch nicht festgestellt.

So wurde den Suhler Waffenfabrikanten Schilling und Haenel am 12. November 1883 vom KBKM mitgeteilt, Bayern habe zur Zeit keinen Bedarf an Revolvern, das Angebot werde aber in Erwägung gezogen.

Am 13. November 1883 meldete die K.B. Direktion der Gewehrfabrik im Nachtrag dann noch: *„...daß zufolge nunmehr diesseits eingetroffener Mitteilung der Königl. Preuß. Direktion der Gewehrfabrik Erfurt der Revolver M/83 in Preußen zunächst für Krankenträger bestimmt ist und daß dortselbst bereits 10 000 Stück in Bestellung gegeben worden sind.“*

Der Inspekteur der Artillerie und des Trains legte diede Meldung urschriftlich am 18. November 1883 dem KBKM vor.

Offenbar hatte das KBKM sich aber nun weitere Informationen beschafft, da es bereits am 17. November 1883 schrieb: *„Der mit je 1 Exemplar von Dimensionstabellen, Zeichnungen der Revisionsgeräthe und Abnahmevorschrift vorgelegte Revolver M/83, der zur Einführung für die nicht mit Schußwaffen versehenen Chargen der Fußtruppen, dann für Krankenträger u. für Beamten der mobilen Formationen bestimmt sein soll, unterscheidet sich außer der geringeren Lauflänge auch noch durch abweichende Dimensionen des Schloßkastens, der Walzenachse, der Kolbenschalen und des Tragerings, welche Abweichungen teils eine Verringerung des Gewichts u. der Größe der Waffe, teils auch die Beseitigung einiger am Revolver M/79 zu Tage getretener Mängel zu bezwecken scheinen.“*

Am 20. November 1883 berichtete die K.B. Direktion der Gewehrfabrik, die Königl. Preuß. Direktion der Gewehrfabrik Erfurt habe um Rücksendung der Exemplare der Dimensionstabellen u.s.w. gebeten, da *„nachträglich noch mehrere Änderungen am Revolver M/83, welche eine möglichste Erleichterung der besagten Waffe bezwecken, in Preußen in Aussicht genommen sind, um denselben für eine eventuelle Ausrüstung der Offiziere und einzelner Unteroffizier-Chargen der Truppen zu Fuß geeigneter zu machen...“*

Auch die Mitteilung vom 14. November 1883 des pr. KM besagte, daß ein Musterstück des zunächst für die Bewaffnung der Krankenträger gedachten Revolvers M/83 dem KBKM noch nicht zugesandt werden könne, da die Konstruktion noch nicht feststehe.

Erst mit der Verfügung vom 11. März 1884 erhielt das KBKM vom allgemeinen Kriegs-Departement des preußischen KM eine offizielle und definitive Bestätigung der Annahme des Revolvers M/83: *„Dem Königlichen Kriegsministerium beehrt sich das unterzeichnete Departement im weiteren Verfolg seines Schreibens vom 14. November 1883 Nr. 609/10., Art. 1. eine Probe des zur Bewaffnung der Krankenträger bestimmten Revolvers, nachdem dieselbe von seiner Majestät dem Kaiser und Könige Allerhöchst bestätigt worden ist, beifolgend ganz ergebenst zu übersenden. Der Revolver führt die Bezeichnung: „M/83“.*

Die Mittheilung der Dimensionstabellen und Zeichnungen des o. a. Revolvers bleibt ebenmäßig vorbehalten.“

Für Bayern gab das KBKM mit Kriegsministerialreskript vom 17. Juni 1884 die Einführung des neuen Revolvers bekannt und erließ dazu 4 Seiten Ausführungsbestimmungen, die u. a. das Folgende enthielten: „*Das für die Bewaffnung der Unteroffizierschargen der Truppen zu Fuß und der Krankenträger genehmigte Modell eines Revolvers erhält die Bezeichnung M/83.*

Über die Trageweise von Revolvern ... bleibt besondere Entschließung vorbehalten. Die durch vorstehendes sich ergebenden Änderungen in den Waffenetats der Behörden und Truppen...werden später bekannt gegeben werden. Die Direktion der Gewehrfabrik Amberg ist zunächst mit der Beschaffung des benötigten Bedarfes an Revolvern für die Unteroffizierschargen und auf dem Wege der beschränkten Submission zu beauftragen. Derselbe bemißt sich inklusive einer Reserve von zirka 15 % und unter Weglassung eines Ansatzes für die Formationen der Fußartillerie und der Pioniere, dann der Garnisons- und Landsturm-Infanteriebataillone, für welche vorerst die Dispositionsbestände an Revolvern M/79 bestimmt sind, auf rund 3000 Stück. Mit dem vorzulegenden Vertrage ist zu bedingen, daß die Revision und Abnahme der Revolver in der Gewehrfabrik Amberg zu erfolgen hat, ...

Die Ablieferung der fertigen Revolver ist bis zum 1. März 1885 vertragsmäßig sicher zu stellen,

An Zubehör ist für jeden Revolver 1 Entladestock und für je 10 Revolver 1 Schraubenzieher bei der Gewehrfabrik Amberg bis zum gleichen Zeitpunkt herzustellen.

..., daß unter Anrechnung der vorhandenen Dispositionsbestände für jeden Revolver M/79 und M/83 des Besitzstandes 18 Stück scharfe Patronen, 18 Stück Platzpatronen, 6 Stück Exerzierpatronen vorhanden sind.

Die beifolgende, mit dem Siegel des k. pr. Kriegsministeriums versehende Probe des Revolvers M/83 ist unter Beischluß eines weiteren, genau nach dem Muster gefertigten Revolvers, welch' letzterer mit dem diesseitigen Siegel hierorts wird versehen werden, nach Vollzug der Beschaffungen in Rückvorlage zu bringen.

Die zur Abnahme der Revolver erforderlichen Dimensionstabellen, die Vorschrift zur Untersuchung und Abnahme, sowie die Zeichnung der Revisionsgeräte werden der Gewehrfabrik Amberg durch die preußische Gewehrfabrik Erfurt zugehen, bei welcher auch der erforderliche Lehrensatz wird bezogen werden können.

Hiernach ist das Weitere zu veranlassen."

7.2.1 Die Kontrakte

Nach einer beschränkten Ausschreibung und einem Antrage der K.B. Direktion der Gewehrfabrik vom 30. Juli 1884 genehmigte das KBKM am12. August 1884: „*...daß durch die Gewehrfabrik Amberg mit dem Waffenkonsortium V. Chr. Schilling und C. G. Hänel, vertreten durch V. Chr. Schilling, über Lieferung von 3 000 Stück Revolver M/83...um den Preis von 31 Mark per Stück franko Gewehrfabrik Amberg Vertrag abgeschlossen werde und dem letzteren die Bedingungen des von dem k. preußischen Kriegsministerium mit Hänel vereinbarten Kontrakt, dessen Abschrift anbei zurück folgt, zu Grunde gelegt werden. und sind die Ablieferungstermine so festzusetzen, daß die Gesamtbestellung bis längstens Ende Juni 1885 ... abgeliefert sein werde.*"

Die Revolver wurden in Suhl durch ein bayerische Revisionskommando abgenommen. Anfang 1889 musste der Bestand an M/83 nochmals aufgestockt werden. Am 6. April 1889 berichtete die Gewehrfabrik Amberg u. a.:

„*1.) Allein die Firmen V. Chr. Schilling – C. G. Haenel in Suhl und N. v. Dreyse in Sömmerda sind zur Fabrikation von Revolvern M/83 eingerichtet.*

2.) Schilling – Haenel können die zu beschaffenden 312 Stück Revolver M/83 sogleich und zum Preise von 32 M 50 Pf per Stück liefern.

3.) N. von Dreyse kann 8 Wochen nach definitiver Bestellung zum Preise von 30 M 25 Pf per Stück liefern."

Da mit Berichten der Königlichen Inspektion der Artillerie und des Trains, vom 2. Dezember 1888 und vom 19. Februar 1889, Bedarfsanmeldungen über 380 und 200 Revolver vorgelegt worden waren, erweiterte man die Beschaffung auf 860 Revolver.

N. v. Dreyse bot daraufhin einen Preis von 30 M pro Stück an, und die Gewehrfabrik schloss mit der Firma einen Lieferkontrakt ab. Die Abnahme der Revolver fand laut Mitteilung des KBKM am 17. Juni 1889 in Amberg statt.

Am 16. Dezember 1889 verfügte das KBKM dem Beispiel Preußens folgend, dass in der Bezeichnung der Handwaffen und ihrer Munition künftig das „M" (Modell) wegfalle. In allen einschlägigen Vorschriften wurden die Bezeichnungen daraufhin geändert, z. B. „Revolver M/79" in „Revolver 79".

Mit Allerhöchster Kabinetts-Ordre vom 12. März 1891 befahl Kaiser Wilhelm II. die Bewaffnung der Kanoniere der fahrenden Batterien mit Revolvern 83. Die Verfügung kam erst gegen Mitte 1894 zur Ausführung. **(siehe Kapitel 6.1)**

Das KBKM hatte am 6. Juni 1893 zunächst die Beschaffung von 4104 Revolvern für 42 fahrende Batterien, 10 Ersatz- und Reserve-Batterien eingeleitet. In diesem Bedarf waren für die 10 Ersatz- und Reserve-Batterien je 90 Revolver angesetzt worden. Da der preußische Waffenetat eine Menge von 106 für diese Einheiten vorsah, mussten zusätzlich 192

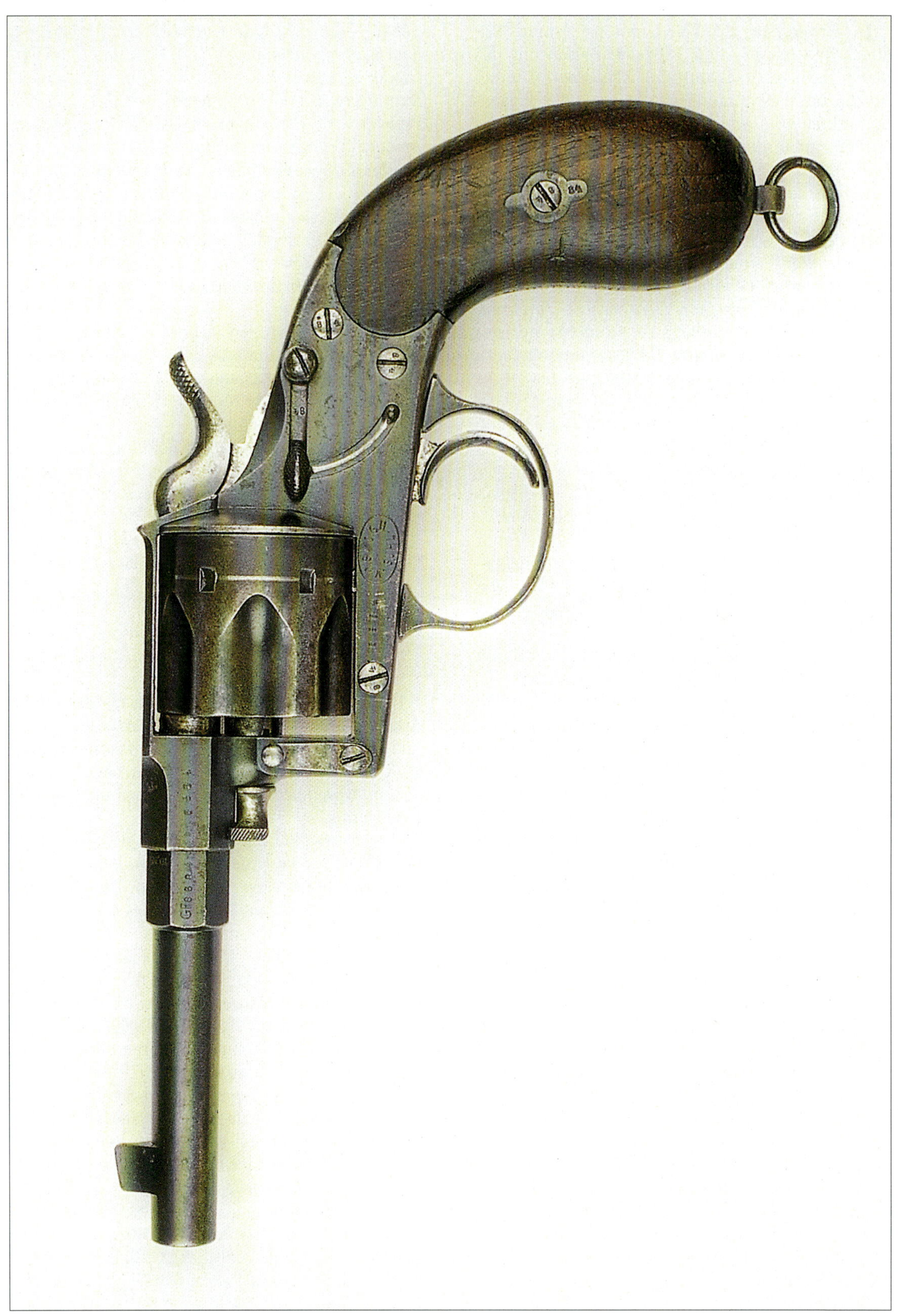

7.15. Bayerischer Revolver M/83, angefertigt vom Suhler Konsortium. Sammlung J. Gräwe
Revolver M/83 ordered by the Bavarian Ministry of War and manufactured by the Suhl Consortium. J. Gräwe collection

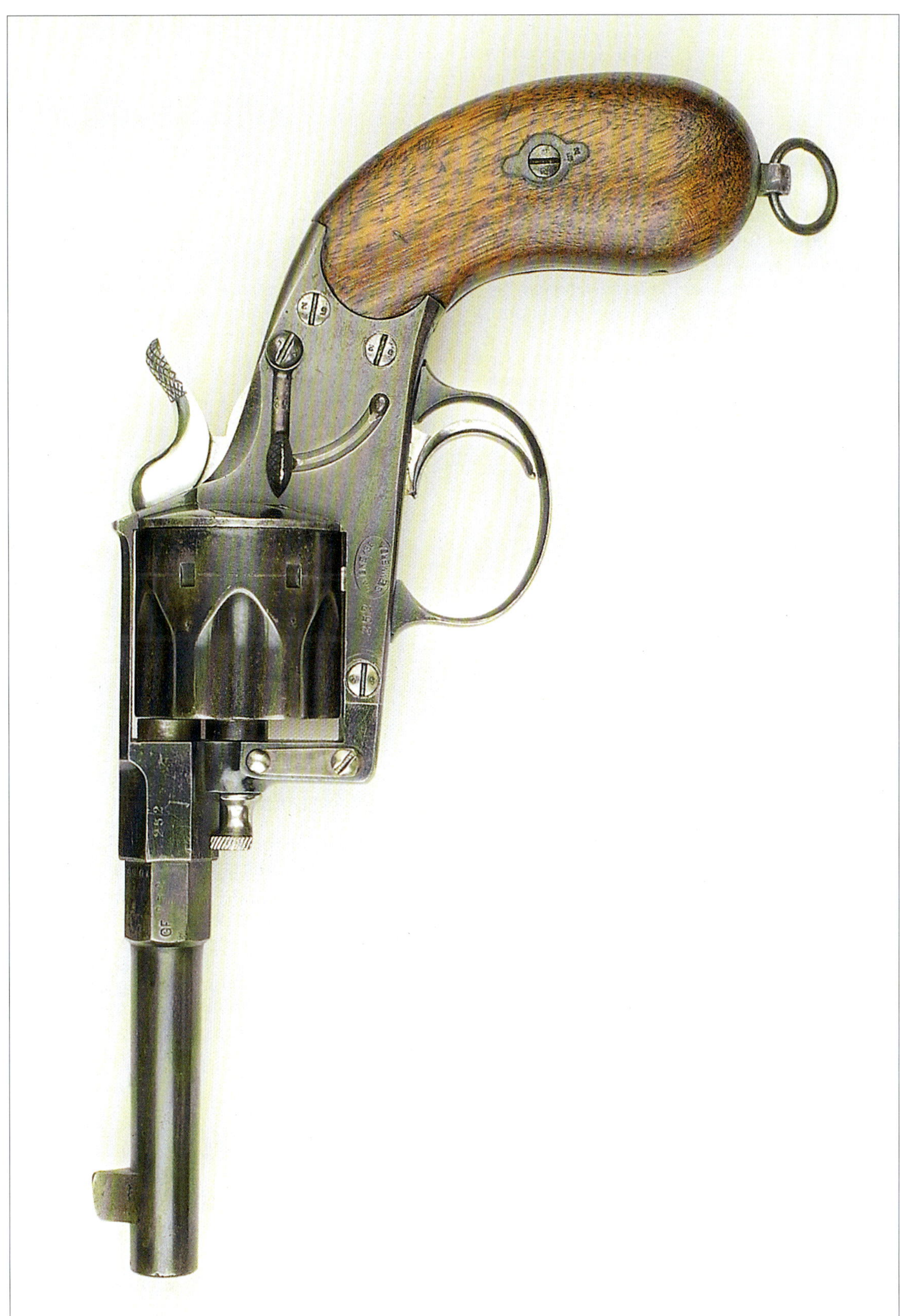

7.16. Bayerischer Revolver M/83, bestellt vom KBKM, angefertigt durch Dreyse.
Revolver M/83 ordered by the Bavarian War Ministry and manufactured by Dreyse.

Sammlung des Autors
Author's collection

Revolver beschafft werden. Zur Erfüllung der kaiserlichen Verfügung hatte Bayern demnach 4296 Revolver M/83 für die Feldartillerie zu beschaffen.

Die Bestellung ging an das Suhler Konsortium und nicht: „wie in anderen Quellen angegeben, an Erfurt."

Diese Aussage stützt sich auf folgende Fakten:

1.) Bayerische Kontrakte mit der Gewehrfabrik Erfurt liegen nicht vor. Die Beschaffung der Revolver 83 wurde vom KBKM bereits am 6. Juni 1893 angewiesen.
2.) M/83 mit bayerischen Truppenstempeln, angefertigt in der Preußischen Gewehrfabrik Erfurt, sind nicht bekannt.
3.) Die Seriennummern der Suhler M/83 mit GF-Stempelung zeigen eine komprimierte, durchgehende Numerierung von 1 bis über 7000.
   Im Bereich von 8063 bis 9415 konnten 4 Seriennummern registriert werden, die wohl von einzelnen kleineren Nachbestellungen stammen können. (Ersatz für Verluste oder irreparable Schäden)

Die Königlich Bayerische Inspektion der Fuß-Artillerie meldete am 12. April 1894, dass die am 6. Juni angeordnete Beschaffung der Revolver abgeschlossen sei und die Revolver bereits zu den Formationen gingen.

Zusammenfassung:
Bayern hatte demnach bestellt und erhalten:
7296 Stück M/83, geliefert vom Suhler Konsortium, 2 Aufträge
860 Stück M/83, geliefert von Dreyse, 1 Auftrag

Quellen
HRB I
BHS, AX 3

7.3 Bestellungen Sachsens

Die überraschende M/83-Bestellung im November 1883 für die Unteroffiziere und Krankenträger der preußischen Armee hatte nicht nur in München, sondern auch in Dresden gewisse Irritationen ausgelöst. Die Zustellungen von Zeichnungen und geänderten Vorschriften schafften sozusagen vollendete Tatsachen.

Nach Klärung der Etatfrage konnte das KSKM die Bestellung vorbereiten, die in einen am 26. Mai 1884 geschlossenen Kontrakt mündete.

Der 1. M/83-Kontrakt Sachsens wird hier in Auszügen wiedergegeben:

„Kontrakt die Beschaffung von 4000 Stück Revolver M/83betreffend.

Zwischen der Direktion der vereinigten Artillerie-Werkstätten und Depots zu Dresden einerseits dem Konsortium, der Herren Waffenfabrikanten V. Chr. Schilling, C.G. Haenel allerseits in Suhl, vertreten durch die Firma V.Chr. Schilling andererseits, ist auf Grund freier Vereinbarung und vorbehaltlich der Genehmigung des Königlich Sächsischen Kriegs-Ministeriums nachstehender Lieferungs-Kontrakt abgeschlossen worden.

§ 1

Das obengenannte Konsortium vertreten durch die Firma V.Chr. Schilling in Suhl übernimmt die Lieferung von: 4000 Stück Revolver M/83 und zwar:

I. 2000 Stück dergl. wie solche zur Bewaffnung für Feldwebel, Krankenträger pp. und
II. 2000 Stück dergl. wie solche für Offiziere zur Einführung gelangen.

§ 2

Das Konsortium verpflichtet sich die im § 1. bezeichneten 4000 Revolver in nachstehenden Terminen zur Ablieferung zu bringen und zwar:
1000 Stück Revolver für Feldwebel pp.
bis ulto. Oktober 1884.
(ultimo = Ende, Verf.)
500 Stück dergl. M/83 für Feldwebel pp.
500 Stück dergl. M/83 Offiziers-Revolver
bis ult. März 1885.
500 Stück dergl. M/83 für Feldwebel pp.
1500 Stück dergl. M/83 Offiziers-Revolver
***Su. 4000 Stück** bis spätestens ulto. Mai 1885.*

Die Ablieferung ist so zu verstehen, dass zu den angegebenen 3 Lieferungsterminen die bei denselben bezeichnete Anzahl Revolver beim Artillerie-Depot Dresden eingetroffen ist.

§ 3

*Die Übernahme und der Beschuss der 4000 Revolver in **weißem Zustande*** (Hervorhebung durch den Verf.) *sowie hierauf die Übernahme der komplett fertigen Revolver erfolgt durch eine von Dresden nach Suhl abzusendende Kommission.*

Die Termine des Eintreffens dieser Kommission werden von der unterzeichneten Direktion den Herren Lieferanten noch besonders bekannt gegeben.

§4.

Die in die oben bezeichn eten 4000 Revolver gehörenden 4000 Stück Schlagfedern müssen behufs Prüfung bzw. Übernahme spätestens 4 Wochen vor jedesmaligem Eintreffen der Kommission in Suhl, im Artillerie-Depot zu Dresden eingetroffen sein. Das Konsortium verpflichtet sich, die hierzu erforderlichen Übernahmegerätschaften, als Spannvorrichtung, Lehren pp. zu gleicher Zeit mit den Schlagfedern an das Artillerie-Depot Dresden zu senden, ohne irgendwelche Vergütung hierfür zu beanspruchen.

Nach jedes Mal erfolgter Prüfung bzw. Übernahme der an das Artillerie-Depot Dresden gesandten Rate Schlagfedern, werden dieselben, sowie die zur Übernahme derselben mit anher gesendeten Stücken an das Konsortium nach Suhl zurückgesendet...

§ 5

Die im §1 genannten 4000 Stück Revolver sind nach den dem Konsortium bereits bekannten Preußischen Dimensionstabellen, Revisions- und Abnahme-Vorschriften und Lieferungs-Bedingungen für den Revolver M/83. – Mannschafts- und Offiziers-Revolver – aus bestem Material zu fertigen und nach Anleitung der bekannten Preußischen Stempelungsvorschriften mit Nummern und zwar:
die Mannschafts-Revolver M/83. von
1 – 2000 und
die Offiziers-Revolver M/83. von
1 – 2000
derart zu bezeichnen, dass alle Teile eines Revolvers dieselbe Nummer tragen.

§ 7

Die bei dem Konsortium befindlichen Königlich Preußischen Dimensionstabellen und Übernahme-Vorschriften pp. sind dem Königlich Sächsischen Revisions-Kommando nach dessen Eintreffen in Suhl zum Gebrauch zur Verfügung zu stellen.
Ebenso hat das Konsortium dem genannten Revisions-Kommando die erforderlichen Übernahme-Instrumente pp. zur freien Verfügung zu überlassen.

Die Anzahl der zur Übernahme gehörigen Instrumente, Lehren pp. sowie überhaupt die Zahl der zur Revision in Suhl erforderlichen Stücke bestimmt nach Maßgabe des Bedarfs das Königlich Sächsische Revisions-Kommando an genanntem Orte, welchem auch alle Revisions-Instrumente, Lehren pp. vor der Ingebrauchnahme zur Kontrolle vorgelegt werden müssen...

§ 8

Königlich Preußische Probe-Exemplare beider Revolverarten befinden sich bereits in den Händen des Konsortiums und sind die 4000 Revolver für das Königlich Sächsische Armee-Korps genau nach den Preußischen Probestücken anzufertigen bzw. zu liefern.

§ 9

...nach Maßgabe der bei den Königlich Preußischen Gewehrfabriken bestehenden Vorschriften, dem Beschuss und Anschuss auf den Strich zu unterwerfen...

...Die erforderlichen Rundkugeln zur Kugelung der Läufe stellt das Konsortium unentgeldlich...

Anmerkung:
Die auf den ersten Blick völlig unverständliche Formulierung „*...und Anschuss auf den Strich...*" wird erhellt, wenn man die zitierte Abnahmevorschrift zu Rate zieht. Hier heißt es im § 24:

§ 24.

Der Anschuß erfolgt mit der vorgeschriebenen scharfe[n] Revolver-Patrone und je 1 Schuß aus jedem Patronen[-] lager, aufgelegt, auf 20 m Distanz nach einem 100 m[m] breiten Strich.

Der Revolver ist als durchgeschossen zu bezeichne[n,] wenn unter den abzugebenden 6 Schuß sich 4 Treffer b[e]finden, im anderen Falle ist der Anschuß des Revolve[rs] unter Wechsel des Schützen zu wiederholen, und im Fal[le] eines auch hierbei dem Vorstehenden nicht entsprechende[n] Resultats der Revolver zurückzuweisen.

Nach dem Anschuß ist der Revolver zu reinigen un[d] zu untersuchen,

ob alle Theile vorhanden, richtig zusammengese[tzt] und geölt sind.

Der Revolver erhält nunmehr den vorgeschriebene[n] großen Revisionsstempel (cfr. Zeichnung für die Numme[-] rirung und Stempelung).

Bei dem Strich handelt sich also um eine Markierung auf der Zielscheibe.

§ 13

Der Preis für jeden franco Arsenal Dresden zu liefernden und bei der Revision als gut abgenommenen Revolver beträgt: 31 Mark...

Dresden, den 26. Mai 1884"

Der Kontrakt trägt die Unterschriften von Oberst Hammer und beachtenswerter Weise die von beiden Partnern des Suhler Konsortiums.

Hinzugefügt wurden auch die Stempel der Fabrikanten, die in Form und Größe nahezu identisch waren.

V.Chr. Schilling
Militär- und Luxus-Waffen-Fabrik Suhl/Preussen
C.G. Haenel
Militär- & Luxus-Waffen-Fabrik
in Suhl in Preussen

Aus einem Bittgesuch um Erhöhung des Tagesspesensatzes von 3 auf 4 Mark erfahren wir, dass der Büchsenmacher Anton Scheumann bei der Abnahme-Kommission der ersten Rate von 1000 Revolvern tätig war.

Im Spetember / Oktober 1884 hielt sich vier Wochen ohne Unterbechung in Suhl auf.

Anfang 1885 verfügte König Albert von Sachsen die bereits in Preußen wirksame Bewaffnung der Fußtruppen:

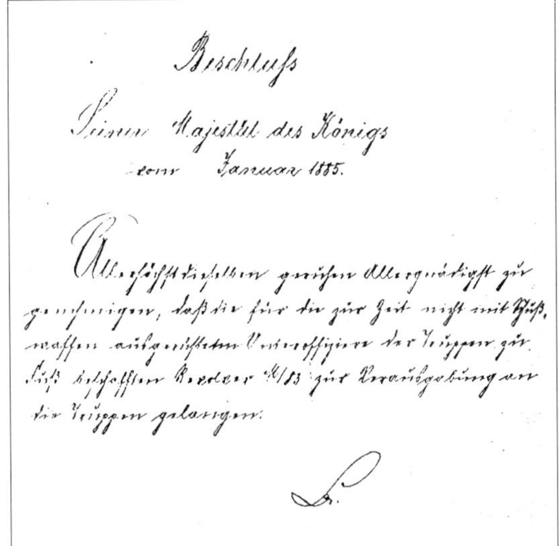

Beschluß
Seiner Majestät des Königs
vom Januar 1885.

Allerhöchstdieselben geruhen Allergnädigst zu genehmigen, daß die für die zur Zeit nicht mit Schußwaffen ausgerüsteten Unteroffiziere der Truppen zu Fuß beschafften Revolver M/83 zur Verausgabung an die Truppen gelangen.

A.

SHS, Nr. 2172, Bl.4

Die „Übersetzung" lautet wie folgt:

Beschluß
Seiner Majestät des Königs
vom Januar 1885
Allerhöchst dieselben geruhen Allergnädigst zu genehmigen, dass die für die zur Zeit nicht mit Schusswaffen ausgerüsteten Unteroffiziere der Truppen zu Fuß beschafften Revolver M/83 zur Verausgabung an die Truppen gelangen.
Albert

Anmerkung:
Die beiden oberen Zeilen sind in lateinischer, alle weiteren in deutscher Schrift abgefasst.

Mit Datum vom 13. Januar 1885 richtet die Direktion der vereinigten Artillerie-Werkstätten und Depots ein Gesuch an das KSKM: *„Der Waffenfabrikant V. Schilling in Suhl, dem die Lieferung von 2000 Stück Feldwebel- und 2000 Stück Offiziers-Revolvern M/83 übertragen worden ist, hat im beiliegenden Schreiben die Bitte ausgesprochen, dass ihm für das Carrieren* (Verschneiden mit Fischhaut, Verf.) *der Schaftschalen der Offiziers-Revolver, welches das neuerliche Modell dieses Revolvers zeigt, eine Preiserhöhung im Betrage von 55 Pf. pro Stück zugebilligt werden möge.*

Das Carrieren der Schaftschalen zugetretene missliche Mehrarbeit und kann die Bitte des Fabrikanten Schilling um die angeführte Preiserhöhung als unbegründet nicht bezeichnet werden.
Dem Königlichen Kriegs-Ministerium gestattet sich daher die Direktion der vereinigten Artillerie-Werkstätten und Depots das Ersuchen des Fabrikanten Schillings um Erhöhung des Preises des Offiziers-Revolvers M/83 auf 31,55 M. unterstützend zum Vortrag zu bringen.
gez. Hammer
Oberst und Direktor der
vereinigten Artillerie-Werkstätten und Depots".

In der Antwort des KSKM muss swohl die zuständige Abteilung genannt worden sein als auch eine Aufforderung zur Kontraktergänzung.

Oberst Hammer schrieb deshalb: *„An die Königliche 1. Abteilung B im Kriegs-Ministerium zu Dresden.*

Der Königlichen Abteilung beehrt sich die Direktion der vereinigten Artillerie-Werkstätten und Depots der Verordnung Nr. 42.I. B vom 16. Januar 1884 gemäß, in der Anlage 1 Nachtrags-Kontrakt in 3 Exemplaren zu dem lt. Verordnung Nr. 554. I. B vom 20 April 1884 mit der Firma V. Chr. Schilling in Suhl abgeschlossenen Contracte über Lieferung von 4000 Revolver M/83, zur Prüfung und Bestätigung ganz ergebenst vorzulegen.
Hammer
Oberst.

Die 1. Abteilung B verfügte per Dekret:
„ Decret.
1. *Der Nachtrags-Contract ist zu genehmigen und zu bestätigen,*
2. *2 Exemplare der Königlichen Direction der vereinigten Artillerie-Werkstätten und Depots per Couvert zurückzusenden*
3. *Ein Exemplar ad acta zu nehmen.*

Dresden, den 28. Januar 1885.
1. Abteilung B.
gez. unleserlich

Nachtrags-Contract
Die Erhöhung des Preises der in Bestellung gegebenen 2000 Offiziers-Revolver M/83 pro Stück um 55 Pf. betreffend.

Im Anschluß an den Seiten der Direction der vereinigten Artillerie-Werkstätten und Depots mit dem Waffenfabrikanten V.Chr. Schilling und C.G. Haenel beiderseits in Suhl unterm 3. Juni 1884 über Lieferung von 4000 Revolver M/83 und zwar:

I. *2000 Stck. dergl. wie solche zur Bewaffnung für Feldwebel, Krankenträger pp.*
II. *2000 Stck. dergl. wie solche für Offiziere zur Einführung gelangen, abgeschlossenen Contract ist Nachstehendes zwischen obengenannter Direction einerseits und den beiden Waffenfabrikanten andererseits, vorbehaltlich der Genehmigung des Königlchen Kriegs-Ministeriums fernerseit* (Kanzleisprache, Verf.) *abgeschlossen worden.*

§ 1

Der Preis eines der 2000 Offiziers-Revolver M/83 erhöht sich auf Grund K. Kr. M. A. I. B. Nr. 42 vom 16. Januar 1884 wegen des nach Abschluß des oben bezeichneten Contracts eingeführten Carrierens der Schaftschalen um 55 Pf. pro Stück und beträgt der Gesamtpreis eines dergl. Revolver nunmehr 31 M 55 Pf. pro Stück unter den gleichen Lieferbedingungen wie solche in dem oben bezeichneten Contract festgesetzt sind.

§ 2

Von einer Cautionserhöhung wird abgesehen.

§ 3

Die Contrahenten erklären sich beiderseits mit Vorstehenden vollkommen einverstanden und haben zur Urkund dessen diesen Nachtrags-Contract durch eigenhändige Namens-Unterschrift vollzogen.

Dresden und Solingen, am 22. Januar 1885
Die Direction der vereinigten Artillerie-Werkstätten und Depots
gez. Hammer, Oberst
V.Chr. Schilling
Waffenfabrikant
Suhl"

Weshalb neben Dresden auch Solingen angegeben wurde, ist rätselhaft. Vermutlich handelt es sich um einen Schreibfehler, denn mit Solingen wurde wegen der Bajonette- und Säbeleinkäufe eine ebenfalls umfangreiche Korrespondenz geführt.
Am linken unteren Rand stand der Genehmigungsvermerk:
„Nachstehender Nachtrags-Contract wird hiermit genehmigt und bestätigt.
Dresden, den 28. Januar 1885
Kriegs-Ministerium
1. Abteilung B
gez. Zerener
Major"

Die ersten 1000 Unteroffiziersrevolver waren inzwischen abgenommen und geliefert worden.

Die Übernahme dieses Loses von 1000 Stück erfolgte durch die Truppenbüchsenmacher Max Anton Scheumann und den Zeughausbüchsenmacher Schellenberger ab dem 17. Oktober 1884 in Suhl. Am 9. März 1885 richtete der Direktor der vereinigten Artillerie-Werkstätten und Depots ein Gesuch an das KSKM, das er im Auftrage der Firmen V. Chr. Schilling und C. G. Haenel verfasst hatte.

Der Grund war eine Terminverschiebung für die noch zu liefernden 1000 Mannschafts- und 2000 Offiziersrevolver M/83:.Sämtliche 4000 Stück, hätten, wie aus dem Kontrakt zu entnehmen ist, bis Ende Mai 1885 geliefert werden müssen.Rund 3 Monate vor diesem Termin mussten die beiden Lieferanten die Unmöglichkeit der Termineinhaltung erkannt haben . Daraufhin meldeten sie sich bei Oberst Hammer und baten um Verlängerung bis Ende August für die Mannschaftsrevolver und bis Ende Juli d. J. für die Offiziersausführung; als Begründung führten sie „stattgefundene Betriebsstörungen" an.

Zur Sicherheit empfahl Oberst Hammer, für beide Revolvertypen Ende August als neuen Termin zu genehmigen.

Das KSKM ist dem Vorschlag, wie im folgenden deutlich wird, nicht ganz gefolgt:

„Dresden, den 18. April 1885
An
das Königliche Kriegs-Ministerium zu Dresden.
Dem Königlichen Kriegs-Ministerium beehrt sich die Direction der unterzeichneten vereinigten Artillerie-Werkstätten und Depots wegen eines, zu Übernahme der Restlieferung von: 3000 Stück Revolver M/83, nach Suhl von hier abzusendenden Kommandos nachstehende Vorschläge ganz ergebenst zu unterbreiten.

1.) Der Beschuss und die Abnahme der noch zur Ablieferung zu bringenden:
3000 Stück Revolver M/83 und zwar:
500 für Feldwebel pp.
zu liefern bis ult. Juni
500 „ Offiziere
500 „ Feldwebel pp.
zu liefern bis ult. Juli
1500 „ Offiziere
erfolgt durch ein einmaliges nach Suhl zu entsendendes Übernahme-Kommando.

2.) Das Vorkommando trifft den 18. Juni in Suhl ein, bestehend aus den Inspicienten der Handwaffen,
Oberst Thierbach,
dem Oberbüchsenmacher Eidner
und den nachstehend aufgeführten Truppenbüchsenmacher, welche hiermit ganz gehorsamst in Vorschlag gebracht werden:
Büchsenmacher Scheumann, 1. Bataillon (Leib) Grenadier-Regiment Nr. 100
Büchsenmacher Bräuer, 2. Bataillon Grenadier-Regiment Nr. 101
Büchsenmacher Freyer,
1. Jäger-Bataillon Nr. 12
Büchsenmacher Freyer
des Garde Reiter-Regiments
Büchsenmacher Scheumann
vom 2. Ulanen-Regiment Nr. 18

Dieses Vorkommando erhält durch den Obersten Thierbach seine bestimmten Arbeitsaufgaben zugewiesen und dürfte sich nach den gemachten Erfahrungen, die Anwesenheit desselben in Suhl auf ca. 2 bis 3 Tage zu erstrecken haben, während die Büchsenmacher bis zum Schluß der Übernah-

me daselbst zu verbleiben hätten. Der Oberbüchsenmacher Eidner, welcher vom 21. Juni d. J. an auf ca. 10 Tage zur Waffen-Inspizierung beim Fuß-Artillerie-Regiment Nr. 12 in Metz mit befehligt ist, würde das Kommando in Suhl zu unterbrechen haben und am 2. Juli d. J. wieder in Suhl eintreffen, um dann daselbst bis zur Beendigung der Revolver-Übernahme zu verbleiben.

Ebenso wie bei den früheren Übernahmen wird die Anweisung des Vorkommandos dahin gehen, daß zweifellos taugliche Läufe und Revolvertheile angenommen, zweifelhafte Stücke aber behufs Superrevision zurückgestellt werden.

3.) Die definitive Abnahme der 3000 Revolver M/83 findet am 25. Juli d. J. ab statt und zwar unter Leitung des Oberst Thierbach.
Außer dem bereits in Suhl befehligt verbliebenen Büchsenmacherpersonal möchte dem Vorkommando noch 1 Infanterie-Offizier beigegeben werden und hat Oberst Thierbach den Sekundeleutnant Ullrich des 2. Grenadier-Regiments Nr. 101., welcher von seinem damaligen Kommando in der hiesigen Waffen-Reparatur-Werkstatt am 1. Juni d. J. abgelöst wird, als hierzu geeignet in Vorschlag gebracht.

Dieses eigentliche Abnahme-Kommando dürfte in ca. 14 Tagen d. i. im ersten Drittel des Monat August d. J. seine Geschäfte zu Ende führen können. Das Königliche Kriegs-Ministerium wolle bezügliche Befehle hochgeneigtest ertheilen.

Betreffs der auf Grund des Armee-Verordnungsblattes vom Jahr 1873. pag. 99. und 169 den Truppenbüchsenmachern bei der gleichen Kommandos seither gewährten Reisekosten bzw. Tagegelder gestattet sich dem Königlichen Kriegs-Ministerium die unterzeichnete Direction die ganz gehorsamste Bitte zu unterbreiten, in Hinsicht auf den kostspieligen Unterhalt in Suhl, die längere Dauer des Kommandos und der bedingten täglich von früh bis Abends anhaltenden und anstrengenden Arbeiten, den bezeichneten Truppenbüchsenmachern für die Dauer dieses Kommandos die Tagegelder gleich denen des Zeughausbüchsenmachers gnädigst gewähren zu wollen.
gez. Hammer Oberst und Director der vereinigten Artillerie-Werkstätten und Depots ."

Bei dem erwähnten Obersten M. Thierbach handelt es sich übrigens um den Verfasser desbekannten Werkes *„Die geschichtliche Entwicklung der Handfeuerwaffen,"* Dresden, 1886 und dessen Fortsetzung *„ II. Über die geschichtliche Entwicklung des gezogenen Gewehrs,"* Dresden, 1887.

Dem Revisionskommando gehörten also je 2 Büchsenmacher mit den Namen Scheumann und Freyer an.

Der Büchsenmacher Freyer, der zum Garde Reiter-Regiment gehörte und bereits bei der Abnahme der M/79 mitgewirkt hatte, wurde seiner Zeit zur Unterscheidung „Freyer I" genannt.

Rund zwei Jahre später ergab sich ein Mehrbedarf an Revolver M/83, und der Direktor der vereinigten Artillerie-Werkstätten und Depots Hammer, inzwischen zum Generalmajor befördert, schrieb am 10. Februar 1887 an das KSKM:

„...Durch die Neu-, resp. Umformation der Armee entsteht ein Mehrbedarf an Revolvern, der auf......1546 Stück sich beziffert.
Werden hierzu die, entsprechend der Weisung des KSKM, für Offiziere jeden Landwehr-Bataillons bereitzulegenden Revolver, zusammen......388 Stück hinzugezählt, so lässt sich der Bedarf auf ......1934 Stück feststellen.

Die vorhandenen Bestände an Revolvern sind:

639 Stück M/79	*Cavallerie und Artillerie*
183 Stück M/83	*sog. Feldwebel-Revolver*
1450 Stück M/83	*mit geritzten Schaftschalen, sogen. Offiziers-Revolver,*
2272 Stück	

Der Bedarf für die Armee dürfte hiernach, ohne auf die Revolver M/73, von welchen 3959 Stück beim Artillerie-Depot lagern, zurückzugreifen, als gedeckt anzusehen sein; jedoch ist es nicht möglich, die Bewaffnung der Infanterie- und Artillerie-Truppen allein mit Feldwebelrevolvern durchzuführen.

Das Königliche Kriegs-Ministerium gestattet sich die Direction der vereinigten Artillerie-Werkstätten und Depots um die Erlaubnis zu bitten, zur Erfüllung des Bedarfs der Armee

724 Revolver M/83 mit geritzten Schaftschalen, sog. Offiziers-Revolvern von den Beständen hiervon, welche bisher vorschußweise verkauft werden, entnehmen zu dürfen und den Betrag hierfür 23 580, 68 M. bei dem Ordinarium (sich Jahr für Jahr wiederholender Posten in einem Etat, Verf.) *für Waffenbeschaffung für die Neuformationen seiner Zeit in Abgabe stellen zu dürfen.*

Eine Nachschaffung von Revolvern M/83, Feldwebelmodell, vielleicht im Betrage von 1000 Stück könnte für später in Aussicht genommen werden.
gez. Hammer
Generalmajor und Director der vereinigten Artillerie-Werkstätten und Depots."

Die Antwort vom 12. Februar 1887 kam von Kriegsminister v. Fabrice persönlich: *„An die Königliche Direction der vereinigten Artillerie-Werkstätten und Depots.*

Auf den Vortrag der Königl. Direction vom 10. d.M. bestimmt das Kriegs-Ministerium, daß die Erfüllung zu dem für die Neuformationen des Königl. Sächs. Armeecorps vom 1. April d.J. benötigten Bedarf an Revolvern nach Verausgabung der

7.17. Sächsischer Revolver M/83, bestellt vom KSKM, produziert vom Suhler Konsortium.
Revolver M/83 ordered by the Saxon Ministry of War and manufactured by the Suhl Consortium.

Sammlung des Autors
Author's collection

z. Zt. noch in den Beständen des Artillerie-Depots befindlichen Revolver M/79 und Revolver M/83 für Feldwebel pp. durch Revolver M/83 mit geritzten Schaftschalen – sogen. Offiziers-Revolvern – gedeckt werden.

Der Betrag für die hiernach voraussichtlich in die etatmäßigen Bestände des Artillerie-Depots zu überführenden ca. 750 Stück Revolver M/83- Offiziers-Revolver ist, da diese Revolver seither immer vorschußweise bezahlt worden sind, bei den einmaligen Ausgaben...a conto der Heeresverstärkung zu 1882/88 zu verschreiben.

Dresden, den 12. Februar 1887
Kriegs-Ministerium
gez. von Fabrice"

Mit einfacheren Worten, der Minister folgte dem Vorschlag seines Artillerie-Depot Chefs und wies an, die Offiziersrevolver an Feldwebel und andere, dazu vorgesehene Träger auszugeben.

Wie wir später sehen, setzten sich die 750 Stück benötigten Revolver aus 639 Stück M/79 und 111 Stück M/83 Offiziersausführung zusammen.

Von Juli 1885 bis Februar 1887 hatten demnach nur 550 Offiziere von dem Angebot Gebrauch gemacht, einen Revolver M/83 zu erwerben. Wie wir gesehen haben, wurde als Vorschuss gewährt, d. h., die Offiziere konnten die Waffe in Raten abbezahlen.

Der Preis eines Revolvers M/83 war für einen Leutnant, bei einem monatlichen Einkommen von rund 100 Mark, ein stattlicher Betrag.

Die beschaffte Menge von 2000 Stück Offiziersrevolver war demnach viel zu hoch angesetzt worden und die Ausgabe an Unteroffiziersdienstgrade ergo sinnvoll und nachvollziehbar.

Für den interessierten Sammler heißt das, dass es sächsische Offiziersrevolver gibt, die Truppenstempel tragen, denn die an die Feldwebel ausgegebenen Offiziersrevolver unterlagen der Stempelvorschrift. Ein Realstück ist gegen Ende der Niederschrift des Manuskripts aufgetaucht:

Seriennummer 1932 mit dem Buchstaben S darunter,
Griffschalen mit Fischhaut,
Truppenstempel: 12.A.F.H.1.10
Sächsisches Fußartillerie-Regiment Nr.12,
1. Haubitzen-Batterie, Waffe Nr. 10,
stationiert in Metz. Das Regiment umfasste 9 Batterien.

Damit waren auch gleichzeitig die Mittel zur Bestellung 1000 weiterer Revolver M/83, von Generalmajor Hammer hier „Feldwebelmodell" genannt, freigegeben.

Von Fabrice förderte also mit raschen Entscheidungen die Bewaffnung der Neuformationen der sächsischen Armee.

7.17a. Rund 1450 nicht verkaufte sächsische Offiziersrevolver wurden später an die Truppe ausgegeben und tragen somit die vorgeschrieben Truppenstempel. Sammlung J. Gräwe
About 1,450 unsold Saxon officer's revolvers were later issued and therefore bear regimental markings.
J. Gräwe collection

Der 2. Kontrakt zur Beschaffung von Revolvern M/83 betraf die oben erwähnten 1000 Stück. Er trägt das Datum 31. Mai 1887 und wurde von Generalmajor Hammer und V. Chr. Schilling unterschrieben. Die Unterschrift von C. G. Haenel fehlt diesmal. Da dieser Kontrakt inhaltlich mit dem ersten nahezu identisch ist, greifen wir wieder lediglich die Paragraphen heraus, die für unser Thema von Bedeutung sind.

„§ 1

Die Firma V. Chr. Schilling in Suhl übernimmt die Lieferung von 1000 Stück Revolver M/83 mit ungeritzten Schaftschalen wie solche bereits zur Einführung gelangt sind.

§ 2

Die Firma verpflichtet sich, die in §1. bezeichneten 1000 Revolver in nachstehenden Terminen zur Ablieferung zu bringen und zwar:
500 Stck. 6 Wochen nach Abschluß des Kontraktes
500 Stck. 10 Wochen nach Abschluß des Kontraktes

§ 4

Die in die oben bezeichneten 1000 Revolver gehörenden 1000 Stück Schlagfedern müssen behufs Prüfung bzw. Übernahme spätestens 2 Wochen vor dem Eintreffen der Kommission in Suhl, im Artillerie-Depot zu Dresden eingetroffen sein...

§ 5

...und nach Anleitung der bekannten Preuß. Stempelungsvorschriften mit Nummern und zwar: von 2000 bis 3000 derart zu bezeichnen, daß alle Theile eines Revolvers dieselben Nummern tragen.

§ 8

Das Königl. Preußische Probe-Exemplar des gen. Revolvers befindet sich bereits in den Händen der

Firma V. Chr. Schilling und sind die 1000 Stück Revolver für das Königlich Sächsische Artillerie-Depot genau nach den Preußischen Probestücken anzufertigen bzw. zu liefern.

§ 9

...Die erforderlichen Rundkugeln zur Kugelung der Läufe stellt die Firma unentgeldlich...

§ 13

Der Preis für jeden franco Arsenal Dresden zu liefernden und bei der Revision als gut abgenommenen Revolver beträgt 30 Mark...“

Der 2. Kontrakt enthält einige Ungereimtheiten.

1. Das Konsortium wird nicht mehr erwähnt, nur noch die Firma V. Chr. Schilling unterzeichnet als alleiniger Vertragspartner. Der Grund ist nicht bekannt. Auch der 3. Kontrakt wird nur mit V. Chr. Schilling abgeschlossen. Später, bei den größeren Bestellungen für die Feldartillerie, kommt die Firma C. G. Haenel wieder ins Spiel.
2. Bei der Vergabe der Seriennummern ist den Verantwortlichen ein Denkfehler unterlaufen: Die Revolver M/83 des 1. Auftrags waren mit 1 bis 2000 zu kennzeichnen.
   Die des 2. Auftrags von 2000 bis 3000.
   Demnach würde die Nr. 2000 zweimal vergeben worden sein. Das ist jedoch, abweichend vom Kontrakt, mit Sicherheit nicht geschehen. Wie wir später sehen, hat man die Nummerierungsvorgabe beim 3. Kontrakt wieder korrekt angegeben.

Fast zeitgleich erfolgte der Antrag beim KSKM, ein Abnahme-Kommando für die 1000 Stück des 2. Kontraktes entsenden zu dürfen.

„Dresden, den 1. Juni 1887
Dem Königliche Kriegs-Ministerium gestattet sich die Direction der vereinigten Artillerie-Werkstätten und Depots nachstehende Übernahme der in Suhl bestellten 1000 Stück Revolver Nachstehendes ganz ergebenst vorzutragen.
Zur Abnahme der Revolver wird eine Übernahme-Kommission, welche den 1. Juli in Suhl eintrifft, entsendet.
Dieselbe würde aus
1 Offizier und
1 Truppenbüchsenmacher
zu bestehen haben und sind hierzu vom Oberst Thierbach
Premierleutnant Ullrich, 2. Grenadier-Regiment Nr. 101.,
Büchsenmacher Scheumann I, 2. Ulanen-Regiment Nr. 18
in Vorschlag gebracht worden. Das Kommando bleibt bis zu Beendigung der Übernahme – voraussichtlich Mitte August in Suhl. Es dürfte sich empfehlen, daß Oberst Thierbach – bei Beginn des Kommandos – von der im Gange befindlichen Fabrikation in Suhl Kenntniß nimmt und erlaubt sich die unterzeichnete Stelle, den ganz unmaßgeblichen Vorschlag zu Befehligung dieses Offiziers nach Suhl dem Königliche Kriegs- Ministerium zu unterbreiten.
gez. Hammer
Generalmajor und Director der vereinigten Artillerie-Werkstätten und Depots .“

Die Abnahme des 2. Kontrakts oblag demnach dem Oberleutnant Ullrich und dem Büchsenmacher Scheumann, der in dem Anschreiben zur Unterscheidung mit einer „I“ gekennzeichnet worden war.

Die Ausrüstung der Neuformationen machte die Beschaffung weiterer Revolver M/83 erforderlich. Hierzu wurde ein dritter Kontrakt über 1000 Stück, wiederum nur mit V. Chr. Schilling geschlossen, datiert auf den 27. Februar 1888:

„Kontract
zur Beschaffung von 1 000 Revolver M/83 mit glatten Schaftschalen betreffend.

§ 1

Der Waffenfabrikant Herr V.Chr. Schilling in Suhl übernimmt die Lieferung von 1000 Revolvern M/83 mit glatten Schaftschalen.

§ 2

Der Lieferant verpflichtet sich die im § 1. genannten Revolver bis spätestens den 30. September 1883 zur Ablieferung zu bringen...

§ 5

...und nach Anleitung der bekannten Preuß. Stempelungsvorschriften mit Nummern und zwar: von 3001 bis 4000 derart zu bezeichnen, daß alle Theile eines Revolvers dieselben Nummern tragen.

§ 13

Der Preis für jeden franco Arsenal Dresden zu liefernden und bei der Revision als gut übernommenen Revolver beträgt 32,20 Mark....“

In diesem Kontrakt wurde die Nummerierung wieder korrekt vorgeschrieben.

Die anderen Details wie:
- Beschuss erfolgt in weißfertigem Zustand,
- die Schlagfedern werden wieder vorab in den Dresdener Artillerie-Werkstätten geprüft und übernommen,
- die Kaliberprüfung der Läufe erfolgt immer noch mittels Kugeln, wurden unverändert von den vorher abgeschlossenen Kontrakten übernommen.

Die Übernahme in Suhl erfolgte durch die Truppenbüchsenmacher Heil, Däberitz, Eidner und konnte pünktlich Ende September abgeschlossen werden.

7.3.1 Revolver M/83 für die Feldartillerie in Sachsen

Die von Preußen eingeleitete Bewaffnung der Kanoniere der fahrenden Batterien mit dem Revolver M/83 galt auch für Sachsen.

Die Umsetzung der Kabinett-Ordre vom 12. März 1891 erfolgte in Sachsen relativ rasch. Bereits am 6. Mai 1891 war ein Kontrakt paraphiert und am 12. Mai genehmigt worden. Dieser 4. sächsische Kontrakt umfasste die Lieferung von 4000 Revolvern M/83.

Der Lieferant war wieder das Suhler Konsortium von C.G. Haenel und V.Chr. Schilling.

Aus nicht bekannten Gründen kam es ein paar Wochen später zu einem Nachtrags-Kontrakt über weitere 500 Revolver M/83.

Dieser Nachtrags-Kontrakt, in unserer Auflistung der 5. Kontrakt, war datiert auf den 15. Juli 1891 und wurde am 30. Juli 1891 vom KSKM genehmigt.

„Es übernimmt der Waffenfabrikant V. Chr. Schilling in Suhl eine weitere Lieferung von 500 Stück Revolver 83 für den Preis von 32,20 M. pro Stück und verpflichtet sich derselbe, die Lieferung der gesamten 4500 Stück Revolver 83 bis 20. Oktober d. J. zu beenden...

Die Direction der vereinigten Artillerie-Werkstätten und Depots
gez. Zerener
Oberstleutnant“

Generalmajor Hammer war also inzwischen pensioniert und der ehemalige Leiter der 2. Abteilung , B. Zerener, hatte seine Stelle übernommen.

Wie wir sehen, beachteten bereits einige der betroffenen militärischen Stellen in Sachsen die Anweisung ab dem ab 16. Dezember 1889 zukünftig das „M/“ vor dem Modelljahr entfallen zulassen.

Gut einen Monat vor Ablauf des Liefertermins, bat V. Chr. Schilling schriftlich beim Chef der vereinigten Artillerie-Werkstätten und Depots um eine Terminverlängerung. Bis zu diesem Zeitpunkt hatte das Konsortium noch keinen einzigen Revolver geliefert.

Umgehend wurde Oberst Thierbach als „Inspizient der Handwaffen“ nach Suhl beordert, um Näheres über die Verzögerung in Erfahrung zu bringen. Thierbach war für diese Aufgabe besonders prädestiniert, da er durch seine Abnahmetätigkeit die Verhältnisse und die handelnden Personen in Suhl bestens kannte.Sein Bericht, wegen der zahlreichen technisch-organisatorischen Details von besonderer Bedeutung, ist im folgenden ungekürzt wiedergegeben:

„Dresden, den 19. September 1891
An das Königliche Kriegs-Ministerium
Dem Königlichen Kriegs-Ministerium melde ich, von Suhl zurückgekehrt, als Grund der verzögerten Lieferung der bei den Fabrikanten V. Chr. Schilling u. C.G. Haenel in Suhl bestellten Revolver M 83 ganz gehorsamst Folgendes:

Beide Fabrikanten waren bei der Bestellung der Revolver im April d.J. und sind noch gegenwärtig derart mit der Herstellung der Karabiner M88 beschäftigt, daß sie nur einige wenige Maschinen für die Revolver frei haben.

Trotzdem haben sie die Bestellung angenommen, indem sie die Anfertigung der einzelnen Teile anderen Fabrikanten übertrugen und sich nur das Zusammen- und Ingangsetzen der Revolver vorbehalten. Die Fabrik von Hänel (so geschrieben, Verf.) *fertigt nur die Läufe und lässt die Walzen, sowie die Schlossteile in der Fabrik von N. von Dreyse in Sömmerda, die Firma Schilling die Kasten in der Fabrik von Simson & Co. in Suhl herstellen.*

Auf die Genauigkeit dieses Kastens, als Träger der einzelnen Revolverteile kommt es vorzugsweise an, die Arbeit erfordert daher vollständig tüchtige Maschinen und geschickte peinlich genaue Arbeiter.

Diese Bedingungen scheint die Fabrik von Simson, so gut sie sonst ist, doch nicht erfüllen und nicht soviel tüchtige Arbeit der Anzahl nach liefern zu können, als bei Übernahme der Bestellung erwartet wurde. Es wurden früher nur täglich 20, in den letzten Tagen 40 Kasten fertig, nachdem die Firma Schilling nicht nur ihre Einspannvorrichtungen, sondern auch einzelne Maschinen und zuletzt die Arbeiter mit zur Verfügung gestellt hat, welche früher in dieser Fabrik die wichtigsten Arbeiten an den Kasten ausgeführt haben.

Es scheint aber auch, als würden die gelieferten Arbeiten nicht mehr von derselben Güte wie früher, was sich vielleicht dadurch erklärt, daß ein großer Teil der Arbeiter vorher zur Herstellung der Gewehre M88 in den Königlichen Gewehrfabriken besonders Erfurt Beschäftigung gefunden hatte, wo es mehr auf die Menge als die Güte der gelieferten Arbeit ankam und dabei höhere Löhne bezahlt wurden.

Auch jetzt arbeiten diese Leute lieber am Karabiner als am Revolver, weil ihnen dies eine durch die Gewohnheit leichtere Arbeit ist, während sie sich bei den Revolverteilen erst einrichten müssen und daher weniger verdienen.

Die Firma V. Chr. Schilling ist daher nicht im Stande, die vertragsmäßigen Lieferungsfristen einzuhalten, arbeitet sich aber eines Teils durch Einstellen neuer Maschinen zur Kastenfabrikation, andern Teils durch Bestellung von 500 Kasten bei Dreyse in Sömmerda

bis Ende September 1000 Revolver
bis Ende Oktober 1500 Revolver
5. Dezember 2000 Revolver
und so die bestellte Anzahl von 4500 Revolvern bis zu dieser Endfrist zu liefern.

Die Firma Schilling hat eine Kaution von 14400 M. eingezahlt, welche vertragsmäßig bei Nichteinhaltung der Lieferungsfrist in sofern verfällt, als mit derselben anderweit die bestellten Revolver beschafft werden können. Von den dazu befähigten Fabriken komme nur die von Dreyse in Sömmerda in Frage, doch steht dieselbe mit ihren Handmaschinen nicht mehr auf der Höhe der Zeit, so daß es mehr als zweifelhaft ist, ob sie die Lieferung rechtzeitig und in gewünschter Güte ausführen könnte. Die Königliche Gewehrfabrik Erfurt ist ebenfalls mit Maschinen zur Herstellung der Revolver eingerichtet, dieselben sind aber noch nicht in Gang gesetzt und ehe das geschehen – die Genehmigung des Königlich Preußischen Kriegs-Ministeriums vorausgesetzt – und die rohen Teile beschafft, überhaupt der Betrieb in dieser Beziehung wirklich lieferungsfähig, wäre jedenfalls auch die neu angesetzte Endfrist der Schilling'schen Fabrik erreicht, so dato eine Beschleunigung der Lieferung nicht eintreten würde.

Ich erlaube mir daher, die Bitte der Fabrik von V. Chr. Schilling, die Endfrist auf den 5. Dezember d. J. endgültig hinauszuschreiben, dem Königlichen Kriegs-Ministerium zur Genehmigung ganz gehorsamst zu unterbreiten, auch in Berücksichtigung des Umstands, daß diese Fabrik schon öfter für die Sächsische Armee gut und pünktlich geliefert hat und durch Einbehaltung der Kaution wesentlich geschädigt würde.

Das Schreiben der Firma Schilling betreffend der Aufstellung der neuen Lieferfristen liegt bei.
gez. Thierbach
Oberst und Inspicient der Handwaffen"

Der zitierte Brief von V.Chr. Schilling lautet wie folgt: *„Euer Hochwohlgeboren, beehre ich mich hierdurch in Folge gehabter Unterredung die gehorsamste Mitteilung zu machen, daß bezüglich der Fertigstellung der in Auftrag habenden Revolver 83 seitens der beiden Firmen Schilling und Hänel alles aufgeboten wird, um dieselbe auf's Äußerste zu beschleunigen und versuchen wir dieselben in der Weise zur Ablieferung zu bringen, daß*

bis Ende September d. J. 1000 Stück
bis Ende Oktober d. J. 1500 Stück
bis 5. Dezember d. J. 2000 Stück
zur Absendung gelangen...

Suhl, den 17. September 1891
ganz ergebenst V. Chr. Schilling"

Die für die Feldartillerie Sachsens bestellten Revolver 83 sind also unter einem gewaltigen Termindruck und einer bisher nicht üblich gewesenen Arbeitsteilung produziert worden.

Fassen wir zusammen.
- die Läufe hat Haenel hergestellt.
- 4000 Kasten (Rahmen) kamen von Simson, ebenfalls in Suhl ansässig.
- 500 Kasten hatte man bei Dreyse bestellt.
- sämtliche Schlossteile kamen von Dreyse.
- die Trommeln lieferte ebenfalls Dreyse zu.

Die Endmontage erfolgte bei beiden Partnern. Besitzer von sächsischen M/83 im Seriennummernbereich von 4001 bis 8500 wissen nun, wie und teilweise auch wo ihre Stücke entstanden sind. Der Schriftverkehr liefert tiefe Einblicke in das Zusammenspiel der Suhler Waffenfabrikante und auch mit dem ehemals ärgsten Wettbewerber in Sömmerda.

Die Güteprüfung der 4500 Revolver 83 der Feldartillerie führten die Büchsenmacher Freyer und Lämmel durch.

Die beschriebene Terminsituation spielte sich vor dem Hintergrund ab, dass im Depot noch immer 1322 Offiziersrevolver gut gefettet eingelagert waren. Die damals geplante Ausgabe an die Neuformationen konnte demnach nur teilweise vollzogen worden sein.

Wer es seiner Zeit war, der dem KSKM davon Kenntnis gab, ist nicht bekannt, jedenfalls kam dieser Umstand ans Licht, und der neue Kriegsminister Karl Paul von der Planitz, Nachfolger des 1891 verstorbenen Kriegsministers Alfred von Fabrice, verfügte am 23.Februar 1892:

„Beschluß des Kriegsministeriums vom 23. Februar 1892

Das Kriegsministerium bestimmt, daß die im Artillerie-Depot lagernden 1322 Stück Offiziers-Revolver – Revolver 83 mit geritzten Schaftschalen – nunmehr in die an Revolvern für das Königlich Sächsische Armee-Korps bereit zu haltende Material-Reserve einzurangieren sind. Die Revolver sind daher aus den Mitteln des Kapitel 37 Titel 18 anzukaufen und findet der z.Zt. in den Vorschüssen gebuchte Betrag von 43047 Mark 37 Pf. hierdurch Deckung.
gez. von der Planitz

Abschrift hiervon der
1. Königlichen Direktion der vereinigten Artillerie-Werkstätten und Depots
2. der III. Abteilung zur Kenntnis
zu weiteren Veranlassung zu übersenden.
Dresden, den 23. Februar 1892
Kriegsministerium
Im Auftrage
gez. Hentschel, Major"

Mit Ausführung der obigen Anweisung war der Bestand an Offiziersrevolvern M/83 vollständig ausgegeben:

Die Abgänge waren also wie folgt:
1885 2000 Stück beschafft
bis 1887 550 an Offiziere verkauft
1887 111 für Unteroffiziere entnommen (111 M/83+639 M/79)
bis 1892 17 an Offiziere verkauft
1892 1322 Übergabe ans Depot als Reserve, dann Ersatz für M/79

Es gelangten demnach 1433 Offiziersrevolver zur Ausgabe an Unteroffiziere und Mannschaften, die, wie bereits erwähnt, der Stempelvorschrift unterlagen.

Nähere Erläuterungen zu dem Thema erhielt das Königliche General-Kommando am 25. Februar 1892 vom KSKM:

„In den Beständen des Artillerie-Depots befindet sich zur Zeit eine größere Anzahl Revolver 83, die genügen würden, um die Unteroffiziere der Kavallerie-Regimenter an Stelle der Revolver 79 mit dergleichen 83 zu bewaffnen. Diese Maßregel würde außer der besseren Handlichkeit der Revolver 83 auch noch den Vorteil einer entsprechenden Entlastung des Reiters haben, da die letztgenannte Waffe rund 360 g leichter ist, als der Revolver 79. Die Revolvertasche mit der die Kavallerie jetzt ausgerüstet ist, lässt sich ohne Weiteres zur Aufnahme des Revolvers 83 benutzen; es empfiehlt sich aber die Tasche am unteren Ende zu verkürzen, was ohne große Mühe und Kosten von den Truppen ausgeführt werden kann und wodurch eine weitere Entlastung herbeigeführt wird.

Sofern das Königliche General-Kommando den Wunsch hegt, die Kavallerie nach obigem Vorschlage umzubewaffnen, ist das Kriegs-Ministerium bereit, hierzu die Allerhöchste Genehmigung zu erbitten. (Genehmigung durch König Albert, Verf.)
Dresden, den 25. Februar 1892
Kriegs-Ministerium
gez. von der Planitz“

Der Kommandierende General stimmte am 29. Februar dem Vorschlag zu. Die Umrüstung der Unteroffiziere der sächsischen Kavallerie konnte eingeleitet werden. Ein weiterer Teil der im Depot lagernden Offiziersrevolver 83 wurde nun sinnvoll eingesetzt. Die entsprechende Menge an Revolvern 79 floss ins Depot zurück.

Die Verwertung der eingelagerten Offiziersrevolver kam glücklicherweise noch rechtzeitig zu Stande. Wie wir später sehen werden, beanstandete der Reichsrechnungshof 1894, der die Jahre 1888/1889 zu prüfen hatte, exakt diesen Posten.

Im September 1891 hatte Thierbach berichtet, dass die Gewehrfabrik Erfurt dabei war, sich auf die Fertigung der Revolver 83 maschinell vorzubereiten.

Die Fertigung der für die Neubewaffnung erforderlichen Revolver war noch nicht verfügt, als mit Allerhöchster Entscheidung vom 10. Dezember 1891 das KPKM den preußischen Beschaffungsvorgang unterbrach. Aus einem Schreiben des preußischen Kriegsministeriums, Nr. 454/11.91.D1. vom 12. Dezember 1891, sind die Gründe für diesen Schritt zu ersehen: *„...ganz ergebenst mitzuteilen, wie die schwebenden Versuche zur Herstellung eines neuen Revolvers bzw. Mehrladepistols für rauchschwaches Pulver bisher noch nicht so weit gefördert sind, daß schon jetzt ein bestimmter Zeitpunkt für den Abschluß der Versuche angegeben werden kann.*

Voraussichtlich darf in dem Herstellungs-Versuch ein abschließendes Urtheil bis zum nächsten Frühjahr erwartet werden, so daß demnächst in einen Truppenversuch eingetreten werden kann, für dessen Durchführung ein Zeitraum von etwa 6 Monaten in Aussicht zu nehmen sein wird.

Da somit über die Einführung eines neuen Revolvers bzw. Mehrladepistols aller Wahrscheinlichkeit nach im Herbst nächsten Jahres endgültige Entscheidung getroffen werden kann, wird ... die ... befohlene Bewaffnung der Kanoniere der fahrenden Batterien mit Revolvern 83 bis zum Abschluß der vorbereiteten Versuche ausgesetzt werden. Die im Etat für 1892/93 für Revolver 83 angemeldeten Geldmittel sollen für die Beschaffung von Revolvern bzw. Mehrladepistolen neuer Probe mit verwendet werden.“

Die in Preußen laufenden Versuche, durch Verwendung der neuen rauchlosen Pulver, einen kleinkalibrigen Revolver als Nachfolgemodell des Revolvers 83 zu entwickeln, waren zu diesem Zeitpunkt noch nicht abgeschlossen. Ebenso die parallel laufenden Tests und Versuche mit den neuartigen automatischen Pistolen.

Die Zeit drängte und Preußen musste sich entscheiden. 1893 war die Entscheidung schließlich gefallen. Das Kriegsministerium in Berlin teilte den Bundesstaaten mit:

„Berlin, den 5. Mai 1893
An das Königlich Sächsische Kriegsministerium zu Dresden
Dem Königlichen Kriegsministerium beehrt sich das diesseitige mit Bezug auf sein Schreiben vom 12. Dezember 1891 Nr. 454. 11.91. D1. ganz ergebenst mitzutheilen, daß die Versuche zur Konstruktion eines kleinkalibrigen Revolvers bz. Mehrladepistols bis jetzt ohne ein befriedigendes Ergebnis verlaufen sind und nicht abzusehen ist, wann ein Abschluß derselben erfolgen wird. Seine Majestät der Kaiser und König haben aus Anlaß dessen zu befehlen geruht, daß die Fabrikation der Revolver 83 wieder aufgenommen werden soll

und mit denselben die Bewaffnung der Kanoniere der fahrenden Batterien erfolgen darf. Diesem Allerhöchsten Befehle entsprechend, hat die Fabrikation von Revolver 83 in der Gewehrfabrik zu Erfurt begonnen.

gez. v. (unleserlich)"

Das Schreiben schickte Kriegsminister v. d. Planitz den vereinigten Artillerie-Werkstätten und Depots, ohne einen Kommentar, zur Kenntnis. Oberst Zerener reichte es am 12. Mai wieder zurück.

Ein Kommentar war auch nicht notwendig, hatte doch Sachsen bereits im Dezember 1891 die Revolver 83 für die Kanoniere erhalten und konnte somit als erster Bundesgenosse die Bewaffnung der Feldartillerie abschließen.

Das Schreiben ist mit Sicherheit vom sächsischen Kriegsminister dementsprechend beantwortet worden.

Von den 1893 im Depot liegenden 2697 Revolvern 79 wurden 2500 verkauft und der Erlös zur Beschaffung von 300 Revolvern 83 verwendet. **(Siehe entsprechenden Abschnitt 7.3.2 „Verkäufe")**

Der 6. Auftrag über 300 Stück ging an die Firma C.G. Haenel in Suhl, Seriennummernbereich: 8501 bis 8800.

Die Abnahme in Suhl führte der Truppenbüchsenmacher Jungmann noch im selben Jahr durch.

Sachsen hatte demnach keine Revolver 83 in Erfurt bestellt.

Ob die Abfuhr aus Dresden etwas damit zu tun hatte, ist unbewiesen. Jedenfalls rückte gegen Ende 1893 eine Abordnung des Reichsrechnungshofes aus Berlin an.

Die zwei folgenden internen Protokolle der betroffenen Stellen innerhalb der Militäradministration des KSKM geben die Situation bezüglich der sächsischen Handfeuerwaffen wieder, die in zwei Punkten beanstandet worden war.

Wohlgemerkt, geprüft wurden die Jahre 1888 und 1889!

Das 1. Rechtfertigungsprotokoll trägt das Eingangsdatum 31. Januar 1894. *„Zur mündlichen Begründung der Bemerkungen 87 und 88 des Rechnungshofes zur allgemeinen Rechnung für 1888/89 in der Rechnungs-Kommission des Reichtags.*

Offiziers-Revolver und Säbel

Wie für alle Waffen so ist es auch hinsichtlich der Offizier-Säbel für Feldwebel und Vicefeldwebel und der Revolver unbedingt nöthig neben den etatmäßigen Waffenbeständen eine angemessene Material-Reserve bereitzuhalten um bei Unbrauchbarwerden oder bei unvorhergesehenen Abgängen von dergleichen Waffen Ersatz leisten zu können.

Auch im vorliegenden Falle handelt es sich nicht um Beschaffungen bzw. Vorräthighaltung von Waffen ausschließlich für Offiziere, sondern vielmehr um oben bezeichnete Material-Reserve.

Aus diesen Reserve-Beständen sind auch nach §9 der Bestimmungen über die Aufbewahrung etc. der Waffen – im Mobilmachungsfalle den Feldwebelleutnants sowie den Offizieren- und Beamtenstellvertretern der mobilen Truppen die erforderlichen Revolver und Offiziers-Seitengewehre, in somit dieselben in den Artillerie-Depots verfügbar sind, gegen Bezahlung zu überlassen. Aus dieser Material-Reserve sind nun schon seit 1879/80 auch den Offizieren des Friedens- und Beurlaubtenstandes sowie Offiziers-Aspiranten gegen Erstattung des Selbstkostenpreises Säbel bzw. Revolver geliefert worden, um denselben genau vorschriftsmäßige Waffen zukommen zu lassen, bzw. dieselben vor Überteuerungen seitens der Lieferanten zu schützen.

Diese Maßnahme hat noch den weiteren Vorteil, daß die Offiziere im Felde dem Revolver, welche dem in der Armee eingeführten Revolver gleich sind mit einer für die mitgeführte Munition passenden Kaliber führen.

Eine Schädigung des Reichs kann in dieser Maßnahme nicht erblickt werden.

schon in der Rechnung 1885/86 ist diese Angelegenheit betr. der Revolver vom Rechnungshof zur Sprache gebracht und in der Rechnungs-Kommission im Jahre 1891 erörtert worden.

Damals handelte es sich um die Beschaffung von 2000 Revolvern, welche allmählich an Offiziere verkauft wurden. Diese Revolver entsprachen der Probe der sonst in der Armee geführten Revolver.

Von diesen waren 1891 noch 1322 vorhanden, die einen Geldwert von 43 077 M repräsentierten.

Nach den bezüglich vom sächsischen Militärbevollmächtigten gegebenen Erläuterungen ist der Gegenstand von der Rechnungs-Kommission nicht weiter beanstandet worden. Lt. Bericht der Rechnungs-Kommission für 1885/86 S. 127 89/90 d. Jahres 1892 sind übrigens all die Fußmannschaften der Fuß-Artillerie und die Kavallerie-Truppentheile mit Revolvern 83 ausgerüstet worden, diese Revolver zur Bewaffnung bezeichneten Mannschaften mit verwendet worden.

Eine Material-Reserve an Revolvern und zwar in Höhe von 2000 Revolvern (für 11 000 Kopfbewaffnungsstärke) wird noch jetzt bereit gehalten.

Von den früher zur Reserve beschafften Revolvern M/73 sind bei Einführung eines anderen Modells (gemeint ist hier der Revolver M/79, Verf.) *noch 5 Stück im Werthe von 180 Mark im Bestande verblieben, die – wie alle übrigen dergleichen Revolver – den Dispositionsbeständen des Artillerie-Depots zugeführt worden sind.*

Beglaubigt,

Schubert

Kanzlei-Sekretär"

Am 30. Januar 1894 fordert der Unterzeichner „S." weitere Argumente gegen die Beanstandungen der Reichsrechnungshofes: *„A. u. R. an nebenstehende,* (hier: oben stehende, Verf.) *zur Erledigung der Bemerkungen 87 und 88 des Rechnungshofes zu der allgemeinen Rechnung für 1888/89 bestimmte Darlegung mit der Anfrage, ob gegen die Ausführungen Bedenken obwalten und ob nicht noch weitere Momente zur Begründung der (beanstandeten) Maßnahmen geltend gemacht werden können."*

Die gewünschte weitere Erwiderung kommt am 5. Februar 1894 von einem Unterzeichner *„von K.":*

„A an

mit dem Bemerken zurück, daß sich die Verhältnisse inzwischen vollständig geändert haben. Trotz Übernahme des von den seiner Zeit beschafften 2000 Offiziers-Revolvern unverkauft verbliebenen Restes von 1322 Stück in die Material-Reserve des Artillerie-Depots ist, durch eingetretene Formationsänderungen, bzw. Bewaffnung der Kanoniere der fahrenden Batterien mit Revolvern, die vorhanden gewesenen Material-Reserven nicht nur vollständig aufgebraucht, sondern es fehlen zur Zeit noch 423 Revolver an den 12 236 Stück betragenden Kriegsbedarf.

Es ist daher eine Neubeschaffung von vorläufig 1000 Stück Revolver 83 in Aussicht genommen..."

Dieser clevere Offizier hatte also nicht nur den vollen Überblick, sondern machte zusätzlich auf eine Lücke aufmerksam, die sicherlich bei zukünftigen Revisionen durch den Rechnungshof aufgefallen wäre.

Das Protokoll führte dann auch prompt zu einem weiteren Beschaffungsvorgang.

Auf Grund einer Kabinettsvorlage vom 27. März 1894, also nur zwei Monate später, hatten die vereinigten Artillerie-Werkstätten und Depots bei der Firma C.G. Haenel in Suhl 1000 Revolver 83 bestellt.

Das war der 7. Auftrag, den Sachsen erteilt hatte. Der Seriennummernbereich: 8801 bis 9800.

Der Beginn der Abnahme der Revolver war für den 13. August vorgesehen, so dass sich die Direktion der vereinigten Artillerie-Werkstätten und Depots am 4. Juli 1894 an das KSKM wandte, um die Übernahmekommission auf den Weg zu bringen: *„Dem Königlichen Kriegs-Ministerium gestattet sich die Direktion ganz gehorsamst zu melden, daß die zufolge K. Ab. V. vom 5. Februar 1894 Nr. 167. IV. bzw. vom 27. März 1894 Nr. 996 IV. bei der Firma C.G. Haenel in Suhl in Bestellung gegebenen 1 000 Stück Revolver 83 vom 13. August d. J. ab zur Übernahme bereit gestellt sein werden. Das Königliche Kriegs-Ministerium bittet die Direktion im Einverständnis mit dem Inspizienten der Handwaffen ganz gehorsamst zur Kommandierung einer Abnahme-Kommission, bestehend aus: dem Zeughausbüchsenmacher Schellenberger und einem Truppenbüchsenmacher vom 13. August d. J. ab nach Suhl Genehmigung erteilen bzw. die Kommandierung des Büchsenmachers Jungmann des 2. Bataillons, 8. Infanterie-Regiment Nr. 107 – welcher 1893 zu einem gleichen Kommando* nach Suhl befehligt war – bei dem Königlichen Generalkommando hochgeneigtest vermitteln zu wollen. Des Weiteren meldet die Direktion im Einverständnis mit dem Inspizienten der Handwaffen Oberstleutnant z.D. Schaff ganz gehorsamst, daß es wünschenswerth erscheint gedachten Stabsoffizier zur Einleitung der betreffenden Abnahme – Geschäfte in der Waffenfabrik von Haenel während der ersten 3 Tage der Abnahme, sowie die letzten 10 Tage bis zur Beendigung der Abnahme mit nach Suhl zu befehligen.*

Das Königliche Kriegs-Ministerium wird ganz gehorsamst um bezügliche Befehle gebeten.

gez. Zerener

Oberst und Direktor".

* bei diesem Kommando hatte es sich um die Abnahme der 300 Revolver 83 gehandelt, die seiner Zeit aus dem Verkaufserlös von 2500 Revolvern 79, erworben werden konnten.

Am 8. Oktober 1894 genehmigte Kriegsminister von der Planitz die Anschaffung von 33 aufgeschnittenen Revolvern 83. Der Seriennummernbereich des 8. Auftrags ist unbekannt.

Da ein Realstück mit der Seriennummer 9812 notiert werden konnte, welches nicht geschnitten war, ist davon auszugehen, dass diese 33 Stück eine eigene Nummerierung besaßen.

Da für die Schnittmodelle beanstandete Teile verwendet werden konnten (sofern durch den Schnitt der Mangel beseitigt wurde oder die Mängel unbedeutend waren) die Seriennummern gestreut sein.

Nähere Angaben zu den Schnittmodellen werden in einem nachfolgenden Kapitel behandelt.

Am 1. November 1895 bestellte Sachsen bei C.G. Haenel in Suhl weitere 200 Revolver 83. Seriennummernbereich des 9. Auftrags: 9801 bis 10 000. Die Abnahme erfolgte unter Leitung von Oberst Schaff und dem Oberbüchsenmacher Eidner am 8. Februar 1896 in Suhl.

Der 10. und letzte Auftrag über 500 Stück wurde am 3. Februar 1896 ebenfalls an C.G. Haenel vergeben. Der Preis war inzwischen auf 27 Mark pro Stück gesunken. Seriennummernbereich: 10 001 bis 10 500.

Die Abnahme führte wiederum der Oberbüchsenmacher Eidner durch und die Direktion der vereinigten Artillerie-Werkstätten und Depots meldete am 7. Mai 1896 den Eingang der 500 Stück in Dresden.

Die sächsischen Revolver wurden also durchgehend von 1 bis 10500 nummeriert. Seriennummern auf sächsischen M/83 über 10000 sind nachgewiesen.

Die in Preußen eingeführte Art der Nummerierung, nämlich nach Erreichen der 10000 einen Zusatzbuchstaben hinzuzusetzen, war in Sachsen nicht verfügt worden.

Im Seriennummernbereich ab ca. 9500 bis zum Ende der Serie kommen häufig neben den militärischen Stempeln der Güteprüfung noch zusätzlich zivile Beschussstempel vor. Bei diesen Revolvern wurde von den Abnahmekommissionen der zivile Beschuss akzeptiert, da der sächsische Beschussstempel AR fehlt, der große Revisionsstempel und der Superrevisionsstempel jedoch vorhanden sind (Seriennummer 10211).

Ein pragmatischer, aber eher seltener Vorgang im Vertrauen auf das noch relativ junge zivile Beschussgesetz.

Da die Revolver 83 des letzten Auftrags rund 3 Jahre nach Inkrafttreten des neuen deutschen Beschussgesetzes bestellt wurden, liegt die Annahme nahe, dass es sich hier um bereits vorgearbeitete „weiße" und zivil beschossenen Lagerware gehandelt haben muss, die noch nicht nummeriert war.

Der erfahrene Oberbüchsenmacher Eidner wird sicherlich in Dresden wegen der bereits vorhandenen Stempel angefragt haben, denn sie entsprachen ja nicht der preußischen Stempelvorschrift.

Eine Genehmigung zur Übernahme wurde demnach erteilt. Interessant ist, dass bei diesen später in Suhl bestellten sächsischen Revolvern 83 ebenfalls die verstärkten Trommelstops vorhanden waren. (Beobachtet bei der Seriennummer 10211).

Diese sonst nur bei den Erfurt-Revolvern (ab 1894, innerhalb f-Serie) anzutreffende Verbesserung wurde auch beim Suhler Konsortium berücksichtigt. Die Aufträge waren demnach dem neusten Zeichnungsstand entsprechend abgewickelt worden.

Quellen

SHS, 2171, 2172, 2180, 2189, 4223

7.3.2 Verkäufe

Was den Direktor der vereinigten Artillerie-Werkstätten und Depots zu Dresden bewogen hat, eine Anfrage bezüglich des Verkaufs der Revolver 79 an das KSKM zu richten, ist uns überliefert:

„Dresden, den 14. Februar 1893.
An das Königliche Kriegs-Ministerium.
Dem Königlichen Kriegs-Ministerium gestatten sich die Direktoren der unterzeichneten vereinigten Artillerie-Werkstätten und Depots ganz gehorsamst das Nachstehende zu berichten:

In den diesseitigen Beständen befindet sich an Revolvern M/79 eine Material-Reserve von 2697 Stück.

Die Firma C.G. Haenel in Suhl hat wiederholt angefragt, ob beabsichtigt sei, Revolver dieser Konstruktion zum Verkauf zu stellen und sich bereit erklärt eventuell eine Anzahl von 2 – 3000 Stück zu dem Preise von 4 MK. 25 Pfg. für ein Stück käuflich zu übernehmen.

Einige andere Firmen haben auf diese Waffen Angebote bis zu 2 Mk. pro Stück abgegeben. Da der von der Firma Hänel (hier wieder irrtümlich mit „ä" geschrieben, Verf.) *gebotene Preis somit als besonders günstig zu bezeichnen ist, verfehlt die Direktion nicht vorstehenden Kaufantrag dem Königliche Kriegs-Ministerium zur hochgeneigten Entscheidung ganz gehorsamst zu unterbreiten.*

In Rücksicht darauf, daß die Material-Reserve an Revolvern M/83 z. Zt. nur 170 Stück beträgt, könnte eventuell der bezügliche Verkaufserlös zum Ankauf von Revolvern dieser neueren Konstruktion Verwendung finden.

Bezüglich der weiteren Verkaufsbedingungen bittet die Firma Hänel bei Abschluß des Vertrages von der Aufnahme einer Exportklausel – ebenso wie dies bei den ihr im April 1892 überlassenen 3932 Revolvern M/73 geschehen – abzusehen.

Sollte indes auf eine solche nicht verzichtet werden können, so will sich die Firma hiermit einverstanden erklären, daß ihr zur Pflicht gemacht wird, nur die Verschiffung nach einem überseeischen Hafen nachzuweisen.

Das Königliche Kriegs-Ministerium bittet die Direktion gehorsamst um eine dies bezügliche hochgeneigte Entscheidung.
gez. Zerener
Oberst und Direktor"

Als Randvermerk zu o. a. Schreiben kommentierte der Kriegsminister am 18. Februar wie folgt: *„Der Königlichen Direktion der vereinigten Artillerie-Werkstätten und Depots der Verkauf von 2500 Rev. 79 an die Firma Haenel in Suhl und der Ankauf von 300 Rev. 83 von derselben Firma ist durch K.M.B. Nr. 451 IV heutigen Tags besonders angeordnet.*
Der Ankauf der eben bezeichneten 2500 Revolver 79 soll unter der Bedingung erfolgen, daß die Firma Haenel die Verschiffung dieser Waffen nach einen überseeischen Hafen nachweist.
Kriegsministerium
von der Planitz."

Mit einer offiziellen Aktennotiz wurde der Vorgang den entsprechenden Abteilungen des KSKM bekannt gegeben.

„Dresden, den 18. Februar 1893
Auf den Vortrag der Königl. Direktion v. 14. d.M. genehmigt das Kr. M. die Beschaffung von 300 Revolvern 83 um den notwendigsten Bedarf an Material-Reserve für diese Waffen im Kriegsfalle zur Hand zu haben.

Um aber für diese Beschaffung keine besonderen Mittel aufwenden zu müssen, wird der gleichfalls beantragte Verkauf von 2500 Stück Rev. älteren Modells an die Firma C.G. Haenel in Suhl zum Preise von 4 M 25 Pf. für ein Stück genehmigt.

Der Verkaufserlös für diese Revolver ist zur Deckung der Beschaffung von Rev. 83 entstehenden Kosten zu verwenden.

Kriegsministerium
gez. von der Planitz“

Eine Zusammenstellung der verkauften Militärgüter vom 17. Juli 1893 wies die 2500 Revolver M/79 bereits als verkauft aus.

Die Exportauflage für Haenel besagte klar und deutlich: *„Verschiffung dieser Waffen nach einen überseeischen Hafen.“*

Mit großer Wahrscheinlichkeit sind die M/79 Revolver nach China gegangen, denn Haenel hatte bereits größere Mengen M/71-Gewehre nach China geliefert. Langfristige Geschäftsbeziehungen waren demnach vorhanden.

Ob das in dem Wochenmagazin „Der Spiegel“ (Nr. 26, vom 26. Juni 1989) abgebildete Foto einer Exekution im japanisch-chinesischen Krieg 1894/95 als Beweis herangezogen werden kann, ist schwer zu beurteilen. Das Bild zeigt einen japanischen Soldaten, der einem gefesselten Chinesen einen Revolver 79 mit gespanntem Hahn an den Kopf hält.

Sammler wissen, dass Revolver 79 sächsischer Herkunft recht selten sind. Die in Sachsen verbliebene Anzahl von nur 1700 Stück spricht dafür.

Quellen
SHS, 2192

7.4 Bestellungen Württembergs

Die Änderung der Bewaffnung der Krankenträger und Unteroffiziere nach preußischem Vorbild galt natürlich auch für das kleine Königreich Württemberg.

Der Kriegsminister Württembergs beantragte deshalb am 13. Juni 1884 u. a.: *„Nachdem nunmehr Seine Majestät der Kaiser für die Königlich Preußische Armee befohlen haben, daß die Krankenträger sowie diejenigen Unteroffiziere der Truppen zu Fuß, welche keine Schußwaffen tragen, – Feldwebel, Vicefeldwebel, Fahnenträger und Bataillons-(Regiments-)Tambours – mit einem Revolver, nach der anliegenden, die Bezeichnung Revolver M/83 führende Probe bewaffnet werden, so wird in Berücksichtigung der Eingangs erwähnten Gründe, sowie im Interesse einer einheitlichen Bewaffnung, dieser Revolver auch bei Euerer Majestät Armeecorps für die Bewaffnung der Krankenträger und der vorgenannten Chargen der Truppen zu Fuß zur Einführung zu gelangen haben.*

Ich gestatte mir daher ... zu beantragen, daß ... der Revolver M/83 eingeführt wird“

Aus dem gut begründeten Antrag ging weiterhin hervor, dass Württemberg zu dieser Zeit einen Bedarf von 1300 Revolvern M/83 hatte, und der Kriegsminister erbat die Genehmigung, den Bedarf bei der Firma Gebr. Mauser u. Cie. in Oberndorf bestellen zu dürfen.

Württembergs König Karl schrieb am 14. Juli 1884 unter den Antrag seines Ministers: *„Genehmigt Karl“*

Der Auftrag wurde dann auch an die Firma Gebr. Mauser & Cie. vergeben. Die Bestellmenge hatte das KWKM vorschriftsmäßig um eine Reserve erhöht, so dass insgesamt 1500 Stück Revolver M/83 angefordert wurden.

Die registrierten Seriennummern sprechen für eine durchgehende Nummerierung von 1 bis 1500.

7.18. Karl von Württemberg, König von 1864 bis 1891, genehmigte den Ankauf der Revolver M/83. Privatsammlung
Karl of Württemberg, King from 1864 until 1891, authorized the purchase of the revolvers. Private collection

7.19. Revolver M/83 aus der Bestellung Württembergs. Hersteller Mauser.
Revolver M/83 from an order placed by the Württemberg Ministry of War and manufactured by Mauser.

Sammlung des Autors
Author's collection

Seriennummern über 1500 kommen vor, konnten aber in allen Fällen als Offiziersrevolver identifiziert werden und kommen für die hier behandelten Unteroffiziers- und Mannschaftsrevolver nicht in Betracht. Nach Auskunft des Oberndorfer Museums war der Auftrag im Oktober 1884 abgeschlossen.

Ein wenig mysteriös ist deshalb die Angabe der Jahreszahl 1883 in der Mitte des Firmenstempels. Wurden die Revolver vor Erteilung des offiziellen Auftrags angefertigt? Mehr als unwahrscheinlich. Steht die Jahreszahl vielleicht für das Modell M/83? Erinnern wir uns, der erste preußische Auftrag wurde ca. November 1883 erteilt. Zu diesem Zeitpunkt war natürlich auch Württemberg in Besitz der Zeichnungen und Vorschriften. Ein im Vorfeld zwischen dem KWKM und den Gebr. Mauser abgestimmtes Vorgehen ist wahrscheinlich.

Die wirtschaftliche Situation bei Mauser war auch zu dieser Zeit alles andere als rosig; der Auftrag kam daher wie gerufen. Immerhin erlaubten die freien Kapazitäten einen unverzüglichen Produktionsstart, zumal auch die meisten Spannvorichtungen, Formfräser, Reibahlen und Senker usw. noch von der M/79-Fertigung her vorhanden und somit mit wenig Änderungen verfügbar waren. Von ganz wenigen Ausnahmen abgesehen, tragen die Württemberger M/83 das Ausgabejahr 1886. Die Revolver lagen demnach über ein Jahr im Depot.

7.4.1 Revolver 83 für die Feldartillerie.

Die Zahl der für die Kanoniere der Württemberger Feldartillerie bestellten Revolver 83 ist nicht bekannt. Da Württemberg über 4 Feldartillerieregimenter verfügte, kann mit aller Vorsicht nur eine Größenordnung von rund 2500 Stück angegeben werden. Den Hersteller an Hand von Dokumenten zu benennen ist wegen der bereits erwähnten Aktenlage nicht möglich, jedoch lassen sich die Truppenstempel dieser Regimenter ausschließlich auf Revolvern der Gewehrfabrik Erfurt nachweisen.

Württemberg war damit der einzige Bundesstaat innerhalb des deutschen Reiches, der von dem Angebot Kaiser Wilhelm II. Gebrauch gemacht hatte, die in Erfurt gefertigten Revolver, gegen Zahlung versteht sich, zu übernehmen. Die Erfurter Revolver mit württembergischen Truppenstempeln tragen die Jahreszahlen 1893 und 1894. Sie wurden also aus der lfd. Serienfertigung entnommen.

Quellen

HRB I

C. Matschoß: *„Die Geschichte der Mauser-Werke"*, S. 86, Berlin, 1938

Chapter 7

When a decision was taken to arm the medical corps with a revolver, a discussion arose due to the heavy weight of the Revolver M/79. The relevant departments at Spandau Arsenal received orders to design a lighter revolver for the medical orderlies based on the M/79.

The result was the Revolver M/83. There was no official or formal introduction of this revolver, but from its very conception the designation Revolver M/83 was used without change until late 1889.

Prussia

In November 1883 Prussia placed an order for 10,000 M/83 revolvers with the re-organized Suhl Consortium which now consisted of V. C. Schilling and C.G. Haenel. J.P. Sauer & Son had withdrawn and gone into the sporting arms trade.

An additional demand was created by the decision to arm the non -commissioned officers, colour bearers and drummers with a revolver. Possibly because of a lower price offer, the demand for these revolvers was filled by von Dreyse, about 1885. This second order amounted to 12,000 pieces, based on the confirmed number of 10,000 compared with the author's recorded serial numbers.

In March 1891 came the order to equip the gunners of the field artillery with the M/83 revolver, and a third order was placed, not with one of the commercial firms but with the Royal Prussian Gun Factory at Erfurt. In the absence of records the analysis of serial numbers was used to arrive at an approximate production figure.

The result was a figure of 85,000, which figure compares well with an analysis of the number of regiments and batteries of field artillery at that time.

Total production of Revolvers M/83 for the Prussian War Ministry amounted to:

10,000	from the Suhl Consortium, documented
13,000	from von Dreyse, calculated
92,500	from Royal Prussian Gun Factory Erfurt, calculated
115,500	Revolvers M/83

In the production by the Royal Gun Factory Erfurt some technical modifications were made. During 1894, between serial numbers 1800f and 4500f, the cylinder stops were improved. Later, in 1896, the lanyard ring was enlarged from 3.2mm to 3.4mm.

At the end of 1889 the Prussian War Ministry promulgated a change in weapon designation. From 1890 the former Revolver M/83 was to be called Revolver 83.

This change affected the revolvers in all the Imperial forces.

Bavaria

The M/83 revolver was formally introduced in Bavaria in June 1884. The new model was issued not only to medical orderlies but also to the non-commissioned officers of the infantry. The KBKM signed their first contract with the Suhl Consortium for 3,000 revolvers.

In June 1889 a second much smaller order for 860 M/83s was awarded to F. von Dreyse. The arming of the field artillery gunners (in 1891) created an additional demand for the Revolver 83 which amounted to 4,296 for the Bavarian service, all of which were produced by the Suhl Consortium.

Total production of Revolvers 83 for Bavaria was:

7,296	by the Suhl Consortium
860	by F. von Dreyse
8156	

All of these revolvers were inspected at the Royal Bavarian Gun Factory at Amberg using gauges purchased from Spandau

Saxony

All M/83s produced for the Saxon government were made by the Suhl Consortium. The first contract was for 4,000 revolvers, 2,000 of standard pattern and 2,000 "officer's model." This contract contains interesting details about the quality-control procedures; for instance, the initial proof and view were carried out with the revolvers "in the white." The final inspection (Superrevision) was carried out with the revolvers completely finished. The Saxon War Ministry was clever. In the contract it was agreed that the Suhl Consortium would use the existing Prussian gauges and inspection devices for the Saxon production, rather than purchasing a separate, and expensive, set.

But a sample revolver was purchased from Spandau by the KSKM. In each of their contracts the Saxon Ministry stipulated particular serial number sequences.

In May 1887 a second contract for 1,000 M/83 revolvers was agreed. In the first paragraph it is stated that the grips were not to be chequered, indicating that standard pattern, and not officer's models, were required.

In total the Kingdom of Saxony purchased 12,533 M/83 revolvers including 2,000 officer's models.

In 1893 2,500 M/79 revolvers were sold off to help finance the purchase of M/83s.

These were purchased by C.G. Haenel, and the author believes that they were sold on to China, because Haenel did much business with China and sold them large quantities of surplus M/71 rifles. This sale may in part account for the relative scarcity of Saxon M / 79 revolvers.

Württemberg

It is not surprising to find that Württemberg supported local industry and purchased all of their M/83 revolvers from the Mauser company in Oberndorf. According to Conrad Matschoss's: *"Die Geschichte der Mauser-Werke (1938)"*, 1,500 revolvers were purchased, a figure which is supported by analysis of the recorded serial numbers.

8. Revolver als Offizierswaffe

Die Bekleidung, Bewaffnung und Ausrüstung der Offiziere musste aus eigener Tasche bezahlt werden. Angemessene Anteile waren im Sold eingerechnet. Die teuren Revolver wurden zwar hin und wieder angeschafft, doch blieb der Säbel die Hauptwaffe. Die jüngeren Offiziere standen der damals neumodischen Drehpistole nicht so skeptisch gegenüber und kauften sie häufiger, was einige seltene Fotos beweisen. Während man erklärlicherweise zahlreiche Fotos mit Gewehr tragenden Soldaten findet, sind Abbildungen mit Revolvern oder gar mit Revolvern und der vorschriftsmäßigen Kartusche sehr rar.

Vor der Reichsgründung waren die privat gekauften Revolver eine bunte Mischung der verschiedenen Hersteller und Systeme. Bevorzugt wurden Hersteller des eigenen Herzogtums oder Königreichs.

Während anfangs der Perkussionsrevolver den Markt beherrschte, kamen in den 60er Jahren des 19. Jahrhunderts die Stiftfeuerrevolver auf, die auch häufig nach dem Erfinder „Lefaucheux-Revolver“ genannt wurden.

Eine in Deutschland besondere Beachtung fand der Dreyse-Revolver. Der bekannte Name verhalf diesem Typ zu einer gewissen Popularität unter den Offizieren, die ihn bevorzugt erwarben.

Erst nach der Reichsgründung und der damit verbundenen Normierung der Waffen in Deutschland, entstand ein gewisser Trend hin zu dem klassischen Offiziersrevolver auf der Basis der beiden eingeführten Modelle M/79 und M/83.

Wie wir sehen werden, unterstützten die einzelnen Kriegsministerien den Ankauf der Offiziersrevolver, um sie zu Selbstkosten weiter zu reichen.

8.1 Preußische Offiziersrevolver

Fast gleichzeitig mit der Auftragsvergabe der M/79 hatte die Firma Dreyse sämtlichen Kriegsministerien ihre Offiziersrevolver angeboten.

Auf der Basis des regulären Revolvers M/79 konnten geliefert werden:

1. Revolver mit selbsttätiger Spann- und Stechervorrichtung.
2. Revolver mit ordonnanzgemäßen Schlossmechanismus, vernickelt.
3. Der gleiche Revolver, gebläut.
4. Der gleiche Revolver, gebräunt.

Neben den Offerten an die Ministerien erschienen entsprechende Berichte mit durchweg positiver Beurteilung. Hier der Bericht der *„Darmstädter Militär-Zeitung“*, abgedruckt in der *„Allgemeinen Militär-Zeitung“* Nr. 58 von 1883:

— Der Dreyse'sche Offiziers-Revolver M/79. Der deutsche Heeres-Revolver M/79 eignet sich wenig zur Bewaffnung des Offiziers, namentlich des unberittenen. Seine große Länge (34 cm) und sein nicht unbedeutendes Gewicht (1,3 kg) machen ihn zu einem ebenso unbequemen wie schwer unterzubringenden Begleiter. Andererseits ist aber ein möglichst enger Anschluß der Offiziers-Waffe an die im Heere eingeführte sehr wünschenswerth, einestheils wegen des leichteren Ersatzes einzelner unbrauchbar gewordener Stücke, andererseits wegen der Munitions-Einheit.

Diese Erwägungen führten den Geheimen Kommissionsrath F. v. Dreyse in Sömmerda zu der Konstruktion einer Offiziers-Waffe, welche die Vortheile des Heeres-Revolvers, aber dessen Nachtheile in vermindertem Grade besitzt. Zugleich hat er mit seinem Revolver eine sehr einfache selbstthätige Spannvorrichtung in Verbindung gebracht, die sich gerade in der Hand des Offiziers ebenso vortheilhaft erweisen dürfte, wie sie in der Hand des Soldaten von Nachtheil wäre.

Der Dreyse'sche Revolver ist 27 cm lang und mit selbstthätiger Spannvorrichtung, ohne dieselbe 1,150 kg schwer; wir sehen in beiden Maßen einen kleinen Ueberschuß zu Gunsten des Dreyse'schen Systems. Die Haupttheile des letzteren gleichen denjenigen des Heeres-Revolvers, nur ist der Lauf um etwa 49 mm kürzer und der Schaft mit Fischhaut versehen und etwa 2 cm kürzer im Griff. Derselbe liegt gut in der Hand, für den Mittelfinger ist am Abzugsbügel ein Haken zum Anlegen desselben angebracht.

Die originelle selbstthätige Spannvorrichtung besteht darin, daß vor dem eigentlichen Abzug — ähnlich wie bei dem Stechschloß — noch ein Abzug gelagert ist, der Spannhebel genannt wird. Derselbe steht durch eine Kette mit der Brust des Hahns in Verbindung, welche beim Zurückziehen des Abzugs gehoben wird und den Hahn zu einer Rückwärtsbewegung veranlaßt. Hält man mit dem Druck des Fingers an dem vorderen Absatz ein, dann ist der Schnabel der hinteren Abzugs-Stange in die Spannrast des Hahns eingefallen. Ein leichter Druck gegen den hinteren Abzug genügt, um die Entspannung der Schlagfeder und damit das Vorschleudern des Hahns zu bewirken. Andererseits kann durch fortgesetztes Drücken an dem vorderen Abzug gleich nach dem Spannen ein Entspannen der Schlagfeder bewirkt werden.

Eine vor dem anderen Abzug gelegene flache Feder wird beim Zurückziehen desselben gespannt und drückt hierdurch den vorderen Abzug wieder in seine alte Lage zurück.

Durch den vorderen Abzug ist es nöthig geworden, die Feder des Arretir-Hebels etwas nach aufwärts zu verlegen. Letzterer hält wie beim Heeres-Revolver die Trommel nach beendigter Drehung so fest, daß der Lauf und das entsprechende Patronen-Lager sich in genauer Uebereinstimmung befinden.

Die Patrone ist dieselbe wie die des deutschen Heeres-Revolvers.

Beiläufig mag bemerkt sein, daß die deutsche Revolver-Patrone ganz gut aus dem russischen Heeres-Revolver verfeuert werden kann und umgekehrt.

Der Preis eines Dreyse'schen Revolvers ohne Selbstspann-Vorrichtung ist 35 Mark, durch letztere erhöht er sich um 10 Mark.

(Darmstädter Militär-Zeitung.)

Bei der Betrachtung der Offiziersrevolver muss immer die grundsätzliche Wahlmöglichkeit bei der Waffenbeschaffung durch Offiziere beachtet werden.

Es war den Offizieren anheim gestellt,

1.) entweder aus fiskalischen Beständen, also mit Steuergeldern vorfinanzierte Revolver zu erwerben, oder
2.) sich ein Modell auf dem Markt zu beschaffen.

Zu 1.)

Diese Revolver wurden gesondert zu den etatmäßigen Bestellungen hinzugerechnet.

Die Revolver hatten die normale Güteprüfung hinter sich und waren wie reguläre Revolver gekennzeichnet, mit der Ausnahme, dass keine Truppenstempel und Ausgabejahreszahlen geschlagen wurden. Aber auch hier bestätigen Ausnahmen die Regel: Es kommen preußische Offiziersrevolver vor, die einen Truppenstempel tragen. Möglich ist, dass durch die Zugehörigkeit zu „ihrem“ Regiment dokumentiert werden sollte.

Zu 2.)
Zu diesen Modellen gaben die Ministerien, wenn überhaupt, nur Empfehlungen. Die zugesagte kostenlose Bereitstellung von Munition im Kriegsfall und zum Übungsschießen bezog sich ausdrücklich nur auf die eingeführte 10.6 mm Revolverpatrone.

Die auf dem zivilen Markt als Offiziersrevolver angebotenen Exemplare konnten natürlich auch von privaten Interessenten erworben werden. Revolver, die ab 1891 erworben wurden, erhielten den zivilen Beschussstempel V mit Krone nach dem neu eingeführten deutschen Beschussgesetz von 1891. Das V bedeutete „Vorratszeichen". Es wurde auf allen vor 1891 im Handel befindlichen Waffen eingeschlagen. Nach Inkrafttreten der Ausführungsbestimmungen am 1. April 1893 erhielten die Revolver nach dem endgültigen Beschuss ein gekröntes U. Dieser zivile Beschuss hatte mit dem militärischen Beschuss im Rahmen der Güteprüfung und Abnahme nichts zu tun. Revolver 79 als Offiziersrevolver, sei es in militärisch abgenommener Version oder als privat beschafftes, etwas erleichtertes Modell, sind seltener anzutreffen. Welcher Offizier mochte sich auch mit dem schweren Stück abschleppen, wenn der Markt (siehe oben) Leichteres zu bieten hatte.

Nach Annahme des Revolver M/83 änderte sich die Situation schlagartig. Der M/79 war nicht mehr gefragt, und diejenigen, die den Revolver bereits erworben hatten, wollten ihn wieder loswerden.

Das KPKM hatte ein Einsehen und bot die Möglichkeit einer Rückgabe an: Armee-Verordnungsblatt 1885, Nr. 37

„Berlin, den 6. Februar 1885.
In Folge mehrfach ergangener Anträge wird hierdurch allgemein genehmigt, daß die von Offizieren aus fiskalischen Beständen gegen Bezahlung entnommenen Revolver M/79 nebst Zubehör an die Gewehrfabrik zu Erfurt, gegen Rückgewährung des dafür gezahlten Betrages von 33 M. pro Stück, zurückgeliefert werden. Die Revolver sind von den einzelnen Truppentheilen – Bataillonen, Abtheilungen bzw. Regimentern – gesammelt an die genannte Fabrik einzusenden. Zur Vermeidung von Verwechselungen haben die Truppentheile den Sendungen Nummer-Verzeichnisse der Revolver beizufügen. Die entstehenden Transportkosten sind von den Truppentheilen bzw. den betreffenden Offizieren zu tragen.
Kriegsministerium;
Allgemeines Kriegs-Departement."

Wie viele es gewesen sind, wird im Dunkel bleiben. Die zurückgenommenen Revolver wurden wieder ausgegeben und mit Truppenstempeln versehen. Zahlreich waren sie sicherlich nicht.

Die privat erworbenen Revolver 79, oder besser gesagt vom Typ M/79, lassen sich als solche leicht identifizieren.

Bisher konnten folgende Realstücke registriert werden:

F.v. Dreyse in Sömmerda

Nr. 01, Lauflänge 153 mm, ohne Mündungswulst, Griffschalen mit Fischhaut

Nr. 09, Lauflänge 153 mm, Mündungswulst,

8.1. Offiziersrevolver vom Typ M/79, angefertigt von F.v. Dreyse, Sömmerda. Sammlung Dr. J. Alles
Officer's revolver of M/79 type, manufactures by F.v. Dreyse, Sömmerda. Dr. J. Alles collection

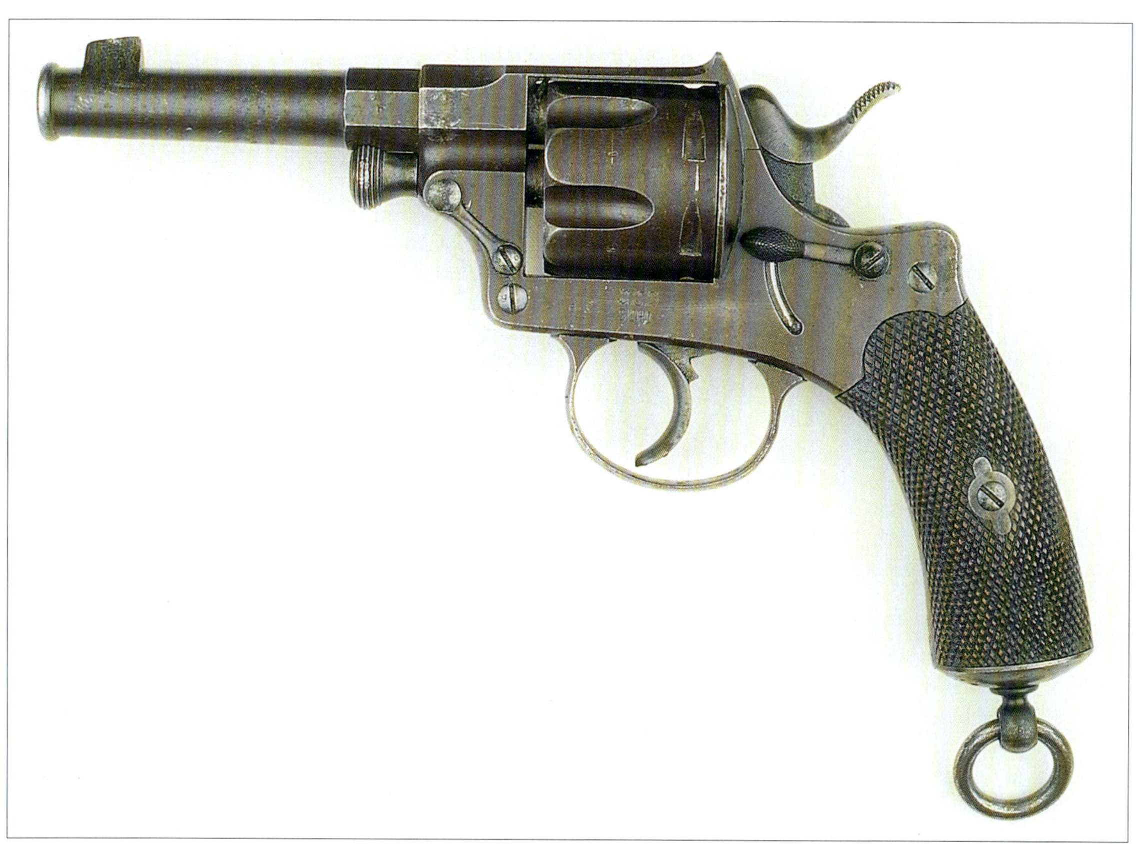

8.2.–8.3. Offiziersrevolver vom Typ M/79, angefertigt von V. C. Schilling in Suhl.
Officer's revolver of M/79 type, manufactured by V. C. Schilling, Suhl.

Sammlung J. Lux
J. Lux collection

8.3a. Die abgenommene Seitenplatte legt das Double Action Schloss des V. C. Schilling-Revolvers frei. Sammlung J. Lux
The side plate has been removed from the V. C. Schilling revolver to show the double-action lockwork. J. Lux collection

Griffschalen mit Fischhaut, Wehrtechnische Studiensammlung Koblenz.

Nr. 50, Lauflänge 154 mm, ohne Mündungswulst, Griffschalen mit Fischhaut, Wehrtechnische Studiensammlung Koblenz .

Nr. 116, Lauflänge 155 mm, ohne Mündungswulst, Griffschalen mit Fischhaut, gebläut; auf der Trommelbrücke: F.v.DREYSE; ehem. Sammlung R.H.Müller.

Nr. 178, ohne Mündungswulst.

Nr. 270, ohne Mündungswulst, Beschriftung auf der Trommelbrücke: F.v.DREYSE, Armee-Museum, Brüssel

Nr. 335, ohne Mündungswulst, Griffschalen mit Fischhaut, in einer US-Sammlung.

C.G. Haenel in Suhl

Nr. 93, mit Mündungswulst, Fingerhaken, mit Doppelabzug, Griffschalen mit Fischhaut, abgebildet in *„Gazette des Armes“* Nr. 168, Beschriftung auf der Trommelbrücke: C.G. HAENEL SUHL, blaue Streichbrünierung, eingelegt, Rahmenränder und Trommel ebenfalls, gebläut, Griffschalen mit Ornamentik.

V.C. Schilling in Suhl

Seriennummer 6

Die Akzeptanz der preußischen Offiziere hinsichtlich ihrer persönlichen Bewaffnung mit Revolvern änderte sich mit Einführung des Revolvers M/83.

Zu einer generellen Einführung des M/83 als Offiziersrevolver konnte sich Preußen, im Gegensatz zu Bayern, Sachsen und Württemberg, nicht entschließen.

Preußen zeigte sich in diesem Punkt gegenüber seinen Offizieren recht großzügig. Über seinen Bevollmächtigten ließ das KBLM in Berlin anfragen, ob Preußen sich bezüglich der Bewaffnung seiner Offiziere bereits definit entschieden habe. Seine Antwort vom 24. April 1885 ist aufschlussreich: *„...daß eine allerhöchste Entscheidung über die Trageweise der Revolver M/83 und des Doppelfernrohres noch nicht getroffen worden ist. Auf Grund vertraulicher Mittheilung des Direktors Militär-Oekonomie-Departements und des Chefs der Abtheilung für Bekleidungswesen kann ich jedoch zugleich gehorsamst melden, daß demnächst Vortrag über diesen Gegenstand bei seiner Majestät gehalten wird.*

Hierbei werden die Anträge des Königlich Preußischen Herren Kriegsministers dahin gehen, daß Muster von Revolvern und Doppelfernrohren für Offiziere überhaupt nicht normiert werden möchten, in Folge dessen auch keine Futterale und keine Trageweise; es soll vielmehr die dem Einzelnen zweckmäßig erscheinende Wahl dieser Ausrüstungsstücke und daher auch ihrer Trageweise anheim gestellt bleiben.

Es ist mir zugesagt worden, daß dem Königlichen Kriegsministerium Mittheilung zugehen wird, sobald die allerhöchste Entscheidung über die besagten Punkte erfolgt sein wird.“

Ein Jahrspäter erfahren wir aus einem Rapport des sächsischen Verbindungsoffiziers von Schlieben vom 15. April 1885 wie die Ausgabe und Trageweise der Revolver 83 in Preußen geregelt werden sollte.

Diese äußerst aufschlussreiche Passage lautet:
„..Den Offizieren wird die Trageweise des Revolvers freigestellt; die Beschaffung und der Verkauf der Offiziers-Revolver will man hier dem Offizier-Verein übertragen...“

Preußen blieb also tatsächlich bei seiner liberalen Einstellung zur Offiziersausrüstung und Wilhelm I. verfügte am 17. September 1885: *„Seine Majestät der König haben zufolge Allerhöchster Entschließung...v. 31. d. Mts. allergnädigst zu genehmigen geruht, daß*

1) fortan zur Feldausrüstung aller Offiziere ein Revolver und zur Ausrüstung der Offiziere der Stäbe sowie der fechtenden Truppen der Feldarmee ein Doppelfernrohr gehören soll, daß ferner

2) den Offizieren gestattet ist, außer dem Armee-Revolver M/83 auch Revolver andern Modells zu führen und die Wahl eines Modells für das Doppelfernrohr sowie einer bestimmten Trageweise für beide Stücke freigegeben bleibt,

3) zum Erlaß der hiernach notwendig werdenden Vollzugsbestimmungen das Kriegsministerium ermächtigt sei.“

Dem Wunsch der preußischen Offiziere, einen geprüften Revolver zu günstigen Konditionen er-

8.4. Double Action Offiziersrevolver vom Typ M/83. Hergestellt durch das Konsortium Suhl.
Double-action officer's revolver of M/83 type, manufactured by the Suhl Consortium.

Sammlung des Autors
Author's collection

8.6. M/83-Offiziersmodell, abgenommen und entsprechend gestempelt durch die preußische Abnahmekommission. Hersteller: Konsortium Suhl.

Sammlung des Autors

M/83 officer's model inspected and marked by the Prussian Board of Inspection. Manufactured by the Suhl Consortium.

Author's collection

8.5. Das Schloss des Double Action Offiziersrevolvers.
Sammlung des Autors
The lock of the double-action officer's revolver.
Author's collection

werben zu können, trug das KPKM Rechnung. Der Deutsche Offizier-Verein, gegründet 1884, bot also den Offizieren u.a. eine Auswahl an Revolvern an. Das erklärt auch die unterschiedlichen Revolvertypen mit preußischer Güteprüfung. Der „Deutsche-Offizier-Verein" bündelte demnach die Bestellungen bei den Waffenlieferanten und ermöglichte somit, dass den unterschiedlichen Wünschen der Offiziere Rechnung getragen werden konnte.

Das Warenangebot des Vereins war breit gestreut und umfasste alles, was sich ein Offizier an Bekleidung und Ausrüstung zu beschaffen hatte. Der Aufwand an Uniformen, Kopfbedeckungen, Blankwaffen, Reit- und sonstigem Lederzeug war in Wilhelminischer Zeit für jeden Offizier aufwendig und kostspielig. Eine ähnliche Einrichtung mit dem Namen „ARMY & NAVY" existierte als Kooperative bereits seit 1871 in England und mag als Vorbild gedient haben.

Für Sammler in heutiger Zeit ist die Vielfalt an Uniformen und Ausrüstung ein kaum überschaubares, aber reizvolles Betätigungsfeld.

Der Revolver spielte eine untergeordnete Rolle.

(Abbildung mit freundlicher Genehmigung des Auktionshauses Jan K. Kube).

Militärisch geprüfte preußische Revolver des Typs M/83 lieferten nur die beiden Firmen C.G. Haenel und V.C. Schilling in Suhl als Konsortium und F. von Dreyse in Sömmerda.

Anmerkung: Der Begriff „Offiziersrevolver" steht hier für die Revolver der Bauart M/83, die sich durch Griffschalen mit Fischhaut auszeichnen und in der Regel eine hochglänzende gebläute Oberfläche besitzen.

Wie man sieht, sind rund ein Drittel einer militärischen Güteprüfung unterzogen worden. Während bis zur Seriennummer 1000 Double Action und Single Action gemischt vorkommen, scheint später der Double Action-Revolver Typ nicht mehr gefertigt worden zu sein. Danach erscheint in der Regel nur noch die Standard-Ausführung.

Die Konzentration an geprüften Revolvern im Bereich der Seriennummern 1200 bis 3900 ist nur mit einer größeren Bestellung (Sammelbestellung) zu erklären. Wie aus der nachfolgenden Aufstellung errechnet, hat das Suhler Konsortium insgesamt rund 3930 Stück Offiziers- bzw. Zivilrevolver geliefert. Es werden demnach auch Stücke dabei sein, die von Zivilpersonen erworben worden sind, selbst wenn diese Markenrevolver recht teuer waren. Der zivile Erwerb erstreckte sich nicht nur auf ganz Deutschland, sondern auch auf das Ausland

Bemerkenswert ist, dass beide Lieferanten spezielle Varianten anboten.

C.G. Haenel und V.Chr. Schilling hatten neben dem Standardtyp auch eine Double Action-Ausführung im Programm. Recht selten sind Revolver des Konsortiums mit 2 Abzügen. (in der Auflistung mit einem * versehen) Diese Bauart führte sonst nur Dreyse im Programm.

Wie wir wissen, haben Dreyse und das Suhler Konsortium gelegentlich sogar kooperiert. Insofern it es möglich, dass dieser Revolver ganz oder in Teilen von Dreyse an das Konsortium geliefert worden war. Es ist anzunehmen, dass dieses Exemplar kein Einzelstück war, sondern dass einige wenige der gleichen Bauart zur Bestellung gehörten. Ein weiteres Exemplar ist dem Verfasser jedoch nicht begegnet.

F. von Dreyse bot überwiegend den für ihn typischen Revolver mit 2 Abzügen an. Aber auch der normale M/83 kommt, wie die Tabelle zeigt, in verhältnismäßig wenigen Exemplaren vor.

Von den tatsächlich preußisch abgenommenen und entsprechend gekennzeichneten Suhler Offiziersrevolvern lassen sich nur rund 27 % der Gesamtmenge, also 1064 Stück nachweisen.

Berrechnungen zufolge hat Dreyse insgesamt rund 3817 Stück Offiziers- / Zivilrevolver geliefert. Davon mit preußischer Güteprüfung und Kennzeichnung ganze 6% also nur rund 229 Stück M/83. Fasst man beide Ergebnisse zusammen, kommt man auf lediglich rund 1293 Revolver 83 mit preußischer Güteprüfung. Die abgenommenen Revolver 83 besaßen folgende Stempel der Güteprüfung:

Registrierte Offiziers- / Zivilrevolver M/83

des Suhler Konsortiums

Lfd. Nr.	Seriennummer	Güteprüfung	Besonderheiten
1	8		Single Action
2	11	ja	Single Action
3	18		Double Action
4	19		Single Action
5	20	ja	Double Action
6	26		Single Action
7	37		Double Action, Krone U
8	44		Double Action
9	45		Double Action
10	60		Double Action+V-St.
12	74		Double Action
13	90		Double Action
14	75		Single Action+V-St.
15	106		Single Action
16	113		Double Action
17	115		Double Action
18	144	**ja, sächsisch**	**Doppelabzug***
19	130		Single Action
20	145		Double Action
21	146		Single Action
22	148		Single Action
23	149		Single Action
24	190		Double Action
25	151	ja	Single Action
26	156		Single Action
27	213		Double Action
28	214		Single Action+V-St.
29	220		Double Action
30	234		Double Action
31	259	**ja, GF**	Double Action
32	260	ja	Single Action
33	272		Single Action
34	284		Double Action
35	287		Single Action
36	293		Double Action,V-St.
37	298		Double Action
38	299		Single Action
39	311		Single Action, 99.R.11.4
40	321		Single Action+V-St.
41	359		Double Action
42	365		Single Action
43	385	ja	Single Action
44	386		Single Action
45	393		Double Action
46	400		Double Action+V-ST.
47	407		Single Action
48	433		Single Action
49	434	ja	Single Action

Lfd. Nr.	Seriennummer	Güteprüfung	Besonderheiten
50	435		Double Action
51	476		Double Action
52	518		Single Action
53	518		Single Action
54	522		Single Action
55	545		Single Action
56	554		Single Action
57	588		Single Action
58	562		Double Action
59	666		Double Action
60	720		Single Action
61	726		Single Action
62	814		Stempelung: L.K.7.
63	848		Double Action
64	898		Single Action
65	936		Double Action+V-St.
66	954		Double Action
67	1235		Single Action
68	1239	ja	Single Action
69	1352		Single Action
70	1443		SA, K mit Krone auf Griff
71	1495	ja	Single Action
72	1512		Single Action
73	1859	ja	Single Action
74	2023	ja	Single Action
75	2056	ja	Single Action
76	2086		Single Action
77	2111	ja	Single Action
78	2119	ja	Single Action
79	2146		Single Action
80	2176	ja	**Doppelabzug ***
81	2418	ja	Single Action
82	2537	ja	Single Action
83	2563		Single Action
84	2730	ja	Single Action
85	3092	ja	Single Action
86	3100	ja	Single Action
87	3211	ja	Single Action
88	3315	ja	Single Action
89	3366	ja	Single Action
90	3437		Single Action
91	3457		Single Action
92	3497	ja	Single Action
93	3626		Single Action
94	3670	ja	Single Action
95	3842	ja	Single Action
96	3869	ja	Single Action

- Beschussstempel auf dem Lauf und auf der Trommel in Form eines Adlers.
- großer Revisionsstempel innen vor dem Ring.
- Superrevisionsstempel außen vor dem Ring.

Anmerkungen zum Dreyse-Revolver mit 2 Abzügen

Der typische Dreyse-Revolver mit den 2 Abzügen ist, wie unschwer zu erkennen, der Normalfall. Der Standard M/83 mit Ausstoßer dagegen ist selten. Auf beide Besonderheiten lohnt es sich näher einzugehen.

a) Das Doppelabzugs-Modell.

Der Revolver besitzt einen breiten stabilen vorderen Abzug und einen kleineren, schmaleren hinten.

Registrierte Offiziers- / Zivilrevolver M/83

der Firma F.v. Dreyse, Sömmerda

Lfd. Nr.	Seriennummer	Güteprüfung	Besonderheiten
1	12		Single Action
2	73		Single Action, ohne Fischhaut
3	144		Single Action, ohne Fischhaut
4	216		Doppelabzug + Ausstoßer *
5	314		Doppelabzug + Ausstoßer
6	602		Doppelabzug + Ausstoßer *
7	690		Doppelabzug
8	699		Doppelabzug
9	755		Doppelabzug
10	803		Doppelabzug
11	810		Doppelabzug
12	860		
13	896		Doppelabzug
14	907	ja	Doppelabzug
15	930		Doppelabzug
16	999		Doppelabzug + Ausstoßer
17	1043		Doppelabzug + Ausstoßer
18	1142		
19	1197		Doppelabzug
20	1245		Single Action+ Ausstoßer
21	1250		Doppelabzug + Ausstoßer
22	1269		Doppelabzug
23	1329		Doppelabzug
24	1467		Doppelabzug + Ausstoßer
25	1492		Doppelabzug + V-ST.
26	1558		
27	1624		
28	1745	ja	Doppelabzug
29	1812	ja	Doppelabzug
30	1945		
31	1991		Doppelabzug + V-ST.
32	1994		Doppelabzug
33	2037		Doppelabzug + Ausstoßer
34	2097		
35	2184		Doppelabzug
36	2224		Doppelabzug + Ausstoßer
37	2305		Doppelabzug.+Ausst.
38	2336		Single Action+Trupp.Ste.
39	2453		Doppelabzug.+U-Krone
40	2457		Doppelabzug
41	2538		Doppelabzug
42	2590		Doppelabzug.+Ausst.
43	2634		Doppelabzug
44	2635		Doppelabzug
45	2736		Doppelabzug+ U-Krone
46	2897		Doppelabzug + 6749
47	2986		Doppelabzug+Ausstoßer
48	3055		Doppelabzug
49	3341		Doppelabzug + V-ST.
50	3741		Doppelabzug

* Verkleinerte Ausführung, Kal. 9 mm, mit Sicherung hinter dem Hahn und seitlichem Ausstoßer

8.5a. Eine recht seltene Doppelabzugvariante des Suhler Konsortiums. Im Allgemeinen findet man die Doppelabzug-Version mit der Dreyse-Markierung. Die Waffe wurde preußisch abgenommen.
Sammlung Dr. J. Alles

One of the very rare double-trigger M/83 variant made by the Suhl Consortium. Commonly the double-trigger revolvers are found with Dreyse-stamp. The revolver was inspected by Prussia.
Dr. J. Alles collection

8.7.–8.8. Der für die Firma Dreyse typische Revolver vom Typ M/83 mit zwei Abzügen. Sammlung des Autor
A typical example of the Dreyse made M/83 revolvers with double triggers. Author's collection

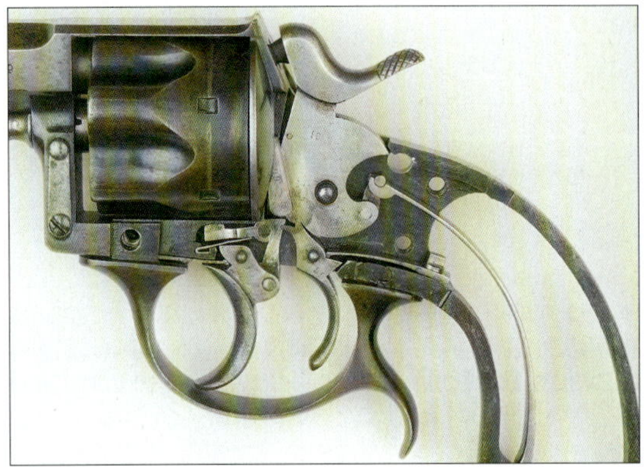

8.9. Blick in das Schloss des Doppelabzug-Revolvers. Sammlung des Autors
Closeup of the lockwork of the double trigger Dreyse revolver. Author's collection

Mit dem vorderen Abzug lässt sich die Waffe nur in der Double Action Funktion betätigen oder der Hahn in die Sicherheitsrast bewegen. Der Hahn lässt sich zwar von Hand in die hintere Position bringen, ein Abschlagen ist mit dem vorderen Abzug jedoch nicht möglich.

Für diese Aufgabe ist ausschließlich der kleine hintere Abzug zuständig. Die Abzugkraft bei gespanntem Hahn beträgt rund 24 N; er ist somit nicht als eine Art Stecher anzusehen, auch, wenn er so aussieht.

b) Dreyse Revolver mit Ausstoßer

Franz von Dreyse hatte am 20. März 1886 das Patent des Deutschen Reiches Nr. 37057 für einen Revolverauswerfer erhalten.

Die rechtsseitig angebrachte Vorrichtung ermöglichte dem Schützen das rasche Entfernen der abgeschossenen Hülsen aus der Trommel.

Im Gegensatz zu vielen anderen Ländern hatte die deutsche Armee diese Einrichtung als nicht notwendig erachtet und daher auch nicht als Ordonnanz festgeschrieben.

8.6a Preußische Offiziere beim Revolverschießen auf dem Truppenübungsplatz Elsenborn im April 1909. Sammlung des Autors
Prussian officers shooting revolvers on the military training range at Elsenborn in April 1909. Author's collection

Die mit diesem Auswerfer versehenen Revolver vom Typ 83 sind ab diesem Datum auf den Markt gekommen. Das gilt jedoch nur für diejenigen Revolver, deren Auswerfer dieselbe Seriennummer aufweisen wie die Waffe.

Das Nachrüsten war einfach und von jedem Büchsenmacher mit einer Fräsmaschine auszuführen. Sicherlich bot auch das Werk in Sömmerda diesen Service an. Eine spätere Nachrüstung läßt sich leicht an der nicht gebläuten Rahmenfläche unter der aufgeschraubten Platte des Ausstoßers erkennen. Bei nahezu sämtlichen Dreyse-Revolvern mit Doppelabzug findet man um die Griffrosetten herum eine Zierumrandung.

Eine Kuriosität ist der in Abbildung 8.10b–8.10c gezeigte verkleinerte Dreyse-Revolver. Seine Gesamtlänge beträgt nur 200 mm. Hinter dem Hahn befindet sich eine Schiebesicherung an Stelle der sonst üblichen linksseitigen Hebelsicherung. Das Kaliber beträgt 9 mm.

Der typische Ausstoßer, für den F. v. Dreyse einen Patentschutz besaß, ist bei diesem Exemplar vorhanden. Der Beschussstempel, das gekrönte U, liefert den Hinweis auf eine Datierung nach 1893. Dokumente über diese Variante sind nicht mehr verfügbar.

Die Waffe legt jedoch Zeugnis darüber ab, dass Franz von Dreyse alles aufgriff, um seine unter Auftragsmangel leidende Fabrik zu füllen.
Die Rahmenbrücke ist mit Johann Peterlongo Innsbruck markiert. Sein eigenes Fabriklogo hatte Dreyse in diesem Falle aus verständlichen Gründen weggelassen. In der Regel findet man diesen Typ jedoch mit der ovalen Dreyse-Markierung.

Das Auswerfer-Patent wird ausführlich im **Kapitel „Patente zum Revolver 83"** behandelt werden. Die Firma Gebr. Mauser war, wie bereits berichtet, mit ihrem Zick-Zack-Revolversystem zu spät gekom-

8.10. Dreyse-Revolver mit dem patentierten Ausstoßer, der häufig nachgerüstet wurde. Sammlung Dr. D. Ziesing
Dreyse revolver with the patented ejector mechanism, which was a later addition on some examples. Dr. D. Ziesing collection

8.10a. Bei nahezu sämtlichen Doppelabzugrevolvern des Hauses Dreyse war die Griffschalenrosette mit einem Zierrand versehen. Sammlung des Autors
Nearly all double-trigger revolvers made by Dreyse firm have grip-screw plates surrounded with ornamental borders. Author's collection

men, um noch an einer Erprobung teilnehmen zu können. Der aufwändig gebaute Revolver mit den typischen zickzackförmigen Kurven am Trommelumfang war wegen seiner Qualität und dem integrierten Auswerfer sehr beliebt.

Der Mauser Revolver mit starrem Rahmen erreichte nicht die Verkaufszahlen der ersten Variante. Er ist heute sehr selten.

Neben dem häufiger vorkommenden Armee-Revolverkaliber 10,6 mm lieferte Mauser auf Wunsch die gleiche Bauart in den Kalibern 7 und 9 mm.

Zu den „Offiziersrevolvern" gehören letztendlich auch die preiswerteren Varianten deutscher und belgischer Herkunft. Sie wurden nachweislich von Offizieren erworben und geführt.

In **Kapitel 26** werden einige dieser Kategorie vorgestellt.

Quellen

HRB I

„Allgemeine Militär-Zeitung", Nr. 58, Darmstadt 1883

G. Wirnsberger: *„Beschusszeichen"*, Schwäbisch Hall, 1975

8.2 Bayerische Offiziersrevolver

Bevor das KBKM die Beschaffung von Offiziersrevolvern M/83 verfügt hatte, waren Revolver verschiedener Systeme in den Händen der bayerischen Offiziere. Hier gab es kaum Unterschiede zu Preußen.

8.10b.–8.10c. Eine kuriose M/83-Variante ist dieser um ca. 26 % verkleinerter Dreyse-Revolver. Er wurde von Dreyse für die Innsbrucker Firma Johann Peterlongo produziert, wie die Gravur auf der Trommelbrücke zeigt. Sammlung Dr. J. Alles
An odd thing is this M/83 variant with ca. 26 % size reduction. It was manufactured by Dreyse for the firm Johann Peterlongo, Innsbruck, as the engraving on the cylinder-bridge shows. Dr. J. Alles collection

Von Ausnahmen abgesehen, versorgten sie sich aus lokalen Quellen. Genannt wurde bereits die Firma Reinhard Stahl aus Haßfurt, die Perkussionsrevolver anbot. Hans Reckendorf nennt noch die Münchener Firma Stiegele, die Revolver für die 12 mm Stiftfeuerpatrone an bayerische Offiziere lieferte, als diese 1870/71 nach Frankreich ins Feld zogen.

Auch Dreyse bot sein Sortiment direkt dem KBKM an, das am 28. März antwortete:

„Eu. Hochwohlgeboren wird in Erwiderung des Schreibens vom 23. dieses zur Kenntnis gebracht, daß es Ihnen überlassen bleiben muß, sich wegen des Absatzes der für den Gebrauch der Offiziere hergestellten Revolver mit den Truppentheilen direkt ins Benehmen zu setzen...“

Mit Erlaß vom 17. Juni 1884 regelte das KBKM die Abgabe von Revolvern M/83 an Offiziere, in dem es u. a. verfügte:

„Jenen Offizieren, welche zur Zeit Revolver schon besitzen, ist gestattet, dieselben als Feldausrüstungsstück zu führen. Bei Neubeschaffungen aber ist das Modell 83 mit der Abweichung anzunehmen, daß die Kolbenschalen an demselben mit Fischhaut versehen sind.

Über die Trageweise von Revolvern und Fernrohren bei den Offizieren ...bleibt besondere Entschließung vorbehalten.

Die Munition zu den Revolvern wird den Offizieren bei der Mobilmachung kostenfrei geliefert, auch während des Feldzuges die Ergänzung derselben seitens der Militärverwaltung geleistet, sofern die im Besitz der Offiziere befindlichen Revolver nicht besondere Munition erfordern.

Das Mobilmachungsgeld wird den Kosten der Beschaffung eines vorschriftsmäßigen Revolvers und eines Doppelfernrohres entsprechend erhöht werden. Um aber den Offizieren die baldige Beschaffung von Revolvern M/83 möglichst zu erleichtern, werden seitens der Militärverwaltung gleichzeitig mit dem Bedarf an Revolvern M/83 für die Unteroffizierschargen auch Revolver für Offiziere in Bestellung gegeben werden, wenn eine genügende Anzahl Anmeldungen hierauf erfolgen werden.“

Eine später aufgrund Kriegsministerialreskript Nr. 6029 vom 27. März 1885 gefertigte Zusammenstellung aller bereits früher auf Revolver M/83 für K.B. Offiziere erfolgten Bestellungen wies die glatte Summe von 1000 Revolvern aus. So verfügte das KBKM auch bereits am 12. August 1884 neben der Beschaffung von 3000 Revolvern M/83 für die Fußmannschaften den Kauf von 1000 Revolvern mit abweichender „Garnitur“ für Offiziere, die diese in Monatsraten innerhalb eines Jahres bezahlen konnten.

Am 26. September 1884 legte das KBKM zusätzlich zu den zu beschaffenden 3000 und 1000 Revolvern fest:

„Zur Bestreitung der Kosten für die nach dem rückfolgenden Voranschlage zu beschaffenden Revolver M/83 und zwar:

3000 Stück für Fußmannschaften und
1000 Stück für Offiziere erhält die k. Gewehrfabrik einen Vorschußkredit bei der k. Generalmilitärkasse im Betrage von 129 700 M.

Behufs Deckung eines eventuellen Mehrbedarfs an Revolvern für Offiziere ist mit der Fabrik Löwe & Ci. zu vereinbaren, daß dieselbe auf Erfordern eine weitere Lieferung bis zu 60 Stück um den gleichen Preis zu effektuieren habe.“

Da die Firma Ludwig Loewe u. Cie. in Berlin keine Revolver M/83 fertigte und der betreffende bayerische Auftrag an die Firmengruppe Schilling-Haenel in Suhl gegangen war, kann eigentlich in Bezug auf den hier genannten Auftragnehmer nur ein Irrtum des ausführenden Beamten des KBKM angenommen werden.

Den Preis eines *„Offiziers-Revolvers M/83 nebst Entladestock und Schraubenzieher unter Einbeziehung der Versandkosten"* setzte das KBKM nach Antrag der Inspektion der Artillerie und des Trains am 27. März 1885 auf 33 M 50 Pf fest.

Der preußische Entschluß über die Ausrüstung im Felde wurde am 17. September 1885 auch dem KBKM zur Kenntnis gebracht.

Gegen Ende 1885 entstand in Bayern weiterer Bedarf an 181 Revolvern 83 für Offiziere und Beamte, und das KBKM beauftragte die Direktion der Gewehrfabrik Amberg am 8. Dezember 1885: *„...die zufolge K.B.M.R. vom 10. November an Offiziere und Beamte abzugebenden Revolver M/83 der Firma V. Chr. Schilling & Haenel in Suhl durch Nachbestellung unter den durch Ordre vom 17. September 1884 festgesetzten Vertragsbedingungen in Lieferung zu geben."*

1887 bot die Firma Miller und Val. Greihs, Kgl. B. Hofbüchsenmacher, München, Maximiliansplatz 15, so wie bereits 1882 v. Dreyse, dem KBKM Revolver mit doppelter Bewegung für die Abgabe an Offiziere an.

Die Direktion der Gewehrfabrik, mit Ordre am 13. Mai 1887 zur Stellungnahme aufgefordert, gab am 25. u. a. folgenden Bericht: *„Der offerierte Revolver ist mit anderen Offiziersrevolvern mit doppelter Bewegung (Selbst- und Einzelspännig) die in verschiedenen Konstruktionen existieren, und von denen die Firma Schilling in Suhl ein dem Armee-Revolver M/83 gleiches Modell in den Verkehr gebracht hat, von gleicher Güte..."*

Das KBM stellte am 8. Juni 1887 fest: *„...wird eine besondere Empfehlung des von der Firma Miller und Val. Greihs dahier offerierten Offiziers-Revolvers für nicht angezeigt erachtet, nachdem nicht nur verschiedene Revolver-Konstruktionen von gleicher Güte und Preislage (45 M) bereits existieren, sondern überdies ein dem Armee-Revolver M/83 gleiches Modell bei den Firmen Schilling in Suhl und Dreyse in Sömmerda sogar um 38 M erhältlich ist."*

An die Firme Miller und Greihs ging die Nachricht: *„... wird ergebenst mitgeteilt, daß der unterm 23. April vorgelegte Offiziers-Revolver, welcher anbei zurück folgt, einer eingehenden technischen Prüfung unterzogen wurde, dessen Ergebnis jedoch keinen Anlaß bietet, Ihrem Modell vor anderen bereits verbreiteten und teilweise auch billigeren Konstruktionen von Offiziersrevolvern den Vorzug zu geben."*

Der angebotene Revolver hatte einen Fingerhaken am Abzugsbügel, ähnlich dem Modell von Dreyse mit 2 Abzügen.

Die Lauflänge betrug 142 mm, die Gesamtlänge 280 mm. Ein auf der rechten Seite angebrachter Auswerfer entsprach ziemlich genau dem des Colt Single Action Army.

8.11. Bayerischer Offiziersrevolver M/83, abgenommen und gestempelt durch die Prüfungskommission in Amberg.
Sammlung des Autor

Bavarian officer's revolver M/83, inspected and marked by the Bavarian Board of Inspection in Amberg.
Author's collection

Die nach 1893 von Miller & Greiss gelieferten Revolver tragen deutsche Beschusszeichen U mit Krone. Mit ziemlicher Sicherheit sind die Teile in Belgien angekauft und in München komplettiert worden.

MILLER & VAL. GREISS
INH.: HENNIE STEINBRENNER
HOF-GEWEHRFABRIKANT
MÜNCHEN 2 NW 1 / MAXIMILIANSPLATZ 15

Das Hamburger Handelshaus „Adolf Frank Export Gesellschaft mit beschränkter Haftung“ mit der Schutzmarke „Alfa“ bot 1911 den Miller & Greiss Revolver in gebläuter Ausführung zu 53 Mark an.

Die alteingesessene Münchener Firma Miller & Val. Greiss (manchmal Greihs oder auch Greiß geschrieben) geriet 1931 in finanzielle Schwierigkeiten und musste am 29. Januar 1931 Vergleich anmelden.

Die o. a. Firmenadresse ziert den Briefkopf des Briefes an die Industrie und Handelskammer, in dem die damalige Inhaberin versucht, den Vergleich abzuwehren.

Es hat nichts genutzt. Am 21. Juni 1933 wurde die Firma im Handelsregister für München gelöscht.

Noch 1895 beschaffte das KBKM einen kleinen Posten Revolver M/83 für Offiziere bei Schilling-Haenel in Suhl zum Einheitspreis von 29 M. Auch der Double Action Revolver von Schilling und Haenel wurde offenbar in geringer Stückzahl für bayerische Offiziere beschafft, da er mit entsprechenden bayerischen militärischen Stempeln vorkommt.

Bayern hatte also bestellt:
1000 Stück
+181 Stück
+ einen kleineren Posten unbestimmter Zahl.

Die bayerischen Offiziersrevolver sind durchlaufend von 1 an nummeriert. Die höchste notierte Seriennummer war 1443.

Der kleinere Posten von 1895 muss demnach etwas größer gewesen sein oder es sind nach der Bestellung von 1895 nochmals M/83 beschafft worden. Die bayerischen Offiziersrevolver tragen neben dem GF Beschussstempel auf dem Lauf links und der hinteren Stirnfläche der Trommel, den großen Revisions- und den Superrevisionsstempel auf dem Griffrahmen. Die letzteren sind an der gleichen Stelle geschlagen wie bereits unter „Preußen“ beschrieben.

Quellen

HRB I,
„Arms of the World – 1911”, Chicago, 1972

8.3 Sächsische Offiziersrevolver

Die Offiziersrevolver vom Typ M/73 wurden bereits im **Kapitel 5.4** behandelt.

Die Frage nach Offiziersrevolvern M/79 aus fiskalischen Depot-Beständen kann eindeutig beant-

8.11a. Revolver, Bauart Miller & Greiss, der dem KBKM als Offiziersrevolver angeboten worden war. Sammlung Dr. J. Alles
Revolver of type Miller & Greiss which was offered to the Royal Bavarian Ministry of War as an officer's revolver. Dr. J. Alles collection

wortet werden. Eine an den Direktor der veinigten Arillerie-Werkstätten und Depots gerichtete Anfrage des KSKM, 1. Abteilung B. wurde wie folgt beantwortet:

„Dresden, den 21. Februar 1885
Der Königlichen 1. Abteilung B des Kriegs-Ministeriums mit dem Hinzufügen ganz ergebenst zurückgereicht, daß Revolver M/79 aus diesseitigen Beständen an Offiziere gegen Bezahlung nicht verausgabt worden sind.
gez. Hammer, Oberst"

Da lange vor Einführung des M/79 sie sächsischen Offiziere den leichten Revolver M/73 erwerben konnten, so ist es nicht weiter verwunderlich, dass später keine Nachfrage nach dem unhandlichen M/79 bestand.

Einige sächsische Offiziere waren von sich aus aktiv geworden, um einen leichteren Revolver mit größerem Kaliber zu erwerben. Aus den Rechnungsbüchern der Colt-Company geht hervor, dass am

2. Juni 1881 1 Stück S.A. Army Revolve, Seriennummer 66681 und am
22. Juni 1882 6 Stück derartiger Revolver im Kaliber „44 German cartridge" der Londoner Agentur berechnte worden waren.

Lt. diesen Rechnungen hatte der vom 2. Juni einen 5 ½ Zoll Lauf, die 6 anderen 7 ½ Zoll Läufe.

Die 6 Colt-Revolver besaßen die Seriennummern:
80762
80909
80937
80951
80961
80962

In einem Brief vom 6. Juni 1882 bezog sich von Oppen, Leiter der Londoner Niederlassung, auf dies 7 Revolver: *„Baron Sternburg, der sächsische Kavallerie-Offizier, für den Sie den Single Action long Army für die deutschen Regierungspatronen schickten, ist sehr zufrieden mit ihm, er beabsichtigt 6 weitere so schnell wie möglich zu erhalten, und falls diese eine allseitige Zufriedenheit erwarten lassen, uns mehr Aufträge geben.*

Inzwischen tut er sein Bestes, die Revolver zu zeigen und zu empfehlen, welche besser gefallen, als jene von Dreyse, Mauser oder von irgendeinem anderen. Er möchte gern das Korn 8 mm hoch und einen leichteren Abzug.

Bitte senden Sie die 6 Revolver so schnell wie Sie können, wir sind froh, eine Verbindung in Deutschland aufbauen zu können, welche möglicherweise zu größeren Aufträgen führen kann."

In der Korrespondenz zeigt sich eine Diskrepanz. Der an Major Sternburg gelieferte Single Action

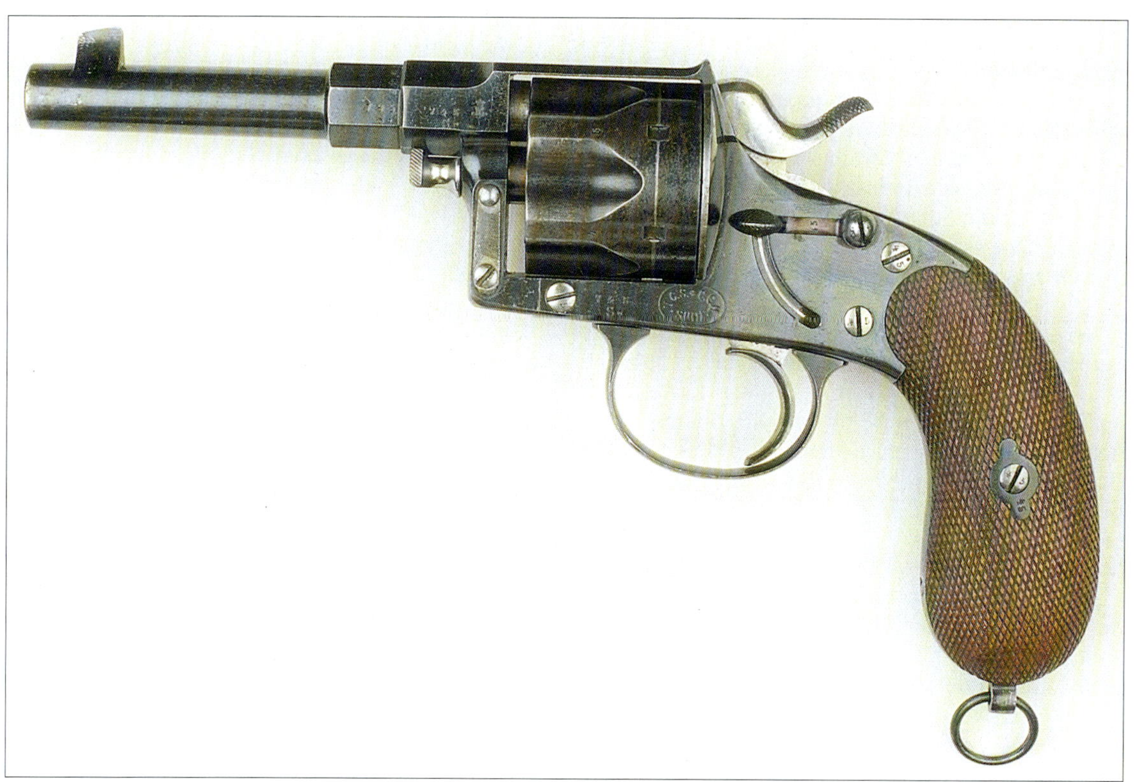

8.12. Sächsischer Offiziersrevolver M/83, abgenommen und gestempelt durch die sächsische Übernahmeinspektion in Suhl.
Sammlung des Autors
Saxon officer's revolver M/83, inspected and marked by the Saxon Board of Inspection in Suhl. Author's collection

Army im deutschen 10,6 mm Kaliber (sehr ähnlich der .44 S & W Russian) hatte lt. Rechnung einen 5 ½ Zoll Lauf. In dem o. a. Schreiben steht: *„...for whom you sent the single action long Army for the German Government cartridge.."*

Mit dem long (= lang) beabsichtigte Baron von Oppen den 7 ½ Zoll Lauf zu bezeichnen. Das Werk in Hartford versäumte es ebenfalls, die Diskrepanz zu beseitigen. Interessant ist, dass beide Korrespondenten die Bezeichnung „.44 German cartridge" verwendet haben.

Der in Zusammenhang mit der Stuttgarter Firma Reuss geäußerte Wunsch nach originalen Armee-Patronen zur Anpassung der Kammern hatte durchaus seine Berechtigung: Eine dem Verfasser vorliegende originale russische Militärpatrone hat eine Gesamtlänge von 33,6 mm, während eine entsprechende 10,6 mm Patrone Spandauer Fertigung immerhin 36,8 mm lang ist!

Die Geschäfte des Barons Sternburg in Sachsen waren rein privater Natur. Der Kontakt mit der Londoner Verkaufsstelle währte nicht allzu lang.

Der rund zwei Jahre später erhältliche, handliche, leichte Revolver M/83 machte alle diesbezüglichen Hoffnungen zunichte. Auch die Umsätze des Armee-Ausrüsters GEISSLER & HAST, der in Dresden eine Filiale unterhielt, dürften bei den Offiziersrevolvern eher bescheiden gewesen sein.

Die Firma bot einen dem M/83 ähnlichen Revolver, jedoch mit einem Ausstoßer, an.

Dieser Revolver hatte eine frappierende Ähnlichkeit mit dem von Miller & Greiss in Bayern angebotenen; der einzige sichtbare Unterschied besteht in der Art der Ausstoßerführung.

Bei dem Geissler & Hast Revolver liegt der Ausstoßer in einem Führungsrohr, das nicht unmittelbar am Lauf anliegt, sondern ein paar Millimeter Zwischenraum läßt.

Am 26. Mai 1884 schloss das KSKM mit dem Suhler Konsortium einen Kontrakt zur Lieferung von 2000 Offiziersrevolvern. Dass das KSKM die Nachfrage nach diesen Revolvern völlig überschätzt hatte, wurde bereits angedeutet.

Am 10. Februar 1887 saß das KSKM auf einem Bestand von 1450 nicht verkauften Offiziersrevolvern M/83! (Über deren Weiterverwednung wurde bereits berichtet.)

Die tatsächlich als Offiziersrevolver ausgegebenen 550 Stück tragen keine Truppenstempel. Alle anderen dürften mit den vorgeschriebenen Truppenkennzeichnungen versehen sein. Die 2000 Stück waren nummeriert von 1 bis 2000. Erstaunlich ist, wie formell der Kauf eines Offiziersrevolvers abgewickelt wurde. Der Chef der Königlichen Artillerie-Werkstätten und Depots konnte von sich aus den Verkauf nicht genehmigen. Wie wir hier aus einem recht späten Gesuch ersehen können, musste das KSKM zustimmen: *„Dem Königlichen Kriegs-Ministerium meldet die Direction ganz gehorsamst, daß der Hauptmann Graf von Pfeil vom 2. Grenadier-Regiment Nr. 101 um käufliche Überlassung eines Revolvers 83 und der Zahlmeister Hühne vom 3. Infanterie-Regiment Nr. 102 um käufliche Überlassung eines Infanterie-Offiziers-Säbels beim Artilleriedepot nachgesucht haben und erbittet die Direction gemäß K.M.7. Nr.3138. IV. 94 v. 2.1.95 um Genehmigung diesen Anträgen entsprechen zu dürfen...."*

Ein interner Randvermerk des Ministeriums dazu: *„Dürfen brauchbare Schusswaffen verkauft werden? Ausnahmsweise genehmigen."*
Der Zahlmeister bekam auch seinen Offizierssäbel genehmigt.

Quellen

SHS, 2171, 2172, 2180, 2189, 4223
Keith Cochran: „*Colt Peacemaker Encyclopedia*", Vol. 2, ISBN: 0-936259-15-9, 1991

8.4 Württembergische Offiziersrevolver.

Die unangenehme Größe und das Gewicht des reichseinheitlich eingeführten Revolvers M/79 machte die Waffe auch bei den Württembergischen Offizieren unbeliebt. Auch hier versuchten Händler und Fabrikanten mit leichteren Modellen ins Geschäft zu kommen.

Die Gebr. Mauser aus Oberndorf konnten ihren in Berlin abgeschmetterten Zickzack-Revolver im Kal. 10,6 mm anbieten, der später durch kleinere Ausführungen in 9 und 7 mm ergänzt wurde.

Einen zeitgenössischen Einblick aus Württemberger Sicht bietet wiederum der Schriftwechsel des Londoner Colt-Vertreters von Oppen mit dem Werk in Hartfort, USA:
London, den 31. März 1881

Herr P. Reuss, Büchsenmacher, Stuttgart, Deutschland schreibt: *„Der neue preußische Regierungs-Revolver nimmt die russische Kal. .44 Smith & Wesson Regierungs- Patrone auf, aber wie dieser, ist der preußische Regierungs- Revolver für Offiziere zu schwer, ich wäre im Stande ein größeres Geschäft mit Ihren Double und Single Action 5 ½ Zoll Army- Revolver zu machen, wenn sie diese für jene Patrone bereitstellen könnten. Nun ist es an der Zeit in die Werbung zu gehen; die meisten deutschen Offiziere haben mit dem Kauf gewartet, um zu sehen, was mit dem neuen Armee- Revolver los ist, welcher nun allein ausgegeben wird.*

Das Schloß ist das gleiche wie bei Smith & Wesson, Single Action, nicht zurückfallend (gemeint ist wohl der Hahn, der sich nach dem Abschlagen nicht automatisch in eine zurückgezogene Sicherheitsrast bewegt, Verf.) *und ohne Ausstoßer. Die leeren Hülsen werden mit einem Stift, den jeder Soldat am Lederzeug mit sich führt, ausgestoßen.*

Der Revolver ist sehr groß, sehr schwer und massig, und deshalb ganz unpassend für Offiziere.

Smith & Wesson werden, wenn auch selten, bei Offizieren angetroffen. Ihr Hauptwettbewerber würde der Mauser-Revolver sein, der von vielen Offizieren wegen des Wunsches nach einem besseren Revolver gekauft wird. Aber dieser Revolver kann mit Ihren nicht konkurrieren, weder in Qualität noch im Finish."

Soweit der Briefinhalt von Herrn P. Reuss. Von Oppen fährt fort: *„Ich würde sie bitten, so schnell wie möglich, an Herrn Paul Reuss, Büchsenmacher, Kronprinzstr. 3, Stuttgart, Württemberg, Deutschland, als Verpflichtung auf unsere Rechnung, als Versuch, jeweils 30 Single und Double Action einfach blau, 5 ½ Zoll Lauf Army-Revolver für die russische .44 Smith & Wesson-Patrone zu senden; ebenfalls Drucksachen, welche die Qualität, Leistung und Anfertigung dieser Revolver empfehlen, die Herr Reuss den kommandierenden Offizieren der Regimenter, etc. zusenden wird und er wird sein bestes tun, unsere Revolver nach vorn zu bringen, eingedenk jeder Chance der folgenden Reklame."*

Am 2. April 1881 korrigierte er die Menge auf 28 von jeder Waffe, um sie in einer Kiste unterbringen zu können. Es folgen zwei weitere Briefe nach Hartfort um Exerzierpatronen anzufordern, damit man sicher sein konnte dass die Kammern auch passend gefertigt wurden. Danach schickte die Colt-Company die scharfen Patronen zu Testzwecken.

Mit Schreiben vom 3. Mai 1881 änderte er seine Bestellung erneut: *„Seit meinem Schreiben vom 30. des Vormonats, erreichten uns Ihre Briefe vom 19. und 22. April, sorgfältigen Inhalts. Wir sind sehr froh darüber, dass Sie an einem Revolver mit gleichzeitigem Auswurf arbeiten.*

Ich habe Herrn Reuss gebeten, mir ein paar Armeepatronen für den Regierungsrevolver zu senden, ohne Pulverladung, damit sie die exakte Länge der geladenen Patrone haben, um die Kammern entsprechend anzupassen.

Ich bitte Sie die folgenden Güter, auf seine Bitte hin direkt über Antwerpen, so schnell wie möglich zu senden.

6. 7 Schuss Revolver Kal. .230 blau Randfeuer
6. 7 Schuss Revolver Kal. .230 Nickel Randfeuer
3. 5 Schuss Revolver Kal. .320 blau Randfeuer
3. 5 Schuss Revolver Kal. .320 Nickel Randfeuer
3. 5 Schuss Revolver Kal. .380 Nickel, kurz, Z.F.
3. 5 Schuss Revolver Kal. .380 blau, lang Z.F.
2. D.A. „ „ .380 4 1/2 Zoll, mit Ausstoßer, Nickel
12. D.A. Army, kurz, blau, für deutsche Reg. Patr.
12. S.A. „ „ „ „
1 Gießform, um Geschosse für die deutsche Patrone anzufertigen. Gedruckte Illustrationen von allen Revolvern: ebenfalls ein Bild Ihrer Fabrik, falls vorhanden. Falls die Army-Revolver zu viel Zeit zur Anfertigung in Anspruch nehmen, bitte die anderen Güter vorab schicken; sämtliche Revolver sollten mit Kartons sein.

Herr Reuss möchte am Anfang nicht zu viele Army-Revolver haben und bittet den vorherigen Auftrag zu streichen."

Die Seriennummern der 12 SAA-Revolver mit der Lauflänge 5 ½ Zoll sind bekannt und lauten:

67640	67856	68106	6824?
67650	67914	68113	68252
67734	67944	68126	68292

Sie wurden am 26. Mai 1881 direkt nach Stuttgart verschifft.

Die oben aufgelisteten Revolver, die Paul Reuss bestellt hatte, sind in Deutschland eingetroffen und verkauft worden. Das ganz große Geschäft ist es wohl nicht geworden, denn die amerikanischen Colt-Revolver waren für europäische Verhältnisse recht teuer. Ein paar Jahre später kam ein zusätzlicher Konkurrent in Form des M/83 hinzu. Größe und Gewicht machten ihn als Offiziersrevolver durchaus geeignet.

Hätte es nicht ein Realstück in der ehemaligen Sammlung des Rolf H. Müller gegeben, so wären berechtigte Zweifel an einer vom KWKM veranlassten Bestellung angebracht gewesen. Der Revolver M/83 hatte die Seriennummer 44 und ist in seinem Bd. 1 abgebildet. R.H. Müller schreibt in Bd.1: *„Die für die Offiziere benötigten 300 Revolver....wurden bei der Waffenfabrik Mauser bestellt...."*

Diese Angabe kann sich nur auf einen errechneten Bedarf beziehen, dem die Anzahl der zu dieser Zeit in den Württemberger Regimentern dienenden Offiziere zu Grunde lag. Die Zahl der tatsächlich bei Mauser bestellten M/83 Offiziersrevolver dürfte erheblich darunter liegen. Die von einer Württemberger Abnahmekommission geprüften Offiziersrevolver wurden ebenfalls nach den Regeln der preußischen Stempelungsvorschrift markiert.

Als Zeichen des bestandenen Beschusses schlug man die Geweihstange auf der linken Laufseite und auf der hinteren Stirnfläche der Trommel, des weiteren den großen Revisions- und Superrevisionsstempel an den dafür vorgeschriebenen Stellen.

Quellen

Kenneth Moore: *„Colt Single Action Army Revolver and the London Agency"*, 1990, Andrew Mowbray / publishers, Box 460, Lincoln, R.I. 02865; USA ISBN: 0-917218-43-4
RHM
Keith Cochran: *„Colt Peacemaker Encyclopedia"* Vol. 2, ISBN: 0-936259-15-9, 1991

Chapter 8

Officer's revolvers during the period of the Second Reich pose a number of problems. Firstly, as with most other armies, officers were responsible for acquiring their own equipment (uniform, weapons, leather equipment) at their own expense. Secondly, within the Empire each of the kingdoms had its own regulations or specific recommendations. What kinds of revolvers were allowed or stipulated?

Prussia

From the time of its initial production officers could purchase the M/79 revolver directly from the Prussian arsenals. However, due to the large size and heavy weight of this model, not many were purchased by officers. With the introduction of the M / 83, officers were allowed to exchange their M /79s if they were certified to be in good condition. There was no fixed regulation. In September 1885 Wilhelm I as King of Prussia decreed that "...it is allowed for officers to carry, apart from the Revolver M/83, any other model of revolver..." The favourite revolver was the M/83 in all of its several variations and styles. Although not stipulated, most were purchased in the regulation 10.6mm calibre for the simple reason there was an annual allowance of ammunition for practice supplied free of charge. Thanks to their low pay and higher lifestyle, most officer's revolvers were paid for by instalments.

Unlike the other kingdoms, Prussia did not purchase a quantity of officer's revolvers in order to get them at a lower price. Instead they recommended that officers purchase their revolvers through a rough equivalent of the Army & Navy Stores, the Deutsche Offizier-Verein, or from other commercial sources. They could choose from Government-inspected examples from Suhl or Sömmerda, or from a variety of commercially produced variations. Officer's revolvers with military inspection marks are the most desirable for today's collectors because they show definite purchase by an officer. M / 83 revolvers were sold in the commercial market, so that all M/83s with chequered grips are not necessarily officer's models, but all revolvers purchased by officers do have chequered grips.

Bavaria

The KBKM found another solution. In March 1885 the Ministry purchased 1,000 M/83 revolvers with chequered grips which were given the standard military inspection. Subsequently a further 181 of the same were purchased, both ordered from the Suhl Consortium. There is some suggestion in the records that a further purchase was made by the KBKM in 1895, but no details are given. An effort by other suppliers such as Miller & Greiss of Munich to sell M/83s to the KBKM was unsuccessful.

In total, Bavaria purchased 1,181 officer's M/83 revolvers.

Saxony

Saxon officer's revolvers during the issue period of the M/73 were made in two calibres, the standard 11mm and a smaller version in 9mm. The specimen examined and photographed by the author was made in Belgium, but as so often the manufacturer is unknown. There are no records indicating the purchase of M/79 revolvers by officers. It may be that officers equipped with the M/73 were satisfied with them, and that there was no demand for the larger and heavier M/79. However, in June 1882 seven Colt Single Action Army revolvers were purchased in the standard 10.6mm calibre, possibly with the idea of offering a lighter revolver to their officers.

With the adoption of the M/83 the situation changed, and the KSKM purchased 2,000 officer's models which were intended to be gradually sold to the officer corps. Over the years the demand did not prove to be as high as anticipated, so that by February 1887 only 550 of these revolvers had been sold; the balance were subsequently bought back by the KSKM and used to equip non-commissioned officers. This created a group of M/83 revolvers with chequered grips, a highly polished blue finish, which also have inspection stamps and military unit markings.

Württemberg

The connection between Colt's London agency and the Stuttgart arms dealer P. Reuss is well documented in Kenneth Moore's book *Colt Single Action Army Revolvers and the London Agency*. It may be reasonably assumed that Reuss had as his main target not just the small army of Württemberg, but rather that of the entire Empire. As in other areas, the introduction of the lighter and handier M/83 revolvers effectively put an end to all Colt's attempts to penetrate the German market for officer's revolvers. The M/83 was widely accepted and there were no longer any serious opportunities for American suppliers.

As with the standard pattern, so with the officer's model. Württemberg ordered its small complement of officer's M/83s from the Mauser factory. R.H. Müller estimates the number at 300 pieces, but the actual number purchased may be considerably lower. In the former R.H. Müller collection is an example, serial number 44, with Württemberg acceptance markings.

9. Aufgeschnittene Revolver

Aufgeschnittene Revolver dienten dazu, die mit dieser Waffe bewaffneten Soldaten mit dem für die damalige Zeit komplizierten Innenleben vertraut zu machen. Hinzu kommt, dass es mit Hilfe einer Manipulierpatrone möglich war, das Laden und Entladen detailliert sichtbar zu machen und zu üben.

Die aufgeschnittenen Revolver wurden zusammen mit den regulären Revolvern M/79 bestellt. Diese Revolver tragen selbstverständlich keine Beschussstempel, da sie direkt als Instruktionsrevolver angefertigt worden waren.

Anders verhält es sich mit den später beschafften Instruktionsrevolvern, die nach Aufstellung neuer Regimenter, insbesondere neuer Feldartillerieregimenter, ergänzt werden mussten. In diesen Fällen griff man auf Bestände zurück, die gewisse Mängel oder Verschleiß aufwiesen. Diese geschnittenen Revolver tragen natürlich Beschussstempel und reguläre Truppenstempel.

9.1 Aufgeschnittene Revolver in Preußen

Im Mai 1881 verfügte das KPKM, dass jede Feld- und reitende Batterie bei Ausgabe der Revolver M/79 auch einen aufgeschnittenen Revolver zu Instruktionszwecken zu erhalten habe.

Die Bestimmung der beschafften Anzahl über die Zahl der betroffenen Regimenter kann nur eine Annäherung ergeben. Auf keinen Fall aber eine präzise und durch Akten belegte Aussage, da die preußischen Kontrakte auch für die aufgeschnittenen Revolver M/79 und M/83 nicht mehr vorhanden sind.

Zur Zeit der Bestellungen der Revolver M/79 verfügte Preußen über 234 Feldartillerie-Batterien. Damit dürfte die Größenordnung, mit der üblichen Reserve bei rund 250 Stück, aufgeschnittener preußischer Revolver M/79 anzusiedeln sein. Diese Angabe bezieht sich auf die Anzahl der Erstbestellung. Weitere aufgeschnittene Revolver M/79 wurden nach Aufstellung weiterer Feldartillerie-Regimenter im Jahre 1890 und vor allem im Jahre 1899 angefertigt. Die Fahrer der Geschütz-Mannschaft und teilweise auch noch die Unteroffiziere führten, auch nach Einführung des M/83, weiterhin den Revolver M/79. Die aufgeschnittenen Revolver wurden exakt nach den vorgegebenen Zeichnungen angefertigt. Vergleiche haben gezeigt, dass es zwei verschiedene „Schnittmuster“ gegeben hat.

Aufgeschnittene Revolver nach Schnittmuster 1. Art:

Die Stücke aus den Erstbestellungen und frühen Nachbestellungen sind leicht an dem nach unten hin offenen Griffschalenausschnitt an der linken Griffschale zu erkennen. Des weiteren befindet sich am Fenster der Seitenplatte, das den Sperrhebel sichtbar werden läßt, eine angeschrägte Nase. Diese Nase diente dazu, ein Herausfallen des Sperrhebels zu verhindern. Da sich jedoch der Sperrhebel an dieser Stelle verjüngte, war ein teilweises Abrutschen vom Lagerzapfen möglich.

Dies betraf sowohl den Revolver M/79 als auch das Modell M/83.

Ein verbessertes Schnittmodell sollte diesen Mangel beseitigen.

Aufgeschnittene Revolver nach Schnittmuster 2. Art:

Bei den verbesserten Schnittmuster waren zwei Änderungen maßgeblich:

1. Das Niederhalten des Sperrhebels konnte durch eine Änderung der Fensterform an dieser Stelle beseitigt werden. An Stelle der Nase konstruierte man eine nach rechts versetzte schmale Brücke.
2. Die linke Griffschale wurde unten eiförmig ausgeschnitten und blieb damit geschlossen.

Diese Änderung war zweifelsohne sinnvoll, verhinderte sie doch ein Aufspalten der Griffschale.

In den Folgejahren wurden weitere Feldartillerie-Regimenter aufgestellt:

1890 4 Regimenter
1899 36 Regimenter
1912 6 Regimenter

Dadurch entstand ein Bedarf von insgesamt von rund 400 aufgeschnittenen Revolvern.

Dieser Bedarf wurde zum Teil mit neu bestellten geschnittenen Revolvern 83 gedeckt. Hinzu kamen etliche M/79, die auf Grund gewisser Mängeln nicht mehr bei der Truppe verbleiben konnten und deshalb umgearbeitet wurden.

Die aus dem Verkehr gezogenen und zu Schnittmodellen umgearbeiteten Revolver 83 und 79 erkennt man an dem Vorhandensein von Beschussstempeln und dem Schnittmuster 2. Art.
Preußen bezog die aufgeschnittenen M/83 von Dreyse und von der Gewehrfabrik Erfurt.

Besondere Truppenstempel bei den aufgeschnittenen Revolvern.

Beispiele an vorliegenden Stücken:

Auf einem M/83, Erfurt-Fertigung, 1893:
70. A. 9.
Feldartillerie-Regiment Nr. 70, 9. Batterie

Auf einem bayerischen M/79, Ser. Nr. 216
B. 9. A. 1.
Bayer. Feldartillerie-Regiment Nr. 9, 1. Batterie

In beiden Fällen fehlt die Angabe der Waffennummer, was völlig korrekt ist, denn jede Batterie hatte ja nur einen aufgeschnittenen Revolver. Ein Durchnummerieren innerhalb der Batterien erübrigte sich deshalb.

An dieser Stempelung lassen sich damit die Revolver identifizieren, die ursprünglich als aufgeschnittenes Exemplar geliefert worden waren.

Aber auch in diesem Falle gilt die Aussage: Keine Regel ohne Ausnahme.

Auf dem Revolver 79 mit der Seriennummer 777 befindet sich hinter der Nummer der Batterie eine 1. Also die Waffe Nr.1 bei der 4. Batterie. Da es ja nur einen aufgeschnittenen Revolver bei der 4. Batterie gab, bekam dieser folgerichtig eben die Nr.1.

So ganz eindeutig war demnach die Stempelvorschrift nicht, denn sie ermöglichte die Ausschöpfung eines sicherlich nicht erwünschten Ermessensspielraums.

9.1.1 Registrierte preußische Instruktionsrevolver

M/79

Hersteller F.v. Dreyse
Ausgabejahr 1881
Seriennummer 47
Schnittmuster 1.Art
Truppenstempel 8. A.r. 2

Hersteller F.v. Dreyse
Seriennummer 432
Schnittmuster 1.Art
Truppenstempel 63.A.1.

Hersteller F.v. Dreyse
Ausgabejahr 1881
Seriennummer 3336
Schnittmuster 2.Art

Hersteller F.v. Dreyse
Ausgabejahr 1887
Seriennummer 7725
Schnittmuster 2.Art

Hersteller Konsortium Suhl
kein Ausgabejahr
Seriennummer 777
Schnittmuster 1.Art
Truppenstempel 50.A.4.1.

M/83

Hersteller Gewehrfabrik Erfurt
Baujahr 1893
Seriennummer 20 c
Schnittmuster 2.Art
Abnahmestempel mit A überstempelt (Der Status eines abgenommenen Revolvers wurde also entzogen und die Waffe zu Ausschuss erklärt.)
Truppenstempel 70. A. 9.

Hersteller F.v. Dreyse
Seriennummer 1
Schnittmuster 1.Art
Hersteller F.v. Dreyse
Seriennummer 116
Schnittmuster 2.Art

Hersteller F.v. Dreyse
Seriennummer 4326
Schnittmuster 2.Art

Hersteller F.v. Dreyse
Seriennummer 4361
Schnittmuster 2.Art

Hersteller Konsortium Suhl
Seriennummer 6206
Schnittmuster 2.Art

9.2 Aufgeschnittene Revolver in Bayern

Der in Preußen verfügte Erlass galt natürlich auch in den anderen Bundesstaaten. Das KBKM wies in einer gleich lautenden Anweisung an, die Beschaffung von aufgeschnittenen Revolvern M/79 einzuleiten.

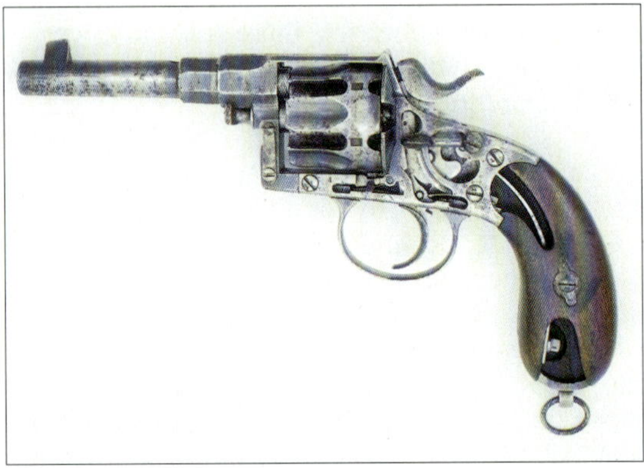

9.1. Schnittmodell eines Revolvers 83 mit dem Schnittmuster 1. Art. Dem großen Revisionsstempel entsprechend handelt es sich um ein preußisches Exemplar. Bemerkenswert ist die Serienummer 1 und die fehlende Truppenstempelung. Ebenso wurde kein Superrevisionsstempel geschlagen.

Sammlung W.A. Dreschler

Cut-away model of a Revolver 83 First issue, bearing Prussian inspection markings. Note that the serial number is1, and that there is neither a final inspection stamp nor any unit marking. W.A. Dreschler collection

9.1a. Fenster am Sperrhebel nach Schnittmuster 1. Art.

Sammlung W.A. Dreschler

Window to show the First Issue pattern cylinder stop.

W.A. Dreschler collection

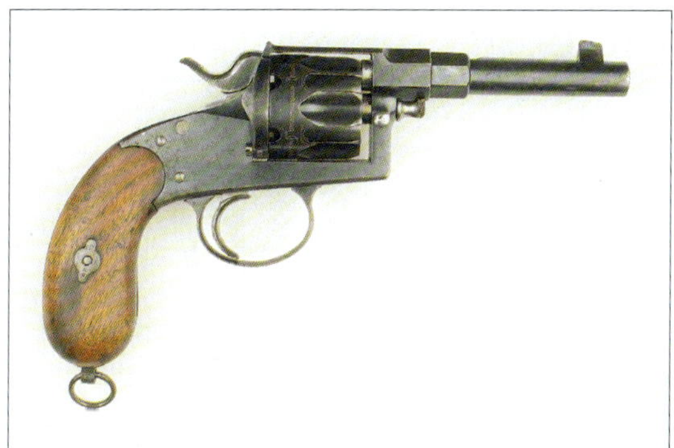

9.2.–9.2a. Schnittmodell eines preußischen Revolvers M/83, geschnitten nach dem Schnittmuster 2. Art. Sammlung J. Lux
Sectioned model of a Prussian M/83 revolver, cut according to Second Issue design. J. Lux collection

9.2b. Die verbesserte Stelle nach Schnittmuster 2. Art am Fenster des Sperrhebels. Sammlung J. Lux
The improved sectioning at the cylinder stop window of the Second Issue. J. Lux collection

Am 25. Juli schrieb die Direktion der Gewehrfabrik in Amberg an die „Königl. Inspektion der Artillerie und des Trains" eine Mitteilung mit dem Betreff:
„Beschaffung von Revolvern.
Mit 3 Beilagen
Terminsache, letzter Termin am 15. August 1881.
Der Königlichen Inspektion der Artillerie und des Trains bringe ich zum Vollzuge der hohen Ordre vom 14. des laufenden Monats, No.3609 in der Anlage den mit den Waffenfabrikanten Franz von Dreyse in Sömmerda abgeschlossenen Kontrakt über die Lieferung von 40 aufgeschnittenen Revolvern M/79 zu Instruktionszwecken auf außerordentlichen Kredit, in zweifacher Ausfertigung nebst Abschrift zur hochgeneigten Genehmigungserwirkung gehorsamst in Vorlage.
gez. Ammon
Major und Direktor"
Die finanziellen Mittel wurden bewilligt und folgender Kontrakt abgeschlossen:

„No. 2773 Kontrakt

Zwischen der königlichen bayerischen Direktion der Gewehrfabrik zu Amberg einerseits und der Waffenfabrik des Herrn Franz von Dreyse in Sömmerda andererseits wird im Vollzuge der königlichen Artillerie-Inspektions-Order vom 14.Juli 1881 No. 3609 nachstehender Kontrakt über die

Lieferung von 40 aufgeschnittenen Revolvern M/79 verabredet und abgeschlossen:

§ 1

Der Waffenfabrikant F. von Dreyse Sömmerda übernimmt für die königlich bayerische Direktion der Gewehrfabrik in Amberg aus freier Übereinkunft die Lieferung von: 40 vierzig aufgeschnittenen Revolvern M/79 zu Instruktionszwecken um den Preis von 30M dreißig Mark per Stück inclusive Versendung und franko Magazin der neuen Gewehrfabrik zu Amberg.

§ 2

Zur Anfertigung der Instruktions-Revolver dürfen nur die durch die vorliegenden Revisionsvorschriften festgestellten Materialien verwendet und darf wie zu den übrigen Revolvern, auch nur für diese das beste Material verbraucht werden. Die Herstellung obiger Revolver hat genau nach den diesbezüglichen Revisionsvorschriften und den vorliegenden Dimensionstabellen zu geschehen und dienen bei der Abnahme der von der Waffenfabrik F. von Dreyse abgelieferten 2 Instruktions-Revolver, welche auf die zu liefernden 40 Stück in Anrechnung zu kommen haben, in Bezug auf die Form als Muster.

§ 3

Der Waffenfabrikant F. von Dreyse verpflichtet sich die noch restigen 38 Revolver innerhalb vier Monaten vom Tage der Genehmigung dieses Kontraktes an gerechnet abzuliefern. Im Falle dieser Termin nicht eingehalten wird, hat die nachgenannte Waffenfabrik für jeden Revolver, welcher zu spät zur Ablieferung kommt, eine Konventionalstrafe von 1 M – eine Mark – per Woche zu bezahlen, welche Strafe eventuell auch aus der aufrecht zu nehmenden Kaution gesenkt werden dürfen.

§ 4

Die abgelieferten Revolver werden in der Gewehrfabrik zu Amberg einer genauen Schlussrevision in allen ihren Teilen unterzogen und [es] entscheidet über die Annehmbarkeit in erster Linie die Revisions-Kommission und die Direktion der Gewehrfabrik, welch letztere bei Meinungsverschiedenheiten der Kommissionsmitglieder über die Annahme oder Verweigerung entscheidet, eventuell auf Antrag des Lieferanten eine unparteiische schiedsrichterliche Kommission bestellt.

Die nicht übernommenen Revolver sind von der Waffenfabrik sofort durch vollkommen brauchbare Stücke zu ersetzen und müssen die ausgeschlossenen Revolver innerhalb 14 vierzehn Tagen aus der Gewehrfabrik entfernt werden.

§ 5

Die Bezahlung der 40 Revolver erfolgt nach vollständig geschehener Ablieferung und anstandsloser Übernahme der noch restigen 38 Stück bei der Kasse der Königl. Direktion der Gewehrfabrik zu Amberg gegen Quittung, welche mit den in Bayern gesetzlich vorgeschriebenen Gebührenmarken versehen ist, bei Versendung unfrankiert, auch muß, wenn der Empfang des Geldes nicht unmittelbar bei der hiesigen Kasse entweder persönlich, oder durch einen gerichtlich Bevollmächtigten stattfindet, die Echtheit der Unterschrift auf dem betreffenden Geldschein durch eine Behörde legitimiert sein.

§ 6

Zur Sicherung der genauen Erfüllung der kontraktlichen Verbindlichkeiten und für allen und jeden Nachteil welcher dem fiskalischen Interesse dadurch erwächst, daß der Kontrakt von der Waffenfabrik F. von Dreyse in irgendeiner Beziehung nicht erfüllt wird, haftet dieselbe mit ihrem ganzen Vermögen und hat außerdem noch eine Kaution von 120 M einhundertundzwanzig Mark bar zu hinterlegen.

Diese Kautionsbestallung erfolgt nach Bestätigung des Kontraktes spätestens innerhalb acht Tagen. Die Kaution wird in der Kasse der Königl. Direktion der Gewehrfabrik deponiert und bleibt bis zur vollständigen Erfüllung des Kontrakts in Gewahrsam derselben.

Bei der Niederlegung der Kaution empfängt der Waffenfabrikant F. von Dreyse einen von der Kassenverwaltung ausgestellten Depositenschein.

Die Zurückerstattung der Kaution kann nur gegen Rückgabe dieses sodann mit Empfangsbescheinigung zu versehenden Scheines erfolgen.

Kommt der Waffenfabrikant F. von Dreyse ihren Verpflichtungen nicht pünktlich nach, so hat die kontrahierende Behörde das Recht über die Kaution zur Erreichung des Zweckes des Kontraktes ohne weiteres zu verfügen.

§ 7

Das Porto für alle diese Lieferungen betreffenden Korrespondenzen und Sendungen trägt der Waffenfabrikant F. von Dreyse allein.

§ 8

Gegenwärtiger Kontrakt unterliegt der höheren Genehmigung und tritt erst mit dem Tage der Bekanntgabe dieser Genehmigung in Rechtskraft, die Waffenfabrikant F. von Dreyse verpflichtet sich aber die durch diesen Kontrakt eingegangenen Bedingungen vom Tage der Unterschrift an gerechnet, noch auf achtundzwanzig Tage, bis zu welcher Zeit die Genehmigung zu erfolgen ist, als für sich bindend zu betrachten.

9.3.–9.4. Schnittmodell eines Bayerischen Revolvers 79, angefertigt von Dreyse. Sammlung des Autors
Sectioned model of a Bavarian Revolver 79, made by Dreyse. Author's collection

§ 9

Zur Urkunde haben beide Teile diesen in zwei gleichlautenden Exemplaren ausgefertigten Kontrakt eigenhändig unterschrieben besiegelt.
Amberg, den 18. Juli 1881.
Königl. Direktion der Gewehrfabrik
gez. Ammon, Major
Frh.v. Brandt, Hptm.;
Emmerich, Zeughptm.
Sömmerda, den 22. Juli 1881
pp. Franz von Dreyse

Nach den Buchstaben des Vertragstextes wurde kein Unterschied zwischen der Abnahme der regulären und der aufgeschnittenen Revolver gemacht. Einer Verwendung von zurückgewiesenen Revolvern konnte nur dann zugestimmt werden, wenn die fehlerhaften Stellen ausgefräst oder beispielsweise eine Überschreitunge der Kammer- bzw. der Laufbohrungen als unbedeutend für den Zweck eingestuft werden konnt.

Die geschnittenen bayerischen Revolver tragen die regulären Stempel der Güteprüfung.

Die restlichen 38 Stück wurden bis zum Jahresende ausgeliefert.

Als auch Bayern die Zahl seiner Feldartillerie-Regimenter vergrößerte, wurden ebenfalls zusätzliche Instruktionsrevolver benötigt.

An Regimentern kamen hinzu:

1890	1 Regiment
1900	3 Regimenter
1901	4 Regimenter

Demzufolge ergab sich ein Bedarf von rund 75 Stück, einschließlich einer Reservemenge.
Für diese Revolver verwendete man ebenfalls nicht mehr verwendungsfähige M/79 (sie waren mittlerweile fast 20 Jahre lang im Einsatz) sowie M/83.

Direkt als Instruktionsrevolver bestellte M/83 mit bayerischer Stempelung sind bisher noch nicht bekannt geworden.

9.2.1 Registrierte bayerische Instruktionsrevolver

M/79

Seriennummer 216
Ausgabejahr 1882
Linke Griffschale unten offen

M/83

Seriennummer 6206

9.3 Aufgeschnittene Revolver in Sachsen.

Bei der Durchsicht der sächsischen Originalkontrakte konnte keine Unterlage gefunden werden, die auf Bestellungen von Instruktionsrevolvern M/79 hindeutete.

Die geringe Überlebensrate bei den sächsischen M/79 ließ auch keine Realstücke in Erscheinung treten, aus denen man gewisse Rückschlüsse hätte ziehen können.

Falls Sachsen der preußischen Verfügung vom Mai 1881 gefolgt sein sollte, wäre der Bedarf mit rund 22 Stück anzusetzen. Mit der Errichtung eines weitern Feldartillerie-Regiments (Nr. 32) im Jahre 1889 stieg der Bedarf auf rund 33 Stück. Die Beschaffung von Insturktonsrevolvern wurde aber erst im Jahre 1894 aktuell. So erging von der Direktion der vereinigten Artillerie-Werke folgender Gesuch an das KSKM:

„Dresden, den 3. Oktober 1894.
An das Königliche Kriegs-Ministerium
Dem Königlichen Kriegs-Ministerium gestattet sich die Direktion im Anschluß an die K.M.T. vom 3. September 1894. Nr. 2349. IV., wegen Beschaffung der aufgeschnittenen Revolver 83 für die Friedensbatterien – Deckblatt 206 der Anmerkungen 1) zu Seit 58e f der Vorschrift für die Verwaltung des Materials der Feldartillerie – ganz gehorsamst zu melden, daß nach erfolgter diesseitiger Anfrage die Firma C. G. Haenel in Suhl – welche dieses Jahr 1000 Revolver zur vollen Zufriedenheit lieferte – bereit ist, aufgeschnittene Revolver 83 das Stück für 26 M zu liefern. Der zur hochgeneigten Ansicht unter Rückerbittung beigefügte aufgeschnittene Probe-Revolver 83 der genannten Firma entspricht, nach dem Gutachten des Inspizienten der Handwaffen Oberst z. D. Schaff, genau den in der Vorschrift „Das Material der Feldartillerie Abteilung VI, Handwaffen Seite 22“ festgesetzten Einrichtungen eines aufgeschnittenen Revolvers in jeder Weise.

Ein gleicher im vergangenen Jahre von der Gewehrfabrik Erfurt bezogener Revolver 83 wurde mit 33 Mark bezahlt.

Das Königliche Kriegs- Ministerium bittet die Direktion ganz gehorsamst um Genehmigung, daß die für 33 Friedensbatterien erforderlichen 33 aufgeschnittenen Revolver 83 von der Waffenfabrik C.G. Haenel beschafft werden dürfen.

Die entstehenden Kosten in Höhe von 858 M. können von der Kaufsumme der Direktion aus Kapitel 37 Titel 18 bestritten werden.
gez. Zerener
Oberst und Director“

Die Antwort des Kriegsministers kam 5 Tage später: *„Dresden, den 8. Oktober 1894.*
Auf Vortrag der Königl. Direkt. vom 3. d.M. Nr. 4216 genehmigt das Kr. M., daß die auf Grund der Anmerkung 1) zur Seite 58 f der Vorschrift für die Verwaltung des Materials der Feldartillerie für die Friedens- Batterien erforderlichen 33 Stück aufgeschnittenen Revolver 83 von der Waffenfabrik C.G. Haenel in Suhl, zum Preise von 26 M. für ein Stück, beschafft werden dürfen.

Die 858 M. betragenden Beschaffungskosten sind aus Kap. 37 Titel 18 pro 1894/95 – Dispositionssumme der Königl. Direktion – zu bestreiten.
Der aufgeschnittene Probe- Revolver folgt anbei.
Kriegsministerium
gez. von der Planitz“

Dieser Schriftverkehr schafft Klarheit. Instruktionsrevolver M/79 gab es in Sachsen nicht.

Die 33 aufgeschnittenen Revolver 83 für die Feldartillerie-Regimenter
Nr. 12, Nr. 28 und Nr. 32
waren also ohne Reserve gerechnet.

Das Schnittmuster war in der zitierten Vorschrift für das Artilleriematerial abgebildet und deutet auf eine reichseinheitliche Ausführung hin.

Die bislang untersuchten M/83 Instruktionsrevolver, gleich ob aus Preußen oder Bayern, haben das gleiche Schnittmuster.

Die Markierungen entsprechen denen der preußischen Stempelungsvorschrift.

9.4 Aufgeschnittene Revolver in Württemberg

Dieser Abschnitt muss leider recht kurz ausfallen, da Realstücke als Instruktionsrevolver aus Mauser-Fertigung bisher nicht bekannt geworden sind.

Theoretisch hatte Württemberg einen Bedarf von rund 22 Stück, und ab 1899, als das Feldartillerie-Regiment Nr. 49 hinzukam, analog wie in Sachsen, von rund 33 Stück.

Falls die Revolver von der Gewehrfabrik Erfurt bezogen worden waren, lassen sie sich nur an Hand der Truppenstempel
13. A.
29. A.
49. A.
der 3 Feldartillerie-Regimenter identifizieren.

Quellen

Jan K. Kube: „*Militaria*“, Corvus-Verlag 1987
BHS, AX, 20a
SHS, 2171, 2172

Chapter 9

Exactly how revolvers were to be sectioned (cut away) was laid down at Spandau, with detailed instructions and precise drawings. A set of sectioning instructions with the drawings accompanied the regular production drawings which were sent from Spandau to the other royal war ministries.

There are two distinct types of sectioned Reichsrevolvers. The first type was initially ordered together with the standard revolvers, but under a separate contract. These were manufactured specifically as sectioned revolvers without proofmarks, but with standard inspection stamps. This type is easy to recognise – the lower window on the left grip is cut down to the butt, and the window to show the cylinder stop has a wedge-shaped nose. This the author has called Pattern 1 issue.

The second type, which is called Pattern 2 issue, was ordered subsequent to the manufacture of the standard patterns, whenever newly established units required them for training purposes. Old, used, examples were often utilized to create sectioned examples, and where this is the case the original proofmarks are still visible. The window in the left grip is shaped differently from Pattern 1 – it is not cut down to the butt, but has been cut in an oval, egg-shaped, form with no open side. This form was adopted to avoid a lengthwise crack in the left grip. The window for the cylinder stop was unproved. In place of the wedge-shaped nose a small bridge has been left, making it impossible for the cylinder stop to become dislocated.

Both of the above methods of sectioning revolvers apply to the M/79 and the M/83 revolvers.

In the next section we will consider the quantities of sectioned revolvers produced for the four kingdoms.

Prussia

No written records are known to survive. By reckoning the number of field artillery regiments a rough figure can be calculated, because each battery in the regiment received a sectioned revolver for instruction by order of the KPKM. At the time of the initial order for the M/79 revolver Prussia had 234 batteries of field artillery, which suggests a figure of about 250 sectioned M/79s.

Further additions to the number of field artillery regiments from 1890 to 1912 suggests that about 400 M/83 sectioned instructional revolvers were purchased. These were manufactured by von Dreyse and the Erfurt Gun Factory.

Bavaria

The higher survival rate of the Bavarian archives allows us to publish the complete contract for the purchase of 40 sectioned M/79 revolvers in August 1881. Section 4 lays down that these revolvers are to receive a very thorough final inspection.

Stories in collector circles that these revolvers were made up from scrap parts are without any factual foundation. However, the use of damaged or defective parts in which the defects would be removed by milling away in the manufacture of a sectioned revolver, is absolutely certain. But in every case the finished product had to conform exactly to the drawings.

The Dreyse company, with all its quality control problems with the regular revolvers, had no difficulty in delivering its 40 sectioned revolvers.

Documentary evidence for later purchases has not survived, but the increase in the number of Bavarian artillery batteries suggests that some 75 M/83 sectioned revolvers were purchased.

Saxony

There are no references to sectioned M/79 revolvers in the Saxon archives.

Late in October 1894 Saxony purchased 33 sectioned M/83 revolvers. Prior to their production by the Suhl Consortium the KSKM had purchased a sample revolver from Erfurt which was then sent to the manufacturers.

Württemberg

Lack of archival evidence makes it necessary to estimate the number of sectioned revolvers purchased through consideration of the number of field artillery batteries. This method gives a number about the same as that for Saxony, i.e. about 33 pieces. The author was unable to examine any Württemberg sectioned revolvers from either Mauser or Erfurt, and it is clear that they are, along with all sectioned Reichsrevolvers, quite rare.

10. Revolvertaschen

Die im Deutsch-Französischen Krieg 1870/71 von deutschen Offizieren geführten Revolver waren in den unterschiedlichsten Taschen nach Wahl des Käufers untergebracht.

Erst mit Einführung der neuen, normierten Waffe namens Revolver entbrannten innerhalb der Einheiten heftige Diskussionen über die jeweils zweckmäßigste Unterbringung dieser Waffe.

Eine Fülle an Informationen zu dem Thema hat bereits Hans Reckendorf in seinem hervorragenden Buch *„Beiträge zur Geschichte der Taschen und Trageweisen von Faustfeuerwaffen in Preußen und im Kaiserreich“* zusammengetragen.

Der Verfasser hat hier Anleihen gemacht, aber einige wichtige Details der sächsischen Vorgänge hinzugefügt.

10.1 Revolvertaschen in Preußen

Während die Anfertigung der Revolver M/79 mittlerweile in vollem Gange war, zogen sich die Versuche mit der Unterbringung hin.

Anfragen der Bundesstaaten, hier aus Bayern, beantwortete das KPKM hinhaltend:
„Berlin, den 27. April 1880.
Sonstige auf die Verwendung pp. des Revolvers bezügliche Instruktion sind bis jetzt nicht ergangen und über die Trageweise desselben schweben gegenwärtig noch Versuche.“

Die Revolvertasche für die Kavallerie

Eine weitere Preußische Mitteilung erging am 17. Juni 1881:

„1. für die Kavallerie einschließlich der Kürassiere war zur Unterbringung des Revolvers eine Tasche – ähnlich der seitherigen Pistolentasche der Dragoner, Husaren und welche am Mann zu befestigen ist, in Aussicht genommen, zur Unterbringung der Revolvermunition sind Kartuschen in Vorschlag gebracht, welche zur Aufnahme von 18 Patronen – 3 Revolverladungen – bestimmt und im Übrigen, bei entsprechend kleineren Dimensionen analog den zur Karabiner-Bewaffnung gehörigen Kartuschen eingerichtet sind.

Die vorhandenen Pistolen-Taschen und Kartuschen würden den bezüglichen neueren Proben entsprechend aptirt werden können.

Vorschlägen ist die Allerhöchste Entscheidung nachgesucht, aber noch nicht.

Weitere Mittheilung über den Gegenstand unter Ueberweisung von Proben, muß noch vorbehalten bleiben.“

Die Revolvertasche M/81

Das Preußische Verordnungsblatt Nr. 22 veröffentlichte eine AKO, die Kaiser Wilhelm I. am 31. August1881 unterzeichnet hatte:

„Auf den Mir gehaltenen Vortrag genehmige Ich, daß die beifolgenden Proben
1) einer Revolvertasche für die Unteroffiziere der Dragoner, Husaren und Ulanen, sowie
2) einer Kartusche zur Unterbringung der Revolver-Munition an Stelle der seitherigen, der Pistolenbewaffnung entsprechenden Kartusche für Neubeschaffungen eingeführt werden.“

Näheres verfügte Berlin am 3. November, nachdem Proben der Revolvertasche M/81 und Kartusche M/81 an die Formationen gegangen waren: *„...die Proben...nach Maßgabe des anliegenden Vertheilungs-Planes an die unterstellten Kavallerie-Regimenter excl. der Kürassiere und an die Feld-Artillerie-Regimenter gefälligst vertheilen lassen zu wollen. 4,90 M für die Revolvertasche, für die Kartusche mit Verzierung, 4,50 M für die Kartusche ohne Verzierung ...* (mit Verzierung war das Deckelemblem gemeint, Verf.)

1. *Die Revolvertasche hat auch bei der Kavallerie-Stabswache und der Feldgendarmerie an Stelle der seitherigen Pistolentasche zu treten.*
2. *Um die Säbelfaust des Reiters vor Verletzungen zu schützen, ist der Revolver am Mann mit dem Kolben nach hinten zeigend zu führen und ist die Revolvertasche dementsprechend konstruiert worden. Es wird vorläufig davon abgesehen, hinsichtlich der Trageweise des Revolvers bzw. der Revolvertasche am Mann eine bestimmte Festsetzung zu treffen. Wie seither Betreffs der Pistole, so soll auch Betreffs des Revolvers die Trageweise den Kavallerie-Regimentern – zur Sammlung weiterer Erfahrungen – zunächst noch überlassen bleiben. Das Kriegsministerium behält sich vor, nach Verlauf von einigen Jahren über die in beregter Hinsicht gemachten Erfahrungen Berichte einzufordern, um demnächst eventl. eine bestimmte Festsetzung wegen der Trageweise des Revolvers zu treffen.*
3. *Der bei der Kavallerie etatsmäßige Pistolenriemen mit Haken wird unter der abgeänderten Bezeichnung ‚Revolverriemen‘ beibehalten.*
4. *Der zum Revolver gehörige Entladestock wird in ähnlicher Weise wie bei der Karabiner- Bewaffnung an der Kartusche befestigt und mitgeführt. In Folge dessen wird der am Kartusch- Bandolier befindliche Ladestockriemen entbehrlich und kommt daher gänzlich in Wegfall...*

8. *Der zu 10 Revolvern gehörige Schraubenzieher ist bei der Kavallerie in einer der Packtaschen unterzubringen, und bei der Feld-Artillerie mit den Vorrathsstücken fortzuschaffen.*
9. *Wie die Allerhöchste Kabinetts Ordre vom 31. Aug. d. J. ergibt, sind die in Rede stehenden*

Proben nur für Neubeschaffungen eingeführt. Die vorhandenen Pistolentaschen und die Kartuschen für die Pistolenmunition können nach den angestellten Ermittelungen neuen Proben entsprechend aptirt werden.“

In der o. a. AKO vom 31. August 1881 hatte man die Kürassiere von der Bewaffnung mit dem Revolver ausgeschlossen. Grund war die noch nicht abgeschlossene Erprobung der Kürassier-Bewaffnung mit dem Karabiner M/71. Erst nachdem man festgestellt hatte, dass der Gebrauch des Karabiners bei angelegtem Brustpanzer nicht zu bewerkstelligen war, entschloss sich das KPKM am 22. Juni 1882 auch die Kürassiere mit Revolvern zu bewaffnen.

Die preußische Kavallerie war damit durchgehend mit der Revolvertasche M/81 und der Kartusche M/81 ausgerüstet.

Entsprechend der Anweisung wurden die vorhandenen Pistolentaschen und Kartuschen (bislang in Gebrauch für die Pistole M/50) für den neuen Revolver aptiert. Eine dieser recht seltenen aptierten Kartuschen ist im **Kapitel 11** abgebildet.

Aptierte M/50-Taschen sind dem Autor bisher nicht begegnet. Ähnlich selten ist auch die Tasche M/81 im Originalzustand.

Die Abbildungen 10.1 und 10.1a zeigen die Tasche M/81, interessanterweise mit der langen Pistole 08. Ein seltenes Dokument und ein Beweis dafür, dass

10.1.–10.1a. Eine recht seltene Fotographie eines Soldaten mit der Revolvertasche M/81. In der Tasche jedoch befindet sich eine lange Pistole 08. Sammlung Mauro Baudino

A rare soldier's photograph with holster M/81. In this case the holster was used to carry a „lange Pistole 08". Mauro Baudino collection

diese Tasche noch im ersten Weltkrieg verwendet worden war.

Die Bekleidungsordnung von 1893 beschreibt in §74 diese Tasche und in §75 den Revolverriemen recht anschaulich: *„§74 Revolvertasche a. für Unteroffiziere der Kavallerie. (M/81)*

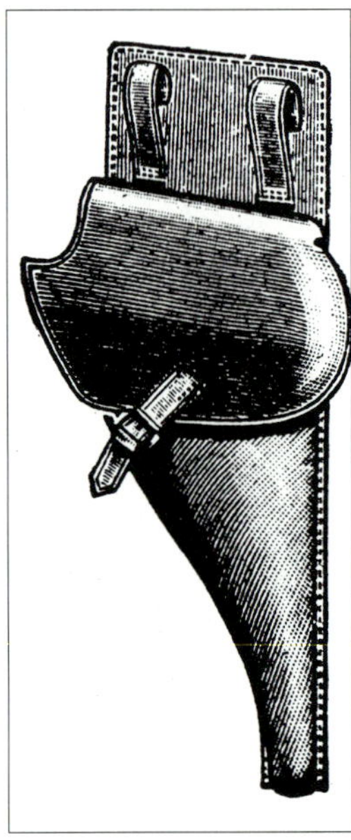

1) Lange Tasche aus braunlohgarem Leder, der untere für den Revolverlauf bestimmte Theil schmaler als der obere und die Hinterwand länger als die gewölbte Vorderwand. Der obere Rand der letzteren ist außen durch einen aufgenähten Lederriemen verstärkt.

2) Der Deckel ist vorn an der Hinterwand schräg befestigt, greift über die Vorderwand und ist zum Zuschnallen eingerichtet; er läßt, zugeschnallt, eine Öffnung für den Kolben des Revolvers frei.

3) Auf der Hinterwand, vorn oberhalb des Deckels (sic!), *zwei Schlaufen zum Aufschieben der Tasche auf das Säbelkoppel.“*

Das Buch *„Das Deutsche Reichsheer in seiner neuesten Bekleidung und Ausrüstung“* von G. Lange, Archivar des Generalstabes, erschienen ca. 1890 in Berlin; der Nachtrag von 1892 zeigt die Tasche M/81 als Holzschnitt. Das wichtigste Element, das nach oben herausstehende Laschenteil mit den Schlaufen, das diese Tasche von der Nachfolgetasche unterscheidet, ist jedoch korrekt wiedergegeben.

Das preußische KM verfügte am 3. April 1890 die Einführung eines etwas schmaleren, aus einem Stück hergestellten Kartuschbandeliers. Am 16. Juni 1890 verfügte das KM den *„Revolverriemen zum verschmälerten Kartusch-Bandolier“* für die Kavallerie, welchen auch die drei übrigen deutschen Königreiche übernahmen. Das Militär-Ökonomie-Departement versandte am 12. Dezember 1890 *„Exemplare der Allerhöchsten Orts genehmigten Probe des Revolverriemens zum verschmälerten Kartusch-Bandoliers“*, welche für die Probensammlungen bei den Generalkommandos sowie bei den Kavallerieregimentern bestimmt waren und zu denen es u. a. schrieb:

„1. Der Revolverriemen ist um das Bandolier zu schlingen, indem das Ende mit dem Karabinerhaken durch die am unteren Ende befindliche kleine Schlaufe gezogen wird.

2. Auf diese Weise wird der Revolverriemen gleichsam mittelst einer verschiebbaren Schlaufe am Bandolier befestigt, welche, wenn der Revolver im Gefecht benutzt werden soll, nach vorn auf die Brust zu ziehen, und wenn er in die Revolvertasche gesteckt werden soll, bis an die Kartusche zurückzuschieben ist.
3. Wenn ein Gebrauch des Revolvers nicht zu erwarten steht, kann der Revolverriemen vom Bandolier gelöst (Ziffer 1), um den Revolverhals gewickelt und am Revolver angehakt – mit in die Revolvertasche gesteckt werden.
4. Die Revolverriemen alter Art lassen sich entsprechend abändern."

„§ 75 Revolverriemen

49 cm langer und 1,6 cm breiter Riemen von weißsämischem) Leder; am einen Ende ein eiserner Karabinerhaken, am andern eine kleine Lederschlaufe.*

Trageweise, Der Revolverriemen ist um das Bandolier zu schlingen, indem das Ende mit dem Karabinerhaken durch die am andern Ende befindliche Schlaufe gezogen wird.
*) *Nur bei dem Braunschweiger Husaren-Regiment Nr. 17 von schwarzlohgarem Leder."*

Der Revolverriemen, ein sehr selten anzutreffendes Requisit, entfiel per Verfügung am 7. April 1909.

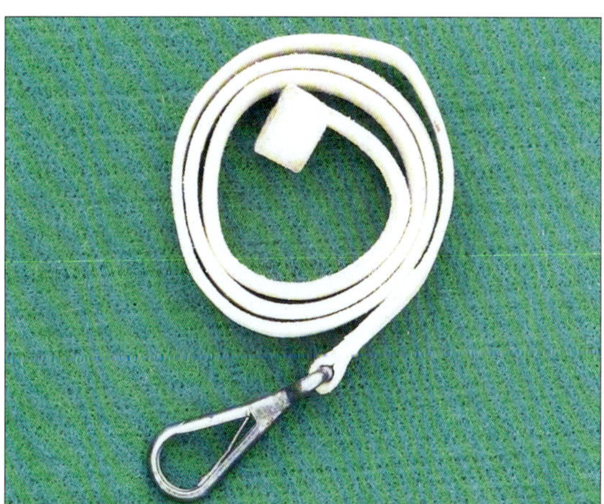

10.1b. Der Revolverriemen aus weißem Sämischleder. Er wurde um das ebenfalls weiße Bandolier geschlungen und am Revolver eingehakt. Sammlung H. Reckendorf
The lanyard made from white chamois leather. It was wrapped around the bandolier and hooked in the revolver ring. H. Reckendorf collection

Die Revolvertasche für die Artillerie

Die Verfügung vom 16. März 1881 beinhaltete auch die Zuweisung von Revolvern M/79 an die Feldartillerie. Eine Verfügung zur Unterbringung der M/79 erfolgte am 14. April 1881 mit der Maßgabe, die Revolver in aptierte Pistolenholfter in den Packtaschen der Handpferde unterzubringen. Diese Art der Unterbringung hatte nur kurze Zeit Bestand. Das KPKM hob wegen Einwände der Artillerieprüfungskommission die Verfügung wieder auf und wies an, Versuche zur anderweitigen Unterbringung aufzunehmen. Die bereits geänderten Packtaschen sollten derweil weiter verwendet werden.

Die Revolvertasche M/87

Die Versuche zogen sich über Jahre hin; erst 1886 konnte die Artillerieprüfungskommission ein Ergebnis vorlegen. Am 24. Februar 1887 schließlich genehmigte Kaiser Wilhelm I. die neue Tasche:
„Auf den Mir gehaltenen Vortrag genehmige Ich die beifolgende Probe der Revolvertasche für die berittenen Mannschaften der Artillerie. Das Kriegsministerium hat hiernach das Weitere zu veranlassen."

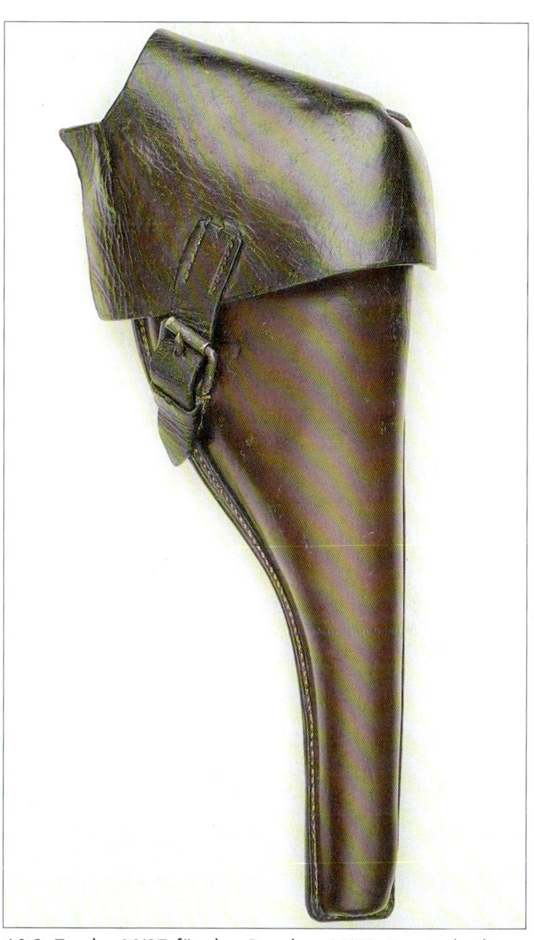

10.2. Tasche M/87 für den Revolver M/79. Das Leder hatte eine dunkelbraunrote Farbe. Ausnahmen: Schwarz für die Meldereiter und ein helleres braun für die Jäger zu Pferde. Sammlung des Autors
Holster M/87 for the Revolver M/79. The leather were a reddish dark-brown colour. Exceptions for this were black for the mounted orderlies and lighter brown for mounted riflemen. Author's collection

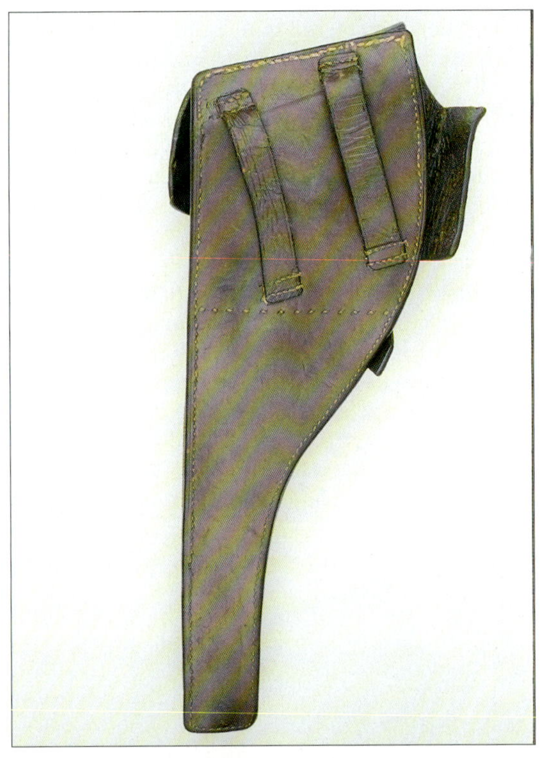

10.2.–10.3. Berittener der Feldartillerie, bewaffnet mit dem Revolver 79 in der Tasche M/87. Ca. 1905. Sammlung des Autors
Mounted soldier of the field artillery armed with the Revolver 79 in the holster M/87, ca. 1905. Author's collection

10.4. Truppenstempel in einer bayerischen Tasche M/87. In diesem Fall wurden die Buchstaben und Zahlen eingeschlagen. Sammlung P. U. Stutte
Unit markings on a Bavarian-issued M/87 holster. On this example the letters and numerals have been stamped. P. U. Stutte collection

10.4a. Mit Tusche aufgebrachter Truppenstempel. Nicht jede Tasche wurde mit einem Truppenstempel versehen. Sammlung J. Gräwe
Unit markings on the inside of the flap, written with ink. Not every holster was marked. J. Gräwe collection

Das KM verfügte am 23. Mai 1887 zur
- Verteilung von Proben der *„Revolvertasche für die berittenen Mannschaften der Artillerie"* an die Generalkommandos und an deren Artillerie-Truppenteile,
- Beschaffung des Kriegsbedarfs an Revolvertaschen für die Feld- und Fußartillerie-Truppenteile,
- Die Tragezeit der Taschen, welche in Übereinstimmung mit der Kavallerie auf 20 Jahre gesetzt wurde,
- Die Trageweise, *„am Säbelkoppel hinter der rechten Hüfte des Mannes"*
- zum Etatspreis, den das KM auf 3,50 M gesetzt hatte.

Bayern, Sachsen und Württemberg nahmen ebenfalls die Tasche M/87 an.

Zu den zuvor zur Aufnahme des Revolvers angepaßten Packtaschen der preußischen Artillerie verfügte das KM am 30.Juni 1887 u. a.:

„1. In Folge der Einführung der Revolvertaschen werden die zur Aufnahme der Revolver eingerichteten rechten Packtaschen rückaptiert. Die Rückaptierung ist in der Weise auszuführen, daß die in den Packtaschen eingenähten bisherigen Revolverholfter herausgetrennt und die Nähte durch Beklopfen bzw. Verreiben geschlossen werden. Ferner ist das Loch im Deckel der rechten Packtasche durch Einnähen eines passenden Stückes Leder zu schließen.

2. Die Ausführung der Rückaptierung der rechten Packtaschen hat mit der Einstellung der Revolvertaschen gleichen Schritt zu halten und ist durch die Artilleriedepots, von welchen auch die bezüglichen Kosten zu bezahlen bzw. zu erstatten sind, zu veranlassen."

Der Revolverkolben ragte demnach aus der Packtasche heraus. Realstücke dieser Packtasche sind. sowohl mit Loch als auch vrschlossen, nicht bekannt.

Eine Beschreibung des Pistolenholfters der Artillerie (in der rechten Packtasche) bzw. des aus ihm durch Aptieren entstandenen Revolverholfters der Artillerie liegt nicht vor. Eine kurze Beschreibung der *„Revolvertasche ... b. für berittene Mannschaften der Feldartillerie (M/87)"* liefert die *„Bkl. Ordnung 1900: Wie M/81, die Schlaufen jedoch auf der Rückseite der Hinterwand angenäht; letztere ist kürzer als bei der Revolvertasche M/81, so daß der Deckel mit dem oberen Rande der Hinterwand abschneidet."*

Die kurze und sich nur auf die Beschreibung der Revolvertasche M/81 beziehende Beschreibung der Revolvertasche M/87 gibt zwar wesentliche kennzeichnende Merkmale her, muß aber ergänzt und sogar berichtigt werden. Die Revolvertasche M/87 besteht aus drei Hauptteilen:

1. Einer etwa 340 mm langen Rückwand, zur Austrittsseite des Kolbens leicht ansteigend. Im oberen Drittel sind 2 Trageschlaufen mit je 2 Nähten oben und unten angebracht.
2. Einer ausformten Vorderwand, die an der Rückwand vernäht ist. Oben befindet sich ein ca. 20 mm breiter, aufgenähter Verstärkungsstreifen.
3. Einem Verschlussdeckel mit einer Öffnung für den Kolben. Am Deckel ist ein etwa 20 mm breiter und 110 mm langer Riemen für den Dornschnallenverschluss aufgenäht. Anfangs besaß der Riemen 3 Löcher, bei später angefertigten Taschen findet man nur noch ein Loch.
   Die Dornschnalle besteht aus verzinntem Stahl.
   Die Tasche besteht aus lohgarem Leder.
   Die Farbe ist dunkelbraun, teilweise auch mit einem Rotstich.

Ausnahmen

1. Die Taschen M/87 der Meldereiter der Meldereiter-Detachements sind schwarz.
2. Die Taschen M/87 der „Jäger zu Pferde", sowie der Stabsordonnanzen sind mittel-hellbraun.

Die Regimenter „Jäger zu Pferde" wurden erst ab 1905 aufgestellt.

Die Revolver 79 mussten wegen fehlender Pistolen im ersten Weltkrieg erneut ausgegeben werden. Die Folge war eine erneute Anfertigung von Taschen M/87. Man findet diese in oft noch gutem Zustand; sie tragen im Gegensatz zu den älteren Stücken häufig einen Herstellerstempel mit Jahreszahl.

Die Revolvertasche M/85

Mit Einführung des neuen, kürzeren Revolvers 83 musste natürlich auch für diesen Typ eine zweckmäßige Tasche erprobt und vorgeschlagen werden. Mit AKO vom 20. Juni 1885 nahm Preußen die Revolvertasche zum Revolver M/83 für die Feldwebel usw. bei den Truppen zu Fuß an; Ausführungsbestimmungen gab das KM mit Erlaß vom 23. Juli 1885. Am 19. September 1885 verfügte das Preußische KM u. a.:

„Nachdem sich bei den diesjährigen Krankenträger-Uebungen zweier Armee-Korps die unterm 20. Juni d. J. für die Feldwebel pp. bei den Truppen zu Fuß eingeführte Revolvertasche auch für die Krankenträger als zweckmäßig erwiesen hat, sollen nunmehr die Sanitäts-Detachements gleichfalls mit Revolvertaschen beregter Art ausgerüstet werden. ...Erlasses vom 23. Juli d. Js. Bezug genommen. Die im Passus 3 desselben vorgeschriebene Trageweise der Revolvertasche (auf der linken Seite am Leibriemen zwischen Koppelschloß und Seitengewehr-Tasche) gilt auch für die Krankenträger."

Die KM der übrigen drei deutschen Königreiche übernahmen mit geringer Verzögerung die Preußi-

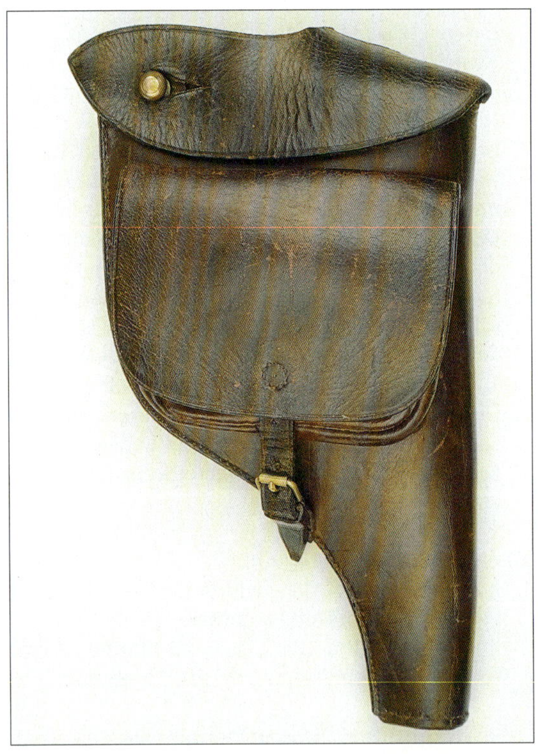

10.5.–10.6. Tasche M/85 für den Revolver M/83. Die Farbe war dunkelbraunrot. Die recht seltene Tasche ist leicht zu identifizieren: sie hat ein größeres Munitionstäschchen und im Inneren nur 6 Schlaufen. Sammlung des Autors
Holster M/85 for the Revolver M/83, reddish dark-brown colour. The rare variation is easy to identify: it has a larger cartridge pouch containing only 6 loops. Author's collection

sche Revolvertasche M/85. Der württembergische KM z. B. berichtete am 15. Oktober 1885 seinem König: *„Nachdem Eure Königliche Majestät unter dem 14. Juni 1884 allergnädigst zu bestimmen geruht haben, daß in Euerer Majestät Armeekorps der Revolver M./83 eingeführt wird und die Krankenträger sowie diejenigen Mannschaften der Truppen zu Fuß, welche keine Schußwaffen tragen – Feldwebel, Vicefeldwebel, Fahnenträger und Bataillons(Regiments-)Tambours – mit diesem Revolver auszurüsten sind, ist nunmehr auch wegen der Unterbringung und Trageweise des Revolvers und der Munition Bestimmung zu treffen.*

In der Königlich Preußischen Armee ist die anliegende Tasche zum Revolver M/83 für die Krankenträger, sowie für Feldwebel. Vicefeldwebel, Fahnenträger und Bataillons-Tambours zur Einführung gelangt und gleichzeitig der Etatspreis auf 3 M 25 Pf und ihre Kriegstragezeit auf 5 Jahre festgesetzt…

Die Revolvertasche wird auf der linken Seite am Leibriemen zwischen Koppelschloß und Seitengewehrtasche getragen. Der an derselben befindliche Munitionsbehälter ist zur Aufnahme von 6 Patronen in Hülsen und im Übrigen so eingerichtet, daß in seinem unteren Theile – bei einem eventuellen Entladen des Revolvers – noch weitere 6 Patronen lose untergebracht werden können. Diese Revolvertasche dürfte im Interesse einer einheitlichen Ausrüstung auch bei Euerer Majestät Armeekorps einzuführen sein…"

Der König genehmigte den abschließenden Antrag am 19. Oktober 1885.

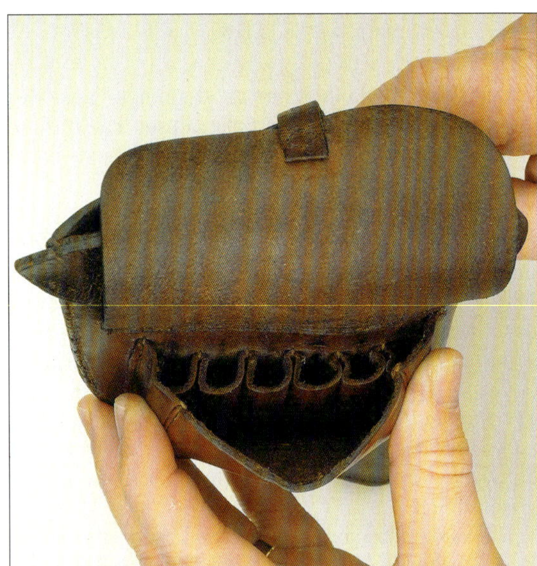

10.7. Blick auf die 6 Schlaufen einer Tasche M/85. Sammlung des Autors
View of the six cartridge loops on a M/85 holster. Author's collection

Die Revolvertasche M/85 unterscheidet sich nur in folgenden Punkten von der heute noch häufiger vorkommenden Revolvertasche 91 (=„Einheitliche Revolvertasche"):

- *Die Munitionsvortasche der Revolvertasche M/85 hat eine Höhe von 70 mm. Die der ihr nachfolgenden Revolvertasche 91 nur 45 mm. Damit ist auch der Deckel der Tasche M/85 entsprechend höher.*
- *Die 6 Patronenschlaufen sind auf die Vorderwand der Revolvertasche M/85 genäht.*

Die Öffnung für den Kolben des Revolvers ist an der Revolvertasche M/85 etwas kleiner gehalten als die an der Revolvertasche 91.

- *Die Dornschnalle besteht aus Messing.*

Die Revolvertasche M/85 hat (abweichend von der Beschreibung im Werk von Müller-Braun) keinen Verstärkungsriemen an der Oberkante der Vorderwand ihres Körpers.

Das Aufbrauchen der ausgegebenen und das Ändern der in Depots aufbewahrten Revolvertaschen M/85 sorgten dafür, daß Realstücke heute ganz außerordentlich selten sind.

Während in der Preußischen Bkl. 0. von 1903 die Revolvertasche M /85 bereits von der „Einheitlichen Revolvertasche" abgelöst ist .. wird in den vorangegangenen Bkl. 0. von 1896 und 1893 sowie in den auf ihnen fußenden Bkl. 0. der übrigen deutschen Königreiche die Revolvertasche M/85 noch genannt und wie folgt beschrieben:

„1. *Tasche aus braunlohgarem Leder, ähnlich wie bei M/81...aber aus einem Stück geschnitten und kleiner.* (kürzer, Verf.).
2. *Verschluß durch eine Zunge am oberen Rande mit Knopfloch an der Spitze und mit einem Knopf von Messing hinten auf der Vorderseite der Tasche.*
3. *Auf der Vorderseite ist ferner ein kleiner Munitionsbehälter nebst Deckel mit Schnallriemen aufgenäht. Im Innenraum dieser Tasche 6 Lederhülsen für je eine Patrone; im unteren Theil des Munitionsbehälters können noch 6 Patronen lose untergebracht werden; unterhalb der Patronentasche eine Schnalle für den Schnallriemen am Deckel.*
4. *Schlaufen wie an der Revolvertasche M/87."*

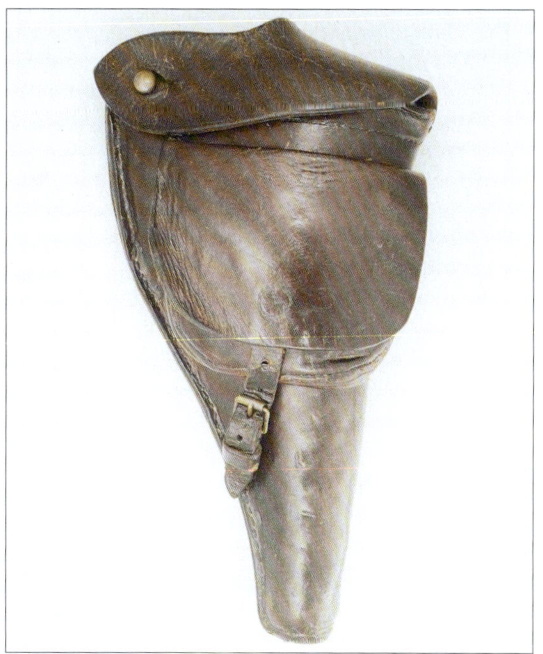

Die Revolvertasche M/85 war etwa 245 mm lang und 135 mm breit. Preußen ließ seinen Bedarf bei Privatfirmen herstellen.

Recht selten sind heute Revolvertaschen für den Revolver 83, die aus Taschen M/81 oder M/87 aptiert worden waren.

Die Revolvertasche M/91

Mit der Bewaffnung der Kanoniere der fahrenden Batterien mit dem Revolver 83 und dem damit verbundenen ernormen Bedarf an neuen Taschen, stellte sich für die Artillerieprüfungskommission die Frage der Beibehaltung der Tasche M/85 oder der Einführung einer verbesserten Variante.

Die in Zusammenhang mit der Bewaffnung der Kanoniere gemachten Versuche hatten neben der

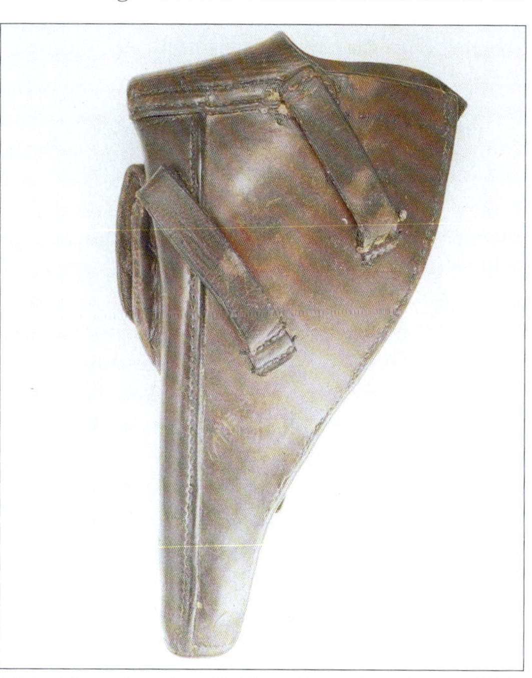

10.8.–10.8a. Aus einer M/81-Tasche aptierte Tasche M/85. Auf der Innenseite der Verschlusslasche befindet sich der Truppenstempel FAR 4. (Feldartillerieregiment Nr. 4)

Sammlung J. Gräwe

M/85-Holster modified from a M/81holster. The inside of the flap is unit marked FAR 4. (Field artillery regiment No. 4)

J. Gräwe collection

Entscheidung für den Revolver 83 auch die Änderungen an der bestehenden Tasche herbeigeführt.

Das KPKM verfügte am 31. Oktober 1893 die Beschaffung der Tasche M/91 für seine Truppen.

Die Tasche ist leicht an den 2 Reihen á 6 Schlaufen im Inneren des aufgenähten Patronentäschchens zu erkennen. Die Farbe ist lohgar braun. Die Dornschnalle besteht nun nicht mehr aus Messing, sondern aus verzinntem Stahl.

Mit Einführung der Maschinengewehr-Abteilungen am 26. März 1901 per AKO hatte Preußen die Probe einer *„Revolvertasche für Maschinengewehr- Abteilungen"* in Umlauf gebracht. Bis heute ist nicht bekannt, welche Unterschiede zur Tasche M/91 bestanden.

Nur Bayern lieferte einen Hinweis:

„Die neue Revolvertasche ist die mit Kriegsministerialerlaß Nr. 7908/02 für die Maschinengewehr-Abteilungen ausgegeben Probe, die von der Revolvertasche für Unberittene der Feldartillerie (also der Tasche M/91, Verf.) *nur durch eine zweckmäßigere Anordnung der Lederhülsen im Munitionsbehälter abweicht."*

Es muß hier der Leserschaft überlassen bleiben durch Vergleiche vielleicht einen geringen Unterschied zu entdecken. Dem Autor ist es nicht gelungen. Mit Verfügung vom 5. September 1902 ersetzte Preußen die Revolvertaschen M/85 sowie die Bezeichnung „Revolvertasche 91" und „Revolvertasche für Maschinengewehr-Abteilungen"

10.9. Dieser Taschentyp für den Revolver 83 trug die Bezeichnung „Einheitliche Revolvertasche". Zu erkennen an den 12 Schlaufen im Patronentäschchen. Sammlung des Autors
This pattern of holster for the Revolver 83 was designated „standard revolver holster" and is identified by its 12 cartridge loops in the pouch. Author's collection

10.9a. Hersteller- und Jahresstempel einer „Einheitlichen Revolvertasche". Sammlung des Autors
Manufacturer's and date markings on a "standard revolver holster". Author's collection

durch die „Einheitliche Revolvertasche" nach dem Muster der Revolvertasche 91.

Die „Einheitliche Revolvertasche" war nun die einheitlich eingeführte Tasche für sämtliche mit dem Revolver 83 bewaffneten Mannschaften, mit Ausnahme der Kavallerie und Stabsordonnanzen.

Wilhelm II. hatte im September 1902 deren Einführung genehmigt:

„Seine Majestät der Kaiser und König haben die Einführung einer einheitlichen Revolvertasche für sämtliche mit dem Revolver 83 bewaffnete Mannschaften (ausschließlich Kavallerie und Stabsordonnanzen) nach dem Muster der Revolvertasche für unberittene der Feldartillerie (91) (...) zu genehmigen geruht.

Hierzu wird bemerkt:

Die nach Maßgabe der Fertigstellung zur Ausgabe gelangenden Proben der Revolvertasche gelten nur für Neubeschaffungen. ...

Die beim Gardekorps sowie beim I., III., VI., XIV., XV. und XVII. Armeekorps in der Probensammlung der Königlichen Generalkommandos und der Maschinengewehr-Abtheilungen vorhandenen Proben der Revolvertasche für Maschinengewehr-Abtheilungen sind von den aufbewahrenden Dienststellen der diesseitigen Bekleidungs-Abtheilung zwecks anderweitiger Besiegelung einzureichen."

Eine Beschreibung der „Einheitlichen Tasche" lieferte bald nach ihrer Einführung die Bekleidungsordnung von 1903: *„Revolvertasche. x) C. Zum Revolver 83 für sämtliche übrigen Mannschaften.*

1. *Tasche aus lohgarem, angebräunten Leder, aus einem Stück geschnitten.*
2. *Verschluß durch die zungenartig, mit einem Knopfloch versehene Verlängerung der Rückseite und einen auf der Vorderseite vernieteten Knopf von Messing, welcher auf der Innenseite der Tasche mit einer runden Lederscheibe unterfuttert ist.*

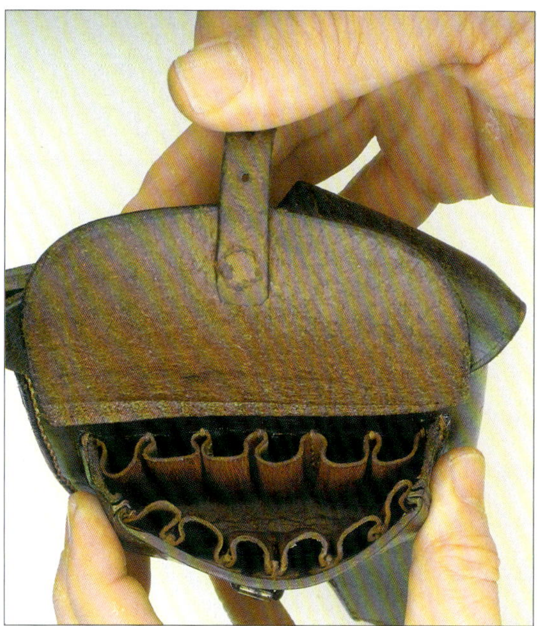

10.10. „Einheitlichen Revolvertasche". Blick in das Patronentäschchen mit 12 Schlaufen. Sammlung des Autors
„Standard revolver holster", showing the 12 loops inside the cartridge pouch. Author's collection

3. *Auf der Vorderseite ist ferner ein kleiner Munitionsbehälter nebst Deckel mit Schnallriemen aufgenäht. Im Innenraum dieser Tasche in zwei Reihen 12 Lederhülsen für je eine Patrone. Unterhalb der Patrontasche eine Schnalle für den Schnallriemen am Deckel.*
4. *Auf der Rückwand sind zwei Schlaufen zum Aufschieben der Tasche auf das Säbelkoppel etc, angenäht.*

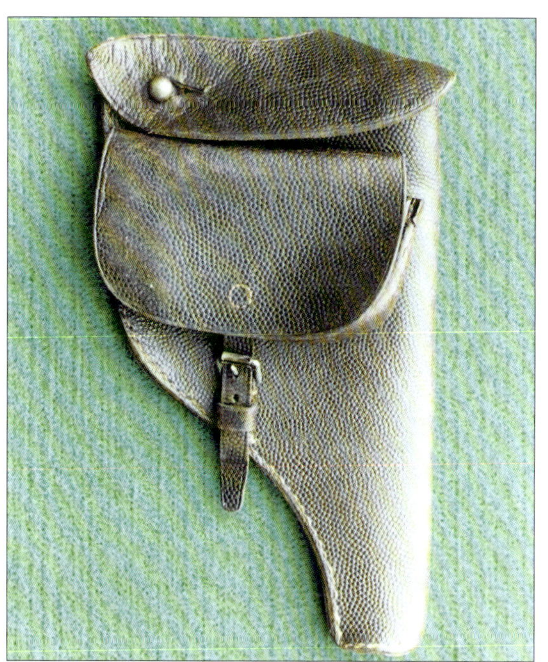

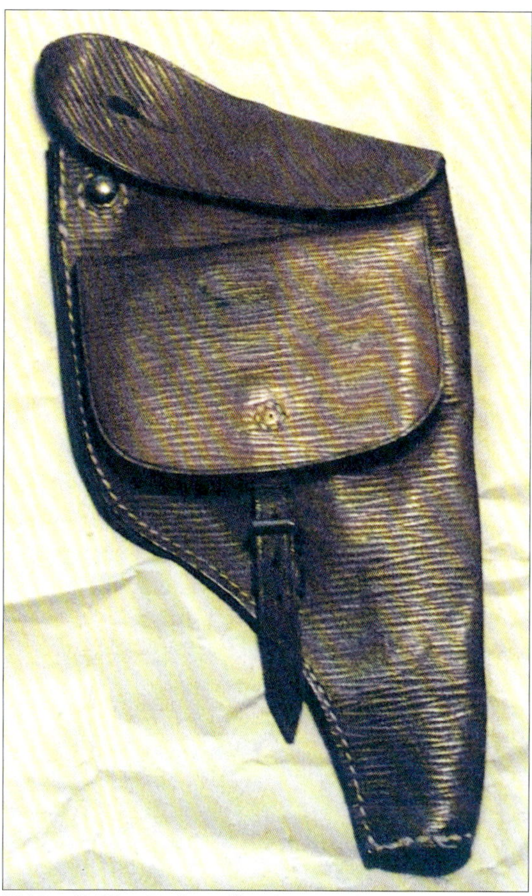

10.10a.–10.10b. Taschen für den Revolver 83 aus nicht ordonnanzmäßigen Lederarten während des I. Weltkriegs angefertigt. Die Tasche 10.10a wurde 1915 hergestellt. Sammlung C. Rather
Holster for the Revolver 83 made to non-ordnance standards during WWI. 10.10a was made in 1915. C. Rather collection

x) Die Stärke des Leders muß bei der eigentlichen Tasche...mindestens 3 mm...betragen."

Mit Ausbruch des ersten Weltkriegs wurden sämtliche Revolver 83 reaktiviert. Der bereits früh sich abzeichnende Rohstoffmangel erzwang Abweichungen bei den vorgeschriebenen Ledersorten. So kamen auch Ledersorten zur Verarbeitung, die eine strukturierte Oberfläche aufwiesen.

Revolvertaschen für „Berittene der Feldartillerie"

Die bei der Artillerie vorhandenen Taschen M/87 wurden teilweise mit Einfließen der Revolver 83 umgeändert, soweit der Revolver 83 an Berittene der Feldartillerie ausgegeben wurde. Eine entsprechende Anleitung dazu wurde herausgegeben.

Die Hauptänderungen bestanden im wesentlichen aus dem Einkürzen des Laufteils und dem Anpassen der Kappe an die kleinere Griffform des Revolver 83.

Da die Zahl der einlaufenden Revolver 83 höher war, als die zur Aptierung vorgesehenen Taschen

10.10c. Artillerist mit Revolver 83 und Seitengewehr M/71. Sammlung des Autors

Gunner armed with Revolver 83 and a M/71 bayonet. Author's collection

10.10d. Soldat während des I. Weltkriegs, bewaffnet mit Revolver 83 und Seitengewehr M/71. Sammlung des Autors

Soldier during WWI armed with Revolver 83 and a M/71 bayonet. Author's collection

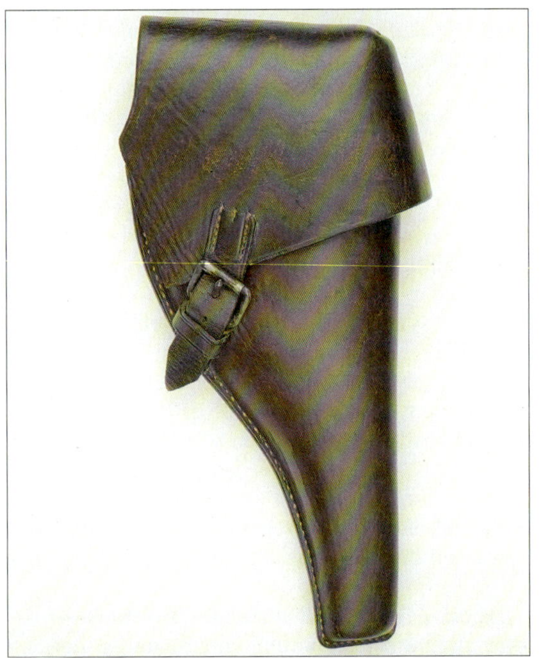

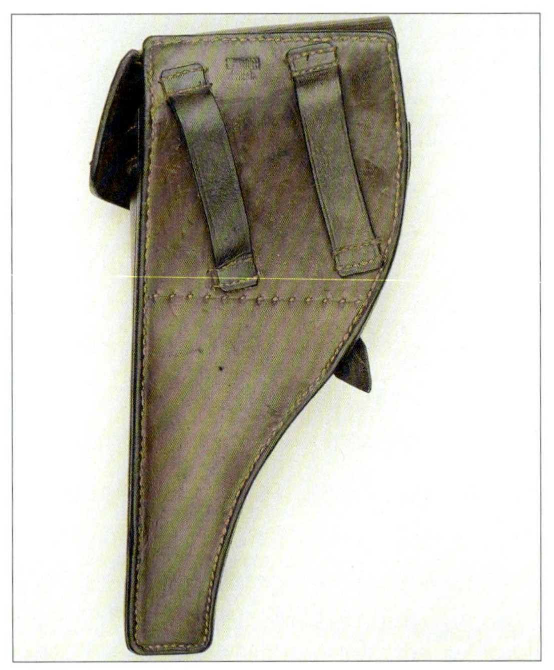

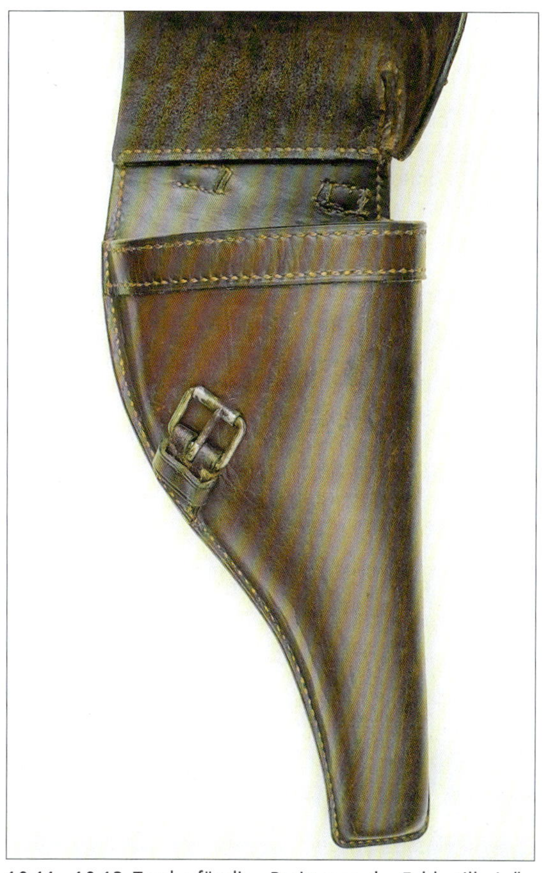

10.11.–10.13. Tasche für die „Berittenen der Feldartillerie". Sammlung des Autors

Holster for mounted field artillery gunners. Author's collection

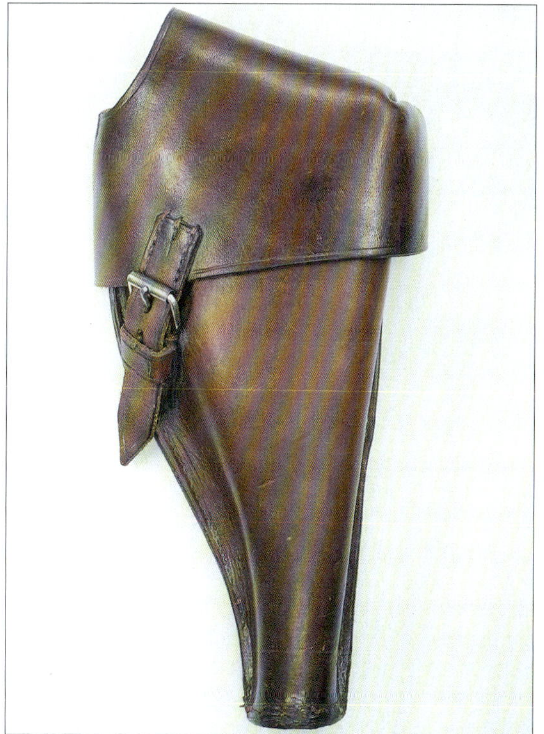

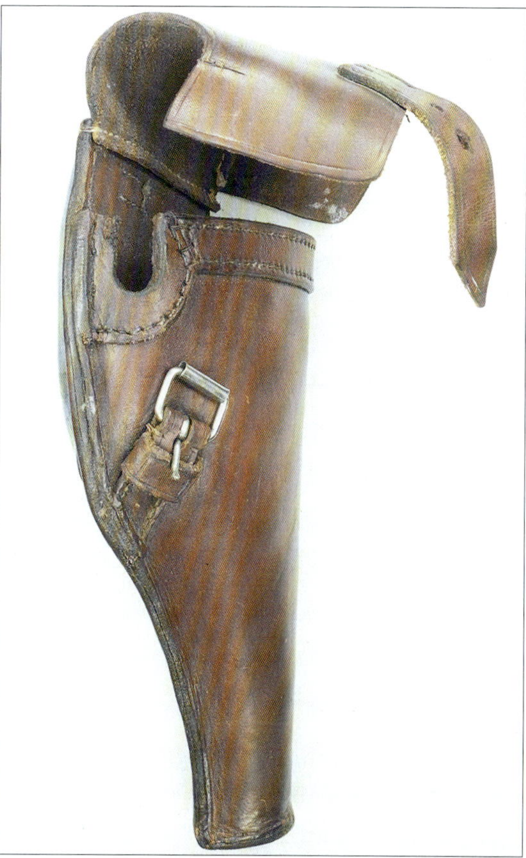

10.13a–10.13b. Tasche für die „Berittenen der Feldartillerie", angefertigt aus einer Tasche M/87 (Hersteller AWM 16). Die Aussparung zum besseren Herausziehen des Revolvers ist eine seltene Variante. Sammlung Dr. J. Alles

Holster for mounted field artillery gunners; modified from a holster M/87 (maker AWM 16). The cut out section for a more comfortable draw out of the revolver is a rare variant. Dr. J. Alles collection

10.14. Unteroffizier des Ostfriesischen Feldartillerieregiments Nr. 62, stationiert in Oldenburg, im Manöver Munster-Lager, 1913. Sammlung des Autors

Non-commissioned officer of the East Frisian Field Artillery Regiment No. 62, stationed in Oldenburg, during a manoeuvre in Munster-Lager, 1913. Author's collection

M/87, mußten auch neue Stücke angefertigt werden. Diese Taschen unterscheiden sich nur dadurch, dass ihnen die Aptierungsmerkmale fehlen, z. B. die noch sichtbaren Nahtlöcher, wo vorher der Verschlussriemen gesessen hatte. Die Einheitlichkeit bei den Berittenen der Feldartillerie war damit weitgehend sicher gestellt.

Dem Verfasser sind von diesem Taschentyp bisher 3 Exemplare begegnet, denen man das am offenen Ende des Deckels vorhandene Lederstück passend zur Außenlinie abgeschnitten hatte; d. h. es ist eine gewisses Systematik erkennbar. Sinnvoll war das Abschneiden allemal, da der Lappen weit über den Rand herausragte und sicherlich als störend empfunden wurde.

Eine Modellbezeichnung hatte diese Tasche nicht, sie wird in den Dokumenten nur „Revolvertasche für Berittene der Feldartillerie" genannt.

Die bereits genannte Verfügung vom September 1902 ersetzte diese Taschen durch die „Einheitliche Revolvertasche". Sie ist heute recht selten geworden.

Revolvertaschen für die Kavallerie und Stabsordonnanzen

Mit AKO vom 19. Januar 1890 erhielten die Mannschaften der Kavallerie den Karabiner.

10.15. Revolvertasche für die Kavallerie und Stabsordonnanzen. Taschen dieser Art sind recht selten. Sammlung P. U. Stutte
Holster for the cavalry and staff orderlies. Holsters of this design are quite rare. P. U. Stutte collection

Das galt nicht für Unteroffiziere, die den Revolver 79 vorläufig weiter führten der danach durch den Revolver 83 ersetzt wurde. Es waren also zahlreiche Taschen M/81 vorhanden, die höchstwahrscheinlich durch Aptierung zu Taschen M/87 und *„Revolvertaschen für die Kavallerie und Stabsordonnanzen"* geändert wurden.

Wenige Realstücke dieses Typs deuten allerdings auch auf eine Neuanfertigung hin. Ob aptiert oder neu gefertigt, diese Revolvertasche zählt zu den seltenen Exemplaren.

Nach Ausbruch des I. Weltkriegs war der Bedarf an Faustfeuerwaffen ungeheuer groß. Sämtliche noch bei den Armeen vorhandenen Reichsrevolver wurden wieder ausgegeben und während des ganzen Krieges hindurch verwendet. Die vorhandenen Taschen reichten nicht aus und es mussten neue angefertigt werden.

10.15a. Dieser Offizier führte den Revolver 79 in der bayerischen aptierten Tasche der Feldartillerie, entstanden aus einer Pistolentasche M/72. Das unten eingelegte hölzerne Futterstück ist hier wohl entfernt worden, so dass der Revolver tiefer nach unten rutschten konnte. Der Kolben schaute dadurch oben nicht heraus. Sammlung des Autors
This officer is carrying the Revolver 79 in the holster modified for the field artillery, made from a M/72 pistol holster. The wooden spacer in the bottom has probably been removed, to let the revolver slide down, so that the frame of the revolver is not externally visible. Author's collection

Bereits nach kurzer Zeit machte sich auch beim Leder ein gewisser Mangel bemerkbar, der es unmöglich machte, das bisher vorgeschriebene lohgare rotbraune Leder zu verarbeiten.

Die Bestellvorschriften wurden auch auf andere Lederarten erweitert, und so findet man gut erhaltene Taschen mit den verschiedensten Lederstrukturen.

Die meisten dieser Taschen sind mit einer Herstellerprägung gestempelt. Die am häufigsten vorkommende Jahreszahl ist 1915.

Quellen

HRT

G. Krickel / G. Lange: *„Das Deutsche Reichsheer in seiner neuesten Bekleidung und Ausrüstung"*, Berlin 189

Mauro Baudino: *„Luger Artiglieria"*, Editoriale Olimpia S.p.A. 2003

10.2 Revolvertaschen in Bayern

In Bayern war die Situation eine andere. Als der Entschluss fiel, auch den preußischen Revolver M/79 einzuführen, war Bayerns Kavallerie bereits mit der recht modernen einschüssigen Pistole M/69 ausgerüstet.

Es lag auf der Hand, die dazu gehörigen Taschen auch für den neuen Revolver zu verwenden.

Das KBKM beauftragte dann auch den für die Ausrüstung der berittenen Truppen verantwortlichen Generalmajor von Kiliani, die entsprechenden Versuche mit der Pistolentasche durchzuführen. Das war am 3. April 1881. Die ausgewählten Truppen waren das 4. Chevaulegers- und das 4. Feldartillerie-Regiment.

Am 3. August d. J. lag ein erster Bericht vor:

„- Versuche wurden mit den in Gebrauch stehenden Pistolentaschen der Kavallerie und Artillerie sowie mit Patronentaschen für Unteroffiziere und Gemeine der berittenen Truppen angestellt.

- *Die durch gewaltsames Ausdehnen der Form des Revolvers angepaßten Pistolentaschen der Kavallerie (Muster 1) und der Taschen neueren Musters der Artillerie (Muster 2) sind für die Aufnahme des Revolvers vollständig geeignet.*
- *Für Neuanfertigungen wird das nach Beschluß der Kommission mit einem größeren Deckel versehene und in seiner Länge nach dem bei der Artillerie eingeführten älteren Muster gekürzte Modell (Muster 3) beantragt. Der größere Deckel schützt den Revolver besser gegen das Eindringen von Nässe.*
- *Die Pistolentaschen älterer Art der Artillerie (Muster 4) sind gleichfalls verwendbar, wenn sie durch Kürzen des Gehänges und Anbringen des Deckels dem für die Kavallerie beantragten Muster angepaßt werden.*
- *Das Aptieren der Patronentaschen der bisher mit Pistolen bewaffneten Mannschaften wird ebenfalls beantragt (Muster 5)."*

Aufgrund des Berichtes forderte das KM Herrn v. Kiliani am 3. September 1881 auf, je zwei der in der Armee vorhandenen Pistolentaschen und Reiterpatronentaschen in mustermäßiger Arbeit nach den mit Bericht vom 03.08.1881 gestellten Anträgen aptieren zu lassen sowie baldmöglich diese Musterstücke, entsprechende Aptierungsvorschriften und zwei nach Muster 3 herzustellende Revolvertaschen vorzulegen.

Ebenfalls am 3. September 1881 vermerkte die Armeeabteilung des KM noch, dass die im Gebrauch befindlichen Pistolentaschen und Reiterpatronentaschen nach geringfügigen Aptierungen bei der Bewaffnung mit Revolvern beibehalten werden könnten,. Damit sei der Bedarf an diesen Ausrüstungsstücken durch die vorhandenen Bestände gedeckt. Für Neubeschaffungen seien beantragt:

- Pistolentasche M/72, jedoch mit einem großen Deckel von geschmeidigem Leder.
- Reiterpatronentasche M/76, jedoch mit einer geänderten inneren Einrichtung.

Die praktische Erprobung bei der Truppe solle zeigen, ob diese Muster auch geeignet seien.

Herr v. Kiliani legte am 8. Dezember1881 nur Realstücke und Aptierungsvorschriften zu den Mustern 1, 5 und 6 vor, sodass das KBKM mit Verfügung vom 17. Dezember 1881 das Fehlen der restlichen Stücke beanstandete: Herr v. Kiliani solle auch bei der Ergänzung der Vorlage die in der nachstehend wiedergegebenen Aufstellung festgelegten Bezeichnungen verwenden. Er erhielt einen einschlägigen Erlaß des preußischen KM, eine preußische Pistolentasche und eine preußische Reiterpatronentasche zur Stellungnahme dazu, ob die Annahme dieser Muster, erforderlichenfalls nach Anpassung, für bayerische Verhältnisse zu empfehlen sei oder welche Gründe dagegen sprächen. Er sprach sich dagegen aus.

Die bayerische Revolvertasche M/82

Nach Abschluss der Versuche, erließ das KBKM am 12. Dezember 1881 eine ausführliche Verfügung zur anstehenden Ausgabe der Revolver M/79. Die Veröffentlichung erfolgte im Armee-Verordnungsblatt vom 22. März 1882:

„1)Die bisherigen Pistolentaschen und Pistolenriemen erhalten die Benennungen „Revolvertaschen" und „Revolverriemen". Erstere werden für die Aufnahme des Revolvers aptiert, letztere bleiben unverändert und sind nun auch für die Fahrer der Feldartillerie etatmäßig.

2) Für die Neubeschaffung der Revolvertaschen M/82 ist die beigefügte Beschreibung (Anl. 14) mit Zeichnung maßgebend.

3) Die vorhandenen Kartuschen für Pistolenmunition werden für Revolvermunition aptiert; die Patronen-Einsatzschachteln fallen weg.

4) Bei den mit Kartuschen M/76 ausgerüsteten Mannschaften wird der zum Revolver gehörende Entladestock in ähnlicher Weise wie bei den mit dem Karabiner bewaffneten an der Kartusche befestigt mitgeführt. Der zu je 10 Revolvern zugewiesene Schraubenzieher wird bei der Kavallerie in einer der beiden Packtaschen untergebracht und bei der Feldartillerie mit den Vorratsstücken fortgeschafft. Dagegen werden beide Teile von den noch mit älteren Kartuschen ausgerüsteten Mannschaften in dem an der Kartusche hierfür angebrachten Täschchen mitgeführt.

5) Bei Neubeschaffungen von Kartuschen für Revolver ist die Probe der Kartusche M/76 für Karabiner mit der Änderung maßgebend, daß an die Stelle des inneren Patroneneinsatzes für Karabiner der für Revolver nach der aptierten Probe tritt, und daß für die berittenen Mannschaften der Feldartillerie auf dem Kartuschendeckel noch das bisherige Emblem anzubringen ist.

6) Der durch die Unterbringung des Entladestockes in der Kartusche entbehrlich werdende Ladestockriemen an den Bandelieren der Fahrer der Feldartillerie fällt weg.

7) Der Etatpreis der Revolvertasche ist derjenige der seitherigen Pistolentasche zu 4 M 32 Pfg., jener der Kartusche für Revolver wird auf den Satz der Kartusche für Karabiner zu 4 M 50 Pfg. erhöht.

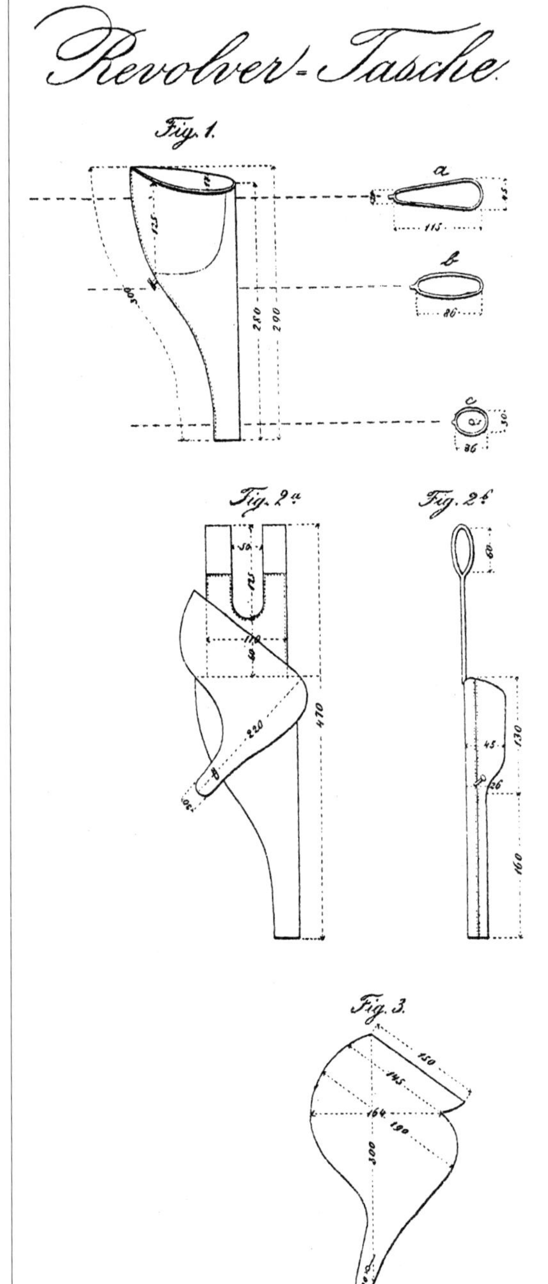

1

Beilage 1 zum Kriegs-Ministerial-Reskript vom 22. März 1882 Nro 2052 (Verordnungsblatt Nro 12).

Beschreibung
der Revolvertasche M/82.

Dieselbe besteht aus:

1) der eigentlichen Revolvertasche mit dem Rollknopf,
2) dem Gehänge,
3) der Versicherungskappe.

Erstere beide Teile sind aus naturfarbigem Lohgarleder, letztere aus braunem Blankleder gefertigt.

ad 1. Die Revolvertasche hat auf der geraden Seite eine Länge von 280 mm, auf der geschweiften nach der Kurve gemessen eine solche von 300 mm.

Der ovale Boden ist durchschnittlich 36 mm lang und 30 mm breit und hat in der Mitte ein rundes Loch von 5 mm Durchschnitt.

Im Lichten hat die Revolvertasche oben eine Länge von 115 mm und eine Breite von 45 mm an der weitesten, von 20 mm an der verjüngten Stelle.

Die äußere Seite ist um 17 mm in der Schweifung niederer als die innere. Erstere ist zur Aufnahme der Revolverwalze auf 45 mm von der Rückwand ausgebaucht. An der inneren Seite, 130 mm vom oberen Rande und 5 mm von der Naht abstehend, ist ein Rollknopf angebracht.

ad 2. Das Gehäng besteht aus 2 doppelt übereinander genähten Lederstücken, wovon die innere Seite eine Länge von 305 mm, die äußere eine solche von 145 mm hat.

Die innere Seite bildet dadurch, daß sie umgelegt wird, zwei Schlaufen und sind die Enden derselben an der Außenseite durchgenäht.

Das Gehäng hat da, wo dasselbe an die Revolvertasche angenäht ist, eine Breite von 110 mm und ist mit 2 Nähten, welche 12 mm voneinander stehen, an die Tasche angenäht.

Auf 60 mm Entfernung von der Revolvertasche hat das Gehänge einen abgerundeten Längen-Ausschnitt von 125 mm Länge und 50 mm Weite im Lichten.

10.16.–10.17. Zeichnung und Beschreibung der bayerischen Revolvertasche M/82 für die Kavallerie. Sie wurde 1887 durch das preußische Modell M/87 abgelöst. BHS, Anlage z. B.A.V. 12/1882
Drawing and specifications of the Bavarian M/82 cavalry revolver holster. It was later replaced by the Prussian model M/87. BHS, Anlage z. B.A.V. 12/1882

Vollzugsbestimmungen folgen.
Kriegs-Ministerium
v. Maillinger "

Die bayerische Tasche M/82 mit dem langen Gehänge geriet immer mehr in die Kritik, so dass später bei der Kavallerie sowie 1887 bei der Artillerie die preußischen Taschen M/87 eingeführt wurden

Bayerns Taschen, mit Ausnahme der Taschen der Meldereiter, waren dunkelbraun; die der Melderreiter schwarz.

Die Revolvertasche M/85.

Entsprechend der preußischen Verfügung beschaffte auch Bayern für die Unteroffiziere und Krankenträger mit Einführung der Revolver M/83 die entsprechenden Taschen M/85 nach preußischem Muster. Das KBKM ließ sie in den Artillerie-Werkstätten in München herstellen.

Die bayerische Revolvertasche 93.

Für die Bewaffnung der Kanoniere der Feldartillerie-Regimenter hatte Bayern, neben den Revolvern 83, auch 4104 Revolvertaschen bestellt. Die Anweisung erging am 25. Oktober 1891.

Die bereits beschrieben preußischen Versuche mit einem kleinkalibrigen Revolver für rauchloses Pulver verzögerte auch in Bayern den Beschaffungsvorgang. Die Revolvertaschen wurden erst nach Veröffentlichung der preußischen Ausführungsbestimmungen bestellt. Sie erhielt dadurch die Bezeichnung Revolvertasche 93 und ist identisch mit der preußischen Tasche 91.

Die bayerische Tasche 1904

Was die Unterbringung betraf, so verursachte die Bewaffnung der Berittenen der Feldartillerie in Bayern mit dem Revolver 79 einige Probleme:

Lt. Vorschrift musste die für die Berittenen der Feldartillerie vorgesehene Tasche eine Munitionsvortasche besitzen.

Da die Berittenen aber bereits eine Kartusche mit sich führten, war diese Diskrepanz Anlass beim KBKM nachzufragen.

Die Antwort läßt sich folgendermaßen zusammenfassen:Dass diesen Berittenen neben der Kartusche noch ein Munitionsbehälter an der Revolvertasche zur Verfügung stehe, sei belanglos. Das sei auch schon bei den mit dem Revolver 83 ausgerüsteten Berittenen der Feldartillerie (Haubitzebatterien) der Fall.

Für den Revolver 79 entstand also in Bayern eine neue Form, die bis auf die Länge der Tasche 91 bzw. der „Einheitlichen Revolvertasche" entsprach.

Zusammenfassung

Bayern hatte demnach in den Jahren 1881 – 1904 folgende Revolvertaschen eingeführt:

10.18. Im März 1895 erhielten die Meldereiter der neu errichteten Meldereiter-Detachements schwarze Taschen für ihre Revolver 79. Sammlung des Autors
In March 1895 the mounted orderlies of the new established Signal Corps were issued with a black holster for their M/79 Revolvers. Author's collection

1. Revolvertasche M/82 und M/82, aptiert aus den Pistolentaschen M/72 und M/76, für Revolver M/79
2. Revolvertasche M/87 und M87, aptiert aus M/76 und M/82, für Revolver M/79
3 Revolvertasche für „Kavallerie und Stabsordonnanzen" nach der preußischen Probe M/81. Jeweils für den Revolver M/79 und M/83.
4. Revolvertasche 91 (später „Einheitliche Revolvertasche genannt) für Rev. M/83
5. Revolvertasche 1904 für die Berittenen der Feldartillerie für Revolver M/79.

Quellen

HRT
G. Krickel / G. Lange: *„Das Deutsche Reichsheer in seiner neuesten Bekleidung und Ausrüstung"*, Berlin 1892

10.18a. Bayerische Tasche 1904 für Revolver 79. Zu Beginn des I. WK wurde nochmals eine Anzahl hergestellt, so dass man sie in recht gutem Zustand finden kann. Sammlung P. U. Stutte
Bavarian holster of 1904 for the Revolver 79. At the beginning of WWI a quantity was also produced, so that it is possible to find them in quite good condition. P. U. Stutte collection

10.18b. Diese beiden Unteroffiziere vom 11. Bayerischen Feldartillerie-Regiment führen den Revolver 79 in unterschiedlichen Taschen: links in der Tasche M/87, rechts in der Tasche 1904. Sammlung des Autors
Each of these two non-commissioned officers of the 11th Bavarian Field Artillery Regiment carries his Revolver 79 in a different holster: on the left is the holster M/87, and on the right side the 1904 holster. Author's collection

10.3 Revolvertaschen in Sachsen.

Die Trageweise der Revolver M/73 wurde bereits in **Kapitel 5.5** behandelt.

10.3.1 Taschen für den Revolver M/79

Ein in diesem Kapitel bereits zitierter Bericht befasste sich mit Versuchen in Zusammenhang mit der Trageweise des Revolvers M/79:

„Dresden, den 13. März 1883.
An das Königliche Kriegs-Ministerium
zu Dresden.

Dem Königlichem Kriegs-Ministerium gestattet sich die Militär-Reit-Anstalt bezüglich der Führung des Revolvers neuen Modells im Nachstehenden ganz gehorsamst Bericht zu erstatten.

Die diesseits angestellten Versuche haben ergeben, daß die nach dem neuen Revolver aptierten Revolverholfter die Unterbringung der für die Packtasche bestimmten Gegenstände erlauben würde, die nach den neuen Revolver etwas zu verbreiternde und verlängernde Revolverholfter die Packordnung daher nicht alterieren würde.

Bei der Unterbringung in der Revolvertasche in der bisherigen Weise in einem an der linken Packtasche angebrachten Täschchen tritt jedoch die Erschwerung ein, daß die neue zur Aufnahme der schwereren und längeren Revolvers nötige Revolvertasche gegen die frühere bedeutend dimensiöser ausgeführt werden muß und eine solche an der Packtasche kaum unterzubringen ist. Namentlich würde dies der Fall sein, wenn die Revolvertasche Preußischen Modells, das sich sonst allenthalben bewährt, angenommen werden sollte.

Auch erscheint die in §5. der Vorschriften über Anlegung der Pferde-Equipage zur Führung des Revolvers im Gefecht anbefohlenen Anbringung desselben am Bandolier respt. Paß oder Schürze nicht empfehlenswert, da einesteils die um mehr als 1 Pfund vermehrte Schwere des Revolvers samt Tasche größere den Reiter incommodierende Schwingungen am Bandolier veranlasst; aus dem selben Grunde aber auch ein schnelleres Defektwerden des Passes und der Schürze zu befürchten steht.

Nach den diesseits bei dem Königlich-Preußischen Altmärkischen Ulanen-Regiment Nr. 16 geschehenen Anfragen wird dort die vom Königlich Preußischen-Kriegsministerium vorläufig angeordnete Führung am Säbelkoppel an der rechten

Seite des Reiters als die praktischste und nicht abänderungsbedürftig angesehen.

Eine Unterbringung des Revolvers in einem Revolverholfter in der Packtasche kennt man allerdings dort auch nicht.

Zur Conservierung der Waffe dürfte die bisher hierorts angeordnete Führung in der Revolverholfter jedoch entschieden einer genannten Führung der Revolver am Säbelkoppel vorzuziehen sein.

Jedes unachtsame Abschnallen des Säbels läßt nur zu leicht ein Heruntergleiten und Aufstoßen der Waffe auf den Boden befürchten.

Es dürfte sich daher eine Combination der beiden Führungsarten dahin empfehlen, daß der Revolver in der Revolverholfter verwahrt bleibt, während die Revolvertasche am Säbelkoppel getragen wird; der Revolver erst dann in dieselbe gesteckt wird, wenn der Mann sich desselben voraussichtlich zu bedienen Gelegenheit hat.

Auch haben die Versuche ergeben, daß der Mann zu Pferde schneller zum Revolver gelangt, wenn er diesen aus der Packtasche herausziehen kann, als wenn er die auf der rechten Seite befindliche Revolvertasche erst aufzuschnallen hat; eine Manipulation, die er ohne Mitwirkung der linken Zügelhand kaum ausführen wird.

Andererseits läßt sich aber eine Führung der Revolvertasche an der linken Seite wegen der unausbleiblichen Friction (Reibung, Verf.) *mit dem Säbel nicht empfehlen. Was nun die Führung der Munition anbelangt, so ist während 14 Tagen solche in einer Patronentasche preußischen Modells und ebenso in einer Patronentasche sächsischen Modells geführt worden und hat diese Ausprobierung in allen Gangarten stattgefunden.*

Es hat sich hierbei keinerlei Defekt einer Patrone weder in der Tasche Preußischen noch in der Sächsischen Modells ergeben.

Immerhin läßt es sich nicht verhehlen, daß die Patronentasche preußischen Modells zur Entnahme der einzelnen Patronen wie überhaupt zu deren Conservierung praktischer konstruiert ist.

Der Entladestock würde sich, falls das bisherige sächsische Modell beibehalten werden sollte, ohne besonderen Schwierigkeiten unter dem Patronentaschendeckel unterbringen lassen.

gez. von der Planitz

Major und Director"

Anmerkung: Dieser von der Planitz ist nicht zu verwechseln mit dem Kriegsminister gleichen Namens.

Am 8. April 1883 informiert der Direktor der Montierungs-Werkstätten, Major Stein, die Königliche Intendantur der Armee, dass *„ 2 Stück Revolver-Futterale neuer Probe, welche dem ebenfalls beigefügten Futterale Königlich Preußischer Probe entsprechend angefertigt worden sind, zu geneigter Ansicht gehorsamst vorzulegen sind."*

Diese Probevorlage schien recht spät erfolgt zu sein, betrachtet man den nächsten Brief des Major Stein an die gleiche Adresse: *„...gehorsamst zu melden, daß die Lieferung der zufolge Verordnung Nr. 954 vom 2. März 1883 zu beschaffenden 210 Stück Revolver-Futterale neuer Probe effectuirt und die Abnahme dieser Stücke erfolgt ist."*

Die 210 Futterale wurden für einen größeren Truppenversuch beschafft. Am 8. Oktober 1883 forderte der Chef der 1. Abteilung B. Zerener die III. Abteilung auf, darüber zu berichten:

„Die III. Abteilung wird von der ergebenst unterzeichneten Abteilung um gefällige Mitteilung ersucht,

a.) ob die Verausgabung der Revolver preußischen Modells M/79 irgendwelche Änderung an der Pferdeequipage der Kavallerie nach sich ziehen wird, oder ob die Revolver ohne Weiteres von der Kavallerie beim Dienst zu Pferde geführt werden können.

b.) ob für die Feld-Artillerie an Stelle der bisher von derselben geführten Revolverfutterale, für welche der Revolver M/79 zu groß ist, die Einführung neuer dergleichen Futterale in Aussicht genommen ist bzw. ob die in den Beständen der Regimenter befindlichen alten Futterale als zu den Revolvern M/73 gehörig, behufs event. späterer Änderung für die Infanterie abzugeben sind; event. würde um Vorlage der dortseits getroffenen bezüglichen Bestimmungen gebeten."

Die Antwort kam am 15. Oktober 1883:

„Der 1. Abteilung mit B. mit nachstehenden Bemerkungen ergebenst zu remittieren.

ad a. Durch die zur gefälligen Kenntnisnahme beifolgende K.M.V. 2515 v. 21./IV. 83. ist die Anstellung von Trageversuchen mit der neuen Revolvertasche preußischer Probe angeordnet und die Berichterstattung hierüber auf den 1.XI. 84. festgesetzt worden.

Nach diesseitiger Ansicht würde die Einführung des Revolvers M/79 preußischen Modells – abgesehen von der Revolvertasche – zunächst nur eine teilweise Abänderung dar, bei der Kavallerie zur Mannschafts-Ausrüstung gehörenden Packtasche und event. auf der Kartusche, erfordern, doch würde irgend welche Erklärung hierüber erst nach Eingang der Berichte, bzw. nach definitiver Feststellung der Trageart des Revolvers, abgegeben werden können.

ad b. Über den fraglichen Gegenstand sind hierseits keinerlei Bestimmungen getroffen worden, da bisher angenommen wurde, daß nach K.M.V. I. B. 522 v. 16.VI. 82 – Ziffer 1 und 2 – für die Unteroffiziere etc. der Artillerie Revolverfutterale künftig nicht erforderlich seien."

Die beiden Abteilungschefs schienen alles andere als ein harmonisches Verhältnis zu pflegen. Hier die Antwort Zereners vom 8. November 1883:
„Der III. Abteilung nach diesseits genommener Abschriftnahme, die beiliegende K.M.V. vom 21. IV. 83 mit dem Ersuchen zu remittieren, der unterzeichneten Abteilung von der s. Zt. von der Kavallerie-Division einzureichenden Vorschläge betreffs Unterbringung der Revolver M/79 an der Reitequipage der Kavallerie sowie an der Fertigstellung der in Aussicht zu nehmenden Änderungen an derselben zur gefälligen Kenntnis geben sowie auch ein Seiten des Montierungs-Depots zu verlängernde bisherige schwarze Revolvertasche hierher vorlegen zu wollen."

Die Antwort Schurigs war fast ohne die sonst üblichen Höflichkeitsfloskeln formuliert:
„Der I. Abteilung B.
ein verlängertes Revolverfutteral bisheriger Probe, unter Beifügung einer Übersicht der Conto- etc. Bestände an Revolverfutteralen bei den Truppen, mit dem Bemerken ergebenst zu überreichen, daß die Anbringung der Verlängerung ca. 40 Pf. pro Stück kosten würde.
Dresden, der 20. November 1883
gez. Schurig
III. Abt.

Das Montierungs-Depot steuerte endlich eine fachlich solide begründete Stellungnahme zu dem Thema bei:
„Dresden, den 13. November 1883.
...mit Bezug auf die mit dem Intendanten Herrn Oberst Schurig gehabte mündliche Besprechung gehorsamst zu melden, daß eine Abänderung der Revolver-Futterale jetziger Probe behufs Unterbringung des Revolvers neuesten Musters insofern nicht empfehlenswert erscheint, als die Futterale gänzlich aufgetrennt und sowohl in der Länge als in der Breite durch Anflicken vergrößert werden müssten.

Hierdurch würde aber nicht nur ein wesentlicher Kostenaufwand entstehen, sondern auch die Haltbarkeit eines so abgeänderten Stückes beeinträchtigt werden."

Am 16. November ließ sich Oberst Schurig einen Revolver M/79 zur persönlichen Ausprobe kommen. Die Angelegenheit war aus seiner Sicht immer noch nicht abgeschlossen. Inzwischen hatte man das geänderte Futteral auch dem Kriegsminister von Fabrice vorgelegt, der seinerseits den Wunsch äußerte, *„..dass das angesetzte Stück mit einem Teile das bisherige untere Ende des Futterals übergreife".*

Der Kommandierende General des XII. Sächsischen Armee-Korps mochte nicht zurückstehen und schlug am 31. Dezember 1883 für seine Kavallerie dem KSKM vor: *„Nach Ansicht des General- Kommandos dürfte die hierin befürwortete Trageart des Revolvers am Mann bei allen Regimentern der Kavallerie- Division den Vorzug vor der Unterbringung des Revolvers in oder an der Packtasche, und das hierfür abzuändernden Holfter besitzen.*

Gegen die in Konsequenz der Annahme dieses Vorschlages zu erlassende Anordnung, daß der Revolver außer zu Schießübungen im Frieden nicht mitzuführen ist, würde das General- Kommando Bedenken nicht erheben.

Es folgen anbei ein Paar beim Garde-Reiter-Regiment eingerichteter Packtaschen mit abgeändertem Revolverholfter und mit einer abgeänderten Revolvertasche, zur Befestigung auf der linken Packtasche."

Der Vorschlag wurde am 22. Februar 1884 angenommen. Sämtliche Kavallerie-Regimenter erhielten nun einheitlich einen Leibriemen zur Befestigung der Tasche. Die unterschiedliche Anbringung am Bandolier, Paß oder an der Schürze entfiel. Die Tasche konnte somit wahlweise am Mann oder an der Satteltasche befestigt werden.

Im Juni 1884 erfolgte eine Kostenrechnung, die 2 Kostengruppen umfasste:
„Berechnung
I. der Beschaffungskosten für Revolvertaschen.
II.der Kosten für Abänderung der Packtaschen, Befestigung für den Entladestock, sowie der Einsätze von Lindenholz in die Kartusche."

In Summe bedeutete das etwa 1015 Stück Revolvertaschen und ebenso viele Leibriemen für insgesamt 7 Regimenter. Die einzelnen Regimenter wurden dann aufgefordert, die Längen der Leibriemen mitzuteilen. Das Husaren-Regiment Nr.19 z.B. meldete Längen von 86 bis 120 cm, wenn die Taschen über dem Mantel getragen werden sollten. Der Schwerpunkt lag eindeutig bei Längen über 100 cm. Die anschließende Ausschreibung erfolgte über 1708 Stück Taschen und Leibriemen.

Von 3 sächsischen Anbietern erhielt die Firma *„Aktien-Gesellschaft für Leder-Maschinenriemen & Militäreffecten-Fabrikation vorm. Heinrich Thiele"*, Dresden-Neustadt, den Zuschlag.

Mit einer Terminverzögerung von rund einem Monat erfolgte die Lieferung am 20. Dezember 1884.

10.3.2 Taschen für den Revolver M/83

Inzwischen hatten die deutschen Bundesstaaten den Revolver M/83 angenommen, so dass die Art der Unterbringung weiterhin in der Diskussion blieb.

Ein Brief des KSKM an König Albert liefert weitere Hinweise: *„..Da jedoch der Abschluß der Preußischer Seits hinsichtlich der Trageweise dieser Revolver bzw. der Unterbringung der Munition angestellten Versuche voraussichtlich erst in mehreren Monaten zu erwarten steht, so würde das*

Kriegs-Ministerium für den Fall der vorstehend erbetenen Allerhöchsten Genehmigung behufs Conservierung resp. Trageart der Revolver M/83 an die Fußtruppen die bei der Kavallerie und Artillerie durch Einführung der Revolver M/79 überzählig gewordenen, seiner Zeit zur Unterbringung der Revolver M/73 bestimmt gewesenen schwarzen kleinen Revolver-Futterale – deren Anhängung an die Säbelkoppel bzw. Leibriemen durch die an diesen Futteralen vorhandenen Schlaufen bereits vorgesehen – vorläufig bis auf Weiteres mit zur Verausgabung bringen.

Dresden, den 12. Januar 1885

Graf Fabrice"

Die Antwort Seiner Majestät ist leider nicht bekannt. Es ist jedoch davon auszugehen, dass der König diesem Vorschlag nicht zugestimmt hatte, denn kurze Zeit später wurde bereits die Anfrageaktion zwecks Ankauf der Taschen für den Revolver M/83 gestartet.

Ob die schwarzen kleinen Taschen des Revolver M/73 nun tatsächlich ganz oder teilweise aptiert und verausgabt wurden, ist nicht sicher. Realstücke sind nicht bekannt, obwohl, wie bereits berichtet, die Revolver M/73 ohne Taschen verkauft wurden.

Der sächsische Verbindungsoffizier in Berlin, Major von Schlieben, berichtete am 15. April 1885 dem KSKM: *„Ew. Excellenz*
beehre ich mich in Gemäßheit des durch Major Zerener mir erteilten Befehls ganz gehorsamst zu berichten, daß die Versuche über Trageweise und Unterbringung der Revolver M/83 nebst zugehöriger Munition jetzt als abgeschlossen zu betrachten sind. Ein Revolverfutteral soll demnächst Sr. Majestät dem Kaiser zur Genehmigung unterbreitet werden, u. wird man sobald diese Genehmigung erteilt ist, eine Probe des Futterals dem Königliche Kriegs-Ministerium übermitteln. Dieses Futteral soll mittelst Schlaufen an dem Säbelkoppel der Feldwebel pp. verschiebbar befestigt werden, es enthält ein Behältnis für 12 Revolver-Patronen außerdem soll noch eine Anzahl Patronen auf dem Patronen-Wagen der Bataillone mit untergebracht werden..."

Preußen hatte die Tasche M/85 dann auch kurze Zeit später eingeführt und Sachsen folgte diesem Beispiel. Sie war mit 6 Schlaufen ausgestattet und erlaubte das Mitführen von 6 weiteren Patronen.

Zur Beschaffung von 2000 Stück Taschen mit Riemen wurde wiederum bei 3 sächsischen Firmen angefragt:

„1.Aktien-Gesellschaft für Leder-Maschinenriemen & Militäreffecten-Fabrikation vorm. Heinrich Thiele" Dresden-Neustadt.
Angebotspreis: 2,80 Mark
2. Friedrich Just in Pirna
Angebotspreis: 3,0 Mark
3. Ferdinand Grohse in Dresden
Angebotspreis: 3,25 Mark

Die beiden letzteren Firmen hatten je einen Musterriemen dem Angebot beigefügt. Der Auftrag ging erneut an die Firma „Aktien- Gesellschaft für Leder-Maschinenriemen & Militäreffecten-Fabrikation vorm. Heinrich Thiele" in Dresden-Neustadt.

Änderungsanleitung für M/79-Revolvertaschen.
Das preußische-Ökonomie-Departement informierte am 18. Mai 1891 die befreundeten Königreiche über die Möglichkeit einer Abänderung der vorhandenen Taschen für die Revolver 79 in Taschen für den Revolver 83: *„Soweit für Berittene der Feld-Artillerie Revolver 83 zur Verausgabung gelangt sind, ist eine entsprechende Abänderung der vorhandenen Revolvertaschen für Revolver 79 erforderlich.*

Dem Königlichen General-Kommando beehrt sich das Departement in Folge dessen anliegende Anleitung „ für die Abänderung der Revolvertasche 79 zur Aufnahme des Revolver 83" mit dem Anheimstellen der gefälligen weiteren Veranlassung ganz gehorsamst zu übersenden.

6 Abdrucke der Anleitung liegen bei."

Die Anleitung umfasst eine Seite und führt zu der bereits beschriebenen Tasche für „ Berittene der Feldartillerie".

Die Reaktion des sächsischen Generalkommandos zu dem Änderungsvorschlag war kurz und trocken:

„Verfügung
Mit Rücksicht darauf, daß Revolvertaschen für Berittene der Feld-Artillerie in Sachsen nicht eingeführt sind, die Revolver vielmehr in den Packtaschen mit untergebracht werden, ist die vorliegende Verfügung bei Section C zu den Akten zu legen.

4.7.91

III. Abteilung"

Die Tasche zur Aufnahme des Revolvers M/83 für die Kavallerie und Stabsordonnanzen wurde analog zu Preußen auch in Sachsen eingeführt.

Ein dem Verfasser vorliegendes Realstück ist an der Innenseite mit den Truppenstempeln der beiden sächsischen Feldartillerieregimenter Nr. 77 und 78 gestempelt.

Für die Bewaffnung der Kanoniere in Sachsen mussten für die 4500 Revolver 83 die entsprechenden Taschen vom Typ M/91 beschafft werden.

Am 3. Mai 1892 beauftragte das Königliche Bekleidungsamt beim Kriegs-Zahlamt die Bereitstellung von 7905,55 Mark zur *„Ausstattung der Unberittenen der Feldartillerie"*. Wer diesen Auftrag (ohne Riemen) erhielt, ist nicht nachweisbar, wahrscheinlich wiederum die *„Aktien-Gesellschaft* *für Leder-Maschinenriemen & Militäreffecten-Fabrikation vorm. Heinrich Thiele"*, die ja bisher zwei mal günstig angeboten hatte.

Die Firmen Heinrich Thiele AG und Fritz Grohse waren noch vor oder während des II. Weltkriegs im Geschäft. Sie produzierten Taschen für die Pistolen 08 und P 38.

Quellen

SHS, 4112, 4129, 4223

10.4 Revolvertaschen in Württemberg.

Das XIII. Württemberger Armee-Korps führte Revolvertaschen nach preußischem Muster ein. Bereits eingeführte Revolver waren nicht vorhanden und damit entfielen auch entsprechende Anpass- oder Trageprobleme. Die Holfter der württembergischen Pistole 1862 waren für eine Aptierung zur Aufnahme des Revolvers M/79 nicht geeignet.

10.5 Taschen für Ostasiatische Truppen.

Über die Tasche des Revolver 83 für Ostasiatische Truppen gab es nur unscharfe Beschreibungen. Deutlicher wurde die Beschreibung in dem Artikel von Jürgen Kraus: *„Uniformierung und Ausrüstung der Ostasiatischen Truppen des Deutschen Reiches 1900 – 1909, Teil 4: Die Ausrüstung"*. Erschienen in der *„Zeitschrift für Heereskunde"* Nr. 386, Okt./Dez. 1997:

Neue Revolvertasche: Zunächst wurde die Armeeprobe für Revolver 83 ausgegeben, allerdings aus grünbraunem Leder gefertigt. Die Vorschrift von 1904 nennt dagegen eine neuartige Tasche, bei der das Munitionstäschchen (für 12 Patronen) mit Knopfverschluß versehen war und eine große Klappe – als Verlängerung der Rückseite – auch über das Munitionstäschchen herübergriff. Ein Originalstück hiervon ist leider nicht bekannt. Unverändert, nur von grünbraunem Leder, blieb der Revolverriemen (für Unteroffiziere der Kavallerie und berittene Stabsordonnanzen).

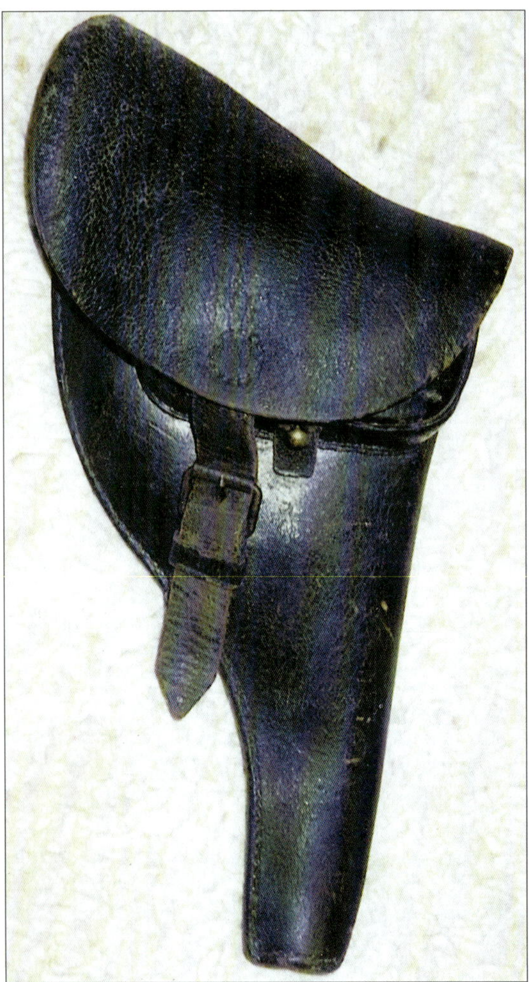

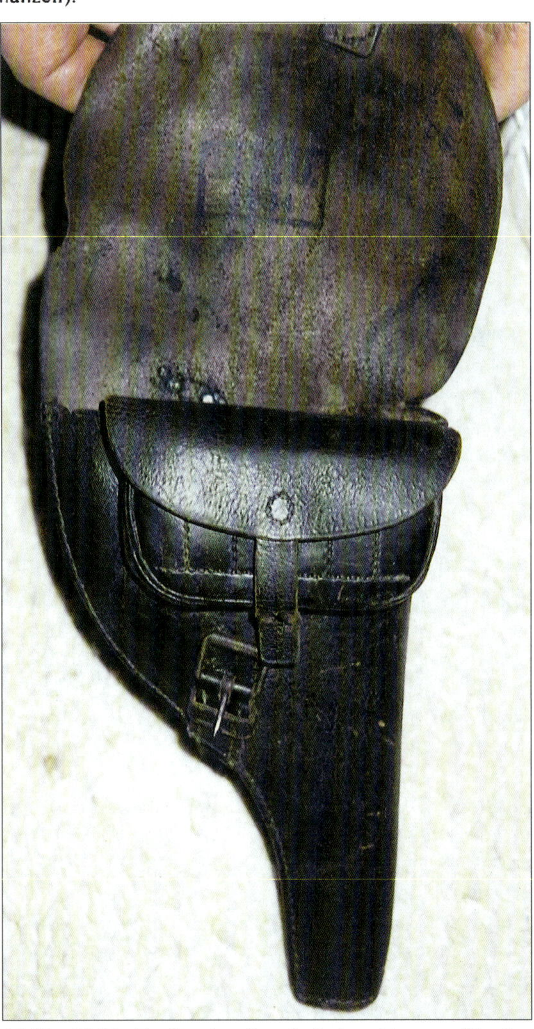

10.19.–10.20. Tasche der Ostasiatischen Truppen für den Revolver 83. Die Farbe des Leders war im Gegensatz zu den Modellen des Heimatlandes nicht dunkelbraun, sondern grünbraun. Die Tasche zählt zu den ganz seltenen Stücken.

Sammlung C. C. Rather

Holster of the East Asiatic troops for the M/83 Revolver. In contrast to those for the home forces, the leather colour is greenish brown instead of dark brown. This is a very rare variation.

C. C Rather collection

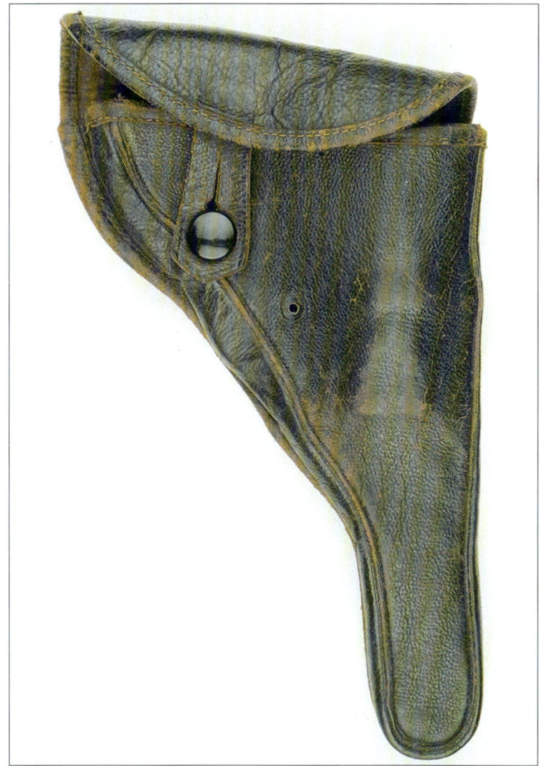

10.21.–10.22. Privat erworbene Tasche für einen Revolver M/79. Offiziere mussten ihre persönliche Bewaffnung aus eigener Tasche bezahlen. Sammlung J. Lux

Privately purchased holster for the Revolver M/79. Officers had to pay for their personal handguns. J. Lux collection

10.22a. Dieser Offizier des Infanterieregiments Nr.1 führt einen Revolver M/79 in einer privat erworbenen Tasche. Sammlung Mauro Baudino

This officer of infantry regiment no.1 carries his revolver M/79 in a privately purchased holster. Mauro Baudino collection

Glücklicherweise ist nun eines von diesen seltenen Exemplaren in Sammlerhand und kann nun hier vorgestellt werden. Für den Einsatz in Fernost hatte Preußen demnach einen besonderen Schutz des Griffs vorgesehen: Der Knopfverschluss des Patronentäschchens entspricht der Beschreibung des obigen Artikels. Leider lassen sich die Stempel nicht mehr entziffern.

10.6 Taschen für Offiziersrevolver

Da Preußen seinen Offizieren den beschriebenen Freiraum in Bezug auf ihre persönliche Revolverbewaffnung bot, mochten die anderen Königreiche in dieser Hinsicht keine abweichenden Wege

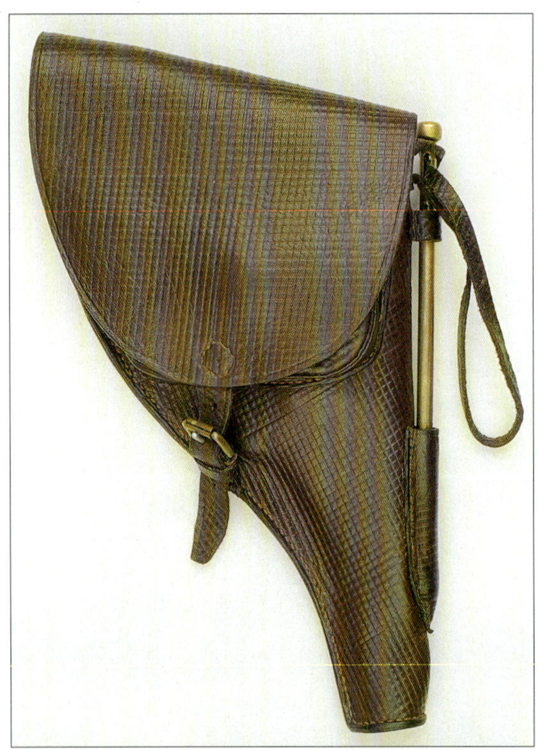

10.23.–10.26. Feine Offizierstasche aus dunkelrotem strukturiertem Leder. Der Ausstoßer trägt den Revisionsstempel eines bayerischen Abnahmeinspektors, der auch auf einigen bayerischen Revolver 83 zu finden ist. Sammlung des Autors

Superior quality officer's holster made of textured dark reddish leather. The push-rod bears the mark of a Bavarian inspector; this mark is also found on some Bavarian M/83 Revolvers. Author's collection

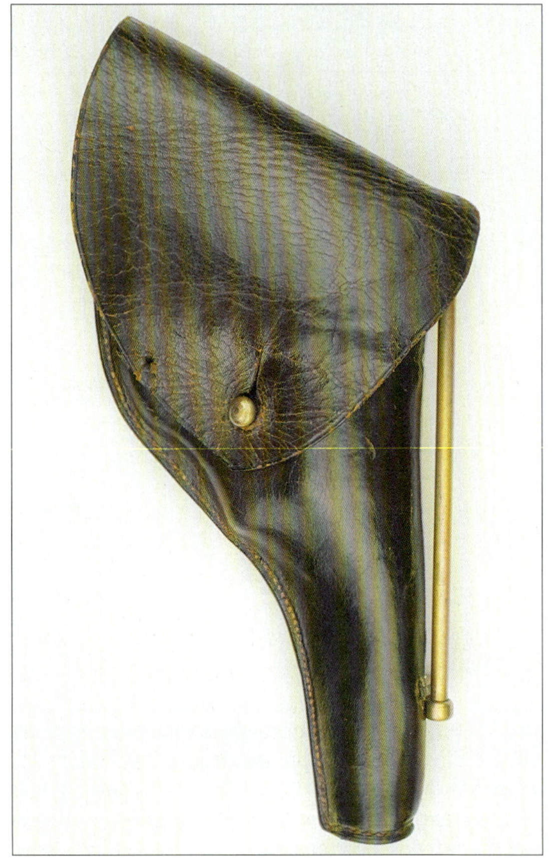

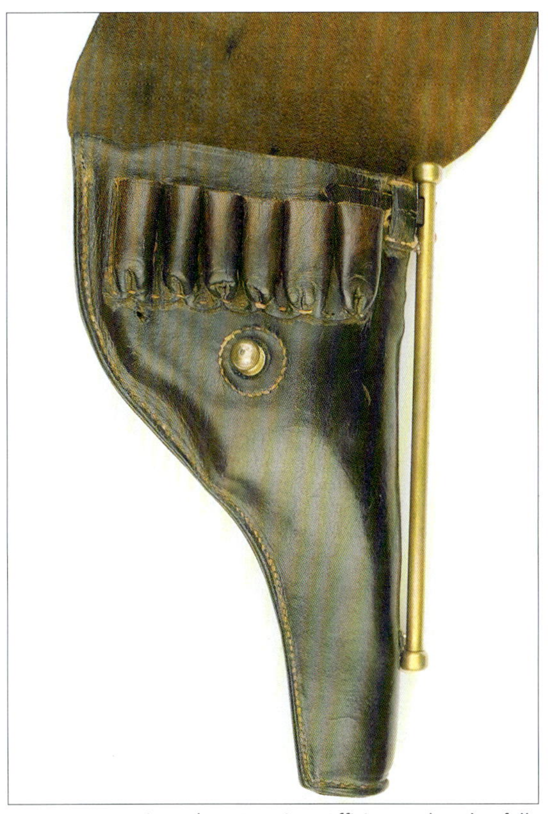

10.27.–10.28. Ein anderer Typ einer Offizierstasche. Ebenfalls eingerichtet zur Aufnahme eines Ausstoßers. Die Befestigung erfolgt oben mittels eine kurzen Lederlasche und unten durch eine Schlaufe, die leider fehlt. Sammlung J. Lux

Another type of officer's holster, also fitted to carry a push-rod. The fastening is done at the top by a short tongue and at the bottom by a loop which is missing. J. Lux collection

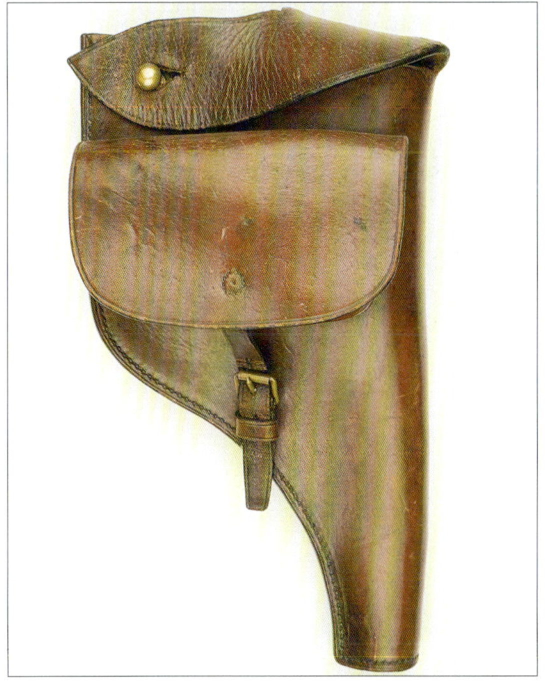

10.29–10.29a. Eine häufiger vorkommende Offizierstasche vom Typ M/85. Sie unterscheidet sich von der reglementierte Tasche M/85 durch ein kleineres Munitionstäschchen.

Sammlung des Autors

A more common variety of the M/85 officer's holster. The difference between this and the standard M/85 holster is the smaller size of the cartridge pouch. Author's collection

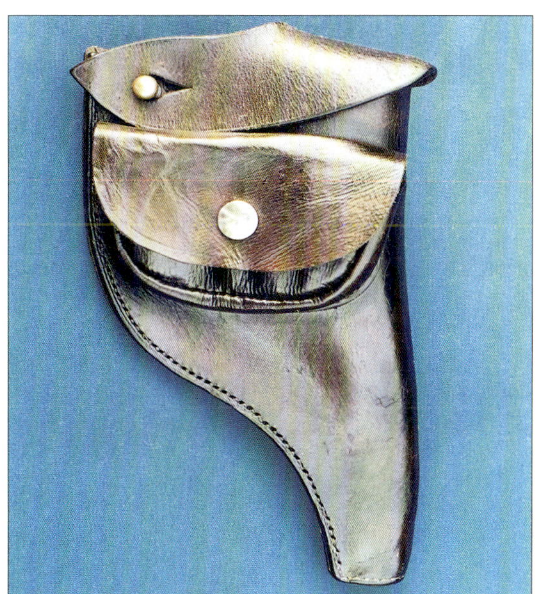

10.30. Eine ähnliche Revolvertasche vom Typ M/85, jedoch mit einem Druckknopf an Stelle der Dornschnalle.

Sammlung W. A. Dreschler

A similar M/85 type holster with a snap fastener instead of a buckle. W. A. Dreschler collection

beschreiten. Der „Deutsche Offizier Verein" bot in seinem Verkaufskatalog zu den Revolvern auch die passenden Taschen an.

Revolver M/79 waren wegen ihrer Größe bei den Offizieren wenig beliebt. Entsprechend selten sind auch die privat erworbenen Taschen anzutreffen.

Obwohl sowohl Bayern als auch Sachsen für seine Offiziere Revolver gekauft hatte, sind Beschaffungsvorgänge hinsichtlich der Taschen nicht oder nicht mehr vorhanden.

Ein gewisses normiertes Angebot muss es gegeben haben, da dem Verfasser die abgebildete Offizierstasche bisher zweimal in exakt der gleichen Form, Farbe und Ausstattung begegnet ist.

Die Taschen waren jeweils mit einem Ausstoßer ausgerüstet, der einen Abnahmestempel trug. Die Form der Krone und der gotische Buchstabe darunter deuten auf einen bayerischen Ursprung hin. Der selbe Revisionsstempel befindet sich auch auf einem Revolver 83 bayerischer Herkunft. Die Ausstoßer selber waren an einem längeren schmalen Riemen an der Tasche befestigt und so gegen Verlust gesichert.

Nicht reglementierte Taschen für den Revolver 83 findet man hin und wieder mit einem kurzen Riemchen, das nur zur Befestigung des Ausstoßers diente und bei Gebrauch gelöst werden musste.

Am häufigsten trifft man auf Offizierstaschen vom Typ M/85. In der Regel sind sie aus feinerem, oft hellerem Leder gefertigt und besitzen eine Messingschnalle. (Nicht zu verwechseln mit den frühen reglementierten Taschen M/85, die ebenfalls mit einer Messingschnalle versehen waren.)

Aber auch solche mit einem Druckknopf an Stelle der Dornschnalle kommen vor.

10.7 Taschenlieferanten

Während die frühen Taschen, also M/81 und M/87 (für Revolver 79) oder M/85 (für Revolver 83), in der Regel keine Herstellerprägung tragen, sind die „Einheitlichen Revolvertaschen" (für Revolver 83) durchweg gestempelt.

Die Prägung befindet sich wahlweise unter der Lasche, auf der Innenseite der Lasche oder auf der Rückseite. Zu der Tasche M/81 und der geänderten bayerischen Tasche M/72 konnte mangels verfügbarer Realstücke keine Angaben gemacht werden.

Registrierte Herstellerprägungen auf reglementierten Taschen für Revolver 79 und 83.

Die nachfolgende Auflistung ist keinesfalls als vollständig zu bezeichnen. In der Zeit vor dem I. Weltkrieg hatten auch zahlreiche kleine Firmen Aufträge zur Anfertigung der Revolvertaschen erhalten. Die Stückzahlen waren der handwerklichen Struktur der Betriebe entsprechend nicht all zu groß. Falls nicht anders erwähnt, besitzen die Taschen Stahlschnallen.

Private Taschenlieferanten für Revolver 79

JULIUS ARNADE Metz 1913	Frankreich, bis ca. 1917, Tasche M/87 für Revolver 79
J.M.ECKART ULM a/D.	Tasche M/87 für Revolver 79
H.CLEMEN ELBERFELD	Tasche M/87 für Revolver 79, bis ca.1916 tätig. Lieferte schwarze Taschen für die Meldereiter.
J.ELKAN BERLIN	Tasche M/87 für Revolver 79
JULIUS JANSEN STRASSBURG	Frankreich, ab ca. 1895, bis ca. 1916, Tasche M/87 für Revolver 79. Prägte seinen Stempel auf der Lasche.
LOH SÖHNE ACT. GES. BERLIN	Tasche M/87 für Revolver 79
F.W.KINKEL MAINZ	Tasche M/87 existierte 1890 – 1975

Private Taschenlieferanten für Revolver 83

JULIUS ARNADE MOYS 1912	12 Schlaufen Metz, Frankreich bis ca. 1917
BAYERISCHE WERSTÄTTEN AG: MÜNCHEN 1918	12 Schlaufen
H.BECKER&CO. BERLIN	12 Schlaufen
BECKER&CO. ELBERFELD	12 Schlaufen 1916
BIERMANN&SOHN KAISERSLAUTERN 1916	12 Schlaufen
J.F.CLUDE BERLIN 1913	12 Schlaufen
A. DAHL BARMEN	12 Schlaufen Messingschnalle Offizierstache 1915 – 1918
L.DREIER MÜNCHEN	12 Schlaufen
J.M. ECKART ULM a/D.	12 Schlaufen
FRITZ EILERS JUNR. BIELEFELD	12 Schlaufen

F.FISCHER KGB	12 Schlaufen KGB = Königsberg
OTTO GRAF LEIPZIG 1914	12 Schlaufen existierte noch im II.WK, auch
OTTO GRAF LEIPZIG-GOHLIS 1914	
CHR.HEIGL HAAG OBB.	12Schlaufen
OSCAR HENTSCHEL & CO 1915 DRESDEN	12 Schlaufen
ARN.HOFFMANN BERLIN	12 Schlaufen Messingschnalle ca. 1915/16, Offizierstasche, auch M/85 mit 6 Schlaufen
JULIUS JANSEN STRASSBURG 1906 und 1907	12 Schlaufen
B.W.KINKEL MAINZ 1915 und 1916	12 Schlaufen existierte 1890 – 1975,
KOCH & BENNING ELBERFELD 1913	Tasche für „Berittene der Feldartillerie“
FRANZ PRETZEL&CO BERLIN	12 Schlaufen
G.RANNENBERG HANNOVER	12 Schlaufen
HANS RÖMER NEU-ULM 1911	12 Schlaufen
RYFFEL&BORNS HANNOVER1 1915	12 Schlaufen existierte bis 1982
SCHNEIDER BRIEG.	Tasche für „Berittene der Feldartillerie“
STECHER FREIBERG	Tasche M/81, geändert zur Aufnahme des Revolver 83
SCHWARZENBERGER & CO. NÜRNBERG 1916	12 Schlaufen lieferte auch TaschenM/1904
HEINRICH THIELE AG DRESDEN	Lieferte Leib- riemen u. Taschen an Sachsen
F.H.THIEME MAGDEBURG	Lieferte bis ca. 1918 Lederwaren an die Armee
CARL TRENNER BERLIN	12 Schlaufen
WALTER SCHURMANN & CO. 1894	12 Schlaufen
A.WUNDERLICH BERLIN 1915	6 Schlaufen + 12 Schlaufen, Leder mit körniger Struktur

Militärwerkstätten

AWM 10 00	Artillerie-Werk- stätten München, Herstelljahr: 1900, zusätzlicher - M - Marinestempel, Werkstatt 10
AWM 19 00	Herstelljahr: 1900, ausgegeben 1901, Werkstatt19
AWM 10 88	Herstelljahr: 1888, ausgegeben 1891, bayerische Tasche M/87 für Rev. 79, Werkstatt10
AWM 9 14	Herstelljahr: 1914, Tasche 1904 für Revolver 79, Werkstatt 9
AWM 3 09	Herstelljahr: 1909, Tasche M/91 für Revolver 83, Werkstatt 3
AWM 16	Tasche der Beritt. der Feldartillerie, geändert aus einer Tasche M/87
AWS 12 84	Artillerie-Werkstät- ten Spandau, Herstelljahr: 1884, Werkstatt 12

Chapter 10

After the adoption of the Revolver M/79, the four kingdoms attempted to modify their existing leather accoutrements for the new revolver. The Prussians had their M/67 holster for the M/50 percussion pistol, Bavaria the holster for their M/69 Werder pistol, and Saxony the artillery holster for their M/73 revolvers.

Of this latter holster all that is known about it is that it was black in colour. Some collector may have an example of this gem in his collection all unknown to him. Württemberg adopted the Prussian pattern holsters

After all of the modifications and field trials, the Prussians adopted the new M/81 holster. Bavaria continued to use a modified Werder holster for a somewhat longer period, before also adopting the M/81 which they called the M/82.

In its original form the M/81 holster had two loops above the flap. In 1887 a new pattern for the mounted gunners of the field artillery was issued. This is the holster commonly seen today on the collector's market. On this pattern the piece above the flap has been removed and the loops are now on the back of the holster. Given their scarcity, it would appear that most of the M/81 holsters were altered to the design of the M/87 holster.

Colours varied for the (M/81) M/87 holsters. The standard was a reddish brown. Mounted orderlies (Meldereiter, later signal-corps troops), had black holsters. Mounted riflemen (Jäger zu Pferde) had tan accoutrements.

The final pattern of holster for the M/79 revolver was the Bavarian M/1904. Overall this looks like the M/91 holster for the M/83 revolver, but is made longer to accommodate the long barrel of the M/79. Its colour was a light reddish brown.

The holster for the Revolver M/83 differed in several points from that of the M/79. A pouch to hold cartridges was sewn to the upper front of the holster, and the flap was replaced by a strap, leaving the butt of the pistol exposed.

The student of the Reichsrevolver must distinguish between four types of M/83 revolver holsters –

1. The M/85 holster which has only 6 cartridge loops inside the pouch; these are quite rare.
2. The common M/91 holster which has two rows of 6 loops in the pouch.
3. For mounted gunners of the field artillery who were re-armed with the M/83 revolver a new pattern of holster was adopted; it is like the M/87 holster for the M/79 revolver, but made appropriately shorter.
4. For the cavalry and ordnance staff, the holster was similar to No.3, reverted to the older style with the visible belt loops above the flap. These are seldom found today.

11. Die Kartuschen zum Revolver 79

11.1 Varianten

Als die ersten Revolver M/79 an die Truppen ausgegeben wurden, schrieb man das Jahr 1881.

Bis zu diesem Zeitpunkt waren in Preußen die zur Revolverbewaffnung vorgesehenen Einheiten mit den Pistolen M/23 UM und M/50 ausgerüstet.

Die zugehörige Munition wurde in sogenannten Kartuschen am Mann mitgeführt.

Jede einzelne Patrone, bestehend aus der Pulverladung und Geschoss, befand sich in einem dafür vorgesehenen Fach.

Die Zündhütchen bewahrte man in einem eigenen Täschchen auf, das vorn aufgenäht war. Innen war es mit kurz geschorenem Schafsfell gefüttert. Es muss schon eine arge „Fummelei" gewesen sein, die Zündhütchen heraus zu holen.

Der generelle Aufbau der Kartuschen in den verschiedenen deutschen Bundesstaaten war mehr oder weniger ähnlich. Mit Einführung des Revolvers lag also eine Unterbringung der Patronen in der bis dahin üblichen Weise auf der Hand.

Zur Revolvertasche M/81 entwarf Preußen eine Kartusche M/81, die bei Hans Reckendorf als gesiegelte Probe ausführlich behandelt wird. Die Einführung erfolgte mit A.K.O. vom 31. August 1881.

Diese Kartusche war an der Unterseite mit 2 aufgenähten Dornschnallen versehen. Sie dienten der Befestigung am Bandolier.

Diese Kartusche, die H. Reckendorf als Kartusche 1. Art bezeichnet, entsprach nahezu vollkommen der Kartusche für die Pistole M/50, die am 18. Juli 1874 bei der gesamten Artillerie eingeführt worden war.

Aptierte Kartusche M/81

11.1. Kartusche M/81 1. Art, aptiert aus der Kartusche, die mit A.K.O. 1874 für die Pistole M/50 in Preußen eingeführt worden war. Sammlung des Autors

M/81 Cartridge Box, First model, modified from the M/50 percussion pistol box introduced in 1874. Author's collection

Dem Verfasser liegt eine aus der Pistolenkartusche aptierte Revolverkartusche M/81 vor, die exakt die gleichen Dornschnallen am Boden aufweist wie die gesiegelte Probe. Das Täschchen für die Zündhütchen hat man abgetrennt; die Nahtlöcher sind noch sichtbar.

11.2. Nach Anheben des Deckels werden vorn die Nähte des ehemaligen Perkussions-Zündkapseltäschchens sichtbar. Sammlung des Autors

On lifting the cover, the stitches of the former percussion cap pouch are visible. Author's collection

Mit anderen Worten, Preußen führte 1881 eine Kartusche ein, die nahezu der vorhandenen Pistolenkartusche entsprach; mit Ausnahme der inneren Aufteilung, die nun für 2 x 9 Metallpatronen eingerichtet werden musste. Bei der aptierten Kartusche ist die hölzerne Unterfütterung der hinteren Patronenreihe, die etwas höher steht, mit 2 verkupferten Flachkopfschrauben befestigt.In der Kartusche sind 2 Reihen Lederschlaufen eingenäht, zur Aufnahme

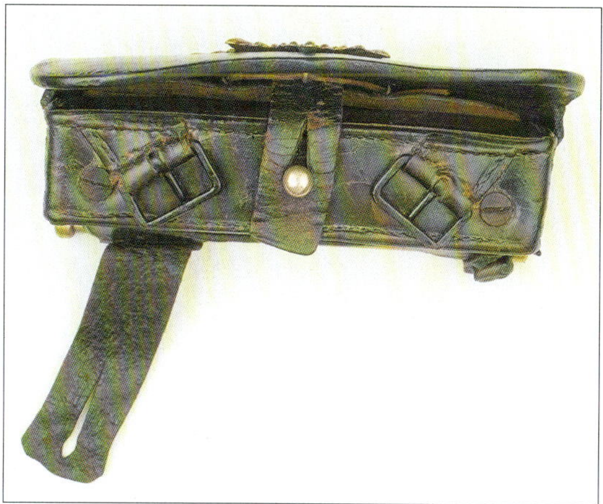

11.3. Der Blick auf den Boden zeigt die beiden Dornschnallen an die das Bandolier alter Art befestigt wurde. Sammlung des Autors

The view of the bottom shows the pair of buckles for securing the old model shoulder belt. Author's collection

von je 9 Patronen. Die tiefer stehende vordere Reihe ist mit einem weichen Lederdeckel abgedeckt. Die Dicke des Leders des Verschlussdeckels beträgt 5 mm. Das Scharnierleder des Verschlussdeckels ist innen aufgenäht.

Der Ausstoßer aus Messing wird auf der einen Seite mit einer Schlaufe, auf der anderen mit einer Lasche, die durch den Schlitz des Ausstoßers gesteckt wird, befestigt.

Kartusche M/81 1. Art

11.4. Das Bandolier wurde bei der Kartusche 1. Art durch die beiden oberen Schlaufen gezogen und unten befestigt.
Sammlung des Autors
The shoulder belt for the first model cartridge box was drawn through the two upper loops and secured at the bottom.
Author's collection

Nach der gesiegelten Probe wurden also die Kartuschen 1. Art in Auftrag gegeben.

Sie unterscheiden sich von der aptierten Kartusche in folgenden Punkten:

- Das Scharnierleder des Verschlussdeckels ist außen aufgenäht.
- Die Dicke des Leders des Verschlussdeckels beträgt nun 3 statt 5 mm.
- Das Futterstück aus Holz ist nicht mehr durch Schrauben befestigt.

Kartusche M/81 2. Art

Mit Einführung des schmaleren, einteiligen Bandoliers (Breite 40 mm) mit A.K.O. vom 3. April 1890, mussten die Kartuschen geändert werden, die für das neue Bandolier vorgesehen waren.

Das neue Bandolier hatte neben dem Vorteil der Einteiligkeit noch einen weiteren Vorzug. Es bot darüber hinaus die Möglichkeit, die Länge den Körpermaßen des Trägers direkt an der Kartusche anzupassen. Wahrscheinlich war das auch der Hauptgrund für die Änderung.

Vorhandene Kartuschen der 1. Art wurden abgeändert.

11.5. Kartusche 2. Art; sie wurde 1890 wegen des schmaleren Bandoliers eingeführt. Sammlung des Autors
Cartridge box, second model, introduced because of the narrow shoulder belt. Author's collection

11.4a. Die Szene einer Artillerieübung zeigt deutlich die Bewaffnung des Unteroffiziers mit dem Revolver M/79 in Tasche M/81, sowie die Kartusche am Rücken.
Sammlung des Autors
This view of an artillery exercise clearly shows the non-commissioned officer's M/79 Revolver in its M/81 holster, as well as the cartridge box on his back.
Author's collection

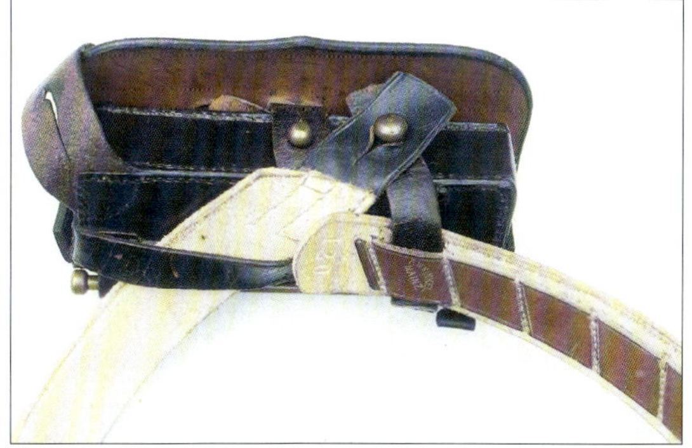

11.5a. Eine recht komplizierte Art, Kartusche und Bandolier miteinander zu verbinden. Die abstehende Lasche wurde an einem der rückseitigen Taillenknöpfe befestigt.
Sammlung des Autors
A very complicated method of attaching the cartridge box to the shoulder belt. The protruding tongue was secured at one of the rear knobs at the waistline. Author's collection

Die Änderung ist leicht zu erkennen:
Am Boden entfernte man die beiden Dornschnallen und zurück blieben nur die Nahtlöcher. Neu angefertigte Kartuschen weisen natürlich diese Hinterlassenschaften nicht mehr auf.
Weitere Änderungen:
- Zusätzlich wurde ein dicker Messingknopf am Boden angebracht, über den man eine Endlasche des Bandoliers stülpen konnte.
- Auf der Rückseite wanderte die Lasche (zum Anknöpfen an die Jacke) von oben rechts nach unten rechts.
- Der auf der Rückseite oben aufgenähte Lederstreifen wurde linksseitig festgenäht, so dass nur noch die rechte Seite zum Durchschlaufen übrig blieb.

Kartusche M/81 3. Art

Die von 1905 bis 1913 errichteten Jäger-Regimenter zu Pferde führten den Revolver 79 mit einer Kartusche (Deckelemblem: Jagdhorn aus Messing), die sich vom Muster 2. Art unterschied: Die Kartuschen besaßen keinen Ausstoßer und die Befestigungsteile fehlten. An einem vorliegenden Realstück konnte man eindeutig erkennen, dass bei Neuanfertigung die Befestigungsteile für den Ausstoßer weggelassen wurden. Im Reich noch vorhandene braune Kartuschen, also Kartuschen, die noch nicht nachträglich schwarz gefärbt worden waren, wurden ebenfalls zur Ausrüstung der Jäger zu Pferde herangezogen. An diesen Kartuschen wurden die Schlaufen für den Ausstoßer belassen. Der Verfasser hatte Gelegenheit, eine Kartusche mit Bandolier (beides braun) zu untersuchen, die vormals beim 5. Badischen Feldartillerie-Regiment Nr. 76 verwendet worden war, später jedoch mit dem Posthorn-Deckelbeschlag versehen den Jägern zu Pferde überwiesen wurde.

Die Riemchen für den Ausstoßer waren vorhanden. Im Gegensatz zu den anderen Kartuschen war die Lederfarbe braun, nicht dunkelbraunrot wie die Revolvertasche M/87.

Zusätzlich konnte der Verfasser eine weitere, fast ungebrauchte Kartusche untersuchen, die ebenfalls nicht für die Aufnahme eines Entladestocks ausgestattet war; Schlaufe und Riemchen fehlten.

Die Kartusche war schwarz gefärbt und trug das Trophäenschild aus Messing.

11.6.–11.8. Kartusche 3. Art; diese ab 1905 bei den „Jägern zu Pferde" eingeführte Kartusche aus hellerem Leder war nicht mit dem Ausstoßer ausgestattet. Die zur Befestigung notwendigen Lederriemchen fehlen entsprechend der Vorschrift. Sammlung J. Gräwe
Third model cartridge box introduced post-1905 for the mounted rifle units. These were made from tan leather and without push rods. The leather straps required by regulations for attaching it are missing. J. Gräwe collection

Es ist anzunehmen, dass es sich hierbei um eine frühe Kartusche für die Meldereiter gehandelt haben wird.

Kartusche M/81 4. Art

Der erste Weltkrieg änderte schlagartig manch liebgewonnene Ausrüstung und Uniformierung. Uniformkundler kennen die Details, und deshalb gehen wir nicht weiter darauf ein.

Die schmucken weißen, gut sichtbaren Bandoliers verschwanden in kurzer Zeit.

Übrig blieben die Kartuschen, die man jedoch auch weiterhin benötigte, da u.a. der Revolver 79 bei der Feldartillerie die fehlenden Pistolen 08 ersetzen musste.

Nun befand sich seit längerem eine schwarze Kartusche ohne Deckelemblem in der Sammlung des Verfassers, die ihm Anfangs ein wenig suspekt vorkam. Die Kartusche war nämlich zur ausschließlichen Befestigung am Koppel vorgesehen. Der Zweifel wandelte sich jedoch in dem Augenblick in helle Freude, nachdem als ihm ein Freund ein Foto zugesandt hatte, auf dem ein Unteroffizier einer Geschützbedienung genau diese Kartusche am Koppel führte. Bei genauerem Hinsehen erkennt man auch den an der linken Seite getragenen Revolver 79. Der Ring am Griffunterteil ist gut zu erkennen.

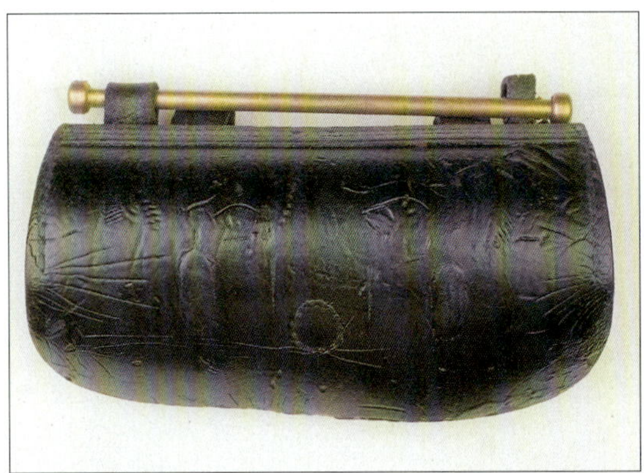

11.9.–11.10. Kartusche 4. Art; mit Beginn des I. WK verschwanden die auffälligen weißen Bandoliers und damit die bisher übliche Methode, die Kartusche zu tragen. Da nicht genügend Pistolen 08 zur Verfügung standen, wurden die Revolver wieder ausgegeben. Diejenigen Soldaten, die den Revolver 79 erhielten, bekamen eine nochmals geänderte Kartusche, die nun am Koppel getragen wurde. Sammlung des Autors

Fourth model cartridge box. At the beginning of WW I the bright white shoulder belts were replaced, and with them came a new method of carrying the cartridge box. Due to the shortage of P/08 pistols revolvers were re-issued. Those soldiers issued with the Revolver 79 were equipped with an other modified cartridge box designed to be carried on the waistbelt. Author's collection

11.10a. Geschützbedienung der 6. Batterie des Feldartillerieregiments Nr. 13. Der Geschützführer, obere Reihe 2. v. links, trägt deutlich sichtbar eine Kartusche 4. Art (also ohne Verzierung) am Koppel. Seine Leute führen den Revolver 83. Das Foto wurde im August 1914 in Lüttich aufgenommen. Sammlung M. Marx

The gun crew of the 6th battery of Field Artillery Regiment No.13. The corporal, second from the left at top, is clearly carrying a fourth model cartridge box (without insignia) on his waistbelt. His crew is equipped with the Revolver 83. The photograph has been taken in January 1914 in Liege. M. Marx collection

Bayern

Bayern führte für die Kavallerie die Kartusche M/82 ein, die wie die preußische am rechten Taillenknopf befestigt wurde. Die Färbung der Kartusche war von vornherein schwarz.

Württemberg folgte dem Beispiel Preußens. (§10 der Militärkonvention, abgeschlossen am 21.Nov. 1870).

Sachsen

Sachsens Unteroffiziere und Mannschaften der Kavallerie, die berittenen Mannschaften der Feldartillerie sowie die Unteroffiziere der Stabsordonnanzen führten eine schwarze Kartusche.

11.2 Färbung und Deckelbeschläge

Sämtliche Kartuschen wurden anfangs mit einer dunkelbraunen Färbung ausgeliefert. Später erfolgte eine Umfärbung auf schwarz, die jedoch nur die äußere Oberfläche betraf. Das Innere blieb unbehandelt.

Die Schwarzfärbung wurde teilweise recht nachlässig durchgeführt, was an einigen nach innen gelaufenen Farbtränen zu erkennen ist.

Die Kartusche der Meldereiter-Detachements war entsprechend dem A.K.O. vom 30. März 1895 erst schwarz (die Tasche M/81 war ebenfalls schwarz). Mit A.K.O. vom 31. März 1897 wurden diese Einheiten in Detachement „Jäger zu Pferde" umbenannt. Ab 24. August 1897 erhielten sämtliche Detachements „Jäger zu Pferde" braun gefärbtes Lederzeug (Revolvertasche, Kartusche, Bandolier und Revolverriemen).

Die ab dem Jahre 1905 erfolgte Aufstellung neuer Regimenter „Jäger zu Pferde" behielten die braune Ausrüstung bei. Sie wurde bis zur Ausmusterung so belassen.

1913 ersetzte man den Revolver 79 durch den Karabiner 98. (A.V. Nr. 16)

Stempel auf Kartuschen

Wie bei den Revolvertaschen auch, findet man relativ wenige Kartuschen, die mit Truppenstempeln markierte worden waren. Beide Arten, Tuschestempel sowie geschlagene Stempel kommen vor. Auch Änderungsstempel sind teilweise vorhanden. So z. B. bei einer Kartusche der 4. Art, bei der das vorschriftsmäßige Verschließen der Emblemlöcher abgestempelt worden war.

11.10b. Truppenstempel des Feldartillerieregiments Nr.10 im Deckel einer Kartusche. Sammlung des Autors
Markings of the Field Artillery Regiment No.10 on the underside of the flap of a cartridge box. Author's collection

Deckelbeschläge

Die folgende Übersicht der Kartuschen-Deckelbeschläge der Unteroffiziers- und Mannschaftskartuschen ist sicherlich nicht vollständig. Sie umfasst jedoch die am häufigsten vorkommenden Realstücke.

Preußen

Gardestern aus Neusilberner:
Regiment Garde du Corps
1. und 3. Garde-Ulanenregimenter ab 1907
Leib-Husarenregimenter Nr. 1 und 2

Gardestern aus vergoldetem Messing (Abb. 11.11.)
Garde-Kürassierregiment
Garde-Dragonerregimenter und Regiment Nr. 3
Leib-Garde-Husarenregiment
Garde-Ulanenregimenter
Berittene der Garde-Feldartillerieregimenter
Detachements Jäger zu Pferde beim Gardekorps
Anmerkung: Die Gardesterne haben mittig einen Adler, umrandet vom Schriftzug: SUUM CUIQUE (lat. „Jedem das Seine", Verf.)
Rundes Messingschild mit Adler und Devisenband:
Leib-Kürassierregiment Nr. 1

Trophäenschild aus Messing:
Linien-Kürassierregimenter
Linien-Dragonerregimenter
Detachements Meldereiter

11.11. Das Trophäenschild aus Messing zierten die Kartuschen der Kavallerieregimenter. Sammlung des Autors
A brass trophy of arms graced the cartridge boxes of the cavalry regiments. Author's collection

Jagdhorn aus Messing (Abb. 11.6.)
Detachements Jäger zu Pferde bei Armeekorps
Regimenter Jäger zu Pferde,
Rgt. Nr. 1 mit gekröntem Namenszug

Granate mit gekröntem FWR aus Messing:
Berittene der Linien-Feldartillerieregimenter

11.12. Die flammende Granate ist typisch für die Feldartillerieregimenter. Sammlung des Autors
The flaming bomb is typical for the field artillery regiments. Author's collection

Kein Deckelbeschlag:
Linien-Husarenregimenter, 17. Reg. mit W
Linien-Ulanenregimenter

Bayern

Kein Deckelbeschlag:
Schwere Reiter-Regimenter
Train-Bataillone

Gekreuzte Kanonenrohre aus Messing:
Berittene der Feldartillerie

Sachsen

Kein Deckelbeschlag:
Mannschaften der Kavallerie

Gekröntes Wappen,
Lorbeerkranz, aus Messing gegossen:
Unteroffiziere der Kavallerie
Unteroffiziere der Feldartillerie

Königliches Wappen aus Messing
Unteroffiziere der Stabsordonnanzen

Württemberg

Einflammige Granate mit gekröntem königlichen Namenszug, aus geschlagenem Messing:
Berittene der Feldartillerie

Anmerkung: Der königliche Namenszug besteht aus 2 verschlungenen Buchstaben K. Die beiden K-Buchstaben stehen für König Karl von Württemberg. Er regierte bis 1891.

Kein Deckelbeschlag:
Mannschaften der Kavallerie

Gekrönter königlicher Namenszug aus Messing:
Unteroffiziere der Kavallerie
Unteroffiziere des Train-Bataillons

Stern mit Kreuz und der Inschrift „Furchtlos und treu":
Dragoner-Regiment Nr. 26 ab 1905

11.14. Die Verzierung dieser Kartusche deutet auf das Württembergische Dragoner-Regiment Nr. 26 hin, das ab 1905 den abgebildeten Stern tragen durfte. Mit freundlicher Genehmigung durch Jan Kube, München
The insignia on this cartridge box identifies the Württemberg Dragoon Regiment No. 26, who were allowed to use the star shown. Courtesy Jan Kube, Munich

Anfang des ersten Weltkriegs fiel nicht nur die Unzweckmäßigkeit der hinderlichen Kartusche auf, sondern auch anderer Ausrüstungsstücke und Uniformen: Mit Verfügung Nr. 735, publiziert im Armee-Verordnungsblatt Nr. 44 vom 2. Oktober 1915 nahm man Abschied vom mach bunten Rock. Von nun an herrschte „feldgrau" vor.

Unter Punkt 16. wurde angewiesen:
„Bandelier und Kartusche scheiden aus der Ausstattung der Unteroffiziere und Mannschaften aus.
Wegen der Offiziere bleibt Befehl vorbehalten."
Großes Hauptquartier, den 21.September 1915
Wilhelm.

Die heute recht selten gewordenen Kartuschen verschwanden aus der Deutschen Armee.

Quellen

L. Schneider: *„Instructionsbuch für den Kavalleristen"*, Berlin 1872
SHS, 4112, 4129, 4223
HRT
G. Krickel / G. Lange: *„Das Deutsche Reichsheer in seiner neuesten Bekleidung und Ausrüstung"*, Berlin 1892

Chapter 11

The situation with cartridge boxes was similar to that described for holsters in Chapter 10: the first attempts were made with modified older pistol cartridge boxes.

Only a few of these modified boxes have survived. Pictured in the main text is a Prussian M/50 pistol cartridge box modified for the metallic cartridges of the Reichsrevolver. The basic pattern for the new cartridge box was the M/81, which underwent several alterations in detail.

At the beginning of World War 1 the last units to carry the cartridge box on the belt were the field artillery. The use of revolver cartridge boxes was discontinued by September 1915.

12. Technische Details zu den Revolvern

Die Abmessungen der Revolver wurden in den sog. Dimensionstabellen festgelegt. Diese Dimensionstabellen würden im heutigen Sprachgebrauch „technische Zeichnungen“ genannt.

Der einzige signifikante Unterschied besteht darin, dass die Toleranzangaben nicht wie heute den Nennmaßen beigefügt, sondern in einer separaten Tabelle aufgeführt wurden. Aus dieser Anordnung der technischen Informationen mag auch der Name abgeleitet worden sein.

In der ersten Ausgabe der Dimensionstabellen waren noch nicht alle Nennmaße mit Toleranzen versehen, was zu großen Problemen bei der Anfertigung der Lehren führte. Insbesondere kam es unvermeidbar zu Differenzen mit den für die Abnahme gültigen Lehren aus Erfurt.

Rufen wir uns in Erinnerung, was die Fa. Mauser im Juli 1880 als Begründung für eine Lieferverzögerung angeführt hatte:

- Zu spät erhaltene Lehren.
- Schwierigkeiten mit unzulänglichen Lehren.
- Zu wenig Rücksichtnahme auf die Möglichkeit der maschinellen Bearbeitung.
- Große Anforderungen an die Arbeitskräfte, da Toleranzen praktisch nicht gestattet sind.
- Fertigungstechnische Schwierigkeiten beim Härten von Korn und Visier.

Eine technische Zusammenarbeit, wie sie heutzutage zwischen Kunden und Lieferanten vor Aufnahme einer Serienfertigung üblich ist, wurde nicht praktiziert.

Obschon das Konstruktionsbüro in Spandau über genügend praktische Erfahrung verfügte (Zündnadelgewehre, Gewehr M/71), war die Vermaßung lt. der Fa. Mauser nicht fertigungsgerecht.

Die Dimensionstabellen wurden, nachdem die Betreuung der Lieferanten von Erfurt aus erfolgte, mehrmals geändert. Letztendlich kam es doch zu einer Harmonisierung der Lehren der Güteprüfungs-Kommissionen und derjenigen der Produzenten. Den wenigsten Interessierten unseres Themas wird bekannt sein, dass bei den Revolvern 79 sowohl die Kimme als auch das Korn gehärtet waren. Vorgeschrieben war: *„Das Korn in seinem Kamm mit Kali gehärtet.“*

Bei dieser Operation musste das Korn rasch auf etwa 800°C erwärmt, mit gelbem Blutlaugensalz (Ferrozyankalium) bestreut und zum Einbrennen nochmals bei gleicher Temperatur ins Feuer gebracht werden.

Nach dem Einbrennen wurde das Korn unmittelbar in Wasser abgeschreckt.

Die mit diesem Verfahren erreichbare harte Schicht betrug nur rund 0,01 bis 0,02 mm. Die harte Oberflächenschicht war also sehr dünn.

Nicht nur der technische Laie, sondern auch ein entsprechend vorbelasteter Leser wird erahnen, welche Schwierigkeiten diese Fertigungsstufe bereitet hat. Die Wärmebehandlung verursachte, insbesondere vorn im Kornbereich, immer wieder Verzug und Verzunderungen, was nur schwer, oder gar nicht zu verhindern war.

Übernommen wurde diese Forderung vom Gewehr M/71, dessen separat einschiebbares Korn in punkto Härten kein Problem darstellte.

Über die Notwendigkeit dieser Härtung kann man trefflich streiten. Letztlich war sie unnötig.

In den Dimensionstabellen des Revolvers 83 taucht diese überzogene Forderung letztlich auch nicht mehr auf.

12.1 Abmessungen und Stahlsorten

	M/79	M/83
Gesamtlänge	340,5	256
Höhe	145	139
Lauflänge	117	181
Anzahl der Züge	4	dto.
Zugbreite	4,2	„
Zugtiefe	0,2	„
Dralllänge	575	„
Felddurchmesser	10,6	„
Zugdurchmesser	11	„
Kammerzahl	6	„
Gewicht	1,3 kg	0,93 kg

Das Schloss beider Revolver ist mit einer soliden Platte verschlossen, die mit 3 Schrauben am Rahmen befestigt ist.

Die Zapfen zur Aufnahme der beweglichen Schlossteile sind im Rahmen eingeschraubt und zusätzlich vernietet.

Die freien Enden stützen sich in den Sackbohrungen der Schlossplatte ab.

Eine Merkwürdigkeit: Die obere rechte Schraube des M/79 sowie M/83 ist stirnseitig mit einem Körnerschlag gekennzeichnet.

Gleich daneben auf der Rahmenplatte befindet sich ebenfalls eine derartige Markierung. Der Sinn dieser Kennzeichnung ist unklar, da die beiden hinteren Schrauben gleich lang sind und der Rahmen an dieser Stelle die gleiche Breite aufweist. Die Zuordnung der Schraube zu der oberen Position ist demnach nicht notwendig. Auf den Dimensionstabellen fehlt jeglicher diesbezüglicher Hinweis.

Die 3 Schlitze am Umfang der Seitenplatte dienen der bequemen Demontage. Diese sinnvolle Einrichtung wird die damalige Spezial-Kommission in Spandau am Pirlot-Revolver vorgefunden und verwertet haben.

Die Stahlsorten

Anfangs war für Lauf, Rahmen, Trommel, Hahn und Abzug kohlenstoffarmer Gussstahl vorgegeben. Später, der Zeitounkt ist nicht mehr genau zu ermitteln, änderte man die Bezeichnung in Flussstahl. Ausgenommen waren die Trommel und die Schlagfeder, die beide aus Tiegelflussstahl angefertigt wurden. Die Schlossteile wurden nach der Zerspanung einsatzgehärtet und an den Rasten gelb angelassen.

Die Federn waren gehärtet und entsprechend ihrer Verwendung „ federhart" angelassen.

Auf diese Unterschiede einzugehen würde den Rahmen des Themas sprengen. Gerade in der Reichsrevolver-Zeit machte die Erforschung von Eisen und Stahl große Fortschritte.

Das bis dahin übliche Puddel-Verfahren verlor an Bedeutung und der durch das Bessemer-Verfahren erzeugte Flussstahl erfuhr eine rasante Nachfrage, obwohl nur phosphorfreie Erze als Rohstoff verwendet werden durften.

Eine Normung der verschiedenen Stähle gab es noch nicht.

12.2 Metallurgische Untersuchungen an Trommel und Schlossplatte eines Revolver 83

Die Idee, einmal die Revolver nicht nur unter den Aspekten der Verwendung und Funktion zu betrachten, sondern auch einmal unter Werkstoffgesichtspunkten, entstand durch die Verschiedenartigkeit der Stahlbezeichnungen auf den Dimensionstafeln und der Vorgabe, das Korn des M/79 mit Kali zu härten.

Eine Suchanzeige im DWJ lieferte die Schrottteile eines M/83; so stand einer Untersuchung nichts mehr im Wege. Leider war die Schlagfeder nicht dabei, so dass der Federstahl nicht untersucht werden konnte. Die folgenden Zeilen setzen Kenntnisse der Metallurgie voraus und sind deshalb nur für entsprechend vorbelastete Leser von Interesse.

Es tut dem Verständnis zum Thema Reichsrevolver jedoch keinen Abbruch, wenn der geneigte Leser diesen Abschnitt überspringt.

Die C-Analyse (Kohlenstoffanalyse), sowie die Härteprüfung lieferte folgende Werte:

Trommel: C-Gehalt 0,23%
Härte: 130 - 146 HB 2.5 (31,25)

Hier die Erläuterung, für die, die es genauer wissen wollen:

Prüfung nach Brinell mit einer Prüfkugel von 2,5 mm Ø und einer Prüflast von 31,25 kg.

Schlossplatte: C-Gehalt 0,19%
Härte: 113 - 117 HB 2,5 (31,25)

Eine zusätzlich durchgeführte Gefügestruktur-Untersuchung unter dem Mikroskop ergab folgendes Bild:

Trommel:

12.1. Gefügeaufnahme einer M/83-Trommel. Der Stahl zeigt ein ferritisch-perlitisches Gefüge. Die C-Analyse ergab 0,23% Kohlenstoff. Foto R. Schneider

Microstructure of a M/83 cylinder. The steel has a ferrite-pearlite structure. The C-analysis showed 0,23% carbon. Photograph R. Schneider

V= 200:1

Ferritisch / perlitisches Gefüge, keine Zeiligkeit und keine Fremdeinschlüsse erkennbar. Wie nicht anders zu erwarten, keine zusätzliche Wärmebehandlung.

Schlossplatte:

V= 500:1

Ferritisch / perlitischer Zustand mit sichtbarer Zeiligkeit vom Walzprozess. Vereinzelt sind Fremdeinschlüsse (langgestreckt, im Schliffbild gut zu erkennen) vorhanden.

Dass die Stähle der damaligen Zeit häufiger derartige Einschlüsse, meist Schlacke, aufwiesen, zeigt die Seitenplatte eines sächsischen Revolvers M/73. **(Abbildung 12.1b)**

Zementit liegt nicht nur als Bestandteil des Perlits vor, sondern auch in Form von Zementitbändern.

Die Zementitbänder, sowie auch die Einschlüsse dürften eine negative Auswirkung auf die Standzeit der Bearbeitungswerkzeuge gehabt haben. Die Hauptteile unserer Reichsrevolver sind demnach

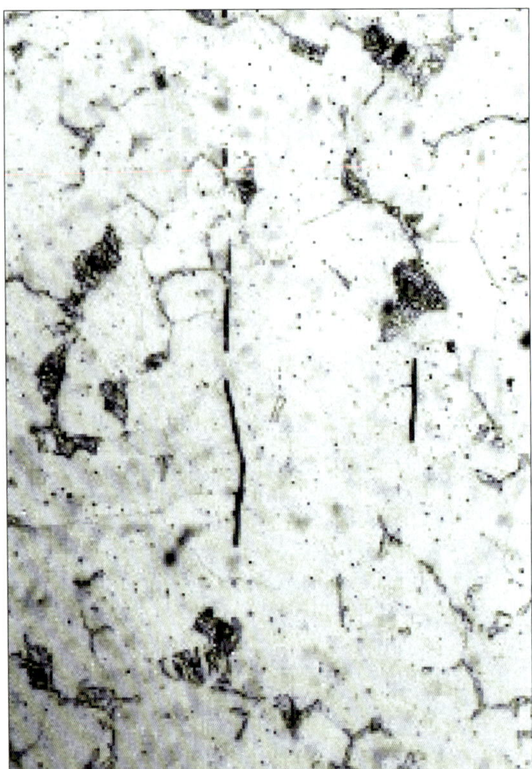

12.1a. Gefügeaufnahme der Schlossplatte. Auch hier ein ähnliches Gefüge mit 0,19 % Kohlenstoff. Auffallend sind Fremdeinschlüsse, die vom Walzen der Rohplatine zeilenförmig ausgeformt wurden. Photo R. Schneider
Microstructure of the sideplate. A similar micro structure but with only 0,19 % carbon. Note how the impurities have been worked into a linear formation during the rolling operations. Photograph R. Schneider

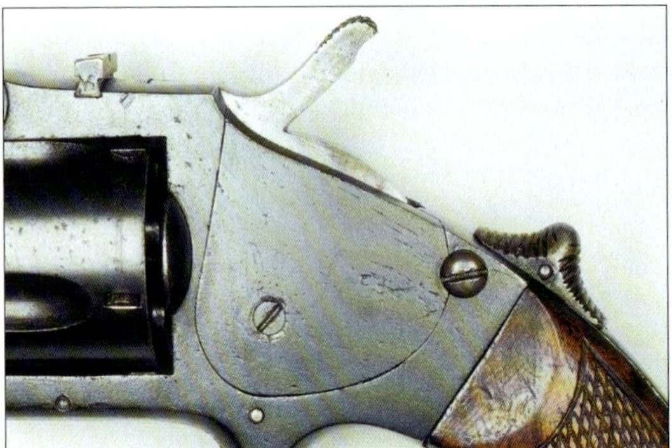

12.1b. Walzeinschlüsse im Stahl, sichtbar auf der Oberfläche der Seitenplatte eines Revolvers M/73. Sammlung des Autors
Impurities in the rolled steel, visible on the surface of a M/73 Revolver's lock plate. Author's collection

aus einem Flussstahl produziert, der nach dem Bessemer-Verfahren erschmolzen worden war.

Die gefundenen Kohlenstoffgehalte des verwendeten Stahls bei der Schlossplatte und Trommel von rund 0,2 % und das Fehlen weiterer Legierungsbestandteile würden heute eine Eingruppierung als unlegierte Bau- oder Einsatzstähle zulassen. Die einsatzgehärteten Schlossteile Hahn, Abzug, Arretier- und Umsatzhebel wurden mit Sicherheit aus den gleichen Stählen angefertigt. Diese Teile mussten lt. Vorschrift „hart eingesetzt" werden, was vereinfacht ausgedrückt eine Oberflächenhärtung bedeutete. Der Stahl mit 0,2% Kohlenstoff war für diesen Prozess besonders geeignet.

Die beanspruchten Stellen, wie Ruhe- und Abzugsrast, wurden bis zur Anlassfarbe gelb (230°C) angelassen. Die Farbe verschwand natürlich bei dem anschließenden Beizen (M/79) bzw. Polieren (M/83).

Die Schlossteile besaßen also einen zähen Kern, kombiniert mit einer harten Oberfläche.

Konstruktionsdetails

Insgesamt gesehen ist der Reichsrevolver eine stabile und präzis gefertigte Waffe. Der Revolver weist jedoch zwei Schwachpunkte, von denen einer augenfällig ist.

Häufig ist beim M/79 der sogenannte Sperrstift abgebrochen. Dieser Stift arretiert die Trommelachse und muss um 90° im Uhrzeigersinn geschwenkt werden, will man die Trommelachse herausziehen. Dabei ist es ratsam, den Hebel ein wenig anzuheben um ihn aus der Nut zu lösen. Über die diesbezüglich bereits bei der Nutzung in der Armee aufgetretenen Probleme wurde bereits berichtet.

Mit der Überarbeitung des Revolvers M/79, aus dem dann später der leichtere M/83 entstand, wurde dieser Schwachpunkt behoben. Die Trommelachsarretierung ließ sich nun mit dem Druck eines Fingers lösen.

Zur Gewichtreduzierung dienten auch die Verrundungen der Trommelnuten, wie man sie beim M/83 beobachten kann. In England wurde diese Ausrundung erstmalig beim 1880 Enfield-Revolver MK.I angewendet und später von der Firma Webley bei einigen Typen übernommen. Die Birminghamer Waffenfabrikanten nannten die Art der Ausfräsung „church steeple", was Kirchturm bedeutet.

Der zweite, weniger auffällige, Schwachpunkt ist der kleine Zapfen, der sich am Umsetzhebel befindet und im Hahn federnd gelagert ist.

Bei gewaltsamer Betätigung des Hahns bei blockierter Trommel bricht dieser Zapfen ab.

Derartige Beschädigungen findet man auch heute an einigen M/79. Man kann den Defekt rasch, ohne Ausbau des Hahns, prüfen, indem man den Revolver spannt und dabei den Lauf senkrecht nach oben richtet. Der Umsetzhebel fällt dann nach unten und reicht damit nicht mehr an die Rasten der Trommel.

Konstruktiv gut gelöst ist das heraus schraubbare Achsfutter, das an einer Seite das „Zahnrad" (Ausdruck aus den Dimensionstabellen, Verf.), am anderen Ende ein Gewinde besitzt. Falls das Zahnrad einmal beschädigt wurde, so musste nicht gleich die ganze Trommel verschrottet werden. Das Zahnrad war gehärtet und gelb angelassen. Ebenfalls gut gelöst war die Trennung von Lauf und Rahmen für die ähnliche Gründe angeführt werden können. Hier folgte man demnach nicht der Lösung von Smith & Wesson, bei denen konstruktionsbedingt Lauf und Rahmenteil aus einem Stück bestand. Sämtliche Schrauben hatten Whitworth-Gewinde mit ausschließlich 1/8 und 3/16 Zoll Durchmesser mit unterschiedlichen Steigungen. Die folgenden Seiten zeigen einige Hauptteile des Revolvers 79 und 83, so wie sie in den Dimensionstabellen aufgeführt waren.

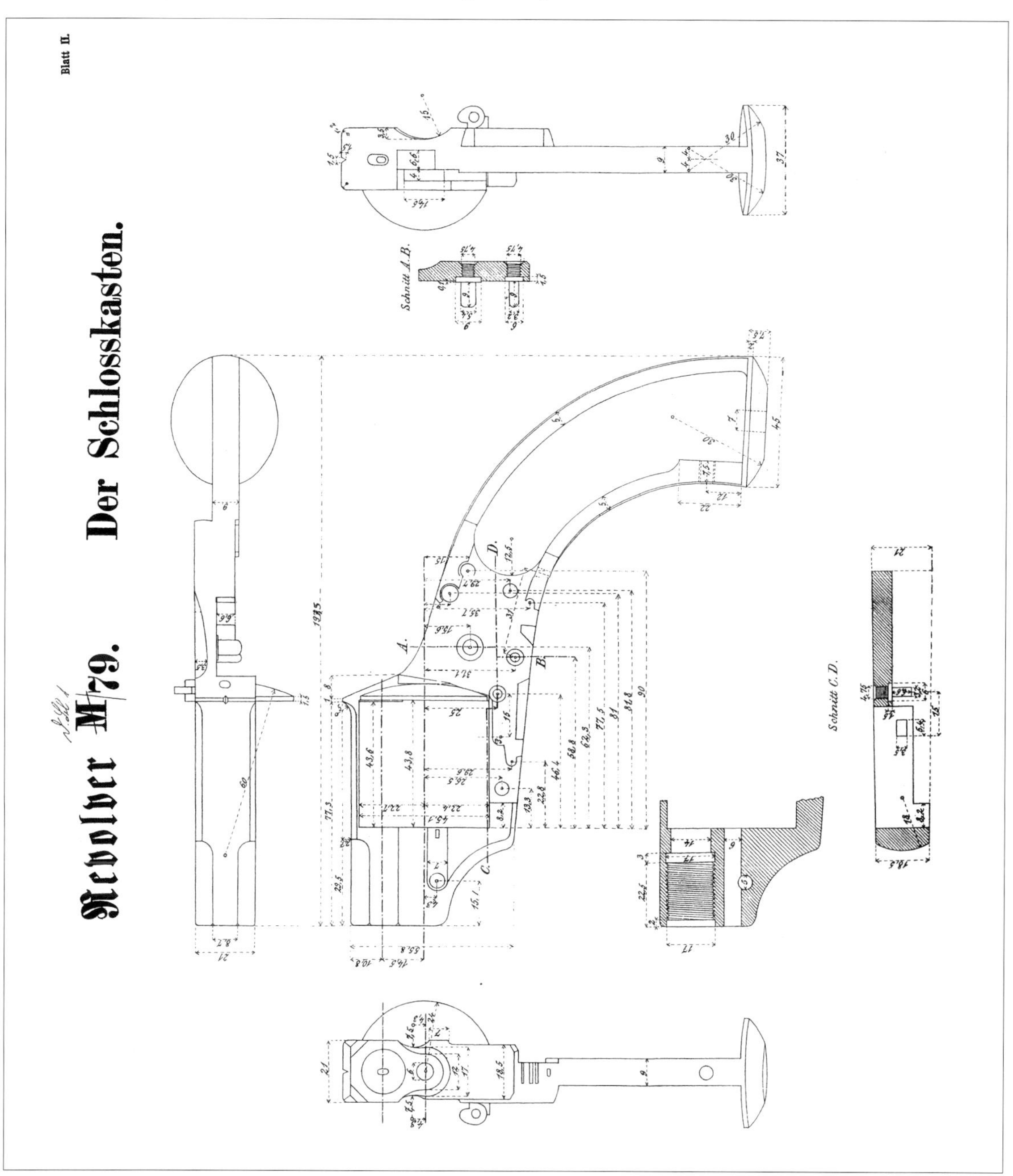

12.2. Die Zeichnung des Schlosskastens M/79 vermittelt einen Eindruck der damaligen Darstellungstechnik. Die Toleranzen, soweit vorhanden, wurden auf einem separaten Blatt angegeben. Interessant sind die Schnitte A – B und C – D, die zeigen, dass die Zapfen für Hahn, Abzug und Sperrhebel eingeschraubt und zusätzlich vernietet wurden. BHS, ASV 71/1

The drawing for the M/79 frame gives some idea of the outdated techniques in use at that time. The tolerances, when given at all, are listed on a separate sheet. Sections A – B and C – D are of interest: they show that the studs for hammer, trigger and cylinder stop were not only screwed-in but also riveted. BHS, ASV 71,1

Revolver M/79.

1:1.

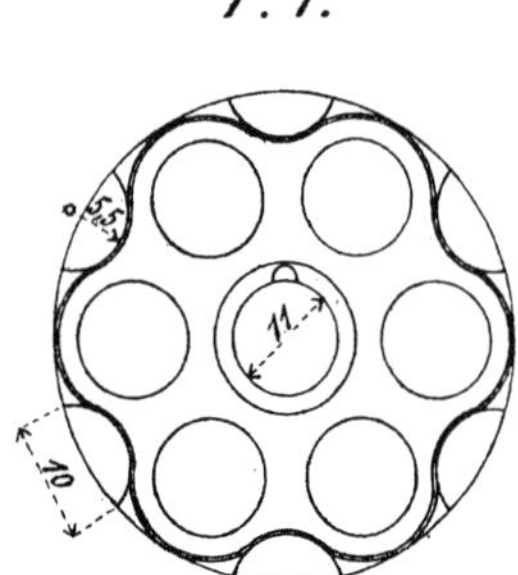

Die Walze.

Blatt I.

	mm
ganze Länge	46,5

Die eigentliche Walze.

von ~~kohlenstoffarmem Gußstahl~~ und brünirt.

lang	38,8 + 0,1
Durchmesser	44,6 — 0,1

Die Auskehlungen.

lang	25 — 1
Durchmesser	10 — 0,5
Radius	5,5

Die Rasten.

lang	5
breit	3,5
Radius	3,2
Entfernung der Mitte der Rasten vom vorderen Ende der eigentlichen Walze	29,3

Die Bohrung für das Achsfutter.

Durchmesser	11
die Aussenkung für die Mutter: lang	1
die Aussenkung für die Mutter: Durchmesser	13,4
die Ruthe für den Stift: lang	18 — 0,5
die Ruthe für den Stift: Durchmesser	2,5

Die 6 Patronenlager.

Abstand des Mittels von der Axe	14,5

Der Geschoßeintritt.

beginnt 3,5 mm vom vorderen Ende der Walze.

lang	10 — 1
Durchmesser vorn	11,05 — 0,05

Der Pulverraum.

lang	23,5 + 1
Durchmesser	11,6 — 0,05

Die Aufbohrung für den Boden der Patronenhülse.

lang	1,8
Durchmesser	13,3 — 0,1

Die Eindrehung für die Hahnspitze.

Abstand von der Axe	12
breit	5
tief	1,8

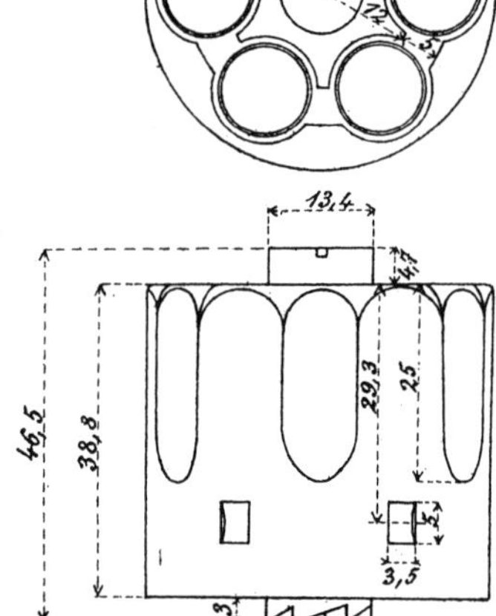

12.3. Die Trommel eines M/79. Auf der rechten Seite der Zeichnung sind nicht nur die Toleranzen vermerkt, sondern auch Hinweise zum Werkstoff und zur Oberflächenbehandlung. BHS, ASV 71/1

The cylinder of a M/79. On the right side of the drawing are listed not only the tolerances but also remarks on material and finish. BHS, ASV 71/1

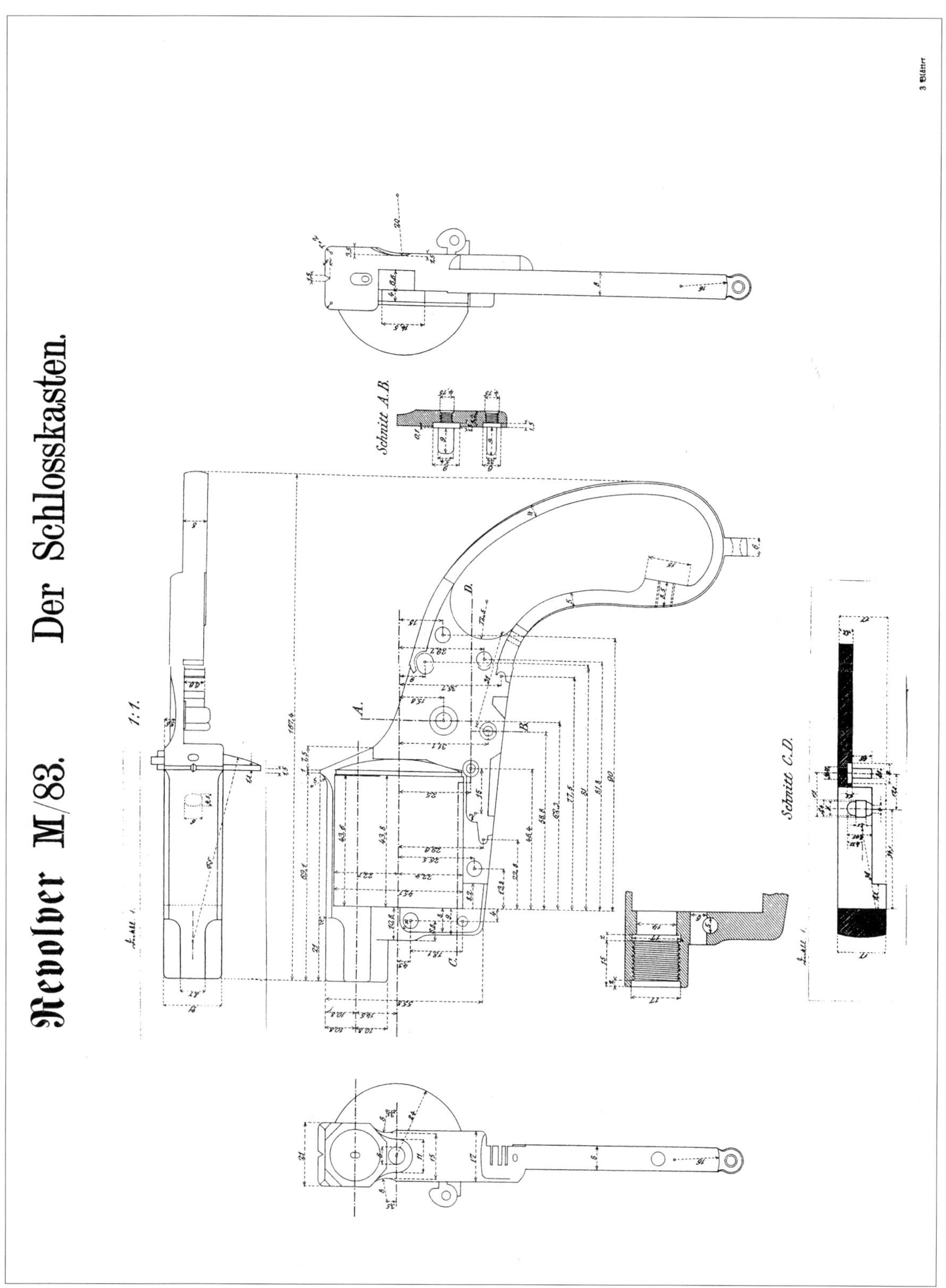

12.4. Der Rahmen des Revolver 83 entsprach weitestgehend dem des Revolvers 79. Der Schnitt C.D. (unten) zeigt, dass dieser Zeichnungsausschnitt geändert worden war. Es wurde dort die eiförmige Ausfräsung nachgetragen, die nach der Einführung der verbesserten Trommelnuten bei den Erfurter Revolvern (Erhöhungen am Umfang als Anschlag) notwendig wurde. BHS, ASV 71/2

The frame of the Revolver 83 was in general identical to that of the Revolver 79. The section C.D. (below) shows that this area was modified. The egg-shaped milled area has been added. This became necessary when the improvement to the cylinder stops (the raised lugs) was made. BHS, ASV 71/2

Revolver M/83.

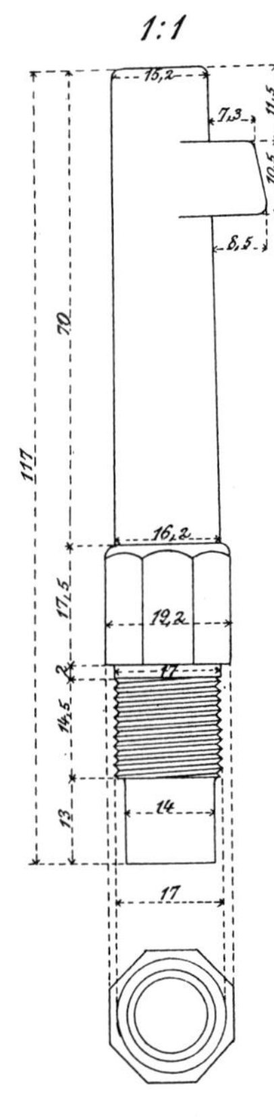

Der Lauf.

Von kohlenstoffarmem Gußstahl und gebläut.

	mm
lang	117 ± 0,5

Der konische Theil.

lang	70 ± 0,5
Durchmesser { vorn	15,2 — 0,2
Durchmesser { hinten	16,2 — 0,2

Anmerkung.

Die äußere Stärke des konischen Theils nimmt von hinten nach vorn zu ab auf 1 mm Länge um	0,0144

Das Achtkant.

lang	17,5 — 0,5
Durchmesser über den Flächen	19,2 — 0,2

Der Gewindetheil.

lang { im Gewinde	14,5 — 0,5
lang { im cylindrischen Theil	2

Das Korn.

nicht gehärtet.

Abstand der hinteren Fläche von der Mündung	22 — 0,2
lang	10,5 + 0,2
hoch { vorn	7,3 — 0,2
hoch { hinten	8,5 — 0,2
hoch { über der Seelenaxe	16,3 — 0,2

Die Mündung

ist nach innen und außen abgerundet mit einem Radius von	1,3

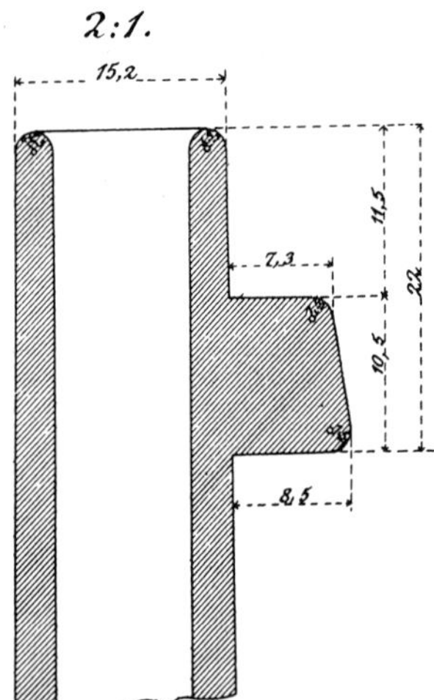

12.5. Auf der Laufzeichnung des Revolver 83 ist vermerkt, dass das Korn, im Gegensatz zum Revolver 79, nicht mehr gehärtet wurde. BHS, ASV 71/2

On this drawing of the M/83 barrel should be noted that, in contrast the to the M/79 Revolver, the front site has no longer be hardened. BHS, ASV 71/2

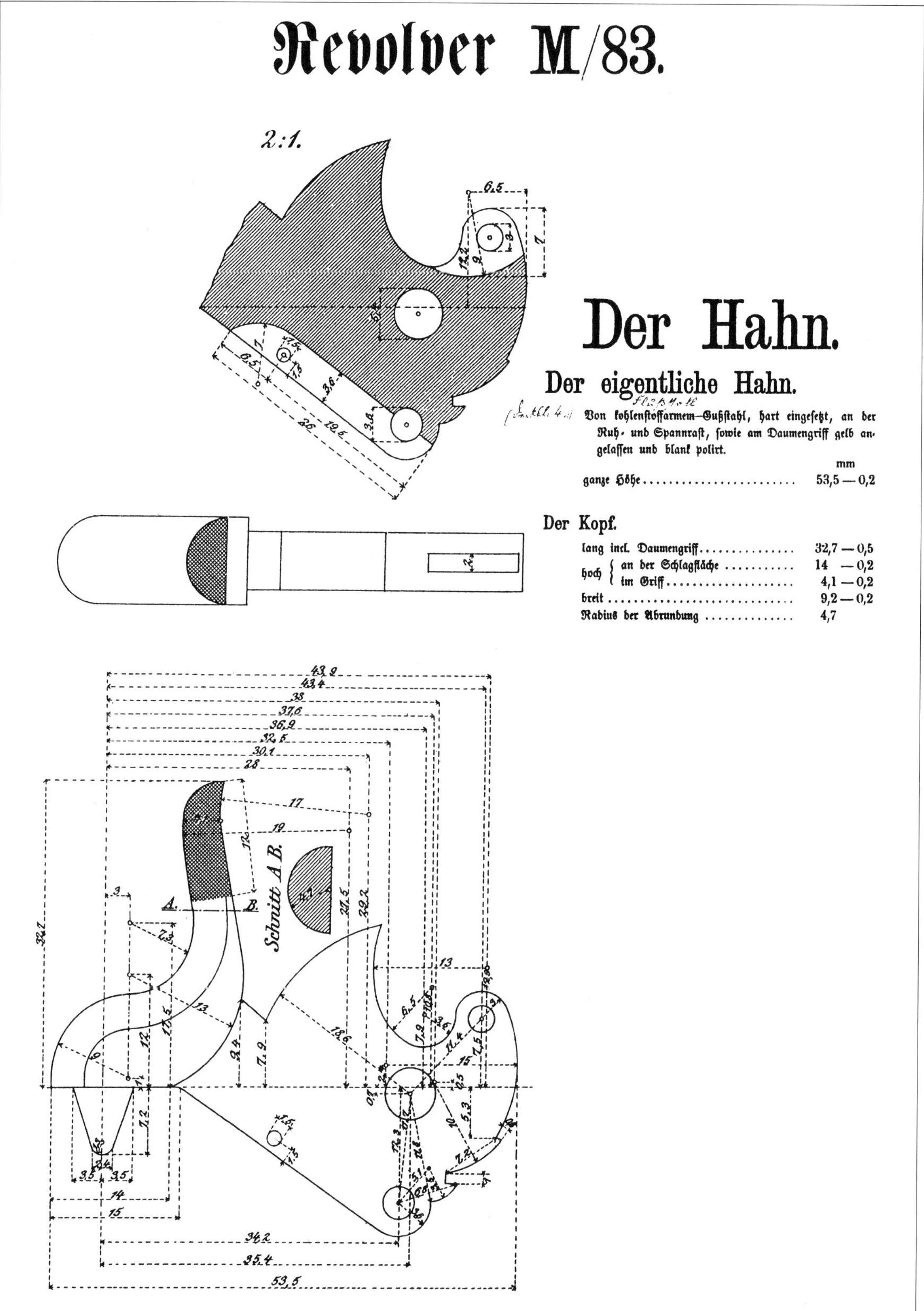

Revolver M/83.

Der Hahn.

Der eigentliche Hahn.

Von kohlenstoffarmem Gußstahl, hart eingesetzt, an der Ruh- und Spannrast, sowie am Daumengriff gelb angelassen und blank polirt.

	mm
ganze Höhe	53,5 — 0,2

Der Kopf.

		mm
lang incl. Daumengriff		32,7 — 0,5
hoch	an der Schlagfläche	14 — 0,2
	im Griff	4,1 — 0,2
breit		9,2 — 0,2
Radius der Abrundung		4,7

12.6. Der ergänzende Hinweis „Der eigentliche Hahn" unter der Hauptbezeichnung ist nicht ganz klar. Die Zeichnung zeigt auch dem Laien, dass es sich hier um ein aufwändig herzustellendes Bauteil handelt. BHS, ASV 71/2

The meaning of the phrase „the real hammer" beneath the main description is not to understood. To the lay reader this drawing suggest that this part is a difficult one to manufacture. BHS, ASV 71/2

Die Griffschale

Die Griffschalen bestehen aus Walnussholz und mussten lt. Vorschrift „geölt" werden.

Als „Öl" verwendete man gemeinhin Leinölfirnis. Ein zu helles Holz wurde eingefärbt und dann erst geölt.

Bei genauerem Hinsehen drängt sich der Verdacht auf, dass entgegen der Vorschrift zum Schluss eine dünne Lackschicht aufgebracht worden war. Da sich Schellack gut mit dem Leinöl verträgt, könnte das eine Methode gewesen sein.

Der Rahmen ist bei jedem Revolver das technisch anspruchsvollste Teil. Er erfordert eine Vielzahl von Spannvorrichtungen und vor allem Formfräser.

Die Befestigungsöse für die Ladeklappe war z.B. nicht eingesetzt, sondern fester Bestandteil des Rahmens und musste aus dem Schmiederohling herausgearbeitet werden.

Quellen

BHS, KA ASV 71/1

J. Flimm: *„Werkstoffe Legierungsbildung – Stahl und Eisen"*, Braunschweig, 1958

12.3 Oberflächen und Deckungsmittel M/79

Die Oberflächen der M/79 Revolver waren fein geschlichtet, das Laufinnere poliert, die Trommelkammern riefenfrei gerieben.

Die Dimensionstabellen schrieben als Oberflächenbehandlung – brüniert – vor. Eine bestimmte Nuance war laut Dimensionstabelle aber nicht vorgeschrieben.

Bei dieser Brünierung handelte es sich um eine Streichbrünierung, wie sie zu dieser Zeit gebräuchlich war. Ausgenommen davon waren die Schloss- und Kleinteile, auf die wir später eingehen.

Die Revolver 79 wurden unabhängig vom bestellenden Kriegsministerium in brauner Färbung ausgeliefert. Die Brauntöne variieren von rotbraun bis dunkelbraun, teilweise mit einem leichten Blaustich. Da nun etliche Revolver tatsächlich „gebraucht" wurden, wie z. B. im täglichen Wachdienst oder in Manövern, war die braune Oberfläche oft abgegriffen oder von der Tasche abgerieben worden. Diese abgegriffenen Revolver gingen dann zu den Regiments-Büchsenmachern und wurden je nach Grad des Zustands neu oder nur nachbrüniert. **(Siehe unter Kapitel Instandsetzungen am Revolver 79)**

Die Haltbarkeit der braunen Brünierung war bei den 3 Lieferanten unterschiedlich.

Die Brünierung mit der geringsren Abriebfestigkeit kam von der Firma Dreyse. Den Sammlern wird sicherlich aufgefallen sein, dass speziell bei den Dreyse-Revolvern am häufigsten schwarz bis schwarzgraue Oberflächen in Erscheinung treten. Bei dem recht hohen Anteil an schwarzgrau brünierten Revolvern 79 dieses Lieferanten ist eine Lieferung ab Werk in dieser Färbung nicht ganz auszuschließen. Dafür spricht, dass die schwarzgraue Brünierung nicht nur bei preußischen, sondern auch bei bayerischen M/79 beobachtet werden kann.

Bayerische M/79, geliefert von Mauser und dem Suhler Konsortium, waren ursprünglich braun. Nach einer fälligen Neubrünierung in den Artilleriewerkstätten zeigten diese Revolver jedoch einen Blauton, der sich von dem schwarzgrau der Dreyse-Lieferung unterschied. Auch bei der bayerischen Neubrünierung handelte es sich um eine klassische Streichbrünierung.

Exkurs zum Thema Brünieren:

Das Wort „brünieren" stammt von dem Verb „bräunieren", also „braun machen" ab. Einfach formuliert bedeutet es nichts anderes als das Aufbringen einer dünnen Eisenoxidschicht.

Obwohl sie nur 0,5 – 2 Mikrometer (0,0005 – 0,002 mm) beträgt, verhindert diese Schicht in gewissem Rahmen ein Weiterrosten.

Das Verfahren selbst ist uralt und die Zahl der Rezepturen groß. Die Bestandteile reichen von 100% Urin bis zu Mixturen mit mehr als 5 Komponenten; vorzugsweise Eisensulfat, Säuren, Quecksilbersublimat, gelöst in Alkohol oder destilliertem Wasser.

Jede Firma, ja sogar jeder Büchsenmacher hatte seine eigene Rezeptur auf die er schwor und die oft vom Lehrmeister über Generationen hinweg weitergereicht wurde.

Je nach Art der Zusammensetzung und Nachbehandlung erzielt man eine braune oder schwarze Farbe, wobei sich das Schwarz von schwarzgrau bis schwarzblau einstellen kann.

Im Laufe der Zeit tendierte die Färbung immer mehr zum schwarzen hin. Diese Oberfläche schien ansprechender zu sein, als das nach Rost aussehende Braun (was es chemisch betrachtet ja auch war). Ob braun oder schwarz, beide Schichten bestanden aus Eisenoxid und hatten eine ähnliche Schutzwirkung gegen Rostansatz.

Anders sah es mit der Abriebfestigkeit aus. Hier bot die blauschwarze Brünierung Vorteile, da die Oxidschicht aus Fe_3O_4 wesentlich härter ist.

Chemisch gesehen, besteht die braune Schicht aus Fe_2O_3, die schwarze oder schwarzblaue aus Fe_3O_4.

Das letztere Eisenoxid kann auch dadurch erzielt werden, in dem man die braun gefärbten Gegenstände so lange in destilliertem Wasser kocht, bis sie die schwarzblaue Tönung angenommen haben. Bei genauer Betrachtung hat der Braunton der meisten Suhler M/79 einen leichten Stich ins bläuliche.

Ein Zeichen dafür, dass diese zum Schluss etwas länger abgekocht wurden. Dieses letzte Abkochen war besonders wichtig, um die Säurereste restlos zu beseitigen. Bei Nichtbeachtung dieses Umstandes neigte die Oberfläche zum Nachrosten mit tiefer gehenden Närbchen.

Der Verfasser konnte diese Erscheinung des öfteren bei Dreyse-Fabrikaten beobachten. Vermutlich mit ein Grund für die zahlreicheren Umfärbungen bei den Regimentern.

Die Arbeitsfolge für eine Streichbrünierung ist prinzipiell folgende:

1. Entfetten des Teils (früher mit Schlämmkreide)
2. Einstreichen mit der Brünierbeize (dünn)
3. In feuchter Atmosphäre oder in einer Dampfkammer zum Anrosten bringen
4. Abkochen in destilliertem Wasser (früher Regenwasser, als Regenwasser noch nicht sauer war)
5. Abbürsten mit einer rotierenden Drahtbürste

Die Schritte 2 bis 5 werden ca. achtmal wiederholt, bis die gewünschte Färbung erreicht ist. Je nach Kohlenstoffgehalt des Stahls aber auch mal mehr oder weniger.

Die Schlossteile und die Griffrosetten wurden nach dem Härten und Anlassen grau gebeizt.
Die Trommelachse, Schrauben, Sicherungshebel und der Ring waren gebläut.
Der Umsetzhebel wies lt. Vorgabe 2 Anlassfarben auf: oben gelb und unten am Zapfen blau.

M/83

Mit Einführung des Revolver 83 änderte sich die Oberflächenbehandlung und die Art der Deckungsmittel vollständig.

Die Revolver 83 des Suhler Konsortiums, der Firmen Dreyse und Mauser waren poliert und gebläut, Hahn, Abzug und Trommelachskopf blank poliert.

Die Griffrosetten wurden ebenfalls gebläut, die Feder der Trommelachsarretierung und die Schrauben der Schlossplatte gelb angelassen.

In den Dimensionstabellen war als Oberflächenbehandlung „ gebläut“ vorgeschrieben.

Exkurs zum Thema Bläuen

Vor rund 120 Jahren verstanden Waffenfabrikanten und Büchsenmacher unter „Bläuen“ das, was man heute „Holzkohle-Blau“ (oder engl. „charcoal blue“) nennt.

Bei dem US-Hersteller Smith & Wesson nannte man das Verfahren Carbonia Process. Wollte man eine blaue Farbe durch einen Anlassvorgang erzeugen (engl. „temper blue“), so wurde stets der Begriff „anlassen“ in Verbindung mit dem gewünschten Farbton verwendet.

Die Methoden des Bläuens sind heute fast in Vergessenheit geraten. Nur ein paar wenige Spezialisten in den USA, Deutschland und den Nie-

12.7. Vornehmlich Dreyse M/79-Revolver zeigen eine dunkle, grauschwarze oder blauschwarze Oberfläche. Die braune Färbung ist bei diesem Hersteller seltener anzutreffen. In beiden Fällen handelt es sich um Streichbrünierungen. Sammlung des Autors
Dreyse M/79- Revolvers normally have a dark grey or blue-black finish. A brown finish is not common. In both cases the process is a rust-blue or brown. Author's collection

derlanden beherrschen diesen Prozess. Zur Zeit der Niederschrift dieser Arbeit war z.B. in Suhl niemand im Stande, den Prozess nachzuvollziehen. Die Streichbrünierung dagegen wurde wie eh und je praktiziert; für eine Jagdwaffe eine ansprechende und abriebfeste Oberflächenbehandlung.

Das Bläuen war schon vor rund 150 Jahren eine mühevolle Arbeit, die wegen der Temperaturführung viel Geschick erforderte. In den siebziger Jahren des vorigen Jahrhunderts entwickelte man in den USA und Europa gasbeheizte Trommelöfen, die es ermöglichten, eine komplette Ofenladung in einem Durchgang zu bläuen.

Doch auch mit dieser Verbesserung ging es nicht ohne die langjährige Praxis erfahrener Facharbeiter. Besonders heikel war das Einhalten einer gleichmäßigen Temperatur während des gesamten Prozesses die Messgeräte oder gar geregelte Öfen wurden erst später entwickelt. Dem Arbeiter am Ofen blieb zu jener Zeit lediglich ein einfaches Gasventil, um die Temperatur des Trommelofens auf einem Niveau oberhalb der Anlasstemperatur der Farbe blau zu halten.

Chemisch ist die Bläuschicht ebenfalls eine Fe_3O_4 Schicht, jedoch erheblich dünner als die der Brünierung.

Die Haltbarkeit gegenüber Korrosion und Abrieb ist bei einer gebläuten Oberfläche wesentlich geringer.

Anzumerken ist noch, dass nicht nur Holzkohle als Kohlenstoffträger verwendet wurde, sondern auch andere Substanzen wie verkohltes Knochenmehl. Zusätzlich gab man natürliche Harze oder Wachse in kleinen Mengen hinzu.

Die Behandlungstemperatur der Charge im Ofen betrug rund 360° C. Sie lag also rund 60° C über der Temperatur, die eine Blaufärbung durch Anlassen ergibt.

Weshalb sich anfangs das preußische Kriegsministerium für diese Art der Oberflächenbehandlung entschieden hatte, ist schwer nachzuvollziehen. Ausschlaggebend werden die niedrigeren Kosten und vielleicht das Vorbild des russischen Revolvers gewesen sein. Allein über 80 000 Stück wurden ja in unmittelbarer Nähe des KPKM bei Ludwig Loewe in Berlin für die zaristische Armee produziert. Die Loewe- Revolver waren ebenso wie die amerikanischen S & W-Produkte hochglanzblau.

Die Situation änderte sich später, nachdem die Königliche Gewehrfabrik in Erfurt die Fertigung der Revolver 83 aufgenommen hatte. Anfangs kopierte die Gewehrfabrik Erfurt die Oberflächengüte der privaten Lieferanten, gingen jedoch später auf eine abgewandelte Methode über. Diese Änderung betraf nicht den Bläuprozess als solchen, sondern die Oberflächenbehandlung vor dem Bläuen.

Die Oberfläche der späteren Erfurter M/83, sowie die Stücke, die im Laufe der Zeit zur Auffrischung zurückkamen, weisen nicht mehr die polierte Oberfläche auf. Die neue Oberflächenstruktur läßt sich vielleicht mit seidig-matt beschreiben. Die Vorteile dieser Oberflächenstruktur lagen zum einen in niedrigeren Kosten (beizen statt polieren) und in der besseren Haftung des Korrosionsschutzfettes auf der Oberfläche.

Die Frage nach dem Verfahren in Erfurt läßt sich nicht sicher beantworten. Farbe und Struktur deuten daraufhin, dass die Oberfläche vor dem Bläuen gebeizt worden war. Einen weiteren Hinweis zu dieser Annahme liefert die Innenseite der Rahmenplatte. Da nach dem Bläuen das Teil vollständig gefärbt ist, (im Gegensatz zum Streichbrünieren, bei dem man oft das Innere des Schlossgehäuses „weiß“ lässt, weil man nicht mit der Bürste in alle Ecken kommt) hat man nach diesem Prozess die Bläuschicht der Innenseite abgebeizt. Die scharfe Trennlinie am unteren Innenrand zwischen dem Blau und dem Grau sprechen dafür.

Bei den später nach Erfurt zum Auffrischen eingesandten Revolvern 83 geschah das Abbeizen der Innenseite der Platte nicht mehr so sorgfältig wie bei der Neufertigung.

Inzwischen hatte man in Preußen auch bei der neuen Art der Oberfläche der Revolver 83 die immer noch unbefriedigende Abriebfestigkeit registriert. Aus einem Brief, den die Direktion der vereinigten Artillerie-Werkstätten und Depots zu Dresden an das KSKM richtete erfahren wir erstmalig, wie Preußen das Problem zu lösen gedachte.

Der Brief lautet wie folgt:

„Dresden, den 18. April 1895
An
das Königliche Kriegs-Ministerium
Dem Königlichen Kriegs-Ministerium meldet die Direktion ganz gehorsamst, daß die Direktion in Erfahrung gebracht hat, daß in Preußen für den Revolver 83 als Deckungsmittel nicht mehr das Bläuen, sondern das Bräunen angewendet wird.
Auf Ersuchen der Direktion hat die Gewehrfabrik Erfurt eine Abschrift des bezüglichen Erlasses hierhergesandt, die zu hochgeneigter Kenntnißnahme beigefügt ist.

Das Königliche Kriegs-Ministerium bittet die Direktion ganz gehorsamst, die Bestimmungen des Erlasses für den diesseitigen Materialbereich hochgeneigtest in Kraft treten zu lassen. Die erste Erneuerung der Deckungsmittel bei den in Gebrauch befindlichen bisher gebläuten Revolvern 83 könnte in der hiesigen Zeughausbüchsenmacherwerkstatt ausgeführt werden.
Zerener
Oberst und Direktor“

Am 24. Mai antwortete Oberst Thierbach im Auftrage des Ministeriums: *„Der Königlichen Direktion* *der vereinigten Artillerie-Werkstätten und Depots mit dem Hinzufügen zuzufertigen, daß die Bestimmungen über das künftige Bräune der Revolver 83 durch das Militär- Verordnungs- Blatt bekannt gegeben werden wird.*

I. H.
von Thierbach
Oberst"

Die Erkenntnis aus Berlin kam recht spät. Die Fertigung der Revolver 83 in Erfurt endete Anfang 1896. Die Verfügung wurde aus unbekannten Gründen nicht mehr umgesetzt. Revolver 83 aus Erfurt mit den Jahreszahlen 1895 und 1896 findet man nur gebläut. Interpretiert man die nachstehende sächsische Verfügung richtig, so können eigentlich nur die sächsischen Bestellungen über 200 Stück von November 1895 und die 500 Stück von Februar 1896 mit braunem Deckungsmittel geliefert worden sein. Dass das nachweislich nicht der Fall war, beweisen die Realstücke mit Seriennummern über 10000, die sämtlichst gebläut waren.

Man hat hier fast den Eindruck, dass die Verfügung zurückgezogen und nicht veröffentlicht worden war. Das war natürlich nicht der Fall. Die Reparaturinstruktion beschrieb die Vorgehensweise klar und deutlich.

Preußen ergänzte diesbezüglich mit den Deckblättern 2 – 4, datiert auf den 19. Juli 1895, die bei den Truppen befindliche „Reparatur-Instruktion für den Revolver 83": *„...Eine vollständige Erneuerung der Deckungsmittel an den gebräunten Teilen hat nur dann einzutreten und ist durch den Büchsenmacher auszuführen, wenn blanke Flächen in größerer Zahl entstanden sind und die betreffenden Teile eine allgemeine Abnutzung der Bräune erkennen lassen.**

** Das erste Bräunen sämtlicher gebläuten Teile der Revolver älterer Fertigung ist durch die Gewehrfabrik auszuführen."*

Die in Umlauf befindlichen Dimensionstabellen der Revolver 83 wurden handschriftlich geändert. An Stelle von „gebläut" trat nun das Wort „gebräunt". Sollten einmal braune Revolver 83 auftauchen, so lohnt es sich schon einmal genauer hin zu schauen:

- Handelt es sich schlicht und einfach um einen zufällig gleichmäßig patinierten Dachbodenfund?
- Oder tatsächlich um einen von besagten preußischen oder sächsischen Werkstätten „erneuerten" Revolver?
- Oder um eine Fälschung?

Der Grat zwischen hochinteressant und wertlos ist hier sehr schmal.

Quellen

„Handleiding voor de Officieren von Wapening betrekkelijk de Revolver", Breda 1875
BHS, KA ASV 71/1
SHS, 2171, 2189, Bl. 030, 032

Bräunen der Revolver 83.

Die neu zu fertigenden Revolver 83 sind künftig statt zu bläuen zu bräunen.

Die erste Erneuerung der Deckungsmittel bei den in Gebrauch befindlichen, bisher gebläuten Revolvern 83 ist in der Zeughausbüchsenmacher-Werkstatt des Artillerie-Depots Dresden auszuführen. Dagegen hat die Erneuerung der Bräune an den einmal fabrikmäßig gebräunten Revolvern 83 später durch die Truppenbüchsenmacher bez. Waffenmeister zu erfolgen.

Deckblätter zu den in Betracht kommenden Vorschriften gelangen demnächst zur Ausgabe.

Dresden, den 22. Mai 1895.

Kriegs-Ministerium.
Nr. 1116. IV. von der Planitz.

SHS, Nr. 2189, Bl. 032

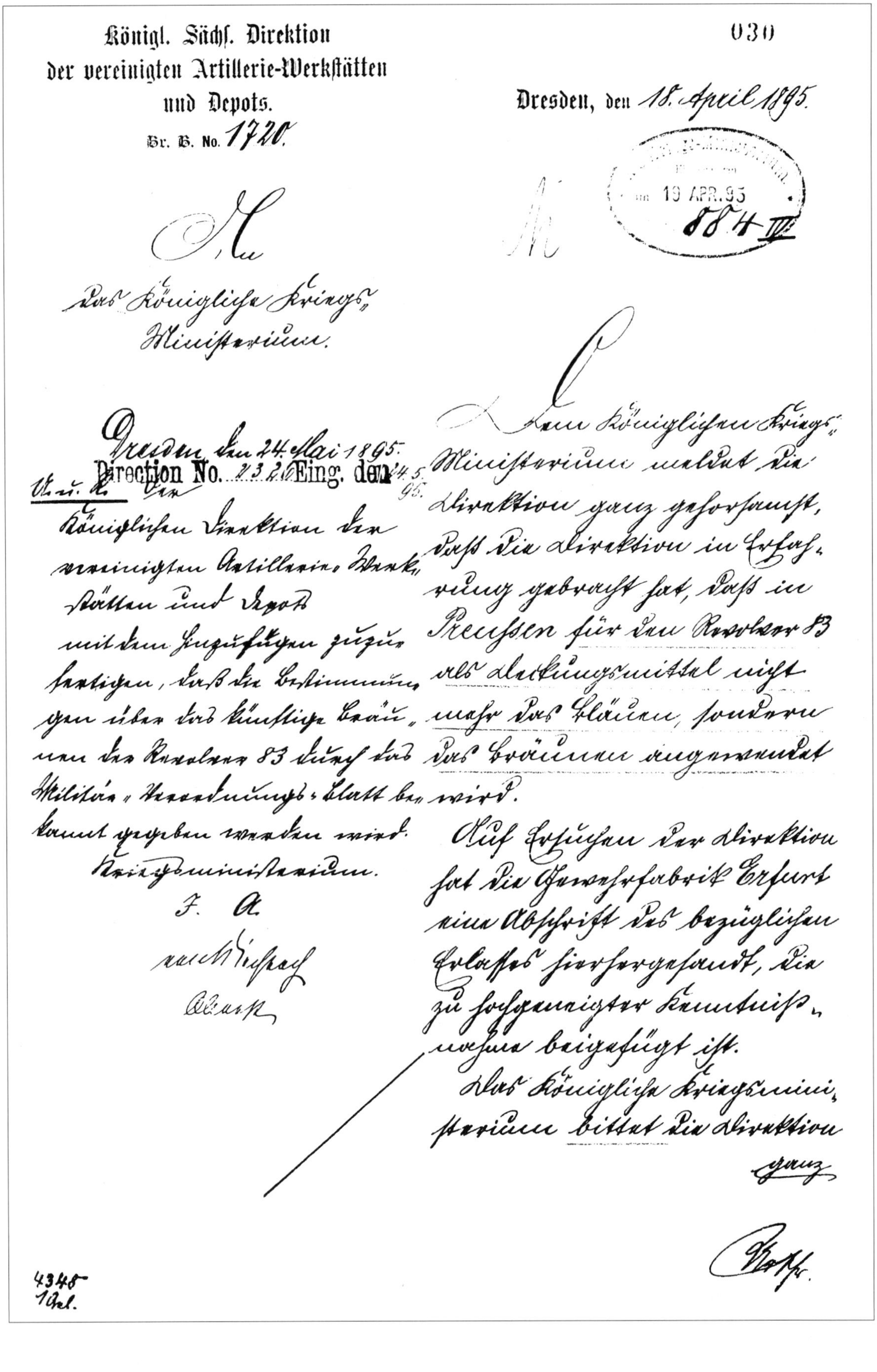

Königl. Sächs. Direktion
der vereinigten Artillerie-Werkstätten
und Depots.

Br. B. No. 1720.

030

Dresden, den 18. April 1895.

19 APR. 95
884 III

An
das Königliche Kriegs-
Ministerium.

Dresden den 24. Mai 1895.
Direction No. 2326 Eing. den 24. 5. 95.

U. z. R. an die
Königlichen Direktion der
vereinigten Artillerie-Werkstätten und Depots
mit dem Hinzufügen zuzu-
fertigen, daß die Bestimmungen über das künftige Bräunen des Revolver 83 durch das
Militär-Verordnungs-Blatt bekannt gegeben werden wird.

Kriegsministerium.

F. A.

[illegible]

Oberst

Dem Königlichen Kriegs-
Ministerium meldet die
Direktion ganz gehorsamst,
daß die Direktion in Erfahrung gebracht hat, daß in
Preußen für den Revolver 83
als Deckungsmittel nicht
mehr das Bläuen, sondern
das Bräunen angewendet
wird.

Auf Ersuchen der Direktion
hat die Gewehrfabrik Erfurt
eine Abschrift des bezüglichen
Erlasses hierhergesandt, die
zu hochgeneigter Kenntnißnahme beigefügt ist.

Das Königliche Kriegsministerium bittet die Direktion
ganz

[illegible]

4345
1 Anl.

ganz gehorsamst, die Bestimmungen des Erlasses für den diesseitigen Materialbereich hochgeneigtest in Kraft treten zu lassen.

Die erste Erneuerung der Deckungsmittel bei den im Gebrauch befindlichen bisher geblauten Revolvern 83 könnte in der hiesigen Zeughausbüchsenmacherwerkstatt ausgeführt werden.

Berendt
Oberst und Director

Koenigl. Saechs.
Direktion der vereinigten Artillerie-Werkstätten und Depots.
Br. B. No. 2346.

Dresden, den 25. Mai 1895.

Urschr. dem Königlichen Kriegsministerium nach Kenntnisnahme ganz gehorsamst zurückzureichen.

Berendt
Oberst und Director

12.8.–12.8a. Brief an das KSKM: die Direktion der vereinigten Artillerie-Werkstätten und Depots zu Dresden teilt mit, dass in Erfahrung gebracht wurde, dass Preußen beabsichtigt, die Revolver 83 zukünftig nicht mehr zu bläuen, sondern zu brünieren. In die Praxis umgesetzt wurde die Anordnung nicht mehr. SHS, Nr.2189, Bl. 030
A letter to the Royal Saxon Ministry of War. The director of the combined artillery workshops and depot in Dresden informs his superiors that Prussia intend to change the finish of the Revolver M/83. This change was not, in fact, made. SHS, Nr. 2189, Bl. 030

Chapter 12

Production of the M/79 and M/83 revolvers was strictly controlled by the very high standards of the Spandau instructions. In the beginning many technical problems were encountered: inadequate gauges, ineptitude with various machine tools, and difficulties with the workers in meeting the almost non-existent tolerances allowed by the specifications, as well as problems with hardening both the front and back sights of the M/79. This latter process was subsequently eliminated on the M/83.

The observant student of the Reichsrevolvers will notice, on most of them, a small dot on the upper screw head of the sideplate and on the sideplate itself. The reason for these dots is unknown, since both screws in front of the grip are of the same size.

The M/79 was a sturdy and reliable gun. Its only weak point was the small lever on the left side which keeps the cylinder pin in position. Many of these broke in service, as evidenced by their prominence in orders for spare parts.

This problem was eliminated on the M/83.

A special feature was the separate screw-fastened ratchets on the rear of the cylinder. If one was damaged it could be removed and replaced thus saving the cost of having to replace the entire cylinder.

The surfaces of the M/79 were not polished, because the older method of browning was used, as laid down in the official specifications.

The M/83 had a completely different finish, the conventional polished and blued finish current in the 1880s. Unfortunately the blue did not stand up well in service, and this finish could not be effectively 'touched up.' In April 1895 the KPKM decided to change the finish from blued to browned, but this order seems to have been countermanded, since no properly browned M/83s have been seen. It may be that the change actually referred to the surface of the metal being matt instead of polished, making it a better surface for protective retention of an oily film.

13. Markierungen und Stempel

Sämtliche Revolver 79 und 83 sind nach einem einheitlichen System gekennzeichnet.
Diese Kennzeichnung basierte auf der von Preußen herausgegebenen *„Vorschrift zur Untersuchung und Abnahme der Revolvertheile und fertigen Revolver“*. Die gedruckte Fassung trägt den Herausgebervermerk „Spandau 1882“.

Die anderen Bundesstaaten schlossen sich dieser Vorschrift an. Geringfügige Abweichungen kamen vor; insbesondere hatte Sachsen und teilweise auch Bayern bei beiden Revolvern eine andere Art der Stempelung vorgeschrieben, auf die wir später noch zu sprechen kommen.

Die zu o. a. Vorschrift gehörende Tafel schreibt eindeutig Position und Größe der Stempel auf dem Revolver 79 vor.

13.1 Beschuss- und Superrevisionsstempel

Die abgebildeten Revisions- und Beschussstempel beziehen sich in dieser Vorschrift selbstverständlich nur auf Preußen. Die anderen Bundesstaaten wandelten die Beschuss- und Superrevisionsstempel in ihrem Sinne entsprechend ab:

Preußen

Beschussstempel: Adler

Superrevisionsstempel: FW (in sich verschlungene Buchstaben, jeweils mit Krone)
Die Buchstaben FW stehen für Friedrich Wilhelm III. Sie wurden erstmalig

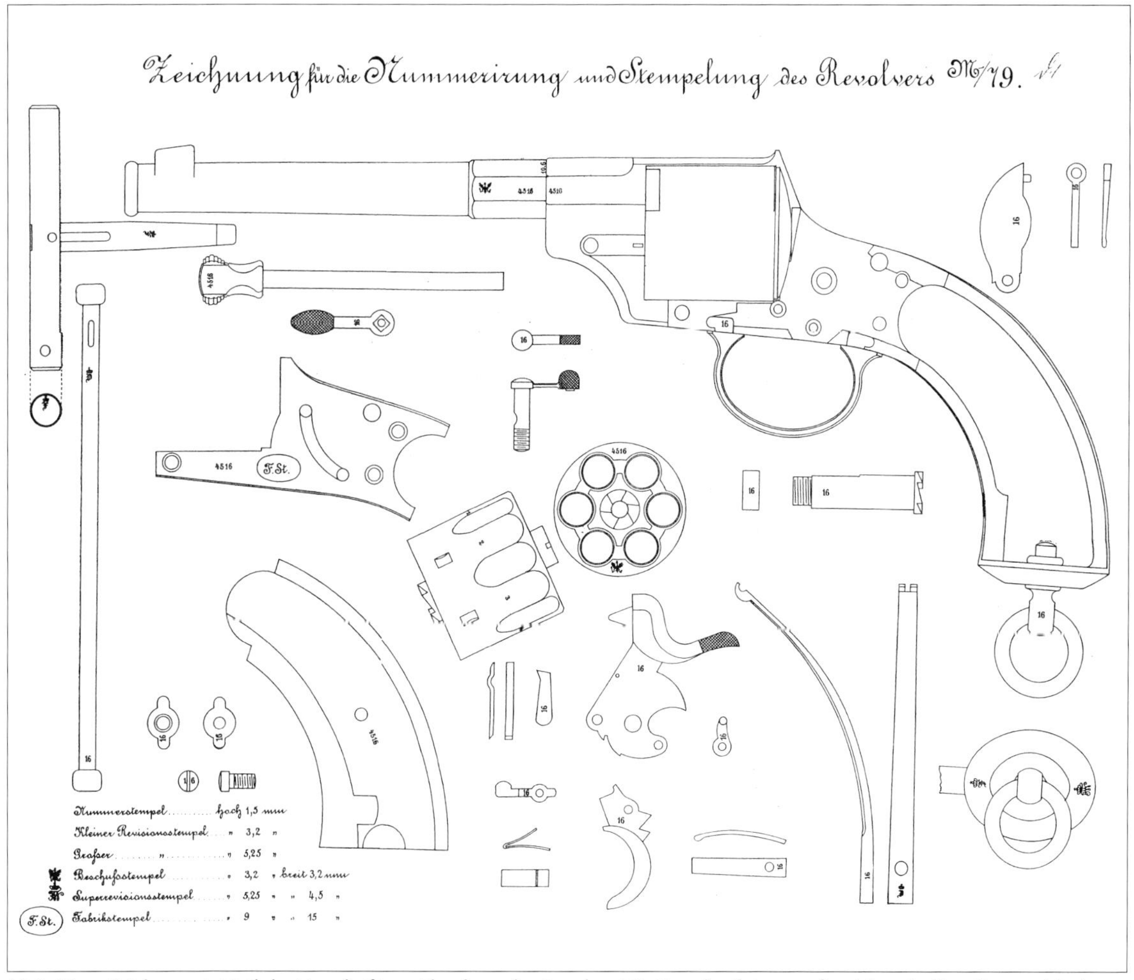

13.1. Diese Zeichnung ist Teil der Vorschrift zur Abnahme der Revolver 79. Sie schreibt vor, auf welchen Stellen die verschiedenen Stempel gesetzt werden müssen. Die Größe der Stempel ist unten links vermerkt. BHS, Preuß. XX45

This drawing was part of the instruction for the final inspection of the Revolver 79. It indicates where each of the different marking is to be stamped. The size of the various marks are listed on the bottom left. BHS, Preuß. XX45

bei den später gefertigten Pistolen M/1813 verwendet und dann bis zum Ende des 19. Jahrhunderts beibehalten.

13.2.–13.3. Der Adler ist das Zeichen des preußischen Beschusses. Er weist deutlich sichtbar aus, dass der jeweilige Revover von Preußen bestellt und übernommen wurde. Sammlung des Autors

The eagle is the symbol of the Prussian proof. This indicates that the revolver so marked was ordered and accepted by Prussia. Author's collection

Bayern

Beschussstempel: GF
GF bedeutet Gewehrfabrik Amberg.

Superrevisionsstempel: L
(gotisches L mit Krone)
Das L steht für König Ludwig II von Bayern.

13.4. Der „Superrevisionsstempel", hier auf einem Revolver 83, wurde zum Schluss als Zeichen der letzten Überprüfung geschlagen. Er symbolisierte damit die Übernahme der Waffe in das Eigentum des Königreichs Preußens. Der Stempel selber bestand aus den lat. Buchstaben FW mit einer Krone darüber. Sammlung des Autors

The final inspection stamp (Superrevisionsstempel), shown here on a Revolver 83, was stamped to indicate passing the final overall inspection. It also represents the transfer of the piece into the ownership of the Kingdom of Prussia. The marking itself is a Prussian crown with the letters FW beneath. Author's collection

13.5.–13.6. Der bayerische Beschussstempel besteht aus den Buchstaben GF. Er bedeutet **G**EWEHR**F**ABRIK. Die Fabrik lag in Amberg in der Oberpfalz. Revolver wurden dort nicht produziert, jedoch beschossen und abgenommen. Sammlung des Autors

The Bavarian proof mark is the letters GF, which stand for **G**EWEHR**F**ABRIK (gun factory). The factory was located in Amberg, ca. 35 miles east of Nuremberg. The revolvers were not manufactured there, only proofed and finally inspected. Author's collection

13.7. Der bayerische Superrevisionsstempel bestand aus einem gotischen L mit Krone. Das L war das Signum für König Ludwig II von Bayern. Author's collection
The Bavarian final inspection stamp consists of a crowned gothic L, which was the cypher of King Ludwig II of Bavaria. Author's collection

Sachsen

Beschussstempel:	AR
Superrevisionsstempel:	AR (in sich verschlungene Buchstaben, jeweils mit Krone)

Beschuss- und Superrevisionsstempel sind identisch!
Die Buchstaben AR stehen für König Albert von Sachsen.

13.8.–13.9. Sachsen benutzte als Beschusszeichen die ineinander verschlungenen Buchstaben AR mit Krone. Sie bedeuten **A**lbert **R**ex, also König Albert von Sachsen. Sammlung des Autors
For her proofmark, Saxony used for the monogram AR (**A**lbert **R**ex) of King Albert of Saxony. Author's collection

13.10. Der sächsische Superrevisionsstempel entsprach zwar in der Ausführung dem Beschussstempel, war aber der Vorschrift entsprechend 5,25 mm hoch (Beschussstempel: 3,2 mm). Sammlung des Autors
The Saxon final inspection stamp was the same as the proofmark, but of larger size, 5,25 mm (the proofmark being but 3,2 mm). Author's collection

Württemberg

Beschussstempel:	stilisierte Geweihstange
Superrevisionsstempel:	W mit Krone Das W steht für Württemberg oder Wilhelm I.

Der Superrevisionsstempel befindet sich auf der abgeschrägten Griffplattenfläche hinten.

13.11.–13.12. Der Stempel in Form einer Geweihstange aus dem Wappen des Königreichs Württemberg diente als Beschusszeichen. Sammlung des Autors
An antler shaped mark which forms part of the Württemberg Royal Coat of Arms was used as their proofmark. Author's collection

13.13. Der Superrevisionsstempel des Königreichs Württemberg bestand aus einem lat. Buchstaben W mit Krone. Das W steht für Württemberg. Sammlung des Autors
The final inspection stamp of the Kingdom of Württemberg consisted of the crowned Latin letter W. (for Württemberg). Author's collection

13.2 Große Revisionsstempel
Dieser Stempel befindet sich ebenfalls auf dem unteren Griffrahmen, jedoch innen.
Er besteht aus einem großen gotischen Buchstaben mit einer Krone darüber.

Bei dem Buchstaben handelt es sich um den Anfangsbuchstaben der für die Prüfung der einzelnen Waffe verantwortlichen Revisoren. Es handelt sich nicht um die Initialen des Offiziers, der in der Regel die Abnahmekommission begleitete. Wie wir dem Kapitel „Sachsen" entnehmen konnten, waren diese Offiziere auch nicht ständig anwesend. Im Falle der preußischen Kommission war die Situation eine andere.: Die im Vergleich zu Bayern oder Sachsen wesentlich größere Menge der zu prüfenden Revolver machte in Suhl und Sömmerda die ständige Anwesenheit von Offizieren erforderlich.

Die Namen der Revisoren mit ihren Buchstabenstempeln sind für die Bundesstaaten Preußen, Bayern und Württemberg namentlich nicht überliefert.

13.14. Beispiel eines Revisionsstempels. Dieser Stempel wurde durch den verantwortlichen Prüfer geschlagen. In der Regel waren das erfahrene Oberbüchsenmacher, deren Kennbuchstaben in gotischer Schrift ausgeführt waren; jeweils mit einer Krone darüber. Es handelte sich **nicht** um das Kennzeichen eines Offiziers der Abnahmekommission. Sammlung des Autors
Example of a inspection marking, stamped by the appropriate inspector. These inspectors were usually experienced senior regimental armourers whose identification marks were a crowned gothic letter. These markings are in no way related to those of chief inspection officers who was the superior of the inspectors. Author's collection

Eine erfreuliche Ausnahme ist hier Sachsen, dessen Akten die oben beschriebenen Revisionsvorgänge beschreiben. Die Namen der abkommandierten Revisoren sind bekannt und man findet deren Stempel als große und kleine Revisionsstempel auf den Waffen wieder. So konnte der Verfasser an vorliegenden Realstücken die Revisoren ermitteln:

13.15. Dieser Revisionsstempel auf einem sächsischen Revolver 83 kann eindeutig dem Oberbüchsenmacher Eidner zugeschrieben werden. Sammlung des Autors
This inspection mark on a Saxon Revolver 83 is attributed to the chief armourer Eidner. Author's collection

Revolver 79, mit der Seriennummer 756: Oberbüchsenmacher Eidner

Revolver 83, mit der Seriennummer 292: Büchsenmacher Freyer I

Revolver 83, mit der Seriennummer 745: Büchsenmacher Bräuer

13.15a. Dieser sächsische Revolver 83 wurde vom Regiments-Büchsenmacher Bräuer abgenommen. Sammlung des Autors
This Saxon Revolver 83 was inspected by the regimental armourer Bräuer. Author's collection

13.3 Kleine Revisionsstempel

Nach der „Zeichnung für die Nummerierung und Stempelung des Revolvers 79“ wurde der kleine Revisionsstempel an der Waffe selbst nur an einer Stelle geschlagen: auf der Schlagfeder unterhalb der Befestigungsbohrung! **(siehe Abb. 13.1.)**

Tatsächlich erscheint dieser 3,2 mm hohe Stempel jedoch auch zusätzlich auf der unteren Fläche vor dem Abzugsbügel, und zwar ausschließlich bei preußischen und sächsischen Revolvern 79 und 83.

13.16. Dieser kleine Revisionsstempel war in der ursprünglichen Vorschrift nicht erwähnt. Man findet ihn ausschließlich auf preußischen und sächsischen Revolvern 79 und 83 des Suhler Konsortiums. Ein diesbezüglicher Nachtrag zur Instruktion konnte nicht gefunden werden. Sammlung des Autors
This small inspection mark shown here was not original included in the instructions. It is found only on Revolvers 79 and 83 made by the Suhl Consortium for Prussia and Saxony. Supplementary instructions including this mark have yet be found. Author's collection

Bayerische und württembergische Revolver 79 und 83 weisen diesen Stempel nicht auf.

Die Revisionsvorschriften Preußens und Sachsens müssen demnach später ergänzt worden sein.

Eine Erklärung könnte sein, dass mit diesem Stempel die gegen Ende 1882 verfügte Anweisung, den Umsetzhebel unten blau anzulassen, als durchgeführt bestätigt wurde.

Das gekrönte B auf dem sächsischen Revolver 79 (Seriennummer 756) deutet auf den Revisor Bräuer hin, der nachweislich bei der Abnahme dieser Lieferung in Suhl nicht zugegen war. **(Abbildung 13.16.)**

Preußische aufgeschnittene Revolver 79 besitzen diesen Revisionsstempel jedoch nicht.

13.4 Nummernstempel

Bei dem Nummernstempel für die Seriennummern gilt ähnliches wie beim kleinen Revisionsstempel: es gibt eine Abweichung von der Spandau-Vorschrift aus dem Jahre 1882.

Laut dieser Vorschrift ist für die Nummerierung der Griffschalen die Ziffernhöhe 1,5 mm vorgeschrieben.

Diese Größe konnte bisher nur bei wenigen, frühen M/79 von Dreyse nachgewiesen werden.

Sämtliche anderen Griffschalen besaßen Ziffernhöhen von rund 3 mm!

Letztlich eine sinnvolle Änderung, denn ein Stempel von nur 1,5 mm Höhe läßt sich auf einer Holzoberfläche nicht deutlich genug abbilden.

Die einzelnen Ziffern der Seriennummerierung sind häufig unterschiedlich stark geschlagen. Eine etwas schwächer geprägte Ziffer deutet nicht immer auf eine Überarbeitung hin, insbesondere dann nicht, wenn die Nachbarziffern tiefer geschlagen erscheinen.

13.17. Seriennummern und Beschusszeichen auf einem Württemberger Revolver 83 von Mauser. Sammlung des Autors
Serial numbers and proofmark on a Revolver 83 made by Mauser for Württemberg. Author's collection

Gleiches gilt auch für die Fabrikstempel, die dann und wann schräg geschlagen wurden, so dass ein Ende des Ovals recht flach ausfiel. **(Siehe Abbildung13.22)**

Auch Doppelprägungen kommen vor, die man mit einer Lupe erkennen kann.

Die Einzelteile der Revolver M/79 wurden mit den beiden Endziffern der Seriennummer gekennzeichnet. An diese Vorschrift hielt sich das Suhler Konsortium, nicht jedoch die Firmen Dreyse und Mauser. Dreyse stempelte die Ladeklappe 3-ziffrig, wenn die Serienummer 4-ziffrig war und 2-ziffrig wenn die Seriennummer 3 Stellen besaß.

Mauser markierte, wenn der Platz vorhanden war, sämtliche Teile mit der vollständigen Seriennummer. Das betraf sowohl die Revolver für Bayern als auch für Württemberg. Bei einem Abzug konnten 2 Ziffern bei einer 4-ziffrigen Seriennummer beobachtet werden. Zusätzliche Buchstabenstempel deuteten jedoch in diesem Falle auf ein später eingesetztes Ersatzteil hin.

Bei den M/83 aus dem Hause Dreyse konnte eine analoge Stempelung im Vergleich zu deren M/79 beobachtet werden. Auch hier markierte man die Ladeklappe 3-ziffrig bei einer 4-ziffrigen Seriennummer.

Auch hier war diese Vorgehensweise unabhängig von den Bestellern Preußen und Bayern.

Die Hauptteile, einschließlich Abzugsbügel und Ladeklappe der preußischen M/83 des Konsortiums, erhielten vier Ziffern bei einer 4-ziffrigen Seriennummer, die anderen Teile zwei Ziffern.

Sachsen ließ bei ihren M/83 analog zu Preußen stempeln. Ausgenommen waren jedoch der Abzugsbügel und die Ladeklappe. Sie wurden 2- bzw. 3-ziffrig nummeriert.

Die Einzelteile des Mauser M/83 für Württemberg waren durchweg mit der vollständigen Seriennummer gekennzeichnet. Nur die Schraubenköpfe bekamen 2 Ziffern.

Die in der staatlichen Gewehrfabrik Erfurt angefertigten Revolver M/83 bilden hier eine Ausnahme.

Bei einem Revolver mit 4-ziffriger Seriennummer konnte folgendes beobachtet werden:

Hauptteile	4-ziffrig markiert
Hahn	4-ziffrig markiert
Ladeklappe	4-ziffrig markiert
Abzug	3-ziffrig markiert
Abzugsbügel	3-ziffrig markiert
Umsetzhebel	2-ziffrig markiert
Schrauben	2-ziffrig markiert
Sicherungshebel	2-ziffrig markiert
Trommelachse	4-ziffrig markiert

Die Anordnung der Serienummern war von den Produzenten nicht willkürlich gewählt.

Basis für die Kennzeichnung waren immer die Vorschriften. Bei abweichenden Verfahren sanktionierte die Militärverwaltung offiziell die Änderungen vorab durch Herausgabe von Ergänzungen.

Insbesondere die untersuchten Revolver M/83 beweisen eine derartige, mehrmalige Änderung und Ergänzung der Ziffernfolge bei den Einzelteilen.

Bei den Offiziersrevolvern hielt man sich weitgehend an die Markierungsmethode der Militärbestellungen.

Nur die Waffenfabrik F.v. Dreyse machte hier bei den zivilen Revolvern eine kleine Ausnahme:

Die Kennzeichnung der Schrauben erfolgte nicht auf der Stirnfläche des Kopfes, sondern auf dem Schaft der Schraube unterhalb des Kopfes.

Bei dem allgemein vorherrschenden Mangel an Faustfeuerwaffen während des I. Weltkriegs wurde bei fehlenden Ersatzteilen auf brauchbare Teile anderweitig beschädigter Waffen zurückgegriffen. So erhielt der Revolver 83 mit der Seriennummer 1086 eine Trommel eines M/79 mit der Nummer 7936.

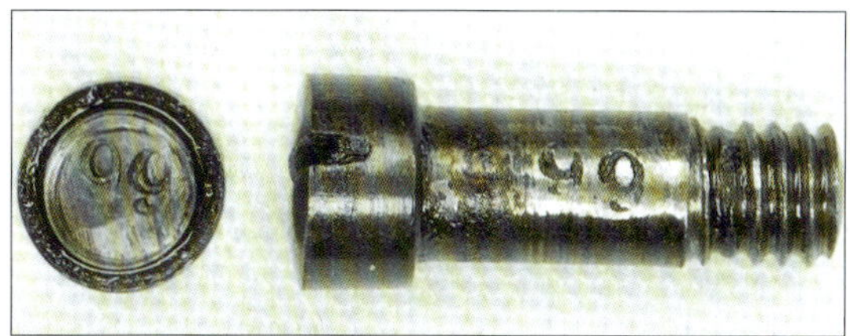

13.18. Die Seriennummern auf den Schrauben der zivilen Revolver 83 von Dreyse sind nicht am Kopf gestempelt, sondern am Schaft. Sammlung des Autors
The serial number on the screws of the commercial Revolvers 83 made by Dreyse are not found on the heads but on the shanks. Author's collection

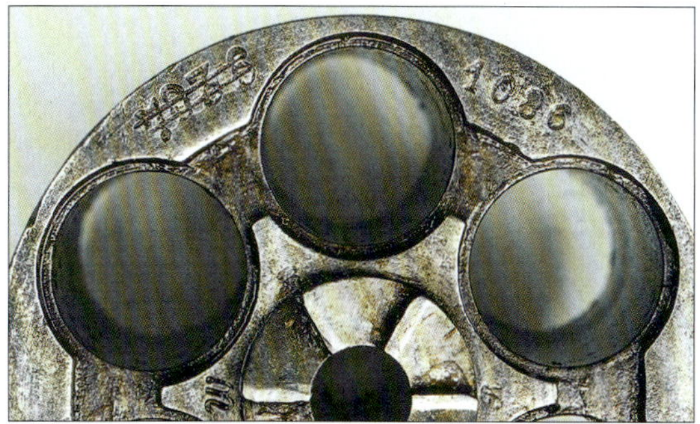

13.18a. Neue Seriennummer auf einer M/79-Trommel als Ersatzteil für einen M/83 Revolver. Die alte Serienummer wurde ausgestrichen. Sammlung W.A. Dreschler
New serial number on a M/79-cylinder as spare part for a M/83 revolver. The former number was lined out. W.A. Dreschler collection

Die alte Nummer wurde ausgestrichen und die Nummer des M/83 daneben geschlagen. Derartige Arbeiten führten die Waffenmeistereien in einer Etappe durch.

13.5 Ziffern auf der Trommel

Auf der Umfangsfläche der Trommeln befinden sich bei beiden Revolvertypen die Ziffern 1 – 6. Sie kennzeichnen die jeweils darunter befindlichen Kammern.

Die Zeichnung der Abnahmevorschrift schreibt diese Kennzeichnung unzweideutig vor.

Merkwürdig ist nur, dass keine Vorschrift auf die Nummerierung der Kammern Bezug nimmt; weder die eigentliche Revolverinstruktion, noch die Instruktionen der betroffenen Einheiten.

13.6 Kaliberangaben auf dem Lauf

Die Abnahmevorschrift mit der zugehörigen Zeichnung schreiben die Angabe des tatsächlich ermittelten Laufkalibers (Felddurchmesser) vor.

Ermittelt wurde das Maß mit dem Kalibersatz
10,55
10,6
10,65
10,7

Das in der Dimensionstabelle vorgeschriebene Soll-Maß betrug 10,6 ± 0,05 mm.

Mit den 4 Kaliberbolzen wurde nun das Ist- Maß bestimmt und auf der linken oberen Schräge des Laufachtkants eingeschlagen.

Lag der Felddurchmesser an der unteren Toleranzgrenze, also bei 10,55 mm, so durfte das Kaliber mit dem Durchmesser 10,55 sich nur „stramm“ einführen lassen. Die anderen drei Kaliber durften sich nicht einführen lassen. In diesem Falle erhielt der Lauf den Stempel 10,55.

Falls der Felddurchmesser an der oberen Toleranzgrenze (10,65) gefertigt worden war, durfte das Kaliber 10,65 sich nur stramm und das mit Durchmesser 10,7 sich gar nicht einführen lassen.

Die Fabrikanten, ob private oder später die Königliche Gewehrfabrik Erfurt, nutzten den oberen Bereich der Toleranz nicht aus.

Es schien so zu sein, dass nur ein Toleranzfeld von 10,55 – 10,6 genutzt wurde, denn sämtliche untersuchten Stücke waren entweder mit 10,55 oder 10,6 gekennzeichnet.

13.19. Auf der linken Seite, oberhalb der Seriennummern, befindet sich der Stempel, der den Felddurchmesser in mm angibt. Es handelt sich um das Maß, das nach Fertigstellung des Laufs ermittelt wurden war. Siehe auch Abb. 13.1
Sammlung des Autors
On the left side above the serial number is stamped the nominal bore size in Millimetres. This was measured after final finishing of the barrel. See also 13.17 Author's collection

Aufgeschnittene Revolver, die anfangs direkt als solche bestellt wurden, weisen die Kaliberangabe nicht auf.

13.7 Fabrikstempel

M/79

Bei Revolvern 79 kommen folgende Fabrikstempel vor:

Stempel des Konsortiums in Suhl:

Sauer & Sohn
Carl Gottlieb Haenel
Valentin Christoph Schilling

13.20. Nahaufnahme des „Fabrikstempels" des Konsortiums in Suhl auf einem Revolver 79: Sauer & Sohn Carl, Gottlieb Haenel, Valentin Christoph Schilling. Hier wird ein Fehler am Werkzeug sichtbar, der bei einigen Autoren bereits zu Verwirrungen geführt hat. Das zweite C. vor dem H. war ursprünglich ein G. (Gottlieb). Sammlung des Autors
A closeup of the Suhl Consortium on a Revolver 79: Stempel des Konsortiums in Suhl: Sauer & Sohn, Carl Gottlieb Haenel, Valentin Christoph Schilling. The Haenel mark appears to have a middle initial of C rather than a G because of a broken punch. Author's collection

Franz von Dreyse, Sömmerda

13.21. Die Fabrikmarke auf einem Revolver 79 der Waffenfabrik Nikolaus von Dreyse, die zur „Revolverzeit" von seinem Sohn Franz geleitet wurde. Sammlung des Autors
The manufacturer's mark on a Revolver 79 made by the Nikolaus von Dreyse arms factory which was managed during the period of revolver manufacture by his son Franz. Author's collection

Gebrüder Mauser & Companie, Oberndorf

13.22. Fabrikmarke der Waffenfabrik Mauser auf einem Revolver M/79 für Bayern. Sammlung des Autors
Manufacturer's mark of the Mauser factory on a Revolver M/79 made for Bavaria. Author's collection

13.22a. Dieser Stempel derselben Firma wurde zweimal und damit leicht versetzt geschlagen. Sammlung W. Frank
This Mauser marking is double-struck, having moved very slightly during the stamping. W. Frank collection

M/83

Bei den Revolvern 83 änderten sich die Stempel bei allen drei Lieferanten:

Valentin Christoph Schilling und Carl Gottlieb Haenel, Suhl

13.23. Nachdem die letzten Revolver 79 ausgeliefert waren, schied die Firma Sauer & Sohn aus dem Konsortium aus. Die danach gefertigten Revolver 83 bekamen daher einen neuen Stempel mit nur zwei Firmennamen. Sammlung des Autors
After completion of the last Revolver 79 contracts, Sauer & Sohn left the Suhl Consortium. Revolvers 83 manufactured after this date have a new stamp showing only the remaining two company names. Author's collection

Waffenfabrik Mauser, Oberndorf

13.24. Fabrikstempel auf einem Mauser-Revolver 83 für Württemberg. Die Jahreszahl 1883 ist nicht das Produktionsjahr, eher das Jahr des Kontraktes mit dem KWKM. Sammlung des Autors
Mauser marking on a Revolver 83 for Württemberg. The year shown is not the date of manufacture, but probably that of the contract with the Royal Württemberg War Ministry. Author's collection

Franz von Dreyse, Sömmerda

13.25. Fabrikstempel der Firma Dreyse auf einem Revolver 83. Sammlung des Autors
Dreyse factory mark on a Revolver 83. Author's collection

Der bei den M/79 Revolvern aus Sömmerda noch zusätzlich geschlagene Kontrollbuchstabe in der Mitte des Fabrikstempels war später beim M/83 nicht mehr vorhanden.

Königliche Gewehrfabrik, Erfurt

13.26. Stempel der Königlich Preußischen Waffenfabrik Erfurt. Diese staatliche Fabrik produzierte den Revolver 83 von 1892 – 1896 mit rund 85 000 Stück. Die Jahreszahl gibt das Fertigungsjahr an. Sammlung des Autors
Marking of the Royal Prussian Arms Factory Erfurt. This Prussian state factory produced about 85 000 the Revolver 83 between 1892 – 1896. The year shown below Erfurt is the date of manufacture. Author's collection

13.8 Der RC- Stempel

Dieser kleine Stempel, den man oft nur mittels einer 8-fachen Lupe findet und den man bei oberflächlicher Betrachtung für eine Schlagmarke halten kann, ist kein Stempel, der auf jeder Waffe zu finden ist. Er bildet eine Ausnahme und ist recht selten. Der folgende Text aus der Einleitung zur *„Vorschrift zur Untersuchung und Abnahme der Revolvertheile und fertigen Revolver"*

erläutert weshalb: *„...Bestehen Zweifel über die Annehmbarkeit oder Verwerfung eines Stückes, oder wird die Überschreitung der für die Abmessungen gestatteten Grenzen für zu geringfügig erachtet, um Nachteile für die Dauer des Stücks bzw. für das Zusammenwirken mit anderen Teilen in der zusammengesetzten Waffe zu erzeugen, so ist solches Stück dem Ersten Revisions- Beamten oder dessen Stellvertreter zur Begutachtung bzw. weiteren Veranlassung vorzulegen.*

Wird die Annahme von der gleichen Teilen seitens des Sub- Direktors genehmigt, so müssen sie außer dem eventl. zu schlagenden Stempel des betreffenden Revisors den Stempel R.C. erhalten, um den Revisor gegen etwaige spätere Verantwortung sicher zu stellen."

13.27. Der RC-Stempel auf einem Revolver 79 (oft nur mit einer Lupe zu erkennen), wurde bei unbedeutenden Abweichungen während der Güteprüfung geschlagen. RC bedeutete „Revisions-Controlle". Der Stempel entband den Prüfer an dieser Stelle von seiner Verantwortung. Sammlung des Autors
The RC-mark on a Revolver 79 (here magnified six times) was stamped on parts whenever minor deviations from specifications occurred. RC means „Revisions-Controlle" or Inspection Review Board. Use of this mark absolved an inspector from responsibility if a part failed or caused problems. Author's collection

13.28. Ein Beispiel für die strenge Güteprüfung an einem Revolver 79. Die kleine unbedeutende Delle unterhalb des großen Revisionsstempels wurde durch den RC-Stempel sanktioniert. Sammlung des Autors
An exsample for the rigorousness of the quality inspection on a Revolver 79. The small insignificant dent below the larger inspection mark has been recognized by the RC mark. Author's collection

Oberhalb der beiden Buchstaben befindet sich eine Krone, die oft undeutlich geschlagen wurde. Wie bereits weiter oben erwähnt, findet man bei den Dreyse-Revolvern den RC-Stempel häufiger als beim Konsortium oder bei Mauser.

RC-Stempel auf Revolvern 83 Erfurter Produktion sind selten. Wenn sie vorkommen, haben sie die Größe der normalen Revisionsstempel.

13.28a. Dieser RC-Stempel auf einem Dreyse-Revolver M/79 markiert eine zu große Bohrung in der Seitenplatte für die Sicherungswelle. Sammlung M. Marx

This RC stamp on this Dreyse-Revolver M/79 signifies an oversized hole in the side plate for the safety catch. M. Marx collection

13.28b. RC-Stempel auf Revolvern M/83 Erfurter Fertigung sind ziemlich selten und, falls vorhanden, größer ausgeführt als bei den Revolvern aus Privatfabriken. Sammlung des Autors

RC-marks on Erfurt made Revolvers M/83 are rarely used, and when present are larger than on revolvers supplied by the other contractors. Author's collection

Sachsen scheint den RC-Stempel nicht verwendet zu haben. **Abbildung 13.28b** zeigt einen zusätzlichen Revisionsstempel, den der Oberbüchsenmacher Eidner auf einem M/83 geschlagen hat, dessen Rahmen bei Simson gefertigt worden war. **(Siehe dazu Kapitel 7.3.1.)**

Der Stempel markiert eine beim Fräsen entstandene unebene Stelle, die der Revisor akzeptierte.

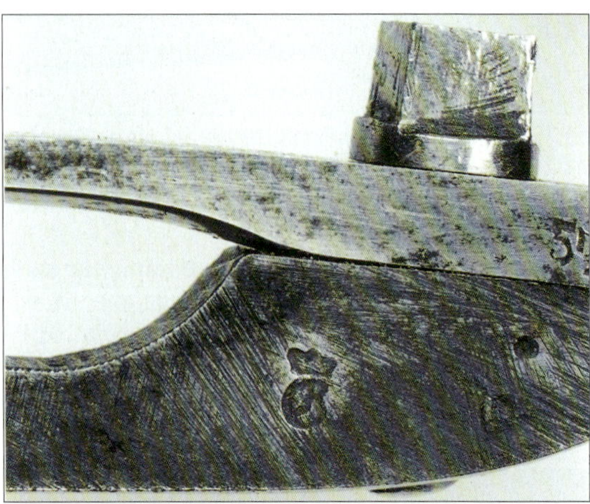

13.28c. Sachsen verwendete keinen RC-Stempel, sondern kennzeichnete die beanstandete Stelle mit dem kleinen Revisionsstempel. Sammlung J. Gräwe

Saxony did not use the RC-stamp but marked the faulty part with this small inspection stamp. J. Gräwe collection

13.9 Jahreszahlen der Ausgabe

Die auf den Revolvern 79 und 83 vorkommenden 2- und 4-stelligen Jahreszahlen haben wegen ihrer unterschiedlichen Bedeutung häufig Anlass zu Diskussionen gegeben.

Die preußische, sowie auch die bayerische Stempelvorschrift schreiben die Art der Stempelung hinsichtlich Truppenstempel und Ausgabejahr vor.

Diese Stempel sind natürlich nicht in der Abnahmeinstruktion vorgeschrieben, da diese Angaben ja erst später, vor der Ausgabe, verfügbar waren.

Während die Truppenstempel (M/79, die zur Marine gingen, weisen in der Regel keine Truppenstempel auf) immer geschlagen wurden, sind die Ausgabestempel nur teilweise vorhanden Der beim

13.29.–13.30. Jahrezahlen, bei den Revolvern M/79 vor der Trommel links markieren das Jahr der Ausgabe an die Truppen, nicht das Herstelljahr. Sammlung des Autors
Dates stamped on Revolvers M/79 on the left side of the barrel ahead of the cylinder, represent the date of issue, not manufacture. Author's collection

Revolver 79 immer unterhalb der Trommelachsensicherung befindliche Stempel der Jahreszahl (4-stellig) kennzeichnet das Jahr der Ausgabe an die Truppe.Die preußischen Ausführungsbestimmungen vom 16. März 1881, die auch für die anderen Bundesstaaten des Reiches verbindlich waren, führten dazu aus: „*...auf der linken Seite des Vordertheils am Kasten unterhalb der Auflagefläche für den Flügel des Sperrstifts ...*"

Abweichungen von dieser Vorschrift kommen vor, sind aber äußerst selten.

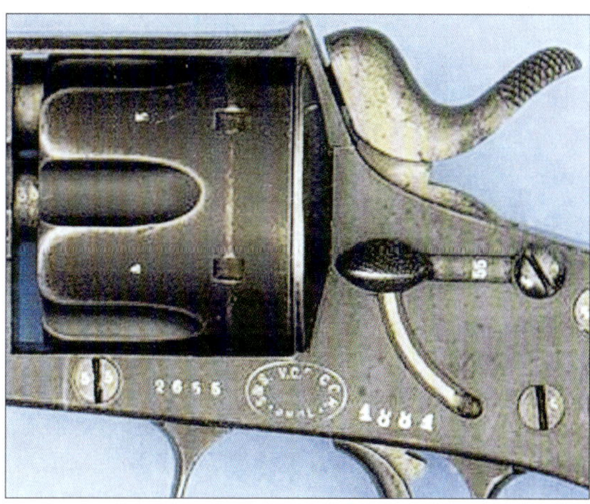

13.30a. Stempel des Ausgabejahres vorschriftswidrig rechts neben dem Herstellerstempel geschlagen. Sammlung Jan C. Still
Date of issue, stamped contrary to instruction on the right side of the makers marking. Jan C. Still collection

Revolver 79

M/79 für Preußen
Lieferungen des Konsortiums:
Es kommen vor: 1881, 1882, 1883.
Lieferungen von Dreyse:
Es kommen vor: 1881, 1882, 1883.

Ca. 50% der preußischen M/79 weisen einen Stempel des Ausgabejahres auf.

M/79 für Bayern
Lieferung von Mauser:
Es kommen vor: 1880, 1881, 1882.

Ca. 85 % der bayerischen M/79 aus Mauser-Fertigung weisen einen Stempel des Ausgabejahres auf.
Lieferung des Konsortiums:
Es kommt vor: 1882.

Ca. 40 % der bayerischen M/79 des Konsortiums weisen den Stempel des Ausgabejahres auf.
Lieferung von Dreyse:
Es kommt vor: 1882.

Ca. 50 % der bayerischen M/79 von Dreyse weisen den Stempel des Ausgabejahres auf. Die %- Angabe ist in diesem Fall ziemlich unsicher, da bei der Lieferung von nur 505 Stück, die „Überlebensrate" in absoluten Zahlen sehr gering ist.

M/79 für Sachsen
Lieferungen des Konsortiums:
Es kommen vor: 1882, 1883, 1884.

Ca. 70 % der sächsischen M/79 des Konsortiums weisen den Stempel des Ausgabejahres auf.

M/79 für Württemberg
Lieferung von Mauser:
Es kommt vor: 1881.

Ca. 95 % der württembergischen M/79 aus weisen den Stempel des Ausgabejahres auf.

Revolver 83
Die Jahreszahl der Ausgabe wurde regulär bei sämtlichen Revolvern 83 auf der Rahmenplatte, unterhalb der Trommel vor der Seriennummer 2- aber auch 4-stellig eingeschlagen.

Ausnahmen kommen vor. So findet man hin und wieder den Jahrestempel rechts vom Fabrikstempel oder auch vor dem Kopf des Rahmens.

M/83 für Preußen
Lieferungen von Dreyse und dem Konsortium:
Nur ca. 11 % der preußischen M/83 Revolver weisen den Jahresstempel der Ausgabe auf.
Es kommen vor: 85, 1885, 86, 1886, 90.

M/83 für Bayern
Lieferungen des Konsortiums:
Etwa 15 % dieser M/83 besitzen Ausgabestempel. Sie sind 2- oder 4-stellig.

Ca. ab der Seriennummer 2700 scheinen keine Jahreszahlen mehr geschlagen worden zu sein.
Es kommen vor: 85, 1885, 86, 1886.
Lieferungen von Dreyse:
Es konnten keine Jahreszahlen registriert werden.

Die niedrige Liefermenge von nur 860 Stück mag eine Erklärung dafür sein.

M/83 für Sachsen
Lieferungen des Konsortiums:
Ca. 33 % der sächsischen M/83 besitzen 2- oder 4-stellige Ausgabestempel.
Es kommen vor: 85, 1885, 87, 90, 1891, 92, 1892.

13.31. Im Jahre 1885 wurde dieser sächsische Revolver M/83 zur Ausgabe an die Truppe vorgesehen. Sammlung des Autors
This Saxon Revolver M/83 has been issued to the troops in1885. Author's collection

M/83 für Württemberg
Bis auf ganz wenige Ausnahmen sind sämtliche Mauser-M/83 mit einem 2- oder 4-stelligen Ausgabestempel versehen.

Ungewöhnlich ist der Platz bei einem Mauser-M/83 mit der Nr. 1491 auf den die Jahrezahl geschlagen worden war: auf dem Rahmen vor Kopf, unterhalb der Trommelachse.
Es kommen vor: 86, 1886.

13.10 Jahreszahlen im Fabrikstempel

M/79
Jahreszahlen im Fabrikstempel betreffen nur die Mauser-Revolver.

Die Lieferungen an Bayern und Württemberg wurden mit der Jahreszahl 1880 gekennzeichnet. Diese Angabe steht für das Produktionsjahr.

M/83
Revolver 83 hatte Mauser nur an Württemberg geliefert. Wie bereits oben berichtet, wurde der Auftrag erst 1884 vergeben. Bei sämtlichen Revolvern befindet sich jedoch die Jahreszahl 1883 im Firmenoval. Eine schlüssige Erklärung hierfür fehlt.

13.11 Truppenstempel

Auf die bei den Reichsrevolvern geschlagenen Truppenstempel im Einzelnen einzugehen, würde den Rahmen sprengen. Auch bliebe eine Auflistung immer unvollständig, da immer wieder „unbekannte" oder (noch) nicht eindeutig zu bestimmende Truppenstempel auftauchen.

Während der Ausgabestempel nicht lückenlos nachweisbar ist, kann man davon ausgehen, dass sämtliche militärischen Revolver 79 und 83 einen Truppenstempel vorweisen.

Ausgenommen sind, wie erwähnt, die wenigen Revolver 79 der Marine.

Auch die aus Staatsbeständen an Offiziere verkauften ungestempelten M/79 wurden nach deren Rückgabe bzw. Umtausch in M/83 den Beständen wieder zugeführt und bei erneuter Ausgabe mit einem Truppenstempel versehen.

Die für das Stempeln verbindlichen Vorschriften unterlagen einer ständigen Erweiterung, Änderung oder Ergänzung. Zudem hatte jedes Königreich seine eigenen, oft von den preußischen Vorschriften abweichende. Stempelvorschriften.

In der „Revolverzeit" allein gelangten folgende Vorschriften des Reiches zur Ausgabe:

1877, 1881, 1890, 1893, 1897, 1900, 1909, 1910.

Änderungen oder Ergänzungen wurden häufig durch Deckblätter oder Seitenabschnitte mittels Einkleben auf den neuesten Stand gebracht.

Die folgenden Angaben, die im Rahmen dieser Arbeit von Interesse sind, stammen aus der Stempelvorschrift des Jahres 1897:

Nur für den Dienstgebrauch bestimmt.

Vorschrift

über das

Stempeln der Handwaffen.

(H. Stp. V.)

Berlin 1897.
Gedruckt in der Reichsdruckerei

Hier wird die Frage, wer die Stempel handwerklich anbringen musste, beantwortet:

4. Für die Stempelung der Waffen, einschl. der für den Kriegsfall nöthigen, haben die Truppentheile selbst Sorge zu tragen.

Die Büchsenmacher sind von Amtswegen zur Stempelung der Waffen ihrer Truppentheile verpflichtet.

Die nachstehende »Vorschrift über das Stempeln der Handwaffen« ist für die Folge bei Neustempelungen maßgebend.

Ein Umstempeln der zur Zeit in den Händen der Kommandobehörden, Truppen und Verwaltungen befindlichen, bz. für den Fall einer Mobilmachung bereit zu haltenden Waffen findet nicht statt, wenn die bisherigen Stempelzeichen die Zugehörigkeit der Waffen zu einer bestimmten Formation unzweifelhaft erkennen lassen, wobei es nicht in Frage kommt, ob eine als solche unverändert bestehen bleibende Formation im Laufe der Zeit eine andere Benennung oder Nummer erhält. Werden für eine neu zu bildende Formation Waffen mit verschiedenen Stempelzeichen eingestellt, so sind diese Waffen neu zu stempeln. In allen übrigen Fällen, in denen aus besonderen Umständen eine Umstempelung von Waffen für erforderlich gehalten wird, ist zunächst die Genehmigung des Kriegsministeriums (Allgemeinen Kriegs-Departements) einzuholen.

Die seitherige bezügliche Vorschrift vom Jahre 1890 sowie der Neudruck derselben von 1893 treten außer Kraft.

Berlin, den 26. Oktober 1897.

Kriegsministerium.

v. Goßler.

II. Zahlen- und Buchstabenstempel.

Zum Stempeln der Waffen nach Anleitung der weiter folgenden Vorschrift sind erforderlich:

a) ein Satz Zahlenstempel in der Schrifthöhe von 2,1 mm,
b) ein Satz Zahlenstempel in der Schrifthöhe von 3,1 mm,
c) die erforderlichen Stempel mit römischen Zahlen in der Schrifthöhe von 4,2 mm,
d) die erforderlichen Buchstabenstempel in der Schrifthöhe von 4,2 und 2,5 mm.

Diese Stempel sind aus einer Gewehrfabrik zu beziehen, dürfen nur allein zum Bezeichnen und Numeriren der Waffen und des Zubehörs verwendet werden und befinden sich im Verwahrsam der für die Instandhaltung der Waffen verantwortlichen Behörde.

Die Zeughaus-Büchsenmacher haben zu der von ihnen auszuführenden Stempelung von Handwaffen die Stempel unentgeltlich zu stellen.

Anmerkung. Um deutliche Stempelzeichen zu erhalten, ist darauf zu achten, daß stets scharfe Stempel zur Anwendung gelangen, namentlich ist dies bei den Zahlenstempeln in der Höhe von 2,1 mm erforderlich.

C. Der Revolver 79 erhält:

1. auf dem Kolbenboden
die unter III a bis c angeführte Stempelung.
Beim Stempeln ist der Revolver in zusammengesetztem Zustande frei in der Hand zu halten.

*) Ursprünglich auf dem Unterringe gestempelte Waffen erhalten erst bei einer Umstempelung den Stempel auf der linken Seite des Oberrings. Ursprünglich hier gestempelte Waffen erhalten bei einer Umstempelung den Stempel auf der rechten Seite des Unterrings quer zur Längsachse der Waffe.

Bei weiteren Umstempelungen erhalten die Waffen den Stempel auf der linken Seite der Gewehrhülse und zwar zuerst vor und demnächst hinter der Modellbezeichnung. Während des Stempelns ist das Schloß in der Gewehrhülse zu belassen oder durch eine Ausschußkammer zu ersetzen.

Bei jedem Umstempeln ist die alte Stempelung zu durchkreuzen.

IV. Ort für die Stempelung.

D. Der Revolver 83 erhält:

auf den Kolbenschienen unmittelbar über der Ringöse
die unter III a bis c angeführte Stempelung.
Beim Stempeln ist der Revolver in zusammengesetztem Zustande frei in der Hand zu halten.

Wo die Truppenstempel platziert werden mussten, wurde im Abschnitt IV. vorgegeben:
Für den Revolver 83 galt die folgende Anweisung:

Da beim Revolver 79 der „Kolbenboden“ zur Stempelung benutzt werden musste, wurde vorzugsweise die äußere Abschrägung, jedoch auch die Fläche um den Ring herum markiert.

13.32.–13.34. Beispiele von Truppenstempeln. Während die Identifizierung der Abb. 13.33 (Bayerisches Reserve-Infanterieregiment Nr. 2; 1. Kompanie; Waffe Nr. 2) und 13.34 (Feldartillerieregiment Nr. 13; 5. Batterie; Waffe Nr. 47) noch relativ einfach ist, so ist das bei der Abb. 13.32 wahrscheinlich nur den Experten vorbehalten. Sammlung des Autors

Examples of regimental markings. While the markings in plates 13.33 and 13.34 may be easily identified, those in plate 13.32 can be dealt with only by experts.
Author's collection

Umstempelungen
Obwohl die Vorschrift hier eindeutig war, existieren erhebliche Abweichungen: Neben dem vorgeschriebenen X wurde durchgestrichen ---, ausgepunzt ::: oder gar zugeschlagen.

13.35. Kolbenboden eines Revolvers M/79 mit vorschriftsmäßigen Truppenstempeln. Der alte Truppenstempel wurde entsprechend der Instruktion „durchkreuzt". Sammlung des Autors
Buttcap of a Revolver M/79 marked according to the regulations. The previous marking has been x-ed out also according to the regulations. Author's collection

13.36. Diese Stempelanordnung entspricht der Abb. 13.35, jedoch wurde der ehemalige Stempel nur durchgestrichen und nicht, wie vorgeschrieben, durchkreuzt. Sammlung des Autors
The format of these markings conforms to those in plate 13.35, but the earlier marks have been lined-out instead of crossed-out. Author's collection

Über die seltsame Anweisung, *„Beim Stempel ist der Revolver in zusammengesetztem Zustande frei in der Hand zu halten,"* mag sich der geneigte Leser seine eigenen Gedanken machen, insbesondere dann, wenn er einen metallverarbeitenden Beruf erlernt hat und mit dem Stempeln mittels Hammer und Schlagstempel vertraut ist. In der Realität wird man nach Entfernen der Griffschalen für eine stabile Unterstützung der jeweiligen

13.37. Dieses Beispiel zeigt einen zugehämmerten Truppenstempel. Diese Art, sowie durch Körnerschläge ungültig gemachte Truppenstempel kommen vor. Sammlung des Autors
This example shows the markings obliterated by hammering. This method was used at major facilities, while x-ing out and dot-punch obliteration were often used to cancel previous regimental markings in regiment's workshop. Author's collection

Rahmenteile beim Einschlagen gesorgt haben. Für das Stempeln der Pistole 08 hat man die Auflage später verbindlich vorgeschrieben. Die Tiefe der geschlagenen Stempel spricht für ein beherztes Zuschlagen auf einer festen Unterlage.

Die damit beauftragten Büchsenmacher werden sich hierzu sicherlich eine passende Aufnahmevorrichtung angefertigt haben.

Die meisten heute in Museen oder Sammlungen vorhandenen „Reichsrevolver" waren einst in Händen der Feldartillerie. Sie tragen entweder den Stempel dieser Waffengattung oder den einer Munitionskolonne. Häufig sogar beide, wobei einer dann ungültig gemacht wurde. Auf den ersten Blick mag manche Stempelung ohne Regeln erscheinen. Sie ist aber dennoch systematisch aufgebaut und soll hier an Hand von Beispielen erläutert werden.

Truppenstempel auf einem Revolver M/79:
41.A.1.70.

Die Stempelung hat folgende Systematik:
Die Buchstaben (4,2 mm), gleichgültig ob normal oder kursiv geschlagen, geben immer die Waffengattung bzw. den Truppenteil oder die Behörde wieder.

Die Ziffer (3,1 mm) links davon (soweit vorhanden) die Nr. des Regiments, der Division oder der Brigade.

Die erste Ziffer (3,1 mm) rechts neben dem oder den Buchstaben verweist auf die Truppenebene darunter, also Kompanie oder Batterie. Dieser Stempel fehlt bei den Einheiten, die keine weitere Untergliederung besitzen, wie z. B. Stäbe und Kommando-Einheiten.

Der kleine Ziffernstempel (2,1 mm) rechts außen bezeichnet die fortlaufende Waffennummer der jeweiligen Einheit.

Mit der Seriennummer der Waffe haben diese Ziffern natürlich nichts zu tun.

Die Angabe der Waffennummer ist in der Stempelung (fast) immer vorhanden. Fehlt dieser 2,1 mm hohe Stempel, dann besaß die Einheit nur eine Waffe. Bei diesen Ausnahmen handelte es sich z.B. um die Instruktionsrevolver bei den Feldartillerie-Batterien oder um die Feldbäckereien.

Das obige Beispiel lautet also in der Aufschlüsselung:
Feldartillerieregiment Nr.41
(nicht einundvierzigstes Feldartillerieregiment!)
1.Batterie
Waffe Nr.70

Steht vor dem A ein kursives großes R., dann handelt es sich um ein Reserve-Feldartillerieregiment.

Ein kleines r. (3,1 mm) hinter dem A bedeutet „reitende Batterie".

Ist rechts neben dem A ein F. (4,2 mm) geschlagen, so hat der Revolver einst bei der Fußartillerie gedient. Befindet sich an gleicher Stelle ein E., dann handelt es sich um einen Revolver einer Ersatzbatterie.

Steht ein 4,2 mm hohes B. als erster Buchstabe ganz links, also noch vor der Regiments-Nr., dann handelt es sich um einen bayerischen Revolver.

Beispiel: B. 1. *R.* A. 2. 107

Bedeutung: Bayerisches 1.Reserve-Feldartillerieregiment, 2. Batterie, Waffe 107.

Zu beachten ist, dass die bayerische Armee ihre eigene Zählweise hatte und sie ihre Regimenter mit „erstes, zweites, usw." bezeichnete. Die Einheiten Sachsens und Württembergs waren der preußischen Regimentsauflistung zugeordnet und die Kennzeichnung der Regimenter und anderer Einheiten erfolgte mittels Nummern, z. B. Feldartillerieregiment Nr.10 .

Bayern kennzeichnete darüber hinaus seine Einheiten grundsätzlich mit dem Buchstaben B., der jeweils links vor allen anderen Buchstaben oder Ziffern geschlagen wurde.

Die Versorgung der Artillerie mit Munition übernahmen die Munitionskolonnen. Auf einem M/79 Revolver des Feldartillerieregiments Nr.34 war der Stempel I.M.I.12.15. eingeschlagen.

Bedeutung lt. Stempelvorschrift von 1910:
Leichte Munitionskolonne der I. Abteilung,
12. Feldartillerieregiment, Waffe Nr.15.

Aus der Bezeichnung 12. Feldartillerieregiment an Stelle Feldartillerieregiment Nr. 12 läßt sich ablesen, dass es sich um eine bayerische Einheit handelte. Preußen, Sachsen und Württemberg setzten die Nr. nach der Truppenbezeichnung.

Der folgende Truppenstempel I.M.I.33.92. ist lt. preußischer Stempelvorschrift von 1909 wie folgt zu entschlüsseln: Leichte Munitionskolonne der I. Abteilung des Feldartillerieregiments Nr.33, Waffe Nr. 92.

Wie man sieht, wurde die Regel, die Nr. des Regiments links vor den Buchstaben zu setzen, bei den Munitionskolonnen abgewandelt. Ebenfalls ist auffällig, dass die 1 der Preußen in Bayern zu einem I mutierte. Ein Punkt oberhalb einer römischen I. bedeutet übrigens Infanterieregiment. Der Verlauf des I. Weltkriegs machte es unmöglich, Waffen und Ausrüstungsgegenstände ordnungsgemäß zu kennzeichnen. Das KPKM verfügte deshalb am 2. November 1916 die Kennzeichnung mit Truppenstempeln einzustellen.

Ziviler Revolver 83 mit militärischem Truppenstempel

Die **Abbildungen 37a und 37b** zeigen einen Revolver 83 mit dem zivilen Vorratsstempel V mit Krone. Der Revolver wurde demnach zwischen 1891 und 1893 produziert.

Auf dem Griffrahmen wurde in der vorgeschriebenen Größe der Truppenstempel eingeschlagen: F.G.4.
Festungsgefängnis, Waffe Nr.4

13.37a.–13.37b. Dieser zivile Revolver 83 (V/Krone-Stempel) trägt einen Truppenstempel in der vorschriftsmäßigen Größe: F.G.4 (Festungsgefängnis, Waffe Nr. 4) Sammlung des Autors
This commercial M/83 (with civilian crowned V stock mark of the 1891 Proof Act) has a unit marking in regulation style: F.G.4 (fortress prison, gun number 4) Author's collection

13.12 Sonstige Stempel
Fabrikinterne Revisionsstempel

Die meisten Einzelteile der Revolver 79 und 83 weisen ein oder mehrere Buchstabenstempel auf. Da sie keine Krone tragen, gehören sie nicht zur Kategorie der Abnahme- oder Revisionsstempel. Es handelt sich hierbei vielmehr um Stempel der Zulieferer und um Markierungen, die der internen Revision der Fabrikanten zuzuschreiben sind. Aus den Kontrakten wissen wir, dass die Revolver vorab intern geprüft vorgelegt werden mußten.

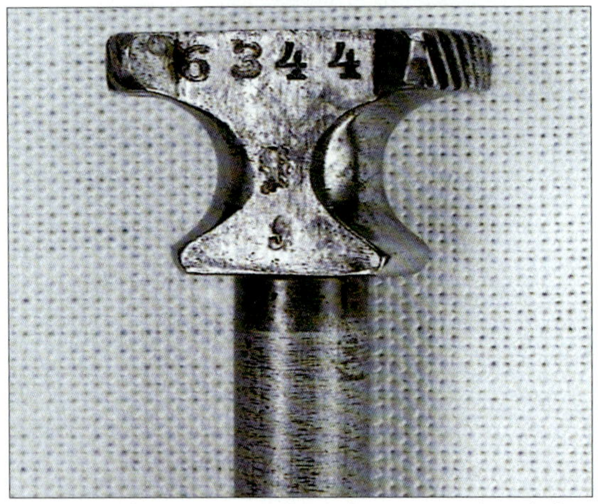

13.38.–13.39. Mit einer militärischen Güteprüfung haben diese Stempel nichts gemein. Es handelt sich um Fabrikinterne Stempel, die von den Arbeitern, Zulieferern oder internen Prüfern geschlagen wurden. Sammlung des Autors
These markings have no connection with the military quality-inspection marks. They represent the internal factory markings of subcontractors, in-house quality inspectors, or even factory workers. Author's collection

Die Trommeln Suhler Fertigung sind zum großen Teil mit dem Buchstaben Z gestempelt. Man findet ihn sowohl beim Revolver 79, als auch beim Revolver 83. Dieser Buchstabe wird dem Suhler Fabrikanten Zehner zugeschrieben.

Auch hatten die Arbeiter nach bestimmten Bearbeitungsschritten die Güte ihrer Arbeit zu dokumentieren. So sind z. B. die Läufe des Konsortiums durchweg mit s s gestempelt (sichtbar nach Herausziehen der Trommelachse). Häufig taucht auch der Buchstabe K auf.

13.40. Die Buchstaben S findet man auf fast jeden Lauf der Revolver M/79 und M/83 des Konsortiums Suhl. Möglicherweise handelt es sich in diesem Fall um die Zeichen eines Zulieferers. Sammlung des Autors
The letter S is found on nearly all Revolvers M/79 and M/83 barrels made by the Suhl Consortium. This is probably the mark of a subcontractor. Author's collection

Dreyse versuchte durch konsequente Mitverantwortung seiner Arbeiterschaft die Qualität zu verbessern und die Rückweisungsquote seiner Revolver zu senken. Die große Zahl der internen Stempel ist ein Beispiel dafür.

Sogar im Dreyse-Fabrikstempel erscheinen werksinterne Revisionsbuchstaben.

bisher konnten folgende Buchstaben nachgewiesen werden: B, H, F, **siehe dazu auch Abb.13.21**.

So weisen z. B. nur die Dreyse Revolver 79 und 83 innen auf dem Abzugsbügel einen Kontrollstempel auf.

Wie man der *„Zeichnung für die Nummerierung und Stempelung des Revolvers 79"* entnehmen kann, wurden die Einzelteile, bis auf die Schlagfeder, nicht mit einem Güteprüfstempel versehen. Sollten aber dennoch ein oder mehrere Einzelteile einen kleinen Revisionsstempel, also einen gotischen Buchstaben mit Krone vorweisen, so handelt es sich eindeutig um Reserve- oder Ersatzteile. Diese Teile wurden einzeln abgenommen und gekennzeichnet.

Auf einigen Revolvern 83 der Kategorie Offiziers- / Zivilrevolver des Suhler Konsortiums findet man einen Stempel, der einer römischen II ähnelt, mit einem Krönchen darüber. **(Abbildung 13.40a,)**

Dieser Stempel hat keinen militärischen Bezug. Es handelt sich um einen internen Beschussstempel Haenels. Man trug also dem Kundenwunsch Rechnung ein geprüftes Produkt erwerben zu wollen, so wie es in Belgien seit 1810 üblich war (ELG im Oval).

Erst am 19. Mai 1891 hatte auch Deutschland ein einheitliches ziviles Beschussgesetz verabschiedet, das am 1. April 1893 in Kraft trat und damit praktische Bedeutung erlangte.

Waffen, die 1891 in den Fabriken oder bei Händlern vorrätig waren, oder sich als Halbzeuge in Umlauf befanden, bekamen in der Zwischenzeit den sog. Vorratsstempel, ein V mit Krone.

13.13 Ergänzungsbuchstaben zur Seriennummer

Die Revolver des Suhler Konsortiums, sowohl M/79 als auch M/83, für Sachsen und für Bayern, verfügen über einen zusätzlichen Buchstabenstempel zur Seriennummer.

13.41. Der Vorratsstempel. Nach Einführung des deutschen Beschussgesetzes im Jahre 1891 wurden die vorrätigen, sowie die in Produktion befindlichen zivilen Revolver mit dem Buchstaben V mit Krone gekennzeichnet. Sammlung des Autors

The stock mark of the 1891 Proof Act. All commercial revolvers either in stock or in process of manufacture were stamped with this mark. Its chief purpose was to indicate that the weapon so marked was in existence at the time of the act coming in force. Author's collection

Er befindet sich unterhalb der sichtbaren äußeren Seriennummern auf Lauf, Rahmen und Schlossplatte. Die Trommel wurde von dieser Art der Kennzeichnung ausgenommen.

Die bayerischen Revolver erhielten den Buchstaben B.

Die Ausführung des Stempels läßt auf den ersten Blick einige Interpretationen zu. Zumal bei fast allen untersuchten Exemplaren der Stempel kleinere Fehlstellen aufwies, was auf einen beschädigten Schlagstempel zurückgeführt werden kann.

Die Deutung des Buchstabens bereitete schon deshalb gewisse Probleme, da es sich um ein großes B in deutscher Schreibschrift handelt.

13.42. Der kleine Buchstabe unter der Seriennummer nahezu sämtlicher bayerischer Revolver M/79 sowie M/83 könnte auf den ersten Blick als ein gotisches L gedeutet werden. In Wirklichkeit handelt es sich um den Großbuchstaben B in deutscher Schrift (B für Bayern). Die Erklärung dazu ist folgende: In Suhl wurde teilweise zeitgleich für Preußen, Bayern und Sachsen produziert. Ohne Unterscheidungsmerkmal wäre es unweigerlich zu Verwechselungen gekommen. Zu beachten ist dabei, dass jedes Königreich eine eigene Seriennummerierung vorgegeben hatte. Sammlung des Autors

The small letter found below the serial number of nearly all Bavarian M/79 and M/83 Revolvers might initially be taken for a Gothic L. It is actually the old German script capital B (for Bayern = Bavaria). Unless this is clear, confusion might well result. Remember also that each of the kingdoms had its own serial number ranges. Author's collection

Siehe dazu auch die Abb. 17.2 und 17.3

Bei den sächsischen Revolvern des Konsortiums war die Deutung einfacher, da es sich in diesem Falle eindeutig um ein leicht stilisiertes S handelt und zwar in lateinischer Schreibweise.

Bei einigen Revolvern M/83 aus der ersten Bestellung war das S. mit einem Punkt versehen. Der Punkt konnte bei den sächsischen M/79 und späteren M/83 nicht beobachtet werden.

Ein aktenkundiger Beleg für diese Buchstaben konnte nicht gefunden werden. Eine plausible Erklärung lässt sich dennoch ableiten: Das KBKM und das KSKM hatten unabhängig voneinander die Bestellungen in Suhl so platziert, dass die Aufträge teilweise für beide Bundesstaaten gleichzeitig produziert werden mussten. Da die Vergabe der Seriennummern beider Besteller verbindlich vorgeschrieben worden war, durften keine Fehlprägungen und Verwechselungen vorkommen.Ohne ein sinnvolles System wäre es aber mit Sicherheit dazu gekommen. Man muss sich einmal vergegenwärtigen, daß in den Fabrikationsstätten Hunderte von Rahmen, Läufen, Trommeln und Schlossteilen in Arbeit waren und diese noch in den verschiedenen Fertigungsstufen vorlagen.

Die Kennzeichnung der Hauptteile mit dem jeweiligen Anfangsbuchstaben des Bundesstaates war demnach eine zwingend notwendige Maßnahme.

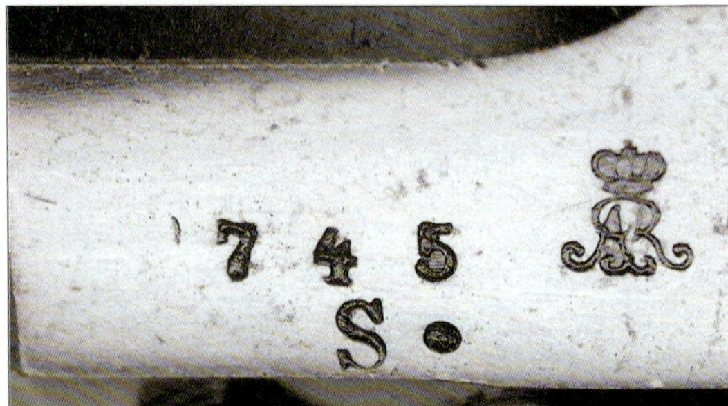

13.43.–13.44. Die sächsischen Revolver M/79 und M/83 wurden sämtlichst zur Unterscheidung mit einem lateinischen S gekennzeichnet. Sammlung des Autors
The Saxon Revolvers M/79 and M/83 were all marked with the Latin letter S to avoid confusion. Author's collection

In den Phasen, in denen keine Parallelfertigung vorkam, war diese Kennzeichnung nicht notwendig. Die bayerischen M/83 Suhler Fertigung im Seriennummernbereich von ca. 8000 – 9500, also die Nachbestellungen, wiesen den Buchstaben B nicht mehr auf. Mit den Buchstabenstempeln auf den M/83 Erfurter Fertigung hat es eine andere Bewandtnis.

Die in lateinischer Schreibschrift geschlagenen Kleinbuchstaben unterhalb der Seriennummer für Serien a 10 000 Stück. Weitere Einzelheiten dazu siehe im **Kapitel „Stückzahlen und Seriennummern"**.

13.14 Der EWB- Stempel

Den EWB-Stempel findet man nicht nur auf einigen Revolvern, sondern auch auf Gewehrschäften und anderen Handfeuerwaffen.

Auf den Revolvern befindet er sich auf einer der beiden Griffschalen und ist wegen seiner Schrifthöhe von rund 12 mm nicht zu übersehen.

Die drei Buchstaben sind tief in die Holzoberfläche eingebrannt.

Exkurs:

Nach dem ersten Weltkrieg verlief die Auflösung der Streitmacht in Deutschland oft planlos und chaotisch. Es entstanden soziale Unruhen, die von kommunistischen Gruppen zusätzlich geschürt wurden. Hinzu kamen steigende kriminelle Aktivitäten.

Um diesem Treiben Einhalt zu gebieten, verfügte der Preußische Innenminister am 15. April 1919 die Aufstellung einer Einwohnerwehr, die als paramilitärische Polizeitruppe die Bürger schützen sollte. Die Truppe bestand aus Freiwilligen, mindestens 24 Jahre alten, loyal zum Staat stehenden Männern mit möglichst militärischer Vergangenheit. Die Waffen verteilte die Reichswehr, die Einwohner-

13.45. Nach dem 1. WK stellte man für kurze Zeit in Deutschland Einwohnerwehren auf, um gegen Aufstände und marodierende Gruppen vorzugehen. Bayern kennzeichnete derartige Waffen mit EWB (Einwohner-Wehr Bayern). Sammlung des Autors
After WWI Germany raised a civilian home-guard for a short time to act against rioters and looters. Bavaria marked its arms issued to these guards with EWB (Einwohner-Wehr Bayern). Author's collection

wehr selbst stand jedoch unter dem Kommando des Innenministeriums. Die notwendigen Übungen wurden in der Freizeit der Freiwilligen absolviert.

Der Kommandant der Einwohnerwehr Bayerns Georg Escherich, ließ die bei der Einwohnerwehr verwendeten Waffen mit EWB markieren. Als einzige Provinz übrigens; aus anderen Bereichen des Reiches waren derartige Kennzeichnungen nicht bekannt: Die 3 Buchstaben stehen also für Einwohner-Wehr Bayern.

Nach wiederholter Aufforderung durch die alliierte Kontrollkommission, welche die Einhaltung der Versailler-Verträge zu kontrollieren hatte, wurde die Einwohnerwehr am 29. Juni 1921 bereits wieder aufgelöst.

Revolver 79 oder 83 mit dem EWB- Stempel sind also interessante Zeitzeugen deutscher Nachkriegsgeschichte des 1. Weltkriegs. Sie belegen, dass die

13.46. Ein relativ selten vorkommender Händlerstempel. Nach dem I. WK kauften Händler die eingesammelten Waffen auf und vertrieben sie an Interessenten. In diesem Fall markierte der Händler Franken & Lüneschloß aus Suhl den Revolver 79 mit seinem Stempel. Sammlung des Autors
A relatively rare dealer's mark. After WWI dealers purchased ex-military weapons and sold them to civilian customers. In this example the trader – Franken & Lüneschloß – of Suhl stamped his mark on a Revolver 79. Author's collection

im Kriege verwendeten Reichsrevolver nach dem 1. Weltkrieg der Reichswehr übergeben bzw. von ihr eingesammelt wurden. Natürlich nicht alle. Das beweisen die versteckten Stücke, die trotz Androhung drakonischer Strafen zwei Weltkriege überlebt haben. Leider sind diese Exemplare oft in einem schlechten Zustand, da sie auf Dachböden, eingegraben oder eingemauert die Jahrzehnte überstehen mussten.

13.15 Händlerstempel

Eine Zeit lang gab ein Revolver 79 dem Autor ein Rätsel auf: Auf der Deckplatte befand sich ein ordentlich geschlagener, runder Stempel mit den Buchstaben F und L, dazu 2 gekreuzte Säbel mit einer Krone.

Letztere sorgte für besondere Verwirrung. Hatte sie etwas mit dem Fürstentum Lichtenstein zu tun? Eine Anfrage diesbezüglich war negativ.

Was also hatte se mit diesem Stempel für eine Bewandtnis?

Ein Foto im „Deutschen Waffenjournal" brachte Klarheit. Ein freundlicher Leser machte darauf aufmerksam, dass 1928 eine Firma „Franken und Lüneschloß" genau dieses Zeichen als Warenzeichen hatte eintragen lassen.

Weitere Nachforschungen ergaben, dass die in Suhl etablierte Firma einen Handel mit Waffen aller Art betrieb.

Franken & Lüneschloß muss demnach ab 1928 diesen oder auch andere M/79 erworben und markiert kommerziell weiter verkauft haben.

Andere Händlerstempel auf Revolvern 79 und 83 militärischer Herkunft sind dem Autor bislang nicht bekannt geworden.

Quellen

BHS, Preuß. XX 45
„Vorschrift zur Untersuchung und Abnahme der Revolvertheile und fertigen Revolver", Spandau 1882
„Vorschrift über das Stempeln der Handfeuerwaffen", Berlin 1897
„Warenzeichen, Firmenzeichen, Schutzmarken auf Schusswaffen und Waffenteilen", Mittlere Polizeischule Aschersleben, Nr. 169
HRT

Chapter 13

The application of markings was specified in the Instructions for Examination and Final Inspection of Revolver Parts and Finished Revolvers, printed in 1882. Prior to this date inspections were controlled by provisional instructions. The various markings are shown in the illustrations to this chapter.

14. Güteprüfungen an Revolvern 79 und 83

Revolver 79

Für die Güteprüfung der Revolver 79 war die bereits erwähnte Vorschrift verfügt worden: *„Vorschrift zur Untersuchung und Abnahme der Revolvertheile und fertigen Revolver“ Spandau 1882.*

Vorschrift

zur

Untersuchung und Abnahme

der

Revolvertheile und fertigen Revolver

M/79.

Spandau.

Gedruckt im Artillerie-Konstruktions-Bureau.

1882.

14.1. Titelblatt der 1882 gedruckten Vorschrift zur Abnahme der Revolver M/79. Da zu dieser Zeit bereits zahlreiche Revolver M/79 ausgeliefert waren, erfolgte deren Abnahme mit einer handgeschriebenen „vorläufigen Vorschrift“. Ein im militärischen Bereich übliches Verfahren. BHS, Preuß. XX45
Title page of the instruction for the final inspection of revolvers M/79, printed in 1882. The many Revolvers M/79 which had already been delivered had been inspected under the regulations of a handwritten provisional instruction, a typical military procedure! BHS, Preuß. XX45

Die Vorschriften zu den Revolvern hatte Preußen herausgegeben. Sie wurden nahezu wortgetreu vom KBKM übernommen und für den bayerischen Bedarf in München neu gedruckt.

Sachsen bezog sich, wie bereits in den Kontrakten vorgegeben, auf preußische Vorschriften, so dass man davon ausgehen kann, dass Dresden preußische Vorschriften benutzte. Ähnlich wird auch das Kriegsministerium Württembergs die Güteprüfung bei Mauser abgewickelt haben. Die von Preußen herausgegebenen *„Ausführungsbestimmungen zur Allerhöchsten Kabinets-Ordre vom 21. März 1879, betreffend die Einführung des Revolvers M/79 an*

Anhang.

Untersuchung und Abnahme

der

Ersatz- bezw. Reservetheile

mit von der Norm abweichenden Maßen.

(Lauf, Tragering und Schraube zur Reparatur der Rast für die Warze des Sperrstifts bezw. Haltestift zur Ladeklappe, Hahn, Umfaßhebel und Abzug.)

Der dieser Instruktion beigefügte Anhang betraf die Ersatz- und Reserveteile. Sie standen später den Regimentsbüchsenmachern im Falle einer Reparatur zur Verfügung. BHS, Preuß. XX45
The accompanying appendix concerned numbers and types of spare and reserve parts which were to be made available to regimental armourers for repair work. BHS, Preuß. XX45

Stelle des Pistols, bei der Bewaffnung der Armee“, vom 16. März 1881 lieferten weitere Hinweise über den Ablauf der Güteprüfung. Diese Bestimmungen wurden zwar bereits in **Kapitel 6.1.5** behandelt. Sie sind für diesen Abschnitt aber von gleicher Bedeutung. Dort heißt es: *„5. Die Revolver sind in Suhl und Sömmerda bestellt worden, werden bei der Gewehrfabrik Erfurt visitiert und abgenommen und sukzessive an das Artillerie-Depot zu Erfurt abgeliefert....*

Mit Rücksicht darauf, daß die zur Ausgabe kommenden Revolver vollkommen neu und ungebraucht sind, hat die Entsendung von Übernahme-Kommissarien seitens der Kavallerie- und der Feldartillerie-Regimenter nach Erfurt in diesem Falle nicht stattzufinden auch ist die Hinzuziehung stellvertretender Übernahme-Kommissarien nicht erforderlich.“

Die Güteprüfung erfolgte in Preußen also in zwei Schritten. In Suhl prüfte man die Einzelteile der zerlegten Revolver und in Erfurt wurde jede Waffe visitiert (in Augenschein genommen) und abgenommen, d. h., es wurde der Superrevisionsstempel geschlagen.

In Bayern war die Vorgehensweise ähnlich. Hier erfolgte die Übernahme der fertigen Revolver in der Gewehrfabrik Amberg.

Sachsen, wie wir bereits wissen, führte die Übernahme komplett in Suhl durch.

Wie Württemberg vorging ist nicht überliefert.

Prüflehren und Rapporteure

Zur praktischen Abnahme der Revolverteile des Revolvers 79 gehörte ein umfangreicher Lehren- und Gerätesatz. Er umfasste 95 einzelne Lehren und Kaliber sowie 4 größere Instrumente mit folgenden Bezeichnungen:

- Instrument zur Prüfung der richtigen Stellung von Visier und Korn.
- Instrument für die Stellung der Zähne zu den Patronenlagern
- Biegeprobe zur Schlagfeder.
- Biegeprobe zur Sicherung.
- Des weiteren 62 sogenannte Rapporteure. (französisch rapporter = übertragen)

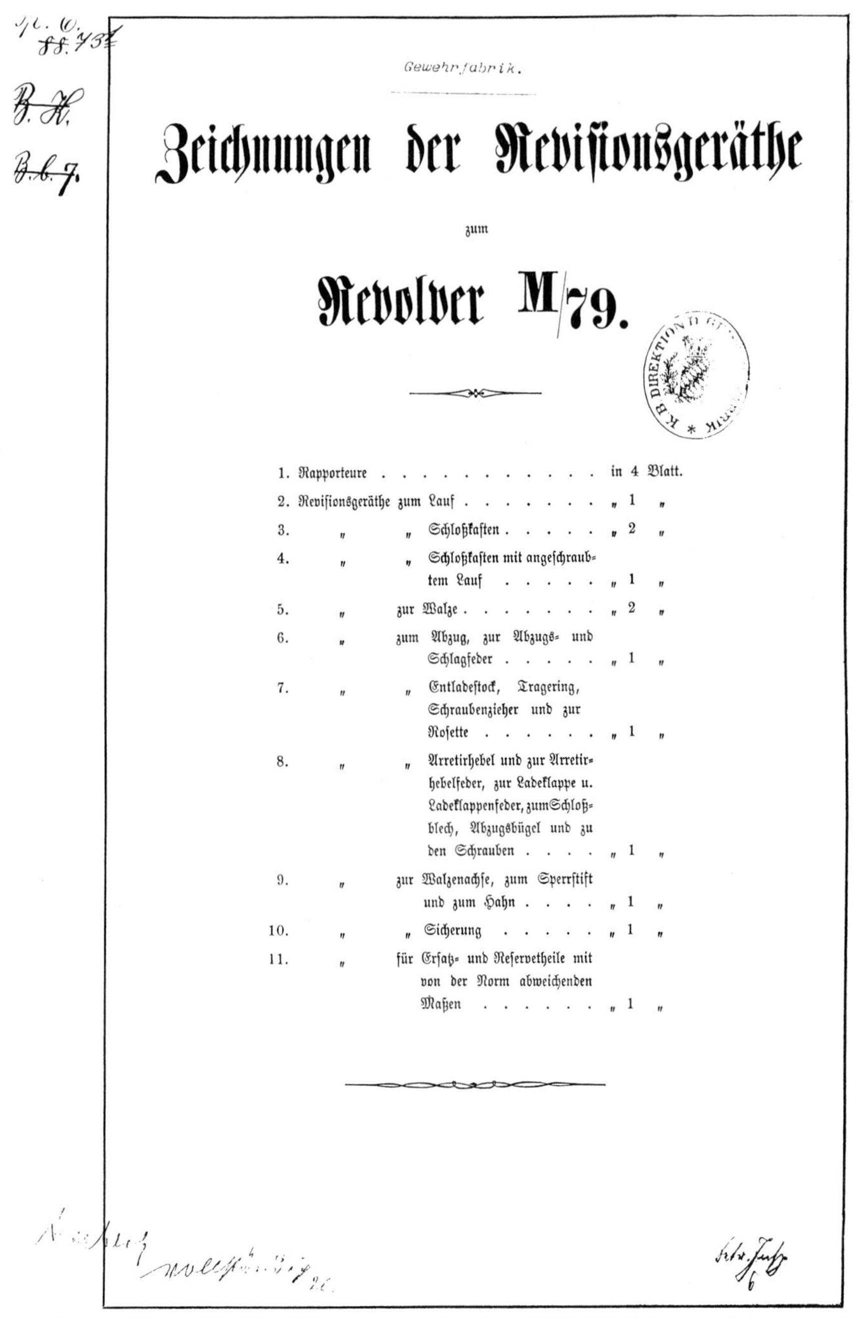

Gewehrfabrik.

Zeichnungen der Revisionsgeräthe

zum

Revolver M/79.

1.	Rapporteure	in 4	Blatt.
2.	Revisionsgeräthe zum Lauf	„ 1	„
3.	„ „ Schloßkasten	„ 2	„
4.	„ „ Schloßkasten mit angeschraubtem Lauf	„ 1	„
5.	„ zur Walze	„ 2	„
6.	„ zum Abzug, zur Abzugs- und Schlagfeder	„ 1	„
7.	„ „ Entladestock, Tragering, Schraubenzieher und zur Rosette	„ 1	„
8.	„ „ Arretirhebel und zur Arretirhebelfeder, zur Ladeklappe u. Ladeklappenfeder, zum Schloßblech, Abzugsbügel und zu den Schrauben	„ 1	„
9.	„ zur Walzenachse, zum Sperrstift und zum Hahn	„ 1	„
10.	„ „ Sicherung	„ 1	„
11.	„ für Ersatz- und Reservetheile mit von der Norm abweichenden Maßen	„ 1	„

14.3.–14.12. Lehren, Kaliber und Prüfvorrichtungen zum Revolver M/79. Die folgenden Seiten vermitteln einen Eindruck, welcher enorme Aufwand bei der Qualitätssicherung und Güteprüfung der beiden Revolver getrieben wurde. Dadurch wurde die größtmögliche Austauschbarkeit der Einzelteile erreicht. Die Prüfungen der militärischen Abnehmer waren rigoros; fehlerhafte Teile wurden zur Nacharbeit oder zum Verschrotten zurück gegeben. BHS, ASV 73/1

Gauges, gauge plugs and inspection devices for the Revolver M/79. These pages give an impression of the great detail with which the several rigorous quality control inspections were carried out on the Reichsrevolvers. Interchangeability was achieved to a great extent. Military inspectors were very strict, and rejected parts could not be re-worked and hat to be scrapped.
BHS, ASV 73/1

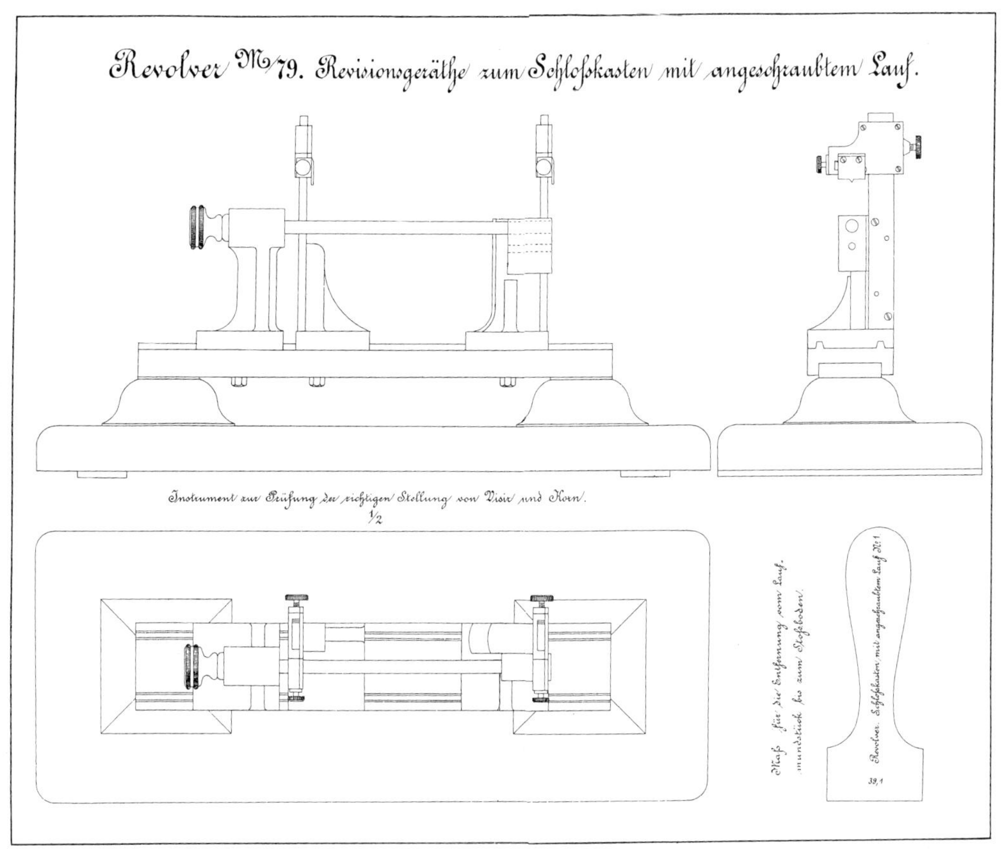
Revolver M/79. Revisionsgeräthe zum Schloßkasten mit angeschraubtem Lauf.
Instrument zur Prüfung der richtigen Stellung von Visir und Korn.
1/2

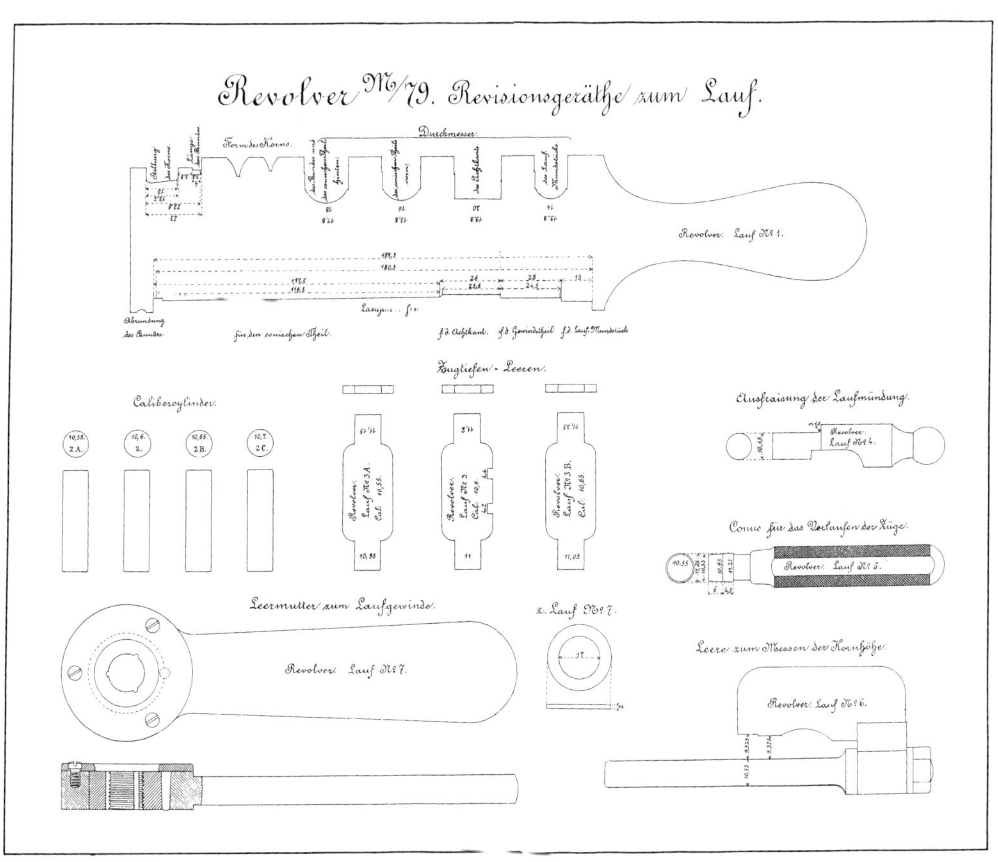
Revolver M/79. Revisionsgeräthe zum Lauf.
Revolver. Lauf No 1.
Zugtiefen - Leeren.
Caliberoylinder.
Ausfraisung der Laufmündung.
Leermutter zum Laufgewinde.
Revolver. Lauf No 7.
Leere zum Messen der Kornhöhe.
Revolver. Lauf No 6.

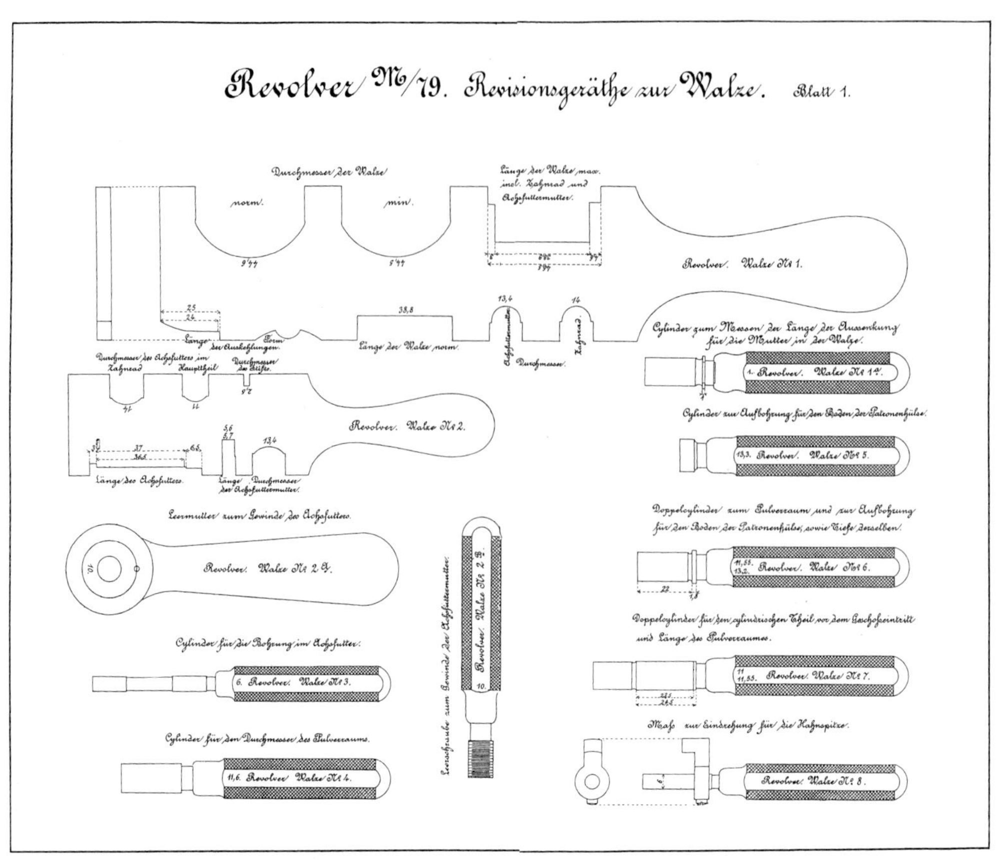
Revolver M/79. Revisionsgeräthe zur Walze. Blatt 1.
Durchmesser der Walze
norm.
min.
Länge der Walze max. incl. Zahnrad und Achsfuttermutter.
Revolver. Walze Nr 1.
Länge der Walze norm.
Durchmesser
Zahnrad
Cylinder zum Messen der Länge der Aussenkung für die Mutter in der Walze.
Revolver. Walze Nr 1 4.
Revolver. Walze Nr 2.
Cylinder zur Aufbohrung für den Boden der Patronenhülse.
Revolver. Walze Nr 5.
Leermutter zum Gewinde des Achsfutters.
Revolver. Walze Nr 2 a.
Doppelcylinder zum Pulverraum und zur Aufbohrung für den Boden der Patronenhülse, sowie Tiefe derselben.
Revolver. Walze Nr 6.
Cylinder für die Bohrung im Achsfutter.
Revolver. Walze Nr 3.
Revolver. Walze Nr 7.
Cylinder für den Durchmesser des Pulverraums.
Revolver. Walze Nr 4.
Revolver. Walze Nr 8.

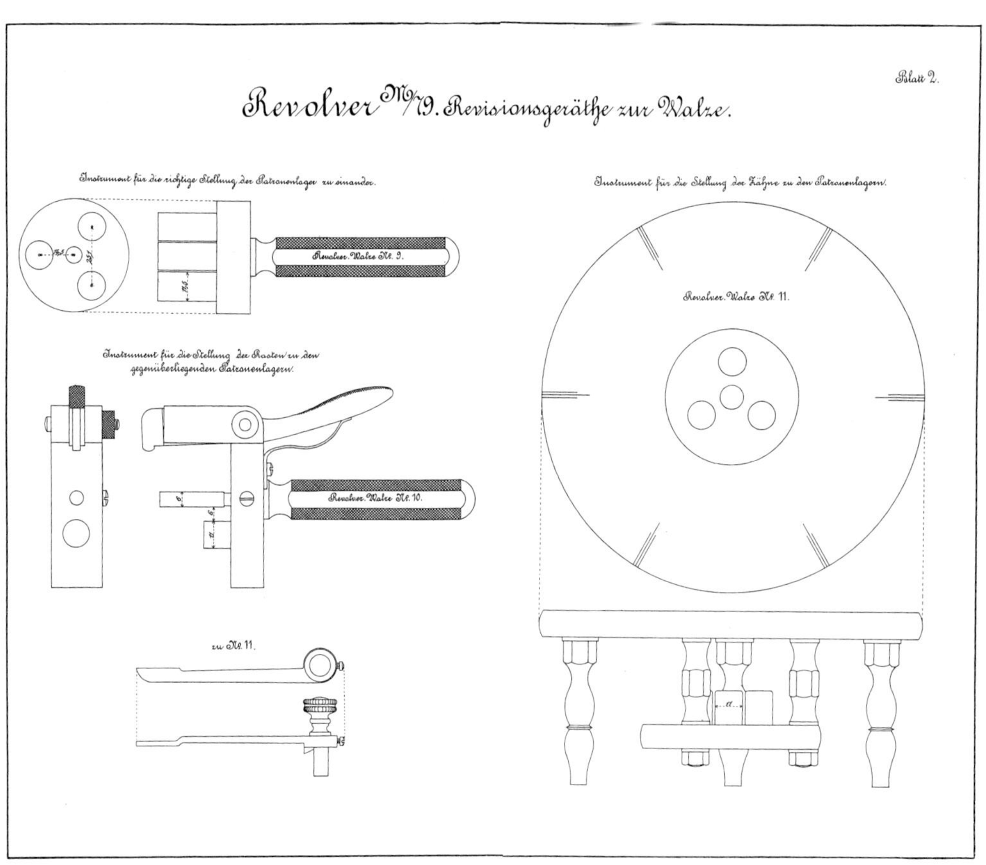
Blatt 2.
Revolver M/79. Revisionsgeräthe zur Walze.
Instrument für die richtige Stellung der Patronenlager zu einander.
Revolver. Walze Nr 9.
Instrument für die Stellung der Zähne zu den Patronenlagern.
Revolver. Walze Nr 11.
Instrument für die Stellung der Rasten zu den gegenüberliegenden Patronenlagern.
Revolver. Walze Nr 10.
zu Nr 11.

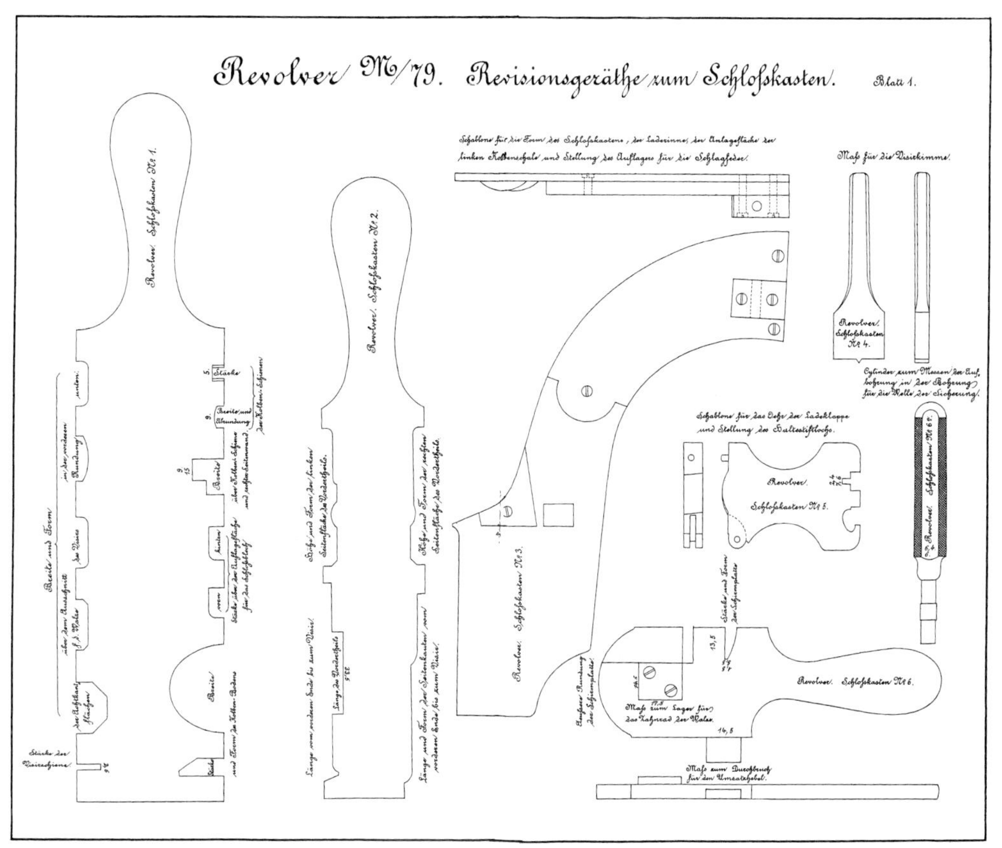
Revolver M/79. Revisionsgeräthe zum Schloßkasten.
Blatt 1.

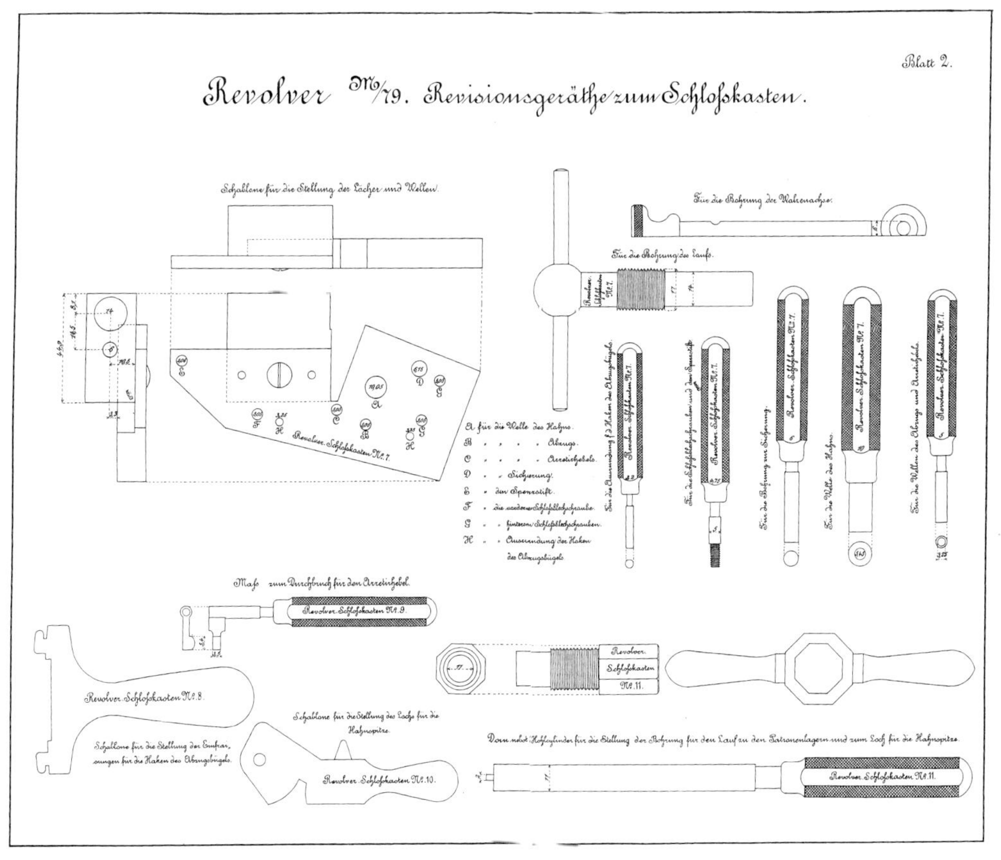
Blatt 2.
Revolver M/79. Revisionsgeräthe zum Schloßkasten.

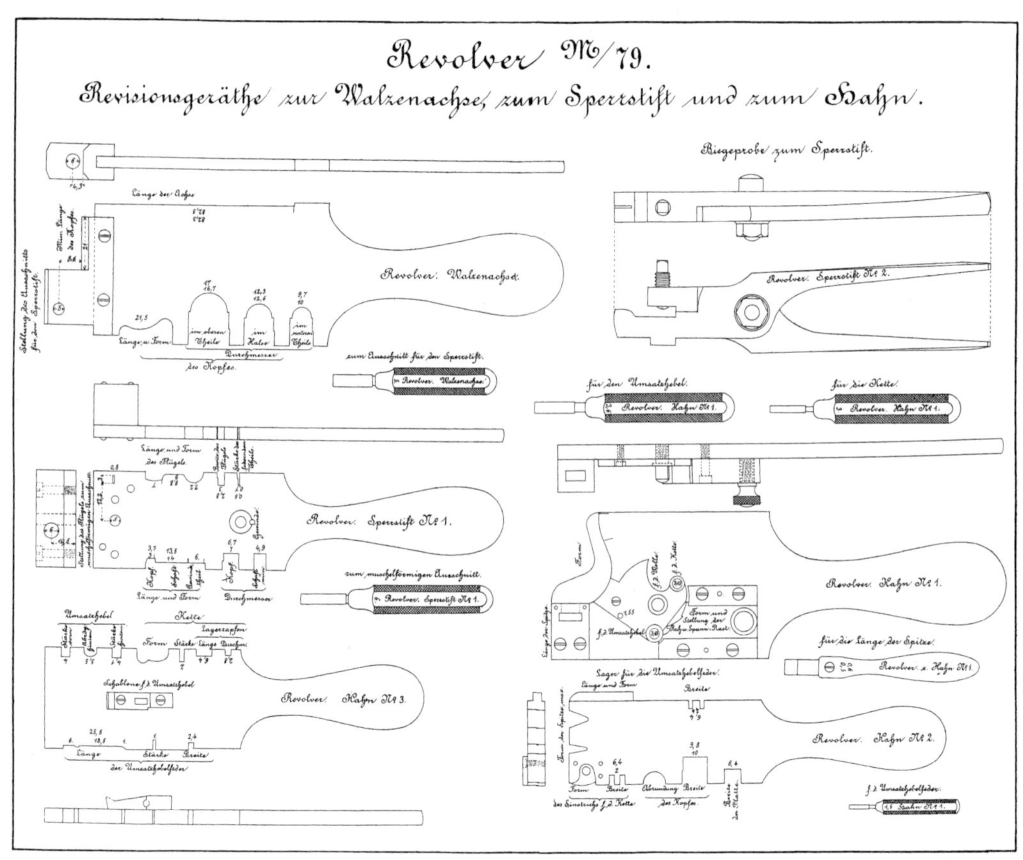
Revolver M/79.
Revisionsgeräthe zur Walzenachse, zum Sperrstift und zum Hahn.
Biegeprobe zum Sperrstift.
Länge der Achse
Revolver. Walzenachse.
Revolver. Sperrstift Nr. 2.
zum Ausschnitt für den Sperrstift.
Revolver. Walzenachse.
für den Umsatzhebel.
Revolver. Hahn Nr. 1.
für die Kette.
Revolver. Hahn Nr. 1.
Länge und Form des Flügels
Revolver. Sperrstift Nr. 1.
Länge und Form
Durchmesser
zum muschelförmigen Ausschnitt.
Revolver. Sperrstift Nr. 1.
Revolver. Hahn Nr. 1.
Umsatzhebel
Kette
Lagerzapfen
Schablone f. d. Umsatzhebel
Revolver. Hahn Nr. 3.
Länge
Stärke
Breite
der Umsatzhebelfeder
für die Länge der Spitze.
Revolver. z. Hahn Nr. 1.
Lager für die Umsatzhebelfeder.
Länge und Form
Breite
Revolver. Hahn Nr. 2.
Form
Breite
Abrundung
Breite
des Einschnitts f. d. Kette.
des Kopfes.
f. d. Umsatzhebelfeder.
Hahn Nr. 1.

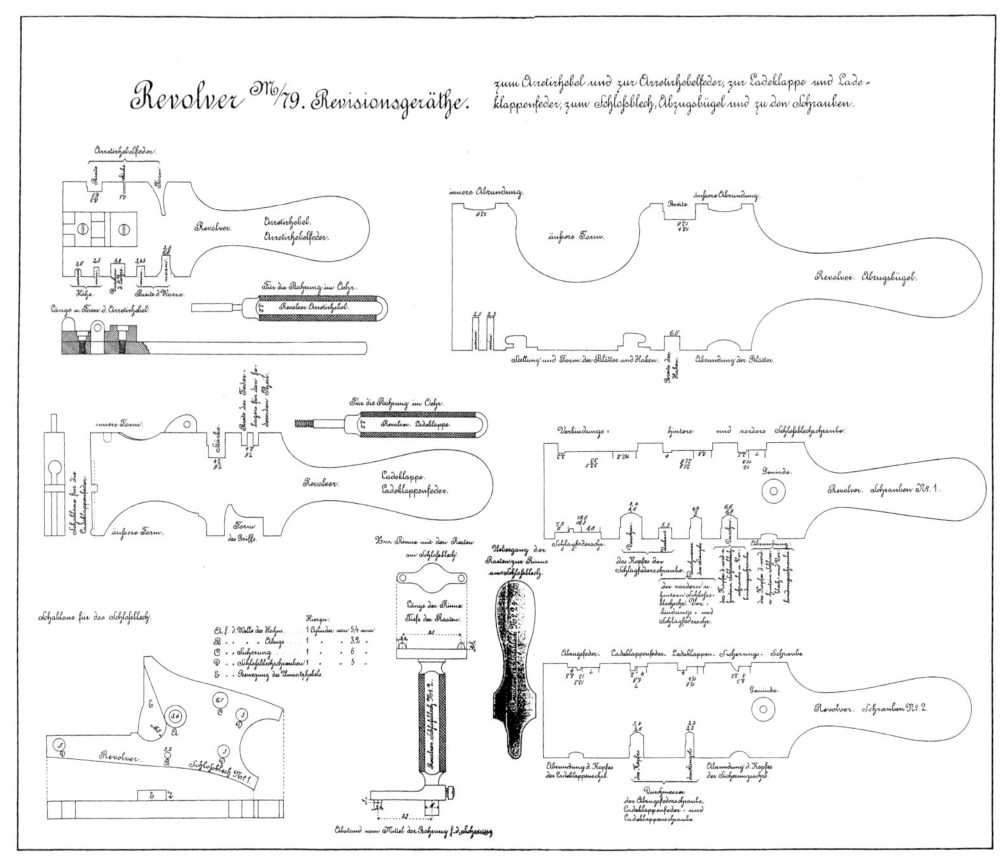
Revolver M/79. Revisionsgeräthe.
zum Arretirhebel und zur Arretirhebelfeder, zur Ladeklappe und Ladeklappenfeder, zum Schloßblech, Abzugsbügel und zu den Schrauben.
Arretirhebelfeder.
Revolver. Arretirhebel. Arretirhebelfeder.
Länge u. Form d. Arretirhebel.
Für die Bohrung im Ohr.
Revolver. Arretirhebel.
innere Abrundung.
äußere Abrundung.
Breite
äußere Form.
Revolver. Abzugsbügel.
Stellung und Form der Blätter und Haken.
Abrundung der Blätter.
Für die Bohrung im Ohr.
Revolver. Ladeklappe.
innere Form.
Stärke
Revolver.
Ladeklappe.
Ladeklappenfeder.
äußere Form.
Form des Griffs
Verbindungs-
hintere
und vordere Schloßblechschraube.
Gewinde.
Revolver. Schrauben Nr. 1.
Schlagfederschr.
Abrundung.
Schablone für das Schloßblech.
Revolver.
Schloßblech Nr. 1.
Länge der Rinne. Tiefe der Rasten.
Abstand vom Mittel der Bohrung f. d. Schlagfeder.
Abrundung.
Ladeklappenfeder.
Ladeklappen.
Sicherung.
Schraube
Gewinde.
Revolver. Schrauben Nr. 2.
Durchmesser

Revolver M/79.
Revisionsgeräthe zur Sicherung.

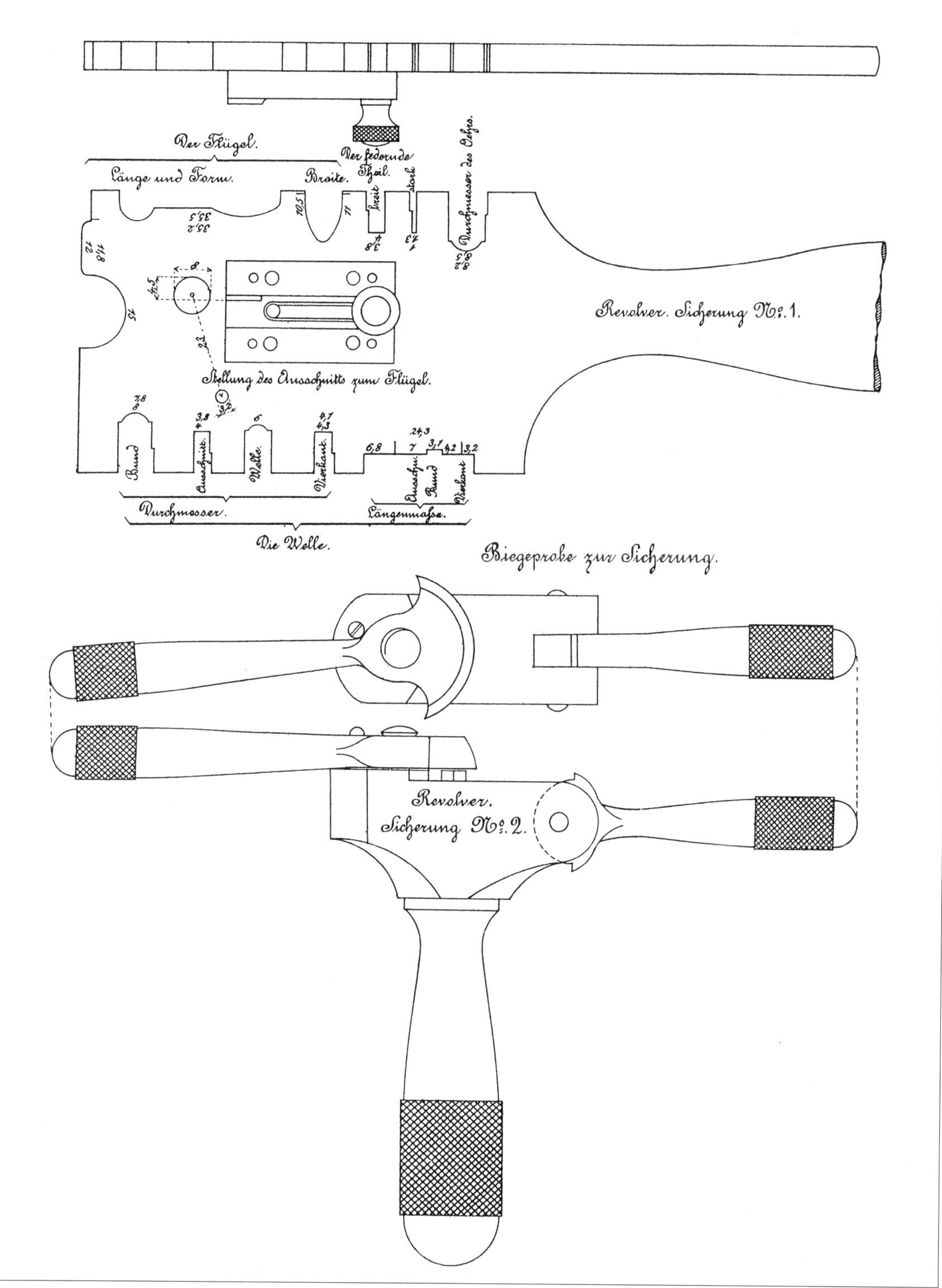

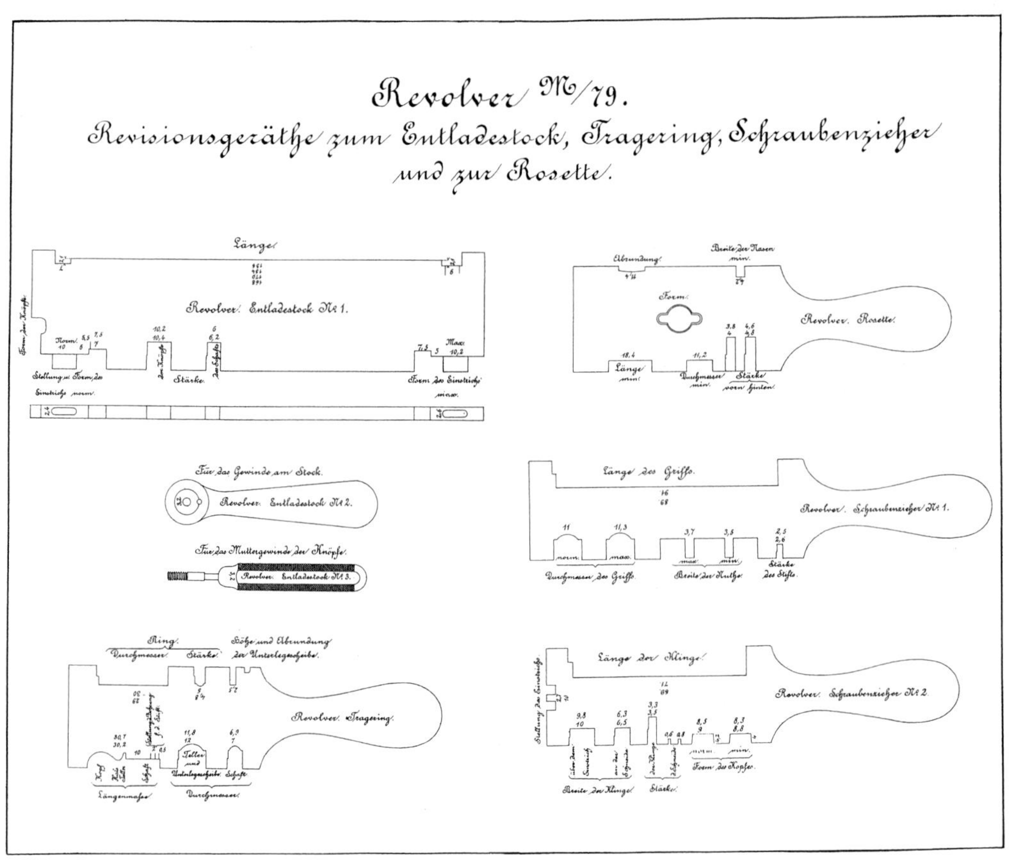
Revolver M/79.
Revisionsgeräthe zum Entladestock, Tragering, Schraubenzieher und zur Rosette.
Länge
Revolver Entladestock Nr 1.
Revolver Rosette.
Für das Gewinde am Stock.
Revolver Entladestock Nr 2.
Für das Muttergewinde der Knöpfe.
Revolver Entladestock Nr 3.
Länge des Griffs.
Revolver Schraubenzieher Nr 1.
Durchmesser des Griffs
Breite der Nuthe
Ring
Durchmesser
Stärke
Höhe und Abrundung der Unterlegscheibe
Revolver Tragering.
Längenmaße
Durchmesser
Länge der Klinge.
Revolver Schraubenzieher Nr 2.
Breite der Klinge
Stärke
Form des Kopfes

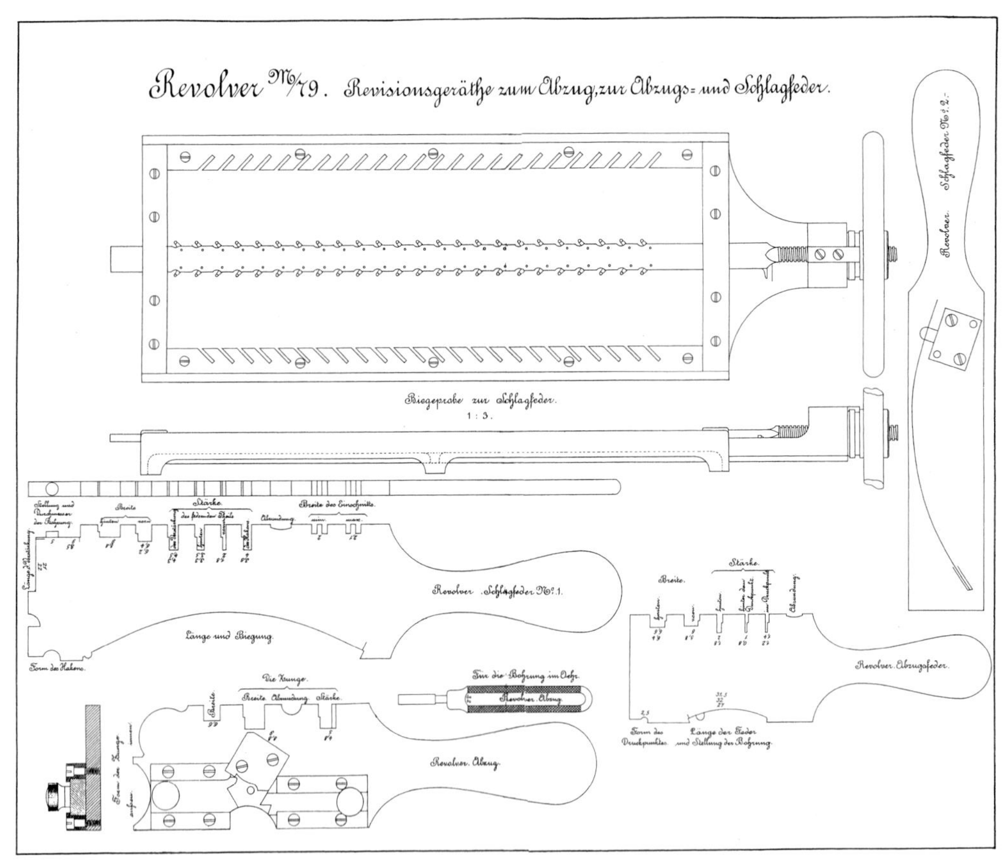
Revolver M/79. Revisionsgeräthe zum Abzug, zur Abzugs- und Schlagfeder.
Biegeprobe zur Schlagfeder.
1 : 3.
Revolver Schlagfeder Nr 2.
Stärke
Revolver Schlagfeder Nr 1.
Länge und Biegung
Form des Hakens
Die Zunge
Für die Bohrung im Oehr
Revolver Abzug.
Revolver Abzug.
Stärke
Breite
Revolver Abzugsfeder.

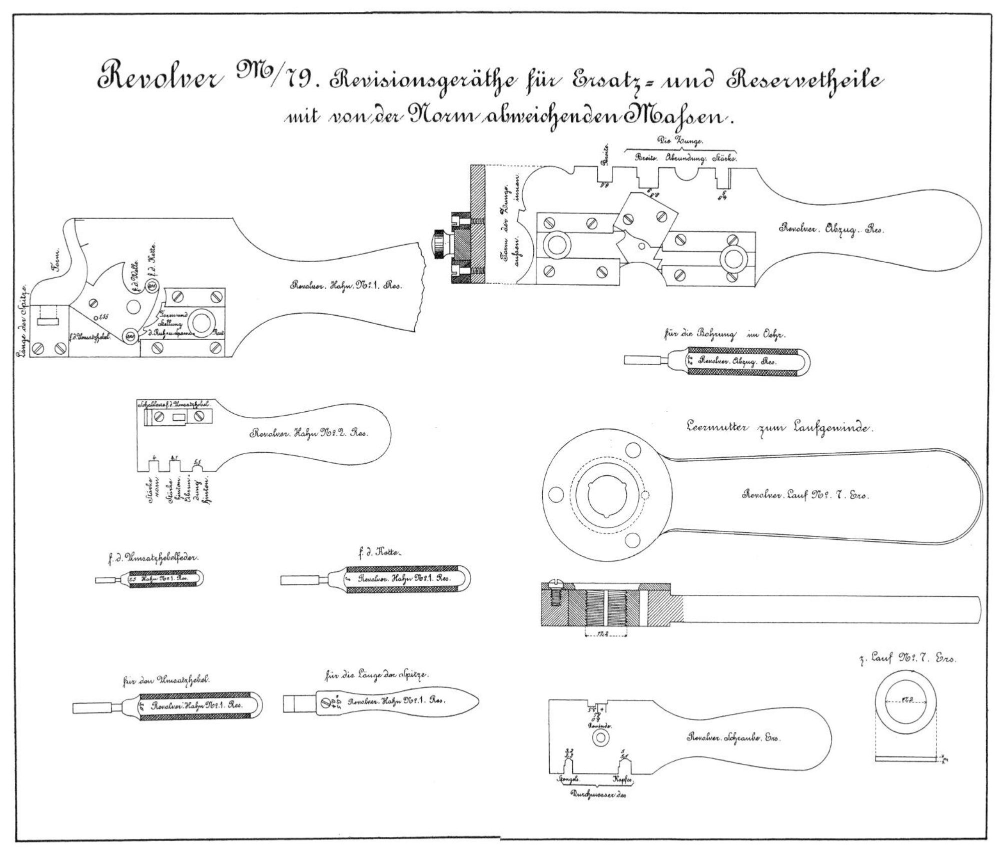
Revolver M/79. Revisionsgeräthe für Ersatz- und Reservetheile
mit von der Norm abweichenden Maßen.
Revolver. Hahn No 1. Res.
Revolver. Abzug. Res.
Revolver. Hahn No 2. Res.
Leermutter zum Laufgewinde.
Revolver. Lauf No 7. Ers.
Revolver. Schraube. Ers.

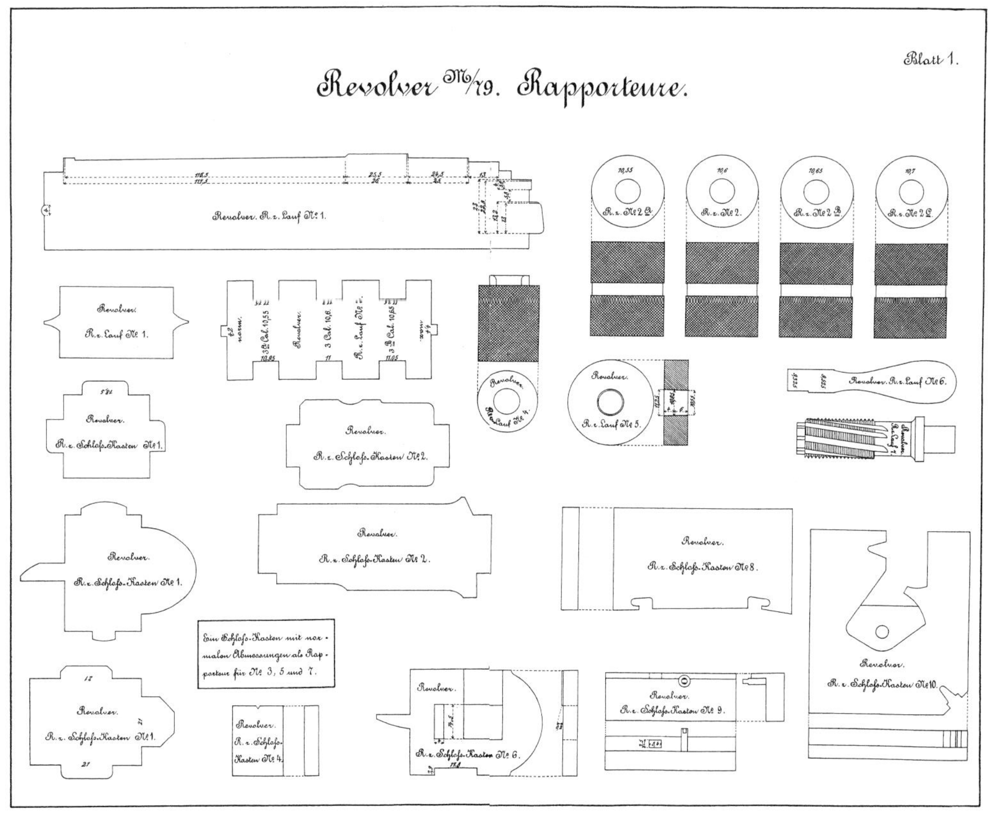
Blatt 1.
Revolver M/79. Rapporteure.
Revolver. R. z. Lauf No 1.
Revolver. R. z. Schloß-Kasten No 8.
Ein Schloß-Kasten mit normalen Abmessungen als Rapporteur für No 3, 5 und 7.
Revolver. R. z. Schloß-Kasten No 10.

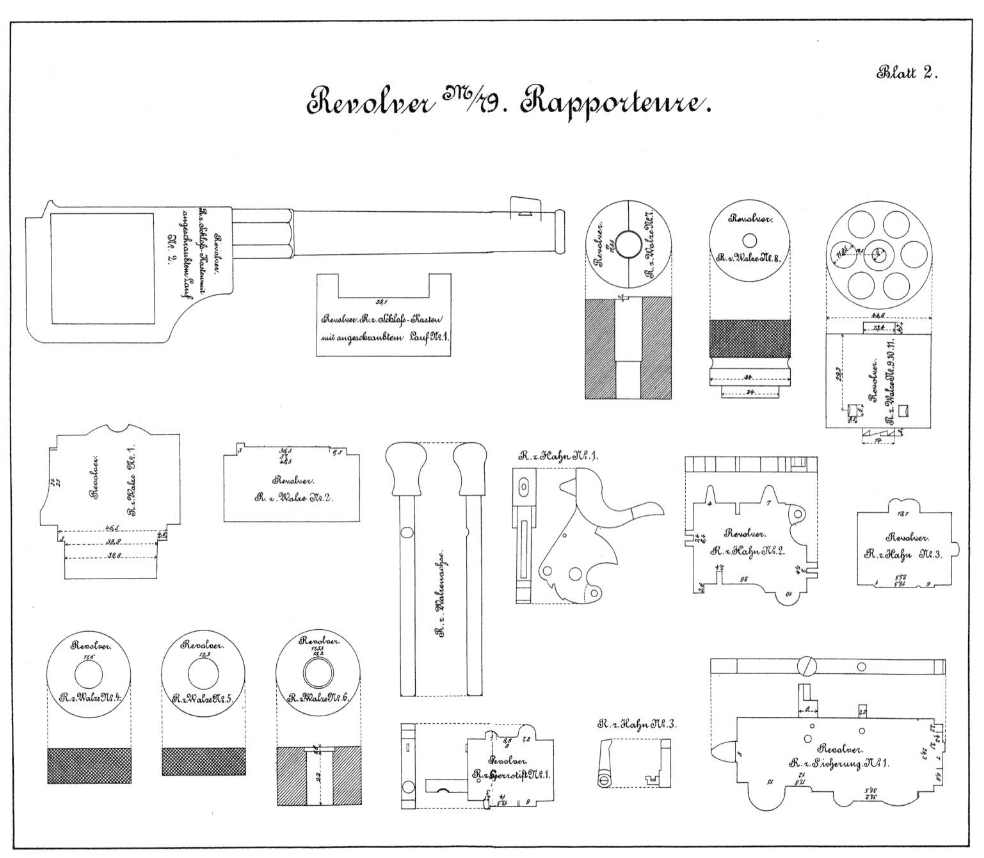
Blatt 2.
Revolver M/79. Rapporteure.
Revolver. R. z. Schloss-Kasten mit angeschraubtem Lauf Nr. 1.
Revolver. R. z. Walze Nr. 8.
Revolver. R. z. Walze Nr. 2.
R. z. Hahn Nr. 1.
Revolver. R. z. Hahn Nr. 2.
Revolver. R. z. Hahn Nr. 3.
Revolver. R. z. Walze Nr. 4.
Revolver. R. z. Walze Nr. 5.
Revolver. R. z. Walze Nr. 6.
R. z. Hahn Nr. 3.
Revolver. R. z. Sicherung Nr. 1.

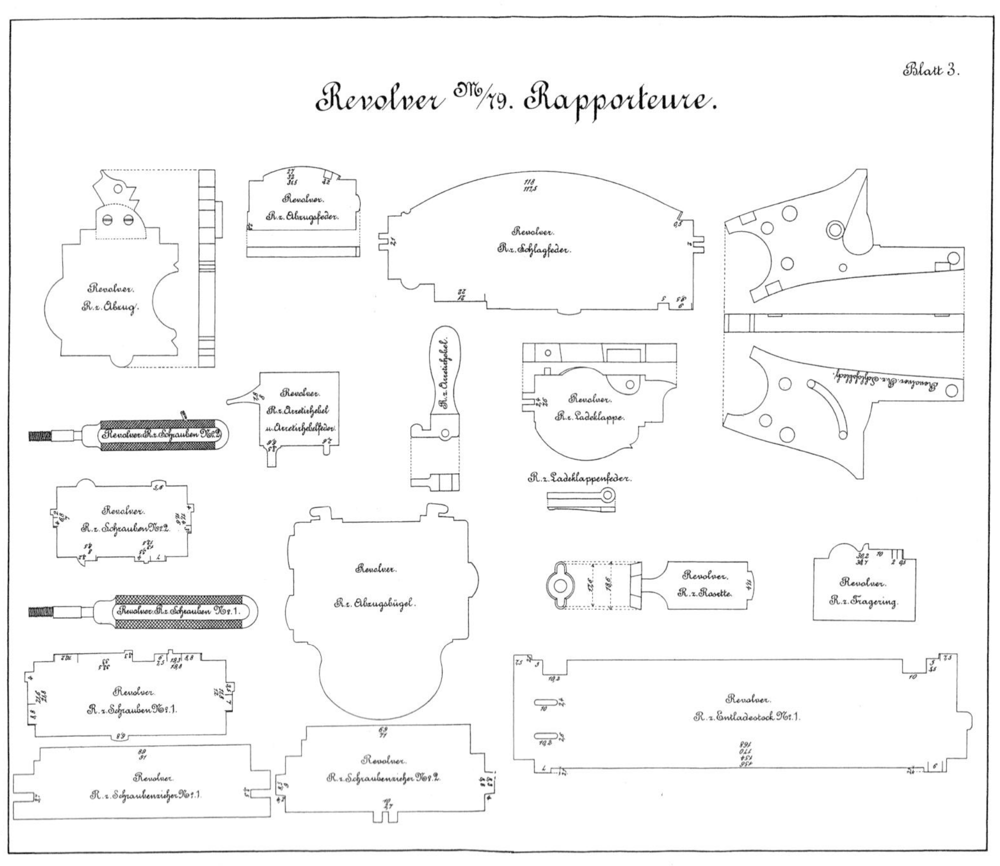
Blatt 3.
Revolver M/79. Rapporteure.
Revolver. R. z. Abzugfeder.
Revolver. R. z. Schlagfeder.
Revolver. R. z. Abzug.
Revolver. R. z. Arretirhebel u. Arretirhebelfeder.
Revolver. R. z. Ladeklappe.
R. z. Ladeklappenfeder.
Revolver. R. z. Schrauben Nr. 2.
Revolver. R. z. Abzugsbügel.
Revolver. R. z. Rosette.
Revolver. R. z. Tragering.
Revolver. R. z. Schrauben Nr. 1.
Revolver. R. z. Entladestock Nr. 1.
Revolver. R. z. Schraubenzieher Nr. 1.
Revolver. R. z. Schraubenzieher Nr. 2.

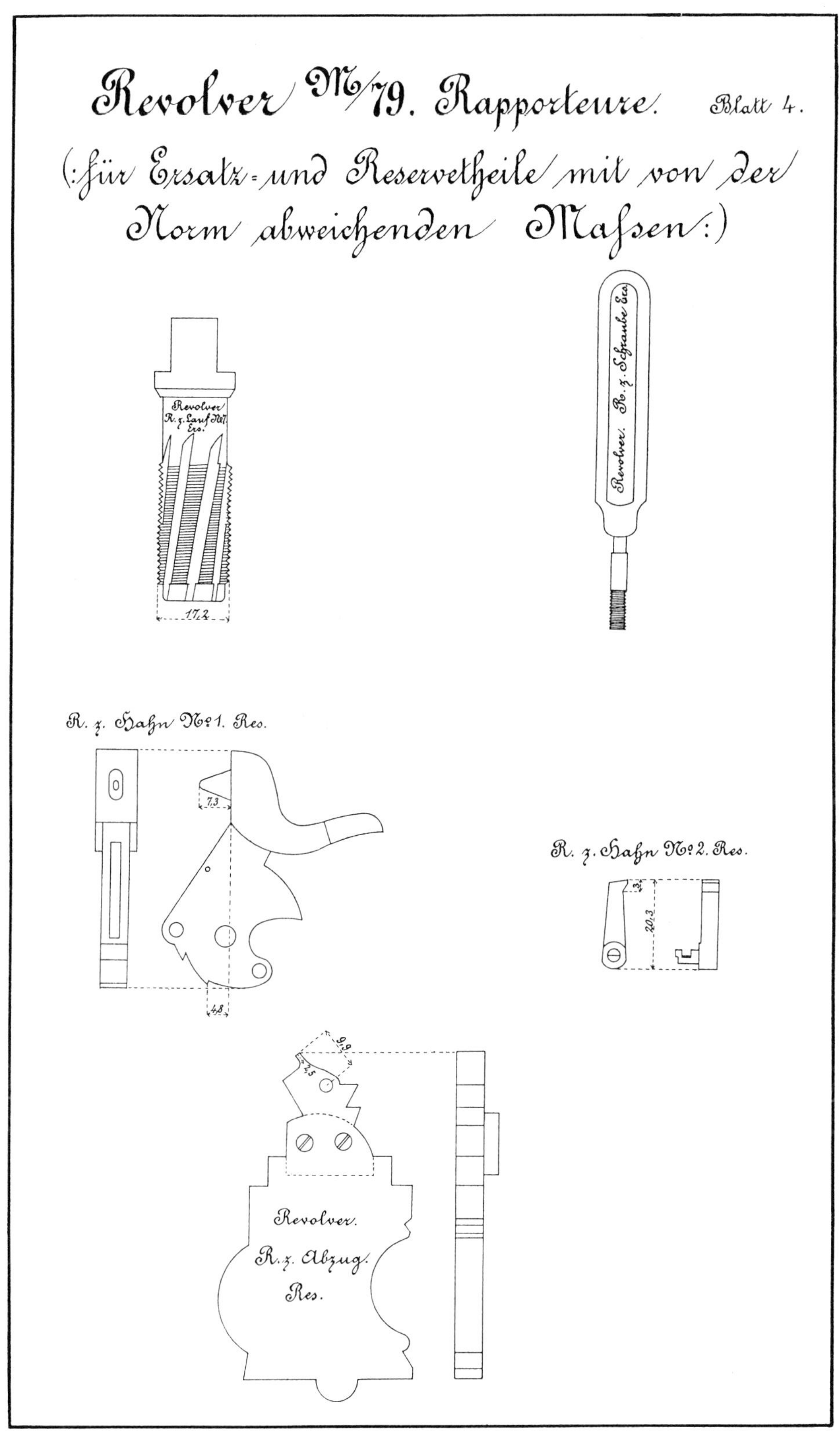

14.14.–14.19. Zur Überprüfung der Lehren und Kaliber und zwecks Anfertigung weiterer Arbeitslehren wurde jedem Lehrensatz ein Satz sogenannter Rappoteure beigefügt. BHS, ASV 73/1

To check the gauges and gauge plugs, and to make additional workshop gauges, a set of mother-gauges was included with each set of gauges. BHS, ASV 73/1

Bei diesen Prüfgeräten handelt es sich um die Urmaße jedes einzelnen Teils der Revolver. Sie waren notwendig, um die Lehren und Kaliber mit Hilfe dieser Rapporteure selbst überprüfen zu können. Man muss sich einmal vergegenwärtigen, was es heißt, fortlaufend die Einzelteile von 69 000 Revolvern nur allein für Preußen zu überprüfen. Dennoch unterlagen diese trotz Härtung der beanspruchten Flächen einem Verschleiß und mussten ersetzt oder nachbearbeitet werden.

Da den Lieferanten vorgeschrieben war, die Revolver vor der offiziellen Abnahme bereits werksintern geprüft vorzulegen, waren sie also gezwungen nicht nur die zur Fabrikation notwendigen Arbeitslehren anzufertigen, sondern auch einen Satz Lehren für die Endabnahme. Das wiederum machte erforderlich, ebenfalls die Rapporteure bereitzuhalten.

Um einen Einblick in den Abnahmevorgang zu bekommen, sind im folgenden die wichtigsten Passagen wiedergegeben. Ausgelassen wurden die Beschreibungen bzgl. der Anwendung der zahlreichen Lehren und Geräte benutzt werden mussten.

§ 2

„Der fertige Revolver ist vollständig zu zerlegen und die Teile auf einem entsprechend eingerichteten Brett, übersichtlich geordnet zur Revision zu stellen. Die Revision erfolgt:
A. durch äußere Besichtigung;
B. mittels der Feile;
C. mittels des Revisionsgerätes;
D. durch den Beschuss;
E. durch den Anschuss.
Anmerkung: Die Revision A und B haben der Revision C unmittelbar voranzugehen.

§ 3

Im Allgemeinen:
...10. ob alle Teile des Revolvers richtig und an vorgeschriebener Stelle nummeriert bzw. mit dem Fabrikzeichen des Fabrikanten versehen sind und die Nummern bzw. Zeichen in richtiger Größe sauber und deutlich geschlagen sind.

§ 4

...10. ob die gehärteten Teile die durch die Dimensionstabelle vorgeschriebene Härte besitzen, d. h. ob bei allen Teilen, welche glashart herzustellen sind, eine neue Dreikantfeile nicht angreift, bei allen federhart herzustellenden eine solche Feile zwar angreift, aber erheblich schwerer als bei weich belassenen Teilen.

§ 6

...5. ob die Seele des Laufes kugelgleich ist.
Eine Kugel von 11,2 mm Durchmesser ist zu dem Ende langsam mit dem gerade erforderlichen Kraftaufwande durch den Lauf hin- und zurückzuschieben und dabei darauf zu achten, ob der hierzu nötige Kraftaufwand stets der nämliche ist.

Die Besichtigung der herausgestoßenen Kugel gibt ein Urteil über die Schärfe der Kanten an den Balken und ist die qu.(qu.= quästioniert, in Rede stehend; Verf.)
Kugel ferner zum Nachmessen der Zugbreiten, Revisions-Gerät-Lauf Nr. 3 – zu benutzen.

Anmerkung: Diese Passagen erscheinen beim ersten Lesen recht rätselhaft. Der § 6 macht hier den technischen Hintergrund der Laufkugelung deutlich.

Unerwähnt blieb das Material der Kugel, was zweifelsfrei Weichblei war.

Bei einem Felddurchmesser von 10,6 mm und einem Zugdurchmesser von 11 mm, wird für das Durchstoßen der Kugel ein erheblicher Kraftaufwand notwendig gewesen sein.

§ 13

... Es bleibt den abnehmenden Behörden überlassen, im Einverständnis mit den Fabrikanten die Schlagfedern eventuell bereits vor Anlieferung der Revolver von den Fabrikanten heranzuziehen, der Revision und Probe hinsichtlich der Elastizität zu unterwerfen und die Federn gestempelt den Fabrikanten wieder zugehen zu lassen, so daß sich demnächst in den Revolvern bereits revidierte Schlagfedern befinden. In diesem Falle ist eine nochmalige Revision derselben zu unterlassen und nur zu untersuchen, ob die Federn den vorgeschriebenen Revisionsstempel tragen.

Anmerkung: Die Stahlqualität in Verbindung mit der Wärmebehandlung der Schlagfeder muß erhebliche Probleme gemacht haben.

Nach Fertigstellung der Federn wurden sie zu mehreren in eine Vorrichtung gesetzt und bis zu einem gewissen Wert vorgespannt.

In diesem Zustand verblieben die Schlagfedern 10 Stunden. Danach durfte keine bleibende Verformung oder gar Bruch aufgetreten sein.

Sachsen nutzte, wie in den Kontrakten beschrieben, die Vorabprüfung der Schlagfedern.

Bemerkenswert ist, dass in dem aufwändigen Lehrensatz keine Einrichtung zur Überprüfung des Abzugskraft vorhanden war. Die diesbezügliche Anweisung unter 4. läßt eine breite Auslegung zu:

§ 18

4. ob bei gespanntem Revolver der Hahn noch einen zwar geringen, aber deutlich erkennbaren Überzug nach hinten hat, der Schnabel des Ab-

zugs den Hahn einerseits so feststellt, daß auch bei kräftigem Aufstoßen des Revolvers auf einen festen Gegenstand ein Losgehen desselben ausgeschlossen ist und andererseits zum Abdrücken des Revolvers kein, das Festhalten des Ziels beeinträchtigender Kraftaufwand erforderlich ist;...

§ 24

(Nach dem Anschuss)...Der Revolver erhält nunmehr den vorgeschriebenen großen Revisionsstempel (cfr. Zeichnung für die Nummerierung und Stempelung) (cfr.= confer, lat. vergleiche; Verf.)

§ 25

***Superrevision:** Behufs Ausübung einer möglichst strengen Kontrolle werden die komplett fertigen Revolver von dem technischen Direktor oder in dessen zeitweiser Stellvertretung von einem der übrigen Direktions-Assistenten oder zur Dienstleistung kommandierten Offiziere, je nach der Anordnung des Unter-Direktors, einer Super-Revision unterworfen.*

Hierbei ist im Allgemeinen die Aufmerksamkeit auf den Gesamtzustand des Revolvers, auf die gute äußere Beschaffenheit desselben und auf den guten, freien Gang des Schlosses sowie auf die richtige Stempelung zu richten, im Speziellen jedoch bald dies oder jenes Detail in's Auge zu fassen und zwar nach Maßgabe der Bestimmung des Unter-Direktors oder auf Grund der in den Werkstätten und Revisionslokalen gemachten eigenen Wahrnehmungen.

Stempelung

Den großen Super-Revisionsstempel F.W. mit Krone dem zuletzt erwähnten Stempel gegenüber.

Anmerkung: Wir erinnern uns, dass am 26. Juli 1883 der sächsische Leutnant Heydenreich wegen der Superrevision nähere Auskünfte einforderte: „..Unter Bezugname auf § 24 (hier hatte Lt. Heydenreich sich verschrieben) der *„Vorschrift zur Untersuchung und Abnahme der Revolvertheile und fertigen Revolver M/79" betreffend die Superrevision, bittet der Unterzeichnete ganz gehorsamst um Befehl, ein wie großer Prozentsatz der fertiggestellten Revolver einer Superrevision und nochmaligem Anschießen unterworfen werden soll.*

Heydenreich
Premierleutnant im 1. Feldartillerie
Regiment Nr. 12"

Die Frage Heydenreichs war durchaus berechtigt. Über den zu prüfenden Anteil der zur Superrevision vorgesehenen Revolver, war im § 25 der Vorschrift nichts erwähnt.

Revolver 83

Mit Einführung des Revolver 83 wurde die vorhandene Vorschrift aus dem Jahre 1886 der geänderten Situation angepaßt. Die neue Vorschrift hatte den Titel: *„Vorschrift zur Untersuchung und Abnahme derjenigen Teile des Revolvers 83, welche von den entsprechenden Teilen des Revolvers 79 abweichen."*

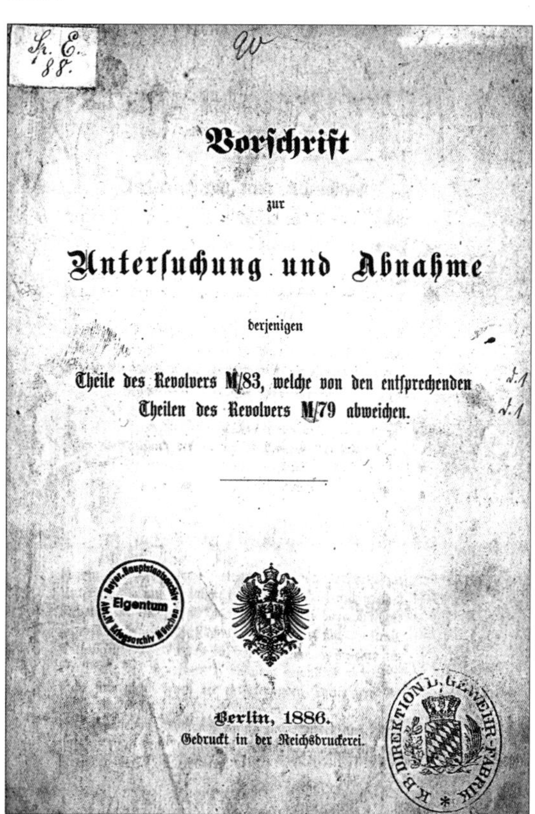
Vorschrift

zur

Untersuchung und Abnahme

derjenigen

Theile des Revolvers M/83, welche von den entsprechenden Theilen des Revolvers M/79 abweichen.

Berlin, 1886.
Gedruckt in der Reichsdruckerei.

14.20. Nach Einführung des Revolver M/83 wurden die Abnahmeinstruktionen nicht nochmals komplett neu verfasst, sondern nur ergänzt. Die Ergänzung betraf nur die Teile, die vom Revolver M/79 abwichen. BHS, Preuß. XX45
With the introduction of the Revolver M/83, the instruction for the final inspection were altered and supplemented only where they differed from those for the M/79. BHS, Preuß. XX45

Ebenso wurden die Lehren und Rapporteure ergänzt, die speziell zur Abnahme der M/83-Teile erforderlich waren.

Hier wieder die wichtigsten Abschnitte:

„...Für die vorstehend aufgeführten veränderten Teile des Revolvers 83 bleiben die in der Vorschrift zur Untersuchung und Abnahme der Revolverteile und fertigen Revolver 79 für die entsprechenden Teile des Revolvers 79 in ihrem Verhalten zu anderen Teilen im zusammengesetzten Revolver gegebenen Bestimmungen maßgebend.

Abweichungen finden nur beim Sperrstift und beim Trageriing statt, und gehen dieselben aus den im Vorstehenden unter C bzw. E gegebenen speziellen Bestimmungen hervor. Ebenso bleiben die Paragraphen, welche über den Beschuss, Anschuss und die Superrevision des Revolvers 79 handeln, für den Revolver 83 in Kraft und erfolgt die Numerierung und Stempelung der Teile des Revolvers 83 gemäß der betreffenden Zeichnung für den Revolver 79. Bezüglich derjenigen Teile, welche von den Teilen des Revolvers 79 wesentlich abweichen, Sperrstift, Sperrstiftfeder nebst deren Schraube und Tragring, wird bestimmt, daß der Sperrstift – wie beim Revolver 79 – auf dem Kopf zu numerieren ist, die übrigen genannten Teile jedoch keine Nummer zu erhalten haben.

Eine Numerierung der Öse zum Tragring findet nicht statt, da dieselbe beim Revolver 83 einen integrierenden Teil des Schlosskasten bildet.

Anmerkung: Zur Revision der Ersatz- und Reserveteile zum Revolver 83 mit von der Norm abweichenden Maßen:

Lauf, Hahn, Umsetzhebel u. Abzug werden die Revisionsgeräte für die entsprechenden Ersatz- und Reserveteile zum Revolver 79 angewandt, das Revisionsgerät – Revolver, Hahn Nr. 1 Res. – jedoch nur zur Revision der Spitze und der Platte des Hahns, während der Kopf mittels des Revisionsgerätes – Revolver 83. Hahn Nr. 1 – zu revidieren ist, ferner das Revisionsgerät – Revolver. Abzug Res. – nur zur Revision des Schnabels, des Öhrs und der Druckflächen für die Abzugsfeder bzw. den Arretierhebel des Abzugs, während die Zunge mit dem Revisionsgerät-Revolver 83 Abzug – zu revidieren ist,

Der Reserve-Haltestift zur Ladeklappe des Revolver 83 gleicht demjenigen des Revolvers 79 und ist wie letzterer mittels eines Maßstabes nachzumessen.“

Anmerkungen zur Stempelung der Revolver 83 aus der Gewehrfabrik Erfurt.

Die in Erfurt produzierten Revolver 83 weisen eine völlig andere Methodik der Güteprüfstempelung auf.

Die nach der „*Vorschrift zur Untersuchung und Abnahme der Revolvertheile und fertigen Revolver*“ abgenommenen, von Privatfabriken bezogene Revolver weisen ja eine im Grunde recht sparsame Bestempelung auf.

Im Gegensatz zu den Revolvern sind bei den Gewehren sämtliche Einzelteile häugig sogar mehrfach gestempelt worden. Die Stempelvorschrift für die Gewehre war also offensichtlich in jeder Hinsicht aufwendiger und detaillierter.

Als 1892 bei der Gewehrfabrik Erfurt die Revolverproduktion aufgenommen wurde, übertrug man die Stempelvorschriften der Gewehre M/71 einfach auch auf das neue Produkt, den Revolver 83.

Die Einzelteile der Revolver 83 Erfurter Fertigung sind demnach durchweg nicht nur mit den Endziffern der Seriennummer gestempelt, sondern zusätzlich mit einem Güteprüfstempel versehen.

Sogar die Schraubenköpfe sind in dieser Weise markiert. Hinzu kommen noch zahlreiche Buchstabenstempel der Arbeiter.

Quellen

BHS, Preuß. XX 45

„*Vorschrift zur Untersuchung und Abnahme der Revolvertheile und fertigen Revolver*“, Spandau 1882

„*Vorschrift zur Untersuchung und Abnahme derjenigen Theile des Revolvers M/83, welche von den entsprechenden Theilen des Revolvers M/79 abweichen*“, Berlin 1886

BHS, ASV 73/1

BHS, AX 3, Bd. 20a

Chapter 14

The previous chapter describes the location and the meaning of the various markings; this chapter explains the 'how and where' these markings were applied.

The inspection of finished parts prior to assembly was done in Suhl and Sömmerda in the inspection rooms of the factories. Also at this stage proof and accuracy testing were carried out at the factory shooting ranges, and assembled inspection 'in the white'

For these inspections there was a set of 95 gauges and 'go and no-go' plugs, together with 4 special measuring devices, and an additional set of 62 gauges called Rapporteure serving as a cross-check.

After completion of the browning or bluing process the revolvers were shipped to the Royal Gun Factory at Erfurt for final inspection and Superrevision (final proof), and the Superrevision markings were applied here. This was the system used by the Prussians and Bavarians, the latter's final inspection being carried out in the Gun Factory at Amberg. Nothing is known about Württemberg's inspection procedures.

Saxony's inspection process was carried out differently. The completed components-except the mainsprings and also the assembled revolvers – were both inspected in the factory at Suhl. The mainsprings were sent to the artillery workshops in Dresden where they were subjected to a pressure test in a special device. The accepted springs were then marked and returned to Suhl. The author suspects that there may have been some problems with strength and tolerances in the springs.

The Saxon documents give us some details regarding the process of final proof (Superrevision) **(Chapter 6.3.3)** It is astonishing that there was no similar specification concerning Superrevision in the Prussian instructions. In July 1883 the Saxon Lieutenant Heydenreich requested more details on the process, and received a brief reply:

- 100% to pass inspection for the timing of the cylinder rotation, and for the quality of the finish
- maximum 5% inspection for detail, normal 1%
- $^{1}/_{2}$ to 1 % additional proof firing

Barrels were to be checked both with plug-gauges and with lead balls, the latter being pushed through the barrel in both directions, with particular attention to the uniform, even, travel of the ball. By this simple means every oversize area in the bore could be detected. The chief inspector had charge of the proof firing and accuracy trials.

With particular reference to the Erfurt-made revolvers, later production M/83 revolvers were subjected to a different instruction requiring almost every part to be stamped, including even the screw-heads.

15. Instandsetzungen an Revolvern 79 und 83

M/79

Die preußische Vorschrift für Reparaturen hatte den Titel: *„Anleitung zu den Instandsetzungen am Revolver 79"*, Berlin 1881

Ergänzend zu der Vorschrift hatte das KPKM in den bereits zitierten Ausführungsbestimmungen die Beschaffung der für anfallende Reparaturen notwendigen Ersatzteile verfügt:

„9. Der Ankauf der zum Zweck der Instandhaltung der Revolver im Laufe der Zeit erforderlich werdenden Ersatzteile hat seitens der Truppen und Artillerie-Depots bei der Gewehrfabrik Erfurt zu erfolgen.

Anleitung

zu den

Instandsetzungen am Revolver 79.

Berlin 1881.

Gedruckt in der Reichsdruckerei.

D.V.Bl. 8.

Eine bezügliches Preisverzeichnis wird bekannt gemacht werden."

Die Gewehrfabrik Erfurt hat demnach die mitbestellten Ersatzteile auf Lager genommen und diese dann im Bedarfsfall zum Auffüllen der Büchsenmacherkisten an die Truppen geliefert.

Die einzelnen in der Anleitung aufgelisteten Reparaturfälle sind immer unterteilt in *„durch die Gewehrfabrik auszuführende Reparaturen"* und *„durch den Büchsenmacher auszuführende Reparaturen"*.

Nachstehend die Abschnitte, die für den Sammler/Historiker von Bedeutung sein können, falls Stücke auftauchen, die entsprechend der Reparaturvorschrift repariert worden sind und deren Besonderheit auf den ersten Blick nicht sofort offensichtlich wird. Ein solcher Revolver stellt etwas besonderes dar und sollte auf keinen Fall als nicht sammelwürdig eingestuft werden.

§ 6

„...durch die Gewehrfabrik auszuführende Reparaturen: Abnutzung an der Rast für die Warze des Sperrstiftes sind nur soweit zu reparieren, als dies doch durch vorsichtiges Beitreiben ermöglicht werden kann. Ist die Rast dagegen soweit abgenutzt, daß durch Beitreiben ein genügendes Festhalten der Warze des Sperrstiftes in derselben nicht mehr zu erzielen ist, so ist die Rast durch Einfertigen einer Schraube zu reparieren. – Die erste Einfertigung dieser Schraube hat durch die Gewehrfabrik, jede weitere durch den Büchsenmacher zu erfolgen. – Ist die Bohrung für den Ringhalter soweit ausgenutzt, daß der Ringhalter darin schlottert, so ist ein neuer Tragring mit stärkerem Ringhalter-Schaft einzustellen.

§ 10

Hahn mit Kette und Stift, Abzug, Umsatzhebel und Arretierhebel

Durch den Büchsenmacher auszuführende Reparaturen: Neueinstellung der vorstehend aufgeführten Schlossteile, Beseitigung von Beschädigungen, welche das richtige Funktionieren des Schlosses beeinträchtigen.

Der Neuersatz der vorstehend aufgeführten Schlossteile ist erforderlich, sobald dieselben Risse, Brüche oder das richtige Funktionieren des Schlosses beeinträchtigende Mängel und Beschädigungen zeigen, deren Beseitigung ohne ein Ausglühen des betreffenden Teils nicht zu ermöglichen ist.

Bei Neuersatz eines der in diesen Paragraphen aufgeführten Teile ist hierzu zunächst ein in den normalen Dimensionen gefertigtes und gehärtet zu beziehendes Teil zu verwenden.

Da jedoch beim Hahn, dem Abzug und dem Umsatzhebel die Möglichkeit vorliegt, daß durch Einstellen eines neuen Hahns, Abzuges oder Umsatzhebels von normalen Abmessungen in einzelnen Fällen ein richtiges Funktionieren des Schlosses nicht zu erreichen ist, so sind in diesem Falle die Teile weich in von den normalen abweichenden Dimensionen zu beziehen.

Diese Abweichungen bestehen beim Hahn in weiter nach hinten verlegten Rasten und einer längeren Spitze; beim Abzug in einem längeren Schnabel; beim Umsatzhebel in einem längeren Zahn.

Beim Einstellen eines neuen Hahns der letzten Kategorie ist hinsichtlich Herstellung der Raste in der Weise zu verfahren, daß zunächst die

Spannrast fertig gestellt und nach dieser unter Anwendung der Schablone für den Abstand der Rasten am Hahn voneinander die Ruhrast eingefeilt wird.
Von den genannten Teilen sind
- *Hahn und Abzug in Lederkohle hart einzusetzen und*
- *Umsatzhebel einfach durch Abschrecken in Wasser zu härten.*

Bei Neueinstellung ist zu beachten: beim Hahn, daß er die richtige Glashärte hat, an der Ruh und Spannrast sowie am Daumengriff gelb angelassen, grau gebeizt und nicht verzogen ist.

§ 17

Erneuerung der Deckungsmittel.
Eine vollständige Erneuerung der Deckungsmittel an den brünierten Teilen hat nur dann einzutreten und ist durch den Büchsenmacher auszuführen, wenn blanke Flächen in großer Zahl entstanden sind und die betreffenden Teile eine allgemeine Abnutzung der Bräune erkennen lassen.

Sind in Folge von Abnutzung oder Nachhülfen an einzelnen Stellen blanke Flächen entstanden, so hat der Büchsenmacher diese allein zu brünieren.

Beim Brünieren hat der Büchsenmacher geeignete Vorkehrungen zu treffen, daß die Beize nur auf die zu brünierenden Flächen aufgetragen wird, die anderen Flächen dagegen vor Einwirkung der Beize geschützt werden. Besonders gilt dies beim Lau von der Seele und dem Laufmundstück, bei der Walze von den Patronenlagern, der hinteren Fläche und der Bohrung für die Walzenachse, beim Schlosskasten vom Schlossteillager.
Anmerkung: Der Lauf darf nicht vom Schlosskasten abgeschraubt werden.

Im Armee-Verordnungs-Blatt Nr. 19 vom 19. August 1883 wurde unter lfd. Nr. 152 § 4 des Instruktionstextes geändert: *„Änderung des §4 der Reparatur-Instruktion für den Revolver M/79. Die Reparatur „Befestigung eines lose gewordenen Achsfutters“ ist für die Folge nicht mehr vom Büchsenmacher, sondern in der Gewehr-Fabrik (zu Erfurt) auszuführen.*

Die entsprechende Berichtigung des Wortlautes des qu. Paragraphen erfolgt durch die nächsten periodischen Nachträge.

Kriegs-Ministerium
v. Hänisch“

M/83

Der Titel der den Revolver 83 betreffenden Vorschrift lautete: *„Reparatur – Instruktion für den Revolver M/83.“* Die Instruktion nahm im Wesentlichen Bezug auf die Vorschrift des Revolvers 79.

Im Kapitel über die Oberflächenbehandlungen wurde bereits ein Teil hiervon behandelt.

Reparatur=Instruktion

für den

Revolver M/83.

Nach der gleichnamigen preußischen Vorschrift.

München 1893.
Gedruckt im K. B. Kriegsministerium.

15.1.–15.2. Die Instandsetzung der Revolver M/79 und M/83 war durch spezielle Anleitungen verfügt worden. Bayern ließ die Reparaturinstruktion für den Revolver M/83 erst 1893 drucken. BHS, Preuß. XX45
Instructions for the repair to Revolvers 79 and 83 were printed in special manuals. Bavaria did not print their repair manual for the M/83 until late in 1893. BHS, Preuß. XX45

Hinzugefügt werden muß jedoch ein Abschnitt, der für den interessierten Sammler von Bedeutung sein kann:
„Durch den Büchsenmacher auszuführende Reparaturen: Schwärzen eines blank gewordenen Visiers oder Korns. Sind Visier oder Korn blank geworden, ohne daß eine allgemeine Abnutzung der gebläuten Teile des Revolvers stattgefunden hat, so sind diese allein von dem Büchsenmacher zu schwärzen.

Beim Schwärzen muß der Büchsenmacher Visier bzw. Korn in bis zur Rotglühhitze des Eisens erwärmten Blei bis zur dunkelroten Farbe erwärmen, mit einem mit Leinöl getauchten Lappen überstreichen, nochmals in das Blei bringen und darin belassen, bis sie die schwarze Farbe angenommen. Die geschwärzten Teile sind mit einer mit Leinöl getränkten Bürste abzubürsten.“

Die nach dieser Methode behandelten Stellen sind pechschwarz und bilden zum Blau der anderen Flächen einen auffallenden Kontrast.

Derartig behandelte Revolver 83 sind sicherlich selten anzutreffen und die meisten Interessenten würden einem solchen Exemplar mit einer gewissen Zurückhaltung begegnen.

Aus Gründen der Sparsamkeit wurden zum Teil noch brauchbare Revolverteile anderer, teilbeschädigter Revolver verwertet. Es kommen Revolver 83 vor, die mit Trommeln von M/79 bestückt worden waren. In derartigen Fällen wurde die alte Seriennummer sauber durchgestrichen und die neue daneben ergänzt. Größe und Art der Schlagzahlen sprechen für eine derartige Vorgehensweise.

Quellen

BHS, KA „Anleitung zu den Instandsetzungen am Revolver 79“, Berlin 1881
„Reparatur-Instruktion für den Revolver M/83“, München 1893
BHS, AX 3, Bd. 20a

16. Ersatzteile und Büchsenmachergeräte

Obwohl die Revolver 79 und 83 eine solide Konstruktion darstellen, kam es doch hin und wieder zu Beanstandungen.

Die leidige Geschichte mit den gebrochenen Trommelachsenarretierungen beim M/79 (in den Dimensionstabellen „Sperrstift" genannt) konnte mit der Umkonstruktion zum M/83 beseitigt werden.

Aus einem Brief des Majors v. Seydlitz im Auftrage des KSKM, gerichtet an das Königlich Sächsische General-Kommando, erfahren wir von einem Problem des Schlosses:

„Dresden, 29. Januar 1897
Dem Königlichen General-Kommando beehrt sich das Kriegsministerium im Anschluß an K.M.V. vom 23. September 1896 ... ganz ergebenst mitzuteilen, daß es sich als erforderlich herausgestellt hat, über die bei Revolvern vorzunehmenden Abhilfen, betreffend das zu leichte Abziehen aus der Ruhrast, spezielle Bestimmungen zu treffen.

Dem Königlichen General-Kommando gestattet sich das Kriegsministerium anbei 173 Exemplare dieser nach den Vorschlägen des Inspizienten der Handwaffen, Oberst z.D. Schaft, aufgestellten Bestimmungen mit dem Ersuchen um geneigte weitere Verteilung nach dem beiliegenden Plan ganz ergebenst zu übersenden.

Anleitung
wie das zu leichte Abziehen des Revolvers aus der Ruhrast zu beseitigen ist.

Wenn sich der Revolver aus der Ruherast leicht abziehen läßt, so liegt das daran, daß der Abzugschnabel mit seinem scharfkantigen vorderen Teile nicht fest genug in den scharfkantigen Teil der Ruhrast eingreift.

Bei manchen Revolvern älterer Anfertigung mag dies ein Fabrikationsfehler sein, bei neueren ist es eine Folge falscher Behandlung, Spielens an und mit der Waffe, hauptsächlich Abziehens aus der Ruhrast. Dadurch werden die scharfen Ecken der Ruhrast abgeschliffen und abgerundet, der Abzugsschnabel sitzt dann nicht mehr und gleitet bereits bei mäßigem Drucke aus der Rast heraus. Durch diese falsche Behandlung kann sich auch der Abzugschnabel abnutzen.

Ist der Abzugschnabel abgenutzt, so muß der Waffenmeister oder Büchsenmacher durch äußerst sorgfältige Anwendung der Schmirgelfeile versuchen, die scharfen Kanten wieder herzustellen; die vordere Fläche darf natürlich nicht abgeschmirgelt werden, sondern nur die untere Anlagefläche.

Liegt der Fehler in der Ruherast, so muß sich der Waffenmeister pp. ein Kupferblatt herstellen, das in seiner Stärke genau der normalen Ruherast entspricht, es mit Schmirgel bestreichen und äußerst vorsichtig versuchen, die scharfen Ecken wieder herzustellen.
Gelingt das Feilen und Schmirgeln nicht, ohne daß dadurch eine in das Auge fallende Veränderung der Abmessungen der Ruhrast oder des Schnabels entsteht – eine ganz unbedeutende Änderung ist natürlich unvermeidlich – so muß der Revolver an das Artilleriedepot eingesandt werden.

Ein Ausglühen (§ 10 der Reparatur- Instruktion für den Revolver 83) und Beitreiben der Ruhrast darf der Waffenmeister oder Büchsenmacher nicht vornehmen.

Bei der Untersuchung der Revolver daraufhin, ob sie sich aus der Ruhrast abziehen lassen, ist oft zu viel Kraft angewendet und dadurch mitunter der Abzugsschnabel oder die Rast abgebrochen worden.

Bei genügendem Kraftaufwande kann wohl jeder Revolver aus der Ruhrast abgezogen werden; für die Sicherheit genügt es, wenn der Hahn so fest in der Ruhrast steht, daß er durch ein ruhig an der Zunge gehängtes Gewicht von ungefähr 9 kg (Gewicht der Spiralfederwaage) nicht vorgeschnellt wird."

Den zitierten § 10 kann man im Abschnitt über *„Instandsetzungen an Revolvern 79 und 83"* nachlesen. Hier werden auch die Ersatzteile erwähnt, die an besonderen Stellen ein Aufmaß besitzen und für den Fall verwendet wurden, wenn die Normteile keinen sauberen Schlossgang ermöglichten.

Durch geschicktes Anpassen der Teile konnten die Revolver auf diese Weise wieder gangbar gemacht werden.

Im Einzelnen handelte es sich um folgende Teile, die in den Dimensionstabellen *„Ersatzteile mit von der Norm abweichenden Massen"* bezeichnet wurden:

Lauf:	Gewinde und Zentrierung mit Aufmaß
Tragring:	Zapfen-Ø größer ausgeführt
Haltestift zur Ladeklappe:	Durchmesser größer
Hahn:	Spitze verlängert, Rasten mit Aufmaß
Abzug:	Schnabel verlängert
Umsatzhebel:	Länger und im Zahn dicker Schraube zur Reparatur der Rast für die Warze des Sperrstifts: Diese Schraube wurde verwendet, wenn die kleine Nut links vor der Trommel den Hebel nicht mehr halten konnte.

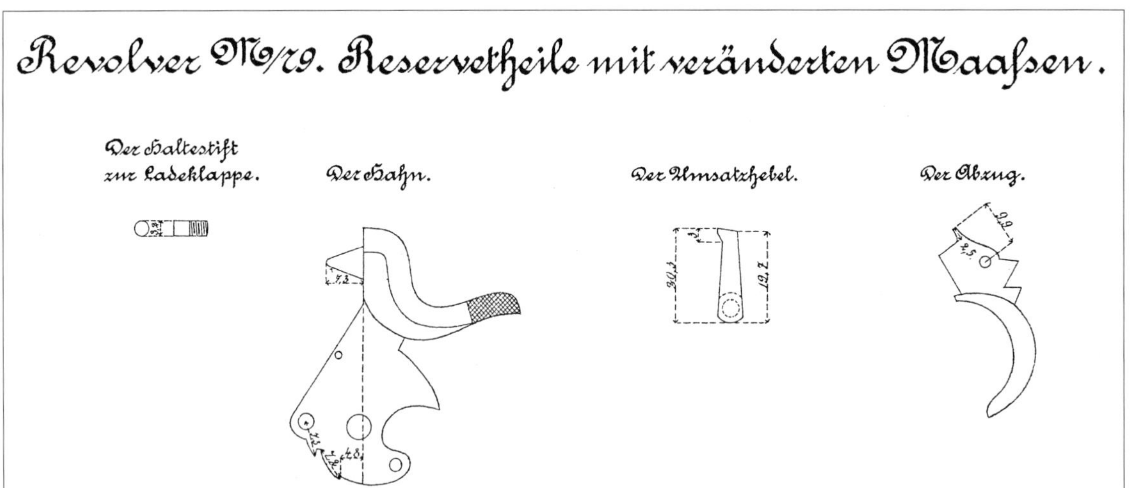

16.1. Reserveteile mit „veränderten Maßen". Mit anderen Worten, diese Teile hatten zusätzliches Material an den Stellen, die nach Verschleiß des Gegenstücks angepaßt werden mussten. BHS, AX3, Bd. 20a
Spare parts with „changed dimensions". These parts had additional metal left on them at those points most liable to wear, to be used in replacing worn original parts. BHS, AX3, Bd. 20a

Bayern erhielt die Zeichnungen für die Büchsenmacher-Werkzeuge und Reserveteile am 28. April 1881 aus Berlin:

„An das Königlich Bayerische Kriegsministerium. Dem Königlichen Kriegsministerium beehrt sich das unterzeichnete Departement im weiteren Verfolg seines Schreibens vom 16. März 1881... beifolgend je zwanzig Exemplaren der Zeichnungen der Büchsenmachergeräte und Reserveteile mit veränderten Maßen zu Revolvern M/79 ganz ergebenst zu übersenden.

Königlich Preußisches Kriegsministerium, Allgemeines Kriegs-Departement."

Die erwähnten Büchsenmachergeräte, in der Zeichnung „Büchsenmacher-Werkzeuge" genannt, wurden sämtlichen Regimentsbüchsenmachern der Bundesstaaten zugeteilt.Von diesen Sätzen musste demnach eine größere Anzahl existiert haben, zumal ja nicht nur die Artillerie- und Kavallerieregimenter Revolver führten, sondern auch die Unteroffiziere der zahlreichen Infanterieregimenter.

Die Regimentsbüchsenmacher verfügten für jeden Waffentyp über einen entsprechend eingerichteten Kasten für die Werkzeuge und Ersatzteile.

Deren Inhalt war genau vorgeschrieben und aufgelistet.

Untenstehend ein Auszug:

In der Ausgabe der *„Vorschrift für die Instandhaltung der Waffen bei den Truppen"* vom 10 Juli 1900 wurden detailliert die Aufgaben der Büchsenmacher festgeschrieben:

Leeren, Schablonen und Werkzeuge zum Revolver. [3)]

202	1	Cylinder von 10,9 mm Durchmesser für das Kaliber des Laufs	.	.	[3)] Mit Ausnahme des Fräsers zur Laufmündung und der Leere mit Zapfen zum Messen der Kornhöhe, sämmtlich auch für den Revolver 83 verwendbar.
203	1	Cylinder [2)] mit Stahlpatrone für die Stellung der Patronenlager der Walze zur Seele des Laufs . .	.	.	
204	1	Fräser [2)] zur Laufmündung des Revolvers 79 . . .	8. b.	.	.
204a	1 [4)]	Fräser [2)] zur Laufmündung des Revolvers 83 . . .	8. b.	.	[4)] Nur bei Abtheilungen, in deren Ausrüstungen Revolver 83 vorhanden.

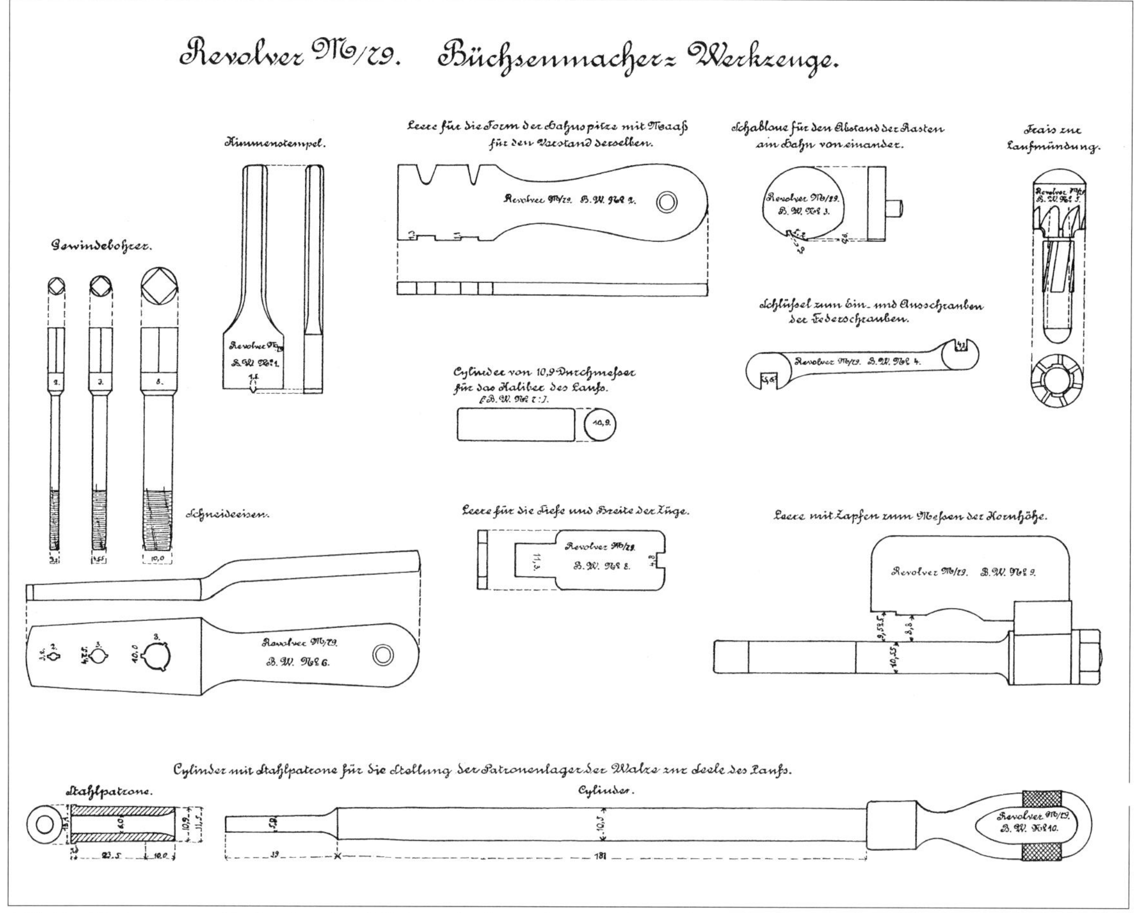

16.2. Der Werkzeugsatz für den Revolver M/79 war in der Werkstatt jedes Regimentsbüchsenmachers, dessen Regiment Revolver führte.
BHS, AX3, Bd. 20

A set of tool for the Revolver M/79 was part of the regimental armourer's shop in every regiment equipped with revolvers.
BHS, AX3, Bd. 20a

Über die Revolver gab § 19 Auskunft.

§ 19.

Damit der Büchsenmacher für seine Arbeit verantwortlich gemacht werden kann und nicht Zweifel entstehen, ob einzelne, fehlerhaft eingepaßte Teile von ihm oder von seinem Vorgänger oder in einer Gewehrfabrik eingestellt sind, versieht er jeden einen Abnahmestempel tragenden Teil, den er neu einstellt, mit dem Anfangsbuchstaben seines Namens; bei Untersuchung der ausgebesserten Waffen ist hierauf zu achten. Von dieser Stempelung ausgenommen sind allein die in hartem Zustande bezogenen Revolverteile.

Der Buchstabe für den Stempel des Büchsenmachers muß 7 bzw. 2,5 mm hoch und gut und deutlich in stehender, lateinischer Schrift geschnitten sein. Liegende Schrift oder ein anderes Unterscheidungszeichen ist anzuwenden, wenn der Name des Büchsenmachers den gleichen Anfangsbuchstaben wie der seines Vorgängers hat.

Die Kosten für die Beschaffung und Instandhaltung dieser Buchstabenstempel — vgl. Beilage C, unter C Werkzeuge und Vorrichtungen zum allgemeinen Gebrauch, lfd. Nr. 71 und 72 — trägt der Büchsenmacher.

Er betrifft die Stempelung neu eingestellter Teile, also eingebauter Ersatzteile:

Über die ausgeführten Arbeiten und eingesetzten Teile mussten die Waffenmeister bzw. Büchsenmacher genau Buch führen.

Die erledigten Arbeiten mussten vom Regi-mentskommandeur bestätigt und abgezeichnet werden. Da auch aufwändige Teile wie Schlosskasten und Wellen für den Schlosskasten aufgeführt sind und Reparaturen an diesen Revolverteilen nur durch die Gewehrfabrik Erfurt ausgeführt werden durften, umfasste die Buchführung demnach sämtliche an den jeweiligen Regimentswaffen durchgeführten Instandsetzungen.

Ersatzteile, die ohne Aufmaß, also als Fertigteil bestellt wurden, wurden einer normalen Güteprüfung unterzogen und entsprechend gestempelt.

Unverständlich ist, dass der Abnahmestempel im gehärteten Zustand geschlagen wurde. Die beschädigten Stempel sprechen für diese Verfahrensweise.

.. Regiments ausgeführten Instandsetzungen.

Ausgeführte Instandsetzungen																																		
Gewehr 98																					Revolver 83												Kl	
Verschluß Schloß						Abzugsvorrichtung				Schaft bzw. Handschutz						Stock																		
Kammerboden ausgebessert	Sicherungskraft ausgebessert	Nase der Schlagbolzenmutter geschärft	Schlagbolzenmutter an der vorderen Kante geglättet	Bohrung für die Schlagbolzenspitze berichtigt	Sicherungsrippe berichtigt	Abzugsstollen berichtigt	Abzug gangbar gemacht	Kasten ausgebeult	Krapfen des Bodens ausgebessert	Schaft gerichtet	Ringstelle bzw. Sitz des Seitengewehrhalters umspänt	Stück Holz eingeleimt	Bestoßungen beseitigt	Riß verspänt	Schrauben- oder Stiftloch verpflöckt	gerichtet	Wischerende ausgebessert	Gewinde nachgeschnitten	Kreuzschraube verkürzt	Grat beseitigt	Bestoßungen am Lauf beseitigt	Zahnrad des Achsfutters ausgebessert	Walzenachse gerichtet	Visier ausgebessert	Verbiegungen am Schloßkasten beseitigt	Rast für die Warze des Sperrstifts ausgebessert	Ladeklappenöhr gerichtet	Verbiegung am Schloßblech beseitigt	Übergang zu den Rasten in der Rinne ausgebessert	Abzugsbügel gerichtet	Grat an den Schraubenköpfen beseitigt	Entladestock gerichtet	Klinge gerichtet	Scharten beseitigt

Eingestellte neue Teile																																											
											Revolver 83																																
			Beschlag								Lauf		Walze					Schloßkasten und Schloß																					Beschlag				
Schäfte	Stöcke	Handschutze	Oberringe	Oberringfedern	Unterringe	Unterringfedern	Seitengewehrhalter	Stockhalter	Zapfenlager mit Mutter	Schrauben	Läufe	Korne	Walzen	Achsfutter	Achsfuttermuttern	Achsfutterstifte	Walzenachsen	Schloßkasten	Öhre für die Ladeklappe	Wellen für die Schloßteile	Sperrstifte	Ladeklappen	Ladeklappenfedern	Haltestifte für die Ladeklappe	Schlagfedern	Abzugsfedern	Umsatzhebelfedern	Arretierhebelfedern	Sperrstiftfedern	Hähne	Ketten	Stifte für die Ketten	Abzüge	Umsatzhebel	Arretierhebel	Sicherungswellen	Sicherungsflügel	Schloßbleche	Abzugsbügel	Trageringe	Rosetten	Kolbenschalen	Schrauben

16.3a. Den oben abgebildete Hahn hatte die Firma Simson & Co. geliefert. Sammlung des Autors
The above pictured hammer was supplied by Simson & Co. Author's collection

Anzumerken ist noch, dass nur die später nachbestellten Ersatzteile einen Abnahmestempel erhielten.

Bei den neu beschafften Revolvern war das, der Vorschrift entsprechend, nicht der Fall. (die Erfurter M/83 bilden, wie bereits erwähnt, eine Ausnahme)

Im April 1881 erhielt Bayern, Sachsen und Württemberg von Preußen die Zeichnung der Büchsenmacher-Werkzeuge für den Revolver M/79. **(Siehe Abb. 16.2)** Nach Ausgabe des Revolver 83 erhielten die Büchsenmacher zusätzliche Lehren, welche die anderen Abmessungen des neuen Revolvers berücksichtigten.

Vorschrift

für die

Instandhaltung der Waffen

bei den Truppen

mit Gewehren und Seitengewehren 98

vom 10. Juli 1900.

Berlin 1905

Ernst Siegfried Mittler und Sohn

Königliche Hofbuchhandlung

Kochstraße 68—71.

16.3. Vorschrift für die Instandhaltung der Waffen.

Privatsammlung

Instruction manual for weapons maintenance. Private collection

Aus dieser Ergänzung stammte die Kornhöhenlehre für den Revolver 83; ein seltenes und interessantes Zubehör.

Quellen

Zentralbibliothek der Bundeswehr, „*Anleitung für die Verpackung der Büchsenmacherkasten mit den mit ins Feld zu nehmenden Gegenständen zu Schusswaffen 88 und 91 bzw. zum Revolver 79.*“,Berlin 1892

„*Vorschrift für die Instandhaltung der Waffen bei den Truppen mit Gewehren und Seitengewehren vom 10. Juli 1900*“, Berlin 1905

BHS, AX

16.4. Diese Kornhöhenlehre für den Revolver M/83 stammt aus dem Werkzeugsatz der Regimentsbüchsenmacher.

Sammlung P. U. Stutte

This gauge for the height of the front sight on the Revolver M/83 was part of the regimental armourer's tool set.

P. U. Stutte collection

Chapters 15 and 16

Procedures for the repair of revolvers were also set down in instructions. Depending on the severity and nature of the defect, armourers were instructed either to make the repairs themselves, or to ship the whole revolver to Erfurt.

Regimental armourer's received a set of tools, gauges and spare parts. A typical set of tools and gauges is illustrated. Spare parts were issued in two different stages of completion: fully completed and finished, and some with additional metal left in positions of expected wear.

Replaced parts were to be marked with the armourer's mark, a capital Latin letter. This letter should not be confused with inspection marking on original parts, which are a crown over a Gothic letter. These markings are often poorly struck because of rapid wear to the punches from the hardness of the parts.

As in other armies, the German armourers were required not only to complete the repair work but to file a report on all work completed, for which special forms were available.

17. Seriennummern

Die preußischen Kontrakte werden mit Sicherheit einen Paragraphen gehabt haben, der die Folge der Seriennummern vorgeschrieben hat, oder es waren entsprechende Zusatzprotokolle den Kontrakten beigefügt.

Da bislang jedoch keine diesbezüglichen Primärquellen vorliegen, mußten sich anderer Verfahren bedient werden.

Die von einigen Autoren missbilligte Methode gesammelte Seriennummern auszuwerten, ist eines davon.

Diese Methode ist nämlich dann nicht abzulehnen, wenn die jeweiligen aus Primär- oder vertrauenswürdigen Sekundärquellen stammenden Liefermengen, verwendet werden können. Im Bezug auf unser Thema standen derartige Quellen zur Verfügung.

Ein Abgleich mit den vorliegenden Seriennummern und eine Plausibilitätskontrollewar damit gegeben.

Preußen

M/79

Die Nummerierung erfolgte in Blöcken zu je 9999 Stück.

Die einzelnen Blöcke waren im Gegensatz zu den späteren Revolver 83 Erfurter Fertigung und den Pistolen 08, nicht mit einem lateinischen Kleinbuchstaben versehen.

Mehrfachnummerierungen kommen demnach zwangsläufig vor.

Das gilt sowohl für Revolver des Konsortiums als auch für Revolver von Dreyse.

Der Autor hatte Gelegenheit, auf dem Stand eines Hamburger Händlers (Waffenbörse Stuttgart im April 1993) zwei preußische Revolver 79, Suhler Fertigung, mit der selben Seriennummer (9182) zu untersuchen.

Die Truppenstempel waren natürlich verschieden. Zur Identifikation eines Revolvers diente also nicht die Seriennummer allein, sondern es gehörte immer der Einheitsstempel mit der dort integrierten Waffennummer dazu.

M/83

Für die Revolver 83 Preußens galten die gleichen Vorschriften.

Der Auftrag über 9999 Stück, gefertigt in Suhl, ist durchlaufend 1 von bis 13 000 nummeriert.

Bei der Dreyse-Lieferung über rund 13 000 Stück laufen die Seriennummern ebenfalls von 1 – 9999. Für den Überhang von 3000 Stück begann man wieder mit der Nummer 1.

Ein Zusatzbuchstabe zur Seriennummer ist bei beiden Lieferungen nicht vorhanden.

M/83 Erfurter Fertigung

Für die Revolver 83 der Königlichen Gewehrfabrik Erfurt wurde zwar auch das System mit den 9999er Blöcken verwendet, jedoch ergänzte der Hersteller die Seriennummer zusätzlich mit einem lateinischen Kleinbuchstaben in Schreibschrift.

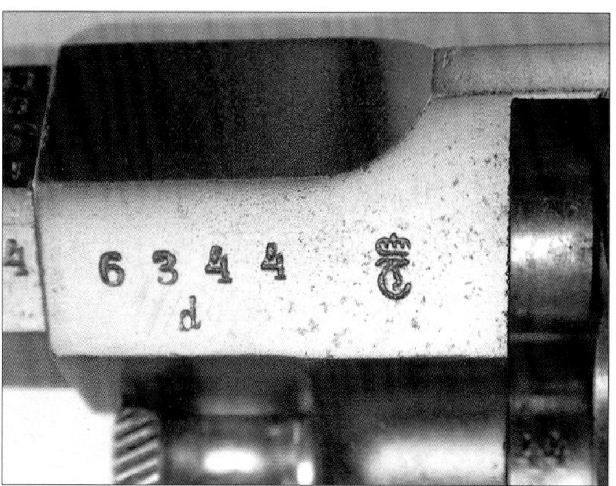

17.1. Revolver M/83 Erfurter Fertigung weisen eine Besonderheit auf. Die Seriennummerierung der Revolver erfolgte in der staatlichen Fabrik analog zum Gewehr-Kennzeichnungssystem. Das bedeutete, dass jeweils in 9999er Blöcken nummeriert wurde. Nach dem ersten nicht nummerierten Block folgten die Buchstaben a bis g. Der letzte Block bekam wiederum keinen Buchstaben. Der abgebildete Revolver M/83 war demnach der 6344ste innerhalb des d-Blocks. Sammlung des Autors

Revolver M/83, made at Erfurt have a special feature. The serial numbering system used was the same as that for the rifles, in groups of 9,999 pieces. After the first group without a letter-suffix, each succeeding group of 9,999 had a letter added, from a to g. The final group was again numbered without a letter suffix. The Revolver shown was the 6344th of the d-group. Author's collection

Die Blöcke zu 9999 Stück wurden unabhängig von der Zeitschiene durchlaufend nummeriert. War ein Block voll, begann man wieder mit einer Nr. 1.

1 – ca. 2300	*ohne Buchstabe*	1892
ca. 2300 – 9999	*ohne Buchstabe*	1893
1 – 9999	*a*	1893
1 – 9999	*b*	1893
1 – 9999	*c*	1893
1 – 9999	*c*	1894
1 – 9999	*d*	1894
1 – 9999	*e*	1894
1 – 9999	*f*	1894
1 – ca. 2000	*g*	1894
ca. 2000 – 9999	*g*	1895
1 – 9999	*ohne Buchstabe*	1895
1 – ca. 5210	*ohne Buchstabe*	1896

Die Produktionsmenge pro Jahr läßt sich hieraus nicht mit ausreichender Genauigkeit ablesen.

Auffallend ist jedoch die hohe Produktionsmenge des Jahres 1894, in dem ein Teil des c-Blocks, dann 3 komplette Blöcke *d, e, f* und ein Teil des g-Blocks gefertigt worden waren.

Nach den Aufzeichnungen sind in dem Jahr 1894 vom c-Block ca. 4000 und vom g-Block ca. 2000 gefertigt worden.

Zusammen mit den 3 kompletten Blöcken *d, e* und *f* demnach zusammen rund 36 000 Stück.

Damit hatte die modern eingerichtete staatliche Gewehrfabrik Erfurt mit rund 115 Revolvern 83 pro Arbeitstag das Konsortium (100 Stück/Tag) übertroffen.

Bayern

M/79

Da der an Mauser vergebene Auftrag nur 5003 Stück umfasste, war eine Einteilung in 10 000er Blöcke natürlich kein Thema.

Die Mauser-Revolver Bayerns waren durchnummeriert von 1 – 5003.

Die niedrigste notierte Seriennummer war 93, die höchste 4892.

Die von dem Suhler Konsortium gelieferten 3223 Stück Revolver 79 waren ebenfalls durchnummeriert und zwar von 1 – 3223.

Die niedrigsten erfassten Seriennummern waren die Nummern 1 und 2 (!), die höchste 3204.

Bei den wenigen von Dreyse an Bayern gelieferten M/79 (505 Stück) läßt sich keine plausible Reihenfolge oder eine Systematik der Nummerierung erkennen.

Notiert werden konnten lediglich folgende Nummern: 885, 4733, 6063, 6076, 6139.

Man hat den Eindruck, als würde es sich hier um Revolver handeln, die noch als Halbzeuge in Umlauf waren, nachdem Preußen den laufenden Kontrakt aufgekündigt hatte. Die hohen Seriennummern sprechen dafür.

M/83

Bayern hatte in Suhl drei Bestellungen über insgesamt 7296 Stück in Auftrag gegeben. Aus den Aufzeichnungen lässt sich mit gewissen Vorbehalten eine durchgehende Seriennummerierung zumindest für die ersten zwei Bestellungen über 7104 Stück ableiten. Die notierten Seriennummern umfassen den Bereich 1 (!) – 6206.

Die Nachbestellung aufgrund der Erhöhung der Anzahl benötigter Revolver pro Batterie auf je 106 Stück, sowie spätere Nachbestellungen, scheinen nicht in dieser Folge nummeriert worden zu sein. Außerhalb dieser Sequenz liegen z. B. die Nummern: 8063, 8605, 8684, 9284 und 9415.

Bei der Lieferung der 860 Dreyse M/83 Revolver für Bayern ergeben sich gewisse Parallelen. Alles deutet daraufhin, dass diese 860 Stück ebenfalls durchnummeriert worden waren. Notiert wurden die Seriennummern von 23 – 690.

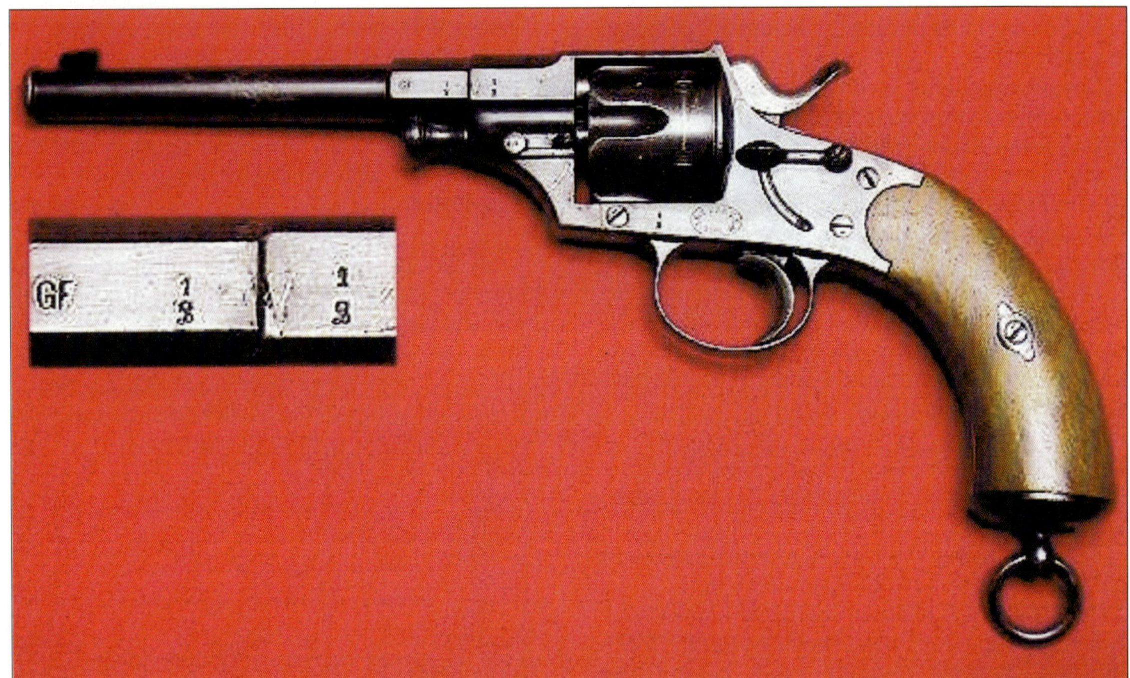

17.2.–17.3. Zwei bayerische Revolver M/79 des Suhler Konsortiums mit den Seriennummern 1 und 2. Der Traum eines jeden Sammlers. Sammlung B. Adams

Two Bavarian Revolvers M/79, made by the Suhl Consortium with the serial numbers 1 and 2. B. Adams collection

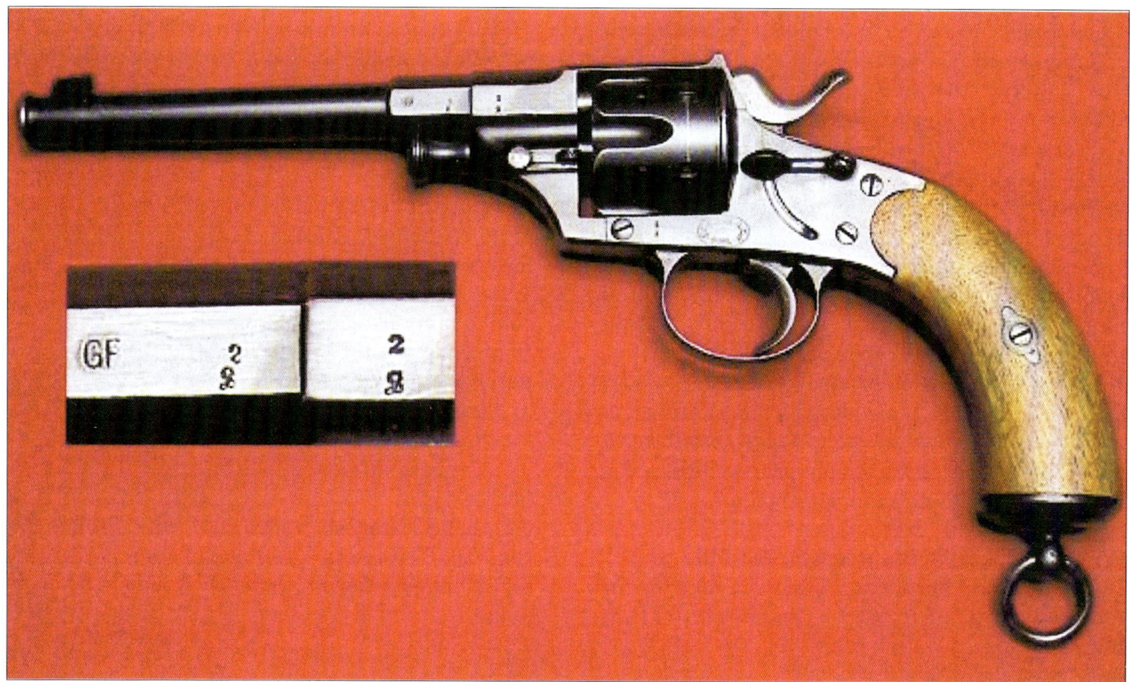

17.4. Aus der selben Sammlung stammt auch dieser bayerische Revolver M/83 mit der Seriennummer 1. Geliefert vom Konsortium Suhl.
Sammlung B. Adams
From the same collection comes this Bavarian Revolver M/83 by the Suhl Consortium with the serial number 1. B. Adams collection

Außerhalb lagen drei registrierte Nummern: 1566, 1620, 1843.

Sachsen

Die Seriennummerierung der sächsischen Revolver wurde bereits vorher im **Kapitel „Bestellungen Sachsens"** behandelt.

Württemberg

M/79

Wie wir bereits wissen, hatte Württemberg bei Mauser 3000 Revolver 79 bestellt.

Sie wurden durchlaufend von 1 – 3000 nummeriert.

Die jeweils niedrigste und höchste notierte Seriennummer war 374 und 2603.

M/83

Mauser hatte 1500 Revolver 83 an Württemberg geliefert. Sie wurden durchlaufend von 1 – 1500 nummeriert. Die niedrigste notierte Seriennummer war 17, die höchste 1491.

Es sind jedoch einige wenige Revolver 83 bekannt, deren Seriennummer die 1500 überschreiten. Diese Revolver besitzen Griffschalen mit Fischhaut und keine Truppenstempel.

Mauser hat demnach für den zivilen Markt, oder für Offiziere, die sich aus dem kleinen Kontingent nicht bedienen konnten (siehe **Kapitel „Württembergische Offiziersrevolver**), noch ein paar wenige Revolver aus Fertigungsumläufen angeboten.

Revolver 83 für die Württembergische Feldartillerie

Die Revolver 83 der Feldartillerie des Königreichs Württemberg wurden bei der Gewehrfabrik Erfurt bestellt.

Die Seriennummern-Sequenzen sind nicht nachweisbar. Lediglich an Hand von Truppenstempeln lassen sich die Württemberger M/83 aus Erfurt identifizieren.

Notiert wurden:

9791 a , mit Fertigungsdatum 1893,
Truppenstempel: 13. R. A. 4. 43.
Reserve-Feldartillerieregiment Nr.13,
4. Batterie, Waffe Nr.43
3059 d , mit Fertigungsdatum 1894,
Truppenstempel: 13. R. A. 3. 63.
Reserve-Feldartillerieregiment Nr.13,
3. Batterie, Waffe Nr.63
Das Regiment lag in Ulm und Stuttgart.

Quellen

Sämtliche Daten stammen aus den Aufzeichnungen des Verfassers. Zahlreiche Sammlerfreunde und Liebhaber der Reichsrevolver haben dabei geholfen.

Chapter 17

We turn next to a consideration of the serial numbers. As stated in Chapter 5. each of the four kingdoms within the German Empire was responsible for its own arming; when ordering their revolvers each kingdom specified the serial number ranges which were to be used for its production. Only the sectioned revolvers were excluded from this clause,

Prussia

As mentioned earlier, Prussia ordered a total of 69,000 revolvers from Suhl and Sömmerda. Serial number blocks were awarded in runs of 9,999 without any letters. In order to differentiate, the Prussians used unit markings, which means that the same serial number may be found up to seven times. It is therefore impossible to use serial numbers to quantify the deliveries of Prussian M/79 Reichsrevolvers.

With regard to the M/83 revolvers made by the Consortium and Dreyse, serial numbers above 9,999 do not exist. However, Erfurt made revolvers are also numbered in 9,999 blocks and except for the initial block these will include a lower-case Latin script letter suffix beginning with a, and continuing to the letter g.

The final block, not completed to 9,999, is also without a letter suffix. There is no relation between the year of manufacture stamped on the sideplate and the serial number.

Bavaria

Because production was less than 9,999 pieces the block system was unnecessary for either M/79 or M/83 revolvers.

Saxony

Saxon M/79s were numbered from 1 to 4200 without additional letters.

Although production of M/83s exceeded 10,000, it was only a small overrun and no new series was begun.

However, remember that there are small upper case letters in both Latin and Gothic styles on both Bavarian and Saxon revolvers, the meaning of which is explained in **Chapter 13.13**.

Württemberg

Each model is numbered consecutively from 1. Württemberg was the only kingdom other than Prussia to order its M/83s for their field artillery gunners from the Royal Gun Factory at Erfurt.

18. Zubehör

18.1 Der Ausstoßer

Da der Revolver 79 bewusst ohne Ausstoßvorrichtung an der Waffe konstruiert worden war, musste bereits bei dieser Entscheidung die Methode des Ausstoßens leerer Hülsen festgelegt worden sein. Da man auch die Kartuschen der Pistole M/50 verwenden wollte, lag natürlich die Idee nahe, den an der M/50-Kartusche befestigten Ladestock durch einen entsprechend gekürzten Entladestock für den neuen Revolver zu ersetzen.

Mit Ausgabe der Revolver M/79 und der dazugehörigen Kartusche wurde auch der daran befestigte Entladestock ausgegeben.

dung des Patronenlagers aus in die Walze ein und entfernt, letztere mit der linken Hand allmählich nach rechts drehend, die Patronen bzw. Hülsen.“

Die Ausgabe von 1899 war textgleich mit der aus dem Jahre 1889. Auch die *„Schießvorschrift für die Fußartillerie“*, Berlin 1908, verwendete nahezu den gleichen Text.

„Der Batsch' Leitfaden für den Unterricht der Kanoniere und Fahrer der Feldartillerie“, Berlin 1901, erwähnt: *„...Das Zubehör besteht in einem Entladestock und einem Schraubenzieher.“*

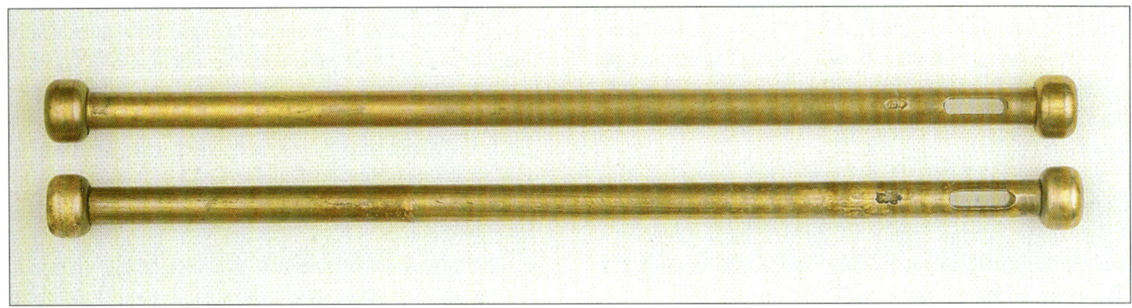

18.1. Ausstoßer zum Entfernen der Patronen oder Hülsen aus der Trommel. Dieses Zubehör wird oft fälschlicherweise als Putzstock bezeichnet. Die meisten der auf dem Markt befindlichen Ausstoßer sind Nachahmungen. Sammlung des Autors
Push-rod for removing cartridges and fired cases from the cylinder. This accessory is often wrongly called a „cleaning rod". Most of the rods on the market today are reproductions. Author's collection

Zu jedem Revolver 79 gehörte demnach ein Ausstoßer. Über Ausnahmen wurde bereits im **Kapitel Kartuschen** berichtet.

Der für die Unteroffiziere und Mannschaften eingeführte und geprüfte Ausstoßer fand ebenfalls bei einigen Offizierstaschen Verwendung.

Der Ausstoßer selber besteht aus Messing und ist entsprechend der Stempelvorschrift mit dem „kleinen Revisionsstempel“ versehen.

Die Waffennummer, nicht die Seriennummer, war lt. den Ausführungsbestimmungen vom 16. März 1881 wie folgt zu schlagen:

„Der Entladestock an seinem Schaft circa 10 mm unterhalb des Einstichs mit den sub. II l u. o der vorerwähnten Vorschrift angeführten Bezeichnungen.“

Mit der Einführung des Revolver 83, dessen Taschen den Patronenvorrat aufnehmen konnten, wurden keine Messing-Ausstoßer mehr angeschafft. Die Notwendigkeit, nach dem Schießen die Hülsen zu entfernen, blieb jedoch.

Welche Lösung dazu verfügt wurde, verraten z.B. folgende Vorschriften:

„Schießvorschrift für die Infanterie“, Berlin 1899: *„...Hierauf führt er ein etwa 20 cm langes und 1 cm starkes Stäbchen langsam von der Mün-*

Der teure Messing-Ausstoßer war also gegen ein fast kostenloses Holzstäbchen von 10 mm Durchmesser und 200 mm Länge ersetzt worden.

18.2 Der Schraubenzieher

Der Schraubenzieher für die Revolver 79 bzw. 83 mit seiner einklappbaren Klinge war mit dem des Gewehrs M/71 nahezu identisch.

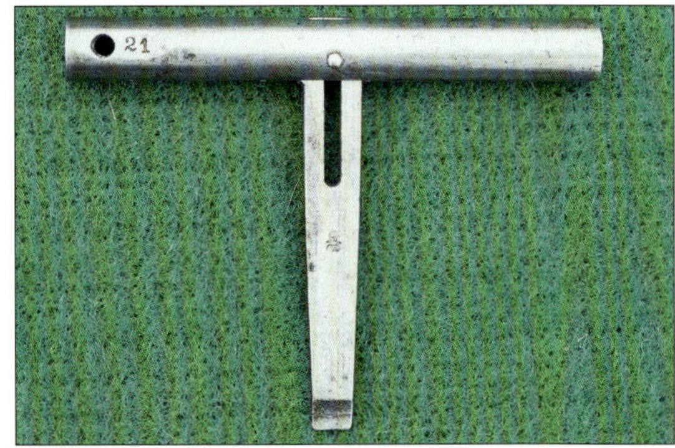

18.2–18.4. Pro 10 Revolver M/79 wurde nur ein Schraubenzieher ausgegeben. Entsprechend selten ist auch dieses Zubehör. Sammlung H. Reckendorf
Screwdriver were issued in the ratio of one for every ten M/79 Revolvers. Therefore this accessory is also relatively rare. H. Reckendorf collection

Die Klinge und die Stirnfläche des Griffstücks trugen den kleinen Revisionsstempel.

Die Oberfläche wurde lt. Vorschrift grau gebeizt.

Der Schraubenzieher ist heute ein recht seltenes Zubehör.

Was die Schraubenzieher betraf, so lautete die preußische Ausführungsbestimmung zum Revolver M/79 wie folgt:

„3. An Zubehör wird geliefert.
1 Entladestock für jeden Revolver und
1 Schraubenzieher für je zehn Revolver.

Die Feststellung des Gesamtbedarfes an Schraubenziehern für die einzelnen Truppentheile und Formationen wird für den, bei der Theilung der Revolverzahl durch 10 verbleibenden Rest ebenfalls ein Schraubenzieher gewährt und einzeln stehenden Mannschaften ein Schraubenzieher verabfolgt.

Für die zur Komplettierung der Etatsbestände der Artillerie-Depots benötigten Revolver haben die Artillerie-Depots das Erforderniß an Schraubenziehern dem Obigen gemäß speziell zu ermitteln und dem Artillerie- Depot zu Erfurt mitzutheilen, welches den bezüglichen Gesamtbedarf alsdann bei der Gewehrfabrik Erfurt anzumelden hat.“

Die Art und Weise der Anbringung der Nummerierung wurde in der Ausführungsbestimmung ebenfalls vorgegeben: *„Der Schraubenzieher auf der Kopffläche des Griffs mit der sub. II l u. o ebenda angeführten Bezeichnung.*
Anmerkung: Bei denjenigen Behörden und Truppentheilen, welche nicht pro Revolver einen Schraubenzieher etatmäßig besitzen, erhalten die letzteren nicht die Nummer der Waffe sondern eine laufende Nummer.“

18.3 Reinigungszubehör

Zu diesem Zubehör gibt der Batsch' Leitfaden detaillierte Auskunft. In dieser Anweisung finden wir als Reinigungszubehör einen Wischstock, mit einem Durchmesser von ca. 8,5 mm und 290 – 300 mm Länge.

Der *„Leitfaden für den Dienstunterricht des Feldartilleristen“*, ca. 1910 präzisiert, welches Holz verwendet werden sollte: *„Als Wischstock dient ein Stock aus Weißbuchenholz...“*

b) Das Reinigen.

Zweck der Reinigung des Revolvers ist seine Erhaltung in beständig schuß- und trefffähigem Zustande.

Ein weitergehendes Putzen oder Blankmachen einzelner Theile ist, weil dieselben dadurch vor der Zeit abgenutzt werden, schädlich und daher verboten.

Zur Reinigung des Revolvers dürfen nur Wasser, Oel oder Fett, Werg, Lappen, Wischstock und Holzspahn benutzt werden.

Das Wasser dient zum Ausspülen des Laufes nach dem Schießen sowie zum Entfernen von Pulverschleim. Heißes Wasser ist der größeren auflösenden Kraft wegen dem kalten vorzuziehen; in beiden Fällen muß das Wasser rein sein und darf namentlich keinen Sand enthalten.

Oel und Fett werden zum Reinigen der Eisen- und der Stahltheile, zum Schutz derselben gegen Rost und zum Einölen der sich in und auf einander bewegenden Theile gebraucht. Sie müssen frei von Salzen, Säuren und Wassertheilchen sein und dürfen nicht zu den sogenannten trocknenden Oelen, wie Lein-, Mohn-, Hanf-, Wallnuß- ꝛc. Oel, gehören.

Zu empfehlen sind Knochenöl oder Klauenfett (besonders für die Seelenwände des Laufes, die Schloßtheile und die Gewinde), gutes Baum- oder Olivenöl und reines ungesalzenes Schweinefett, letzteres namentlich für solche Waffen, die auf den Kammern niedergelegt werden. Das gewöhnliche Brenn- (Rübsen-) Oel*) darf nur im Nothfall und vorübergehend gebraucht werden, wenn besseres Oel nicht zu haben ist. Vulkanöl darf unter keinen Umständen zum Einfetten irgend welcher Theile benutzt werden.

Das Werg muß von Stengeltheilen gut gereinigt und als Abfall von Flachs gewonnen sein (Hanfwerg ist zu hart). Es dient unter Mitbenutzung des Wischstockes vornehmlich zum Reinigen des Laufinnern und der Patronenlager.

Leinene Lappen sind zum Rein- und Trockenwischen der Stahl- und Eisentheile, weiche wollene Lappen, in die etwas Oel ꝛc. eingerieben ist, zum Einfetten zu verwenden. Schmutzig gewordene Lappen können mit Sodalauge oder Seife gereinigt werden.

Der Wischstock muß ganz gerade sein nnd eine Länge von 290 bis 300 mm, eine Stärke von ca. 8,5 mm haben. Man verwendet dazu nicht zu altes, astfreies Holz und schneidet das Wischerende nur ganz flach und auf eine Länge von ca. 70 mm an.

Die Umwickelung des Wischerendes muß in solcher Stärke geschehen, daß das Polster beim Auswischen des Laufes bis auf den Boden der Züge eindringen kann, ohne indessen so drange zu gehen, daß der Stock abbricht.

Wischstöcke, Lappen und Werg, welche zur Erde gefallen sind und dadurch Sand ꝛc. angenommen haben, dürfen nicht eher wieder gebraucht werden, als bis sie völlig gereinigt sind; außerdem müssen die Wischstöcke unter allen Umständen mit einer neuen Wergbewickelung versehen werden.

Die Anwendung anderer als der voraufgeführten Reinigungsmittel ist untersagt, namentlich gilt dies von Lederfeilen, Putzhölzern, Bürsten, Bimsstein, Schmirgel, Putzkalk, Ziegelmehl, Kohlenstaub und anderen dergleichen angreifenden

*) Die schädlichen Einwirkungen des Brennöls lassen sich dadurch vermindern, daß man Kreide oder Blei hineinschabt und es so einige Zeit stehen läßt.

Putzmitteln. Auch darf das Reinigen der Theile niemals durch Hin- und Herziehen langer Tuch-, Leder- oder Bandstreifen erfolgen.

Der Revolver ist an einem trockenen, möglichst staubfreien Orte aufzubewahren, und müssen seine Stahl- und Eisentheile zum Schutz gegen Rost stets eingefettet sein. Es genügt indessen hierzu überall ein Fetthauch, wie er sich durch Ueberfahren mit einem leicht gefetteten, wollenen Lappen erzeugen läßt, während ein zu starkes Einschmieren nachtheilig und daher zu unterlassen ist.

Wird die Waffe in Gebrauch genommen, so ist die Fettung überall da trocken zu wischen, wo sie der Bekleidung nachtheilig werden kann.

Ist der Revolver, ohne damit zu schießen, im Dienst getragen worden, so ist derselbe nach Beendigung des letzteren alsbald von Schmutz und Unreinigkeiten, die sich angesetzt haben, zu reinigen. Meistens wird es genügen, den Revolver äußerlich mit einem trockenen und dann mit einem Oellappen abzuwischen und den Wischstock durch die Seele des Laufes und die Patronenlager ein oder zwei Mal hindurchzuführen (vergleiche weiter unten). Ein Herausnehmen der Walze ist hierbei nicht erforderlich, vielmehr sind die Patronenlager nacheinander vor die geöffnete Ladeklappe zu bringen.

Ist der Revolver naß geworden, so muß das Abwischen und Wiedereinfetten mit größerer Gründlichkeit und Sorgfalt ausgeführt, und zu diesem Behufe auch die Walze herausgenommen werden. Ein heftiges Wischen oder starkes Reiben der Theile mit Lappen 2c. darf aber niemals stattfinden, damit die Deckungsmittel erhalten bleiben.

Zeigen sich Roststellen, so sind dieselben — nöthigenfalls wiederholt — einzufetten und nach einigen Minuten abzuwischen, bis der Rost gelöst und entfernt ist. Diese Lösung wird durch Anwendung heißen Oeles oder Fettes sehr gefördert. Ein Kratzen oder Scheuern der Stellen ist nicht statthaft.

Wenn der Rost schon tiefer eingefressen war, so bleiben schwärzliche Stellen — Narben — zurück, welche belassen werden müssen, weil durch ihre Entfernung die Theile geschwächt oder in der Form verändert würden. Es folgt hieraus, daß die Beseitigung von Rost niemals aufgeschoben werden darf, es vielmehr darauf ankommt, jede Rostbildung — wenn es nicht gelingt, sie überhaupt zu verhindern — möglichst im Entstehen zu entdecken und zu beseitigen.

Ist aus dem Revolver geschossen worden und dabei der Lauf stark verschleimt, so geschieht das Reinigen folgendermaßen.

Die Walze wird herausgenommen und die Bohrung für die Walzenachse, sowie die Oeffnung für die Warze des Arretirhebels im Ausschnitt für die Walze mit einem Wergpfropfen bezw. durch Ueberbinden eines leinenen Streifens geschlossen.

Dann wird der Revolver, die Mündung nach unten gekehrt, in die linke Hand genommen, ein kleiner Trichter mit entsprechend gebogener Ausflußöffnung in das Laufmundstück gesetzt und so lange Wasser durch den Lauf gegossen, bis dasselbe klar herausläuft.

Nunmehr wird der Lauf aus- und trockengewischt, wobei der Wischstock mit der rechten Hand, den Zügen folgend, von der Mündung aus langsam durch den ganzen Lauf hindurchgestoßen wird, bis das Werg aus dem Laufmundstück etwas heraustritt. Nachdem der Wischstock so einige Male hin und her bewegt worden ist, muß das naß und schmutzig gewordene Wergpolster abgenommen, der Stock abgetrocknet und die Wergumwickelung erneuert werden, in welcher Weise fortzufahren ist, bis das Werg ganz rein und trocken bleibt.

Die Erneuerung des Wergs muß mindestens dreimal erfolgen, und ist es vortheilhaft, zum letzten Trockenwischen einen besonderen, trockenen Wischstock zu benutzen. Der Wischstock darf anfänglich nicht zu stark umwickelt werden, weil das Werg infolge Einsaugens der im Lauf befindlichen Feuchtigkeit quillt, und der Stock dann leicht stecken bleibt. Tritt letzteres ein oder bricht der Wischstock ab, so muß der Revolver zum Waffenmeister gebracht werden.

Zeigt sich der Lauf nach dem Schießen nur wenig verschleimt, so braucht kein Wasser hindurchgegossen zu werden, sondern es genügt, das Wischpolster anfänglich anzufeuchten.

In gleicher Weise werden auch die Patronenlager in der Walze gereinigt.

Ergiebt sich beim Reinigen des Laufes, daß Bleirückstände in demselben vorhanden sind, die sich auf dem Wischpolster öfter nur als dunkelgefärbte Längsstreifen markiren, so muß die Reinigung des Laufes ohne Anwendung von Gewalt durch fortgesetztes Umwickeln des Wischstockes mit neuem Werg und Einölen desselben so lange fortgesetzt werden, bis die Bleireste gänzlich entfernt sind.

Nach beendeter Reinigung des Schlosses wird auf alle reibenden Stellen ein kleiner Tropfen guten Klauenöles (so viel als etwa an einem zugespitzten Holzspahn hängen bleibt) gegeben. Da es hierbei, wie auch beim Reinigen der Schloßtheile, erforderlich wird, den Hahn in seine verschiedenen Stellungen zu bringen, also das Schloß in Bewegung zu setzen, so muß man darauf achten, daß nicht einzelne Theile anfangen, sich zu heben; geschieht dies, so werden sie mit dem Daumen niedergedrückt.

Nachdem das Schloßblech wieder aufgeschraubt ist, werden mit einem Wischstock, dessen Polster mit Oel oder Fett schwach getränkt ist, das Laufinnere und die Patronenlager leicht gefettet; dasselbe geschieht mit der Walzenachse, und dann erfolgt das Einsetzen der Walze und das Einfetten der übrigen Stahl- und Eisentheile.

Die Länge des Putzstocks war für den Revolver 79 bemessen; für den M/83 wurden kürzere Putzstöcke angefertigt.

Bemerkenswert ist, dass man diesem Zubehör keine größere Bedeutung beigemessen hat. War doch bei der deutschen Armee alles haarklein zeichnungsmäßig festgehalten, so betraf das nicht die Reinigungsutensilien der Revolver. Hier hatte die Vorschrift nahezu Empfehlungscharakter.

Des weiteren wird ein „*...kleiner Trichter mit entsprechend gebogener Ausflussöffnung*" erwähnt.

Dieses Zubehör dürfte für die meisten Interessenten und Liebhaber in Zusammenhang mit dem Reichsrevolver neu sein.

Dem Verfasser ist dieser Trichter bisher nur in Verbindung mit Ausrüstungsgegenständen des Niederländisch-Indischen Heeres begegnet, jedoch nicht im Zusammenhamg mit deutschen Militärrevolvern. Bayern verwendete einen Trichter zur Laufreinigung des Gewehres M/1869, der als Vorbild in Preußen gedient hat.

In Preußen wurde die Einführung des Trichters am 13. Juni 1896 im Armee-Verordnungsblatt veröffentlicht. **(Siehe gegenüberliegende Seite, oben)**

Das KPKM übersandte am 10. November einen Probetrichter dem KSKM nach Dresden.

Kriegsminister von der Planitz veranlasste die Beschaffung auch für die sächsischen Streitkräfte bei den vereinigten Artillerie-Werkstätten und Depots.

Quellen

„*Schießvorschrift für die Infanterie*", Berlin 1899
Hauptmann Zwenger „*Batsch' Leitfaden für den Unterricht der Kanoniere und Fahrer der Feldartillerie*", Berlin 1901
„*Armee-Verordnungs-Blatt*", 1896, Nr. 154
BHS, AX 3, Bd. 20a

Kriegsministerium. | | Berlin den 13. Juni 1896.
Allgemeines Kriegs-Departement.

Nr. 154.

Revolvertrichter.

Es ist ein besonderer Reinigungstrichter für Revolver konstruirt worden.

Jedem mit Revolver 79 oder 83 als Schußwaffe oder Lehrmittel ausgerüsteten Truppentheil 2c. wird von der Gewehrfabrik Erfurt ein Probe-Revolvertrichter unentgeltlich überwiesen werden. Die Beschaffung der erforderlichen derartigen Trichter wird den Truppen 2c. überlassen.

No. 717/5. 96. A. 2. Frhr. v. Falkenhausen.

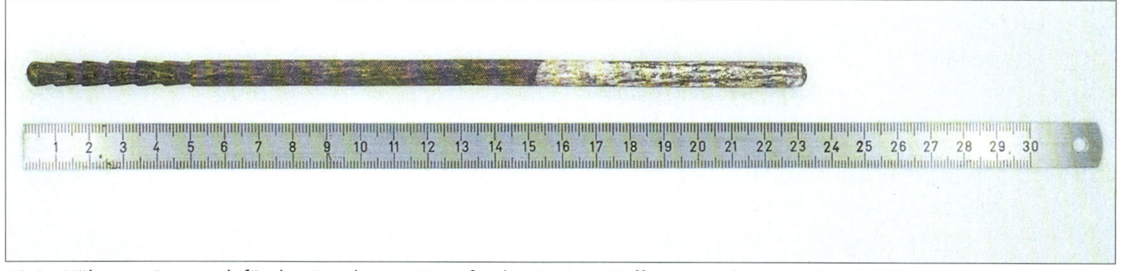

18.4a. Hölzerner Putzstock für den Revolver M/83, gefunden in einer Waffenmeisterkiste aus dem I. WK. Sammlung W. A. Dreschler
Wooden cleaning rod for the Revolver M/83, found in an armourer's toolbox from WW I. W. A. Dreschler collection

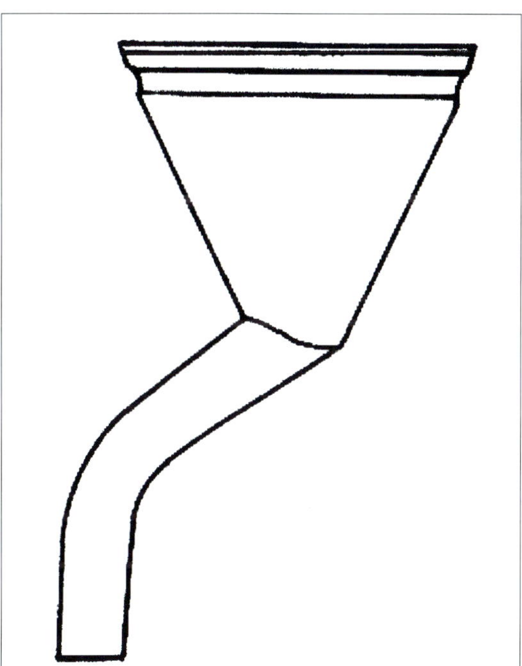

18.5. Im Jahre 1896 wird die Verwendung eines kleinen Trichters zur Reinigung der Revolverläufe nach dem Schießen empfohlen.
Armee-Verordnungsblatt 1896: Zeichnung Guy and Leonard West
In 1896 the use of a small funnel was recommended for use in cleaning revolver barrels after shooting.
Armee-Verordnungsblatt 1896, drawing by Guy and Leonard West

18.4 Ein Zielkontrollapparat

Mit Schreiben vom 24. Mai 1886 bietet die in Berlin ansässige Firma Pieper & Sauer dem KSKM in Dresden einen Zielkontrollapparat für das Gewehr M/71 und den Revolver M/79 an. Sie beruft sich dabei auf das KPKM, das am 25. Februar 1886 per Erlass seinen Truppen die Beschaffung empfohlen hatte. Dem Angebot waren je 2 Mustergeräte mit Zeichnung und Anleitung beigefügt.

In größeren Stückzahlen dürfte der Zielkontrollapparat nicht beschafft worden sein.

Realstücke könnten vorhanden, deren Verwendung jedoch unbekannt sein.

Quellen

SHS, 2122, Bl. 243 – 245

PIEPER & SAUER
BERLIN W.,
Französische-Straße 40 u. 41.

CENTRAL-LAGER
der vereinigten mechanischen Waffenfabriken
von
H. PIEPER in LÜTTICH
und
J. P. SAUER & SOHN in SUHL.

TELEGRAMM-ADRESSE:
Pieper Sauer Berlin.

Gebrauchsanweisung

zu dem

Ziel - Kontrol - Apparat für den Revolver m/79.

1. Aufsetzen des Apparates.

Der Apparat ist mit seinem federnden, mit Knopf und Lederriemen versehenen Theil hinter dem Hahn und über dem vorderen Theil des Kolbens so zu befestigen, dass der Glaskasten aufrecht nach hinten steht und zwar die geschlossene Seite nach der linken Seite, vom Schützen im Anschlage aus gesehen.

Der Revolver kann gespannt werden.

2. Zielen und Kontroliren des Zielens.

Der Schütze bringt den Revolver vorschriftsmässig in Anschlag und sieht beim Zielen durch das Glas des Apparates die Kimme, das Korn und das Ziel.

Zur Rechten des Schützen steht der Kontrolirende, dessen Auge ungefähr ebensoweit vom Spiegel entfernt ist, wie das Auge des Schützen vom Spiegel.

Im Spiegel gewahrt der Kontrolirende Visirlinie und Ziel und vermag das Zielen und Abkommen des Schützen zu beurtheilen. Bei Seitenabweichungen muss er sich nur vergegenwärtigen, dass der Schütze wirklich nach der anderen Seite, wie der Spiegel zeigt, abgewichen ist.

Beim Schiessen mit scharfen Patronen ist der Apparat nicht zu verwenden, weil aus dem Revolver herausschlagende Pulvergase und Bleisplitter den seitwärts stehenden Kontrolirenden verletzen könnten.

Der Gebrauch des Apparates wird sich meistens nur auf das Zielen „aufgelegt" beschränken können, weil beim freihändigen Zielen der Kontrolirende den Schwankungen des Revolvers nur schwer zu folgen vermag.

18.6. Die Firma Pieper & Sauer, Berlin bot diesen Ziel-Kontroll-Apparat für den Revolver M/79 der Truppe an. Das Gerät sollte eine Kontrolle des zielenden Schützen ermöglichen.
SHS, 2122, Bl. 244 und 245

The Berlin firm Pieper & Sauer offered this aiming device for use with the Revolver M/79. It was designed to identify and correct the aiming errors during shooting.

SHS, 2122, Bl. 244 und 245

Chapter 18

A brass extractor rod was issued along with the M/81 cartridge box. This tool was secured to the box by a leather loop and thong. It may be safely assumed that this tool was not intended for use during a battle. Despite there being many thousands of these rods made, very few have survived. During World War I there was a tremendous demand from German industry for brass and other copper alloys, and it is likely that most of these rods ended up as shell cases. Most of those offered today are fakes. The brass push-rod was not issued with the M/83; instead a simple piece of wood measuring (according to the Instructions) 20cm in length and 1cm in diameter performed the same service.

The rarest, by far, of the several accessories is the screwdriver, one being issued with every ten revolvers.

There was no official cleaning rod for either model. A wooden rod 29 – 30cm long with a diameter of .85cm was described in the Instructions, the field artillery instructions specifying hornbeam as the wood to be used.

In 1896 the KPKM recommended a special funnel be used for cleaning after shooting practice. These were never officially distributed, but only by special request of the unit, who also had to pay for them.

In 1886 Pieper & Sauer of Berlin offered an aiming device for target practice to the Saxon Ministry of War. This device was fixed on the M/79 revolver, and the instructor, standing behind the shooter, was able to use it in correcting the aim of the shooter. In making their offer the company mentioned that the Prussian War Ministry had recommended the use of this device. To date no example of this device has been identified.

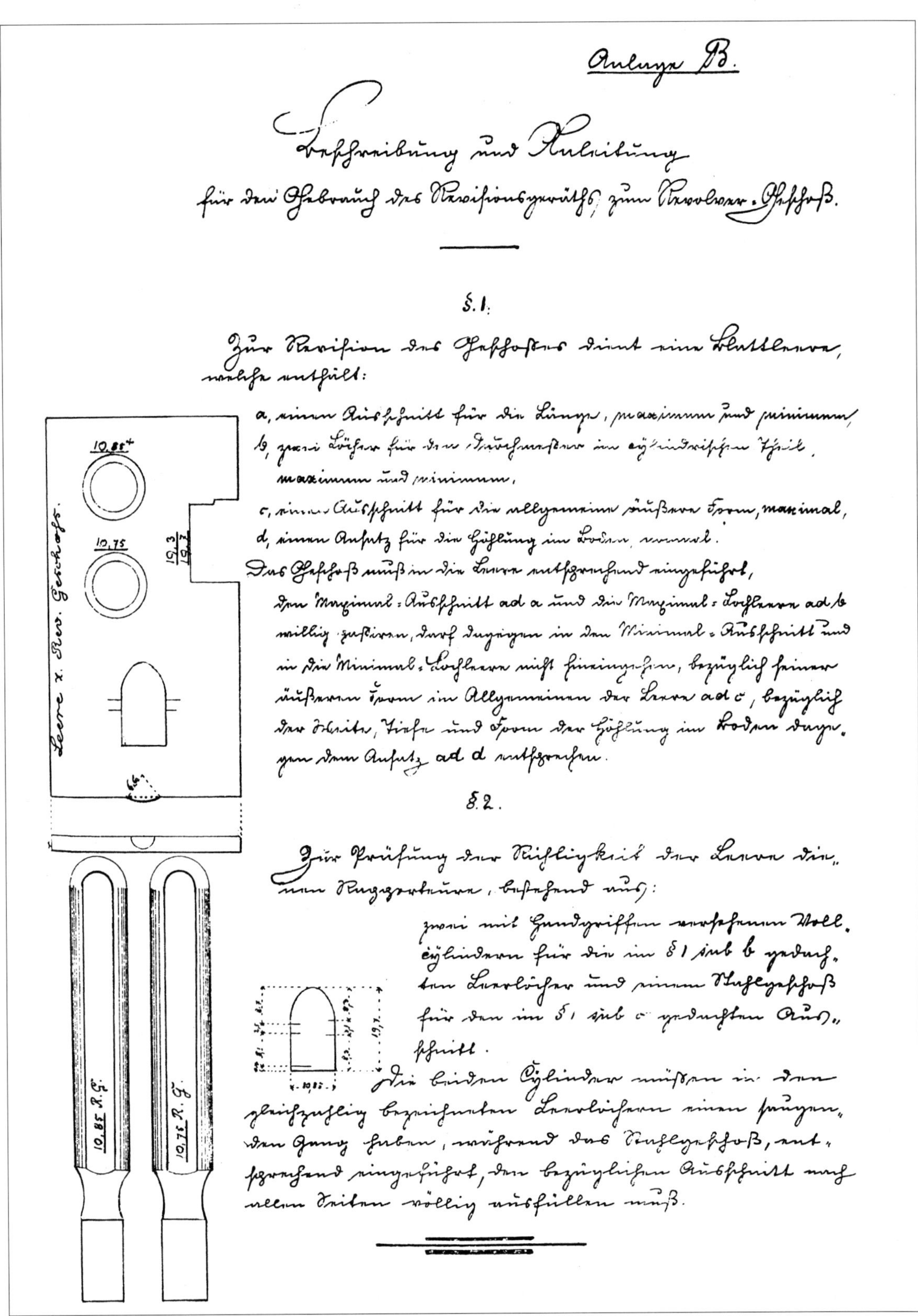

19.0. Handgeschriebener Entwurf einer Prüfanweisung. Die Überschrift lautet: „Beschreibung und Anleitung für den Gebrauch des Revisionsgeräths zum Revolver-Geschoß." SHS, 2252, Anl.B

Handwritten draft of inspection instructions. The heading reads: „Description and directions for the use of the gauges for the revolver bullet." SHS, 2252, Anl.B

19. Patronen

Obwohl die Entwicklungsgeschichte der Patrone für den Revolver79 im Dunklen liegt, steht zweifelsfrei fest, dass bereits Ende 1873 in einem Brief der Londoner Colt-Vertretung von einem **„Original-Kaliber Preußen"** gesprochen wird.

Bei dieser Patrone, das wissen wir aus der Korrespondenz zwischen von Oppen, dem Leiter der Londoner Colt-Agentur und dem Werk in Hartford, CT., handelte es sich um eine modifizierte russische Patrone im Kaliber .44. In Preußen hatte der von Smith & Wesson hergestellte russische Armeerevolver also auch hinsichtlich der Patrone die Tests überzeugend bestanden. Die russische Patrone war damit der eindeutige Favorit in Preußen. In der preußischen Nomenklatur erhielt sie später die schlichte Bezeichnung „Revolverpatrone". Eine andere Bezeichnung, mit einer Kaliberangabe findet sich im offiziellen Schriftgut nicht! Notwendig war das auch nicht, denn von 1879 bis 1918 gab es nur die beiden Revolver 79 und 83, eingerichtet für eine einheitliche Revolverpatrone.

Im allgemeinen Sprachgebrauch heißt sie heute 10,6 mm, Deutsche Ordonnanz, unter der Registriernummer 153 in Band I des *„Handbuch der Pistolen- und Revolver-Patronen"* von Erlmeier/Brandt registriert.

Am 24. Januar 1880 versandte das KPKM an Sachsen (und damit auch an die anderen Bundesstaaten) eine Entwurfsvorschrift für die Revision, Abnahme und Verpackung der Revolvergeschosse. Das Maß 10,6 mm wurde demnach dem Felddurchmesser des Revolverlaufs entnommen.

Ähnliche Vorschriften betrafen die Hülsen und das Zündhütchen.

19.1 Scharfe Revolverpatrone a/A

Die ersten in Preußen und Bayern produzierten Patronen hatten einen flachen, ungestempelten Boden.

Die Pulverladung betrug: 1,5 g
neues Gewehrpulver: 71
Gewicht der Patrone: 23,15g
Geschossgewicht: ca. 17 g
Geschossdurchmesser: 10,8 +/- 0,05 mm
mit Zündhütchen: 71
Durchmesser: 6,45 mm

Die Ringfuge um das Zündhütchen herum war schwarz lackiert.

19.2.–19.2a. Die Patrone für den Revolver M/79 a/A (alter Art). Sie ist zu identifizieren am glatten ungestempelten Boden. Sammlung des Autors
Cartridge for the Revolver M/79 a/A (old model). Identified by the flat unmarked head. Author's collection

Die standardmäßigen scharfen Revolverpatronen dienten gleichzeitig auch als Beschusspatronen. Speziell geladene Patronen für den Beschussvorgang gab es in der Reichsrevolverzeit nicht.
Die diesbezügliche Abnahmevorschrift schrieb den Beschuss in § 23 wie folgt vor: *„Der Beschuss erfolgt mit der vorgeschriebenen scharfen Revolver-Patrone und je 1 Schuss aus jedem Patronenlager."* Kann man aus der Formulierung *„...erfolgt mit der vorgeschriebenen scharfen Revolver-Patrone..."* eventuell das Vorhandensein einer Beschusspatrone ableiten, so entfällt diese Möglichkeit entgültig, nimmt man den Text für den Anschuss zur Hand.

§ 24

„Der Anschuss erfolgt mit der vorgeschriebenen scharfen Revolver-Patrone und je 1 Schuss aus jedem Patronenlager." Für diesen Vorgang benutzte man also die gleiche Formulierung.

19.3. Schachtel mit 18 Revolverpatronen a/A. Angefertigt im August 1881 im Artillerie-Depot in Berlin. Sammlung des Autors
Box containing 18 old model revolver cartridges. Manufactured in August 1881 by the Artillery Depot in Berlin. Author's collection

Revolver 79.

5:1.

Das Geschoss.

Von Weichblei.

Länge:

	mm
ganze	19,5±0,2
des abgerundeten Theiles	7,5±0,1
des walzenförmigen, einschl. gereifelten Theiles	12,0±0,1
des gereifelten Theiles	2,8

Die Reifelungen sind:

breit		1,0±0,1
tief		0,4±0,1
entfernt	vom Boden	8,2±0,1
	von einander	0,8

Durchmesser:

des walzenförmigen Theiles	10,8±0,05

Boden:

abgerundet mit einem Halbmesser von 0,5+0,1

Höhlung im Boden:

tief	1,0
Halbmesser der Ausrundung	6,6

Gewicht:

des fertigen Geschosses	17,0±0,05g

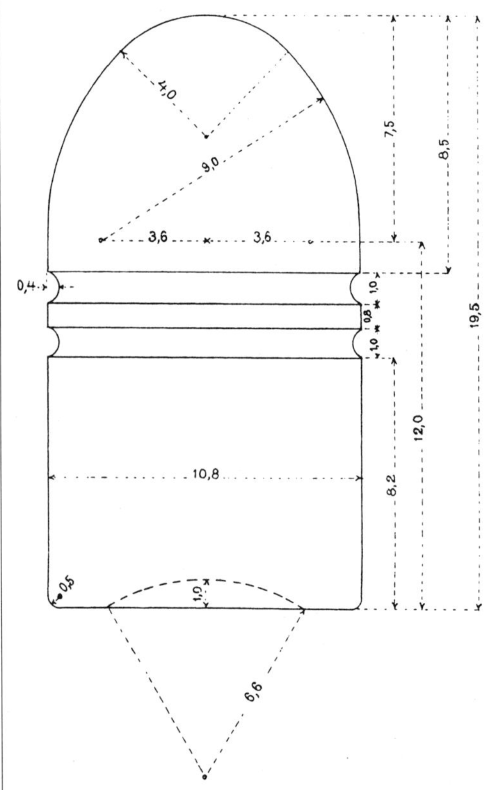

19.5a.–19.5b. Offizielle Zeichnung des Geschosses und der Hülse der Patrone n/A. BHS, ASV 71/1
Official drawing for the bullet and cartridge case of the new model cartridge. BHS, ASV 71/1

Revolver 79.

Die Patronenhülse n/A.

4:1.

Von Messingblech.

	mm
Ganze Länge	24,6 ±0,25

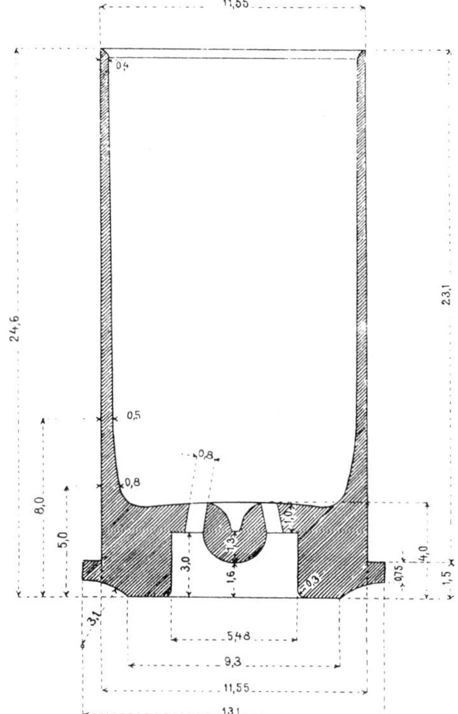

Der Mantel.

Die vordere innere Kante etwas ausgebrochen.

Länge		23,1 ±0,25
Durchmesser		11,55—0,1
Wandstärke	vorne	0,4 —0,05
	8 mm von der Reibefläche	0,5 —0,05
	5 mm von der Reibefläche	0,8 —0,05

Der Boden.

Länge	4,0 ±0,15
Länge von der Reibefläche bis zur vorderen Fläche der Krempe	1,5 +0,1
Durchmesser der Reibefläche	9,3 ±0,1

Der Rand.

Durchmesser	13,1 —0,2
Länge beziehungsweise Stärke der Krempe	0,75±0,05
Halbmesser der Schweifung	3,1

Die Zündglocke.

Im Boden stark	1,0 ±0,1
Weite	5,48—0,05
Tiefe	3,0 +0,1
Halbmesser der Abrundung des Randes	0,3 ±0,05

Anmerkung: Die Zündglocke darf sich nach ihrem Boden hin, wenn überhaupt, so doch nicht meßbar verjüngen.

Zündöffnungen weit	0,8 ±0,05

Der Ambos.

Abstand der Spitze von der Reibefläche	1,6 —0,2
Metallstärke in der Spitze	1,3 —0,2

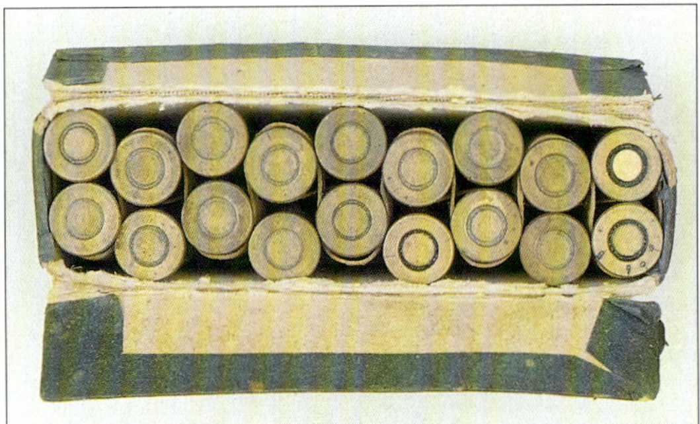

19.3a. Schachtel mit 12 Revolverpatronen n/A. Angefertigt im Dezember 1915 in der Munitionsfabrik Spandau. Sammlung des Autors

Box containing 12 new model revolver cartridges. Manufactured in December 1915 in the ammunition plant at Spandau (near Berlin). Author's collection

19.2 Scharfe Revolverpatrone n/A

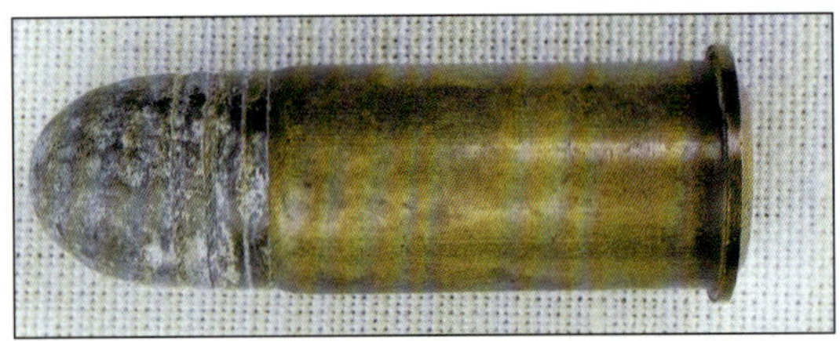

19.4. Die Patrone n/A (neuer Art) besaß einen verstärkten Boden (auch Mauserboden genannt) in der Art der Gewehrpatrone M/71. Ab dieser Bauart waren nahezu sämtliche Patronen am Boden gekennzeichnet. Sammlung des Autors

The revolver cartridge n/A (new model) has a reinforced head, commonly called Mauser head, after the rifle cartridge M/71 of the same pattern. Nearly all new model cases carry headstamps. Author's collection

Zwischen 1881 und 1884 kam es zu verschiedenen Änderungen: An Stelle des glatten Bodens erhielt die Patrone einen verstärkten Boden mit Anschrägung. Auf dieser Anschrägung wurde eine Stempelung angebracht, die folgende Daten lieferte:

- der Anfertigungsmonat der Hülse, 1- und 2-stellig
- das Anfertigungsjahr, immer 2-stellig
- die Munitionsfabrik mit einem Großbuchstaben

Die Hülse ähnelte damit der Gewehrhülse des Gewehrs M/71.

Heute wird diese Form unter Sammlern auch „Mauserboden“ genannt.

Der Rand um das Zündhütchen herum bot nun genügend Raum für Markierungen nach einer nochmaligen Verwendung.

Nach dem jeweiligen Wiederladen wurde der Rand mit einem kleinen Kreis markiert.

19.6. Diese Hülse ist auf dem inneren Rand mit zwei Kreisen gestempelt. Diese Markierung kennzeichnet ein zweimaliges Wiederladen der Hülse. Wie man sieht, ist das Wiederladen keine Erfindung neuerer Zeit. Sammlung M. Marx

This case is marked on the inner rim with two concentric circles. This indicates a case which has been officially reloaded twice. Reloading is by no means a modern practice. M. Marx collection

Der Pulverraum war mit der Zündglocke durch zwei Kanäle verbunden.

Die Hülsenlänge betrug eingezogen 24,6 mm.

Der Durchmesser des Zündhütchens betrug weiterhin 6,45 mm.

Die Pulverladung betrug nunmehr 1,3 g feinkörnig ausgesiebtes Gewehrpulver M/71.

Das Patronengewicht betrug 24,74 g.

Die Verpackung erfolgte in Schachteln zu je 18 Stück; sämtliche Patronen mit dem Geschoss nach unten.

Die Ringfuge um das Zündhütchen herum war wie bei der Patrone a/A schwarz lackiert.

Scharfe Revolverpatrone n/A 1. Änderung

Am 16. Juni 1885 erfolgte eine erste Änderung an der neuen Patrone: Die Höhe des bisher verwendeten Zündhütchens M/71 änderte sich von 2,3 mm in 2,35 mm und erhielt die Bezeichnung „Zündhütchen n/A; M71/84“. Der Durchmesser blieb unverändert.

Scharfe Revolverpatrone n/A 2. Änderung.

Mit Änderung des Gewehr-Zündhütchens übertrug man wie bisher dieses Zündhütchen auch auf die Revolverpatrone.

Als das Zündhütchen M/88 eingeführt worden war, änderten die Munitionsfabriken die Werkzeuge auch für die Revolverpatronen-Hülse. Die neuen Zündhütchen flossen in die Serie ein. Das muss um 1887 stattgefunden haben, denn das Zündhütchen M/88 mit dem Durchmesser 5,5 mm findet man vorzugsweise in den Schachteln mit 12 Patronen.

Am 2. April 1887 hatte Preußen den anderen Bundesstaaten mitgeteilt, dass sich die Verpackung der scharfen Revolverpatronen ändern wird: **Statt 18 werden nur noch 12 Stück pro Schachtel verpackt.**

Die einzelnen Patronen wurden nun wechselseitig in die Schachtel gesetzt; nach Öffnen der Schachtel waren also die Patronenböden im Wechsel mit den Geschossen sichtbar. **Die Platzpatronen wurden weiterhin zu jeweils 18 Stück verpackt.**

Das nachstehende Handbuch gibt Auskunft über die Durchschlagsleistung des Revolvergeschosses:

Handbuch

der

Waffenlehre

Für Offiziere aller Waffen zum Selbstunterricht,

besonders zur

Vorbereitung für die Kriegsakademie

von

Berlin

Hauptmann und Lehrer an der Kriegsschule Metz

Mit 302 Abbildungen und 4 Steindrucktafeln

Berlin 1904

Ernst Siegfried Mittler und Sohn

Königliche Hofbuchhandlung

Kochstraße 68–71

c. Revolver.

Die Wirkung des Revolvergeschosses reicht nur auf den nächsten Entfernungen aus; auf 15 m Entfernung werden z. B. Röhrenknochen des Pferdes nicht mehr durchschlagen.

19.3 Die Revolver-Platzpatronen

19.9. Die Platzpatronen wurden weiterhin zu je 18 Stück verpackt. Statt der blauen Schachteln wählte man bei den Platzpatronen eine rotviolette Farbe. Sammlung des Autors
Blank cartridges were packed in boxes of 18 rounds. While ball cartridges were packed in blue boxes, blanks were packed in red-violet coloured boxes. Author's collection

19.10. Die beiden Platzpatronen im Vergleich: links die Patrone n/A und rechts die a/A. Sammlung des Autors
The two patterns of blank cartridge compared: on the left the new model, and on the right the old model. Author's collection

19.11. Von Ausnahmen abgesehen, war die Ringfuge bei der Platzpatrone rot lackiert. Sammlung des Autors
With some exceptions, on blank cartridges the gap between raised flat and the primer was red lacquered.
Author's collection

Die Hülse der Platzpatrone durchlief in ähnlicher Form ebenfalls die Änderungen wie die der scharfen Patrone.

Lediglich die Pulverladung blieb durchgehend bei 1 g.

Bei den ersten Platzpatronen mit flachem Boden war nicht die Ringfuge rot lackiert, sondern der gesamte Boden mit Ausnahme des Zündhütchens.

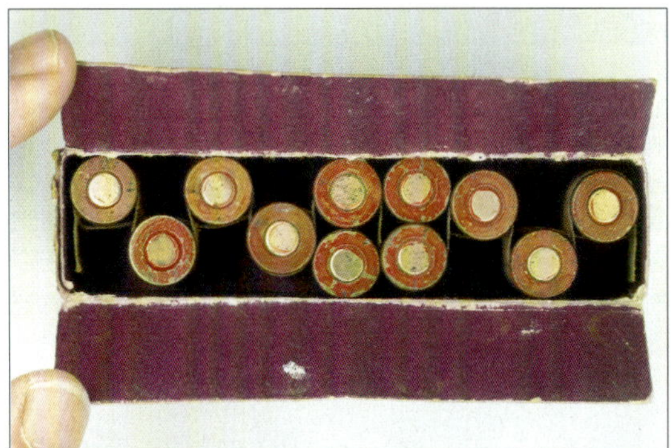

19.12. Blick in eine Schachtel mit Platzpatronen a/A. Die frühen Platzpatronen besaßen einen rot lackierten Boden. Später wurde nur noch die Ringfuge rot lackiert. Sammlung A. Rauch
View in a box of with blank cartridges a/A. The earlier blank cartridges had a red painted head. Later only the gap was painted with red colour. A. Rauch collection

Später wurde nur die Ringfuge um das Zündhütchen herum rot lackiert. Das Innere der Platzpatronenhülse war im Gegensatz zu den scharfen Patronen nicht lackiert.

Was in dem nachstehenden „Handbuch betreffend die Munition für Handfeuerwaffen" nicht erwähnt wird, ist die Tatsache, dass für Platzpatronenhülsen minderwertigere Hülsen Verwendung fanden. Ebenso diejenigen Hülsen, die nach einer Änderung (Einführung des Mauserbodens oder Einführung der Produktionsdaten als Bodenstempel) übrig geblieben waren und aufgebraucht werden mußten.

Für diese Annahme sprechen Realstücke, die einen Mauserboden aufweisen, aber noch nicht rot gekennzeichnet waren.

Nach Aufbrauchen der Hülsen a/A kamen auch bei den Platzpatronen nur noch Hülsen n/A zum Einsatz. **Abbildung 19.10.**

Abbildung 19.13 zeigt einen Hülsenboden, der gleich zwei Fehler aufweist:

1. einen Riss,
2. das S spiegelverkehrt geprägt.

Der 2. Fehler stammt aus einer Serie (es sind mehrere dieser Hülsen aufgetaucht), die mit einem fehlerhaften Werkzeug gefertigt worden waren. Hier hatte der Graveur schlicht vergessen, dass S am Prägestempel spiegelbildlich zu gravieren: Ein für eine preußische Munitionsfabrik blamabler Fehler.

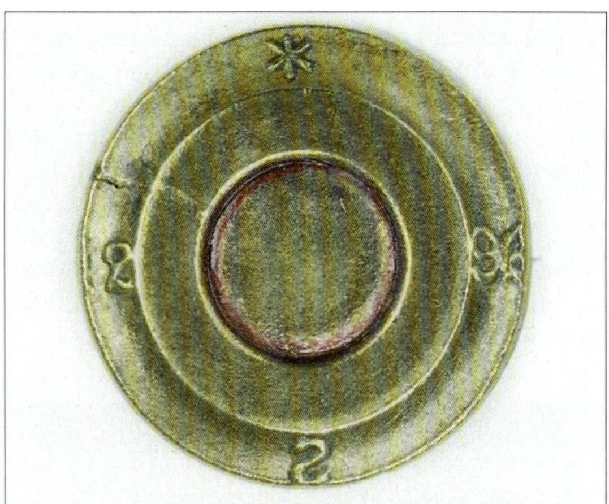

19.13. Die Verwendung von minderwertigen Hülsen für Platzpatronen dokumentiert dieses Foto. Bei 6.00 Uhr erkennt man ein seitenverkehrtes S und bei 10.00 Uhr einen Riss. Sammlung des Autors
The use of inferior quality cases for blank cartridges is evident in this photograph. At 6 o'clock the S is backwards, and at 10 o'clock a crack is visible. Author's collection

Mit anderen Worten, nach einem Werkzeugwechsel war nicht der Anlauf kontrolliert worden. Erst nach geraumer Zeit fiel dieses Missgeschick auf und die Hülsen wanderten in die Platzpatronenlinie.

Neben den Änderungen an den Hülsen und Zündhütchen erfuhr die Platzpatrone eine weitere nennenswerte Modifikation:

Preußen verfügte am **29. August 1887** das bisher verwendete Papierblättchen zur Abdeckung der Pulverladung durch einen **Fließgazepfropfen** zu ersetzen, der anfangs aus einem tiefer gesetzten, flacheren Pfropf bestand.

19.13a. Platzpatrone mit einer flachen und tiefer gesetzten Abdeckung. Sammlung A. Rauch
Blank cartridge with a flatter and more deeply recessed gauze insert. A. Rauch collection

Generell sind die Revolver-Platzpatronen in rot bis rotvioletten Schachteln verpackt worden.

Frühe Schachteln mit Flachboden-Platzpatronen sind in der Regel unbeschriftet.

Schachteln mit Platzpatronen n/A tragen dagegen Etiketten.

19.14. Eine Schachtel mit Platzpatronen, angefertigt 1897 im Hauptlaboratorium in Ingolstadt, Bayern. Privatsammlung
A box of blank cartridges manufactured in 1897 at the main laboratory at Ingolstadt, Bavaria. Private collection

19.14a. Frühe, nicht etikettierte Platzpatronenschachtel. Privatsammlung
Unlabelled blank cartridge boxes exist. Private collection

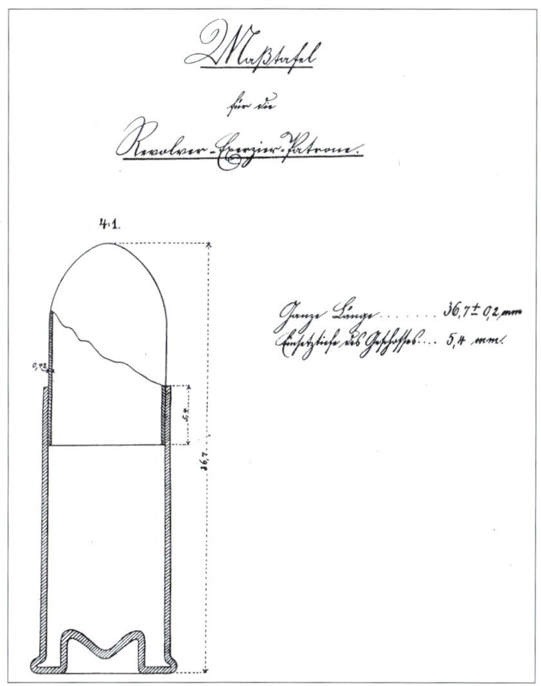

19.4 Die Revolver-Exerzierpatronen

Die ersten Exerzierpatronen wurden unter Verwendung der Flachbodenhülse hergestellt. In die Hülsen steckte man ein vorn gerundetes Holzgeschoss aus Weißbuchenholz, das dem Bleigeschoss ähnlich war. Gehalten wurde das Holzstück durch Einkrimpen.

19.15.–19.15a. Die ersten Exerzierpatronen für den Revolver M/79 bestanden aus einer Flachbodenhülse mit einem Holzgeschoss. Die Zündlöcher fehlen. Sammlung A. Rauch
The first drill purpose cartridges for the Revolver M/79 were made with flat head cases and wooden bullets.The flash holes are missing. A. Rauch collection

Da jedoch das Holz im Laufe der Zeit schrumpfte, konnte sich das Holzstück lockern oder gar herausfallen. Auf Dauer musste deshalb eine bessere Lösung gefunden werden.

Ende November 1883 war es bereits so weit. Das Armee-Verordnungsblatt meldete:

Abbildung links und unten BHS, ASV, 75/12

Nr. 206.

Revolver-Exerzir-Patrone.

Berlin, den 21. November 1883.

Bei der Neufertigung von Revolver-Exerzir-Patronen kommt das Holzfutter in Fortfall. Die Spitze dieser Patronen wird künftig aus Messingblech hergestellt und in der Patronenhülse festgelöthet.

Der Preis einer solchen Revolver-Exerzir-Patrone beträgt 3½ Pf.

Kriegs-Ministerium; Allgemeines Kriegs-Departement.
v. Hänisch. Müller.

No. 686. 11. 83. Art. 1.

Zeichnung der neuen Revolverexerzierpatrone mit **Flachboden** und Messingspitze (Vorherige Seite).

19.16. Exerzierpatrone mit Messingspitze und Flachboden, wie lt. Abb.19.15b vorgeschrieben. Sammlung des Autors
Drill cartridge with brass insert and flat case-head as shown in drawing 19.15b. Author's collection

Für später angefertigte Exerzierpatronen wurden die verfügbaren Hülsen mit „Mauserboden" verwendet.

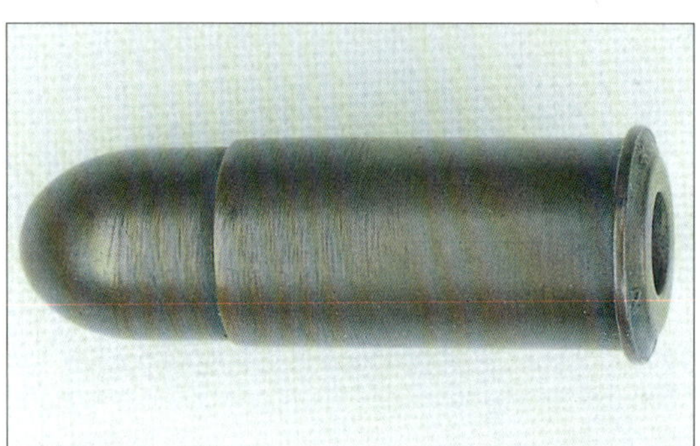

19.13b. Spätere Variante der Exerzierpatrone mit Messingspitze, jedoch mit „Mauserboden". Sammlung A. Rauch
Later variant of the drill cartridge with brass insert, but with „Mauser" case-head. A. Rauch collection

19.5 Die staatlichen Fabrikationsstätten

In Preußen erfolgte die Produktion der Revolverpatronen in den **Artillerie-Werkstätten zu Berlin.**

Die dort gefertigten Hülsen besaßen einen glatten Hülsenboden und wiesen keine Bodenstempel auf.

Am 5. April 1887 informierte Preußen die Bundesstaaten, dass die Fertigung der Revolverpatronen nunmehr in der **Munitionsfabrik Spandau** erfolgen wird. Entsprechend änderte sich die Etikettierung.

(Ab diesem Zeitpunkt erhalten die Patronen am Boden den Kennbuchstaben S).

In Preußen wurden die Revolverpatronen ausschließlich in diesen Munitionsfabriken hergestellt.

Das Königreich Bayern produzierte anfangs im **Hauptlaboratorium zu München.**

1884 wird die Fertigung der Revolverpatronen zum **Hauptlaboratorium Ingolstadt** verlagert.

19.17. Scharfe Revolverpatrone aus Spandauer Fertigung. Produktionsdatum: April 1909 Sammlung des Autors
Ball revolver cartridge made at Spandau in April 1909. Author's collection

19.18. Platzpatrone aus Spandauer Fertigung. Produktionsdatum: Mai 1900. Sammlung des Autors
Blank cartridge manufactured at Spandau in May 1900. Author's collection

19.19. Scharfe Revolverpatronen a/A, angefertigt 1880 (!) im Hauptlaboratorium München. Sammlung F. Petter
Old model revolver ball cartridges made in 1880! in the Main Laboratory Munich. F. Petter collection

19.20. Nicht nur die preußischen, sondern auch die bayerischen Revolverpatronen n/A wurden zu 12 Stück je Schachtel verpackt. Nach 1884 erfolgte die Fertigung der bayerischen Munition in Ingolstadt. Sammlung des Autors
The Bavarians also packed new revolver cartridges in boxes of 12 rounds. After 1884 all production of Bavarian ammunition was done in the town of Ingolstadt. Author's collection

Die dort produzierten Hülsen n/A tragen den Kennbuchstaben 𝔏.

Im Gegensatz zum Bodenstempel Spandauer-Fertigung mit 90°, sind die Merkmale der bayerischen Bodenprägung um 120° versetzt.

19.21. Bodenstempel einer Hülse aus Ingolstadt. Sammlung des Autors
Headstamp of an Ingolstadt-made cartridge. Author's collection

1916 zog die bayerische Revolverfertigung nochmals um. Diesmal nach Dachau.

In Sachsen war die Patronenfertigung den „vereinigten Artillerie-Werkstätten und Depots" zugeordnet. Diese Einrichtung beantragte Ende 1881 beim KSKM die Beschaffung von *„Maschinen und Laboriereinrichtungen zur Herstellung der Revolverpatrone M/80 und der Platzpatrone."* Sachsen hatte demnach der neuen Revolverpatrone eine Modellbezeichnung gegeben.

Eine im Grunde logische Verfahrensweise, denn in Sachsen war ja der Revolver 73 mit seiner Patrone eine eingeführte Waffe. Somit musste ein Unterscheidungsmerkmal her.

Das KSKM kommentierte den Antrag der vereinigten Artillerie-Werkstätten und Depots wie folgt: *„Die Beschaffung dürfte bei der Gewehrfabrik in Spandau zu erfolgen haben."*

Ob Sachsen nun tatsächlich Maschinen und Laboriereinrichtungen für die Revolverpatrone M/80 in Spandau gekauft hat, läßt sich nicht mehr nachvollziehen.

Eine gewisse Ausstattung zur Herstellung von Patronen war bei den vereinigten Artillerie- Werkstätten und Depots jedoch bereits vorhanden.

Wie aus den Unterlagen der M/73-Patronenfertigung hervorging, waren demnach nicht nur Lademaschinen, sondern auch Pressen vorhanden, mit denen die Bleigeschosse hergestellt wurden.

Die Hülsen bezog man von der Firma Lorenz, Karlsruhe, die mit großer Wahrscheinlichkeit auch die Hülsen für die Revolverpatrone des Revolvers 79 geliefert haben wird.

Am 10. März 1882 übersendet Berlin dem KSKM 2 Exemplare der *„Vorschrift zur Anfertigung der scharfen Revolverpatronen in den Artillerie-Depots der Festungen."*

Bei dieser Vorschrift wird es sich um eine Anleitung für das Laden, Zündhütchen- , und Geschosssetzen gehandelt haben, d. h. ein Procedere, um aus vorhandenen Komponenten mit wenig maschinellem Aufwand Patronen anzufertigen.

In Festungen eine anspruchsvolle Produktionslinie für Hülsen vorzuhalten machte keinen Sinn.

Am 8. Mai 1882 ergänzte Preußen diese Vorschrift mit Nachtrag Nr.1 und sandte sie im Oktober 1882 an die anderen Bundesstaaten.

Deutlich wird dieser Hintergrund mit der Übersendung des 2. Nachtrags und einem Nachtrag Nr.3 zum *„Entwurf der Vorschrift zur Fertigung der Revolverpatronen."*

Da der Vorrat an Revolverpatronen bei weitem nicht ausreichte, musste die Produktion hochgefahren werden.

Dies bedeutet, dass die Vorschrift zur Fertigung sämtlicher Komponenten und der fertigen Revolverpatrone war zu dieser Zeit erst als Entwurf vorhanden war.

Im Jahre 1887 errichtete Sachsen auf dem neuen Gelände der Albert-Stadt eine Munitionsfabrik.

In der Folgezeit dürfte auch in Dresden die Hülsenfabrikation aufgenommen worden sein.

Die frühen sächsischen Revolverhülsen trugen nur den Kennbuchstaben D. Erst später kennzeichnete Sachsen den Hülsenboden zusätzlich mit der Angabe des Produktionsmonats und -Jahres.

19.22. Sächsische scharfe Revolverpatrone n/A aus der Munitionsfabrik Dresden. Hergestellt: August 1904.

Sammlung des Autors

Saxon new model ball cartridge made in August 1904 at the ammunition factory in Dresden. Author's collection

19.22a. Revolverpatronen, gefertigt in der staatlichen Munitionsfabrik zu Dresden. Sammlung P. Stutte

Revolver cartridges, manufactured at the state ammunition factory Dresden. P. Stutte collection

Württemberg unterhielt keine eigene Munitionsfabrik.

Der geringe Bedarf an Revolverpatronen wurde vom Ludwigsburger Artillerie-Depot gedeckt, das aus zugekauften Komponenten die Patronen laborierte.

19.6 Privatfabriken als Lieferanten für Militärrevolver-Patronen

Bereits vor dem ersten Weltkrieg vergab das Reich Aufträge zur Anfertigung nicht nur von Komponenten, sondern auch von fertigen Patronen.

Der erste Weltkrieg machte die Reaktivierung der Revolver 79 und 83 notwendig, da sich sofort ein Mangel an persönlicher Bewaffnung einstellte. Die in großer Stückzahl eingelagerten Revolver, vor allem in Preußen, wurden wieder ausgegeben.

Die Kriegsfertigung scheint sich bei den Staatsfabriken nur auf Spandau konzentriert zu haben. Andere staatliche Munitionsfabriken treten in Hinblick auf Revolverpatronen nicht in Erscheinung.

19.23. Mit Ausbruch des I. WK wurden zunehmend Aufträge an private Munitionsfirmen vergeben. Die Rheinisch-Westfälische Sprengstoff-Aktien-Gesellschaft (RWS), Werk Nürnberg-Stadeln, produzierte 1914 diese Revolverpatronen. Mit freundlicher Genehmigung durch Lou Behling

With the outbreak of WWI, more and more orders for ammunition were placed with commercial ammunition works. The „Rheinisch-Westfälische Sprengstoff-Aktien-Gesellschaft" (RWS), Nuremberg-Stadeln produced these revolver cartridges in 1914. Courtesy Lou Behling

19.23a. Der Bodenstempel der RWS-Patrone zeigt eine Dreiteilung der Markierungen wie sie auch bei der bayerischen Revolverpatrone zu finden ist. Das N bedeutet Nürnberg; produziert im September 1914. Sammlung des Autors

The headstamps of RWS cartridge are divided into three sections as are Bavarian-made marks. N indicates Nuremberg; produced in September 1914. Author's collection

Hinzu kamen noch private Lieferanten:
die Rheinisch – Westfälische Sprengstoff-Aktiengesellschaft (RWS), die in Nürnberg-Stadeln 1897 eine Munitionsfabrik errichtet hatten.

Wie die **Abbildung 19.23** zeigt, waren demnach Aufträge unmittelbar nach Ausbruch des Krieges vergeben worden.

Der kurzfristige Anlauf bei den RWS bereitete keine Probleme, da die Werkzeuge und Einrich-

Nr. 98.

Uebungs-Munition für die mit Revolvern bewaffneten Truppen ꝛc.

Berlin, den 11. April 1881.

Die mit Revolvern bewaffneten Truppen ꝛc. erhalten die Uebungs-Munition nach folgenden Sätzen.

Etat VII, Seite 26 des Uebungs-Munitions-Etats.

1) Zu den Vorübungen:
jeder Trompeter und Gemeine . . . . 6 Rev. Pl. Patr.

2) Zu den Schießübungen:
jeder Offizier. . . . . 18 scharfe Rev. Patr.
jeder Unteroffizier, Trompeter und Gemeine . . . . 18 "

3) Zum Manöver und zu den Felddienstübungen:
jeder Unteroffizier . . . . 6 Rev. Pl. Patr.
jeder Gemeine . . . . 18 "

Etat VIII, Seite 27 ebendaselbst.

1) Zu den Vorübungen:
jeder Trompeter . . . . 6 Rev. Pl. Patr.

2) Zu den Schießübungen:
B. Jeder Unteroffizier und Trompeter . . . . 18 scharfe Rev. Patr.

3) Zum Manöver und zu den Felddienstübungen:
jeder Unteroffizier. . . . . 6 Rev. Pl. Patr.

Etat X. B., Seite 29 ebendaselbst.

1) Zu den Vorübungen:
jeder Unteroffizier, Trompeter und Gemeine der reitenden Artillerie und jeder berittene, mit dem Revolver ausgerüstete Feldartillerist, à Mann . . . . 6 Rev. Pl. Patr.

2) Zu den Schießübungen:
jeder Offizier und
" Mann (wie zu 1) } . . . . 6 scharfe Rev. Patr.

Etat XIX, Seite 39 ebendaselbst.

3) Im Allgemeinen werden zu einer großen Herbstübung extraordinär gewährt:
für jeden mit einem Revolver bewaffneten Kavalleristen . . . . 12 Rev. Pl. Patr.

Etat XX, Seite 40 ebendaselbst.

Jeder Offizier der Kavallerie mit Revolvern . . . . 12 scharfe Rev. Patr.
6 Rev. Pl. Patr.
jeder Offizier der Feldartillerie. . . . . 6 scharfe Rev. Patr.
6 Rev. Pl. Patr.
jeder Unteroffizier ꝛc. der Kavallerie mit Revolvern . . . . 12 scharfe Rev. Patr.
6 Rev. Pl. Patr.

Dem Militär-Reit-Institut, den Kriegsschulen und der Haupt-Kadetten-Anstalt — Etat IX., XVI., XVII. — sind Revolver-Patronen in derselben Zahl zu verabfolgen wie bisher Kavallerie-Patronen.

Als erste Ausrüstung mit Exerzir-Patronen werden den betreffenden Truppen von den Artillerie-Depots unentgeltlich 6 Stück dergleichen pro Kopf der mit Revolvern ausgerüsteten Mannschaften der etatsmäßigen Friedensstärke verabfolgt.

Die Festsetzung des §. 8 des Uebungs-Munitions-Etats über die Verabreichung von Geschoßfettung findet auch auf die Revolver-Patronen Anwendung.

Die beschossenen Hülsen aus scharfen Revolver-Patronen und aus Revolver-Platz-Patronen gelangen seitens der Truppen in statu quo — also im ungereinigten Zustande — zur Abgabe an die Artillerie-Depots. In den letzteren werden die Hülsen, ohne sie zu reinigen und ohne vorher die Zündhütchen herauszunehmen, als „altes Messing aus Revolver-Patronenhülsen" vereinnahmt.

Den Truppen wird eine strenge Kontrole darüber zur Pflicht gemacht, daß die zur Abgabe kommenden Hülsen kein Pulver und keine geladenen Zündhütchen mehr enthalten.

Es sind unentgeltlich zurückzuliefern:
von jedem Kavallerie-Regiment, Feld-Artillerie-Regiment und dem Militär-Reit-Institut:
95 pCt. der Hülsen aus scharfen Revolver-Patronen,
40 pCt. der Hülsen aus Revolver-Platz-Patronen, und der
8te Theil des verschossenen Bleies.

In 1000 scharfen Revolver-Patronen sind 17 kg Blei enthalten.

Der Geldvergütigungssatz für die über das unentgeltlich zurückzuliefernde Quantum zur Abgabe kommenden Hülsen beträgt

pro 5 Stück 2 Pf.

Für jede zurückgelieferte brauchbare Packschachtel werden 2 Pf. gezahlt.

Im Uebrigen finden die im Uebungs-Munitions-Etat für die Patronen M/71 gegebenen Bestimmungen auf die Revolver-Patronen sinngemäße Anwendung.

Kriegs-Ministerium; Allgemeines Kriegs-Departement.

v. Verdy. Müller.

No. 174/4. 81. Art. 1.

kriegsministerium.
affen-Departement. Berlin den 31. Dezember 1890.

Nr. 14.

Revolver-Patronenhülsen.

ie beschossenen Revolver-Patronenhülsen werden von jetzt ab, ohne daß die Zündhütchen aus denselben tfernt werden, als altes Messing verwerthet. Es finden daher die im Absatz 1 der Ergänzenden Bestimmungen : Uebungs-Munitions-Vorschrift 1888 für das Reinigen und die Revision der Patronenhülsen 88, die ssonderung der Versager-Patronen und der Hülsen mit Pulverresten oder nicht explodirten Zündhütchen haltenen Festsetzungen auch auf die Revolver-Patronenhülsen Anwendung.

. 714/12. 90. D. 1. Müller.

tungen für die zivilen Reichsrevolver-Patronen vorhanden waren. Lediglich der Prägestempel der Bodenbeschriftung musste geändert werden.

Der Bodenstempel des Lieferanten entsprach der militärischen Vorschrift. Der übliche Stern wurde jedoch weggelassen und die 3 Daten um 120° versetzt geprägt. Das N steht für Nürnberg.

19.7 Übungsmunition für die Truppen

Unter der lfd. Nr. 98 veröffentlichte das Armee- Verordnungs-Blatt 1881 die Verteilungsrichtlinie für Revolvermunition. Dies Verfahrensweise, die Hülsen ungereinigt und mit Zündhütchen als Altmessing zu verwerten erwies sich als gefährlich. Trotz der angewiesenen Kontrolle, ließ sich ein gewisser Schlupf nicht vermeiden und man kann davon ausgehen, dass irgendwo ein Schmelzofen Schaden genommen haben wird. So verwundert es nicht, als ein paar Jahre später die Verfügung nochmals wiederholt und ergänzt wurde. Einzelne Patronen für die Revolver 79 und 83 sind rar geworden. Bei den Schachteln ist die Situation noch prekärer. Schachteln aus Bayern sind seltener als die aus Preußen; Schachteln sächsischer oder Württemberger Provenienz so gut wie nicht mehr vorhanden.

19.8 Zivile Reichsrevolverpatronen

Mit Einführung des Revolvers M/79 reagierte auch der zivile Markt mit entsprechenden Produkten, die für Offiziere, aber auch für private Interessenten gedacht waren. Besonders war nun die Firma Mauser, aber auch die Firma F.v. Dreyse auf diesen Markt angewiesen, da beide Firmen das Rennen um die preußischen Großaufträge verloren hatten. Mauser hatte wegen der weit fortgeschrittenen Serienvorbereitung für ihre „Zick-Zack“ Revolver die Nase für eine Zeit lang vorn. Die anfangs noch nicht verfügbaren Revolverpatronen im reglementierten Kaliber konnten rasch von privaten Munitionsfabriken geliefert werden, da sämtliche Bundesstaaten (mit Ausnahme Sachsens) ihren Bedarf durch eigene, unter militärischer Leitung stehender Produktionsstätte, deckten. Den entstandenen Markt konnte zuerst die Firma Henri Ehrmann & Co. in Karlsruhe bedienen. Diese Firma hatte bereits in der Vergangenheit mit Mauser Versuche für deren neue Revolver durchgeführt.

Wilhelm Lorenz erwarb die Firma H. Ehrmann 1878 von Wilhelm Holtz, der nur kurze Zeit von 1877 – 1878 Inhaber war, und führte die Revolverpatronenfabrikation fort. Lorenz hat dann später mit großer Wahrscheinlichkeit Sachsen für eine gewisse Zeit mit Hülsen beliefert, bis Sachsen mit neuen Pressen die Hülsenproduktion in Eigenregie aufnehmen konnte. Lorenz war damit in der Lage, die vorhandenen Einrichtungen in größerem Umfang für den zivilen Markt zu nutzen.

Hierfür spricht auch, dass die Lorenz-Patronen weitaus häufiger anzutreffen sind als die der Wettbewerber. Vorzugsweise mit dem Bodenstempel Lorenz * Karlsruhe.

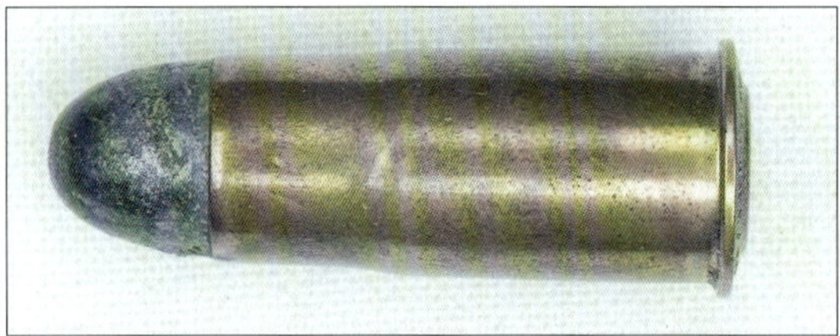

19.24a.–19.24b. Frühe Revolverpatrone für den Mauser-„Zick-Zack“ Revolver. Vermutlich ein Versuchsmodell.

Sammlung A. Rauch

Early revolver cartridge for the Mauser „Zick-Zack“ revolver. Presumably an experimental model. A. Rauch collection

Hier eine Auflistung bekannter ziviler Bodenstempel:

– LORENZ * KARLSRUHE

– LORENZ * CARLSRUHE

19.25.–19.25b. Bodenstempel ziviler Patronen von Lorenz in Karlsruhe. Sammlung A. Rauch
Headstamps of commercial cartridges made by Lorenz in Karlsruhe. A. Rauch collection

19.25c. Zivile Revolverpatronenschachtel von Lorenz, Karlsruhe. Sammlung J. Lux
Commercial revolver cartridges in a box made by Lorenz in Karlsruhe. J. Lux collection

– G. EGESTORFF * LINDEN b/H.

19.26. Bodenstempel der Patronenfabrik Egestorff, in Linden bei Hannover. Sammlung des Autors
Headstamp of the cartridge works Egestorff, in Linden, near Hanover. Author's collection

19.26a. Die abgebildeten Schachteln zeigen das umfangreiche Reichsrevolverpatronen-Lieferprogramm der Firma Georg Egerstorff, Linden bei Hannover. Wie man sieht, lieferte sie sowohl Patronen mit massivem Mauserboden als auch die leichte Variante, wie sie ursprünglich vom Artillerie-Depot zu Berlin hergestellt wurde. Privatsammlung
The box labels shown illustrate the variety of Reichsrevolver cartridges offered for commercial sale by the firm Georg Egestorff in Linden near Hannover. As seen here, the company offered cartridges with both a massive Mauser-style case-head and a light variety with approximates the official pattern manufactured by the Artillery Depot in Berlin. Private collection

– N.v. DREYSE * SÖMMERDA

19.27. Bodenstempel einer von Dreyse, Sömmerda gelieferten Patrone. Sammlung A. Rauch
Headstamp of a cartridge delivered by Dreyse, Sömmerda. A. Rauch collection

– H.UTENDOERFER * NÜRNBERG

– DWM KK 200

19.28. Die „Deutschen Waffen- und Munitionsfabriken", vormals Lorenz, Karlsruhe, fertigten Revolverpatronen für die Revolver 79 und 83 mit den Hülsennummern 200 und 200A. Sammlung A. Rauch
The „Deutschen Waffen- und Munitionsfabriken", formerly Lorenz, Karlsruhe, produced revolver cartridges for the Revolvers 79 and 83 with the case numbers 200 and 200A. A. Rauch collection

19.28a. Schachteletikett für die Patrone mit der Hülsennummer 200; gefertigt nach 1896. Sammlung A. Rauch
Box label for cartridge with cartridge-case number 200; manufactured post 1896. A. Rauch collection

– DWM KK 200A

– R.W.S.

19.29.–19.29a. Patrone, gefertigt von R.W.S. nach 1897 für den zivilen Markt. Sammlung A. Rauch
Cartridge, manufactured by R.W.S. after 1897 for the commercial market. A. Rauch collection

– Ohne Bodenstempel

19.30. Reichsrevolverpatrone ohne Bodenstempel: entweder ein Produkt für den zivilen Markt oder eine der seltenen ungestempelten Militärpatronen. Sammlung A. Rauch
Unmarked Reichsrevolver cartridge: either a product for the commercial market or one of the rare unmarked military cartridges. A. Rauch collection

19.31. Unter der roten Lackschicht dieser frühen sächsischen Platzpatrone mit „Mauserboden" verbirgt sich ein erhabenes D. Weitere Angaben, wie Monats- oder Jahreszahlen, sind nicht vorhanden. Sammlung A. Rauch
The red lacquered layer of this early Saxon blank cartridge with „Mauser head" hides an embossed letter D. Additional markings as month's or year's dates are missing. A. Rauch collection

Ab 1896 ging die einstige Patronenfabrik Lorenz durch Übernahmen und Fusionen in die neu formierte Deutsche Waffen- und Munitionsfabriken AG (DWM) auf.

Die Fabrikation der „Reichsrevolver"-Patrone wurde weiterhin unter der Regie der neuen AG fortgeführt.

Es ist bemerkenswert, dass die DWM speziell für die Mauser-„Zick- Zack" Revolver eine Patrone im Programm führten, die mit der Hülsennummer 7 bezeichnet war. Das Nennkaliber laut Schachteletikett war 10,9 mm. Eine Überprüfung des Ge-

19.32.–19.32a. „Reichsrevolverpatrone" mit der DWM-Hülsennummer 7. Der „Mauserboden" ist weniger stark ausgeprägt und angefast. Sammlung A. Rauch
„Reichsrevolver" cartridge with the case number 7. The „Mauser head" is not as heavily stamped and clearly formed, nor as clearly chamfered as usual. A. Rauch collection

schosses lieferte jedoch keinen Hinweis darauf, dass der Durchmesser tatsächlich 0,1 mm größer (im Vergleich zum Geschossdurchmesser der Militärpatrone und der DWM-Patrone Nr. KK 200 mit 10,8 mm) ausgeführt worden war. Die Hülse besaß einen „Mauserboden", dessen Abschrägung jedoch nicht so stark ausgeführt war wie bei der regulären Militärpatrone.

Diese Auflistung ist sicherlich nicht vollständig. Etliche Waffenhändler oder Produzenten ließen in ihrem Auftrag bei den Munitionsfabriken Patronen mit eigener Firmenaufschrift fertigen.

Ein klassisches Beispiel dazu war die Waffenfabrik Dreyse in Sömmerda, die, wenn überhaupt, nur für kurze Zeit über eine eigene Patronenfabrikation verfügte.

Eine umfassende Übersicht sämtlicher technischer und logistischer Daten der militärischen Revolverpatronen bietet das *„Handbuch betreffend die Munition für Handfeuerwaffen"* aus dem Jahre 1900. **(Abbildungen Seite 302 und folgende)**

Die Schnitte durch zwei zivile „Reichsrevolverpatronen" zeigen, dass sowohl die Berdan-Zündung als auch die Boxerzündung verwendet worden war.

19.35. Zwei geschnittene zivile Patronen. Die obere, von Lorenz, Karlsruhe gefertigt, zeigt eine Berdan-; die untere, unmarkiert, eine Boxer-Zündung. Sammlung A. Rauch
Two cut away commercial demonstration cartridges. The variant above, manufactured by Lorenz, Karlsruhe, indicates a Berdan-, the lower one a Boxer-primer. A. Rauch collection

Hinweise für Schützen und Wiederlader:
An dieser Stelle möchte der Autor davor warnen, moderne Fabrikpatronen des Kalibers .44 Russian aus einem Reichsrevolver zu verschießen. Auch dann nicht, wenn es sich um schwächere Nitropulverladungen handelt. Der Revolver 83 ist in dieser Hinsicht besonders gefährdet.

Hören Sie nicht auf gute Freunde, deren Reichsrevolver zufällig einmal diese Tortur überlebt haben.

Wer mit den Revolvern gelegentlich schießen möchte, sollte **grundsätzlich Schwarzpulver verwenden.**

In Frankreich, wo sich der Reichsrevolver großer Beliebtheit erfreut, werden neu gefertigte Patronen mit Schwarzpulverladung angeboten.

Ladung: 1 g Schwarzpulver
Geschossgewicht: 12,5 g

Die Hülse besitzt einen angedeuteten „Mauserboden".

Quellen

„Handbuch betreffend die Munition für Handfeuerwaffen", Berlin 1900
SHS, 2252
BHS, ASV 75/12
Dr. Erik Windisch jr.: *„Die Hersteller deutscher Infanteriemunition 1871 – 1945"*. In: Sonderdruck Mitteilungsblatt der Patronensammlervereinigung e.V., 1992

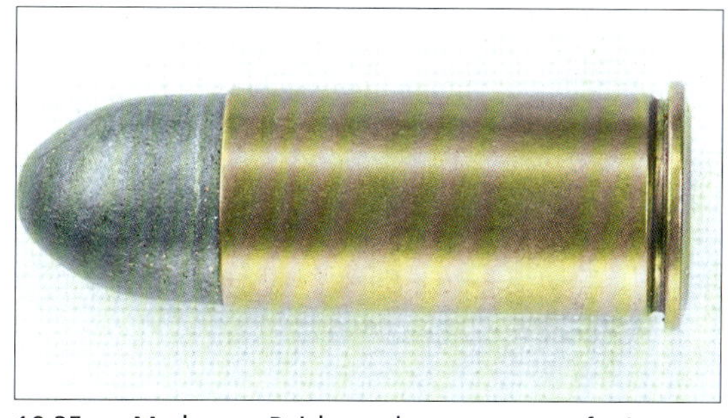

19.35a. Moderne Reichsrevolverpatrone gefertigt um 1980. Sie wird heute noch gefertigt. Die Patrone besitzt eine Schwarzpulverladung und kann gefahrlos verschossen werden. Sammlung A. Rauch
A modern Reichsrevolver cartridge, manufactured ca.1980. It is currently in production. The cartridge has a black powder charge and can be fired harmless. A. Rauch collection

Handbuch

betreffend

die Munition für Handfeuerwaffen.

Bearbeitet
von der Königlichen Gewehr-Prüfungs-Kommission
in Spandau-Ruhleben.

Berlin 1900.

Gedruckt in der Reichsdruckerei.

G. Die Revolvermunition.

80. Die Revolverpatronen sind für die Revolver 79 und 83 bestimmt.

Man unterscheidet:

die scharfe Revolverpatrone,
die Revolverplatzpatrone,
die Revolver-Exerzirpatrone.

Die Anfertigung der Revolvermunition erfolgt ausschließlich in der Munitionsfabrik Spandau.

Die scharfe Revolverpatrone.

Die Zusammensetzung.

81. Die scharfe Revolverpatrone — Tafel III, Bild 12 — besteht aus der Patronenhülse n/A, dem Zündhütchen, der Pulverladung und dem mit einer Fettung versehenen Geschoß.

Die Hülse.

82. Die Patronenhülse — Tafel III, Bild 13 — ist aus Messing gefertigt und im Innern mit einem Lacküberzug versehen.*)

Im Boden der Hülse, welcher nach dem Rande zu ausgeschweift ist, befindet sich die Zündglocke mit dem Amboß; erstere enthält zwei sich gegenüberliegende Zündlöcher.

Das Zündhütchen.

83. In die Zündglocke ist ein Zündhütchen 88 eingesetzt. Die ringförmige Vertiefung zwischen Zündglockenwandung und Zündhütchen ist mit schwarzer Lackfarbe ausgefüllt.

Das Pulver.

84. Die Pulverladung besteht aus 1,3 g n. Gew. P. 71.

---

*) In den Beständen befinden sich noch Revolverpatronen mit Patronenhülsen a/A, welche sich von denen n/A dadurch unterscheiden, daß der Boden eine gerade Fläche bildet, die Hülse im Boden und Mantel im Allgemeinen schwächer ist und ein Zündhütchen 71. 84 besitzt; die Ladung beträgt 1,5 g n. Gew. P. 71.

Das Geschoß mit Fettung.

85. Das Geschoß — Tafel III, Bild 14 — etwa 17 g schwer, aus Weichblei gefertigt, ist von cylindroogivaler Form, im Boden mit einer geringen Vertiefung und mit 2 Reifelungen versehen. Der feste Sitz des Geschosses in der Hülse wird durch Einziehen des oberen Hülsenrandes bewirkt.

86. Die Geschoßfettung besteht aus 5 Theilen Hammeltalg und 1 Theil Paraffin. Im Mobilmachungsfalle darf statt des Hammeltalges ausnahmsweise auch Rindertalg benutzt werden.

Die Verpackung.

87. Die Verpackung der scharfen Revolverpatronen erfolgt zu 12 Stück in Packschachteln, die mit blauem Papier überzogen sind und demnächst ausschließlich in kleine Patronenkasten auf nachstehende Weise:

2 Lagen zu	6 Packschachteln	mit je 12 Stück	=	144
3 „ „	42 „	„ „ 12 „	=	1 512

Zusammen 138 Packschachteln mit je 12 Stück = 1 656 Revolverpatronen.

Im Kasten befindet sich ein Einlegeboden.

Der Raum zwischen der obersten Lage und dem Deckel ist mit Papierschnitzeln auszufüllen.

Auf jeder Packschachtel muß ein blauer Inhaltszettel angebracht sein, welcher Zahl und Art der Patronen, Fertigungszeit und Ort, sowie die Zündhütchenbezeichnung enthält.

Jeder verpackte Patronenkasten trägt auf der Schnallkopfwand einen Inhaltszettel, gleich demjenigen auf den Packschachteln, jedoch mit der Stückzahl 1 656. Außerdem befindet sich auf der Mitte des Kastendeckels außen ein großer und innen ein kleiner oder großer viereckiger, blauer Inhaltszettel.

Die Aufbewahrung, Versendung und Fettung.

Die Aufbewahrung.

88. Die scharfen Revolverpatronen werden ungefettet gelagert.

Die Deck- und Schlußpfropfen.

94. Der Deck- und der Schlußpfropfen, beide aus Fließpappe gefertigt, füllen den freien Raum der Hülse aus und bilden den Abschluß der Patrone. Um dieselben in der Hülse festzuhalten, ist der obere Rand der letzteren etwas eingezogen. Der Schlußpfropfen ist mit einem dünnen Ueberzug aus Stärkekleister versehen und muß etwas über die Hülse hervorstehen. Zur Unterscheidung ist an den Platzpatronen die ringförmige Vertiefung zwischen Zündhütchen und Wand der Zündglocke mit rother Lackfarbe ausgefüllt (früher erhielt die ganze Bodenfläche eine rothe Lackirung).

Die Verpackung.

95. Die Verpackung findet in Packschachteln, die mit rothem Papier überzogen sind, zu 18 Stück und demnächst in kleine Patronenkasten auf nachstehende Weise statt: 4 Lagen zu 37 Packschachteln = 148 Packschachteln zu 18 Stück = 2664. Farbe, Einrichtung und Anbringung der Inhaltszettel auf Packschachteln und kleinen Patronenkasten ist dieselbe, wie bei scharfen Revolverpatronen. Ein Einlegeboden kommt beim Verpacken von Revolver-Platzpatronen nicht zur Verwendung.

Die Aufbewahrung und Versendung.

96. Die Aufbewahrung und Versendung ist wie bei scharfen Revolverpatronen.

Die Revolver-Exerzirpatrone.

97. Die Exerzirpatrone soll in ihrer äußeren Form der scharfen Patrone gleichen; sie besteht aus der Patronenhülse und der Spitze. Die Patronenhülse ist dieselbe, wie die zu scharfen und Platzpatronen verwendete.

Die aus gepreßtem Messingblech hergestellte Spitze ist in der Patronenhülse festgelöthet. Die Verpackung der Revolver-Exerzirpatronen erfolgt in Packgefäße beliebiger Art.

Die im Allgemeinen für die Lagerung von Metallpatronen geltenden Bestimmungen sind auch für die Revolverpatronen maßgebend.

Die Versendung.

89. Die Versendung der scharfen Revolverpatronen erfolgt wie, unter II, 78.

Die Fettung.

90. Zum Beschuß werden die scharfen Revolverpatronen auf dem ganzen aus der Hülse hervorragenden Theile des Geschosses gefettet.

Das Fetten geschieht in der Regel durch die empfangende Truppe; nur die für die Infanterie-, Reserve-Infanterie-, Etappen-Munitions-Kolonnen und Munitions Verwaltungen bereit zu stellenden, sowie die als Nachschub für die Feldarmee bestimmten Patronen sind von den Artilleriedepots gefettet zu verausgaben.

In den Laboratorien der Artilleriedepots geschieht das Fetten nach der Beschreibung und Anleitung zum Gebrauch der Vorrichtung zum Fetten von scharfen Revolverpatronen in den Artilleriedepots.

Die Revolver-Platzpatrone.

Die Zusammensetzung.

91. Die Revolver-Platzpatrone — Tafel III, Bild 15 — besteht aus der Patronenhülse, dem Zündhütchen, der Pulverladung, einem Deck- und einem Schlußpfropfen.

Die Patronenhülse und das Zündhütchen.

92. Die Patronenhülse und das Zündhütchen sind dieselben, wie für scharfe Revolverpatronen, jedoch sind die Patronenhülsen im Innern nicht lackirt.

Das Pulver.

93. Die Pulverladung beträgt 1 g n. Gew. P. 71.

Verzeichniß
der
Gewichtsverhältnisse von Revolverpatronen.

Benennung des Gegenstandes	Stück	Gewicht in kg bei Hülsen a/A	Gewicht in kg bei Hülsen n/A	Bemerkungen.
Revolver-Patronenhülsen.....	1 000	4,3	5,95	
Scharfe Revolverpatronen......	100	2,5 *)	2,145*)	*) ausschließlich Fettung.
Packschachteln zu scharfen Revolverpatronen zu 12.......	100	1,14	1,14	
Gefüllte Packschachteln mit 12 Patronen	1	0,287	0,305	
Vorschriftsmäßig verpackter Patronenkasten mit 1 656 scharfen Revolverpatronen	1	45,15	47,01	
Revolver-Platzpatronen	100	0,6	0,768	
Packschachteln für Revolver-Platzpatronen zu 18 Patronen ...	100	1,01	1,01	
Gefüllte Packschachteln mit 18 Revolver-Platzpatronen	1	0,125	0,154	
Vorschriftsmäßig verpackter Patronenkasten mit 2364 Revolver-Platzpatronen..........	1	22,10	26,40	

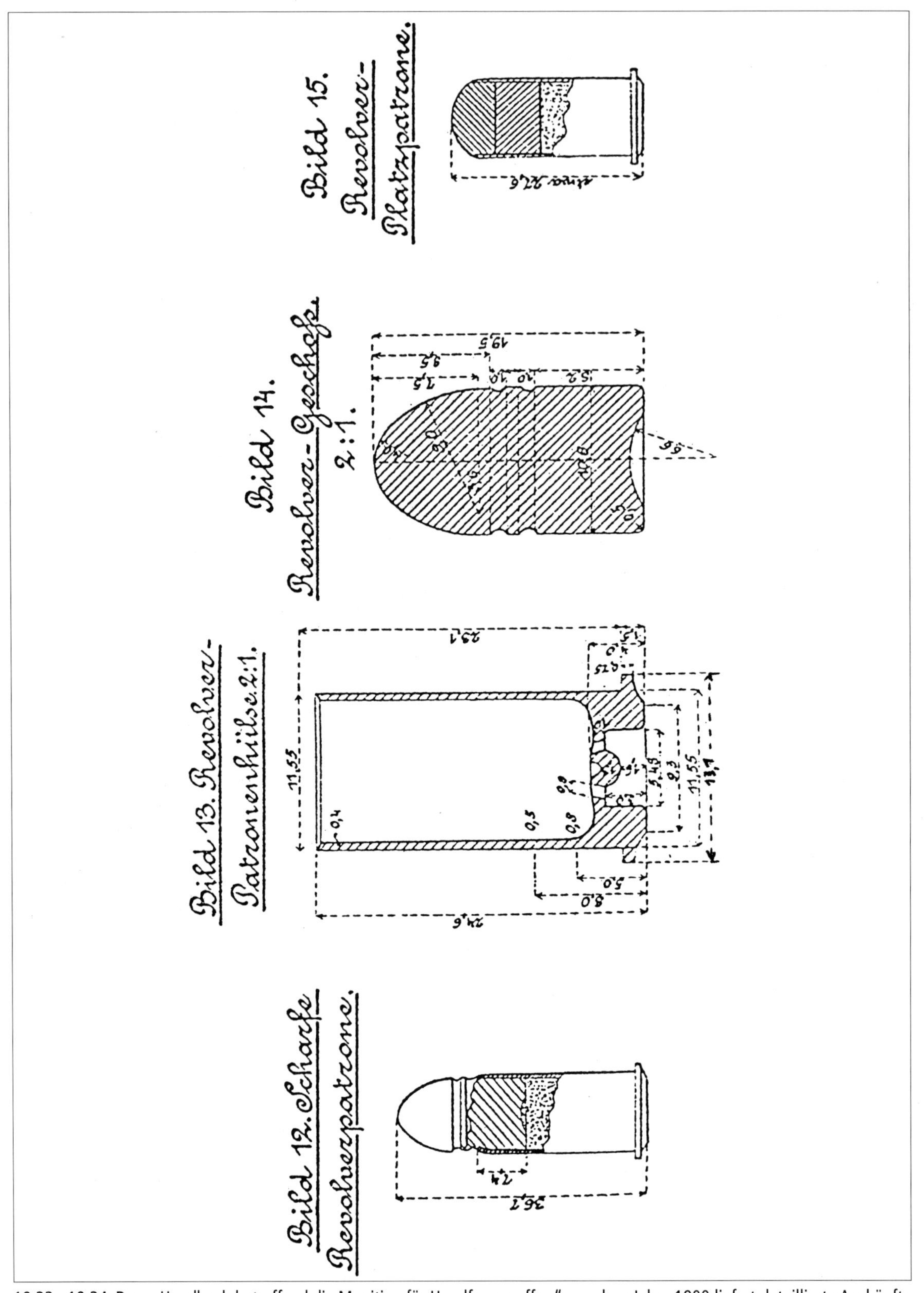

19.33.–19.34. Das „Handbuch betreffend die Munition für Handfeuerwaffen" aus dem Jahre 1900 liefert detaillierte Auskünfte über die Munition der Revolver 79 und 83. Sammlung des Autors

The manual „Handbook of Smallarms Ammunition" of 1900 gives detailed information about the ammunition for the Revolvers 79 and 83. Author's collection

Chapter 19

In the absence of any contrary evidence, it must be assumed that the cartridge for the new Prussian revolver was already in existence by 1873. In correspondence with the Colt company during that year the term 'original Prussian caliber' is used, and the forty Single Action Army revolvers shipped to Prussia shortly afterwards were chambered for this cartridge.

The Prussian revolver cartridge was a modified .44 S & W Russian cartridge. Its official designation was Revolverpatrone. The clarification,10.6mm German' was used unofficially.

The case diameters are nearly identical, the chief differences being found in the weight of the bullet and length of cartridge:

	Bullet Weight	Cartridge Length
German 10.6	17 grams	36.8 mm
Russian .44	15 grams	33.5 mm

The charge was, of course, black powder.

The first type of cartridge (later called Patrone a/A = alter Art = old model) had a flat head and no headstamp. The cardboard boxes held 18 cartridges, whether ball or blank.

Manufacture was done at-.

1. the Artillery Depot in Berlin. (Prussia) Later a new ammunition factory was established at Spandau, a suburb of Berlin,
2. The Chief Laboratory in Munich (Bavaria) This factory was moved to Ingolstadt in 1884.
3. In Saxony the cartridges were filled at the Combined Artillery Workshops and Depot in Dresden with commercially purchased components. After the establishment of the Ammunition Factory in Dresden, the entire cartridge and its components were made there. Saxony was the only state to adopt an official designation for the cartridge: M/80. This was necessary because at that date Saxony already had a revolver cartridge in use by its forces for their M/73 revolver.
4. Württemberg had only a shop for filling the cartridges, the assumption being that components were bought from Spandau.

Between 1881 and 1884 the cartridge n/A (neuer Art = new model) was introduced. This is the most commonly seen type with a thicker base and chamfered head. With the new shape came a headstamp which gave the place, month and year of manufacture. The new model cartridges were packed in blue boxes containing 12 rounds. Blank cartridges were now packed separately in red boxes containing 18 rounds, and were mostly made up with second quality cases. Drill purpose cartridges exist in two types: the first used a wooden bullet, and the second – introduced in November 1883 – used a bullet shaped brass insert.

With the outbreak of World War 1 commercial ammunition factories received large orders for all types of military ammunition. Some revolver cartridges were produced by RWS in their Nuremberg-Stadeln factory, but output did not compare in quantity to that produced at Spandau.

Commercial revolver ammunition was also produced for the Reichsrevolvers. Headstamps LORENZ* KARLSRUHE and G. EGESTORFF*LINDEN b/H. are occasionally seen.

20. Ein niederländischer Reichsrevolver

Im Jahr 1886 sah das Suhler Konsortium sah mit Sorge, wie die letzten M/83 Aufträge für Sachsen abgewickelt wurden, ohne dass Folgeaufträge die Bücher füllten.

Die Entscheidung, die Feldartillerie mit Revolvern M/83 auszustatten war zu dieser Zeit noch nicht spruchreif.

Für das Firmenkonsortium eine unangenehme Situation. Man besaß eine eingefahrene Fabrikation für Revolver, aber Aufträge waren, wenn man von den wenigen Revolvern für den Zivil- bzw. Offiziersmarkt einmal absieht, nicht in Sicht.

Der führende Kopf der Gemeinschaft, Carl Gottlieb Haenel, startete darauf eine Exportinitiative in Richtung Niederlande.

Und hiermit kommen wir zu einer Geschichte, wie sie sich im Leben eines Menschen, der sich der historischen Waffentechnik verbunden fühlt, nur ganz selten zuträgt.

Als wir, das heißt mein niederländischer Freund Walter Dreschler und der Autor, vor ca. 15 Jahren beschlossen, der Geschichte der niederländischen Revolver auf den Grund zu gehen, war es im Zuge der Recherche selbstverständlich, die Archive in Den Haag und das Armee-Museum in Delft zu besuchen.

In den dortigen Beständen befanden sich einige Versuchs- und Erprobungsrevolver, die wir unbedingt untersuchen und fotografieren wollten. Die Revolver waren auf verschiedene Schubladen verteilt, so dass wir den gesamten Bestand der nicht ausgestellten Revolvertypen vor uns hatten.

Dass die dort vorgefundenen Stücke später einmal Gegenstand eines Buches* werden würden, war zu diesem Zeitpunkt noch nicht aktuell.

Bei der Bestandsaufnahme fiel ein Exemplar auf, das zwar keinen Bezug zu unserem Thema hatte, aber dennoch so interessant erschien, dass wir es ablichteten.

Es handelte sich um ein dem deutschen Revolver 83 ähnliches Stück, jedoch mit einer völlig anderen Griffform.

Als Hersteller war nicht wie üblich das Suhler Konsortium aufgestempelt, sondern C.G.HAENEL SUHL, PREUSSEN.

Da uns zu diesem Zeitpunkt jedoch nur das vorgefundene Schriftgut interessierte, das wir in einem Buch zu dokumentieren planten, geriet der Revolver wieder in Vergessenheit.

Nachdem dieses Projekt Jahre später abgeschlossen wurde, wandte sich der Autor einem neuen Thema zu: Den Reichsrevolvern. Auf der suche nach Quellen stieß der Autor auf das Thüringische Staatsarchiv Meiningen, von dem er sich erhoffte, ein paar Informationen zu diesem neuen Thema zu finden.

Es kam aber anders: Statt der erwarteten Unterlagen über preußische, bayerische und sächsische Revolverlieferungen kamen Briefe in niederländischer Sprache wurden zu Tage gefördert.

20.1., 20.1a. und 20.2. Von diesem Revolver vom Typ M/83 bestellte das Königlich Niederländische Kriegsministerium zwei Exemplare bei der Firma C.G. Haenel in Suhl. Ein exemplar davon wurde zusammen mit dem niederländischen Armeerevolver M/73 getestet. Der deutsche Revolver konnte jedüch nicht überzeugen, da die mitgelieferte zivile Munition zu stark streute.

Mit freundlicher Genehmigung des Königl. Niederländ. Heeres und Waffenmuseum Delft.

Two specimen of M/83 type revolvers were purchased from the C.G. Haenel of Suhl by the Royal Netherlands Ministry of War. One was tested against the Dutch Army Revolver M/73. The German revolver lost the contest due to the poor quality of the commercial ammunition which scattered to much. Courtesy Royal Dutch Army and Arms Museum Delft, The Netherlands.

Die Briefe waren an die Firma C.G. Haenel in Suhl adressiert; Absender war der Inspecteur der Handfeuerwaffen, Major Usener in Delft.

Der älteste Brief war datiert auf den 4. Mai 1886 und bezog sich auf einen Brief vom 29. April des Jahres, den die Firma Haenel an das Kriegsministerium in Den Haag gerichtet hatte.

Das war der Augenblick, der beim Verfasser ein Licht aufgehen ließ. Hatte der merkwürdige „Reichsrevolver" etwas mit dieser Korrespondenz zu tun? Schließlich war in dieser Korrespondenz die Rede von einer Bestellung über zwei Revolver mit Anschlagtasche. Oder etwa mit den Unterlagen, die im Reichsarchiv in Den Haag unter „Prüfung von Haenel-Revolvern„ aufbewahrt lagen? Wir hatten diese Akten bei der Suche nach Unterlagen über die niederländischen Revolver M/73 und M/91 gefunden.

Kurz darauf statteten wir dem Den Haager Reichsarchiv einen weitren Besuch ab.

Leider war die Korrespondenz auf holländischer Seite nicht mehr vorhanden. Glücklicherweise existierten jedoch kurze Inhaltsangaben in den Briefbüchern des Kriegsministeriums.

Diese Korrespondenz begann mit einem Empfehlungsschreiben der Firma Haenel.

Im folgenden sind die Kurzbeschreibungen der Briefbücher chronologisch wiedergegeben. Die dazugehörigen Antworten aus Delft, soweit vorhanden, sind eingefügt:

1. Mai 1886:
Von dem Fabrikanten Haenel zu Suhl, vom 29. d. M.; empfiehlt sich für Lieferungen von Revolvern.
An
Herrn C.G. Haenel
Waffenfabrikant
zu Suhl
Delft, den 4. Mai 1886:
In Antwort auf Ihr Schreiben vom 29. April d.J. habe ich die Ehre Ihnen zu berichten, daß die Bewaffnung des Heeres bereits seit einiger Zeit erfolgt ist und das damals angenommene Modell die Erwartungen gut erfüllt, so dass ich nicht glaube, dass in den ersten Jahren nach der Einführung, von einem neuen Revolver gesprochen werden kann.

Wollen Sie dennoch, trotz des vorstehenden, einen Preis abzugeben und durch Sie erwähnte Revolver zur Besichtigung und Prüfung zu senden, dann werde ich selber für diese Aufgabe gern zur Verfügung stehen.

Der Major,
Inspecteur der Handfeuerwaffen
Usener.

7. Mai 1886:
Vom Fabrikanten Haenel zu Suhl, vom 5. d.M.; bestätigt die Versendung des Revolvers mit 50 Patronen mit dem Ersuchen, das Resultat der Untersuchung zu erfahren.

1. Juli 1886:
An das Kriegsministerium;
Zusendung des Revolvers von dem Fabrikanten Haenel zu Suhl; mit dem Ersuchen 2 dergleichen Waffen anzuschaffen.

12. Juli 1886:
Vom Kriegsministerium:
Ermächtigung, 2 Revolver und 400 Patronen bei C.G. Haenel zu Suhl zu beschaffen.

An
Herrn C.G. Haenel
Waffenfabrikant
zu Suhl
Delft, den 15. Juli 1886:
Durch seine Exzellenz dem Kriegsminister bin ich durch Anschreiben vom 9. Juli 1886, IV. Abteilung Artillerie No. 180 ermächtigt worden, bei Ihnen zu bestellen: 2 Revolver mit Anschlagtasche (Selbstspanner-Revolver mit Anschlagtasche) und 400 zugehörige Patronen.

Darum habe ich die Ehre Sie zu ersuchen mir anzugeben, wie schnell Sie liefern können, namentlich gegen welchen Preis; die Revolver per Stück und die Patronen per 100 Stück.

Als Erläuterung sei nützlich, dass die Sendung an meine Adresse gehen muss, franco und frei von Einfuhrzoll.

Die Unkosten auf Einnahme der Lieferform, ungefähre Erläuterungen können gut mündlich bei den Herren Simson zu Suhl erfahren, betragen ± 3%. Die Bezahlung soll in Niederländische Gulden erfolgen. Der mir mit Schreiben vom 5. Juni zugesandte Revolver wird franco zurückgeschickt, da ich diesen nicht behalten kann, weil die Schlagfeder nicht stark genug ist und 2 von den Kammern einen tiefen Rand haben. Durch beide Beanstandungen entstanden beim Schießen viele Versager, so dass keine bestimmte Prüfung mit diesem Revolver stattfinden konnte.

Zum Schluß sei Ihnen noch mitgeteilt, dass bei definitiver Bestellung die Revolver und Patronen, nach Eingang hier untersucht werden und die Bezahlung erst nach Gutbefund erfolgen wird.

Befinden sich Mängel, wie die oben genannten, dann werden sie auf Ihre Kosten zurückgesandt.

Da Sie bereits 50 Patronen geschickt haben, bitten wir nur noch 350 zu liefern, doch können Sie 400 in Rechnung stellen.

Der Major,
Inspecteur der Handfeuerwaffen
Usener.

20. Juli 1886:
Von dem Fabrikanten Haenel zu Suhl; berichtet, dass die 2 Revolver binnen 10 Tage geliefert werden können.

An
Herrn C.G. Haenel
Waffenfabrikant
zu Suhl
22.Juli 1886:
In Antwort auf Ihr Schreiben vom 19. Juli habe ich die Ehre Ihnen mitzuteilen, daß in meinem Schreiben vom 15. zuvor, auch Patronen gewünscht werden. Ferner geht aus dem letzt genannten Schreiben, in Verbindung mit dem vom 4. Mai 1886 No. 870, hervor, daß es sich nur um 2 Revolver handelt. Der Einfuhrzoll beträgt 5% des Wertes, derweil der Betrag der Fracht besser durch Sie mir angegeben werden sollte.

Der nicht gut von Ihnen verstandene Satz bezeichnet, daß die Unkosten, die Sie durch die Bezahlung haben, werden etwa 3% der Gesamtsumme betragen; derweil Herr Simson Ihnen die Weise erklären kann, wie bezahlt wird.
Der Major,
Inspecteur der Handfeuerwaffen
Usener.

An
Herrn C.G. Haenel
Waffenfabrikant
zu Suhl
3. August 1886:
In Antwort auf Ihr Schreiben vom 3. Juli d.J. habe ich die Ehre sie zu ersuchen, auf bestätigte Rechnung, frei von Fracht und Einfuhrzoll, in das Kriegsmagazin hier abzuliefern:

2 Revolver mit Anschlagtasche zu	*27,50 Gulden*
pro Stück,	*55,00 Gulden*
400 Patronen dazu,	*2,95 Gulden*
per 100 Stück	*11,80 Gulden*
Gesamt:	***66,80 Gulden***

Der Major,
Inspecteur der Handfeuerwaffen
Usener.

An
Herrn C.G. Haenel
Waffenfabrikant
zu Suhl
Delft, den16. August 1886:
Unter Anzeige, daß die beiden von Ihnen gelieferten Revolver mit Anschlagtasche und Patronen, in gutem Zustand eingegangen und gutgeheißen worden sind, habe ich die Ehre Sie zu ersuchen, die hier eingegangene Rechnungen für die Lieferung abzuzeichnen und danach an mich zur Bestätigung zurückzusenden. Bei der Rücksendung ersuche ich Sie, mir gleichzeitig mitzuteilen, ob Sie für den Empfang der Gelder, (nach Erläuterung durch die Herren Gebr. Simson zu Suhl) das Notwendige veranlasst haben.
Der Major,
Inspecteur der Handfeuerwaffen,

20.3. Die Revolver wurden mit Anschlagtaschen geliefert, die vom Annener Gussstahlwerk, Annen (heute Witten-Annen) patentiert worden waren. In der Schweiz war Oberst Rudolf Schmidt der Patentinhaber. Leider waren die Taschen nicht mehr vorhanden, so dass der Autor eine solche nachgefertigt hat. Sammlung des Autors
These revolvers were delivered with holster stocks patented by the Annener Gussstahlwerk, Annen (today Witten-Annen). The Swiss Colonel Rudolf Schmidt was the inventor. Since the original holster stocks no longer exist, the author made a reproduction.
Author's collection

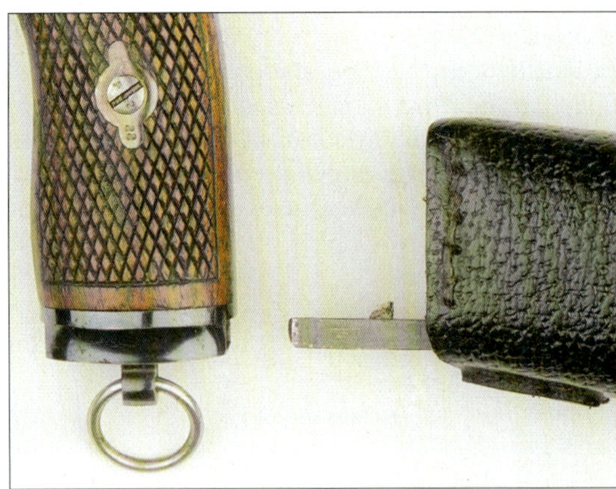

20.4. Der Verbindungsmechanismus entspricht weitgehend der Schweizer Konstruktion des Revolvers M/82.

Sammlung des Autors

The joint of the holster stock is the same as the Swiss Revolver M/82.

Author's collection

Bei Abwesenheit
Der Hauptmann Unter-Inspekteur
Roosenboom.

17. August 1886:
An den Direktor der Normal-Schießschule, zur Kenntnis, daß ein Revolver mit Holsterkolben nebst 200 Patronen dazu abgeschickt werden wird.

17. November 1886:
Vom Kriegsministerium,
Zusendung des Berichtes **der Normal-Schießschule**, *betrifft die durchgeführten Prüfungen mit dem* **Revolver-System Haenel**, *mit dem Ersuchen, unter Rücksendung mitzuteilen, ob und zu welchem Preis die 3 verlangten Revolver erhältlich sind.*

Bei den 3 verlangten Revolvern handelte es sich um 3 andere Systeme, die vom Direktor der Normal-Schießschule für weitere Erprobungen gewünscht worden waren. Mehr darüber im Erprobungsrapport.

Der getestete Reichsrevolver mit Anschlagtasche und der Seriennummer 360 wurde nach den Tests der Sammlung der Normal-Schießschule übereignet.

Als Vergleichsrevolver wurden die eingeführten holländischen Kavallerierevolver M/73 mit den Seriennummern 561 (geschossen am 4. September 1886) und 3363 (geschossen vom 1. – 23. Oktober 1886) benutzt.

Die Daten des Anschlagkolbens:

Länge:	580 mm, einschließlich Revolver.
Gewicht mit Anschlagtasche:	1,635 kg
Der Revolver allein:	0,975 kg

20.1 Ein Reichsrevolver 83 im Test in den Niederlanden

Der erhalten gebliebene Bericht der Normal-Schießschule ist glücklicherweise nicht der Vernichtungsaktion des Reichsarchivs Den Haag im Jahre 1991 (über 1100 laufende Meter!) zum Opfer gefallen. Erprobungsberichte wird es nur in Preußen gegeben haben, da die anderen Königreiche den inzwischen normierten Revolver ohne eigene Versuche übernommen hatten.

Die preußischen Unterlagen existieren nicht mehr, so daß der Bericht über die holländischen Schießversuche mit einem Revolver 83 ein einmaliges Dokument darstellt.

Der Bericht besteht aus 2 Teilen:

1. Dem offiziellen Teil, der dem Kriegsminister zugestellt worden war (sozusagen die Zusammenfassung) und
2. aus dem ausführlichen Bericht, der sämtliche Details der Erprobung enthält.

Beginnen wir mit dem offiziellen Teil, der uns einen Einblick in die damalige militärische Erprobungspraxis gewährt. Berichte dieser Art sind relativ selten und deshalb sicherlich von besonderem historischen Interesse:

„Den Haag, den 9. November 1886
Normal-Schießschule
No. 13 B

Vorgang:
Bericht der Prüfung des Revolver Haenel
Auf Anweisung des im letzten Abschnitt des Anschreibens des Kriegsministeriums vom 9. Juli d. J., habe ich die Ehre, Ihre Exzellenz auf das Folgende aufmerksam zu machen.

Der Revolver Haenel stimmt, was das System betrifft, in der Hauptsache mit unserem Kavallerierevolver überein und ist in seinen Teilen nicht einfacher als die zuletzt genannte Waffe.

Ein Nachteil ist, dass die Öffnung am Außenende des Griffbügels dem Staub viele Möglichkeiten gibt in das Schloss zu gelangen, zum Nachteil einer guten Funktion der Waffe.

Da der geprüfte Revolver wenig Gewicht, 0,975 kg, eine schwere Kugel, im Durchschnitt rund 16 ¼ g, und eine schwere Pulverladung, durchschnittlich 1,1 g und einen stark gebogenen Griff hat, ist der Rückstoß größer und die Waffe hat beim Schießen davon mehr als unser Revolver.

Es spricht dafür, daß der Rückstoß und das Hochschlagen bei Gebrauch des Holsterkolbens an der Waffe sich weniger bemerkbar macht, daß das Zielen bequemer ist und die Treffgenauigkeit verbessert wird.

Der Anschlagkolben macht die Waffe jedoch schwerer, komplexer und drückender.

Die Kenntnisnahme der nachstehenden Feststellung, macht die Unterlagen, die den zu prüfenden Revolver und die zugehörige Munition betreffen, begreiflich und läßt sofort den Schluß zu, daß bei solch großen Gewichtsdifferenzen bei der Kugel und der Ladung, so wie es hier der Fall ist, schwerlich an eine gute Treffgenauigkeit gedacht werden kann.

Gewicht der Kugel in g	***Gewicht der Pulverladung in g***
16,25	*1,18*
16,30	*1,226*
16,33	*0,89*
16,46	*1,10*

Die Streuung des Haenel-Revolvers war dann auch im allgemeinen größer als bei unserem Revolver, vor allem beim Schießen ohne Holsterkolben.

Entfernung	***Eingeführter Revolver M/73***	
in m	***H.***	***B.***
10	*43*	*35*
20	*58*	*169*
30	*198*	*75*

Revolver Haenel

Entfernung	***mit Anschlagkolben***		***ohne Anschlagkolben***	
in m	***H.***	***B.***	***H.***	***B.***
10	*58*	*35*	*133*	*105*
20	*206*	*104*	*196*	*463*
30	*349*	*215*	*468*	*240*

Da es vielleicht in der Absicht des Erfinders liegt, daß durch das Anbringen des Holsterkolbens an den Revolver, die Waffe als Revolverkarabiner auch auf Entfernungen zu gebrauchen, die gewöhnlich nicht mehr mit Pistole oder Revolver geschossen werden, sind noch bis 125 m vergleichende Schießproben durchgeführt worden und auch dabei mit dem Revolver Haenel, sowohl mit, als auch ohne Holsterkolben, darunter unser Kavallerierevolver Zusammengefasst, wird unserem Kavallerierevolver (M/73) der Vorzug gegenüber dem geprüften Revolver gegeben.

Ich erlaube mir bei dieser Gelegenheit darauf hinzuweisen, daß die Normal-Schießschule wenige Revolver der verschiedenen Systeme besitzt. Es ist doch notwendig, daß die Schießschule, will sie mit ihrer Aufgabe auf der Höhe der Zeit bleiben, von dieser Art von Handfeuerwaffen den besten den neuesten Revolver untersuchen und Schießversuche machen muß. Außerdem, eine nach und nach erweiterte Revolversammlung wird für den Unterricht der Leutnante des Heeres, der Kavallerie und Mariniers (Marineinfanterie, Verf.) *wichtig sein.*

„Diese Entscheidungsgründe geben mir die Freiheit Ihre Exzellenz zu ersuchen für die Schießschule zu beschaffen:
a. einen Revolver, angenommen von der Schwedischen Kommission.
b. einen Revolver Österreichischen Revolver, System Kaufmann.
c. einen Österreichischen Zimmerrevolver
Der Major, Direktor der Normal-Schießschule
gez. Cormans“

Die **Abbildung 20.5.** zeigt das Trefferbild für die Entfernungen 10, 20, 30 und 40 Meter.

Die Firma Haenel hatte demnach Patronen geliefert, die man schlichtweg als minderwertig bezeichnen kann.

Eine Streuung bei der Pulverladung von 0,33 g und bei den Geschossen von 0,21 g ist außerhalb jeder Fertigungstoleranz für Patronenkomponenten.

Als Vergleich mag die Vorschrift für das Geschoss der in Spandau oder Ingolstadt produzierten Revolverpatronen dienen:

16 ± 0,05 g.

Mit anderen Worten, die Streuung der mit gelieferten 400 Patronen war, nur auf das Geschoss bezogen, doppelt so groß.

Leider wurde der Haenel M/83 Revolver nur hinsichtlich der Schusspräzision getestet, nicht jedoch auf seine Durchschlagskraft. In diesem Falle hätte der Suhler Revolver mit seiner höheren Ladung und dem schwereren Geschoss (die niederländische Patrone hatte nur eine 0,6 g Ladung, bei einem Geschossgewicht von 12,2 g) den Test mit Bravour bestanden.

Aber das hatte die Normal- Schießschule ja nicht untersucht. Ob es Absicht war, kann nicht festgestellt werden. Der Auftrag des Kriegsministers ließ auch diese Untersuchung zu, die für einen Militärrevolver sicherlich genau so wichtig, wenn nicht wichtiger gewesen wäre.

Der Revolver 83 ist in den Niederlanden also nicht zum Zuge gekommen.

Die beiden gelieferten Revolver (sie hatten die Seriennummern 288 und 360) besaßen ein Double Action Schloss waren von hervorragender Qualität.

Der Autor hatte Gelegenheit, den Revolver mit der Nr. 288 ausführlich zu untersuchen.
Neben einem tadellosen Finish verfügte die Waffe über einen weichen und angenehmen Schlossgang.

Die Abzugskraft betrug bei vorgespanntem Hahn 2,4 kg.

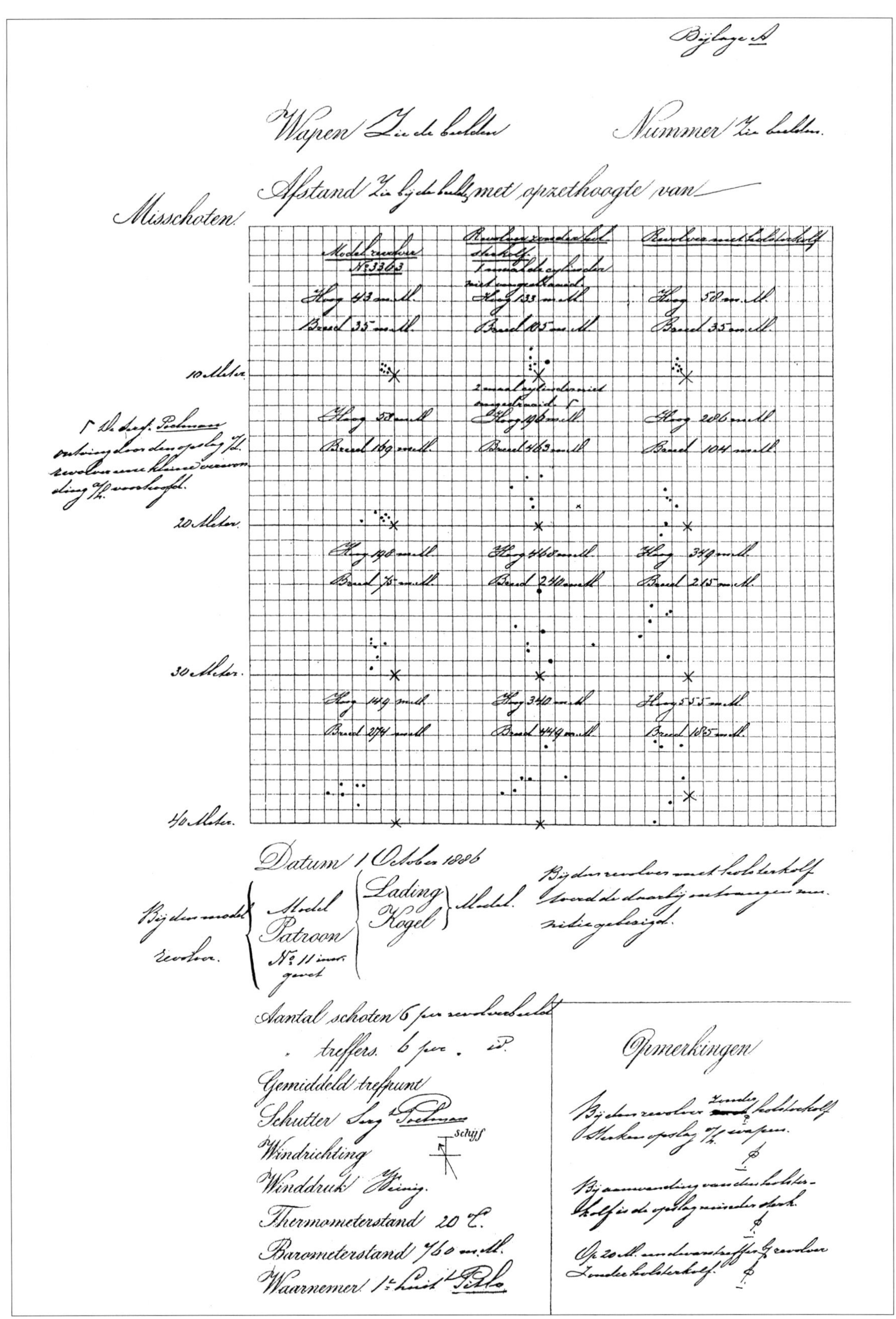

Bijlage A

Wapen Zie de beelden Nummer Zie beelden.

Afstand Zie bij de beeld met opzethoogte van

Misschoten

	Model revolver No 3363	Revolver zonder holsterkolf	Revolver met holsterkolf
10 Meter	Hoog 43 m.M. Breed 35 m.M.	Hoog 133 m.M. Breed 105 m.M.	Hoog 58 m.M. Breed 35 m.M.
20 Meter	Hoog 58 m.M. Breed 169 m.M.	Hoog 198 m.M. Breed 463 m.M.	Hoog 206 m.M. Breed 104 m.M.
30 Meter	Hoog 198 m.M. Breed 75 m.M.	Hoog 460 m.M. Breed 240 m.M.	Hoog 349 m.M. Breed 215 m.M.
40 Meter	Hoog 149 m.M. Breed 274 m.M.	Hoog 340 m.M. Breed 449 m.M.	Hoog 555 m.M. Breed 185 m.M.

Datum 1 October 1886

Patroon: Model; Lading, Kogel: Model.

Aantal schoten 6 per revolverbeeld

treffers 6 per id.

Gemiddeld trefpunt

Schutter Serg. Poelman

Windrichting

Winddruk Weinig.

Thermometerstand 20 C.

Barometerstand 760 m.M.

Waarnemer 1e Luit. Pohlo

Opmerkingen

20.5. Auszug aus dem Testbericht: Haenel-Revolver gegen den niederländischen Armeerevolver M/73. ARD
An excerpt from the trial report of the Haenel revolver vs. the Dutch Army Revolver M/73 . ARD

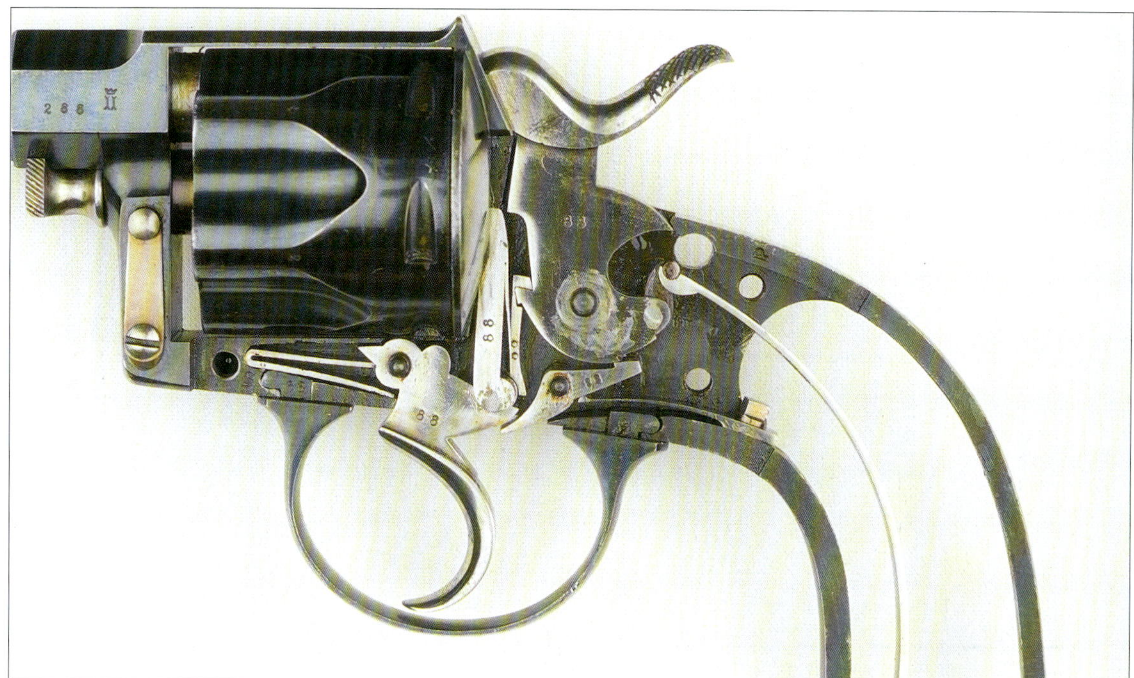

20.6. Blick in das Double Action Schloss des Haenel- Revolvers. Das Schloss zeichnet sich durch einen sehr weichen Gang aus. Foto H. E. Harder

Closeup of the double-action mechanism of the Haenel revolver. It has a very smooth action. Fotograph H. E. Harder

20.2 Die Anschlagtasche

Die beiden von C.G. Haenel mitgelieferten originalen Anschlagtaschen sind nicht mehr vorhanden. Der Autor sah sich deshalb veranlasst, eine Anschlagtasche nachzufertigen. Als Basis diente die Reproduktion einer Schweizer Tasche, so wie sie seiner Zeit den Schweizer Offizieren für ihren Revolver 1882 angeboten wurde.

Bei dieser Gelegenheit stellte der Autor fest, dass das Anschlussstück nicht mit dem eines Schweizer M/82-Revolvers identisch war. Die rechteckige Aussparung unter dem Griff war in der Dicke 1 mm kleiner ausgeführt, die Art der Befestigung jedoch völlig gleich.

In der Schweiz war die Anschlagtasche von Oberst Rudolf Schmidt konstruiert und patentiert worden.

In seinem Buch *„Allgemeine Waffenkunde"* *wird* zu seiner Anschlagtasche ausgeführt: *„...Die Anschlagtasche kann zu jeder Revolverkonstruktion angewendet werden; sie ist im Auslande patentiert vom Annener-Gussstahlwerk in Annen (Westphalen) und (für's Ausland) von dieser Firma zu beziehen."*

Der Verfasser hatte sich dieses Patent beschafft **(vgl. Abbildung 20.7.)** und festgestellt, dass es sich bei den dort beschrieben Ansprüchen um eine eigenständige Verbesserung der Schmidtschen Konstruktion handelt. Wie man im 3. Abschnitt der Patentschrift ersieht, betraf die Verbesserung nicht nur die Ledertasche, sondern auch das Befestigungssystem. War der Beitrag von Rudolf Schmidt zu diesem Patent war also lediglich die Idee, einen Revolver mit einer Tasche zu einem Anschlagschaft zu verbinden, nicht jedoch die detaillierte Methode?

Sicherlich nicht, denn sein erstes Patent vom 5. Mai 1875 beschrieb bereits eine Befestigungsmethode am Griffrücken eines Revolvers.

Die Ordonnanz zum Schweizer Revolver Modell 1882 erwähnt ein zweites Patent Schmidts aus dem Jahre 1881. Letzteres umfasst die Art der Verbindung, wie sie in Serie gegangen ist.

Sämtliche Schweizer Revolver des Modells1882 (von den wenigen Radfahrer-Revolvern einmal abgesehen) besitzen die nach dem Schmidt- atent von 1881 und dem Annener Patent geschützte Befestigungsart.

Da das deutsche Patent Nr. 30574 ab

26. Juni 1884 in Kraft trat und die beiden Revolver mit den Anschlagtaschen, die dem Patentschutz entsprachen, 1886 nach Holland verschickt wurden, kann es sich nur um Taschen handeln, die aus Annen beschafft worden waren.

Weshalb die zuständigen holländischen Offiziere die Testrevolver mit diesen Anschlagtaschen bestellt hatten, geht leider nicht aus den noch vorhandenen Akten hervor.

Diese Art Taschen wurde später natürlich nicht nur für Revolver angeboten, sondern auch für Pistolen, wie z.B. für die Bergmann-Pistole Modell 1897.

AUSGEGEBEN DEN 12. FEBRUAR 1885.

PATENTSCHRIFT

— № 30574 —

KLASSE 72: Schusswaffen und Geschosse.

ANNENER GUSSSTAHLWERK (ACTIEN-GESELLSCHAFT)
in ANNEN (Westfalen).

Kupplungsheft an Revolvertaschen, welche als Anschlagskolben benutzt werden können.

Patentirt im Deutschen Reiche vom 26. Juni 1884 ab.

Es ist bekannt, dafs für die Kriegsbewaffnung der Officiere, Unterofficiere und solcher Mannschaften, welche nicht mit einer längeren Handfeuerwaffe versehen werden können, in den meisten Armeen neuerdings den Revolvern eine bleibende Stelle zugesichert worden ist. Wenn nun auch die Trefffähigkeit der heutigen Revolver bereits an sich eine sehr ansehnliche ist, so kann die Schufssicherheit derselben, besonders auch für weniger geübte Pistolenschützen, doch noch dadurch wesentlich erhöht werden, dafs das Zielfassen und Zielhalten durch eine geeignete Anschlagvorrichtung unterstützt wird.

Um hierbei alle Vortheile zu vereinen, construirte Oberstlieutenant Schmidt im Jahre 1875 die Tasche, welche zur Aufbewahrung des Revolvers dient, derart, dafs sie auch als Anschlagmittel verwendet werden konnte. Diese Einrichtung besafs jedoch noch mehrfache Uebelstände. Einmal war die Vereinigung und Trennung von Revolver und Tasche nicht in genügend einfacher Weise zu bewerkstelligen, und dann erwuchs durch die volle Ausfütterung der Tasche mit Holz und Stahlblech eine zu grofse Gewichtszunahme derselben.

Die vorliegenden Abänderungen betreffen nun einestheils eine wesentliche Vereinfachung der Tasche, so dafs dieselbe bedeutend leichter ausfällt, anderentheils aber eine bessere und einfachere Verbindung der Tasche mit dem Revolver.

einfällt und dadurch die gegenseitige Lage von Revolver und Anschlagtasche, wie in Fig. 1 dargestellt, fixirt. Es ist ersichtlich, dafs es zur Trennung beider nur eines Druckes auf das hintere Ende der Heftfeder *F* bedarf. Die beschriebene Einrichtung kann natürlich auch bei Pistolen jeder Art Anwendung finden.

Die Construction ist auf beiliegender Zeichnung zur Darstellung gebracht. Fig. 1 zeigt den Revolver in der zum Anschlag geeigneten Verbindung mit der Tasche, die Lage des Revolvers in der Tasche ist punktirt angedeutet; Fig. 2 stellt das Stahlgerippe der Anschlagtasche dar mit der Einrichtung zum Befestigen des Revolvers; Fig. 3 zeigt die entsprechende Einrichtung des Revolvergriffes.

Die mit Tragriemen *B* versehene Ledertasche *A* enthält nur ein leichtes Gerippe *C* aus Façonstahl, welches der ganzen Tasche eine kolbenähnliche Form ertheilt und demnach für den Anschlag genügende Steifigkeit bietet. Der Hals ist mit einem Korkstück ausgefüllt, so dafs sich die Anschlagtasche aufser durch Festigkeit vor allem durch ein verhältnifsmäfsig geringes Gewicht auszeichnet. Das vordere Ende der Tasche bezw. des Stahlgerippes ist in einer der Griffform des Revolvers entsprechenden Weise abgeschrägt und der verstärkte Kopftheil *D* des Gerippes mit einem frei vorstehenden Heft *E* versehen, mittelst dessen die Tasche an dem Revolvergriff befestigt wird, sobald sie als Anschlag dienen soll. Der Beschlag des Revolvergriffes ist hierzu am unteren Ende zu einer entsprechenden Schlaufe *G* erweitert, in welche das Heft *E* beim Zusammenfügen von Anschlagtasche und Revolver eingeschoben wird. Das Heft enthält in einem Schlitz eine Heftfeder *F*, welche mit ihrem Haken in eine entsprechende Vertiefung im Boden des Revolvers

Patent-Anspruch:

Die Anordnung des Heftes *E* mit Heftfeder *F* am Kopftheil *D* des Stahlgerippes *C* und der entsprechenden Schlaufe *G* am unteren Ende des Revolvergriffes zur schnellen und leichten Vereinigung bezw. Trennung von Anschlagtasche und Revolver.

Hierzu 1 Blatt Zeichnungen.

20.7.–20.8. Dem „Gussstahlwerk Annen" wurde am 26. Juni 1884 ein Patent einer Anschlagtasche erteilt. Die Anmeldung erfolgte mit Billigung des Schweizer Obersten Rudolf Schmidt. In der Schweiz hatte Schmidt bereits 1875 und 1881 Anschlagtasche patentieren lassen. Sammlung des Autors

On 26. June 1884 a patent was granted to the „Gussstahlwerk Annen" for a holster-stock. This was done with the approval of Colonel Rudolf Schmidt who had already been granted Swiss patents for holster-stocks in 1875 and 1881. Author's collection

ANNENER GUSSSTAHLWERK (ACTIEN-GESELLSCHAFT)
IN ANNEN (WESTFALEN).

Kupplungsheft an Revolvertaschen, welche als Anschlagskolben benutzt werden können.

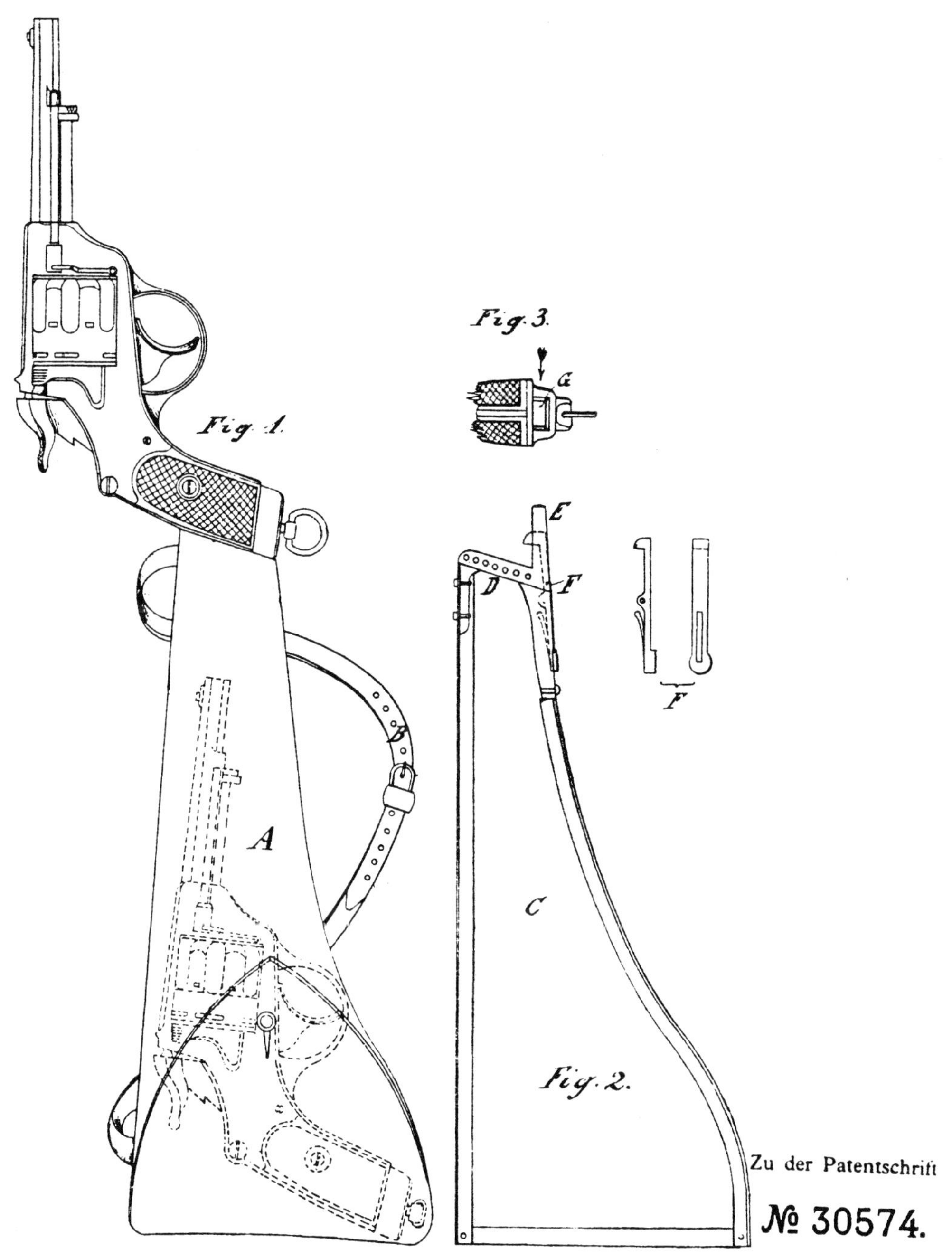

PHOTOGR. DRUCK DER REICHSDRUCKEREI.

20.9. Briefkopf des Annener Gussstahlwerks um 1910.
Letterhead of the „Annener Gussstahlwerk", ca.1910

Westfälisches Wirtschaftsarchiv Dortmund, Bestand K1 (IHK Dortmund) Nr. 149
Westphalian Archives, Dortmund Chamber of Commerce, file K1, no. 149

Quellen

TSA, Archiv Haenel Suhl, Nr.177

ARD, Archieven van de Chefs van het Wapen der Infanterie en einige andere Infanterie-instellingen en – commissies, 1813- 1941, Inv. –Nr. 274

* H. E. Harder, W.A. Dreschler: *„Die Militärrevolver der Niederlande 1856 – 1940"*, De Bataafsche Leeuw, Amsterdam 1998, ISBN 90 6707 4934

Rudolf Schmidt: *„Die Handfeuerwaffen, ihre Entstehung und technisch-historische Entwicklung bis zur Gegenwart"*, Basel, 1878

„Ordonnanz sammt 4 Zeichnungs-Tafeln zum Schweizerischen Revolver Modell 1882", lt. Bundesrathsbeschluss vom 5. Mai 1882, II. Auflage, Bern 1892

Chapter 20

In 1886 the Suhl firm of C.G. Haenel began to step-up its export activity. This was due primarily to the fact that existing orders for the Reichsrevolvers had been completed, and there was no prospect of new orders for the armed forces.

During research on the Dutch military revolvers we found a file in the Dutch archives at The Hague with letters from C.G. Haenel of Suhl offering revolvers to the Dutch Ministry of War. Sometime prior to this the author had the opportunity to examine a revolver of M/83 type in the Dutch Army Museum at Delft. It was marked C.G. HAENEL SUHL PREUSSEN. During research for this book further documents were discovered in the Thüringen State Archives in Meiningen which ‚complete the circle.' A summary of their contents shows:

29.4.1886: Haenel offered revolver to the Dutch Ministry of War.
4.5.1886: The Ministry replied that they were satisfied with their M/73 revolvers, but asked for samples and prices.
7.5.1886: Haenel shipped two revolvers, type unknown but probably M/83.
12.7.1886: Dutch War Minister approved the purchase of 2 revolvers and 400 rounds of ammunition.
15.7.1886: Dutch Inspectorate of Small Arms announced an order for two revolvers with holster stocks and ammunition.
3.8.1886: Order to send two revolvers with holster stocks and 400 cartridges.
16.8.1886: Confirmation of receipt and acceptance of revolvers by the Dutch.

One of the Haenel revolvers was tested along with a standard Dutch M/73 revolver by the Normal Schietschool, the Department responsible for small arms trials. The results were published by the War Ministry in November, the winner being the Dutch M/73. But the reporting officer was honest enough to record the basic reason: the commercial 10.6 mm ammunition sent by Haenel with the revolvers was of such bad quality that an adverse result was inevitable. The weight of the bullets varied between 16.25 and 16.46 grams (regulation bullet weight tolerance was only. 16 ± .5g) and the powder charges varied in weight between .89 and 1.226 g.

In his covering letter the trials officer requested the Ministry to purchase other revolvers for further trials:
A revolver as accepted by the Swedish commission
An Austrian 'System Kaufmann' revolver
An Austrian gallery revolver (Zimmerrevolver) but there is no record of the outcome of this request.

The holster stock mentioned in the correspondence and used in the tests was the same as that for the Swiss M/82. The dimensions of the Haenel linkage differs slightly from that of the M/82. This general type of combined holster and stock was patented in Germany by the Annener Gußstahlwerk in Witten-Annen. The patenting of this design in Germany appears to have been initiated by Rudolf Schmidt himself: he mentions this in his book *Allgemeine Waffenkunde*.

21. Instruktion, A. K. O's. und Erlasse

Die 1880 herausgegebene preußische Instruktion für den Revolver 79 wurde 1882 in ein erweitertes „Handbuch“ integriert.

Instruktion

betreffend den

Revolver M/79

nebst zugehöriger Munition.

Hierzu 4 Blatt Zeichnungen in besonderem Umschlage.

Berlin, 1880.

Gedruckt in der Reichsdruckerei.

21.1. Deckblatt der 1. Instruktion für den Revolver M/79.
BHS, Preuß. XX45

Cover of the first instruction manual for the Revolver M/79
BHS, Preuß. XX45

Dieses Handbuch diente den Unteroffizieren als Arbeitsgrundlage für den Waffenunterricht der Mannschaften. Es umfasst alle wesentlichen Aspekte und ist es wert, in Gänze wiedergegeben zu werden.

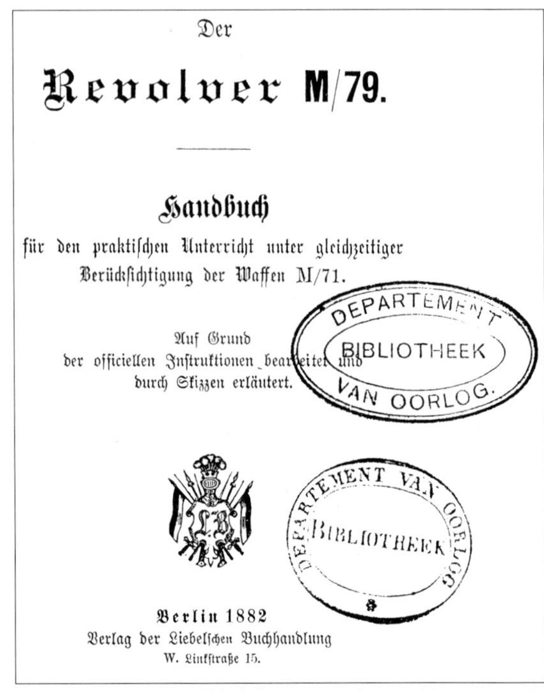

Der

Revolver M/79.

Handbuch

für den praktischen Unterricht unter gleichzeitiger Berücksichtigung der Waffen M/71.

Auf Grund der officiellen Instruktionen bearbeitet und durch Skizzen erläutert.

Berlin 1882

Verlag der Liebelschen Buchhandlung

W. Linkstraße 15.

21.2.–21.2j. Eine ausführlichere Ausgabe erschien 1882. Sie war als Unterrichtsmittel besser geeignet. HMD

A more detailed issue was printed in 1882, more suitable for training. HMD

Inhalt.

A. Klassifizirung.

Unter Revolver versteht man eine kurze Handfeuerwaffe mit drehbarem Patronenmagazin, mit der man im Stande ist, eine bestimmte Anzahl von Schüssen fortlaufend abgeben zu können, ohne nach jedem einzelnen Schuß sofort erst wieder laden zu müssen.

Der Name Revolver als Waffe stammt aus Amerika, woselbst Mitte dieses Jahrhunderts diese Waffe zum ersten Male in großartigem Maaßstabe fabrizirt und verwendet worden ist. Der deutsche Name für Revolver ist Drehpistole.

Die Idee, derartige Schnell- und Vielschießer zu bauen, ist schon früh versucht worden, es existirt in einer Privatsammlung eine Revolverbüchse mit Luntenschloß, welche fast 300 Jahre alt ist. Allerdings hat diese Waffe als solche keinen Werth, sie ist indeß als ein Waffenmeisterstück in dieser Hinsicht immer erwähnenswerth. Ausgebildet ist diese Idee zuerst Ende der 30er Jahre dieses Jahrhunderts durch den Amerikaner Colt, dessen System auch alle späteren Konstruktionen beibehalten haben, d. i. ein drehbares Patronenmagazin zu 6 Schüssen mit einem gemeinsamen Lauf.

Der Unterschied der Revolver älterer und neuerer Konstruktion aus der Zeit von Colt ab liegt weniger in der Schloßkonstruktion als in der Patrone. Das Laden der ersteren Revolver geschieht wie bei den Perkussionswaffen: Pulver und Geschosse werden von vorn in die 6 Kammern eingeführt, die Zündhütchen auf die Pistons gesetzt, der Hahn wird gespannt und beim Abdrücken gegen das Zündhütchen geschleudert.

Revolver M|79.

Die Revolver neueren Systems von Lefaucheux an dagegen haben wie die Waffen M/71 eine Einheitspatrone, d. h. Pulver, Geschoß und Zündhütchen sind in einer Hülse vereinigt. Das Einführen der Patrone in das Magazin geschieht von hinten. Erstere Revolver also sind Vorderlader, wie es ja auch das noch bekannte Pistol M/50 ist, letztere Hinterlader.

Die Entzündung der Patrone bei diesen Hinterladern erfolgt entweder durch einen Nadelstich, wie bei den Zündnadelwaffen, oder durch einen Schlag auf das Zündhütchen, wie bei den Waffen M/71; hier jedoch so, daß ein Hahn mit einer Spitze analog der Schlagebolzenspitze das Zündhütchen trifft. Zündnadel-Revolver haben sich nicht eingebürgert, die Patrone (eine Papierpatrone) ist wenig dauerhaft, der Revolver selbst bei rückwärts verlängertem Schloßmechanismus nicht grade sehr handlich. Die Entzündungsart beim Revolver durch einen Hahn ist die gebräuchlichste, zumal dieser Schloßmechanismus sich eng zusammendrängen läßt, was für eine solche Handwaffe von wesentlicher Bedeutung ist.

Man unterscheidet unter den Revolvern ferner zwei Hauptgruppen, die Einzelspanner und die Selbstspanner. Erstere erfordern nach jedem Schuß, daß die Waffe wieder gespannt, der Hahn wie beim Pistol wieder aufgezogen wird; letztere dagegen lassen sich abgedrückt sofort wieder mit Hülfe des Abzugs abfeuern, ohne daß der Hahn wieder aufgezogen zu werden braucht. Während also beim Einzelspanner das Aufziehen des Hahnes zum Abfeuern Bedingung ist, wird beim Selbstspanner es dem Schützen anheimgestellt, ob er den Hahn vor dem Schuß aufziehen will oder nicht, da Spannen und Abdrücken sich durch einen Griff ausführen läßt. Immerhin erfordert indeß ein Selbstspanner eine große Uebung und Ge-

wandtheit, wenn man ein Ziel sicher treffen will. Der Revolver M/79 ist ein Einzelspanner, er läßt sich indeß ohne Schwierigkeit, während der Zeigefinger im Abzugsbügel bleibt, mit dem Daumen derselben Hand sofort wieder spannen. Jedenfalls trägt diese Manipulation dazu bei, daß der Schütze nach einem ersten etwaigen Fehlschuß um so ruhiger zielen und schießen wird.

Fassen wir das vorstehend Gesagte zusammen, so ist der Revolver M/79 ein Einzelspanner, Hinterlader mit Einheitspatrone und Perkussionszündung.

B. Gewicht, Schußleistung.

Der Revolver M/79 ist
lang ca. 340 Millimeter,
schwer ca. 1,3 Kilo,
— der sogenannte Offizier-Revolver ist um ein Geringes leichter und auch kürzer — seine Totalschußweite (allerdings ohne jede Gewähr auf Treffsicherheit bei dieser Entfernung) beträgt bis 1350 Meter, daher Vorsicht bei den Schießübungen nothwendig. Die Schießübungen selbst beschränken sich auf 20 und 50 Meter, für den Einzelkampf immer schon eine bedeutende Entfernung.

Dagegen
a) das Infanterie-Gewehr M/71 ist
lang $1\frac{1}{3}$ Meter,
schwer $4\frac{1}{2}$ Kilo;
b) die Jäger-Büchse M/71 ist
lang ca. $1\frac{1}{5}$ Meter,
schwer ca. $4\frac{1}{3}$ Kilo,
beide Waffen ohne Seitengewehr resp. Hirschfänger.

Das Visir beider ist für Entfernungen bis auf

1600 Meter eingerichtet, die Totalschußweite beträgt etwa das Doppelte;

c) der Kavallerie-Karabiner M/71 ist
lang 1 Meter,
schwer $3^1/_3$ Kilo.

Das Visir ist für Entfernungen bis auf 1300 Meter eingerichtet, die Totalschußweite beträgt auch hier etwa das doppelte,

d) das durch den Revolver nunmehr verdrängte Pistol M/50 ist
lang 400 Millimeter,
schwer $2^1/_2$ Kilo.

Von einer Treffsicherheit ist bei diesem wie bei allen glatten (nicht gezogenen) Waffen etwas Günstiges nicht zu sagen.

C. Beschreibung des Revolvers.

Der Revolver M/79 ist eine Drehpistole zu 6 Schuß. Lauf und Patronenlager sind — entgegengesetzt den Waffen M/71 — von einander getrennt.

Die Haupttheile des Revolvers sind: Der Lauf, die Walze, der Schloßkasten, die Schloßtheile und die Garnitur.

Das Zubehör besteht in einem Entladestock und einem Schraubenzieher.

I. Der Lauf (siehe Tafel 1).

Der Lauf (a) dient zur Führung des Geschosses. Aeußerlich unterscheidet man den konischen Theil, das Achtkant, den Gewindetheil und das Laufmundstück. An der Mündung sitzt ein festes Korn. Innerlich ist der Lauf kugelgleich gebohrt, d. h. der Lauf ist vorn und hinten gleich weit. In die Wände der Bohrung sind 4 gewundene Züge eingeschnitten, welche eine

etwas weniger starke Drehung (Drall) haben, als die Züge der Waffen M/71. Die Züge des Revolvers winden sich auf 575 Millimeter einmal herum, das macht auf die Länge des Laufs etwa $^1/_3$ Drehung aus, die Züge der Waffen M/71 dagegen auf 550 Millimeter. Das zwischen den Zügen stehen gebliebene Material (Felder oder Balken genannt) ist ebenso wie die Züge unter sich gleich breit, man hat also 4 Züge und 4 Felder. Das Kaliber, d. i. Durchmesser, der Bohrung, von Feld zu Feld beträgt 10,6 Millimeter. Die Waffen M/71 haben ein Kaliber von 11 Millimetern.

II. Die Walze (siehe Tafel 1 und 2).

Die Walze (b) bildet das Patronenlager zum Lauf. Sie ist zur Aufnahme von 6 Patronen mit 6 durchgehenden Bohrungen versehen. Bei jedesmaligem Spannen des Revolvers tritt eine Bohrung vor den Lauf. Festgehalten in dieser Stellung — auch noch nach dem Abdrücken — wird dieselbe durch den Arretirhebel (g), welcher in die bezügliche Rast (e) von unten eingreift. Durch die Mitte der Walzen geht ein Axfutter (f), welches nach hinten ausgezahnt ist. In die Zähne greift der Umsatzhebel (h) des Schlosses und dreht die Walze beim Spannen. Das Axfutter selbst ist durchbohrt, durch seine Bohrung ist die Walzenaxe (c) leicht hindurchgeschoben. Um die Walzenaxe dreht sich also die Walze. Die Walzenaxe selbst wird wiederum gegen Herausfallen festgehalten durch den Sperrstift (d). Zur Verminderung des Gewichts ist die Walze nach vorn zu mit 6 Auskehlungen (i) versehen.

III. Der Schloßkasten. (Tafel 1 und 2.)

Der Schloßkasten (k) bildet den hinteren Theil des Revolvers, er reicht von dem Lauf, mit dem er

zusammengeschraubt ist, bis zum Tragering im Kolbenboden. Der Schloßkasten dient zur Verbindung der einzelnen Theile und zur Handhabung der Waffe, und bildet analog den Waffen M/71 die Hülse, in der sich Walze und Schloßtheile bewegen. Der vordere Theil des Schloßkastens enthält das Muttergewinde für den Gewindetheil des Laufs, dann folgt der Ausschnitt für die Walze, hierauf das Lager für die Schloßtheile und endlich die obere und untere Kolbenschiene, welche in dem Kolbenboden sich wieder vereinigen und durch die hölzernen Kolbenschalen bedeckt sind. Auf der Visirschiene über der Walze ist eine Visirkimme eingeschnitten. —

IV. Die Schloßtheile. (Tafel 1 und 2.)

Das Schloß dient zur Entzündung der Patrone und auch zum Drehen der Walze, so daß Patronenlager und Lauf beim Schuß sich decken. Die Schloßtheile sind: Der Hahn (l), der Abzug (m), der Umsatzhebel (h), der Arretirhebel (g), die Sicherung (n); ferner an Federn: Die Schlagfeder (o), die Abzugsfeder (p), die Arretirhebelfeder (q) und die in der vordern Seite des Hahns verdeckt liegende Umsatzhebelfeder. Hahn, Abzug und Arretirhebel bewegen sich um je eine feststehende Welle des Schloßkastens. Schlagfeder und Abzugsfeder sind an der unteren Kolbenschiene angeschraubt, die Arretirhebelfeder ist lose eingelegt, die Umsatzhebelfeder wird durch einen Stift im Hahn festgehalten. Hahn und Schlagfeder sind durch ein drehbares Zwischenglied, die Kette (r) mit einander verbunden. Die Schlagfeder hat das Bestreben, den Hahn nach vorwärts, die Abzugsfeder den Schnabel des Abzugs nach rückwärts an den Hahn, die Arretirhebelfeder den Arretirhebel nach auf-

wärts und die Umsatzhebelfeder den Umsatzhebel nach vorwärts gegen das Zahnrad der Walze zu drücken.

Die Sicherung (n) hat den Zweck, ein Spannen des Hahns zu verhindern. Es ist hier also ein anderes Prinzip als bei den Waffen M/71. Während bei letzteren die gespannte Waffe gesichert wird, wird hier durch die Sicherung das Spannen überhaupt verhindert. Die Funktion der Sicherung ist einfach, eine Drehung des Flügels nach unten im abgedrückten oder in Ruh gesetzten Revolver hindert jede Bewegung des Hahns nach rückwärts.

Die Schloßtheile sind durch das Schloßblech (s) bedeckt, welches durch 3 Schrauben im Schloßkasten festgehalten wird.

Das Zusammenwirken der Schloßtheile.

a) Revolver gespannt.

Die Schloßtheile sind in der Stellung, wie sie die Tafel 2 darstellt. Der Hahn ist in weitester Rückwärtsstellung, in welcher er dadurch erhalten wird, daß der Schnabel des Abzugs in die sogenannte Spannrast des Hahns eingetreten ist. Die Schlagfeder ist stark angespannt, zusammengedrückt, der Abzug liegt fest am Hahn an, der Arretirhebel ist durch seine Feder in die Rast der Walze eingedrückt und verhindert somit ein Drehen der Walze, der Umsatzhebel liegt am Zahnrad der Walze federnd an.

b) Abdrücken und Spannen des Revolvers.

Durch einen Druck auf die Abzugstange (auch Zunge genannt) wird der Abzugsschnabel aus der Spannrast des Hahns gehoben, der Hahn schnellt nach vorn und trifft mit seiner Spitze das Zündhütchen der Patrone. Hierbei ist der Umsatzhebel nach abwärts gezogen worden und liegt nunmehr gegen den nächsten Zahn an. Arretirhebel mit Feder hat seine Stellung nicht verändert. Der Schnabel des Abzugs liegt am Hahn über der Ruhrast an.

Soll der Revolver wieder gespannt werden, so drückt man den Hahn in die Stellung sub a wieder zurück. Während dieser Drehung des Hahns macht die Abzugsstange, dem Druck der Abzugsfeder nach abwärts folgend, eine Vorwärtsbewegung dadurch, daß der Abzugsschnabel in die Ruhrast des Hahns zurückspringt, und der Abzug drückt von unten her gegen den hinteren kurzen Arm des Arretirhebels. Während daher der Abzugsschnabel zwischen den beiden Rasten des Hahns sich befindet, tritt der Arretirhebel aus der Rast der Walze und dieselbe ist drehbar um ihre Axe. Bevor indeß der Schnabel in die Spannrast eingetreten ist, wird der Arretirhebel wieder frei und schnellt in eine Rast der Walze wieder ein, so daß die Walze bereits wieder feststeht, bevor noch der Revolver gespannt ist. Springt der Arretirhebel später ein, wovon man sich leicht durch das Ohr überzeugen kann, so ist der Revolver reparaturbedürftig. Der Umsatzhebel ist inzwischen in Thätigkeit getreten und hat die Walze um eine sechstel Drehung umgesetzt. Die Schloßtheile sind nunmehr wieder in der Stellung wie sub a.

c) Inruhsetzen des Revolvers.

Der Revolver läßt sich in Ruh setzen sowohl aus dem gespannten als auch dem abgedrückten Zustand. Im ersteren Falle wird der Hahn am Griff etwas angezogen, der Abzugsschnabel durch einen Druck auf die Abzugsstange aus der Spannrast gehoben und der Hahn langsam und vorsichtig nach vorwärts in die Stellung „abgedrückt“ vorfallen gelassen,

demnächst wieder angezogen bis der Abzugsschnabel in die Ruhrast einspringt. Ist der Revolver abgedrückt, so wird der Hahn nur soweit zurückgezogen, bis der Abzugsschnabel in die Ruhrast einspringt.

Das Charakteristische des in Ruh gestellten Revolvers ist einmal, daß der Hahn bei einem Druck auf die Abzugsstange nicht vorschnellt, somit bei eingeladener Patrone ein unbeabsichtigtes Losgehen des Schusses ausgeschlossen ist, das andere Mal, daß nur in dieser Stellung der Revolver geladen oder entladen werden kann. Letzteres ist dadurch erreicht, daß der Arretirhebel durch den Abzug aus der Rast der Walze gedrückt wird und die Walze somit von links nach rechts gedreht werden kann. Eine entgegengesetzte Drehung der Walze verhindert der Umsatzhebel.

Das Zusammenwirken der Schloßtheile läßt sich am Revolver selbst am besten verfolgen. Zu diesem Zweck löst man auf der linken Seite des Revolvers die 3 Schrauben des Schloßblechs (s) und hebt letzteres vom Schloßkasten ab mit Hülfe der Schneide des Schraubenziehers, welche man in den bezüglichen Ausschnitt unter dem Hahn einsetzt. Die Sicherung (n) braucht hierbei nicht abgeschraubt zu werden. —

d) Sichern des Revolvers. (Tafel 1.)

Das Sichern des Revolvers geschieht in der Weise, daß der Flügel der Sicherung (n) auf dem Schloßblech (s) nach unten gedreht wird. Die Sicherung läßt sich nur handhaben, wenn der Revolver abgedrückt oder in Ruh gesetzt ist, nicht aber wenn er gespannt ist. Die Sicherung verhindert ein Aufziehen des Hahns. Die Stellung der Schloßtheile wird dadurch nicht geändert.

V. Die Garnitur.

Zur Garnitur rechnet man den Abzugsbügel (t), die beiden hölzernen Kolben- (Griff-) schalen (u) und den drehbar im Kolbenboden befestigten Tragering (v).

D. Laden und Entladen.

Wie vorstehend sub IV c ausgeführt läßt sich der Revolver nur in der Ruhstellung laden und entladen.

Die erforderlichen Griffe sind der Reihe nach zum Laden folgende:

Hahn in Ruh setzen,
*) Sicherheitsflügel nach unten drehen,
Ladeklappe (rechts vom Hahn, am hinteren Ende der Walze) öffnen,
Walze von links nach rechts drehen und in jedes Patronenlager eine Patrone einlegen,
Ladeklappe schließen,
Walze nochmals drehen zur Ueberzeugung, daß die Patronen genügend weit in das Patronenlager eingeschoben sind,
*) Sicherungsflügel aufwärts drehen,
Hahn spannen.

Nach Abfeuern des Schusses bleibt der Hahn in dieser Stellung und der Revolver wird wieder durch Abwärtsdrehen der Sicherung gesichert. Bleibt der Schütze indeß an der Scheibe zur Abgabe von weiteren Schüssen, so wird der Hahn, ohne vorher zu sichern, direkt wieder gespannt.

*) Anmerkung. Die beiden Bewegungen mit dem Sicherungsflügel sind zwar zum Laden nicht erforderlich, es empfiehlt sich indeß dieselben beizubehalten, um zu verhüten, daß der Revolver früher als unbedingt nothwendig gespannt wird. — (Siehe auch H. Schlußbemerkung.)

Soll der gespannte geladene Revolver gesichert werden, so ist der Hahn wie sub IV c erwähnt, langsam und vorsichtig in Ruh zu setzen, und die Sicherung abwärts zu drehen. Die Mündung des Laufs ist hierbei stets nach unten auf den Boden zu richten, die Manipulation selbst darf nur abseits von den übrigen Schützen ausgeführt werden.

Das Entladen des Revolvers geschieht folgendermaßen:

Hahn in Ruh setzen,
Sicherungsflügel nach unten drehen,
Ladeklappe öffnen,
Patrone vermittels Drucks des Entladestocks von vorn auf das Geschoß aus der Walze durch die Ladeklappe hindurchschieben,
Ladeklappe schließen,
Sicherungsflügel aufwärts drehen,
Hahn durch Anheben des Griffs und Druck auf die Abzugsstange langsam in die Stellung „abgedrückt“ vorfallen lassen. —

E. Auseinandernehmen und Zusammensetzen.

(Tafel 1 und 2.)

Das Auseinandernehmen wird sich im Allgemeinen auf die Fälle zu beschränken haben, wenn es gilt, den Revolver nach dem Schießen zu reinigen. Es bezieht sich dies ausschließlich auf den Lauf und die Walze, da speziell die Schloßtheile, welche beim Schießen noch mit in Mitleidenschaft gezogen werden, so abgeschlossen sind, daß eine Verschmutzung fast ausgeschlossen ist. Findet sich daher eine Unregelmäßigkeit im Schloßmechanismus, so ist dies Sache des Büchsenmachers, dieselbe zu beseitigen.

Das Auseinandernehmen des Revolvers geschieht folgendermaßen:

14

Hahn in Ruh setzen,
Flügel des Sperrstifts (d) abwärts drehen,
Walzenaxe (c) herausziehen,
Ladeklappe öffnen,
Walze nach rechts herausnehmen.

Ein weiteres Auseinandernehmen findet in folgender Weise statt:

Die 3 Schloßblechschrauben herausschrauben,
Schloßblech (s) abnehmen,

(NB. Die Sicherung (n) hebt sich mit dem Schloßblech heraus, so daß also ihr Flügel nicht abgeschraubt zu werden braucht.)

Die hölzernen Kolbenschalen (w) nach Herausschrauben der Verbindungsschraube abnehmen.

Hahn ganz herablassen,
Schlagfederschraube abschrauben,
Schlagfeder (o) herausnehmen,
Hahn anziehen, Umsatzhebel (h) zurückdrücken, Hahn abnehmen u. s. w.

Hahn, Abzug und Arretirhebel (g) sind, da sie nur lose auf eine feststehende Welle aufgeschoben sind, leicht abzunehmen. Eine weitere Zerlegung der Schloßtheile und auch des ganzen Revolves ist, soweit es eben Reparaturen nicht bedingen, nicht rathsam.

Das Zusammensetzen des Revolvers geschieht in umgekehrter Weise. Nachdem die Schloßtheile wieder an Ort gebracht sind, werden die Kolbenschalen wieder aufgeschraubt, demnächst das Schloßblech aufgepaßt und die 3 Schrauben eingeschraubt.

Dann folgt:

Hahn in Ruh setzen,
Ladeklappe öffnen,
Walze von rechts einlegen,
Ladeklappen schließen,
Walzenaxe einführen,

15

Flügel des Sperrstifts in wagerechte Stellung bringen,
Walze von links nach rechts drehen zur Prüfung regelrechten Ganges und Hahn niederlassen.

F. Reinigen des Revolvers.

Bei gewöhnlichem Dienstgebrauch empfiehlt es sich, die Waffe nur äußerlich von Staub und Schmutz zu reinigen. Ist Staub in die Patronenlager gekommen, so wird die Walze wie vorher beschrieben herausgenommen und mit Werg leicht ausgewischt. Dasselbe gilt für den Lauf.

Ist aus dem Revolver geschossen worden, so werden die Pulverrückstände aus dem Lauf trocken vermittelst eines mit weichem Werg umwickelten hölzernen Wischstockes ausgewischt und der Lauf nachher eingefettet. In gleicher Weise werden die Patronenlager in der Walze behandelt. Zeigen sich Roststellen, so sind dieselben stark mit Oel zu bestreichen, nach einiger Zeit wieder abzuwischen und dann wieder einzuölen. Etwa zurückbleibende schwarze Flecken sind unschädlich, jedenfalls schaden sie der Waffe weniger, als wenn dieselben scharf weggeputzt werden. Indeß sind derartige Stellen öfter einzufetten. Vor allem hüte man sich, dickes starres Fett oder Talg in die Schloßtheile zu bringen.

Eine außergewöhnliche Reinigung hat nur der Büchsenmacher vorzunehmen. —

G. Die Munition.

Man unterscheidet beim Revolver die scharfe Patrone und die Uebungs-Patronen. Zu letzteren gehören die Platz- und die Exerzierpatrone.

16

Die scharfe Patrone besteht aus der messingenen Hülse, dem Zündhütchen, der Pulverladung und dem Geschoß. Es fehlt dieser Patrone im Gegensatz zu der für alle Waffen M/71 gleichen Patrone der Wachspfropfen mit den zwei Kartonplättchen und die Papierumwickelung des Geschosses. Die Patrone des Revolvers mit einem ca. 17 Gramm schweren Geschoß hat eine Länge von 36,5 Millimeter und wiegt etwa 23 Gramm. Die Patrone der Waffen M/71 hat ein 25 Gramm schweres Geschoß, ist 78 Millimeter lang und wiegt 43¼ Gramm. Die Pulverladung ersterer beträgt 1,5 Gramm, die der letzteren 5 Gramm.

Die Platzpatrone des Revolvers hat eine Pulverladung von 1 Gramm und statt des Geschosses 2 Deckpfropfen aus grauem Löschpapier. Hülse und Zündhütchen sind wie bei der scharfen Patrone. Die hintere Fläche des Hülsenbodens ist bei der Platzpatrone roth lackirt, um sie als solche kenntlich zu machen.

Die Exerzierpatrone besteht nur aus Hülse (ohne Zündhütchen) mit einem Holzgeschoß. —

H. Schlußbemerkung.

Der geladene Revolver ist immerhin eine Waffe, die besondere Vorsicht erheischt. Das Entladen bez. das Inruhsetzen (siehe sub D) aus dem gespannten Zustand erfordert eine gewisse Uebung und Umsicht. Man vermeide daher, unnöthig den Revolver zu spannen und lasse nie den Gebrauch der Sicherung außer Acht. Die Sicherung allein gewährt ausreichende Sicherheit gegen Unglücksfälle jeder Art. —

Druck von Bajanz & Studer in Berlin.

Im Oktober 1887 wurde die Vorschrift ergänzt.

Im Jahre 1885 publizierte das KBKM auf der Basis der preußischen Vorlage die *„Instruktion betreffend den Revolver 83“*, die derjenigen des Revolvers M/79 weitgehend entsprach.

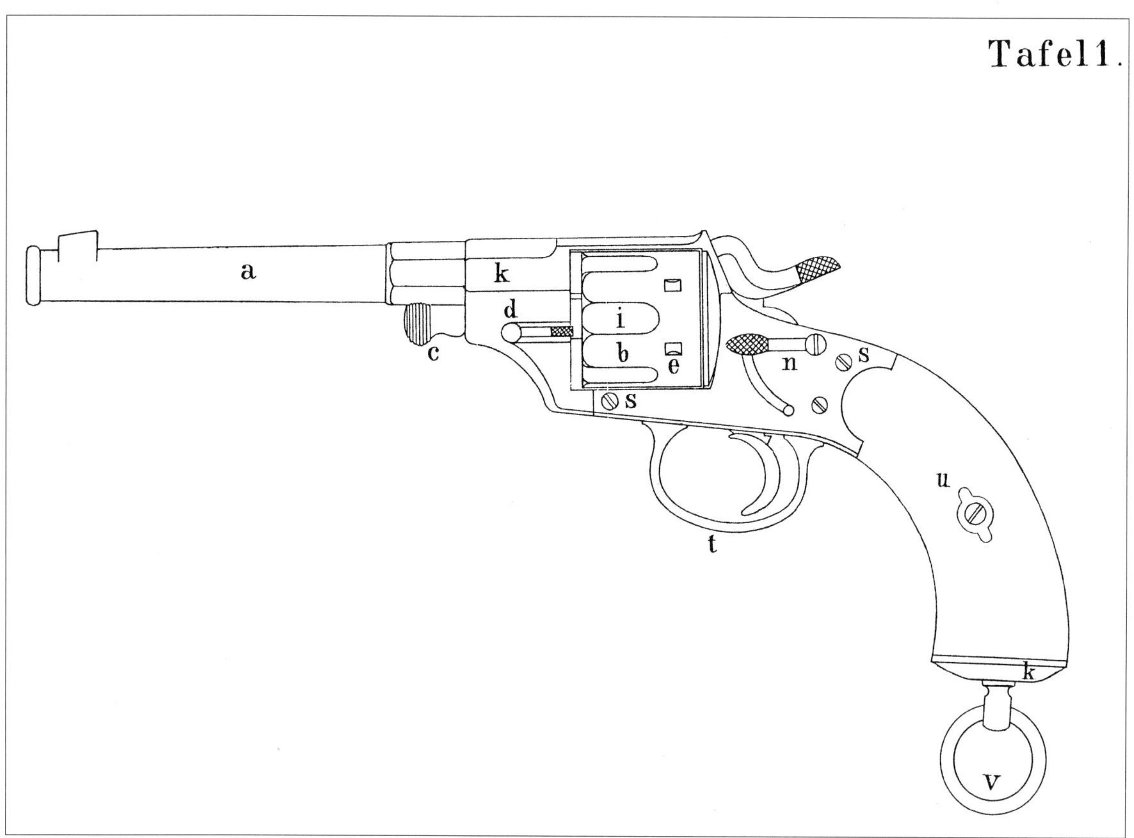
Tafel 1.
a
k
d
i
b
e
c
n
s
s
u
t
k
v

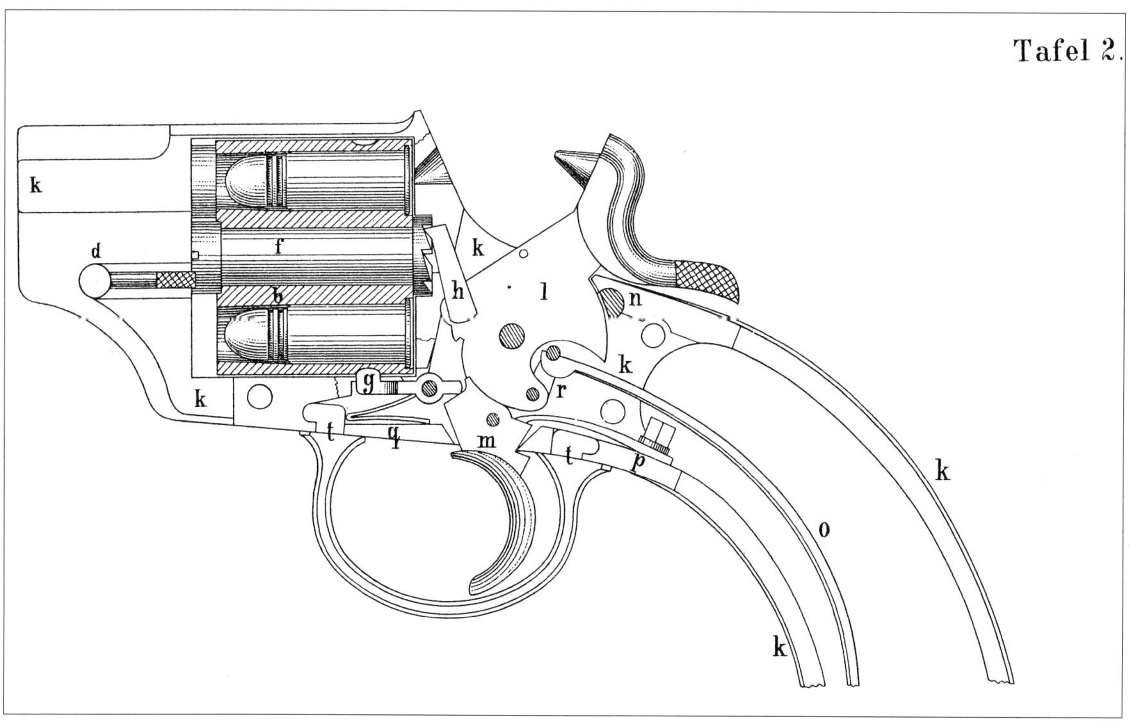
Tafel 2.
k
d
f
b
h
k
l
n
k
g
r
k
t
q
m
t
p
k
o
k

Instruktion

betreffend den

Revolver M/83

nebst zugehöriger Munition.

Nach der preußischen gleichnamigen Vorschrift.

München 1885.

Druck der Hübschmann'schen Buchdruckerei (E. Lintner).

21.3. Bayern veröffentlichte 1885 die Revolverinstruktion für den Revolver M/83 auf Basis der preußischen Vorschrift.
BHS, AX3, Bd. 20a

In 1885 Bavaria published its instruction manual for the Revolver M/83the revolver, based on the Prussian manual.
BHS, AX3, Bd. 20a

Schießvorschrift

für die

Fußartillerie.

(Sch. V. f. d. Fßa.)

Vom 19. November 1908.

Berlin 1908.
Ernst Siegfried Mittler und Sohn
Königliche Hofbuchhandlung
Kochstraße 68—71.

21.4.–21.4d. Nicht nur die Fußartillerie, sondern auch alle anderen mit dem Revolver bewaffneten Waffengattungen hatten eigene Revolvervorschriften. Sammlung des Autors

Every branch of the service armed with revolvers, not just the Artillery, issued their own instruction manual.
Author's collection

Die Schießinstruktionen der Einheiten, die den Revolver führten, widmeten ihm ein mehr oder weniger ausführliches Kapitel.

Besonders ergiebig war die Schießvorschrift der Fußartillerie, deren relevanten Kapitel auf den Folgeseiten wiedergegeben sind.

R. Wille bildete in seiner „Waffenlehre" die bekannte Zeichnung des Revolver 83 ab. Sie verdeutlicht die Nomenklatur, wie sie mit Erstellung der Dimensionstabellen festgelegt worden war. **(Abbildung 21.5.)**

Vorgänge, die die Revolver betrafen und die den Militärs zugänglich gemacht werden mussten, publizierten die Bundesstaaten in ihren „Militär-Verordnungsblättern". In fast allen Fällen basierten diese Mitteilungen auf den „Allerhöchsten Kabinet Ordres", die in Berlin verabschiedet wurden.

Quellen

HMD
BHS
R. Wille: *„Waffenlehre"*, erster Band, Berlin 1905
DWJ, 11/1968

Schießen mit dem Revolver.

Allgemeines.

496. Mit dem Revolver werden die Offiziere, Feldwebel, Vizefeldwebel und Fähnriche, sowie Offiziere, Unteroffiziere, Trompeter und berittene Gefreite der Bespannungs-Abteilungen ausgebildet.

Den Übungen geht eine Unterweisung in der Kenntnis der Waffe voraus. Unvorsichtige oder unrichtige Handhabung kann bei der Kürze des Revolvers den Schützen und die Umgebung in höherem Grade als bei dem Gewehr gefährden.

Die vorbereitenden Übungen erstrecken sich auf Zielen, Laden mit Spannen, Sichern, Entsichern sowie Unterweisung im Anschlag und Abkrümmen. Zum Schluß werden Platzpatronen verfeuert.

Die Revolver werden tunlichst in einem besonderen Revolverkasten aufbewahrt, der zur Aufnahme von 6 bis 8 Revolvern, einigen Patronenpaketen und etwas Reinigungsgerät eingerichtet ist.

Dieser Kasten wird beim Schießen einige Schritt hinter dem Standort der Schützen auf einen Tisch gestellt (Revolvertisch).

Laden und Spannen, Sichern und Entsichern, Entladen.

497. Der Revolver ist stets mit der Mündung nach abwärts und derart zu halten, daß die verlängerte Seelenachse etwas vor die Fußspitzen zeigt. Nur beim Anschlag wird die Mündung aus dieser Stellung entfernt und auf das Ziel gerichtet.

498. Laden.

Der Mann empfängt die Waffe am Revolvertisch, tritt an die zum Schießen bezeichnete Stelle, nimmt den Revolver in die linke Hand und setzt den Hahn mit dem Daumen der rechten Hand in Ruhrast. Zu dem Zweck umfaßt die volle rechte Hand den Kolben, während der Daumen den Hahn, den Daumgriff von rechts nach links bedeckend, mit der Wurzel des ersten Gliedes so weit zurückzieht, bis ein Knacken vernehmbar wird.

Nach dem Öffnen der Ladeklappe wird die Walze durch Daumen und Mittelfinger der linken Hand nach rechts gedreht und nach jeder Sechsteldrehung eine Patrone so in das Patronenlager eingedrückt, daß sich der Patronenboden mit der hinteren Fläche der Walze vergleicht. Der Schütze nennt bei jedesmaligem Einführen einer Patrone ihre Zahl. Nach dem Einladen der vorgesehenen Patronenzahl wird die Ladeklappe geschlossen.

499. Spannen.

Der Daumen der rechten Hand zieht in gleicher Weise wie zum Setzen in Ruhrast den Hahn so weit zurück, bis ein zweites Knacken vernehmbar wird. Zur Vermeidung von unbeabsichtigtem Losgehen des Schusses oder von Beschädigungen der Ruhrast darf der bereits angezogene Hahn erst nach dem Spannen losgelassen werden.

Hierauf geht der Zeigefinger der rechten Hand in den Abzugsbügel und legt sich mit seinem Nagel an die linke Kante der inneren Fläche des Bügels. Die übrigen Finger der rechten Hand umspannen fest und gleichmäßig den Kolbenhals. Die linke Hand, die bisher die Waffe unter der Walze unterstützte, geht auf die linke Hüfte.

500. Sichern und Entsichern.

Die Waffe läßt sich nur bei der Stellung des Hahnes „abgedrückt" oder „in Ruhrast" sichern. Die rechte Hand umfaßt hierbei den Kolben, während der Daumen der linken Hand den Sicherungsflügel durch einen senkrechten Druck nach abwärts drückt. Ist der Revolver gespannt, so wird der Hahn zunächst leicht angezogen und unter gleichzeitigem Andruck des Zeigefingers an den Abzug mit fest aufliegendem Daumen langsam bis zur Schirmplatte niedergelassen, wobei die linke Hand den Revolver an der Walze hält. Der Hahn wird wieder in Ruhrast zurückgezogen, worauf der Daumen der linken Hand den Sicherungsflügel abwärts drückt.

Zum Entsichern umfaßt die rechte Hand den Kolben, während der Daumen der linken Hand den Sicherungsflügel nach vorwärts drückt. Das Sichern und Entsichern wird somit gewöhnlich mit der linken Hand ausgeführt; es kann aber auch durch den Daumen der rechten Hand bewirkt werden, wenn die linke Hand, weil sie Säbel oder Zügel hält, nicht frei ist.

501. Entladen.

Zum Entladen und Entfernen abgeschossener Hülsen wird der Revolver vorher in Ruhrast gesetzt, gesichert und mit der Meldung „ist geladen" oder „ist abgeschossen" an den am Revolvertisch stehenden Unteroffizier abgegeben. Dieser nimmt

den Revolver in die linke Hand, hält ihn, die Mündung schräg nach unten auf den Erdboden geneigt, über den Tisch und öffnet die Ladeklappe. Hierauf führt er ein etwa 20 cm langes und 1 cm starkes Stäbchen langsam von der Mündung des Patronenlagers aus in die Walze ein und entfernt, mit der linken Hand die Walze allmählich nach rechts drehend, die Patronen und Hülsen.

Anschlag und Abkrümmen (Abziehen).

502. Der Körper muß fest, aber ungezwungen gehalten werden. Insbesondere muß der rechte Arm im Ellbogen- und Handgelenk lose sein. Der Zeigefinger darf, wenn in den Anschlag gegangen wird, nicht vorzeitig in Tätigkeit treten.

Anfangs ist der Revolver aufgelegt, später freihändig anzuschlagen.

503. Anschlag sitzend am Anschußtisch.

Der Schütze ladet mit der Front nach der Scheibe stehend und sichert, setzt sich an den Anschußtisch, entsichert und spannt den Revolver. Die rechte Hand bringt ihn vor und nimmt mit dem Abzugsbügel feste Fühlung am Sandsack. Der Lauf steht frei. Der Oberkörper lehnt sich leicht an den Tisch, der linke Unterarm liegt flach auf, der rechte Arm wird mit dem Ellbogen aufgestützt. Während nun der rechte Zeigefinger möglichst mit der Wurzel seines vorderen Gliedes Fühlung an der Abzugsstange nimmt, wird die Visierlinie auf den Haltepunkt gerichtet.

Etwaige kleine Höhenunterschiede werden durch Verschiebung des rechten Ellbogens nach vorn oder rückwärts berichtigt.

Die rechte Hand muß den Kolben stets an der gleichen Stelle umfassen.

162

504. Abkrümmen (Abziehen).

Der rechte Zeigefinger führt die Abzugsstange durch allmählich verstärkten Druck so weit zurück, daß der Hahn sich aus der Spannung löst und vorschnellend die Patrone entzündet. Außer dem Zeigefinger darf sich hierbei kein Körperteil bewegen. Der Revolver muß im Augenblick des Abkrümmens möglichst fest auf das Ziel gerichtet bleiben.

505. Freihändiger Anschlag.

Er wird erst geübt, nachdem der Schütze durch den Anschlag und das Abkrümmen am Anschußtisch einige Fertigkeit erlangt hat.

Der Schütze stellt sich mit der Front nach der Scheibe auf, umfaßt den Kolben mit der rechten Hand, ladet ohne Anwendung der Sicherung und spannt den Revolver. Nachdem der linke Arm „Hüfte fest" genommen hat, macht der Schütze die Wendung halblinks und setzt den linken Fuß in der neu gewonnenen Linie etwa einen halben Schritt nach links. Die rechte Hand hebt, während die Augen auf das Ziel gerichtet werden, den Revolver mit etwas nach oben gerichteter Mündung so hoch, bis das Korn in Augenhöhe steht. Alsdann streckt sich der rechte Arm mit leichter Krümmung und mit losem Handgelenk nach dem Haltepunkt hin. Der Zeigefinger drückt ab.

Dienst bei der schießenden Abteilung und an der Scheibe.

506. Dem Aufsichtspersonal fallen die für das Schießen mit Gewehr bestimmten Obliegenheiten mit nachstehenden Änderungen zu.

Der aufsichtsführende Offizier nimmt seinen Platz links seitwärts des Schützen.

Der Unteroffizier zur Aufsicht beim

163

Schützen steht rechts seitwärts des Schützen und reicht ihm aus einem Patronenpaket einzeln die zu ladenden Patronen.

Der Unteroffizier zur Beaufsichtigung der Waffen und Munition hat seinen Platz an dem einige Schritte hinter der schießenden Abteilung aufgestellten Revolvertisch und gibt dem Schützen, unmittelbar bevor er zum Schießen herankommt, die für ihn bestimmte Waffe. Er verabfolgt nach Bedarf die Patronen in den Packschachteln an den Unteroffizier beim Schützen und entfernt die nicht verschossenen Patronen und die Hülsen aus den Revolvern, die von den Schützen stets unmittelbar nach dem Abschuß an ihn abgegeben werden.

Der Offizier und die beiden Aufsichtsunteroffiziere dürfen niemals durch einen Portepeeunteroffizier bzw. durch Gefreite ersetzt oder vertreten werden.

507. Die schießende Abteilung, möglichst nur 5 Schützen, stellt sich einige Schritte hinter dem Standort des Schützen auf. Jeder Schütze empfängt am Revolvertisch einen Revolver und begibt sich an den für das Schießen vorgesehenen Platz. Hier ladet er, sobald nach den für das Schießen mit Gewehr gegebenen Bestimmungen geschossen werden darf, spannt und schießt. Nach dem Schuß gibt er das Abkommen und die Nummer des Schusses an, nimmt den Zeigefinger aus dem Abzugsbügel, zieht den Revolver zurück und sichert, ohne daß der Hahn in Ruhrast gesetzt wird. Nach beendetem Anzeigen wird der Revolver entsichert, gespannt und das Verfahren wiederholt.

Der Schütze gibt, einerlei ob nach jedem oder erst nach allen Schüssen angezeigt wird, die sämtlichen für die Übung vorgesehenen Schüsse ab und tritt erst dann in die Abteilung ein (Ausnahme 509).

164

508. Folgen mehrere Schüsse unmittelbar hintereinander, so bleibt der Zeigefinger innerhalb des Bügels. Der Hahn wird dann ausschließlich mit der rechten Hand gespannt, und zwar entweder im Anschlag oder, wenn dies nicht ausführbar ist, indem der Revolver schnell zurückgezogen und gegen den rechten Oberschenkel gestemmt wird. Nach erfolgtem Spannen wird sogleich wieder in Anschlag gegangen.

509. Wird ein Schütze im Anschlag unruhig, so muß er absetzen und sichern; soll er wegen Erregung vorläufig nicht weiterschießen, so ist der gesicherte Revolver am Revolvertisch abzugeben.

Versager sind wie beim Schießen mit dem Gewehr zu behandeln (456).

510. Die Anzeiger versehen ihre Obliegenheiten in derselben Weise wie beim Schießen mit Gewehr.

Sicherheitsmaßregeln.

511. Zur Verhütung von Unglücksfällen gelten die Bestimmungen für das Schießen mit Gewehr mit nachstehenden Abweichungen.

512. Vor jedem Schießen finden außerhalb des Schießstandes Belehrung über Behandlung der Waffe und Vorübungen mit Exerzier- oder Platzpatronen statt.

513. Die Revolver werden vor jedem Schießen in Gegenwart des aufsichtsführenden Offiziers auf festen Stand des Hahns in den Rasten und auf feste Stellung der Walze in gespanntem Zustand der Waffe, die Läufe und Walzen daraufhin nachgesehen, ob sie frei von fremden Körpern sind.

165

Nach Beendigung der Übung werden die Revolver von dem Unteroffizier zur Beaufsichtigung der Waffen und Munition daraufhin geprüft, daß sie keine Patronen oder Hülsen mehr enthalten. Das Ergebnis wird dem Offizier gemeldet.

514. Beim Revolverschießen empfängt nur derjenige Schütze die Waffe, der zum Schießen vortreten soll. Die Patronen werden einzeln gereicht.

515. Revolver, mit denen nicht geschossen wird, liegen abgedrückt in dem Revolverkasten so, daß die Mündungen abseits des Standes gekehrt sind; ebendort befindet sich die Munition, soweit sie nicht in Händen des Unteroffiziers zur Aufsicht beim Schützen ist.

516. Geladene Revolver werden einem anderen Mann stets in gesichertem Zustand und mit der Meldung „ist geladen" übergeben; abgeschossene Revolver werden nach Stellung des Hahns in Ruhrast gesichert und dann erst am Revolvertisch dem Unteroffizier mit den Worten „ist abgeschossen" abgegeben.

Beim Entladen und Entfernen der Hülsen ist die Mündung des Revolvers abseits des Standes zu richten.

Übungen.

517. Anzug: Mütze, Seitengewehr.

Bedingungen 518. Für Offiziere und Unteroffiziere, die bereits eine größere Fertigkeit gezeigt haben, kann der Batteriechef besondere Übungen vorschreiben.

Die Übungen werden außer in der Schießkladde noch im Batterie-Schießbuch als Anhang eingetragen. (Kein Bericht.)

Über die Verwendung überschießender Patronen bestimmt der Batteriechef.

518. Bedingungen für das Schießen mit Revolver.

Nr.	Meter	Schußzahl und Ausführung der Übung	Anschlag	Scheibe	Haltepunkt	Bemerkung
1	20	5 Schuß hintereinander mit Anzeigen der einzelnen Schüsse	sitzend hinter dem Anschußtisch	Figurscheibe	Rumpf	Nach der Leistungsfähigkeit der Waffe kann ein sicherer Schütze mit jedem Schuß die Figurscheibe treffen.
2	20	desgleichen	freihändig	desgleichen	desgleichen	

Bild 17.

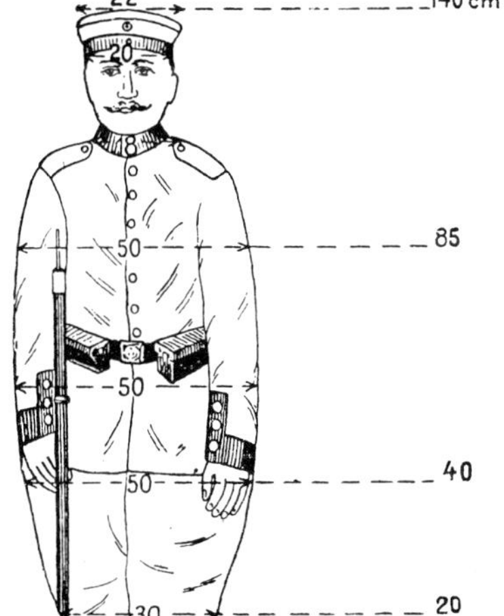

Beschreibung der anderen Scheiben für das gefechtsmäßige Schießen s. Anleitung zur Darstellung gefechtsmäßiger Ziele für die Infanterie.

546. Ringkopfscheibe und Ringbrustscheibe.

Die Kopf- oder die Bruststscheibe wird auf eine aus grauer Pappe*) ohne weißen Papierüberzug hergestellte Ringscheibe derartig auf-

*) Ein Muster für die Farbe der Pappe ist den Truppenteilen zugegangen.

Anschießen der Revolver 83. 171

529. Schlecht schießende Revolver sind durch je 5 Schuß auf 20 m am Anschußtische anzuschießen.

Werden hierbei im Durchschnitt mit je 5 Schuß auf der Figurscheibe nicht 4 Treffer erreicht, so ist der Revolver an die Gewehrfabrik Erfurt zur Untersuchung einzusenden. Für das Anschießen werden zunächst ersparte Patronen benutzt. Reichen diese nicht aus, so sind Zuschußpatronen zu beantragen.

Prüfung der Munition.

530. Ergeben sich bei Verwendung der zu Übungszwecken überwiesenen scharfen Patronen Anstände, die auf die Schießausbildung einen nachteiligen Einfluß ausüben oder sonst die Brauchbarkeit der Munition in Frage stellen, so findet eine Prüfung der Munition durch eine von dem Regimentskommandeur, bei einem gesondert stehenden Bataillon vom Bataillonskommandeur zu ernennende Kommission in derselben Weise statt, wie sie für Infanterie vorgeschrieben ist (s. Schießvorschrift für die Infanterie).

531. Die Prüfung der scharfen Gewehrpatronen ist zu veranlassen, wenn folgende Fehler mehrfach und fortgesetzt auftreten:

1. Versager (456),
2. Nachbrenner.

Unter Nachbrennern sind solche Schüsse zu verstehen, bei denen der Schlag des Schlagbolzens und der Knall nicht zusammenfallen, sondern eine deutlich erkennbare Pause eintritt.

3. Hülsenreißer, herausgedrückte Amboße, herausgefallene Zündhütchen, } wenn hierbei durch zurückströmende Pulvergase Belästigungen oder Verletzungen der Schützen eintreten.
4. Nicht ladefähige Patronen.

532. Eine Prüfung der scharfen Revolverpatronen hat stattzufinden, wenn folgende Fehler mehrfach und fortgesetzt auftreten:

1. Versager,
2. Nachbrenner,
3. nicht ladefähige Patronen.

533. Lassen andere als die vorgenannten Fehler eine Prüfung der Munition notwendig erscheinen, so ist dies auf dem Dienstwege beim Allgemeinen Kriegs-Departement zu beantragen.

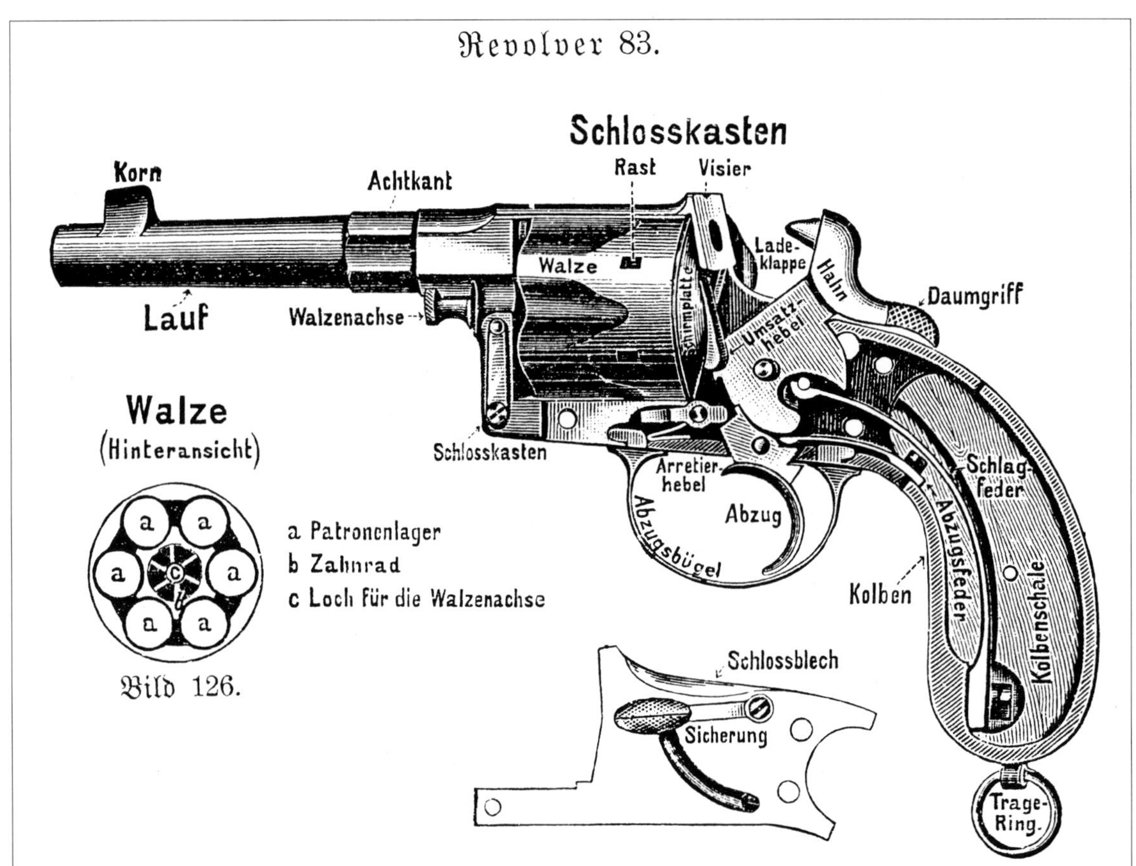

21.5. R. Wille verfasste 1905 eine „Waffenlehre", in der die Benennung der Einzelteile des Revolver 83 anschaulich wiedergegeben wurde.
Sammlung des Autors

In 1905 R. Wille wrote a „Weapons Instruction" (Waffenlehre) in which all the component parts of the Revolver 83 were clearly illustrated.
Author's collection

Chapter 21

By 1880 instructions for the handling and use of the M/79 were issued, with an enlarged edition available containing instructions to be taught by NCOs.

In 1887 the KPKM issued a supplement: 'after the annual autumn manoeuvres the locks of all revolvers which have been in service will be carefully cleaned and oiled.'

22. Präsentationsrevolver

Die damaligen Waffenfabriken, ob in Amerika oder Europa, waren auch in der Lage, Sonderwünsche ihrer Kunden auszuführen.

Das Umfeld von Suhl mit seinen zahlreichen Spezialisten war geradezu prädestiniert für die Anfertigung luxuriöser Sonderwünsche. Begabte Graveure und Schäfter waren vorhanden und genossen weltweit einen guten Ruf.

In Suhl hatte das Konsortiumsmitglied C.G. Haenel auf diesem Gebiet einen Namen und so ist es dann auch nicht weiter verwunderlich, dass diese Firma häufiger bei Luxusrevolvern auf Basis der Reichsrevolver 79 in Erscheinung tritt.

Die Revolver wurden in der Regel mit Zubehör in Eichenholzkästen geliefert.

Die meisten wiesen Umrandungen in Silber oder Gold auf, wobei der Herstellernahme „C. G. HAENEL“ fast immer in Gold auf der Rahmenbrücke zu finden ist.

Die Lauflänge des abgebildeten Revolvers **(Abb. 22.2.)** lag bei 120 mm.

Die Aufteilung in **Abbildung 22.3.** gezeigten Kastens war geringfügig anders ausgelegt. Die Lauf-länge des Revolvers betrug rund 160 mm.

Der Präsentationskasten **(Abbildung 22.4.)** befindet sich in der Studiensammlung des Bundeswehr-Beschaffungsamtes in Koblenz.

Die vom Suhler Konsortium hergestellte Waffe verfügt über Elemente der Typen 79und 83.

Die Trommel entspricht exakt der eines M/79, der Lauf ist zweifelsfrei vom Typ 83.

Den Rahmen hat man vor der Trommelachsensicherung gekürzt und den Kopf der Trommelachse dem kleineren Abstand angepasst. Auch wurde das Griffstück kürzer gehalten.

Das Schloss ist ein Double Action-System.

Der Abzugsbügel hat rahmenseitig angeformte Übergänge; vergleichbar mit denen der M/83-Dreyse-Zivilrevolver.

Die Herstellermarkierung verrät, dass dieser vernickelte Revolver aus den Werkstätten des Konsortiums stammte.

22.1. Der Firmenname C. G. HAENEL SUHL wurde bei diesem Präsentationsrevolver auf der Rahmenbrücke in Gold ausgeführt.
Sammlung W. Frank

The company name C. G. HAENEL SUHL is inlaid in gold letters on the top strap.
W. Frank collection

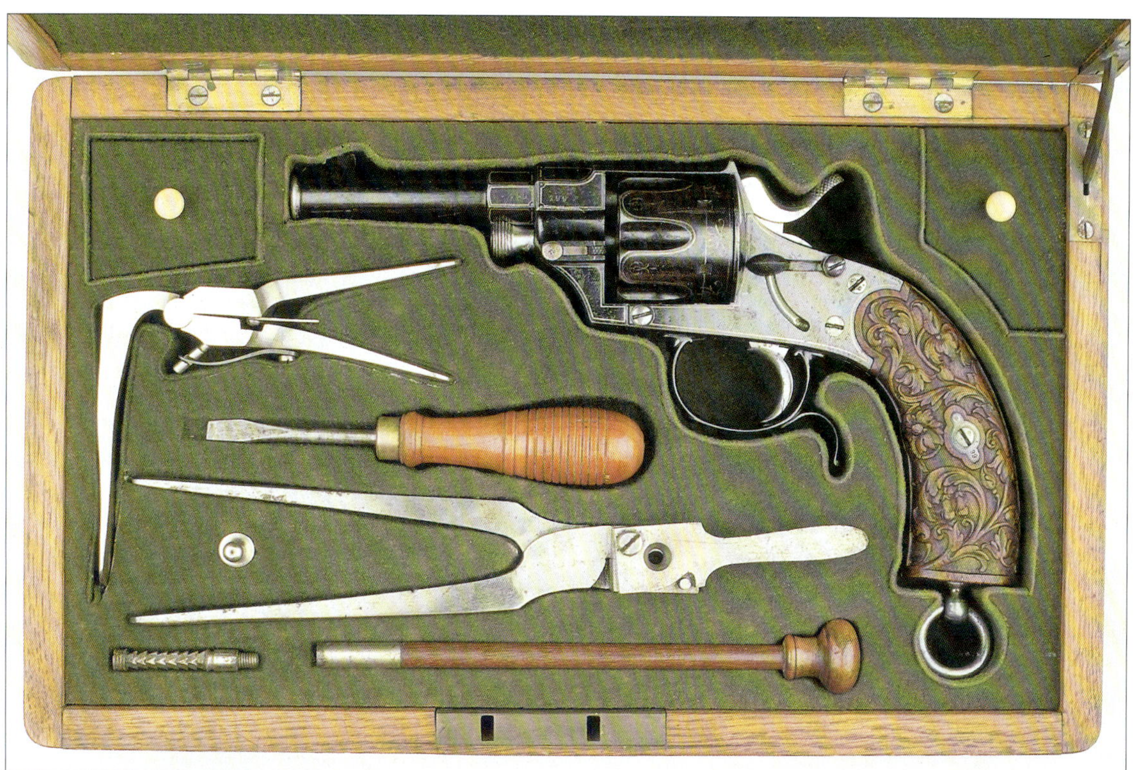

22.2. Der Haenel-Revolver, Seriennummer 199, mit Zubehör im Eichenholzkasten.
A Haenel revolver, serial number 199, in an oak case with accessories.

Sammlung W. Frank
W. Frank collection

22.3. Ein ähnlicher Präsentationsrevolver, Seriennummer 78, ebenfalls in einem Eichenholzkasten. Die zivilen Patronen wurden von Lorenz in Karlsruhe produziert.

Sammlung Dr. G. Sturgess

A similar presentation revolver, serial no. 78, also in an oak case. The commercial cartridges were made by Lorenz in Karlsruhe.

Dr. G. Sturgess collection

Der Revolver ist mit der Nummer 1 gestempelt, was sicherlich nicht den Anfang einer Serie bezeichnet, sondern eher dem Wunsch des Auftraggebers Rechnung trug.

Bescheidenere Wünsche wurden natürlich auch erfüllt. Ein unbekannter Hersteller lieferte einst diesen Revolver 83 mit verschnittenen Griffschalen. **(Abbildung 25.5.)**

Bemerkenswert ist, dass dieses Stück einen dickeren Rahmen besitzt und keinerlei Stempel.

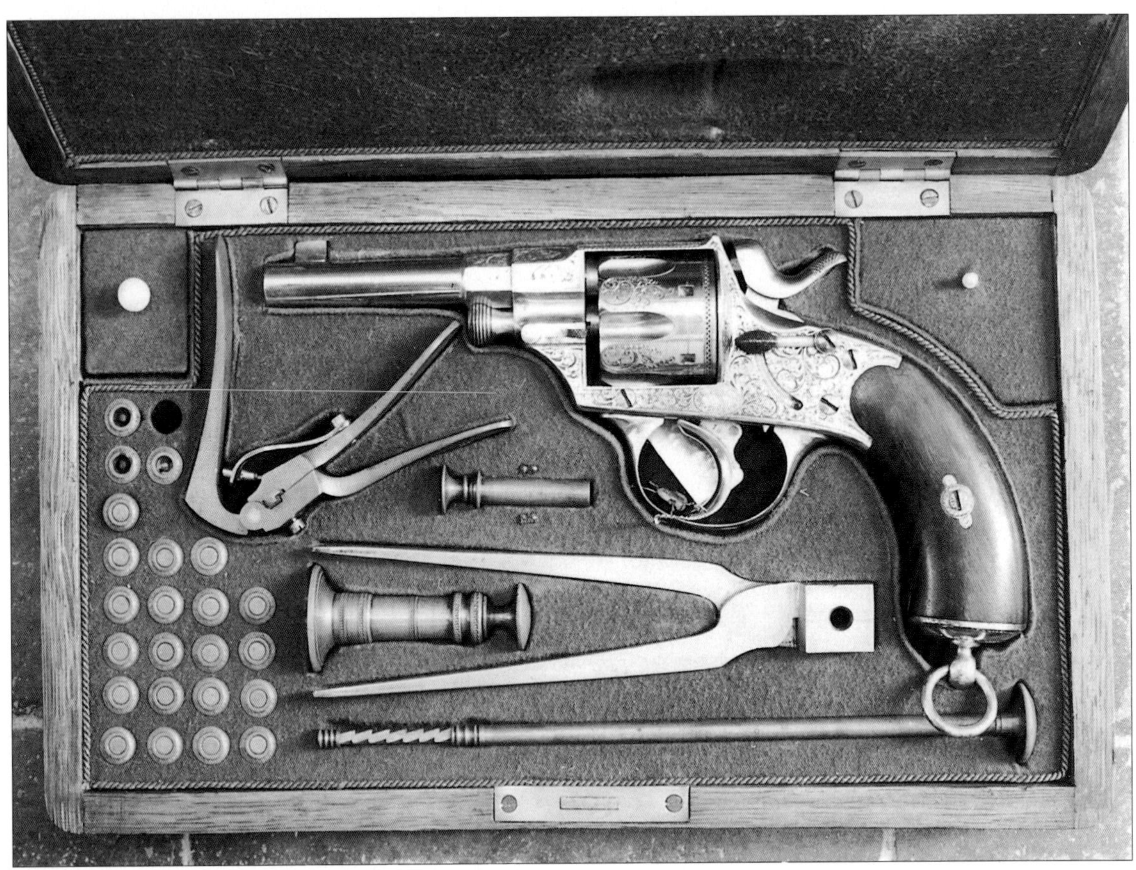

22.4. Präsentationsrevolver des Konsortiums Suhl, zusammengestellt unter Verwendung von Teilen der Revolver M/79 sowie M/83. Der Eichenkasten beherbergt neben dem üblichen Zubehör zusätzliche Ladewerkzeuge.

Wehrtechnischen Studiensammlung des Bundesamtes für Wehrtechnik und Beschaffung, Koblenz

Presentation revolver made by the Suhl Consortium with mixed M/79 parts and M/83 parts. Apart from the usual accessories, the oak case contains additional loading tools. Technical Study Collection of the Office for Weapons Technology and Design, Koblenz

22.5. Verschnittene Griffschalen zeichnen diesen Revolver vom Typ 83 aus. Er besitzt keine Seriennummer und keine weitere Markierung.
Sammlung J. Lux

Carved grips are distinctive feature of this M/83 revolver. It has no serial number and no markings.
J. Lux collection

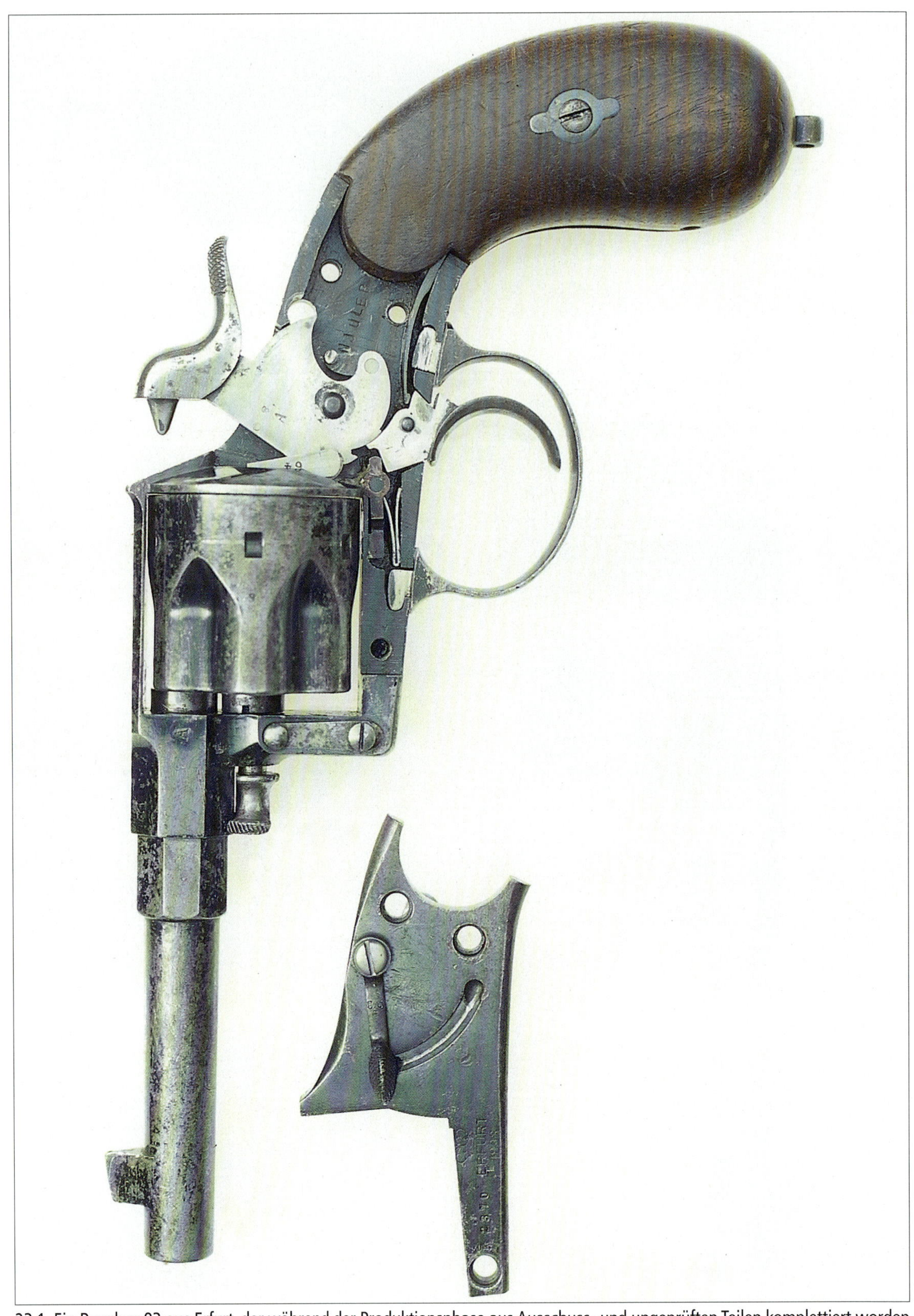

23.1. Ein Revolver 83 aus Erfurt, der während der Produktionsphase aus Ausschuss- und ungeprüften Teilen komplettiert worden war. Sammlung W. Frank
A Revolver 83 made in Erfurt, assembled from rejected scrap parts and uninspected parts. W. Frank collection

23. Ein Ausschussrevolver aus Erfurt

Der neue handliche Revolver mit seiner glänzenden blauen Oberfläche und den polierten Teilen, der ab 1892 in Erfurt in Serie ging, weckte natürlich Begehrlichkeiten.

In einer Privatsammlung fand der Autor einen Revolver 83, dessen Merkmale zweifelsfrei auf einen Revolver Erfurter Fertigung hindeuteten.

Rahmen, Trommel und Trommelachse waren mit einem A gekennzeichnet.

Das A bedeutete, dass das Teil des Revolvers verworfen und zu Ausschuss erklärt worden war. Der Buchstabe A ist im Kapitel über Stempel und Markierungen nicht aufgeführt, da es ihn ja außerhalb der Fabrikationsstätten gar nicht geben dürfte.

Die Privatfabriken werden diese Markierung selten oder gar nicht geschlagen haben, da sie für die Ausschussteile im zivilen Bereich Verwendung

23.2.–23.4. Die mit A (A bedeutet Ausschuss) gekennzeichneten Teile wurden einst gestohlen und heimlich verwendet.
Sammlung W. Frank

The parts marked with an A (A = Ausschuss = scrap) were stolen and secretly assembled.
W. Frank collection

23.5. Hahn und Abzug besitzen keine der bei Erfurter Revolvern übliche Stempelung der Einzelteile.
Normally all parts of Erfurt-made Revolvers M/83 are marked; this example shows no markings at all.
Sammlung W. Frank
W. Frank collection

fanden. Dies läßt darauf schließen, dass ein Mitarbeiter in der Gewehrfabrik diese Teile, die übrigens keine Seriennummer besitzen, nach und nach komplettiert haben, was sich bei genauerer Betrachtung nachvollziehen lässt.

Der Lauf, ebenfalls ohne Seriennummer, war wie die Trommel noch nicht beschossen und vor der Güteprüfung abgezweigt worden.

Die Deckplatte war weder nummeriert noch mit dem Fabrikstempel versehen. Ebenso fehlten auf den Schlossteilen sämtliche Stempel.

Hier hatte sich demnach jemand, der in der Fabrik über gewisse Beziehungen verfügte, einen M/83 aus Ausschussteilen und ungeprüften Teilen zusammengebaut. Man sollte meinen, dass das in einer staatlichen Gewehrfabrik nicht passieren dürfte.

Über einen Diebstahl in großem Umfang berichtete jedoch auch Horst W. Laumanns im *„Deutschen Waffenjournal“* 8/1980.

Hier waren 1908 Gewehrteile entwendet und auf dem Markt verkauft worden. Insgesamt wurden sieben Mitarbeiter zu drakonischen Strafen verurteilt, und zwei Depot-Soldaten zusätzlich degradiert.

Chapter 22 and 23

Chapter 22

As with most arms manufacturers, the German firms producing the Reichsrevolvers offered a variety of modifications to the basic design to their commercial customers. There were many skilled craftsmen in the vicinity of Suhl and Zella-Mehlis and also around Sömmerda who earned their living by engraving, wood carving and the making of presentation cases. C.G. Haenel and its partner V. C. Schilling both offered luxury guns, and thanks to excellent connections abroad they were able to sell numerous highly embellished examples to 'well-heeled' customers.

The impression is sometimes given that these modifications gave the manufacturer an opportunity to use up stocks of old parts in combination with new parts, since the commercial customer would be unaware of this usage, and the lavish decoration and finish generally concealed this imposition.

Chapter 23

Occasionally the student or collector encounters a piece which is at first sight both unknown and unexplained – a miracle. The author once examined such a piece in the form of a M/83 revolver. It had no factory markings, no proofmarks and no serial number, yet showed all other signs of being produced at the Erfurt factory.

The frame, cylinder and cylinder pin were each stamped with an upper case A. This A stands for Ausschuss = reject, signifying that the part cannot be made usable by reworking it. That such a piece could survive can only be explained in one way: these reject parts were used by a member of the factory staff to assemble a revolver for his private disposal before they came to the assembly department. The man responsible must have been well-connected with several of his colleagues, including those in the bluing department. Horst W. Laumans reported in the *Deutsches Waffen-Journal* that in 1908 seven employees were caught selling rifle parts on the private market, and that they were severely punished.

24. Das Ende der Militärrevolver-Fertigung

Die durch die Bewaffnung der Bedienungsmannschaften der Feldartillerie mit Revolvern 83 notwendigen Beschaffungsmaßnahmen für Preußen und Württemberg lösten den letzten Auftrag zur Anfertigung von Revolvern aus.

Der Auftrag wurde, wie wir wissen, ab Ende 1892 in der Gewehrfabrik Erfurt ausgeführt.

Bereits vor diesem Datum hatte die Preußische Gewehr-Prüfungskommission Versuche unternommen, einen neu konstruierten Revolver bzw. eine Mehrladepistole zur Vorlage zu bringen.

Mit Hilfe des guten Bestandes an entsprechenden Akten im Bayerischen Hauptstaatsarchiv lässt sich die ereignisreiche Zeit an der Schwelle zur Selbstladepistole nachvollziehen.

Der bayerische Militärbevollmächtigte Oberst von Haag berichtete aus Berlin:

„Berlin, den 19. November 1891.
No. 1983.
Notiz für A.A. (Allgemeine Armeeangelegenheiten) Geheim.
Nach heute bei der Handwaffen-Abteilung des Preußischen Kriegsministeriums erhaltenen mündlichen Aufschlüssen ist man daselbst schon seit längerer Zeit bemüht, den Revolver 83 durch einen für den Gebrauch von rauchschwachem Pulver geeigneten Revolver zu ersetzen.
Zuerst hatte man sich an Mauser und an Mannlicher gewandt, doch brachten diese Firmen kein geeignetes Modell in Vorlage; die Schwierigkeit besteht in der Herstellung einer vollständigen Dichtung zwischen dem Laufe und dem jeweils zu Schuss kommenden Patronenlager in der Trommel.

Auch die Firma Pieper (Berlin-Lüttich), welche alsdann aufgefordert wurde, lieferte kein völlig entsprechendes Muster

Vor einiger Zeit hat nun der Oberbüchsenmacher Schlegelmilch der Gewehrfabrik Spandau eine Mehrladepistole konstruiert, welche den gestellten Anforderungen zu genügen scheint, sich jedoch noch in einem mehrere Monate dauernden Versuchsstadium befindet, von dessen Verlauf die Einführung dieser Pistole abhängt.

Vorerst ist noch keine Bestimmung getroffen, nach welchem Muster die nötigen Neubeschaffungen an Revolvern betätigt werden.

Auf meine schriftliche Anfrage ist mir baldigste Beantwortung zugesagt.“

Neun Tage später folgt eine ergänzende Mitteilung:
„No.2035 Berlin, den 28. November 1891.
Notiz für A.A. Geheim.
Bezugnehmend auf den Schlusssatz meiner Notiz für A.A. vom 19. November 1891 No. 1983 habe ich heute im Preußischen Kriegsministerium nachgefragt, welche Hindernisse der Beantwortung meiner (...) Anfrage entgegenstehen.

Es wurde mir erwidert, dass (wie ich vermute, durch meine Anfrage veranlaßt) an Seine Majestät den Kaiser der Antrag gestellt wurde, mit Beschaffung, der Revolver für die Bedienungs-Mannschaften der fahrenden Batterien bis zur Feststellung eines für rauchschwaches Pulver geeigneten Musters zurückhalten zu dürfen. Man hofft, ein solches Muster, resp. eine brauchbare Mehrladepistole, bis 1. April 1892 zu erhalten; dann folgt ein Truppenversuch, so dass die Feststellung und Einführung des neuen Musters im Herbst 1892 geschehen kann.

gez. v. Haag Oberst“

Im Dezember 1891 unterbricht das KPKM den Beschaffungsvorgang, da die Gelder, ursprünglich für Revolver 83 vorgesehen, nun für Revolver bzw. Mehrladepistolen „neuer Probe“ verwendet werden sollen:

„Berlin, den 12. Dezember 1891.
An das Königlich Bayerische Kriegsministerium zu München.
Dem Königlichen Kriegsministerium beehrt das diesseitige sich mit Bezugnahme auf ein betreffendes Schreiben des jenseitigen Militär-Bevollmächtigten vom 16. v Mts. ganz ergebenst mitzuteilen, wie die schwebenden Versuche zur Herstellung eines neuen Revolvers bzw. Mehrladepistols für rauchschwaches Pulver noch nicht so weit gefördert sind, dass schon jetzt ein bestimmter Zeitpunkt für den Abschluss der Versuche angegeben werden kann.

Voraussichtlich darf in dem Herstellungs-Versuch ein abschließendes Urteil bis zum nächsten Frühjahr erwartet werden, so dass demnächst in einen Truppenversuch eingetreten werden kann, für dessen Durchführung ein Zeitraum von etwa 6 Monaten in Aussicht zu nehmen sein wird.

Da somit über die Einführung eines neuen Revolvers bzw. Mehrladepistols aller Wahrscheinlichkeit nach im Herbst nächsten Jahres endgültige Entscheidung getroffen werden kann, wird zufolge Allerhöchster Entscheidung vom 10. d. Mts. die durch Allerhöchste Kabinetts-Ordre vom 12. März 1891 (A.V. Bl. pro 1891 No. 91) befohlene Bewaffnung der Kanoniere der fahrenden Batterien mit Revolvern 83 bis zum Abschluss der vorberegten Versuche ausgesetzt werden. Die im Etat für 1892/93 für Revolver 83 angemeldeten Geldmittel sollen für die Beschaffung von Revolvern bzw. Mehrladepistolen neuer Probe mitverwendet werden.

An Revolvern 83 wird bis dahin nur noch der Ersatzbedarf für die z. Z. mit Revolvern 79 und 83 etatmäßig bewaffneten Formationen pp. beschafft werden. Sollte dortseits gegenwärtig ein Bedarf an Revolvern 83 vorliegen, so würde die Gewehrfabrik Erfurt, die zur Revolverfabrikation eingerichtet ist, diesen Bedarf binnen Kurzem decken können."

Das Projekt, in kurzer Zeit einen neuen Revolver bzw. eine Mehrladepistole zur Bewaffnung der Kanoniere zu beschaffen, war gescheitert. Da die Zeit drängte, stellte Preußen die Weichen wieder in Richtung Revolver 83:

„Berlin, den 5. Mai 1893.
An das Königlich Bayerische Kriegsministerium zu München.
Dem Königlichen Kriegsministerium beehrt sich das diesseitige mit Bezug auf sein Schreiben vom 12. Dezember 1891 ... ganz ergebenst mitzuteilen, dass die Versuche zur Konstruktion eines kleinkalibrigen Revolvers bzw. Mehrladepistols bis jetzt ohne ein befriedigendes Ergebnis verlaufen sind und nicht abzusehen ist, wann ein Abschluss erfolgen wird.

Seine Majestät der Kaiser und König haben aus Anlass dessen zu befehlen geruht, dass die Fabrikation der Revolver 83 wieder aufgenommen werden soll und mit denselben die Bewaffnung der Kanoniere der fahrenden Batterien erfolgen darf."
Diesem Allerhöchsten Befehle entsprechend, hat die Fabrikation von Revolvern 83 in der Gewehrfabrik zu Erfurt begonnen.

Mit dieser Entscheidung war für Preußen und das Reich die Suche nach einer neuen Faustfeuerwaffe keineswegs abgeschlossen.

Der K.B. Militärbevollmächtigte berichtete am 28. Dezember 1896 nach München:
„Der Mitteilung, die mit Bericht des K.B. Militärbevollmächtigten vom 28. Dezember 1896 an das KBKM ging, liegt ein Auftrag des pr. KM Nr. 133/ 6.96 A. 2. vom 19. Juli 1896 (1) zugrunde, der u. a. etwa folgendes verfügt:

a) Die Gewehrfabrik Spandau erhält den Auftrag, 6 Revolver des neuen Musters mit Selbstspannvorrichtung und 6 dergleichen ohne solche anzufertigen.
b) Die Artilleriewerkstatt Spandau hat für diese Revolver auf Bestellung der Gewehr-Prüfungs-Kommission Taschen zu fertigen.
c) Die Infanterie-Schießschule erhält die Revolver und Taschen zur Prüfung. Daneben bekommt sie für den Versuch 12 Feldbinden von der Gewehr-Prüfungs-Kommission überwiesen.
d) Die zu dem Versuch erforderlichen Patronen mit 1 g Ladung hat die Infanterie-Schießschule bei der Munitionsfabrik Spandau zu bestellen.
e) Die Kosten des Versuches trägt die Gewehr-Prüfungs-Kommission.
f) Drei Monate nach Eingang der Revolver ist über ihre Eignung zu berichten."

Zu den Fragen nach Technik, Munition usw. gibt ein Bericht der Gewehr-Prüfungs-Kommission Spandau- Ruhleben vom 4. Juni 1896 an das Königliche Allgemeine Kriegs-Departement Berlin gute Auskunft: *„Durch nebenstehende Verfügungen erhielt die Kommission den Auftrag, im Verein mit der Gewehrfabrik Spandau der Frage der Erleichterung des Revolvers – insbesondere für Offiziere – näher zu treten und über das Ergebnis dieser Versuche, sowie über einen von der Gewehrfabrik Erfurt vorgelegten erleichterten Revolver 83 zu berichten.*

Um einen vollkommeneren Revolver wie den Revolver 83 zu erhalten, hat die Gewehrfabrik Spandau die beifolgenden beiden Revolver vorgelegt, für deren Konstruktion die Einzelheiten des schwedischen, französischen bzw. schweizerischen Revolvers als Anhalt dienten. (Hervorhebung durch den Verf.)

Das für Offiziere bestimmte Modell ist als Selbstspanner eingerichtet. Die Walze nimmt 5 Patronen auf. Dem Revolver 83 gegenüber weisen diese beiden Modelle nachstehende Vortheile auf:

1. *Gewichtserleichterung um rund 170 g*
2. *Geringere Anzahl der Theile*
3. *Handlichere Form*
4. *Selbstspannvorrichtung für das für Offiziere bestimmte Muster*
5. *Sicherstellung der Walze in jeder Stellung des Hahns*
6. *Selbstthätiges Zurücktreten des Hahns in eine Ruhrast nach dem Schuß bzw. dem Abdrücken*
7. *Bequemes Laden und Entladen bzw. Gefahrlosigkeit bei dieser Hantierung*
8. *Erleichtertes Auseinandernehmen und Zusammensetzen, sowie Reinigen der inneren Theile des Schlosses*

Die Anbringung einer Sicherung hat sich als überflüssig erwiesen, da ein unbeabsichtigtes Losgehen der Waffe nicht zu befürchten ist.

Der Revolver kann nur dann abgeschossen werden, wenn bei gespanntem Hahn der Abzug zurückgezogen wird.

Das Zurücklegen der Ladeklappe dient nicht als Sicherung, sondern hat nur den Zweck, zum Laden die Bewegung der Walze zu ermöglichen, ohne daß der Hahn beim Anziehen des Abzugs gespannt wird.

Der von der Gewehrfabrik Erfurt vorgelegte, anbei zurückgereichte Revolver 83 weist zwar dieselbe Gewichtserleichterung auf wie die beiden

Muster der Gewehrfabrik Spandau, er entbehrt aber der sonstigen Vorzüge der letzteren. Die durch Schwächung der einzelnen Theile erzielte Erleichterung beeinträchtigt nach Ansicht der Kommission die Haltbarkeit und Kriegsbrauchbarkeit dieses Musters.

Bei den Beschüssen stellte es sich heraus, daß die Pulverladung der scharfen Revolverpatrone für diese Revolver in Folge des geringeren Gewichts der letzteren zu hoch und daß ganz besonders der Rückstoß sehr empfindlich ist, wodurch die Schußleistung eine ungünstige wird.

Es wurde daher in Versuche eingetreten, fest zu stellen, ob es möglich ist, die Pulverladung der scharfen Revolverpatronen zu verringern, ohne daß die Schußleistungen vermindert werden.

Die Versuche haben gezeigt, daß eine Pulverladung von 1 g gegen 1,5 g der normalen scharfen Revolverpatrone genügt, um mit den erleichterten Revolvern roch eine gute Durchschlagskraft und gute Treffgenauigkeit zu erzielen. Bei dem vorgenommenen Dauerbeschuß mit normaler Munition haben sich die Revolver gut bewährt.

Nach dem Gesagten hält die Kommission den von der Gewehrfabrik Spandau konstruierten Revolver mit Selbstspannvorrichtung zur Einführung für Offiziere geeignet, erachtet es jedoch für nothwendig, daß vor endgültiger Einführung ein Versuch mit einer größeren Anzahl dieser Revolver mit und ohne Selbstspannvorrichtung bei der Infanterie-Schießschule stattfindet.

Bei diesem Versuch kann gleichzeitig die Trageweise des Revolvers an der Feldbinde eingehend geprüft und auch festgestellt werden, ob der neue Revolver ohne Selbstspannvorrichtung geeignet ist, an Stelle des Revolvers 83 für Mannschaften zu treten.

Als scharfe Munition würden für den Versuch nur Patronen mit einer Pulverladung von 1 g zu verwenden sein.

Bemerkt wird indes, daß im Nothfall auch die jetzige normale Revolverpatrone verwendet werden kann.“

Waren schon die Versuche mit rauchlosem Pulver in Verbindung mit einem kleineren Kaliber in Preußen erfolglos verlaufen, so wird die Verwendung der große Hülse der vorhandenen Revolverpatrone für das neue Pulver noch aussichtsloser gewesen sein.

Offenbar hatte nun Preußen die Hoffnung aufgegeben, das neue Treibmittel für Revolverpatronen verwenden zu können. Für die beibehaltene Revolverpatrone hatte die Gewehrfabrik Spandau jedoch einen modernen Revolver entwickelt, der nach der Beschreibung seiner kennzeichnenden technischen Merkmale an den schweizerischen Ordonnanzrevolver 1882 im Kaliber 7,5 mm, den hervorragenden französischen Revolver 1892 im Kaliber 8 mm und den Schwedischen Nagant M 1887 erinnert.

Nach der noch erhalten gebliebenden Zeichnung der Spandau-Revolver integrierte man folgende, als optimal erkannte Details zu einer Konstruktion:

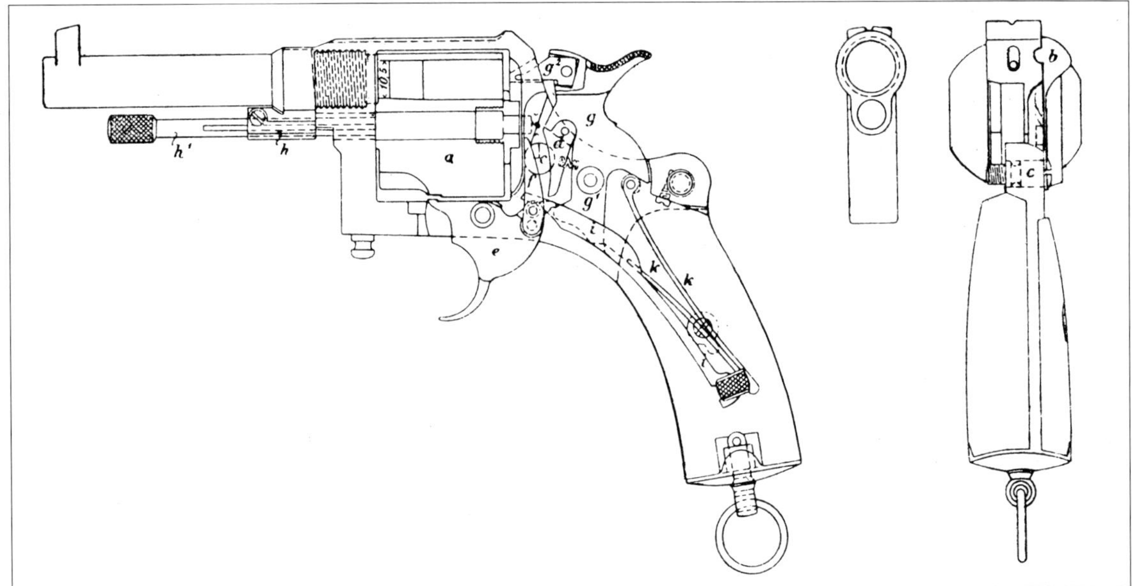

24.1. Diese Revolverkonstruktion sollte um 1896 die Revolver 79 und 83 ablösen. Er vereinigte die Vorteile sämtlicher auf dem Markt befindlichen Systeme. Nach umfangreichen Versuchen mit Selbstladepistolen führte das deutsche Reich später die Pistole 08 ein.
BHS, Preuß. XX45

This revolver design should have replaced the Revolvers 79 and 83 around 1896. It combined the best features of all systems then on the market. Instead, after extensive trials of self-loading pistols the German Empire finally adopted the Pistol 08.
BHS, Preuß. XX45

Der Rahmen, Hahn und das Schloss entsprach dem französischen Revolver M/1892. Hier wurden die Vorteile der rollengelagerten Schlagfeder, des beweglichen Schlagstiftes, der ausschwenkbaren Seitenplatte und der Hahnabschaltung nach dem Abadie-Patent übernommen.

Der Schweizer Beitrag bezog sich auf die Schlagfederhalterung des M/1882 am unteren Ende. Sie ermöglichte eine gefahrlose Demontage der Schlagfeder.

Von der Nagant-Konstruktion M/1887 Schwedens stammte der in der Trommelachse verborgene, schwenkbare Ausstoßer.

Unklar bleibt indes die Maßangabe des Kammermundstücks mit 10,5 mm, denn bei der Revolverpatrone betrug ja der Geschossdurchmesser 10,8 ± 0,05 mm. Hier wäre es zu einer Verformung des Geschosses noch innerhalb der Kammer gekommen.

Oder man hatte eine Änderung des Lauf- / Zugdurchmessers ins Auge gefasst, mit einem dann angepassten Geschoss. Aber davon war in der Mitteilung vom 4. Juni 1896 keine Rede, sondern nur von einer Reduzierung der Ladung.

Den gleichzeitig von der Gewehrfabrik Erfurt vorgelegten Revolver 83, den man nur durch Schwächung der Materialstärken um ebenfalls etwa 170 g leichter gemacht hatte, ließ das preußische KM aufgrund des vorstehenden Berichts der Gewehr-Prüfungs-Kommission nicht mehr zu weiteren Prüfungen zu.

Aber auch das sicherlich moderne und hinreichend leistungsstarke neue Revolvermodell der Gewehrfabrik Spandau wurde weder als Abzugsspanner für Offiziere noch als Hahnspanner für Mannschaften eingeführt.

Die bayerische Armee hatte inzwischen einen Fehlbestand von 1000 Revolvern für Mannschaften und 25 Offiziersrevolvern. Zwar hatte das KBKM am 22. Oktober 1896 eine Bestellung veranlaßt, am 19. Januar 1897 aber mit Bezug auf die zu erwarten den neueren Schusswaffen wieder ausgesetzt.

Das KBKM vermerkte mit diesem Datum: *„Die Beschaffung von Revolvern des bisherigen Musters ist mit Rücksicht auf die z.Zt. schwebenden Versuche mit einer anderen Schusswaffe (Selbstladepistole Mauser: Berichterstattung über den Truppenversuch erfolgt im Herbst 98) vorläufig nicht erwünscht.“*

Eine Zukunft für die Revolver 79 und 83 gab es nicht mehr. Gleichwohl wurden sämtliche in Truppenbesitz befindlichen oder bevorrateten Revolver mit Beginn des I. Weltkriegs wieder ausgegeben.
Die Feldartillerie zog mit den Revolvern im August 1914 ins Feld.

Quellen

BHS, X 3 Bd. 206 VIII
Joachim Görtz: *„Die Pistole 08“*. Zürich 2000, ISBN 3-7276-7065-7

Chapter 24

Around the turn of the Twentieth Century a new era of personal arming dawned. Widely published trials with repeating pistols clearly showed that the future lay in their direction.

In November 1891 the Bavarian liaison officer in Berlin reported trials aimed at replacing black powder with smokeless powder. In December there followed the announcement from Berlin that only the field artillery were to receive M/83s, and that the handgun budget should otherwise be applied either to M/83 revolvers using smokeless powder, or to the acquisition of repeating pistols.

Trials with repeating pistols progressed too slowly and the military administration became convinced that revolvers could be produced and purchased more quickly. As a result in December 1891 it was decided to issue M/83s to the field artillery, and production was quickly commenced at Erfurt. By the end of 1896 the production of these revolvers had been completed, but trials with pistols and revolvers continued.

In December 1896 the KPKM ordered the Gun Factory at Spandau to manufacture six revolvers combining these features:

Weight reduced by 170 grams
Fewer component parts
More comfortable to handle
Double-action for officer's model
Cylinder locked in every position of the hammer
Rebounding hammer on releasing the trigger
Easy and safe loading
Easy stripping and re-assembly of lock for cleaning
No M/83-type safety device
If the loading-gate is open in the firing position, pulling the trigger turns the cylinder but does not move the hammer
Reduction of the charge from 1.5 to 1 g without loss of performance

These features combined cover the advantages of all military revolvers of that time. But in January 1897 came the message from Berlin: ‚*The purchase of revolvers current model... is temporarily not desired.*' The reason for this announcement was the field trials then being conducted with the Mauser C96 pistol.

Production of the M/83 for military purposes ceased from this point, but they continued in service. During World War I all the Reichsrevolvers were once again issued.

At the end of the war many of them (as well as the P08) were picked up by allied soldiers as souvenirs.

25. Patente

Die Popularität des Revolvers hielt sich in den Armeen des Deutschen Reichs, vor allem bei den Offizieren, in Grenzen.

Hersteller wie Händler waren natürlich daran interessiert, den Revolver, in diesem Falle den Revolver 83, durch besondere Einrichtungen den Käufern schmackhaft zu machen.

25.1 F. v. Dreyse

Besonders auffällig war in diesem Falle die Bemühung der Waffenfabrik F.v. Dreyse, die ja bei den Militäraufträgen durch eigenes Verschulden ausgegrenzt worden war, auf dem Markt der Offiziers- bzw. Zivilrevolver Fuß zu fassen. In gewisser Hinsicht ist es der Firma dann auch gelungen, sich von den Suhler Fabrikanten durch Innovationen abzusetzen. Für eine dieser Innovationen erhielt Franz von Dreyse bereits am 20. März 1886 vom Kaiserlichen Patentamt in Berlin erteilt.

Es hatte die Nummer 37057 und schützte seinen bekannten *„Auswerfer für Revolver"*.

In den **Abbildungen 25.1** und **25.2** ist die Patentschrift mit ihren wichtigsten Passagen wiedergegeben.

KAISERLICHES PATENTAMT.

AUSGEGEBEN DEN 25. SEPTEMBER 1886.

PATENTSCHRIFT

— № 37057 —

KLASSE 72: SCHUSSWAFFEN UND GESCHOSSE.

FRANZ VON DREYSE IN SÖMMERDA.

Auswerfer für Revolver.

Patentirt im Deutschen Reiche vom 20. März 1886 ab.

Die Zeichnung stellt dar:

Fig. 1 eine Seitenansicht der Auswerfervorrichtung, angebracht an einem Revolver M. 83 in herausgeschobener Stellung,

Fig. 2 einen Querschnitt von Fig. 1,

Fig. 3 einen Längsschnitt der Auswerfervorrichtung in zurückgezogener Stellung,

Fig. 4 einen Längsschnitt der Auswerfervorrichtung in herausgeschobener Stellung,

Fig. 5 eine Seitenansicht des federnden Auswerferschenkels,

Fig. 6 eine obere Ansicht des federnden Auswerferschenkels.

Die Auswerfervorrichtung besteht aus der am Vordertheil des Revolverkastens parallel zum Laufe angeordneten, entweder angelötheten oder vermittelst Schrauben befestigten Hülse *H*, Fig. 1 und 2.

PATENT-ANSPRUCH:

Ein Auswerfer an Revolverwaffen, bestehend aus der Hülse *H* und dem in derselben vor- und zurückschiebbar angeordneten und in seinen Bewegungen durch Schrauben begrenzten Cylinder *C*, welcher in einer seitlichen Längsfräsung den beim Vorschieben des Cylinders *C* auf den oberen Rand der Patronenhülse sich legenden federnden Auswerferschenkel enthält.

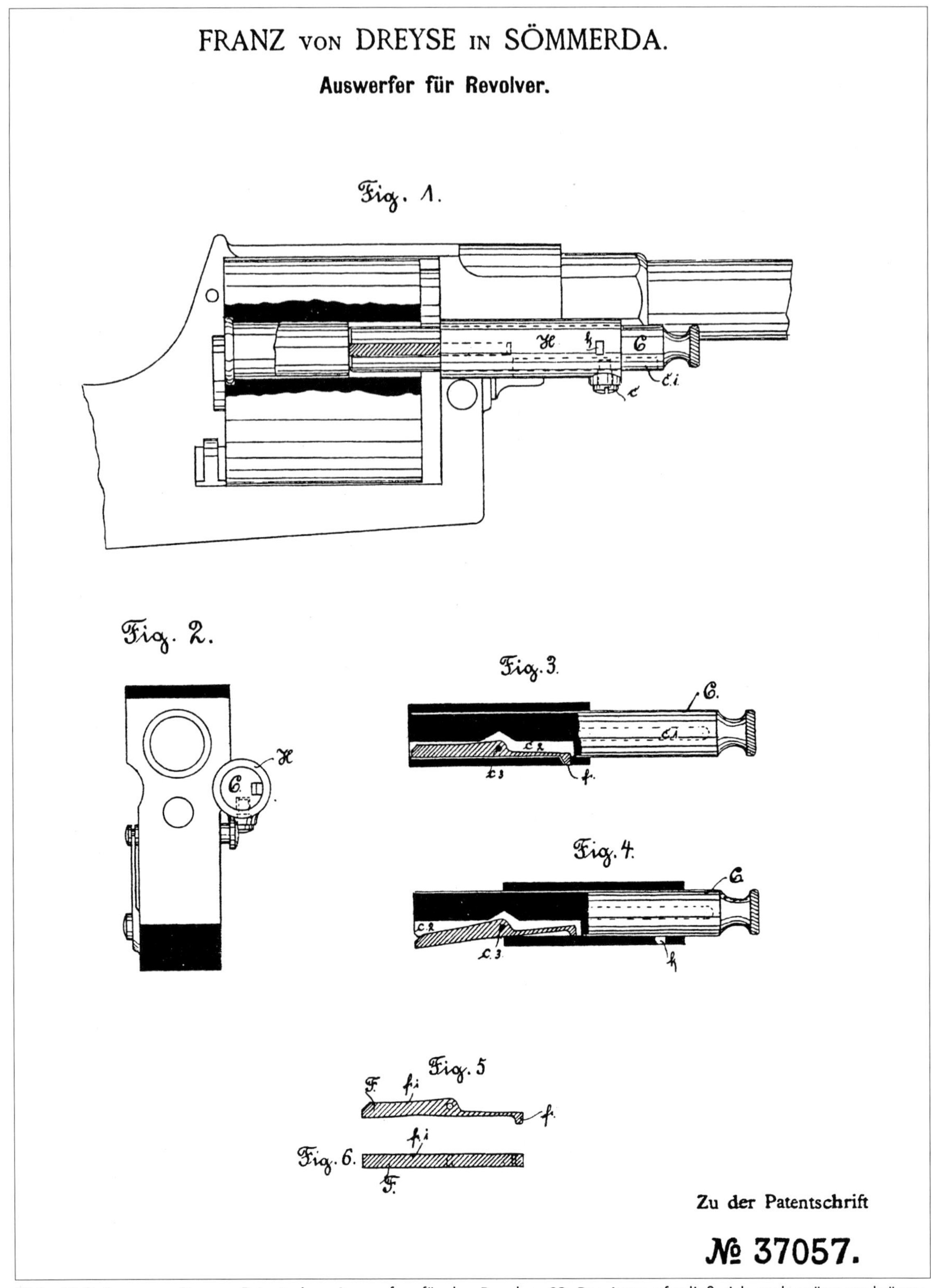

25.1.–25.2. Franz von Dreyses Patent eines Auswerfers für den Revolver 83. Der Auswerfer ließ sich auch später nachrüsten. Die offiziellen Militärstellen machten davon keinen Gebrauch. Nur einige Offiziere beschafften sich Revolver mit dem Dreyse-Ausstoßer. DPMA

Patent for an ejector for the Revolver 83 granted to Franz von Dreyse. It could be added to existing revolvers. The military administration made no use of this device, although some officers privately purchased Dreyse revolvers with this ejector. DPMA

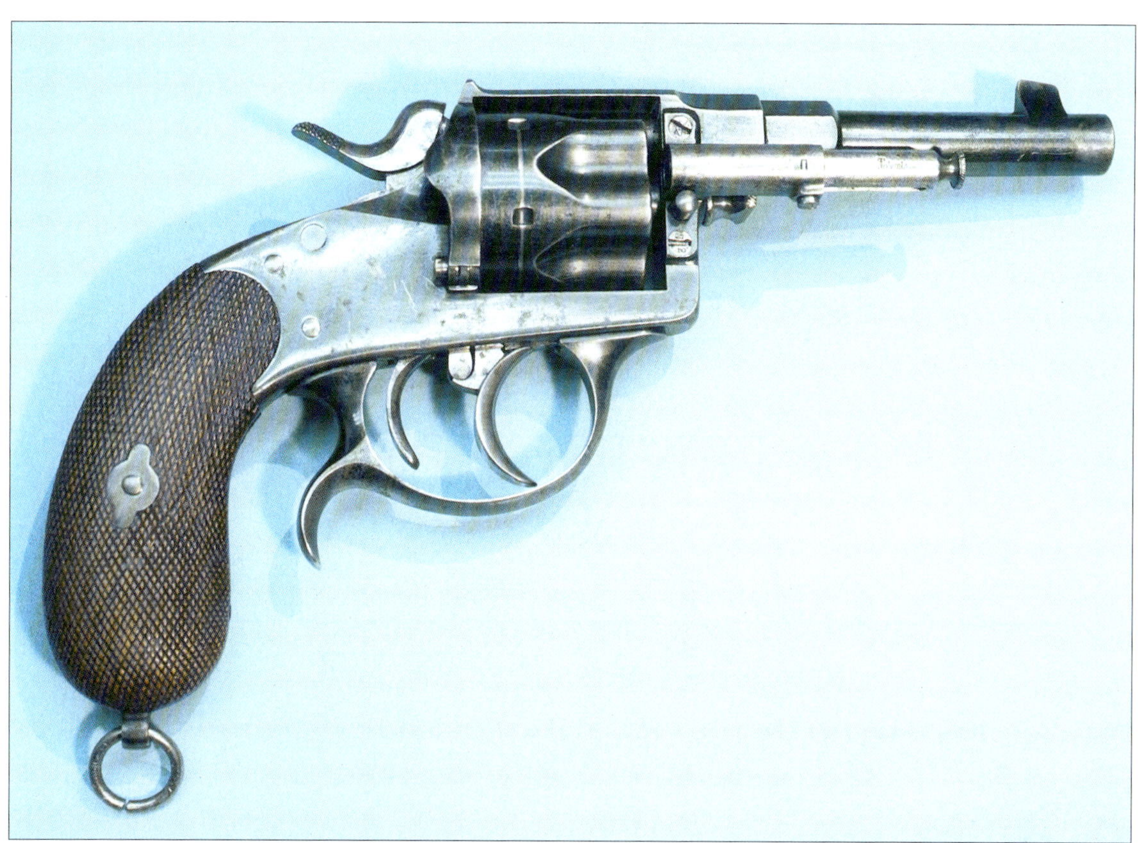

25.3.–25.4. Der patentierte Ausstoßer an einem Dreyse-Revolver mit Doppelabzug.
The patented ejector on a Dreyse-revolver with double-triggers.

Sammlung Dr. D. Ziesing
Dr. D. Ziesing collection

Eigenthum des Kaiserlichen Patentamts.

KAISERLICHES  PATENTAMT.

AUSGEGEBEN DEN 5. JULI 1892.

PATENTSCHRIFT

— № 63134 —

KLASSE 72: SCHUSSWAFFEN UND GESCHOSSE.

FRANZ VON DREYSE IN SÖMMERDA.

Handfeuerwaffe mit verschiebbarer Revolver-Trommel.

Patentirt im Deutschen Reiche vom 19. November 1891 ab.

In der beiliegenden Zeichnung ist:

Fig. 1 Vorderansicht der Repetirmechanismus mit abgenommenem Schlofsblech im gespannten Zustande,

Fig. 2 Vorderansicht des Repetirmechanismus im abgefeuerten Zustande,

Fig. 3 Spannhebel mit Trommelarretirhebel und Feder und Zugstück,

Fig. 4 Ober- und Seitenansicht des Riegels,

Fig. 5 Seitenansicht des Schlagstückes mit Kegel,

Fig. 6 Ober- und Seitenansicht des Kegels,

Fig. 7 Ober- und Seitenansicht der Kammer mit Schlagstift und Spiralfeder.

Bei der Aufwärtsbewegung des Spannhebels *b* wird das Schlagstück *g* durch den Schnabel *n* gespannt und der Abzugsschnabel *p* tritt hinter den Kegel *h*.

Die Walze wird durch den am Schlagstück *g* angebrachten Umsatzhebel *o* umgesetzt und durch den an der unteren Kastenwand eingelassenen Arretirhebel *c*, welcher durch die Spiralfeder *d* gehoben wird, festgehalten. Gleichzeitig wird die Walze durch die Kammer *f* vermittelst des Riegels *a* auf das Laufmundstück *k* vorgeschoben und dadurch der Verschlufs nach vorn hergestellt; hinten schliefst die Kammer *f* das Patronenlager der Walze und wird durch den Riegel *a* gesperrt.

Durch das Abziehen des Abzugs *i* tritt der Abzugsschnabel *p* aus der Rast des Kegels *h*, und das Schlagstück *g* schlägt mit seinem Absatz *s* gegen die Nase *t* des in der Kammer *f* ruhenden Schlagstiftes und entzündet die Patrone.

Beim Loslassen des Spannhebels *b* wird derselbe vermittelst der Feder *m* nach unten gedrückt; das Zugstück *e* löst den Riegel *a*, die Trommel wird dadurch nach hinten frei und von der Spiralfeder *b* nach hinten geführt (s. Fig. 2).

Der Mechanismus ist so lange gesichert, bis der Spannhebel *b* in die richtige Lage kommt, d. i. wenn der Einschnitt *x* des Abzugs *i* in die Einfräsung *y* des Spannhebels kommt (Fig. 1).

PATENT-ANSPRUCH:

Handfeuerwaffe mit verschiebbarer Revolvertrommel, welche letztere beim Hochschieben des Riegels *(a)* von dem Bolzen *(f)* vorgeschoben wird, so dafs beim Schufs die betreffende Trommelkammer vorn gegen das hintere Laufende sich anlegt und hinten von dem Bolzen *(f)* geschlossen und festgehalten wird.

25.5.–25.5a. Ein weniger bekanntes Patent von F. von Dreyse. Mittels eines Hebels wird die Trommel gedreht, das Schlagstück (Hahn) gespannt und die Trommel nahezu gasdicht gegen den Lauf gedrückt. Ein Realstück ist noch nicht aufgetaucht. DPMA
A lesser known patent of F. von Dreyse. By means of a lever the cylinder is revolved, the hammer cocked and the cylinder brought into gastight contact with the rear of the barrel, all in one movement. No actual example has yet come to light. DPMA

Ein weniger bekanntes Patent von Dreyse ist das Patent mit der Nr. 63134 vom 19. November 1891 mit dem Titel ***„Handfeuerwaffe mit verschiebbarer Revolvertrommel“.***

Die von Preußen vorgegebene Forderung bei Verwendung von rauchlosem Pulver einen Revolver konstruieren zu lassen, mit *„...einer vollständigen Dichtung zwischen dem Laufe und dem jeweils zu Schuss kommenden Patronenlager in der Trommel“* wird Franz von Dreyse zu diesem Patent angeregt haben.

Ein Blick auf die Patentzeichnung zeigt auch dem Laien, dass sich eine derartig komplizierte Konstruktion nicht für einen Militärrevolver eignet.

Der wiederum auf Basis eines M/83 aufgebaute Revolver musste mittels des unterhalb des Rahmens befindlichen Hebels gespannt werden. Ob das mit einer Hand möglich war, ist offen.

In Belgien existierte 1891 kein derartiges Patent. Die Gebrüder Nagant ließen sich erst am 5. April 1892 und am 17. Juni 1895 Details eines gasdichten Revolver patentieren.

Nagants Revolver erwies sich später als Verkaufserfolg, nachdem das zaristische Russland den Revolver mit der Modellbezeichnung M 1895 eingeführt hatte.

Der Trommelvorschub-Mechanismus hatte frappierende Ähnlichkeit mit der Dreyse-Konstruktion: Über einen nach oben wandernden Riegel wurde ein Schieber nach vorn bewegt, der dann die Trommel auf den Laufkegel schob.

Merkwürdig ist, dass der dabei erzeugte gasdichte Abschluss mit keinem Wort in Dreyses Patent erwähnt worden war.

Eine Patentschrift enthält normalerweise derartige herausragende Eigenschaften. Eine solche Zurückhaltung ist ungewöhnlich.

Zu einem Patentstreit scheint es dennoch nicht gekommen zu sein, da Dreyse das Patent in Belgien wohl nicht angemeldet hatte.

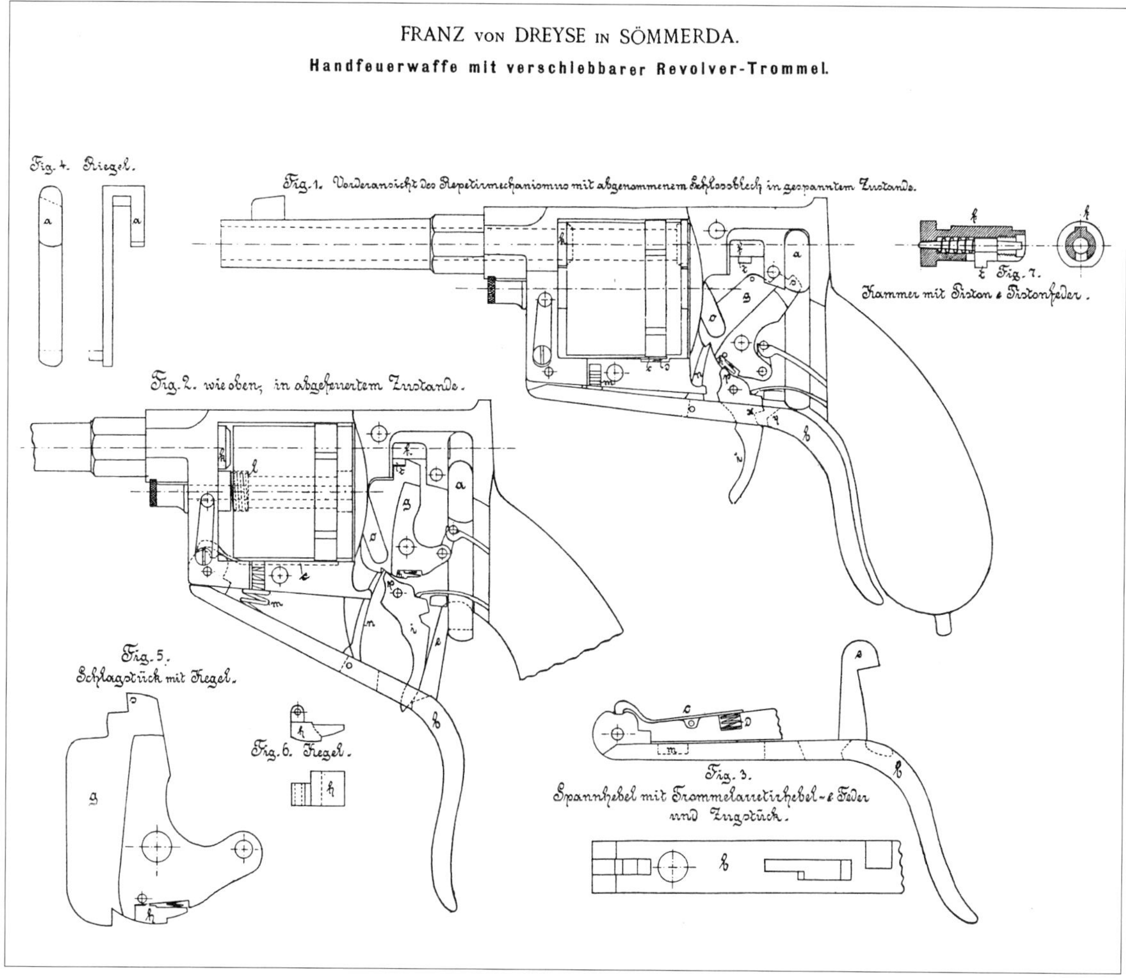

25.2 Paul Reuss in Stuttgart

Die Firma Reuss in Stuttgart ist uns bereits im Kapitel über die Offiziersbewaffnung begegnet, als sie sich um den Vertrieb von Colt-Revolvern bemüht hatte.

Der Firmeninhaber, Paul Reuss, hatte ein Patent zum Festsetzen der Trommel angemeldet und am 13. März 1894 auch erhalten.

Es lautete: ***„Vorrichtung zum Feststellen der Trommel bei Revolvern.“*** **(Abb. 25.6.)**

Diese sinnvolle Einrichtung verhindert, dass die Trommel sich in der Ruherast weiterdrehen kann.

Auch hier war der Revolver 83, der ja speziell diesen Mangel aufwies, in der Patentzeichnung abgebildet.

25.3 Richard Schapler in Frankfurt /M.

Herr Schapler hatte das Patent mit dem Titel: ***„Revolver-Tasche für Fahrräder u. dgl.“*** am 22. Juli 1897 erhalten. **(Abb. 25.7.)**

Fragen drängen sich auf, z.um Beispiel weshalb sich der Patentinhaber eine Tasche speziell für Fahrräder hat schützen lassen?“

Weshalb ist ein Revolver 83 abgebildet?

Die zu der Zeit erhältlichen sogen. Radfahrerrevolver waren billige Revolver in mäßiger Qualität. Die Dinger wurden vorzugsweise in der Hosen- oder Jackentasche getragen. Für ein nicht gerade billiges Behältnis am Fahrrad erscheint ein Markt im zivilen Bereich kaum vorstellbar.

Denkbar bleibt eventuell noch eine Verwendung beim Militär.

Das *„Kleine Buch vom Deutschen Heere“*, Ausgabe 1901, liefert folgende Auskünfte:

„Radfahrwesen

Besondere Radfahrer-Truppenteile gibt es in der Deutschen Armee nicht. Es werden bei den Truppenteilen nur einzelne Leute im Radfahren ausgebildet..

Die Radfahrer sind hauptsächlich zur Überbringung von Befehlen und Meldungen, zur Verbindung der einzelnen Teile der Avantgarde, zur Verbindung der Vorposten untereinander und zum Quartiermachen auf dem Marsche bestimmt.

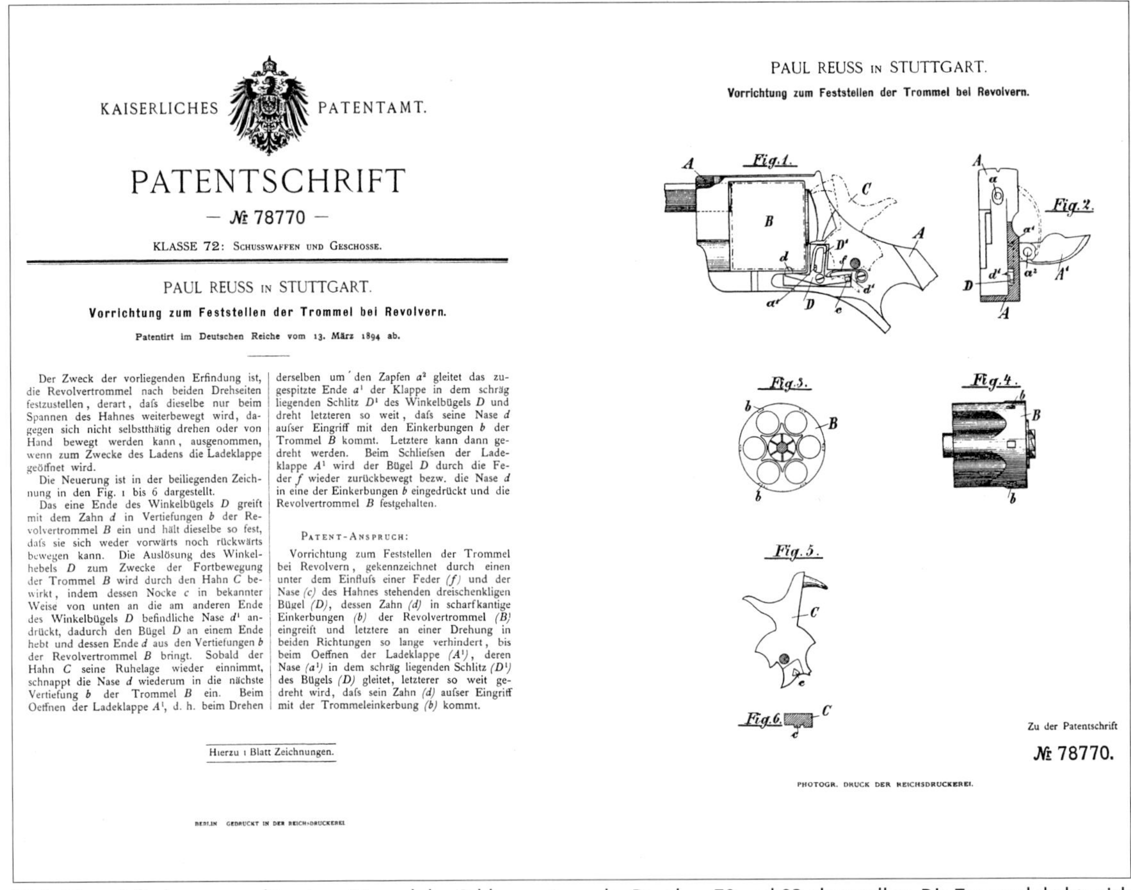

KAISERLICHES PATENTAMT.

PATENTSCHRIFT

— № 78770 —

KLASSE 72: SCHUSSWAFFEN UND GESCHOSSE.

PAUL REUSS IN STUTTGART.

Vorrichtung zum Feststellen der Trommel bei Revolvern.

Patentirt im Deutschen Reiche vom 13. März 1894 ab.

Der Zweck der vorliegenden Erfindung ist, die Revolvertrommel nach beiden Drehseiten festzustellen, derart, dafs dieselbe nur beim Spannen des Hahnes weiterbewegt wird, dagegen sich nicht selbstthätig drehen oder von Hand bewegt werden kann, ausgenommen, wenn zum Zwecke des Ladens die Ladeklappe geöffnet wird.

Die Neuerung ist in der beiliegenden Zeichnung in den Fig. 1 bis 6 dargestellt.

Das eine Ende des Winkelbügels *D* greift mit dem Zahn *d* in Vertiefungen *b* der Revolvertrommel *B* ein und hält dieselbe so fest, dafs sie sich weder vorwärts noch rückwärts bewegen kann. Die Auslösung des Winkelhebels *D* zum Zwecke der Fortbewegung der Trommel *B* wird durch den Hahn *C* bewirkt, indem dessen Nocke *c* in bekannter Weise von unten an die am anderen Ende des Winkelbügels *D* befindliche Nase d^1 andrückt, dadurch den Bügel *D* an einem Ende hebt und dessen Ende *d* aus den Vertiefungen *b* der Revolvertrommel *B* bringt. Sobald der Hahn *C* seine Ruhelage wieder einnimmt, schnappt die Nase *d* wiederum in die nächste Vertiefung *b* der Trommel *B* ein. Beim Oeffnen der Ladeklappe A^1, d. h. beim Drehen derselben um den Zapfen a^2 gleitet das zugespitzte Ende a^1 der Klappe in dem schräg liegenden Schlitz D^1 des Winkelbügels *D* und dreht letzteren so weit, dafs seine Nase *d* aufser Eingriff mit den Einkerbungen *b* der Trommel *B* kommt. Letztere kann dann gedreht werden. Beim Schliefsen der Ladeklappe A^1 wird der Bügel *D* durch die Feder *f* wieder zurückbewegt bezw. die Nase *d* in eine der Einkerbungen *b* eingedrückt und die Revolvertrommel *B* festgehalten.

PATENT-ANSPRUCH:

Vorrichtung zum Feststellen der Trommel bei Revolvern, gekennzeichnet durch einen unter dem Einflufs einer Feder *(f)* und der Nase *(c)* des Hahnes stehenden dreischenkligen Bügel *(D)*, dessen Zahn *(d)* in scharfkantige Einkerbungen *(b)* der Revolvertrommel *(B)* eingreift und letztere an einer Drehung in beiden Richtungen so lange verhindert, bis beim Oeffnen der Ladeklappe (A^1), deren Nase (a^1) in dem schräg liegenden Schlitz (D^1) des Bügels *(D)* gleitet, letzterer so weit gedreht wird, dafs sein Zahn *(d)* aufser Eingriff mit der Trommeleinkerbung *(b)* kommt.

Hierzu 1 Blatt Zeichnungen.

BERLIN. GEDRUCKT IN DER REICHSDRUCKEREI.

PAUL REUSS IN STUTTGART.

Vorrichtung zum Feststellen der Trommel bei Revolvern.

Zu der Patentschrift

№ 78770.

PHOTOGR. DRUCK DER REICHSDRUCKEREI.

25.6. Diese Erfindung versuchte einen Mangel das Schlosssystems der Revolver 79 und 83 abzustellen. Die Trommel drehte sich nur beim Spannen des Hahns, oder bei geöffneter Ladeklappe. DPMA

This invention tried to eliminate the disadvantage of the mechanism of the M/79 and M/83: the cylinder revolved only when the hammer was cocked or the loading gate was open. DPMA

KAISERLICHES  PATENTAMT.

PATENTSCHRIFT

— № 97329 —

KLASSE 72: Schusswaffen, Geschosse, Verschanzung.

RICHARD SCHAPLER in FRANKFURT a. M.

Revolver-Tasche für Fahrräder u. dgl.

Patentirt im Deutschen Reiche vom 22. Juli 1897 ab.

Den Gegenstand vorliegender Erfindung bildet eine Tasche zur sicheren und jederzeit gebrauchsbereiten Unterbringung von Revolvern an Fahrrädern oder anderen Fahrzeugen.

Fig. 1 stellt den geschlossenen Behälter dar, vom Radfahrer aus gesehen.

Fig. 2 zeigt den geöffneten Behälter in gleicher Lage ohne Revolver.

Fig. 3 ist eine seitliche Ansicht des geöffneten Behälters mit Revolver.

Die Tasche besteht aus den durch Scharniere mit einander verbundenen Theilen *A*, *B* und *C*. Ersterer wird mit Hülfe der Schelle *D* an dem Fahrrad oder dergl. befestigt. Im geschlossenen Zustande nimmt die Tasche die Waffe vollkommen auf, während sie in geöffnetem Zustande dieselbe freilegt. Gehalten wird der Revolver in der Tasche durch das Lager *E* und die Theile *F*, *G* und *H*, welche verstellbar eingerichtet sind. Der Theil *H* verhindert ein Bewegen des Abzuges und somit ein unbeabsichtigtes Entladen des Revolvers.

In geschlossenem Zustande wird der Behälter durch die Feder *J* gehalten, welche die beiden Deckel *B* und *C* in der Stellung nach Fig. 1 zusammenhält. Geöffnet wird der Behälter, indem man mit dem Zeigefinger das vordere Ende der Feder *J* zurückdrückt. Durch diese Bewegung springt der Deckel *C*, an welchem die Feder *J* befestigt ist, nach links, während der Deckel *B* durch die Feder *K* nach oben geworfen wird. Beide Bewegungen erfolgen so schnell, dafs unverzüglich nach dem Zurückdrücken der Feder *J* der Revolver freigelegt wird.

Patent-Anspruch:

Revolver-Tasche für Fahrräder u. dgl., dadurch gekennzeichnet, dafs der Lauf und Schlofs haltende, am Fahrrad oder dergl. befestigte Taschentheil *(A)* mit dem den Kolben überdeckenden Taschentheil *(C)* gelenkig verbunden ist, während über beide Theile *(A C)* ein einziger Deckel *(B)* greift, welche Theile *(C B)* beim Zurückdrücken einer Feder *(J)* durch Federkraft in die geöffnete Stellung geschnellt werden, um den Revolver freizulegen.

Hierzu 1 Blatt Zeichnungen.

BERLIN. GEDRUCKT IN DER REICHSDRUCKEREI.

RICHARD SCHAPLER in FRANKFURT a. M.

Revolver-Tasche für Fahrräder u. dgl.

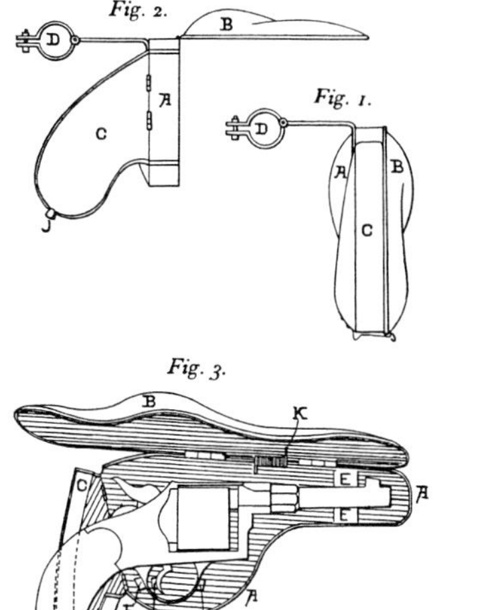

Fig. 3.

Zu der Patentschrift

№ 97329.

PHOTOGR. DRUCK DER REICHSDRUCKEREI.

25.7. Die sichere und jederzeit griffbereite Unterbringung von Revolvern an einem Fahrrad (hier am Beispiel eines Revolver 83 demonstriert) hatte diese Erfindung zum Inhalt. DPMA

The safe and handy carrying of an revolver on a bycicle (here demonstrated with a Revolver 83) was the object of this invention. DPMA

Ihre Verwendung zu anderen Zwecken – zur Unterstützung der (…) Feldartillerie ist, zur Aufklärung und Sicherung (…) etc. ist indes nicht ausgeschlossen.

Nach v. Löbells Jahresberichten 1899 sind jedem (…) Jäger-Bataillon 6 Fahrräder, jeder Feldartillerie-Abteilung und jedem Fußartillerie-Bataillon 1 Rad überwiesen.

(…) Das ganze Radfahrwesen ist noch in der Entwicklung begriffen und ein Abschluss der Versuche fürs erste wohl nicht zu erwarten (…)"

Kaiser Wilhelm II verfügte über das Armee-Verordnungs-Blatt Nr. 34:

„Nr. 321 Bewaffnung der Radfahrer der Telegraphentruppen.

Ich bestimme, daß die Radfahrer der Telegraphentruppen mit dem Revolver, anstatt mit dem Gewehr 91, bewaffnet werden.

Das Kriegsministerium hat das Weitere zu veranlassen.

Berlin den 19. Oktober 1899.
Wilhelm

Ein Zusammenhang mit der Patentanmeldung war unter diesem Aspekt nicht mehr ganz unwahrscheinlich.

Ob die Verfügung damit in einem Zusammenhang steht, kann nur dann geklärt werden, wenn bekannt ist, wie die Radfahrer der Telegraphentruppen den Revolver getragen haben.

Quellen

Deutsches Patentamt, München; Auslegestelle Dortmund

Chapter 25

The small number of inventions applied to, and adaptations made to, the Reichsrevolvers had no influence on military production, and the service models remained unchanged. Some of the smaller modifications have already been described.

F. von Dreyse received a patent for his well-known extractor in March 1886. This is found on the double-trigger commercial version of his M/83, sometimes as an addition to an existing piece.

It is quite rare and was obviously not very popular.

In November 1891 von Dreyse received a second revolver patent, this time for a reciprocating gas-seal device for the cylinder.

It proved too complicated for military usage, but since it was not patented in Belgium the Nagant brothers were free to use the idea on their M/95 revolvers without paying royalties.

In March 1894 Paul Reuss of Stuttgart invented a system which prevented the rotating of the cylinder of the M/83 when the hammer was in the safety position. It would rotate only when the hammer was pulled back to the firing position. No examples with this feature are known.

Richard Schapler of Frankfurt am Main received a patent in July 1897 for a bicycle pocket [holster], and the military use of this invention seems possible. Prussia had bicycle troops armed with the M/83. Not until October 1899 were the revolvers replaced with the short rifle /91. It is not clear how their revolver was carried, whether in a belt holster or in the bicycle pocket. Further research is necessary.

26. Deutsche und belgische Nachahmungen

Im Kapitel über die Offiziersrevolver wurde bereits angedeutet, wie nach Einführung des handlichen Revolvers 83 der deutsche sowie auch der belgische Wettbewerb eine Marktchance witterte und Kopien dieses Typs auf den Markt brachte.

Obwohl diese Revolver keine offizielle militärische Verwendung erfuhren, passen sie dennoch zu dem Thema dieser Arbeit, ist doch die gelegentliche Nutzung als Offiziers- und auch als Gendarmerie-Revolver nachgewiesen und somit erwähnenswert.

Gemeinsames Merkmal ist in allen Fällen der typische, linksseitige Sicherungsflügel.

Manchen Sammler wird es sicherlich freuen, wenn er einen Revolver findet, der in einem der früheren Händlerkataloge abgebildet ist und oft übertrieben positiv beschrieben war. **Abbildung 26.1** zeigt einen M/83-ähnlichen belgischen Revolver, der von der Firma Demoulin & Frères in Lüttich vertrieben worden war.

Das Markenzeichen dieses Unternehmens waren die Buchstaben DF mit einem waagerechten Pfeil quer hindurch.

Unter der linken Griffschale findet man den Namenszug F.HERMINNE. Hier handelt es sich wahrscheinlich um den Namen eines kleinen Lütticher Produzenten.

Die bekannte Lütticher Firma J. B. Ronge Fils, die u. a. die dänische Marine mit Revolvern beliefert hatte, nahm ebenfalls die Produktion von Revolvern des Typs M/83 auf. Bislang sind zwei verschiedene Exemplare bekannt geworden: Beim ersten handelt es sich um ein Double Action Modell mit Fingerhaken und abnehmbarer Seitenplatte, sowie mit einem am Lauf montierten Ausstoßer wie man ihn am Colt SAA findet.

26.1. Belgischer Nachbau des Revolvers 83. Angefertigt wurde die Waffe von der Lütticher Firma Demoulin & Fréres.

Belgian copy of the Revolver 83, manufactured in Liege by Demoulin & Fréres.

Sammlung W. Frank
W. Frank collection

Hier einige Daten:

Trommelkapazität:	6 Patronen
Kaliber:	10,6 mm, deutsche Militär-Revolverpatrone
Lauflänge:	150 mm
Drall:	6 Züge, rechtsdrehend
Gesamtlänge:	284 mm
Maximale Breite:	47 mm
Gewicht:	1,115 kg
Sicherung und Visierung	ähnlich dem Standard M/83.

Der zweite Ronge-Revolver, ebenfalls vom Typ M/83, wurde als Kipplauf-Revolver ausgeführt; eine seltene Variante.

Trommelkapazität:	5 Patronen
Kaliber:	10,6 mm deutsche Militär-Revolverpatrone

26.1a. Die Lütticher Firma J.B. Ronge Fils lieferte diesen Revolver. Bemerkenswert ist der Ausstoßer, dessen Konstruktion dem Colt SAA entlehnt wurde. Sammlung Prof. Dr. W. Wimmel

J.B. Ronge Fils of Liege produced this revolver, on which the most remarkable feature is the Colt SAA extractor design. Prof. Dr. W. Wimmel collection

Lauflänge:	128 mm
Drall:	6 Züge, rechtsdrehend
Gesamtlänge:	254 mm
Maximale Breite:	43 mm
Gewicht:	0,880 kg
	Korn aufgelötet

Beide Revolver sind sauber gefertigt und heben sich von der durchschnittlichen Lütticher Qualität deutlich ab.

J.B. Ronge übernahm typische Merkmale des Standard M/83: die Hahnform mit den seitlichen Flächen, sowie die Trommelausfräsungen.

26.1b.–26.1c. Eine seltene Variante eines Revolvers vom Typ M/83. Ebenfalls von J.B. Ronge Fils, Lüttich geliefert. Die Trommelkapazität umfasste 5 Patronen. Sammlung Prof. Dr. W. Wimme

A rare M/83 variant als omaufactured by J.B. Ronge Fils. The cylinder holds five rounds Prof. Dr. W. Wimmel collection

In Deutschland hatten sämtliche Händler, die Jagdartikel und Eisenwaren in ihren Katalogen anboten, auch eine gewisse Auswahl an Revolvern. Häufig finden sich die gleichen Modelle bei verschiedenen Händlern.

Sowohl deutsche als auch belgische Fabrikanten belieferten diese Versender, aber auch kleinere Händler.

Zu den Marktführern zählten die Firmen H. Burgsmüller & Söhne, Kreiensen (Harz); Gustav Genschow & Co., Berlin; G.C. Dornheim A.G., Suhl

Die größte Auswahl bot jedoch die Firma Adolf Frank, Hamburg.

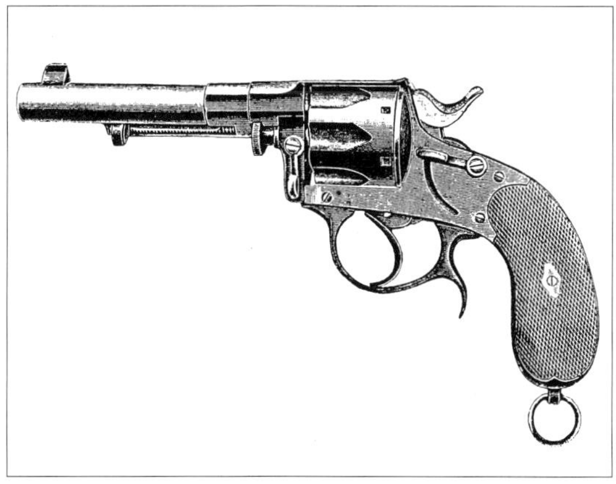

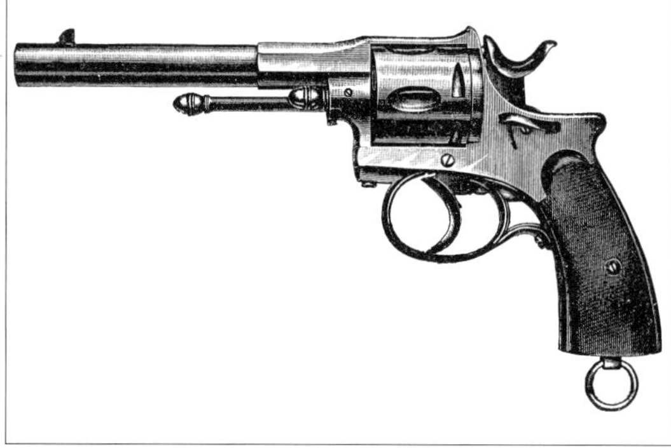

26.2.–26.3. Revolver, eingerichtet für die deutsche Revolverpatrone 10,6 mm. Der Handel versuchte mit diesen preisgünstigen Revolvern in den Markt zu kommen. Kennzeichnend ist bei allen der Sicherungsflügel auf der linken Seite. Privatsammlung

A revolver chambered for the German revolver cartridge 10,6 mm. Commercial companies tried to create a market for these cheap revolvers. The most noteworthy feature of this example is the safety lever on the left side. Privat collection

Den Revolver auf **Abbildung 26.4** hatte sowohl H. Burgsmüller als auch A. Frank im Programm.

Einige Händler ließen hin und wieder ihre Revolver mit ihrem Firmennamen versehen. Somit hat der Sammler wenigstens einen kleinen Hinweis, woher das Stück stammte oder wer es vertrieben hatte.

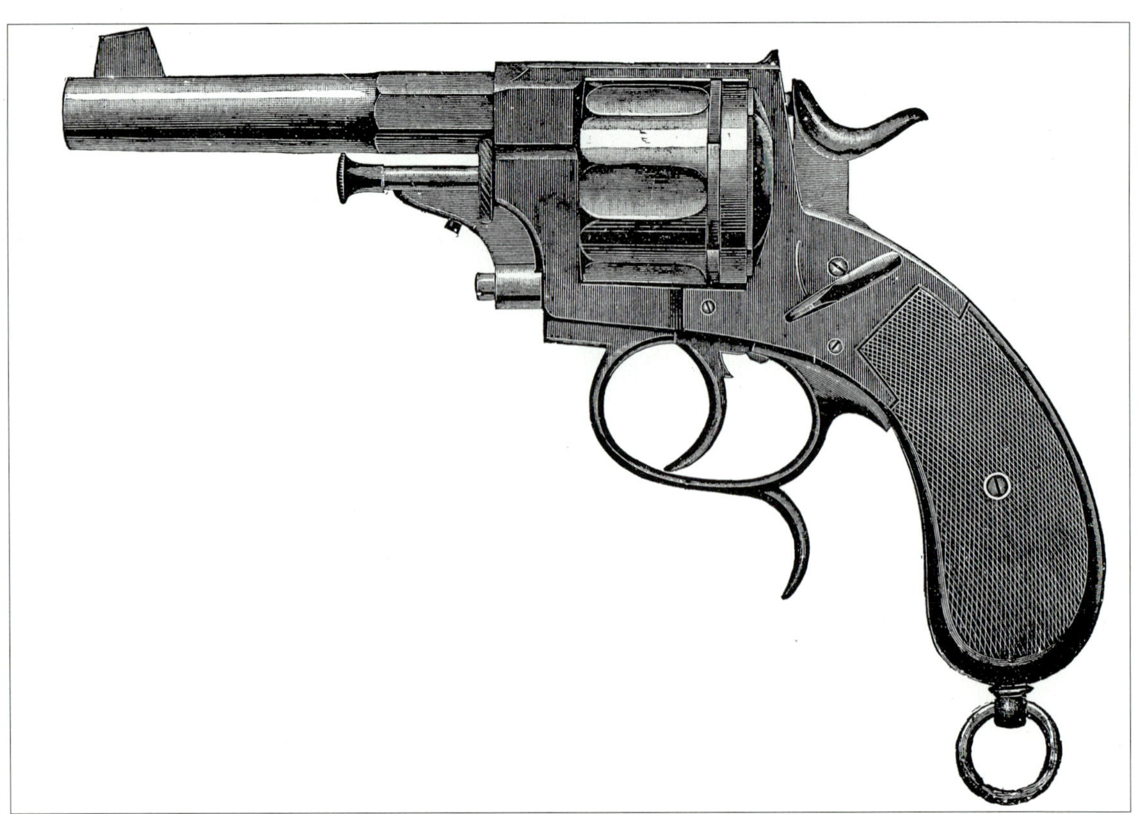

26.4.–26.4a. Abbildung aus dem Burgsmüller-Katalog 1904/05 mit dem entsprechenden Realstück. Sammlung Dr. Jens Alles
Reproduction from the Burgsmüller catalogue of 1904/05 with the corresponding piece. Dr. J. Alles collection

26.5. Dieser Revolver wurde im Katalog von H. Burgsmüller als „Polizei-Offizier-Revolver" zu 18 Mark angeboten.

Sammlung und Photo Dr. D. Ziesing

This revolver was offered in the catalogue of H. Burgsmüller as a "police and officer's revolver" for 18 marks.

Dr. D. Ziesing collection and photograph

26.6.–26.8. Händlermarkierungen auf Kal.10,6 mm Revolvern für den zivilen Markt. E. GRAU-CÖTHEN, M.A. GMEINER & SOHN, ALTENBURG, H. BURGSMÜLLER & SÖHNE, KREIENSEN, HARZ
Sammlung und Photos Dr. D. Ziesing
Dealer's inscription on 10,6 mm revolvers for the commercial market.
Dr. D. Ziesing collection and photographs

Quellen

H. Burgsmüller & Söhne, Kreiensen, Katalog 1908/09

Ziesing, Dr. D.: *„Katalogisiert, Revolver im deutschen Kaiserreich"*, DWJ 5/1999

Katalog der Firma Adolf Frank, Hamburg, Katalog 1911

Katalog der Firma Antoine Masereel, Lüttich, Belgien, ca. 1905/1906

Korrespondenz mit Prof. Dr. Walter Wimmel, Marburg

26.9–26.9a. Ein in Deutschland gefertigter Revolver vom Typ M/83 (Kal. 10,6 mm), Seriennummer 6. Ohne Herstellermarkierung, jedoch vor der Trommel links mit „Mod.83" gekennzeichnet. Sammlung des Autors

A revolver of M/83 type, serial number 6, calibre 10,6 mm, of German manufacture but with no manufacturer's marking, stamped only "Mod.83" on the left side in front of the cylinder. Author's collection

Chapters 26 and 27

The revolvers made in Suhl and Sömmerda were, for most civilians, and for some officers as well, quite expensive.

Other German manufacturers and some in Belgium produced copies of these models for the general market. Their quality varied widely from well made to virtual 'suicide specials.' Nearly all of them shared the safety lever and the calibre of 10.6 mm. Chapter 28 discusses the use of this type of revolver by gendarmerie and police units.

27.1. Hybridrevolver, bestehend aus einem M/83-Rahmen mit M/83-Trommel, jedoch einem M/79-Lauf. Hergestellt vom Suhler Konsortium nach 1893. Seriennummer 693. Sammlung Dr. J. Alles

Hybrid-revolver assembled with M/83 frame and M/83 cylinder but M/79 barrel. Manufactured by the Suhl Consortium after 1893. Serial number 693 Dr. J. Alles collection

27. Ein Hybrid-Revolver aus Suhl

Abbildung 27.1. zeigt einen Revolver 83, der mit dem Lauf eines M/79 versehen worden war. Eine spätere private „Bastelarbeit“ ist auszuschließen, da

1.) der Lauf und die Trommel die gleiche Seriennummer wie der Rahmen aufweisen und die Deckungsmittel, in der Regel eine braune Streichbrünierung analog zur Färbung der meisten M/79, übereinstimmen.

2.) Lauf und Trommel wurden mit ordnungsgemäß geschlagenem zivilen Beschussstempel versehen: U mit Doppelkrone.
Die Vorlage beim Beschussamt erfolgte demnach frühestens nach ***April 1893 oder später***, also nachdem die Ausführungsbestimmungen des neuen deutschen Beschussgesetzes in Kraft getreten waren.
Hätte der Revolver bereits vor1891 vorgelegen, wäre er mit dem Vorratsbeschuss V mit Krone gestempelt worden.

3.) Es handelt sich nicht um ein Einzelstück, da bis dato drei dieser Hybride notiert werden konnten:
671
674
693
Sämtliche untersuchten Stücke waren rot-braun brüniert, Hahne und Abzüge im Gegensatz zur Oberfläche der klassischen M/83 nicht poliert, sondern grau gebeizt.

Der Grund der Anfertigung dieser Revolver liegt im Dunkeln. Gegen eine einzelne Privatbestellung sprechen in Sammler- bzw. in Museumshand befindliche Realstücke.

Bleiben demnach noch zwei weitere Möglichkeiten:

1.) Das Konsortium hat von sich aus eine kleinere Serie angefertigt, da der Markt nach einem langläufigen Revolver verlangte. Schützenwünsche könnten der Anlass gewesen sein.

2.) Oder ein größerer Händler hatte diese Variante in Auftrag gegeben.

Letztere Theorie scheint jedoch weniger wahrscheinlich zu sein, da es sich mit Sicherheit um mehr als nur diese drei Exemplare gehandelt haben dürfte. Außerdem hätte der Händler bei einem solchen Großauftrag sein Firmenlogo auf der Waffe hinterlassen. Lagerhaltige Teile waren mit Sicherheit vorhanden. Zurückweisungen durch die militärischen Inspektoren oder durch bereits im Vorfeld der Abnahme entdeckte Mängel sorgten für einen gewissen Bestand, der oft mit geringer Nacharbeit wieder verkaufsfähig gemacht werden konnte.

Aber auch reguläre auf Vorrat gefertigte Teile könnten verwendet worden sein, denn die Revolver M/79 waren Standardwaffe in der deutschen Armee und ein gewisser Vorrat an Ersatzteilen lag nicht nur

27.2. Zivile deutsche Beschussmarke auf dem Hybridrevolver. In Gebrauch ab Anfang 1893. — Sammlung Dr. J. Alles
Commercial German proofmark on the hybrid-revolver as used at the beginning of 1893. — Dr. J. Alles collection

in den Büchsenmacherkisten bei den Regimentern und in Erfurt, sondern auch beim Konsortium in Suhl.

Die Läufe der Hybrid-Revolver hätte man problemlos aus regulären M/79-Läufen fertigen können, da der Kerndurchmesser des Feingewindes größer ausgeführt war als der gewindefreie Ansatz vor der Trommel. Dem Kürzen des Gewindes für den schmaleren M/83-Rahmen hätte demnach nichts im Wege gestanden. Dennoch kann eine Neufertigung der Läufe nicht ganz ausgeschlossen werden.

Der Autor hatte Gelegenheit, den Revolver mit der Seriennummer 693 genauer zu untersuchen. Auffallend war, dass auf der unteren Achtkantfläche des M/79-Laufs nicht die üblichen Doppelbuchstaben S S (untereinander) des Suhler Konsortiums vorhanden waren, sondern zwei völlig untypische Buchstaben, nämlich B B.

Von besonderer Bedeutung war deshalb die Untersuchung, ob der Kamm des Korns gehärtet war oder nicht.

Im **Kapitel 12** wurde beschrieben, dass das Korn und die Kimme der M/79-Läufe gehärtet werden musste. Diese ebenso aufwändige wie unnötige Forderung führte zu den erwähnten Schwierigkeiten in der Produktion. Bei den M/83-Läufen hatte man diese Forderung dann ja auch fallen gelassen.

Da die Hybrid-Revolver nachweislich 1893 oder später gefertigt wurden, lag es auf der Hand, nachzuweisen, ob das Konsortium rund 10 Jahre alte, also noch nach der M/79- Zeichnung gefertigte Läufe mit gehärtetem Korn, verwendet hatte oder nicht.

Das Resultat: das Korn war ungehärtet!

Die Läufe waren demnach mit an Sicherheit grenzender Wahrscheinlichkeit Neufertigungen, die das Konsortium bei einem Unterlieferanten in Auftrag gegeben hatte.

Quellen

Heinz Lehner, DWJ 1/1972, S. 63ff.

28. Der Waffen-Etat

Im Waffen-Etat wurde die Verteilung der persönlichen Bewaffnung für sämtliche Truppen und Behörden der Deutschen Armee festgeschrieben.

Die nachfolgenden Seiten sind Auszüge aus dem Waffen-Etat des Jahres 1881, die den Revolver M/79 betreffen.

Nachdem der Revolver 83 zur Verteilung gelangen konnte, wurden die entsprechenden Änderungen oder Ergänzungen von Hand nachgetragen oder durch Deckblätter überklebt.

Diese Ergänzungen sind natürlich erst später, das heißt ca. 1883 hinzugefügt worden.

In Verbindung mit einer zeitgenössischen Stempelvorschrift und dem Waffen-Etat ist es für den interessierten Sammler einfacher, die Truppenstempel auf den M/79 zu identifizieren.

Für diejenigen Sammler, die auch erfahren wollen, mit welchen Waffen die nicht mit den Revolvern ausgerüsteten Einheiten bewaffnet waren, ist eine Erläuterung der Abkürzungen vorgeschaltet.

Waffen-Etats

der

Behörden und Truppen

in der

Kriegsformation.

Berlin, 1881.

Gedruckt in der Reichsdruckerei.

424

Erklärung der Abkürzungen in der Bezeichnung der Waffen.

Infanterie-Offizier-Degen	J. O. D.
Füsilier-Offizier-Säbel	F. O. S.
Kürassier-Offizier-Degen M/54	K. O. D. M/54
Kavallerie-Offizier-Säbel M/52	K. O. S. M/52
Artillerie-Offizier-Säbel	A. O. S.
Roßarzt-Säbel	R. S.
Infanterie-Gewehr M/71 mit Infanterie-Seitengewehr M/71	J. G. M/71 m. J. S. M/71
Jäger-Büchse M/71 mit Hirschfänger M/71	J. B. M/71 m. H. M/71
Jäger-Büchse M/71 mit Artillerie-Seitengewehr M/71	J. B. M/71 m. A. S. M/71
Jäger-Büchse M/71 mit Pionier-Faschinenmesser M/71	J. B. M/71 m. P. F. M/71
Kavallerie-Karabiner M/71	K. K. M/71
Aptirter Chassepot-Karabiner M/71	Apt. Ch. K. M/71
Revolver M/79	R. M/79
Aptirtes Zündnadel-Gewehr M/62	Apt. Z. G. M/62
Infanterie-Seitengewehr M/71	J. S. M/71
Hirschfänger M/71	H. M/71
Artillerie-Seitengewehr M/71	A. S. M/71
Pionier-Faschinenmesser M/71	P. F. M/71
Artillerie-Faschinenmesser	A. F.
Infanterie-Seitengewehr U/M	J. S. U/M
Kürassier-Degen M/54	K. D. M/54
Kavallerie-Säbel M/52	K. S. M/52
Ulanen-Säbel	U. S.
Artillerie-Säbel	A. S.
Kavallerie-Säbel A/M	K. S. A/M
Lanze N/A	L. N/A

2*

A. Waffen-Etat
der höchsten Kommando-Behörden.

Kopfzahl.			Trainsoldaten.				Waffen.		Bemerkungen.
			Trainfahrer		Pferdewärter.				
Offiziere, Aerzte, obere Beamte.	Unteroffiziere, Gemeine, Unterbeamte.		vom Sattel.	vom Bock.	berittene	unberittene	K. G. A/M.	J. G. U/M.	
		I. Großes Hauptquartier Seiner Majestät des Kaisers.							
		1. Vortragender General-Adjutant Seiner Majestät des Kaisers.							
1	.	Vortragender General-Adjutant	2	1	3	1	5	2	
1	.	Abtheilungs-Chef	2	.	2	1	4	1	
1	.	Stabsoffizier	.	.	2	.	2	.	
1	.	Hauptmann oder Rittmeister	.	.	2	.	2	.	
4	.	Geheime expedir. Sekretäre	.	.	.	4	.	4	
2	.	Geheime Registratoren . . .	.	.	.	2	.	2	
1	.	Geheimer Kanzleisekretär . .	.	.	.	1	.	1	
.	1	Kanzleidiener.							
.	27	Trainsoldaten.							
		2 zweispännige Beamten-Transportwagen für die 4 Geheimen expedirenden Sekretäre	.	2	.	.	.	2	
		1 vierspänniger Beamten-Transportwagen für die übrigen Beamten	2	.	.	.	2	.	
11	28	. . . . . . Summa	6	3	9	9	15	12	
		2. General-Adjutanten, Generale à la suite und Flügel-Adjutanten Seiner Majestät des Kaisers.							
3	.	General-Adjutanten oder Generale à la suite Seiner Majestät	.	.	9	3	9	3	
3	.	Flügel-Adjutanten Seiner Majestät	.	.	6	3	6	3	
.	21	Trainsoldaten.							
6	21	. . . . . . Summa	.	.	15	6	15	6	

442

Kopfzahl.			Trainsoldaten.				Waffen.		Bemerkungen.
			Trainfahrer		Pferdewärter.				
Offiziere, Aerzte, obere Beamte.	Unteroffiziere, Gemeine, Unterbeamte.		vom Sattel.	vom Bock.	berittene	unberittene	K. S. A/M.	J. S. U/M.	
		3. Kriegs-Minister.							
1	.	Kriegs-Minister	2	1	3	1	5	2	
1	.	Adjutant (Stabsoffizier oder Hauptmann bezw. Rittmeister)	.	.	2	.	2	.	
1	.	Chef des Stabes (Stabsoffizier oder Generalmajor) .	2	.	2	1	4	1	
2	.	Stabsoffiziere	.	.	4	.	4	.	
1	.	Hauptmann oder Rittmeister	.	.	2	.	2	.	
1	.	Vortragender Rath	.	1	.	1	.	2	
2	.	Geheime expedirende Sekretäre	.	.	.	2	.	2	
1	.	Geheimer Registrator und Kanzleivorstand	.	.	.	1	.	1	
3	.	Geheime Kanzleisekretäre . .	.	.	.	2	.	2	
.	1	Kanzleidiener							
.	1	Unteroffizier } beritt. Stabs-							
.	3	Gemeine } ordonnanzen	.	.	.	.	.	.	Vergl. §. 11 der Bestimmungen über die Aufbewahrung rc. der Waffen.
.	32	Trainsoldaten.							
		2 vierspännige Beamten-Transportwagen	4	.	.	.	4	.	
		1 zweispänniger Registraturwagen	.	1	.	.	.	1	
13	37	. . . . . . Summa	8	3	13	8	21	11	
		4. Chef des Generalstabes der Feld-Armee.							
1	.	Chef des Generalstabes der Feld-Armee	2	1	3	1	5	2	
1	.	erster Adjutant (Stabsoffizier, event. mit dem Range eines Regiments-Kommandeurs)	.	.	2	.	2	.	
1	.	zweiter Adjutant (Lieutenant oder Hauptmann, für den inneren Dienst, Quartiermachen rc.)	.	.	2	.	2	.	
1	.	Generalquartiermeister (Generallieutenant oder Generalmajor)	2	.	3	1	5	1	
4	.	. . . . . . Seite	4	1	10	2	14	3	

443

Kopfzahl. Offiziere, Aerzte, obere Beamte.	Kopfzahl. Unteroffiziere, Gemeine, Unterbeamte.		Trainsoldaten. Trainfahrer. vom Sattel.	Trainsoldaten. Trainfahrer. vom Bock.	Trainsoldaten. Pferdewärter. berittene	Trainsoldaten. Pferdewärter. unberittene	Waffen. J. G. M/71 m. J. G. M/71.	Waffen. R. M/70.	Waffen. R. G.	Waffen. K. G. A/M.	Waffen. J. G. U/M.	Bemerkungen.
4	.	..... Uebertrag	4	1	10	2	.	.	.	14	3	
3	.	Abtheilungs-Chefs (Stabsoffiziere oder Generalmajors)	.	3	9	.	.	.	.	9	3	
3	.	Stabsoffiziere	.	.	6	.	.	.	.	6	.	
6	.	Hauptleute	.	.	12	.	.	.	.	12	.	
1	.	Sekretär	.	.	.	1	.	.	.	.	1	
2	.	Ingenieur-Geographen ..	.	.	.	1	.	.	.	.	1	
.	1	Oberdrucker.										
.	1	Druckergehülfe.										
.	5	Unteroffiziere, Schreiber ..	.	.	.	.	5	.	.	.	.	
.	1	Unteroffizier } berittene Stabs-	.	.	.	.	.	.	.	.	.	Vgl. §. 11 der Bestimmungen über die Aufbewahrung ɛc. der Waffen.
.	3	Gemeine } ordonnanzen ..										
.	56	Trainsoldaten.										
		1 zweispänniger Beamten-Transportwagen für die beiden Ingenieur-Geographen und deren Trainsoldat	.	1	.	.	.	.	.	.	1	
		1 vierspänniger Omnibus für den Sekretär, dessen Trainsoldat und die Schreiber	2	.	.	.	.	.	.	2	.	
		1 vierspänniger Packwagen	2	.	.	.	.	.	.	2	.	
		1 zweispänniger Kartenwagen	.	1	.	.	.	.	.	.	1	
		1 dreispänniger Felddruckereiwagen	.	1	.	.	.	.	.	.	1	
19	67	..... Summa	8	7	37	4	5	.	.	45	11	
		5. General der Artillerie.										
1	.	General-Inspekteur der Artillerie	2	.	3	1	.	.	.	5	1	
1	.	Adjutant (Stabsoffizier). .	.	.	2	.	.	.	.	2	.	
1	.	Adjutant (Hauptmann) ..	.	.	2	.	.	.	.	2	.	
.	2	Unteroffiziere, Schreiber ..	.	.	.	.	.	2	2	.	.	
.	10	Trainsoldaten.										
3	12	..... Summa	2	.	7	1	.	2	2	9	1	

444 2

Kopfzahl. Offiziere, Aerzte, obere Beamte.	Kopfzahl. Unteroffiziere, Gemeine, Unterbeamte.		Feldpostillone.	Trainsoldaten. Trainfahrer vom Sattel.	Trainsoldaten. Trainfahrer vom Bock.	Trainsoldaten. Pferdewärter. berittene	Trainsoldaten. Pferdewärter. unberittene	Waffen. Apt. Ch. K. M/71.	Waffen. R. M/79.	Waffen. K. S. A/M.	Waffen. J. S. U/M.	Bemerkungen.
		15. Feld-Ober-Postmeister.										
1	.	Feld-Ober-Postmeister.	.	.	.	.	1	.	.	.	1	
2	.	Feld-Ober-Postinspektoren	.	.	.	.	2	.	.	.	2	
4	.	Feldpost-Sekretäre . . .	.	.	.	.	4	.	.	.	4	
.	1	Feldpostillon.										
.	8	Trainsoldaten.										
		1 zweispänniger Reisewagen	1	.	.	.	.	.	.	1	.	
		1 zweispänniger Requisitenwagen	.	.	1	.	.	.	.	.	1	
7	9	. . . . Summa	1	.	1	.	7	.	.	1	8	
		16. Feld-Intendantur.										
1	.	Feld-Intendantur-Vorstand		.	1	1	.	.	.	1	1	
2	.	Feld-Intendantur-Sekretäre		.	.	.	2	.	.	.	2	
1	.	Feld-Intendantur-Assistent		.	.	.	1	.	.	.	1	
1	.	Feld-Proviantmeister . . .		.	.	.	1	.	.	.	1	
1	.	Feld-Magazin-Kontroleur .		.	.	.	1	.	.	.	1	
2	.	Feld-Magazin-Assistenten .		.	.	.	2	.	.	.	2	
1	.	Kriegs-Zahlmeister		.	.	.	1	.	.	.	1	
1	.	Kassirer und Buchhalter. .		.	.	.	1	.	.	.	1	
.	1	Kassendiener.										
.	1	Train-Unteroffizier		.	.	.	.	1	.	1	.	
.	15	Trainsoldaten.										
		2 zweispännige Registraturwagen.		.	2	.	.	.	.	.	2	
		1 vierspänniger Kassenwagen		2	.	.	.	.	.	2	.	
10	17	. . . . . Summa		2	3	1	9	1	.	4	12	
		17. Feld-Postamt.										
1	.	Feld-Ober-Postsekretär .	.	.	.	.	1	.	.	.	1	
2	.	Feldpost-Sekretäre . . .	.	.	.	.	2	.	.	.	2	
.	4	Feldpostschaffner	.	.	.	.	.	.	}2	.	4	
.	7	Feldpostillone	.	.	.	.	.	.		7	.	
.	5	Trainsoldaten.										
		Zur Beförderung d. Estaf.	4									
		3 Briefpostwagen . . .	3									
		1 zweispänniger Requisitenwagen.	.	.	1	.	.	.	.	.	1	
		Zur Reserve.	.	1	.	.	.	.	.	1	.	
3	16	. . . . Summa	7	1	1	.	3	.	2	8	8	

449

Kopfzahl.			Trainsoldaten.				Waffen.										Bemerkungen.
			Trainfahrer		Pferdewärter.												
Offiziere, Aerzte, obere Beamte.	Unteroffiziere, Gemeine, Unterbeamte.		vom Sattel.	vom Bock.	berittene	unberittene	K. O. S. M/52.	K. G.	J. G. M/71 m. J. S. M/71.	J. A. M/71 m. P. F. M/71.	Art. Ch. K. M/71.	R. M/79.	K. S. M/52.	A. S.	K. S. A/M.	J. S. U/M.	
		18. Feldgendarmerie-Kommando.															
.	1	Wachtmeister	.	.	.	1	1	.	.	.	.	1	.	.	.	1	
	5	Feldgendarmen (Ober-Gendarmen)	.	.	.	.	.	.	.	.	.	5	5	.	.	.	
.	1	Trainsoldat.															
.	7	. . . . Summa	.	.	.	1	1	.	.	.	.	6	5	.	.	1	
		19. Reitende Feldjäger.															
10	.	Feldjäger	.	.	10	.	.	.	.	.	.	.	.	.	10	.	
.	10	Trainsoldaten.															
10	10	. . . . Summa	.	.	10	.	.	.	.	.	.	.	.	.	10	.	
		20. Politische Polizei.															
1	.	Polizei-Direktor	.	2	.	1	.	.	.	.	.	.	.	.	.	3	
.	4	Polizeibeamte.															
.	3	Trainsoldaten.															
1	7	. . . . Summa	.	2	.	1	.	.	.	.	.	.	.	.	.	3	
129	780	**Summa d. Großen Hauptquartiers Sr. Majestät des Kaisers**	.	.	.	.	1	1	5	6	3	10	5	2	201	107	

Anmerkung: 1. Außerdem werden bayerischerseits zum Großen Hauptquartier Seiner Majestät des Kaisers gestellt:

2 Stabsoffiziere (Abtheilungs-Chefs), davon je 1 zum mobilen Stab des Kriegs-Ministers und zum Chef des Generalstabes der Feldarmee,

mit 2 Fahrern vom Bock,
4 berittenen Pferdewärtern.

2. Als Begleiter der mit einem Kommando nicht betrauten Prinzen des Königlichen Hauses oder fürstlichen Persönlichkeiten sind in Ansatz zu bringen: je 1 Adjutant, 3 berittene, 2 unberittene Trainsoldaten oder Diener, 3 K. S. A/M, 2 J. S. U/M.

Kopfzahl.			Trainsoldaten.				Waffen.					Bemerkungen.
Offiziere, Aerzte, obere Beamte.	Unteroffiziere, Gemeine, Unterbeamte.		Trainfahrer vom Sattel.	Trainfahrer vom Bock.	Pferdewärter berittene	Pferdewärter unberittene	J. G. M/71 m. S. G. M/71.	R. M/79.	A. S.	K. S. A/M.	J. S. U/M.	
		2. General oder Oberst von der Artillerie.										
	.	Generallieutenant bezw. Generalmajor oder Oberst	.	1	3	1	.	.	.	3	2	
1	.	Stabsoffizier.	.	.	2	.	.	.	.	2	.	
1	.	Adjutant (Hauptmann)	.	.	2	.	.	.	.	2	.	
1	.	Adjutant (Lieutenant) .	.	.	2	.	.	.	.	2	.	
.	2	Unteroffiziere, Schreiber	.	.	.	.	.	2	2	.	.	
.	11	Trainsoldaten.										
4	13	. . . . Summa	.	1	9	1	.	2	2	9	2	
		3. General oder Oberst vom Ingenieur-Korps.										
1	.	Generallieutenant bezw. Generalmajor oder Oberst.	.	1	3	1	.	.	.	3	2	
1	.	Stabsoffizier.	.	.	2	.	.	.	.	2	.	
1	.	Adjutant (Hauptmann)	.	.	2	.	.	.	.	2	.	
1	.	Adjutant (Lieutenant) .	.	.	2	.	.	.	.	2	.	
.	2	Unteroffiziere, Schreiber	.	.	.	.	2	.	.	.	.	
.	11	Trainsoldaten.										
4	13	. . . . Summa	.	1	9	1	2	.	.	9	2	
		4. Kommandant des Hauptquartiers.										
1	.	Kommandant (Stabsoffizier)	.	1	2	.	.	.	.	2	1	
.	3	Trainsoldaten.										
1	3	. . . . Summa	.	1	2	.	.	.	.	2	1	
		5. Stabswache und Proviant-Kolonne.										
		a. Kavallerie-Stabswache.										
1	.	Kommandeur der Kav.- u. Infanterie-Stabswache (Lieutenant) .	.	.	1	.	.	.	.	1	.	
1	.	. . . . . Seite	.	.	1	.	.	.	.	1	.	

Kopfzahl.			Trainsoldaten.				Waffen.							Bemerkungen.
			Trainfahrer		Pferdewärter.									
Offiziere, Aerzte, obere Beamte.	Unteroffiziere, Gemeine, Unterbeamte.		vom Sattel.	vom Bock.	berittene	unberittene	R. S.	J. G. M/71 m. J. S. M/71.	Art. Ch. K. M/71.	R. M/79.	K. S. M/52.	K. S. A/M.	J. S. U/M.	
1	.	. . . . Uebertrag . . .	.	.	1	.	.	.	.	.	.	1	.	
1	.	Zahlmeister	.	.	.	1	.	.	.	.	.	.	1	
.	2	Unteroffiziere	.	.	.	.	.	.	.	2	2	.	.	
.	16	Gemeine	.	.	.	.	.	.	.	16	16	.	.	
.	3	Trainsoldaten.												
.	1	Roßarzt	.	.	.	.	1	.	.	.	.	.	.	
.	1	Fahnenschmied	.	.	.	.	.	.	.	1	1	.	.	
		1 zweispänniger Eskadron-Packwagen . . .	.	1	.	.	.	.	.	.	.	.	1	
2	23		.	1	1	1	1	.	.	19	19	1	2	
		b. Infanterie-Stabswache.												
.	4	Unteroffiziere	.	.	.	.	.	4	.	.	.	.	.	
.	24	Gemeine	.	.	.	.	.	24	.	.	.	.	.	
.	28		.	.	.	.	.	28	.	.	.	.	.	
		c. Proviant-Kolonne.												
.	1	Train-Unteroffizier . .	.	.	.	.	.	.	1	.	.	1	.	
.	8	Trainsoldaten.												
		4 vierspännige Proviantwagen	8	.	.	.	.	.	.	.	.	8	.	
.	9		8	.	.	.	.	.	1	.	.	9	.	
2	60	Summa der Kavallerie- u. Infanterie-Stabswache nebst Proviant-Kolonne	8	1	1	1	1	28	1	19	19	10	2	
		6. Feld-Intendantur.												
1	.	Armee-Intendant . . .	.	1	1	.	.	.	.	.	.	1	1	
1	.	Feld-Intendant	.	1	1	.	.	.	.	.	.	1	1	
2	.	Feld-Intendantur-Sekretäre	.	.	.	2	.	.	.	.	.	.	2	
1	.	Feld-Intendantur-Assistent	.	.	.	1	.	.	.	.	.	.	1	
.	8	Trainsoldaten.												
		1 zweispänniger Registraturwagen . . .	.	1	.	.	.	.	.	.	.	.	1	
5	8	. . . . Summa	.	3	2	3	.	.	.	.	.	2	6	

453

Kopfzahl.				Trainsoldaten.				Waffen.			
				Trainfahrer		Pferdewärter.					
Offiziere, Aerzte, obere Beamte.	Unteroffiziere, Gemeine, Unterbeamte.		Feldpostillone.	vom Sattel.	vom Bock.	berittene	unberittene	R. M/70.	R. C. A/M.	J. C. U/M.	Bemerkungen.
		7. Armee-Generalarzt.									
1	.	Armee-Generalarzt		.	1	1	.	.	1	1	
1	.	Stabsarzt		.	.	.	1	.	.	1	
1	.	Assistenzarzt		.	.	.	1	.	.	1	
.	4	Trainsoldaten.									
.	2	Lazarethgehülfen		.	.	.	.	.	.	2	
3	6	. . . . Summa		.	1	1	2	.	1	5	
		8. Armee-Auditeur.									
1	.	Armee-Auditeur		.	1	.	1	.	.	2	
.	2	Trainsoldaten.									
1	2	. . . . Summa		.	1	.	1	.	.	2	
		9. Feld-Haupt-Proviantamt.									
1	.	Feld-Proviantmeister . . .		.	.	.	1	.	.	1	
1	.	Feld-Magazin-Kontroleur .		.	.	.	1	.	.	1	
.	2	Trainsoldaten.									
2	2	. . . . Summa		.	.	.	2	.	.	2	
		10. Feldpost-Expedition.									
1	.	Feld-Ober-Postsekretär	.	.	.	.	1	.	.	1	
1	.	Feldpost-Sekretär . . .	.	.	.	.	1	.	.	1	
.	3	Feldpostschaffner	.	.	.	.	.	} 2	.	3	
.	4	Feldpostillone	.	.	.	.	.		4	.	
.	3	Trainsoldaten.									
		Zur Beförderung der Estafetten	2								
		2 Briefpostwagen . . .	2								
		1 zweispänniger Requisitenwagen	.	.	1	.	.	.	.	1	
2	10	. . . . Summa	4	.	1	.	2	2	4	6	

3

Kopfzahl.			Trainsoldaten.				Waffen.											Bemerkungen.
			Trainfahrer		Pferdewärter.													
Offiziere, Aerzte, obere Beamte.	Unteroffiziere, Gemeine, Unterbeamte.		vom Sattel.	vom Bock.	berittene	unberittene	S. O. G.	K. O. G. M/52.	R. G.	J. G. M/71 m. J. E. M/71.	J. B. M/71 m. P. J. M/71.	Apt. Ch. K. M/71.	R. M/79.	K. G. M/52	A. G.	K. G. A/M.	J. E. U/M.	
		11. Feldgendarmerie-Kommando.																
.	1	Wachtmeister	.	.	.	1	.	1	.	.	.	.	1	.	.	.	1	
.	1	Trainsoldaten.																
.	2	.....Summa....	.	.	.	1	.	1	.	.	.	.	1	.	.	.	1	
		12. Reitende Feldjäger.																
3	.	Feldjäger	.	.	3	.	.	.	.	.	.	.	.	.	.	3	.	
.	3	Trainsoldaten.																
3	3	.... Summa	.	.	3	.	.	.	.	.	.	.	.	.	.	3	.	
44	178	**Summa eines Armee-Ober-Kommandos**	.	.	.	.	1	1	1	34	2	1	24	19	2	79	37	

Anmerkung: 1. Außerdem werden bayrischerseits zum Ober-Kommando derjenigen Armee, welcher die bayerischen Armee-Korps zugetheilt sind, gestellt:

2 Stabsoffiziere des Generalstabes,
2 Hauptleute 2c. als Adjutanten,
2 Hauptleute 2c. als Ordonnanz-Offiziere,
1 Feld-Intendanturrath,
1 Feld-Intendantur-Sekretär,
14 Trainsoldaten.

2. Wegen der bei dem Armee-Ober-Kommando etwa befindlichen Prinzen des Königlichen Hauses und fürstlichen Persönlichkeiten, die mit einem Kommando nicht betraut sind, vergl. I. Anmerkung 2, Seite 29.

455

B. Waffen-Etat

der General-Gouvernements- und Festungs-Gouvernements-Stäbe.

Kopfzahl. Offiziere, Aerzte, obere Beamte.	Kopfzahl. Unteroffiziere, Gemeine, Unterbeamte.		Trainsoldaten. Trainfahrer vom Sattel.	Trainsoldaten. Trainfahrer vom Bock.	Trainsoldaten. Pferdewärter. berittene	Trainsoldaten. Pferdewärter. unberittene	Waffen. K. O. G. M/52.	Waffen. R. M/79.	Waffen. K. G. A/M.	Waffen. J. G. U/M.	Bemerkungen.
		I. General-Gouvernement der Küstenlande.									
1	.	General-Gouverneur	2	1	3	1	.	.	5	2	Diese Stärke ist auch für sonstige General-Gouvernements maßgebend.
1	.	Chef des Generalstabes . .	2	.	3	.	.	.	5	.	
1	.	Stabsoffizier des Generalstabes	.	.	2	.	.	.	2	.	
2	.	Hauptleute des Generalstabes	.	.	4	.	.	.	4	.	
2	.	Hauptleute bezw. Rittmeister, Adjutanten	.	.	4	.	.	.	4	.	
2	.	Lieutenants, Adjutanten . .	.	.	4	.	.	.	4	.	
1	.	Generalmajor bezw. Stabsoffizier von der Artillerie	.	1	3	1	.	.	3	2	
1	.	Lieutenant, Adjutant desselben	.	.	2	.	.	.	2	.	
1	.	Stabsoffizier vom Ingenieur-Korps	.	1	2	.	.	.	2	1	
1	.	Lieutenant, Adjutant desselben	.	.	2	.	.	.	2	.	
1	.	Premier-Lieutenant, Kommandeur der Stabswache	.	.	1	.	.	.	1	.	
1	.	Zahlmeister	.	.	.	1	.	.	.	1	
1	.	Feld-Intendant	.	1	1	.	.	.	1	1	
2	.	Feld-Intendantur-Sekretäre	.	.	.	2	.	.	.	2	
1	.	Feld-Intendantur-Assistent	.	.	.	1	.	.	.	1	
1	.	Generalarzt	.	1	1	.	.	.	1	1	
1	.	Assistenzarzt	.	.	.	1	.	.	.	1	
1	.	Auditeur	.	1	.	1	.	.	.	2	
1	.	Feld-Proviantmeister . . .	.	.	.	1	.	.	.	1	
1	.	Feldmagazin-Kontroleur . .	.	.	.	1	.	.	.	1	
1	.	Feld-Ober-Postsekretär . .	.	.	.	1	.	.	.	1	
1	.	Feldpost-Sekretär	.	.	.	1	.	.	.	1	
.	3	Feldpostschaffner	.	.	.	.	.	}2	.	3	
.	4	Feldpostillone	.	.	.	.	.	}	4	.	
.	1	Gendarmerie-Wachtmeister .	.	.	.	1	1	1	.	1	
26	8	. . . . . . Seite	4	6	32	13	1	3	40	22	

3*

Kopfzahl.				Trainsoldaten.				Waffen.									
				Trainfahrer		Pferdewärter.											
Offiziere, Aerzte, obere Beamte.	Unteroffiziere, Gemeine, Unterbeamte.		Feldpostillone.	vom Sattel.	vom Bock.	berittene	unberittene.	J. D. G.	K. D. G. M/52.	R. G.	J. G. M/71 m. J. G. M/71.	J. B. M/71 m. P. Z. M/71.	R. M/79.	A. G.	K. G. A/M.	J. G. U/M.	Bemerkungen.
26	8	. . . . . Uebertrag.		4	6	32	13	.	1	.	.	.	3	.	40	22	
.	1	Vize-Feldwebel, Feldregistrator.		.	.	.	.	1	.	.	.	.	.	.	.	.	
.	5	Unteroffiziere, Schreiber des General-Gouvernements.		.	.	.	.	.	.	.	5	.	.	.	.	.	
.	1	Unteroffizier, Schreiber bei dem General ꝛc. von der Artillerie		.	.	.	.	.	.	.	.	.	1	1	.	.	
.	1	Unteroffizier, Schreiber bei dem Stabsoffizier vom Ingenieur-Korps		.	.	.	.	.	.	.	.	1	.	.	.	.	
.	2	Unteroffiziere } Kavallerie-Stabswache															
.	16	Gemeine } Kavallerie-Stabswache															
.	4	Unteroffiziere } Infanterie-Stabswache		.	.	.	.	.	.	.	.	.	.	.	.	.	Vergl. §. 11 der Bestimmungen über die Aufbewahrung ꝛc. der Waffen.
.	24	Gemeine } Infanterie-Stabswache															
.	58	Trainsoldaten.															
.	1	Lazarethgehülfe, Schreiber des Generalarztes		.	.	.	.	.	.	.	.	.	.	.	.	1	
.	1	Roßarzt		.	.	.	.	.	.	1	.	.	.	.	.	.	
.	1	Fahnenschmied		.	.	.	.	.	.	.	.	.	.	.	.	.	wie vor.
		1 zweispänniger Eskadron-Packwagen für die Stabswache		.	1	.	.	.	.	.	.	.	.	.	.	1	
		1 zweispänniger Registraturwagen für die Feld-Intendantur		.	1	.	.	.	.	.	.	.	.	.	.	1	
		Zur Beförderung der Estafetten	2														
		2 zweispännige Briefpostwagen	2														
		1 zweispänniger Requisitenwagen der Feldpost-Expedition . . .	.	.	1	.	.	.	.	.	.	.	.	.	.	1	
26	123	. . . . Summa	4	4	9	32	13	1	1	1	5	1	4	1	40	26	
		II. Festungs-Gouvernements-Stab.															
		1. Gouverneur.															
1	.	Gouverneur der Festung . .		.	.	2	.	.	.	.	.	.	.	.	2	.	
1	.	Kommandant der Festung .		.	.	1	1	.	.	.	.	.	.	.	1	1	
1	.	Chef des Generalstabes . .		.	.	1	1	.	.	.	.	.	.	.	1	1	
1	.	Stabsoffiz. d. Generalstabes		.	.	1	1	.	.	.	.	.	.	.	1	1	
4	.	. . . . . . Seite		.	.	5	3	.	.	.	.	.	.	.	5	3	

C. Waffen-Etat
der Feld-Truppen.

Kopfzahl.			Trainsoldaten.				Waffen.						Bemerkungen.
Offiziere, Aerzte, obere Beamte.	Unteroffiziere, Gemeine, Unterbeamte.		Trainfahrer vom Sattel.	Trainfahrer vom Bock.	Pferdewärter berittene	Pferdewärter unberittene	S. O. G.	J. G. M/71 m. J. G. M/71.	R. M/79.	A. G.	K. G. A/M.	J. G. U/M.	
		I. Stäbe nebst Branchen.											
		1. General-Kommando nebst Branchen.											
		a. Kommandirender General.											
1	.	Kommandirender General .	2	1	3	1	.	.	.	.	5	2	
1	.	Chef des Generalstabes . . .	2	.	3	.	.	.	.	.	5	.	
1	.	Stabsoffizier des Generalstabes	.	.	2	.	.	.	.	.	2	.	
2	.	Hauptleute desgl.	.	.	4	.	.	.	.	.	4	.	
2	.	Hauptleute oder Rittmeister, Adjutanten	.	.	4	.	.	.	.	.	4	.	
2	.	Lieutenants, desgl.	.	.	4	.	.	.	.	.	4	.	
1	.	Korps-Roßarzt	.	.	.	1	.	.	.	.	.	1	1. Wird der Korps-Roßarzt nicht mobil, verbleibt das J. G. U/M. im Artillerie-Depot.
.	1	Vize-Feldwebel, Feld-Registrator	.	.	.	.	1	.	.	.	.	.	
.	5	Unteroffiziere, Schreiber . .	.	.	.	.	.	5	.	.	.	.	
.	27	Trainsoldaten.											
10	33	. . . . . Summa	4	1	20	2	1	5	.	.	24	3	2. Kavalleristen als Schreiber erhalten R. M/79 u. K. D. M/54 bezw. K. S. M/52.
		b. Kommandeur der Artillerie.											
1	.	Feld-Artillerie-Brigade-Kommandeur	.	1	3	1	.	.	.	.	3	2	
1	.	Lieutenant, Adjutant . . .	.	.	2	.	.	.	.	.	2	.	
1	.	Feuerwerks-Hauptmann . .	.	.	.	1	.	.	.	.	.	1	
.	1	Unteroffizier, Schreiber . .	.	.	.	.	.	.	1	1	.	.	
.	8	Trainsoldaten.											
3	9	. . . . . Summa	.	1	5	2	.	.	1	1	5	3	

Kopfzahl.			Trainsoldaten.				Waffen.							Bemerkungen.
			Trainfahrer		Pferdewärter.									
Offiziere, Aerzte, obere Beamte.	Unteroffiziere, Gemeine, Unterbeamte.		vom Sattel.	vom Bock.	berittene	unberittene	K. G.	J. G. M/71 m. J. S. M/71.	J. B. M/71 m. P. Z. M/71.	K. M/79.	K. S. M/52.	K. S. A/M.	J. S. U/M.	
		c. Kommandeur der Ingenieure und Pioniere.												
		Stabsoffizier	.	1	2	.	.	.	.	.	.	2	1	
1		Lieutenant, Adjutant . .	.	.	1	.	.	.	.	.	.	1	.	
.	1	Unteroffizier, Schreiber	.	.	.	.	.	.	1	.	.	.	.	
.	4	Trainsoldaten.												
2	5	. . . . Summa	.	1	3	.	.	.	1	.	.	3	1	
		d. Stabswache.												
		aa. Kavallerie-Stabswache.												
1	.	Premier-Lieutenant, Kommandeur der Kavallerie- und Infanterie-Stabswache . .	.	.	1	.	.	.	.	.	.	1	.	
1	.	Zahlmeister	.	.	.	1	.	.	.	.	.	.	1	
.	2	Unteroffiziere	.	.	.	.	.	.	.	2	2	.	.	
.	18	Gemeine (einschl. 2 für den Kommandeur der Artillerie)	.	.	.	.	.	.	.	18	18	.	.	
.	3	Trainsoldaten.												
.	1	Roßarzt	.	.	.	.	1	.	.	.	.	.	.	Der Roßarzt fällt fort, wenn beim General-Kommando sich d. Korps-Roßarzt befindet.
.	1	Fahnenschmied	.	.	.	.	.	.	.	1	1	.	.	
		1 zweispänniger Eskadron-Packwagen. . .	.	1	.	.	.	.	.	.	.	.	1	
2	25		.	1	1	1	1	.	.	21	21	1	2	
		bb. Infanterie-Stabswache.												
.	4	Unteroffiziere	.	.	.	.	.	4	.	.	.	.	.	
.	24	Gemeine	.	.	.	.	.	24	.	.	.	.	.	
.	28		.	.	.	.	.	28	.	.	.	.	.	
2	53	Summa der Stabswache	.	1	1	1	1	28	.	21	21	1	2	
		e. Feldgendarmerie-Detachement.												
1	.	Rittmeister, Kommandeur	.	.	1	.	.	.	.	.	.	1	.	
1	.	. . . . . Seite	.	.	1		.	.	.	.	.	1	.	

Kopfzahl.			Trainsoldaten.				Waffen.						Bemerkungen.
			Train-fahrer		Pferde-wärter.								
Offiziere, Aerzte, obere Beamte.	Unteroffiziere, Gemeine, Unterbeamte.		vom Sattel.	vom Bock.	berittene	unberittene	K. O. S. M/52.	Apl. Ch. K. M/71.	R. M/79.	K. S. M/52.	K. S. A/M.	J. E. U/M.	
1	.	. . . . Uebertrag . . .	.	.	1	.	.	.	.	.	1	.	
.	1	Wachtmeister	.	.	.	1	1	.	1	.	.	1	
.	17	Feldgendarmen, Ober-Gendarmen	.	.	.	.	.	.	17	17	.	.	
.	17	Feldgendarmen, Unteroffiziere	.	.	.	.	.	.	17	17	.	.	
.	17	Feldgendarmen, Gefreite	.	.	.	.	.	.	17	17	.	.	
.	2	Trainsoldaten.											
1	54	. . . . Summa	.	.	1	1	1	.	52	51	1	1	
		f. Feld-Intendantur.											
1	.	Feld-Intendant	.	1	1	.	.	.	.	.	1	1	
1	.	Feld-Intendanturrath .	.	1	1	.	.	.	.	.	1	1	
2	.	Feld-Intendantur-Sekretäre	.	.	.	2	.	.	.	.	.	2	
3	.	Feld-Intendantur-Expedienten	.	.	.	3	.	.	.	.	.	3	
3	.	Feld-Intendantur-Assistenten	.	.	.	3	.	.	.	.	.	3	
.	14	Trainsoldaten.											
		1 vierspänniger Registraturwagen	2	.	.	.	.	.	.	.	2	.	
10	14	. . . . Summa	2	2	2	8	.	.	.	.	4	10	
		g. Kriegskasse.											
1	.	Kriegs-Zahlmeister . .	.	.	.	1	.	.	.	.	.	1	
1	.	Kassirer	.	.	.	1	.	.	.	.	.	1	
1	.	Buchhalter	.	.	.	1	.	.	.	.	.	1	
1	.	Kassen-Assistent	.	.	.	1	.	.	.	.	.	1	
.	1	Kassendiener.											
.	1	Train-Unteroffizier . .	.	.	.	.	.	1	.	.	1	.	
.	12	Trainsoldaten.											
		3 vierspännige Kassenwagen	6	.	.	.	.	.	.	.	6	.	
		Zur Reserve	2	.	.	.	.	.	.	.	2	.	
4	14	. . . . Summa	8	.	.	4	.	1	.	.	9	4	

462

Kopfzahl: Offiziere, Aerzte, obere Beamte.	Kopfzahl: Unteroffiziere, Gemeine, Unterbeamte.		Feldpostillone.	Trainsoldaten. Trainfahrer vom Sattel.	Trainsoldaten. Trainfahrer vom Bock.	Trainsoldaten. Pferdewärter berittene	Trainsoldaten. Pferdewärter unberittene	Waffen. R. M/79.	Waffen. K. S. A/M.	Waffen. J. S. U/M.	Bemerkungen.
		m. Feldpostamt.									
1	.	Felpostmeister	.	.	.	.	1	.	.	1	
3	.	Feldpost-Sekretäre . . .	.	.	.	.	3	.	.	3	
.	4	Feldpostschaffner	.	.	.	.	.	2	.	4	
.	7	Feldpostillone.	.	.	.	.	.		7	.	
.	6	Trainsoldaten.									
		Zur Beförderung der									
		Estafetten	4								
		3 Briefpostwagen . . .	3								
		1 zweispänniger Requisitenwagen	.	.	1	.	.	.	.	1	
		Zur Reserve	.	1	.	.	.	.	1	.	
4	17	. . . . Summa	7	1	1	.	4	2	8	9	
		n. Feld-Intendantur bei dem Kommandeur der Artillerie.									
1	.	Feld-Intendantur-Vorstand.		.	1	1	.	.	1	1	
2	.	Feld-Intendantur-Sekretäre		.	.	.	2	.	.	2	
2	.	Feld-Intendantur-Expedienten		.	.	.	2	.	.	2	
1	.	Feld-Intendantur-Assistent .		.	.	.	1	.	.	1	
.	8	Trainsoldaten.									
		1 zweispänniger Registraturwagen		.	1	.	.	.	.	1	
6	8	. . . . . Summa		.	2	1	5	.	1	7	
		o. Feld-Proviantamt bei dem Kommandeur der Artillerie.									
1	.	Feld-Magazin-Rendant . .		.	.	.	1	.	.	1	
1	.	Feld-Magazin-Kontroleur .		.	.	.	1	.	.	1	
4	.	Feld-Magazin-Assistenten . .		.	.	.	4	.	.	4	
.	2	Feld-Magazin-Aufseher . . .		.	.	.	.	.	.	2	
.	7	Trainsoldaten.									
.	.	1 zweispänniger Registraturwagen.		.	1	.	.	.	.	1	
6	9	. . . . . Summa		.	1	.	6	.	.	9	

Kopfzahl: Offiziere, Aerzte, obere Beamte.	Kopfzahl: Unteroffiziere, Gemeine, Unterbeamte.		Feldpostillone.	Trainsoldaten: Trainfahrer vom Sattel.	Trainsoldaten: Trainfahrer vom Bock.	Trainsoldaten: Pferdewärter berittene	Trainsoldaten: Pferdewärter unberittene	Waffen: J. O. S.	Waffen: K. O. S. M/52.	Waffen: R. S.	Waffen: J. S. M/71 m. J. S. M/71.	Waffen: J. B. M/71 m. P. J. M/71.	Waffen: Kpl. Ch. K. M/71.	Waffen: R. M/79.	Waffen: K. S. M/52.	Waffen: A. S.	Waffen: K. S. A/M.	Waffen: J. S. U/M.	Bemerkungen.
		p. Auditeur bei dem Kommandeur der Artillerie.																	
1	.	Auditeur		.	1	.	1	.	.	.	.	.	.	.	.	.	.	2	
1	.	Aktuar.																	
.	2	Trainsoldaten.																	
2	2	. . . . Summa		.	1	.	1	.	.	.	.	.	.	.	.	.	.	2	
		q. Feldgeistlicher bei dem Kommandeur der Artillerie.																	
1	.	evangelischer oder katholischer Feldgeistlicher		.	1	.	1	.	.	.	.	.	.	.	.	.	.	2	
.	1	katholischer Feldküster.																	
.	2	Trainsoldaten.																	
1	3	. . . . Summa		.	1	.	1	.	.	.	.	.	.	.	.	.	.	2	
		r. Feldpost-Expedition bei dem Kommandeur der Artillerie.																	
1	.	Feld-Ober-Postsekretär	.	.	.	.	1	.	.	.	.	.	.	.	.	.	.	1	
2	.	Feldpost-Sekretäre .	.	.	.	.	2	.	.	.	.	.	.	.	.	.	.	2	
.	3	Feldpostschaffner . .	.	.	.	.	.	.	.	.	.	.	.	} 2	.	.	.	3	
.	4	Feldpostillone . . .	.	.	.	.	.	.	.	.	.	.	.	}	.	.	4	.	
.	4	Trainsoldaten.																	
		Zur Beförderung der Estafetten	2																
		2 Briefpostwagen .	2																
		1 zweispänniger Requisitenwagen . .	.	.	1	.	.	.	.	.	.	.	.	.	.	.	.	1	
3	11	. . . Summa . . .	4	.	1	.	3	.	.	.	.	.	.	2	.	.	4	7	
71	254	**Summa eines General-Kommandos nebst Branchen**		.	.	.	.	1	1	1	33	1	1	78	72	1	61	80	

Anmerkung. Wegen der bei dem General-Kommando etwa befindlichen Prinzen des Königlichen Hauses oder fürstlichen Persönlichkeiten, die mit einem Kommando nicht betraut sind, vergleiche A. Höchste Kommando-Behörden. I. Anmerkung 2 — Seite 29.

Kopfzahl.			Trainsoldaten.				Waffen.					Bemerkungen.
			Trainfahrer		Pferdewärter.							
Offiziere, Aerzte, obere Beamte.	Unteroffiziere, Gemeine, Unterbeamte.		vom Sattel.	vom Bock.	berittene	unberittene	J. G. M/71 m. J. G. M/71.	R. M/79.	K. G. M/52.	K. G. A/M.	J. G. U/M.	
		2. Infanterie-Divisions-Kommando nebst Branchen.										
		a. Divisions-Kommandeur.										
1	.	Divisions-Kommandeur . .	2	.	3	1	.	.	.	5	1	
1	.	Stabsoffizier oder Hauptmann des Generalstabes	.	.	2	.	.	.	.	2	.	
1	.	Hauptmann oder Rittmeister, Adjutant	.	.	2	.	.	.	.	2	.	
1	.	Lieutenant, desgl.	.	.	2	.	.	.	.	2	.	
.	2	Unteroffiziere, Schreiber . .	.	.	.	.	2	.	.	.	.	
.	12	Trainsoldaten.										
4	14	. . . . . Summa	2	.	9	1	2	.	.	11	1	
		b. Stabswache.										
.	1	Unteroffizier (von der Kavallerie-Stabswache)	.	.	.	.	.	1	1	.	.	
.	3	Gemeine (von der Kavallerie-Stabswache)	.	.	.	.	.	3	3	.	.	
.	1	Fahnenschmied (von der Kavallerie-Stabswache)	.	.	.	.	.	1	1	.	.	
.	2	Unteroffiziere (von der Infant.-Stabswache.)	.	.	.	.	2	.	.	.	.	
.	6	Gemeine (von der Infant.-Stabswache.)	.	.	.	.	6	.	.	.	.	
.	13	. . . . . Summa	.	.	.	.	8	5	5	.	.	
		c. Feld-Intendantur.										
1	.	Feld-Intendantur-Vorstand	.	1	1	.	.	.	.	1	1	
2	.	Feld-Intendantur-Sekretäre	.	.	.	2	.	.	.	.	2	
2	.	Feld-Intendantur-Expedienten	.	.	.	2	.	.	.	.	2	
1	.	Feld-Intendantur-Assistent	.	.	.	1	.	.	.	.	1	
.	8	Trainsoldaten.										
		1 zweispänniger Registraturwagen	.	1	.	.	.	.	.	.	1	
6	8	. . . . . Summa	.	2	1	5	.	.	.	1	7	
		d. Feld-Proviantamt.										
1	.	Feld-Magazin-Rendant. . .	.	.	.	1	.	.	.	.	1	
1	.	Feld-Magazin-Kontroleur .	.	.	.	1	.	.	.	.	1	
2	.	. . . . . . Seite	.	.	.	2	.	.	.	.	2	

Kopfzahl.			Trainsoldaten.				Waffen.			Bemerkungen.
			Trainfahrer		Pferdewärter.					
Offiziere, Aerzte, obere Beamte.	Unteroffiziere, Gemeine, Unterbeamte.		vom Sattel.	vom Bock.	berittene	unberittene	R. M/79.	K. G. A/M.	J. G. U/M.	
	.	. . . . . Uebertrag	.	.	.	2	.	.	2	
6	.	Feld-Magazin-Assistenten . .	.	.	.	6	.	.	6	
.	2	Feld-Magazin-Aufseher . . .	.	.	.	.	.	.	2	
.	9	Trainsoldaten.								
		1 zweispänniger Registraturwagen	.	1	.	.	.	.	1	
8	11	. . . . . Summa	.	1	.	8	.	.	11	
		e. Divisionsarzt.								
1	.	Ober-Stabsarzt	.	.	.	1	.	.	1	
.	1	Trainsoldat.								
.	1	Lazarethgehülfe	.	.	.	.	.	.	1	
1	2	. . . . . Summa	.	.	.	1	.	.	2	
		f. Divisions-Auditeur.								
1	.	Divisions-Auditeur	.	1	.	1	.	.	2	
1	.	Aktuar.								
.	2	Trainsoldaten.								
2	2	. . . . . Summa	.	1	.	1	.	.	2	
		g. Feld-Divisions-Geistliche.								
2	.	evangelische oder katholische Feld-Divisions-Geistliche .	.	2	.	2	.	.	4	
.	2	katholische Feld-Divisionsküster.								
.	4	Trainsoldaten.								
2	6	. . . . . Summa	.	2	.	2	.	.	4	
		h. Feldpost-Expedition.								
1	.	Feld-Ober-Postsekretär . . .	.	.	.	1	.	.	1	
4	.	Feldpost-Sekretäre	.	.	.	4	.	.	4	
.	3	Feldpostschaffner	.	.	.	.	} 2	.	3	
.	4	Feldpostillone	.	.	.	.		4	.	
.	6	Trainsoldaten.								
5	13	. . . . . . Seite	.	.	.	5	2	4	8	

467

Kopfzahl. Offiziere, Aerzte, obere Beamte.	Kopfzahl. Unteroffiziere, Gemeine, Unterbeamte.		Feldpostillone.	Trainsoldaten. Trainfahrer vom Sattel.	Trainsoldaten. Trainfahrer vom Bock.	Trainsoldaten. Pferdewärter. berittene	Trainsoldaten. Pferdewärter. unberittene	Waffen. J. G. M/71 m. J. G. M/71.	Waffen. R. M/79.	Waffen. K. G. M/52.	Waffen. K. G. A/M.	Waffen. J. G. U/M.	Bemerkungen.
5	13	. . . . Uebertrag . . .	.	.	.	.	5	.	2	.	4	8	
		Zur Beförderung der Estafetten	2	.	.	.	.	.	.	.	.	.	
		2 Briefpostwagen . . .	2	.	.	.	.	.	.	.	.	.	
		1 zweispänniger Requisitenwagen	.	.	1	.	.	.	.	.	.	1	
5	13	. . . . Summa	4	.	1	.	5	.	2	.	4	9	
28	69	**Summa des Kommandos einer Infanterie-Division*).**	.	.	.	.	.	10	7	5	16	36	
		3. Kavallerie-Divisions-Kommando nebst Branchen.											
		a. Divisions-Kommandeur.											
4	14	Wie 2a. — Seite 45, jedoch mit nebenstehender Aenderung in der Bewaffnung	.	.	.	.	.	.	2	2	11	1	
		b. Stabswache.											
	13	Wie 2b. — Seite 45 . . .	.	.	.	.	.	8	5	5	.	.	
		c. Feld-Intendantur.											
6	8	Wie 2c. — Seite 45 . . .	.	.	.	.	.	.	.	.	1	7	

*) Dem Kommando der Großherzoglich Hessischen (25.) Division tritt ein Feldgendarmerie-Detachement hinzu, bestehend aus:

	K. O. G. M/52	R. M/79	K. G. M/52	J. G. U/M.
1 berittenen Wachtmeister	1	1	—	—
6 „ Feldgendarmen (Ober-Gendarmen)	—	6	6	—
6 „ Feldgendarmen (Unteroffizieren)	—	6	6	—
12 „ Feldgendarmen (Gefreiten)	—	12	12	—
1 unberittenen Pferdewärter	—	—	—	1
	1	25	24	1

468

Kopfzahl. Offiziere, Aerzte, obere Beamte.	Kopfzahl. Unteroffiziere, Gemeine, Unterbeamte.		Feldpostillone.	Trainsoldaten. Trainfahrer vom Sattel.	Trainsoldaten. Trainfahrer vom Bock.	Trainsoldaten. Pferdewärter berittene	Trainsoldaten. Pferdewärter unberittene.	Waffen. J. G. M/71 m. J. S. M/71.	Waffen. R. M/70.	Waffen. K. G. M/82.	Waffen. K. S. A/M.	Waffen. J. S. U/M.	Bemerkungen.
		d. Feld-Proviantamt.											
8	11	Wie 2d. — Seite 45 . . .		.	.	.	.	.	.	.	.	11	
		e. Divisions-Auditeur.											
2	2	Wie 2f. — Seite 46 . . .		.	.	.	.	.	.	.	.	2	
		f. Feld-Divisions-Geistlicher.											
1	3	Wie 1q. — Seite 44 . . .		.	.	.	.	.	.	.	.	2	
		g. Feldpost-Expedition.											
1	.	Feld-Ober-Postsekretär .	.	.	.	.	1	.	.	.	.	1	
3	.	Feldpost-Sekretäre . . .	.	.	.	.	3	.	.	.	.	3	
.	3	Feldpostschaffner	.	.	.	.	.	.	}2	.	.	3	
.	4	Feldpostillone	.	.	.	.	.	.		.	4	.	
.	5	Trainsoldaten.											
		Zur Beförderung der Estafetten	2	.	.	.	.	.	.	.	.	.	
		2 Briefpostwagen . . .	2	.	.	.	.	.	.	.	.	.	
		1 zweispänniger Requisitenwagen	.	.	1	.	.	.	.	.	.	1	
4	12	. . . . Summa	4	.	1	.	4	.	2	.	4	8	
25	63	**Summa des Kommandos einer Kavallerie-Division*).**		.	.	.	.	8	9	7	16	31	
		4. Infanterie-Brigade-Kommando.											
1	.	Brigade-Kommandeur . . .		.	1	3	1	.	.	.	3	2	
1	.	Lieutenant, Adjutant . . .		.	.	2	.	.	.	.	2	.	
.	1	Unteroffizier, Schreiber . .		.	.	.	.	1	.	.	.	.	
2	1	. . . . . . Seite		.	1	5	1	1	.	.	5	2	

*) Jeder Kavallerie-Division werden 2 sechsspännige Kavallerie-Patronenwagen mit 6 Trainfahrern vom Sattel — 6 K. S. A/M — nebst 1 berittenen Train-Unteroffizier — 1 Apt. Ch. K. M/71, 1 K. S. A/M — beigegeben. (Vergl. C. Feld-Truppen IV, 5, S. 57.)

469

Kopfzahl.			Trainsoldaten.				Waffen.							Bemerkungen.
			Trainfahrer		Pferdewärter.									
Offiziere, Aerzte, obere Beamte.	Unteroffiziere, Gemeine, Unterbeamte.		vom Sattel.	vom Bock.	berittene	unberittene	J. O. D.	J. G. M/71 m. J. S. M/71.	R. M/79.	J. S. M/71.	K. S. M/52.	K. S. A/M.	J. S. U/M.	
2	1	. . . . . Uebertrag	.	1	5	1	.	1	.	.	.	5	2	
.	7	Trainsoldaten.												
.	2	Gemeine der Kavallerie-Stabswache	.	.	.	.	.	.	2	.	2	.	.	
2	10	. . . . . Summa	.	1	5	1	.	1	2	.	2	5	2	
		5. Kavallerie-Brigade-Kommando.												
2	10	Wie 4, vorstehend, jedoch mit nebenstehender Aenderung in der Bewaffnung	.	.	.	.	.	.	3	.	3	5	2	
		II. Infanterie.												
		1. Stab des 1. Garde-Regiments zu Fuß.												
1	.	Regiments-Kommandeur . .	.	.	2	1	.	.	.	.	.	.	3	
1	.	Stabsoffizier	.	.	1	1	.	.	.	.	.	.	2	
1	.	Hauptmann.												
1	.	Sekonde-Lieutenant, Adjutant	.	.	1	.	.	.	.	.	.	.	1	
1	.	Ober-Stabsarzt	.	.	.	1	.	.	.	.	.	.	1	
.	1	Unteroffizier, Schreiber . .	.	.	.	.	.	1	.	.	.	.	.	
.	1	Stabshautboist	.	.	.	.	1	.	.	.	.	.	.	
.	47	Hautboisten	.	.	.	.	.	.	.	47	.	.	.	
.	8	Trainsoldaten.												
.	1	Regiments-Büchsenmacher .	.	.	.	.	.	.	.	1	.	.	.	
		1 zweispänniger Stabs-Packwagen	.	1	.	.	.	.	.	.	.	.	.1	
5	58	. . . . . Summa	.	1	4	3	1	1	.	48	.	.	8	
		2. Stab des 2. Garde-Regiments zu Fuß, des Kaiser Alexander (Franz) Garde-Grenadier-Regiments Nr. 1 (2) und des Garde-Füsilier-Regiments.												
4	58	Wie 1, vorstehend, jedoch unter Fortfall des Hauptmanns	.	.	.	.	1*	1	.	48	.	.	8	*) beim Garde-Füs.-Regt. F. O. D.

4

470

Kopfzahl: Offiziere, Aerzte, obere Beamte	Kopfzahl: Unteroffiziere, Gemeine, Unterbeamte		Trainsoldaten: Trainfahrer vom Sattel	Trainsoldaten: Trainfahrer vom Bock	Trainsoldaten: Pferdewärter berittene	Trainsoldaten: Pferdewärter unberittene	Waffen: K. O. D. M/54	Waffen: R. G.	Waffen: R. M/79	Waffen: K. D. M/54	Waffen: J. E. U/M.
		III. Kavallerie.									
		1. Regiment der Gardes du Corps.									
1	.	Regiments-Kommandeur . .	.	.	2	1	.	.	.	3	.
2	.	Stabsoffiziere	.	.	4	.	.	.	.	4	.
9	.	Rittmeister	.	.	8	.	.	.	.	8	.
4	.	Premier-Lieutenants } einschl. 1 Adj.	.	.	4	.	.	.	.	4	.
13	.	Sekonde-Lieutenants }	.	.	13	.	.	.	.	13	.
1	.	Ober-Stabsarzt	.	.	.	1	.	.	.	1	.
2	.	Assistenzärzte	.	.	.	2	.	.	.	2	.
1	.	Zahlmeister	.	.	.	1	.	.	.	1	.
1	.	Ober-Roßarzt	.	.	.	1	.	.	.	1	.
.	8	Wachtmeister	.	.	.	.	8	.	8	.	.
.	8	Vize-Wachtmeister	.	.	.	.	8	.	8	.	.
.	4	Portepeefähnriche	.	.	.	.	.	.	4	4	.
.	16	Sergeanten	.	.	.	.	.	.	16	16	.
.	29	Unteroffiziere	.	.	.	.	.	.	29	29	.
.	1	Pauker	.	.	.	.	1	.	1	.	.
.	1	Stabstrompeter	.	.	.	.	1	.	1	.	.
.	16	Trompeter	.	.	.	.	.	.	16	16	.
.	80	Gefreite	.	.	.	.	.	.	80	80	.
.	448	Gemeine	.	.	.	.	.	.	448	448	.
.	44	Trainsoldaten.									
.	2	Roßärzte	.	.	.	.	.	2	.	.	.
.	4	Fahnenschmiede	.	.	.	.	.	.	4	4	.
.	1	Regiments-Sattler	.	.	.	.	.	.	.	1	.
.	1	Büchsenmacher	.	.	.	.	.	.	.	1	.
.	4	Lazarethgehülfen	.	.	.	.	.	.	.	.	4
.	2	Marketender.									
.	2	Marketender-Gehülfen.									
		1 vierspänniger Stabs-Packwagen	2	.	.	.	.	.	.	2	.
		4 zweispännige Eskadron-Packwagen	.	4	.	.	.	.	.	4	.
		1 zweispänniger Medizinwagen	.	1	.	.	.	.	.	1	.
34	671	. . . . . Summa	2	5	31	6	18	2	615	643	4

Bemerkungen.

1. Ist beim Regiment ein Ober-Roßarzt nicht vorhanden, so fällt 1 unberittener Pferdewärter fort, es tritt dagegen 1 Roßarzt — 1 R. S. — hinzu.
2. Die vorhandenen K. O. D. älterer Modelle sind aufzubrauchen.
3. Die im Frieden im Besitze des Regiments befindlichen Apt. Ch. K. M/71 werden bei einer Mobilmachung an dasjenige Artillerie-Depot zurückgegeben, von dem sie verabfolgt worden sind.

Kopfzahl. Offiziere, Aerzte, obere Beamte.	Kopfzahl. Unteroffiziere, Gemeine, Unterbeamte.		Trainsoldaten. Trainfahrer vom Sattel.	Trainsoldaten. Trainfahrer vom Bock.	Trainsoldaten. Pferdewärter berittene	Trainsoldaten. Pferdewärter unberittene	Waffen. K. D. M/54 A. O. S. M/52.	Waffen. R. S.	Waffen. K. K. M/71.	Waffen. R. M/79.	Waffen. K. D. M/54 K. S. M/52 U. S.	Waffen. L. N/A.	Bemerkungen.
		2. Die übrigen Garde- oder Linien-Kavallerie-Regimenter. *)											
1	.	Regiments-Kommandeur	.	.	2	1	.	.	.	.	3	.	
1	.	Stabsoffizier	.	.	2	.	.	.	.	.	2	.	
4	.	Rittmeister	.	.	4	.	.	.	.	.	4	.	
4	.	Premier-Lieutenants (einschl. 1 Adj.)	.	.	4	.	.	.	.	.	4	.	
13	.	Sekonde-Lieutenants (einschl. 1 Adj.)	.	.	13	.	.	.	.	.	13	.	
1	.	Ober-Stabsarzt	.	.	.	1	.	.	.	.	1	.	
2	.	Assistenzärzte	.	.	.	2	.	.	.	.	2	.	
1	.	Zahlmeister	.	.	.	1	.	.	.	.	1	.	
1	.	Ober-Roßarzt	.	.	.	1	.	.	.	.	1	.	
.	4	Wachtmeister	.	.	.	.	4	.	.	4	.	.	
.	4	Vize-Wachtmeister	.	.	.	.	4	.	.	4	.	.	
.	4	Portepeefähnriche	.	.	.	.	.	.	.	4	4	.	
.	16	Sergeanten	.	.	.	.	.	.	.	16	16	.	
.	33	Unteroffiziere	.	.	.	.	.	.	.	33	33	.	
.	1	Stabstrompeter	.	.	.	.	1	.	.	1	.	.	
.	12	Trompeter	.	.	.	.	.	.	.	12	12	.	
.	80	Gefreite	.	.	.	.	.	.	80 resp. 80		80	80	
.	448	Gemeine	.	.	.	.	.	.	448 resp. 448		448	448	
.	38	Trainsoldaten.											
.	2	Roßärzte	.	.	.	.	.	2	.	.	.	.	
.	4	Fahnenschmiede	.	.	.	.	.	.	.	4	4	.	
.	1	Regiments-Sattler	.	.	.	.	.	.	.	.	1	.	
.	1	Büchsenmacher	.	.	.	.	.	.	.	.	1	.	
28	648	..... Seite	.	.	25	6	9	2	528	606	630	528	

*) Die Kürass. Regimenter führen: K. D. M/54 und R. M/79.
Bei den Dragoner- und Husaren-Regimentern führen:
Unteroffiziere und Trompeter K. S. M/52 und R. M/79.
Gefreite und Gemeine K. S. M/52 und K. K. M/71.
Bei den Ulanen-Regimentern führen:
Unteroffiziere und Trompeter K. S. M/52 und R. M/79.
Gefreite und Gemeine U. S., K. K. M/71 und L. N/A.

Kopfzahl. Offiziere, Aerzte, obere Beamte.	Kopfzahl. Unteroffiziere, Gemeine, Unterbeamte.		Trainsoldaten. Trainfahrer vom Sattel.	Trainfahrer vom Bock.	Pferdewärter berittene	Pferdewärter unberittene	Waffen. K. O. D. M/54. K. O. S. M/52.	K. S.	K. K. M/71.	R. M/79.	K. D. M/54. K. S. M/52. U. S.	J. S. U/M.	L. N/A.	Bemerkungen.
28	648	. . . . Uebertrag	.	.	25	6	9	2	528	606	630	.	528	
.	4	Lazarethgehülfen	.	.	.	.	.	.	.	.	.	4	.	
.	2	Marketender.												
.	2	Marketender-Gehülfen.												
		1 vierspänniger Stabs-Packwagen	2	.	.	.	.	.	.	.	2	.	.	
		4 zweispännige Eskadron-Packwagen . . .	.	4	.	.	.	.	.	.	4	.	.	
		1 zweispänniger Medizinwagen	.	1	.	.	.	.	.	.	1	.	.	
28	656	Summa Kürassier-Regiment	2	5	25	6	9*	2	.	606	637 **	4	.	* K. O. D. M/54. ** K. D. M/54.
28	656	Summa Dragoner- oder Husaren-Regiment . .	2	5	25	6	9*	2	528	78	637 **	4	.	* K. O. S. M/52. ** K. S. M/52.
28	656	Summa Ulanen-Regiment	2	5	25	6	9*	2	528	78	69 ** 568 †	4	528	* K. O. S. M/52. ** K. S. M/52. † U. S.

1. Die Bemerkung 1 zu III. 1. Seite 52 gilt auch hier.

2. Die bei den Küraff. Regt. vorhandenen K. O. D. älterer Modelle sind aufzubrauchen.

3. Die Wachtmeister ꝛc. des 1. Brandenb. Dragoner-Rgts. Nr. 2 und des Westpreuß. Ulanen-Regts. Nr. 1 führen K. O. S. französ. Modells mit messing. Korbgefäßen.

4. Die im Frieden im Besitz der Kürassier-Regt. befindlichen Art. Ch. K. M/71 werden bei einer Mobilmachung an diejenigen Artillerie-Depots zurückgegeben, von denen sie verabfolgt worden sind.

Kopfzahl. Offiziere, Aerzte, obere Beamte.	Kopfzahl. Unteroffiziere, Gemeine, Unterbeamte.		Trainsoldaten. Trainfahrer vom Sattel.	Trainsoldaten. Trainfahrer vom Bock.	Trainsoldaten. Pferdewärter berittene	Trainsoldaten. Pferdewärter unberittene	Waffen. A. O. S.	Waffen. K. S.	Waffen. R. M/79.	Waffen. A. Z.	Waffen. A.S.	Waffen. K. S. A/M.	Waffen. J. S. U/M.	Bemerkungen
		3. Feld-Batterie.												
1	.	Hauptmann	.	.	1	.	.	.	.	.	.	1	.	
1	.	Premier-Lieutenant	.	.	.	1	.	.	.	.	.	.	1	
3	.	Sekonde-Lieutenants	.	.	.	3	.	.	.	.	.	.	3	
.	1	Feldwebel	.	.	.	.	1	.	1	.	.	.	.	
.	1	Vize-Feldwebel	.	.	.	.	1	.	1	.	.	.	.	
.	1	Portepeefähnrich	.	.	.	.	.	.	1	.	1	.	.	
.	4	Sergeanten	.	.	.	.	.	.	4	.	4	.	.	
.	8	Unteroffiziere	.	.	.	.	.	.	8	.	8	.	.	
.	3	Trompeter	.	.	.	.	.	.	3	.	3	.	.	
.	6	Obergefreite } davon: a. f. 48 ~~zur Bedienung~~ .	.	.	.	.	.	.	.	48	.	.	.	
		68 zum Fahren . .	.	.	.	.	.	.	68	.	68	.	.	
.	9	Gefreite } 28 ~~zur Reserve bepacker~~; a. f.	.	.	.	.	.	.	.	28	.	.	.	
.	129	Gemeine } 1 Zeugschmied, 1 Stellmacher, 1 Schlosser.												
.	5	Trainsoldaten.												
.	1	Fahnenschmied	.	.	.	.	.	.	1	.	1	.	.	
.	1	Lazarethgehülfe	.	.	.	.	.	.	.	1	.	.	.	
.	1	Sattler	.	.	.	.	.	.	.	.	.	1	.	
5	170	. . . . . Summa	.	.	1	4	2	.	87	77	85	2	4	
		4. Stab einer reitenden Abtheilung.												
1	.	Abtheilungs-Kommandeur .	.	.	1	1	.	.	.	.	.	1	1	
1	.	Sekonde-Lieutenant, Adjutant.	.	.	1	.	.	.	.	.	.	1	.	
1	.	Stabsarzt	.	.	.	1	.	.	.	.	.	.	1	
2	.	Assistenzärzte	.	.	.	2	.	.	.	.	.	.	2	
1	.	Zahlmeister	.	.	.	1	.	.	.	.	.	.	1	
.	1	Unteroffizier, Schreiber . .	.	.	.	.	.	.	1	.	1	.	.	
.	1	Trompeter	.	.	.	.	.	.	1	.	1	.	.	
.	8	Trainsoldaten.												
.	2	Roßärzte.	.	.	.	.	.	2	.	.	.	.	.	
.	1	Waffenmeister	.	.	.	.	.	.	1	.	1	.	.	
.	2	Marketender.												
.	2	Marketender-Gehülfen.												
		1 zweispänniger Packwagen	.	1	.	.	.	.	.	.	.	.	1	
6	17	. . . . . Summa	.	1	2	5	.	2	3	.	3	2	6	

477

Kopfzahl.			Trainsoldaten.				Waffen.							Bemerkungen.
			Trainfahrer		Pferdewärter.									
Offiziere, Aerzte, obere Beamte.	Unteroffiziere, Gemeine, Unterbeamte.		vom Sattel	vom Bock	berittene	unberittene	A. O. S.	R. S.	R. M/79.	A. Z.	A. S.	K. S. A/M.	J. S. U/M.	
		5. Reitende Batterie.												
1	.	Hauptmann	.	.	1	.	.	.	.	.	.	1	.	Einer reit. Batterie jeder Kav. Division werden 2 sechsspännige Kav. Patronenwagen mit 6 Trainf. vom Sattel — 6 K.S. A/M nebst 1 beritt. Train-Unteroffizier — 1 Apt. Cb. K. M/71, 1 K.S. A/M — beigegeben. (Vergl. Anmerk. zu C. Feld-Truppen I. 3 S. 48.)
1	.	Premier-Lieutenant	.	.	1	.	.	.	.	.	.	1	.	
3	.	Sekonde-Lieutenants	.	.	3	.	.	.	.	.	.	3	.	
.	1	Wachtmeister	.	.	.	.	1	.	1	.	.	.	.	
.	1	Vize-Wachtmeister	.	.	.	.	1	.	1	.	.	.	.	
.	1	Portepeefähnrich	.	.	.	.	.	.	1	.	1	.	.	
.	4	Sergeanten	.	.	.	.	.	.	4	.	4	.	.	
.	7	Unteroffiziere	.	.	.	.	.	.	7	.	7	.	.	
.	3	Trompeter	.	.	.	.	.	.	3	.	3	.	.	
.	6	Obergefreite } davon [illegible] 42 ~~zur Bedienung~~	.	.	.	.	.	.	42	.	42	.	.	
		57 zum Fahren	.	.	.	.	.	.	57	.	57	.	.	
.	9	Gefreite } 38 ~~zur Reserve~~, darunter:	.	.	.	.	.	.	38	.	38	.	.	
.	122	Gemeine } 1 Zeugschmied, 1 Stellmacher, 1 Schlosser.												
.	5	Trainsoldaten.												
.	1	Fahnenschmied	.	.	.	.	.	.	1	.	1	.	.	
.	1	Lazarethgehülfe	.	.	.	.	.	.	.	1	.	.	.	
.	2	Sattler	.	.	.	.	.	.	.	.	.	2	.	
5	163	Summa	.	.	5	.	2	.	155	1	153	7	.	
		6. Stab einer Munitions-Kolonnen-Abtheilung.												
1	.	Abtheilungs-Kommandeur	.	.	1	1	.	.	.	.	.	1	1	
1	.	Sekonde-Lieutenant, Adjutant	.	.	1	.	.	.	.	.	.	1	.	
1	.	Stabsarzt	.	.	.	1	.	.	.	.	.	.	1	
1	.	Assistenzarzt	.	.	.	1	.	.	.	.	.	.	1	
.	2	Unteroffiziere, Schreiber	.	.	.	.	.	.	2	.	2	.	.	
.	1	Trompeter	.	.	.	.	.	.	1	.	1	.	.	
.	6	Trainsoldaten.												
.	2	Roßärzte	.	.	.	.	.	2	.	.	.	.	.	
.	1	Marketender.												
.	1	Marketender-Gehülfe.												
		1 zweispänniger Packwagen	.	1	.	.	.	.	.	.	.	.	1	
4	13	Summa	.	1	2	3	.	2	3	.	3	2	4	

478

Kopfzahl.			Trainsoldaten.				Waffen.						Bemerkungen.
			Trainfahrer		Pferdewärter.								
Offiziere, Aerzte, obere Beamte.	Unteroffiziere, Gemeine, Unterbeamte.		vom Sattel.	vom Bock.	berittene	unberittene	A. O. S.	Art. Sch. K. M/71.	R. M/79.	A. S.	K. S. A/M.	J. S. U/M.	
		7. Infanterie-Munitions-Kolonne.											
1	.	Rittmeister	.	.	.	1	.	.	.	.	.	1	
2	.	Sekonde-Lieutenants der Kavallerie	.	.	.	2	.	.	.	.	.	2	
.	1	Ober-Feuerwerker, welcher Offizierdienste leistet		.	.	1	1	.	1	.	.	1	
.	1	Feldwebel	.	.	.	.	1	.	1	.	.	.	
.	1	Vize-Feldwebel	.	.	.	.	1	.	1	.	.	.	
.	4	Sergeanten	.	.	.	.	.	.	4	4	.	.	
.	7	Unteroffiziere	.	.	.	.	.	.	7	7	.	.	
.	3	Obergefreite	.	.	.	.	.	.	3	3	.	.	
.	8	Gefreite (3 berittene)	.	.	.	.	.	5	3	3	.	5	
.	62	Gemeine, einschl. 2 Trompeter	.	.	.	.	.	60	2	2	.	60	
.	84	Trainsoldaten.											
.	1	Fahnenschmied	.	.	.	.	.	.	1	1	.	.	
.	1	Lazarethgehülfe	.	.	.	.	.	.	.	.	.	1	
.	1	Sattler	.	.	.	.	.	.	.	.	1	.	
		22 sechsspännige Fahrzeuge	66	.	.	.	.	.	.	.	66	.	
		2 vierspännige Fahrzeuge	4	.	.	.	.	.	.	.	4	.	
		Zur Reserve	10	.	.	.	.	.	.	.	10	.	
3	174	Summa	80	.	.	4	3	65	23	20	81	70	
		8. Artillerie-Munitions-Kolonne.											
1	.	Rittmeister oder Hauptmann der Feld-Artillerie	.	.	.	1	.	.	.	.	.	1	
1	.	Sekonde-Lieutenant der Feld-Artillerie bezw. Kavallerie	.	.	.	1	.	.	.	.	.	1	
1	.	Sekonde-Lieutenant der Kavallerie	.	.	.	1	.	.	.	.	.	1	
.	1	Ober-Feuerwerker, welcher Offizierdienste leistet	.	.	.	1	1	.	1	.	.	1	
.	1	Feldwebel	.	.	.	.	1	.	1	.	.	.	
.	1	Vize-Feldwebel	.	.	.	.	1	.	1	.	.	.	
.	4	Sergeanten	.	.	.	.	.	.	4	4	.	.	
.	7	Unteroffiziere	.	.	.	.	.	.	7	7	.	.	
.	3	Obergefreite	.	.	.	.	.	.	3	3	.	.	
.	8	Gefreite (3 berittene)	.	.	.	.	.	5	3	3	.	5	
3	25	Seite	.	.	.	4	3	5	20	17	.	9	

Kopfzahl.			Trainsoldaten.				Waffen.									Bemerkungen.
			Trainfahrer		Pferdewärter											
Offiziere, Aerzte, obere Beamte.	Unteroffiziere, Gemeine, Unterbeamte.		vom Sattel.	vom Bock.	berittene.	unberittene.	J. O. D.	A. O. G.	J. B. M/71 m. P. J. M/71.	Apt. Sch. K. M/71.	R. M/79.	P. J. M/71.	A. G.	K. G. A/M.	J. G. U/M.	
3	25	. . . . . Uebertrag	.	.	.	4	.	3	.	5	20	.	17	.	9	
.	62	Gemeine, einschl. 2 Trompeter	.	.	.	.	.	.	.	60	2	.	2	.	60	
.	89	Trainsoldaten.														
.	1	Fahnenschmied	.	.	.	.	.	.	.	.	1	.	1	.	.	
.	1	Lazarethgehülfe	.	.	.	.	.	.	.	.	.	.	.	.	1	
.	1	Sattler	.	.	.	.	.	.	.	.	.	.	.	1	.	
		23 sechsspännige Fahrzeuge	69	.	.	.	.	.	.	.	.	.	.	69	.	
		3 vierspännige Fahrzeuge	6	.	.	.	.	.	.	.	.	.	.	6	.	
		Zur Reserve	10	.	.	.	.	.	.	.	.	.	.	10	.	
3	179	. . . . . Summa	85	.	.	4	.	3	.	65	23	.	20	86	70	
		V. Pioniere.														
		1. Feld-Pionier-Kompagnie.														
1	.	Hauptmann	.	.	.	1	.	.	.	.	.	.	.	.	1	
1	.	Premier-Lietenant	.	.	.	1	.	.	.	.	.	.	.	.	1	
3	.	Sekonde-Lieutenants	.	.	.	3	.	.	.	.	.	.	.	.	3	
1	.	Assistenzarzt	.	.	.	1	.	.	.	.	.	.	.	.	1	
.	1	Feldwebel	.	.	.	.	1	.	.	.	.	.	.	.	.	
.	1	Vize-Feldwebel	.	.	.	.	1	.	.	.	.	.	.	.	.	
.	1	Portepeefähnrich	.	.	.	.	.	.	1	.	.	.	.	.	.	
.	4	Sergeanten	.	.	.	.	.	.	4	.	.	.	.	.	.	
.	13	Unteroffiziere	.	.	.	.	.	.	13	.	.	.	.	.	.	
.	3	Hornisten	.	.	.	.	.	.	.	.	.	3	.	.	.	
.	22	Gefreite	.	.	.	.	.	.	22	.	.	.	.	.	.	
.	155	Gemeine	.	.	.	.	.	.	155	.	.	.	.	.	.	
.	11	Trainsoldaten.														
.	1	Lazarethgehülfe	.	.	.	.	.	.	.	.	.	1	.	.	.	
.	1	Marketender.														
.	1	Marketendergehülfe.														
		1 vierspänniger Schanz- und Werkzeugwagen	2	.	.	.	.	.	.	.	.	.	.	2	.	
		1 vierspänniger Feldmineurwagen	2	.	.	.	.	.	.	.	.	.	.	2	.	
		1 zweispänniger Kampagnie-Packwagen	.	1	.	.	.	.	.	.	.	.	.	.	1	
6	214	. . . . . Summa	4	1	.	6	2	.	195	.	.	4	.	4	7	

D. Waffen-Etat
der Feld-Reserve-Truppen.

Kopfzahl.			Trainsoldaten.				Waffen.			Bemerkungen.
			Trainfahrer		Pferdewärter.					
Offiziere, Aerzte, obere Beamte.	Unteroffiziere, Gemeine, Unterbeamte.		vom Sattel.	vom Bock.	berittene	unberittene	J. G. M/71 m. J. S. M/71.	K. S. A/M.	J. S. U/M.	
		I. Stäbe nebst Branchen.								
		1. Kommando einer Reserve-Division nebst Branchen.								
		a. Divisions-Kommandeur.								
4	14	Wie Infanterie-Divisions-Kommandeur. (vergl. C. Feld-Truppen. I. 2a. Seite 45.)	.	.	.	.	2	11	1	
		b. Stabswache.								
	13	Wie Stabswache eines Infanterie-Divisions-Kommandos. (vergl. C. Feld-Truppen. I. 2b. Seite 45.)	.	.	.	.	.	.	.	Vergl. §. 11 der Bestimmungen über die Aufbewahrung 2c. der Waffen.
		c. Feld-Intendantur.								
6	8	Wie Feld-Intendantur einer Infanterie-Division. (vergl. C. Feld-Truppen. I. 2c. Seite 45.)	.	.	.	.	.	1	7	
		d. Feld-Proviantamt.								
8	11	Wie Feld-Proviantamt einer Infanterie-Division. (vergl. C. Feld-Truppen. I. 2d. Seite 45.)	.	.	.	.	.	.	11	

Kopfzahl.			Trainsoldaten.				Waffen.				Bemerkungen.
			Trainfahrer		Pferdewärter.						
Offiziere, Aerzte, obere Beamte.	Unteroffiziere, Gemeine, Unterbeamte.		vom Sattel.	vom Bock.	berittene	unberittene	J. G. M/71 m. J. G. M/71.	R. M/79.	K. G. A/M.	J. G. U/M.	
1	2	e. Divisionsarzt. Wie Divisionsarzt bei einem Infanterie-Divisions-Kommando. (vergl. C. Feld-Truppen. I. 2e. Seite 46.)	.	.	.	.	.	.	.	2	
2	2	f. Divisions-Auditeur. Wie Divisions-Auditeur bei einem Infanterie-Divisions-Kommando. (vergl. C. Feld-Truppen. I. 2f. Seite 46.)	.	.	.	.	.	.	.	2	
1	3	g. Feld-Divisions-Geistlicher. Wie Feld-Divisions-Geistlicher bei dem Kommandeur der Artillerie eines Armee-Korps. (vergl. C. Feld-Truppen. I. 1q. Seite 44.)	.	.	.	.	.	.	.	2	
4	12	h. Feldpost-Expedition. Wie Feldpost-Expedition einer Kavallerie-Division. (vergl. C. Feld-Truppen. I. 3g. Seite 48.)	.	.	.	.	.	2	4	8	
26	65	**Summa des Kommandos einer Reserve-Division.**	.	.	.	.	2	2	16	33	
2	10	**2. Kommando einer Reserve-Infanterie-Brigade.** Wie Infanterie-Brigade-Kommando. (vergl. C. Feld-Truppen. I. 4. Seite 48.)	.	.	.	.	1	.	5	2	Vergl. §. 11 der Bestimmungen über die Aufbewahrung 2c. der Waffen.

Kopfzahl.			Waffen.														Bemerkungen.
Offiziere, Aerzte, obere Beamte.	Unteroffiziere, Gemeine, Unterbeamte.		K. O. D. M/54.	K. O. S. M/52.	A. O. S.	R. S.	Apl. Ch. K. M/71.	R. M/79.	A. Z.	K. D. M/54.	K. S. M/52.	U. S.	A. S.	K. S. A/M.	J. S. U/M.	L. N/A.	
		III. Kavallerie. **Reserve-Kavallerie-Regiment.** Wie ein Linien-Kavallerie-Regiment, (vergl. C. Feld-Truppen. III. 2. Seite 53) jedoch mit nebenstehender Aenderung in der Bewaffnung.															
28	656	Schweres Reserve-Reiter-Regiment	9	.	.	2	528	78	.	637	.	.	.	.	4	.	
28	656	Reserve-Dragoner- oder Husaren-Regiment . .	.	9	.	2	528	78	.	.	637	.	.	.	4	.	
28	656	Reserve-Ulanen-Regiment . . . . 1. Ist beim Regiment ein Ober-Roßarzt nicht vorhanden, so fällt ein unberittener Pferdewärter fort, es tritt hingegen 1 Roßarzt — 1 R. S. — hinzu. 2. Die für die schw. Reserve-Reiter-Reg. noch vorhandenen K. O. D. älterer Modelle sind aufzubrauchen. 3. Für jedes Res.-Ulanen-Reg. werden als Vorrath noch 18 fertige Lanzen, zusammen mit den Büchsenmacherwerkzeugen, bereit gehalten und verabfolgt.	.	9	.	2	528	78	.	.	69	568	.	.	4	528	
		IV. Feld-Artillerie. **1. Stab einer Reserve-Artillerie-Abtheilung.** Wie Stab einer Feld-Artillerie-Abtheilung. (vergl. C. Feld-Truppen. IV. 2. Seite 55) . .															
5	16		.	.	.	2	.	3	.	.	.	.	3	2	5	.	
		2. Reserve-Batterie. Wie Feld-Batterie. (vergl. C. Feld-Truppen. IV. 3. Seite 56) . .															
5	170		.	.	2	.	.	87	77	.	.	.	85	2	4	.	

494

Kopfzahl.			Trainsoldaten.				Waffen.									Bemerkungen.
			Trainfahrer		Pferdewärter.											
Offiziere, Aerzte, obere Beamte.	Unteroffiziere, Gemeine, Unterbeamte.		vom Sattel.	vom Bock.	berittene	unberittene	J. O. D.	A. O. G.	J. B. M/71 m. P. F. M/71.	Apt. Ch. K. M/71.	R. M/79.	P. F. M/71.	A. G.	K. G. A/M.	J. G. U/M.	
		3. Reserve-Infanterie-Munitions-Kolonne.														
3	174	Wie Infanterie-Munitions-Kolonne. (vergl. C. Feld-Truppen. IV. 7. Seite 58)	.	.	.	.	.	3	.	65	23	.	20	81	70	
		4. Reserve-Artillerie-Munitions-Kolonne.														
3	179	Wie Artillerie-Munitions-Kolonne. (vergl. C. Feld-Truppen. IV. 8. Seite 58)	.	.	.	.	.	3	.	65	23	.	20	86	70	
		V. Pioniere.														
		Reserve-Pionier-Kompagnie.														
1	.	Hauptmann	.	.	.	1	.	.	.	.	.	.	.	.	1	
1	.	Premier-Lieutenant	.	.	.	1	.	.	.	.	.	.	.	.	1	
3	.	Sekonde-Lieutenants	.	.	.	3	.	.	.	.	.	.	.	.	3	
1	.	Assistenzarzt	.	.	.	1	.	.	.	.	.	.	.	.	1	
.	1	Feldwebel	.	.	.	.	1	.	.	.	.	.	.	.	.	
.	1	Vize-Feldwebel	.	.	.	.	1	.	.	.	.	.	.	.	.	
.	1	Portepeefähnrich	.	.	.	.	.	.	1	.	.	.	.	.	.	
.	4	Sergeanten	.	.	.	.	.	.	4	.	.	.	.	.	.	
.	13	Unteroffiziere	.	.	.	.	.	.	13	.	.	.	.	.	.	
.	3	Hornisten	.	.	.	.	.	.	.	.	.	3	.	.	.	
.	22	Gefreite	.	.	.	.	.	.	22	.	.	.	.	.	.	
.	155	Gemeine	.	.	.	.	.	.	155	.	.	.	.	.	.	
.	15	Trainsoldaten.														
.	1	Lazarethgehülfe	.	.	.	.	.	.	.	.	.	1	.	.	.	
.	1	Marketender.														
.	1	Marketender-Gehülfe.														
		1 vierspänniger Schanz- und Werkzeugwagen	2	.	.	.	.	.	.	.	.	.	.	2	.	
		2 vierspännige Schanzzeugwagen	4	.	.	.	.	.	.	.	.	.	.	4	.	
		1 vierspänniger Feldmineurwagen	2	.	.	.	.	.	.	.	.	.	.	2	.	
		1 zweispänniger Kompagnie-Packwagen	.	1	.	.	.	.	.	.	.	.	.	.	1	
6	218	. . . . . Summa	8	1	.	6	2	.	195	.	.	4	.	8	7	

495

Kopfzahl.			Trainsoldaten.				Waffen.						Bemerkungen.
			Trainfahrer		Pferdewärter.								
Offiziere, Aerzte, obere Beamte.	Unteroffiziere, Gemeine, Unterbeamte.		vom Sattel.	vom Bock.	berittene	unberittene	J. O. D.	J. R. M/71. m. P. J. M/71.	Art. Sh. K. M/71.	P. J. M/71.	K. S. A/M.	J. S. U/M.	
1	4	. . . . . Uebertrag	.	.	.	1	.	.	4	.	4	1	
	32	Trainsoldaten.											
	1	Fahnenschmied	.	.	.	.	.	.	1	.	1	.	
		6 sechsspännige Requisitenwagen	18	.	.	.	.	.	.	.	18	.	
		2 vierspännige Leiterwagen	4	.	.	.	.	.	.	.	4	.	
		2 zweispännige Stationswagen	.	2	.	.	.	.	.	.	.	2	
		3 zweispännige Beamten-Transportwagen	.	3	.	.	.	.	.	.	.	3	
		1 zweispänniger Packwagen	.	1	.	.	.	.	.	.	.	1	
		Zur Reserve	3	.	.	.	.	.	.	.	3	.	
1	37		25	6	.	1	.	.	5	.	30	7	
12	140	. . . . . Summa	25	6	1	9	2	87	5	1	31	19	
		2. Reserve-Feld-Telegraphen-Abtheilung.											
		a. Telegraphen-Detachement.											
1	.	Hauptmann, Kommandeur .	.	.	1	.	.	.	.	.	1	.	
1	.	Premier-Lieutenant	.	.	.	1	.	.	.	.	.	1	
1	.	Sekonde-Lieutenant	.	.	.	1	.	.	.	.	.	1	
1	.	Assistenzarzt	.	.	.	1	.	.	.	.	.	1	
2	.	Feld-Telegraphen-Inspektoren.											
10	.	Feld-Telegraphen-Sekretäre.											
.	8	Telegraphen-Vorarbeiter .	.	.	.	.	.	.	.	.	.	8	
.	1	Feldwebel	.	.	.	.	1	.	.	.	.	.	
.	1	Vize-Feldwebel	.	.	.	.	1	.	.	.	.	.	
.	2	Sergeanten	.	.	.	.	.	2	.	.	.	.	
.	4	Unteroffiziere	.	.	.	.	.	4	.	.	.	.	
.	1	Hornist	.	.	.	.	.	.	.	1	.	.	
.	9	Gefreite	.	.	.	.	.	9	.	.	.	.	
.	72	Gemeine	.	.	.	.	.	72	.	.	.	.	
.	11	Trainsoldaten.											
		Ordonnanzen bei den 2 Feld-Telegraphen-Inspektoren (je 1) und den 10 Telegraphen-Sekretären (zusammen 5)	.	.	.	7	.	.	.	.	.	7	
16	109		.	.	1	10	2	87	.	1	1	18	

Kopfzahl.			Trainsoldaten.				Waffen.									Bemerkungen.
			Trainfahrer		Pferdewärter.											
Offiziere, Aerzte, obere Beamte.	Unteroffiziere, Gemeine, Unterbeamte.		vom Sattel.	vom Bock.	berittene	unberittene	J. O. D.	J. R. M/71 m. P. Z. M/71.	K. C.	Apt. Ch. K. M/71.	R. M/79.	P. Z. M/71.	A. S.	K. S. A/M.	J. S. U/M.	
		b. Train-Kolonne.														
1	.	Sekonde-Lieutenant des Trains	.	.	.	1	.	.	.	.	.	.	.	.	1	
.	2	Sergeanten	.	.	.	.	.	.	.	2	.	.	.	2	.	
.	4	Unteroffiziere	.	.	.	.	.	.	.	4	.	.	.	4	.	
.	1	Gefreiter	.	.	.	.	.	.	.	1	.	.	.	1	.	
.	38	Trainsoldaten.														
.	1	Fahnenschmied	.	.	.	.	.	.	.	1	.	.	.	1	.	
		8 sechsspännige Requisitenwagen	24	.	.	.	.	.	.	.	.	.	.	24	.	
		1 vierspänniger Leiterwagen	2	.	.	.	.	.	.	.	.	.	.	2	.	
		7 zweispännige Beamten-Transportwagen	.	7	.	.	.	.	.	.	.	.	.	.	7	
		1 zweispänniger Packwagen	.	1	.	.	.	.	.	.	.	.	.	.	1	
		Zur Reserve	3	.	.	.	.	.	.	.	.	.	.	3	.	
1	46		29	8	.	1	.	.	.	8	.	.	.	37	9	
17	155	Summa	29	8	1	11	2	87	.	8	.	1	.	38	27	
		II. Formationen für den Feld-Munitions-Ersatz.														
		1. Stab einer Abtheilung des Feld-Munitions-Parks.														
1	.	Hauptmann, Abtheilungs-Kommandeur	.	.	.	1	.	.	.	.	.	.	.	.	1	
1	.	Feuerwerks-Lieutenant	.	.	.	1	.	.	.	.	.	.	.	.	1	
1	.	Assistenzarzt	.	.	.	1	.	.	.	.	.	.	.	.	1	
1	.	Zahlmeister	.	.	.	1	.	.	.	.	.	.	.	.	1	
.	1	Unteroffizier, Schreiber	.	.	.	.	.	.	.	.	1	.	1	.	.	
.	5	Trainsoldaten.														
.	1	Roßarzt	.	.	.	.	.	.	1	.	.	.	.	.	.	
		1 zweispänniger Packwagen	.	1	.	.	.	.	.	.	.	.	.	.	1	
4	7	Summa	.	1	.	4	.	.	1	.	1	.	1	.	5	
		2. Kolonne des Feld-Munitions-Parks.														
1	.	Rittmeister oder Hauptmann der Feld-Artillerie, Kommandeur	.	.	.	1	.	.	.	.	.	.	.	.	1	
1	.	Seite	.	.	.	1	.	.	.	.	.	.	.	.	1	

499

Kopfzahl. Offiziere, Aerzte, obere Beamte.	Kopfzahl. Unteroffiziere, Gemeine, Unterbeamte.		Trainsoldaten. Trainfahrer vom Sattel	Trainsoldaten. Trainfahrer vom Bock	Trainsoldaten. Pferdewärter berittene	Trainsoldaten. Pferdewärter unberittene	Waffen. A. O. S.	Waffen. Apt. Ch. K. M/71.	Waffen. K. M/79.	Waffen. A. Z.	Waffen. A. S.	Waffen. K. S. A/M.	Waffen. J. S. U/M.	Bemerkungen.
1	.	..... Uebertrag	.	.	.	1	.	.	.	.	.	.	1	
1	.	Sekonde-Lieutenant d. Feld-Artillerie bezw. der Kavallerie	.	.	.	2	.	.	.	.	.	.	2	
1	.	Sekonde-Lieutenant der Kavallerie												
.	1	Ober-Feuerwerker, welcher Offizierdienste leistet ..	.	.	.	1	1	.	1	.	.	.	1	
.	1	Feldwebel	.	.	.	.	1	.	1	.	.	.	.	
.	1	Vize-Feldwebel	.	.	.	.	1	.	1	.	.	.	.	
.	2	Feuerwerker	.	.	.	.	.	.	.	.	.	.	2	
.	4	Sergeanten	.	.	.	.	.	.	4	.	4	.	.	
.	7	Unteroffiziere	.	.	.	.	.	.	7	.	7	.	.	
.	3	Obergefreite	.	.	.	.	.	3	.	.	.	.	3	
.	8	Gefreite } einschließlich 2 Trompeter, sowie 1 Zeugschmied und 1 Stellmacher												
.	62	Gemeine }	.	.	.	.	.	68	2	.	2	.	68	
.	71	Trainsoldaten.												
.	1	Fahnenschmied	.	.	.	.	.	.	1	.	1	.	.	
.	1	Lazarethgehülfe	.	.	.	.	.	.	.	.	.	.	1	
.	1	Sattler	.	.	.	.	.	.	.	.	.	1	.	
		18 sechsspännige Fahrzeuge	54	.	.	.	.	.	.	.	.	54	.	
		2 vierspännige Fahrzeuge	4	.	.	.	.	.	.	.	.	4	.	
		Zur Reserve	9	.	.	.	.	.	.	.	.	9	.	
3	163	..... Summa	67	.	.	4	3	71	17	.	14	68	78	
		3. Haupt-Munitions-Depot.												
1	.	Hauptmann, Vorstand ..	.	.	.	1	.	.	.	.	.	.	1	
1	.	Sekonde-Lieutenant	.	.	.	1	.	.	.	.	.	.	1	
1	.	Zeug-Lieutenant	.	.	.	1	.	.	.	.	.	.	1	
.	1	Ober-Feuerwerker, welcher Offizierdienste leistet ..	.	.	.	1	1	.	.	.	.	.	1	
.	1	Zeug-Feldwebel.												
.	2	Feuerwerker	.	.	.	.	.	.	.	2	.	.	.	
.	2	Sergeanten	.	.	.	.	.	.	.	2	.	.	.	
.	6	Unteroffiziere	.	.	.	.	.	.	.	6	.	.	.	
.	1	Trompeter	.	.	.	.	.	.	.	1	.	.	.	
.	8	Gefreite	.	.	.	.	.	.	.	8	.	.	.	
.	63	Gemeine	.	.	.	.	.	.	.	63	.	.	.	
.	4	Trainsoldaten.												
3	88	..... Summa	.	.	.	4	1	.	.	82	.	.	4	

Kopfzahl.			Trainsoldaten.				Waffen.					Bemerkungen.
			Trainfahrer		Pferdewärter.							
Offiziere, Aerzte, obere Beamte.	Unteroffiziere, Gemeine, Unterbeamte.		vom Sattel.	vom Bock.	berittene	unberittene	A. O. S.	J. B. M/71 m. A. S. M/71.	A. S. M/71.	K. S. A/M.	J. S. U/M.	
		5. Park-Kommando eines Spezial-Artillerie-Belagerungs-Trains.										
1	.	Park-Direktor, Hauptmann*).	.	.	1	.	.	.	.	1	.	*) Der älteste Hauptmann der betreffenden Park-Kompagnien, dessen Stelle hierauf in Anrechnung kommt.
1	.	Feuerwerks-Hauptmann, Vorstand für den Munitions-Park	.	.	.	1	.	.	.	.	1	
		Zeug-Personal.										
1	.	Zeug-Lieutenant, Vorstand des Park-Büreaus	.	.	.	1	.	.	.	.	1	
.	1	Zeug-Feldwebel für den Büreaudienst.										
.	2	Zeug-Sergeanten für den Außendienst.										
		Feuerwerks-Personal zum Laboratoriendienst bezw. zur Verwaltung der Parkmagazine.										
1	.	Feuerwerks-Lieutenant.......	.	.	.	1	.	.	.	.	1	
.	3	Ober-Feuerwerker	.	.	.	.	3*	.	.	.	.	*) Die vorstehende Bemerkung zu 4 gilt auch hier.
.	6	Feuerwerker..............	.	.	.	.	.	.	6*	.	.	
.	5	Trainsoldaten.										
.	10	Handwerker (für Geschützrohr-Reparaturen).										
		1 zweispänniger Packwagen ..	.	1	.	.	.	.	.	.	1	
4	27	.... Summa	.	1	1	3	3	.	6	1	4	
		6. Stab eines mobilen Fuß-Artillerie-Regiments.										
1	.	Regiments-Kommandeur.....	.	.	2	1	.	.	.	2	1	
1	.	Sekonde-Lieutenant, Adjutant.	.	.	1	.	.	.	.	1	.	
1	.	Ober-Stabsarzt	.	.	.	1	.	.	.	.	1	1. Hierzu treten noch die beim Regiment event. befindlichen Hornisten: 1 Stabshornist — 1 A. O. S., 12 Hornisten — 12 A. S. M/71.
.	2	Unteroffiziere, Schreiber	.	.	.	.	.	2	.	.	.	
.	6	Trainsoldaten.										
		1 zweispänniger Packwagen ..	.	1	.	.	.	.	.	.	1	
3	8	.... Summa	.	1	3	2	.	2	.	3	3	2. Wegen Verwendung des Stabes eines mobilen Fuß-Artillerie-Regiments als Kommando eines Spezial-Artillerie-Belagerungs-Trains vergleiche Bemerkung zu III. 3. Seite 82.
		7. Mobiles Fuß-Artillerie-Bataillon.										
1	.	Bataillons-Kommandeur.....	.	.	1	1	.	.	.	1	1	
4	.	Hauptleute	.	.	.	4	.	.	.	.	4	
5	.	..........Seite..........	.	.	1	5	.	.	.	1	5	

Kopfzahl. Offiziere, Aerzte, obere Beamte.	Kopfzahl. Unteroffiziere, Gemeine, Unterbeamte.		Trainsoldaten. Trainfahrer vom Sattel.	Trainsoldaten. Trainfahrer vom Bock.	Trainsoldaten. Pferdewärter berittene	Trainsoldaten. Pferdewärter unberittene	Waffen. A. O. S.	Waffen. J. B. M/71 m. A. S. M/71.	Waffen. Apt. Sch. K. M/71.	Waffen. R. M/79 bz. M/83.	Waffen. A. S. M/71.	Waffen. A. S.	Waffen. K. S. A/M.	Waffen. J. S. U/M.
5	.	..... Uebertrag	.	.	1	5	.	.	.	.	.	.	1	5
4	.	Premier-Lieutenants ..	.	.	.	4	.	.	.	.	.	.	.	4
1	.	Sekonde-Lieutenant, Adjutant	.	.	.	1	.	.	.	.	.	.	.	1
8	.	Sekonde-Lieutenants ..	.	.	.	8	.	.	.	.	.	.	.	8
1	.	Stabsarzt	.	.	.	1	.	.	.	.	.	.	.	1
1	.	Assistenzarzt.........	.	.	.	1	.	.	.	.	.	.	.	1
1	.	Zahlmeister	.	.	.	1	.	.	.	.	.	.	.	1
.	4	Feldwebel	.	.	.	.	4	.	.	4	.	.	.	.
.	4	Vize-Feldwebel	.	.	.	.	4	.	.	4	.	.	.	.
.	4	Portepeefähnriche ...												
.	16	Sergeanten	.	.	.	.	.	68	.	1*	.	1*	.	.
.	49	Unteroffiziere												
.	44	Obergefreite.........	.	.	.	.	.	44	.	.	.	.	.	.
.	48	Gefreite } einschl. 8 Sig-												
.	632	Gemeine } nal-Trompeter	.	.	.	.	.	672	.	.	8	.	.	.
.	28	Trainsoldaten.												
.	4	Lazarethgehülfen	.	.	.	.	.	.	.	.	4	.	.	.
.	1	Büchsenmacher**)	.	.	.	.	.	.	.	.	1	.	.	.
.	2	Marketender.	.	.	.	.	.	.	.	.	.	.	.	.
.	2	Marketender-Gehülfen.												
		1 vierspänniger Bataillons-Packwagen .	2	.	.	.	.	.	.	.	.	.	2	.
		4 zweispännige Kompagnie-Packwagen ..	.	4	.	.	.	.	.	.	.	.	.	4
21	838	..... Summa	2	4	1	21	8	784	.	9	13	1	3	25
		8. Mobiles Landwehr-Fuß-Artillerie-Bataillon.												
21	838	Wie 7, vorstehend †) ..	2	4	1	21	8	784	.	9	13	1	3	25
		9. Park-Kompagnie eines mobilen Fuß-Artillerie-Bataillons.												
1	.	Hauptmann.........	.	.	.	1	.	.	.	.	.	.	.	1
1	.	Premier-Lieutenant...	.	.	.	1	.	.	.	.	.	.	.	1
2	.	Sekonde-Lieutenants ..	.	.	.	2	.	.	.	.	.	.	.	2
.	1	Feldwebel	.	.	.	.	1	.	.	1	.	.	.	.
.	1	Vize-Feldwebel	.	.	.	.	1	.	.	1	.	.	.	.
.	4	Sergeanten. }												
.	8	Unteroffiziere. }	.	.	.	.	.	.	12	.	.	.	.	12
.	12	Gefreite } einschl. 2 Sig-												
.	174	Gemeine } nal-Trompeter	.	.	.	.	.	.	184	.	.	.	.	186
4	200	.......Seite.......	.	.	.	4	2	.	196	2	.	.	.	202

Bemerkungen.

Bei demjenigen Bataillon, welchem der Regimentsstab attachirt ist, fällt der Stabsarzt nebst 1 Trainsoldaten und 1 J. S. U/M. fort.

*) Nach Bestimmung des Regiments-Kommandeurs oder des selbstständigen Bataillons-Kommandeurs kann statt des Unteroffiziers ein Gemeiner beritten gemacht werden.

**) Statt des Büchsenmachers event. ein Büchsenmacher-Gehülfe innerhalb der Stärke der Gefreiten und Gemeinen.

Bei den selbstständigen Fuß-Artillerie-Bataillonen treten hierzu noch:
1 Stabshornist — 1 A. O. S.
12 Hornisten — 12 A. S. M/71.

†) Die Bemerkungen * und ** zu 7 gelten auch hier.

505

Kopfzahl. Offiziere, Aerzte, obere Beamte.	Kopfzahl. Unteroffiziere, Gemeine, Unterbeamte.		Trainsoldaten. Trainfahrer vom Sattel.	Trainsoldaten. Trainfahrer vom Bock.	Trainsoldaten. Pferdewärter berittene	Trainsoldaten. Pferdewärter unberittene	Waffen. A. D. S.	Waffen. K. S.	Waffen. Apt. Ch. K. M/71	Waffen. R. M/83.	Waffen. A. S.	Waffen. K. S. A/M.	Waffen. J. S. U/M.	Bemerkungen.
4	200	.... Uebertrag	.	.	.	4	2	.	196	2	.	.	202	
.	5	Trainsoldaten.												
.	1	Lazarethgehülfe	.	.	.	.	.	.	.	.	.	.	1	
		1 zweispänniger Kompagnie-Packwagen	.	1	.	.	.	.	.	.	.	.	1	
4	206	.... Summa	.	1	.	4	2	.	196	2	.	.	204	
		10. Stab einer Abtheilung der Munitions-Fuhrpark-Kolonnen.												
1	.	Abtheilungs-Kommandeur....	.	.	1	1	.	.	.	.	.	1	1	
1	.	Sekonde-Lieutenant, Adjutant	.	.	1	.	.	.	.	.	.	1	.	
1	.	Assistenzarzt...............	.	.	.	1	.	.	.	.	.	.	1	
1	.	Zahlmeister	.	.	.	1	.	.	.	.	.	.	1	
.	1	Unteroffizier, Schreiber......	.	.	.	.	.	.	1	.	.	.	1	
.	6	Trainsoldaten.												
.	2	Roßärzte	.	.	.	.	.	2	.	.	.	.	.	
.	1	Marketender	.	.	.	.	.	.	.	.	.	.	.	
.	1	Marketender-Gehülfe.												
	.	1 zweispänniger Packwagen...	.	1	.	.	.	.	.	.	.	.	1	
4	11	.... Summa	.	1	2	3	.	2	1	.	.	2	5	
		11. Munitions-Fuhrpark-Kolonne.												
1	.	Rittmeister	.	.	.	1	.	.	.	.	.	.	1	
1	.	Sekonde-Lieutenant.........	.	.	.	1	.	.	.	.	.	.	1	
.	1	Wachtmeister	.	.	.	.	1*	.	1	.	.	.	.	*) K. D. S. M/52.
.	1	Vize-Wachtmeister..........	.	.	.	.	1*	.	1	.	.	.	.	
.	2	Sergeanten	.	.	.	.	.	.	2	.	.	2	.	
.	7	Unteroffiziere.............	.	.	.	.	.	.	7	.	.	7	.	
.	8	Gefreite } einschl. 1 zum Blasen der Signale u. 1 Sattler.												
.	80	Trainsoldaten } einschl. 1 zum Blasen der Signale u. 1 Sattler.												
.	1	Lazarethgehülfe	.	.	.	.	.	.	.	.	.	.	1	
.	1	Fahnenschmied	.	.	.	.	.	.	1	.	.	1	.	
		40 vierspännige Wagen	80	.	.	.	.	.	.	.	.	80	.	
		Zur Reserve einschl. 1 Trainsoldat zum Blasen d. Signale und 1 Sattler	6	.	.	.	.	.	.	.	.	6	.	
2	101	.... Summa	86	.	.	2	2*	.	12	.	.	96	3	

506

Kopfzahl.			Trainsoldaten.				Waffen.					Bemerkungen.
			Trainfahrer		Pferdewärter.							
Offiziere, Aerzte, obere Beamte	Unteroffiziere, Gemeine, Unterbeamte.		vom Sattel.	vom Bock.	berittene	unberittene	K. D. G. M/52.	R. G.	Apt. Ch. K. M/71.	K. G. A/M	J. G. U/M.	
		IIIa. Schwere 12 cm Kanonen-Batterie der Feld-Armee.										
1	.	Premier-Lieutenant (der Feld-Artillerie, Kavallerie oder des Trains)	.	.	.	1	.	.	.	.	1	
1	.	Sekonde-Lieutenant (der Feld-Artillerie, Kavallerie oder des Trains)	.	.	.	1	.	.	.	.	1	
1	.	Assistenzarzt	.	.	.	1	.	.	.	.	1	
1	.	Zahlmeister	.	.	.	1	.	.	.	.	1	
.	1	Wachtmeister (der Feld-Artillerie, Kavallerie oder des Trains)	.	.	.	.	1	.	1	.	.	
.	1	Vize-Wachtmeister (der Feld-Artillerie, Kavallerie oder des Trains)	.	.	.	.	1	.	1	.	.	
.	2	Sergeanten (der Feld-Artillerie, Kavallerie oder des Trains)	.	.	.	.	.	.	2	2	.	
.	6	Unteroffiziere (der Feld-Artillerie, Kavallerie oder des Trains)	.	.	.	.	.	.	6	6	.	
.	2	Trompeter (der Feld-Artillerie, Kavallerie oder des Trains)	.	.	.	.	.	.	2	2	.	
.	8	Gefreite (einschl. 1 Sattler, 1 Schlosser, 1 Stellmacher, 1 Zeugschmied.)										
.	84	Trainsoldaten (einschl. 1 Sattler, 1 Schlosser, 1 Stellmacher, 1 Zeugschmied.)										
.	1	Lazarethgehülfe	.	.	.	.	.	.	.	.	1	
.	1	Roßarzt	.	.	.	.	.	1	.	.	.	
.	1	Fahnenschmied	.	.	.	.	.	.	1	1	.	
		6 Geschütze	18	.	.	.	.	.	.	18	.	
		1 Vorraths-Laffete	2	.	.	.	.	.	.	2	.	
		29 vierspännige Fahrzeuge	58	.	.	.	.	.	.	58	.	
		Zur Reserve, einschl. 1 Sattler, 1 Schlosser, 1 Stellmacher, 1 Zeugschmied	3	.	.	7	.	.	.	3	7	
4	107	Summa	81	.	.	11	2	1	13	92	12	
		IV. Ingenieur-Belagerungs-Formationen.										
		1. Kommando eines großen Ingenieur-Belagerungs-Trains.										
1	.	Kommandeur, Generallieutenant oder Generalmajor	2	.	3	1	.	.	.	5	1	
1	.	Chef des Stabes (Stabsoffizier mit Regiments-Kommandeurs-Rang)	.	1	2	1	.	.	.	2	2	
1	.	Stabsoffizier, Adjutant	.	.	2	.	.	.	.	2	.	
3	.	Seite	2	1	7	2	.	.	.	9	3	

Kopfzahl. Offiziere, Aerzte, obere Beamte.	Kopfzahl. Unteroffiziere, Gemeine, Unterbeamte.		Trainsoldaten. Trainfahrer vom Sattel.	Trainsoldaten. Trainfahrer vom Bock.	Trainsoldaten. Pferdewärter. berittene	Trainsoldaten. Pferdewärter. unberittene	Waffen. J. B. M/71 m. P. Z. M/71.	Waffen. Art. Sch. K. M/71.	Waffen. K. S. A/M.	Waffen. J. S. U/M.	Bemerkungen.
3	.	.... Uebertrag	2	1	7	2	.	.	9	3	
1	.	Hauptmann, Adjutant	.	.	2	.	.	.	2	.	
1	.	Premier-Lieutenant, Adjutant	.	.	2	.	.	.	2	.	
.	3	Unteroffiziere, Schreiber.	.	.	.	.	3	.	.	.	
.	2	Unteroffiziere, Zeichner.	.	.	.	.	2	.	.	.	
.	16	Trainsoldaten.									
5	21	.... Summa	2	1	11	2	5	.	13	3	
		2. Kommando eines kleinen Ingenieur-Belagerungs-Trains bezw. einer Sektion eines großen Ingenieur-Belagerungs-Trains.									
11	23	Wie Kommandeur der Ingenieure und Pioniere bei einem Festungs-Gouvernements-Stab. (Vergl. B. General-Gouvernements u. s. w. II. 3. Seite 37)	.	.	.	.	3	.	9	11	
		2a. Bespannung eines kleinen Ingenieur-Belagerungs-Trains (Sektionen 5 und 6).									
1	.	Premier-Lieutenant } des Trains	.	.	.	1	.	.	.	1	
1	.	Sekonde-Lieutenant } des Trains	.	.	.	1	.	.	.	1	
.	2	Sergeanten } des Trains									
.	6	Unteroffiziere } des Trains...	.	.	.	.	.	9	9	.	
.	1	Trompeter } des Trains									
.	108	Trainsoldaten.									
		4 vierspännige Schanzzeugwagen	8	.	.	.	.	.	8	.	
		1 vierspänniger Werkzeugwagen	2	.	.	.	.	.	2	.	
		3 vierspännige Feldmineurwagen	6	.	.	.	.	.	6	.	
		87 zweispännige Leiterwagen..	.	87	.	.	.	.	.	87	
		Zur Reserve	1	2	.	.	.	.	1	2	
2	117	.... Summa	17	89	.	2	.	9	26	91	
		3. Depot eines kleinen Ingenieur-Belagerungs-Trains bezw. einer Sektion eines großen Ingenieur-Belagerungs-Trains.									
1	.	Hauptmann, Depot-Direktor .	.	.	.	1	.	.	.	1	
1	.	Sekonde-Lieutenant.........	.	.	.	1	.	.	.	1	
2	.	.... Seite..........	.	.	.	2	.	.	.	2	

F. Waffen-Etat

der Etappen- und Eisenbahn-Formationen.

Kopfzahl: Offiziere, Aerzte, obere Beamte	Kopfzahl: Unteroffiziere, Gemeine, Unterbeamte		Trainsoldaten: Trainfahrer vom Sattel	Trainsoldaten: Trainfahrer vom Bock	Trainsoldaten: Pferdewärter berittene	Trainsoldaten: Pferdewärter unberittene	Waffen: K. O. S. M/52.	Waffen: R. G.	Waffen: J. G. M/71 m. J. G. M/71.	Waffen: R. M/79.	Waffen: K. G. A/M.	Waffen: J. G. U/M.	Bemerkungen.
		I. Etappen-Formationen.											
		1. Etappen-Inspektion nebst Branchen.											
		a. Etappen-Inspekteur.											
1	.	Etappen-Inspekteur	2	.	3	1	.	.	.	.	5	1	
1	.	Chef des Stabes	2	.	2	.	.	.	.	.	4	.	
2	.	Hauptleute der Artillerie bezw. des Ingenieur-Korps	.	.	.	2	.	.	.	.	.	2	
1	.	Lieutenant, Adjutant . . .	.	.	.	1	.	.	.	.	.	1	
1	.	Zahlmeister	.	.	.	1	.	.	.	.	.	1	
.	1	Sergeant } berittene Stabsordonnanzen											
.	4	Gemeine } berittene Stabsordonnanzen											
.	1	Unteroffizier } unberittene Stabsordonnanzen	.	.	.	.	.	.	.	.	.	.	*)
.	12	Gemeine } unberittene Stabsordonnanzen											
.	4	Unteroffiziere, Schreiber . .	.	.	.	.	.	.	4	.	.	.	
.	15	Trainsoldaten.											
1	.	Ober-Roßarzt	.	.	.	1	.	.	.	.	.	1	
.	2	Roßärzte	.	.	.	.	.	2	.	.	.	.	
.	3	Fahnenschmiede.	.	.	.	.	.	.	.	.	.	3	
		*) 1. Vergl. §. 11 der Bestimmungen über die Aufbewahrung rc. der Waffen. 2. Ist ein Ober-Roßarzt nicht verfügbar, so verringert sich die Stärke um 1 unberittenen Pferdewärter, es tritt dagegen hinzu 1 Roßarzt — 1 R. G.											
7	42		4	.	5	6	.	2	4	.	9	9	
		b. Feldgendarmerie-Detachement.											
1	.	Rittmeister oder Stabsoffizier	.	1	1	.	.	.	.	.	1	1	
.	1	Wachtmeister	.	.	.	1	1	.	.	1	.	1	
.	3	Trainsoldaten.											
1	4		.	1	1	1	1	.	.	1	1	2	

Kopfzahl.			Trainsoldaten.				Waffen.			Bemerkungen.
			Trainfahrer		Pferdewärter.					
Offiziere, Aerzte, obere Beamte.	Unteroffiziere, Gemeine, Unterbeamte.		vom Sattel.	vom Bock.	berittene	unberittene	Kpt. Cb. K. M/71.	K. S. A/M.	J. S. U/M.	
		c. Feld-Intendantur.								
1	.	Feld-Intendant	.	1	1	.	.	1	1	
1	.	Feld-Intendantur-Rath . .	.	1	1	.	.	1	1	
2	.	Feld-Intendantur-Sekretäre	.	.	.	2	.	.	2	
2	.	Feld-Intendant.-Expedienten	.	.	.	2	.	.	2	
1	.	Feld-Intendantur-Assistent .	.	.	.	1	.	.	1	
1	.	Feld-Proviantmeister . . .	.	.	.	1	.	.	1	
2	.	Feldmagazin-Rendanten . .	.	.	.	2	.	.	2	
2	.	Feldmagazin-Kontroleure .	.	.	.	2	.	.	2	
8	.	Feldmagazin-Assistenten . .	.	.	.	8	.	.	8	
	6	Feldmagazin-Aufseher . . .	.	.	.	.	.	.	6	
1	.	Kriegs-Zahlmeister	.	.	.	1	.	.	1	
1	.	Kassirer	.	.	.	1	.	.	1	
1	.	Buchhalter	.	.	.	1	.	.	1	
1	.	Kassen-Assistent.								
	1	Kassendiener								
	1	Train-Unteroffizier	.	.	.	.	1	1	.	
	33	Trainsoldaten.								
		2 zweisp. Registraturwagen	.	2	.	.	.	.	2	
		2 vierspännige Kassenwagen	4	.	.	.	.	4	.	
		1 vierspänniger Beamten-Transportwagen für die nicht berittenen Kassenbeamten	2	.	.	.	.	2	.	
24	41		6	4	2	21	1	9	31	
		d. Generalarzt.								
1	.	Generalarzt	.	1	1	.	.	1	1	
1	.	Assistenzarzt	.	.	.	1	.	.	1	
.	3	Trainsoldaten.								
.	1	Lazarethgehülfe	.	.	.	.	.	.	1	
2	4		.	1	1	1	.	1	3	
		e. Auditeur.								
1	.	Auditeur	.	1	.	1	.	.	2	
1	.	Aktuar.								
.	2	Trainsoldaten.								
2	2		.	1	.	1	.	.	2	
		f. Etappen-Telegraphen-Direktor nebst Train-Kolonne.								
1	.	Etappen-Telegr.-Direktor . .	.	1	1	.	.	1	1	
1	.	. . . . . . Seite	.	1	1	.	.	1	1	

511

Kopfzahl.				Trainsoldaten.				Waffen.							
				Trainfahrer		Pferdewärter.									
Offiziere, Aerzte, obere Beamte.	Unteroffiziere, Gemeine, Unterbeamte.		Feldpostillone.	vom Sattel.	vom Bock.	berittene	unberittene	K. D. S. M/52.	R. S.	J. G. M/71. u. J. S. M/71.	Art. Sch. K. M/71.	R. M/79.	K. S. A/M.	J. S. U/M.	Bemerkungen.
1	.	..... Uebertrag		.	1	1	.	.	.	.	.	.	1	1	
3	.	Etappen-Telegraphen-Inspektoren		.	3	.	3	.	.	.	.	.	.	6	
30	.	Etappen-Telegraphen-Sekretäre		.	.	.	15	.	.	.	.	.	.	15	
.	10	Telegraphen-Vorarbeiter .		.	.	.	.	.	.	.	.	.	.	10	
.	30	Telegraphen-Arbeiter.													
		Train-Kolonne.													
1	.	Sekonde-Lieutenant des Trains		.	.	.	1	.	.	.	.	.	.	1	
.	1	Sergeant zur Wahrnehmung der Wachtmeistergeschäfte		.	.	.	.	.	.	.	1	.	1	.	
.	4	Unteroffiziere		.	.	.	.	.	.	.	4	.	4	.	
.	48	Trainsoldaten.													
.	1	Fahnenschmied		.	.	.	.	.	.	.	1	.	1	.	
		4 zweispännige Beamten-Transportwagen		.	4	.	.	.	.	.	.	.	.	4	
		6 sechsspännige Materialien-Transportwagen		18	.	.	.	.	.	.	.	.	18	.	
		Zur Reserve		2	.	.	.	.	.	.	.	.	2	.	
35	94			20	8	1	19	.	.	.	6	.	27	37	
		g. Armee-Postdirektor.													
1	.	Armee-Postdirektor ..	.	.	.	.	1	.	.	.	.	.	.	1	
3	.	Armee-Postinspektoren .	.	.	.	.	3	.	.	.	.	.	.	3	
30	.	Feldpost-Sekretäre.													
.	20	Feldpostschaffner	.	.	.	.	.	.	.	.	.	.	.	20	
.	1	Feldpostillon	.	.	.	.	.	.	.	.	.	.	1	.	
.	5	Trainsoldaten.													
		1 zweispänniger Reisewagen	1												
		1 zweispänniger Requisitenwagen	.	.	1	.	.	.	.	.	.	.	.	1	
34	26		1	.	1	.	4	.	.	.	.	.	1	25	
		h. Civil-Verwaltung.													
1	.	höherer Civil-Verwaltungs-Beamter		.	1	.	1	.	.	.	.	.	.	2	
.	1	Polizeibeamter		.	.	.	1	.	.	.	.	.	.	1	
.	3	Trainsoldaten.													
1	4			.	1	.	2	.	.	.	.	.	.	3	
106	217	**Summa der Etappen-Inspektion nebst Branchen**		.	.	.	.	1	2	4	7	1	48	112	

512

Kopfzahl.				Trainsoldaten.				Waffen.						Bemerkungen.
				Trainfahrer		Pferdewärter.								
Offiziere, Aerzte, obere Beamte.	Unteroffiziere, Gemeine, Unterbeamte.		Feldpostillone.	vom Sattel.	vom Bock.	berittene	unberittene	J. G. M/71 m. J. G. M/71.	Apt. Ch. K. M/71.	R. M/79.	K. G. M/52.	K. G. A/M.	J. G. U/M.	
8	18	..... Uebertrag		.	.	.	6	12	.	.	.	.	6	
.	1	Sergeant als Führer der Train-Kolonne		.	.	.	.	.	1	.	.	1	.	
.	1	Train-Unteroffizier		.	.	.	.	.	1	.	.	1	.	
.	26	Trainsoldaten.												
		20 zweispännige Packwagen		.	20	.	.	.	.	.	.	.	20	
8	46	..... Summa		.	20	.	6	12	2	.	.	2	26	
		4. Kranken-Transport-Kommission.												
1	.	Ober-Stabsarzt, Chefarzt .		.	.	.	1	.	.	.	.	.	1	
2	.	Stabsärzte		.	.	.	2	.	.	.	.	.	2	
4	.	Assistenzärzte		.	.	.	4	.	.	.	.	.	4	
1	.	Feld-Lazareth-Inspektor . .		.	.	.	1	.	.	.	.	.	1	
.	1	Sergeant, zur polizeilichen Aufsicht		.	.	.	.	1	.	.	.	.	.	
.	2	Ober-Lazarethgehülfen, Revier-Aufseher		.	.	.	.	.	.	.	.	.	2	
.	4	Lazarethgehülfen		.	.	.	.	.	.	.	.	.	4	
.	8	militärische Krankenwärter .		.	.	.	.	.	.	.	.	.	8	
.	8	Trainsoldaten.												
8	23	..... Summa		.	.	.	8	1	.	.	.	.	22	
		5. Post-Pferde- und Wagen-Depot.												
1	.	Feld-Ober-Postsekretär .	.	.	.	.	1	.	.	.	.	.	1	
.	10	Feldpostschaffner	.	.	.	.	.	.	.	.	.	.	10	
.	30	Feldpostillone	.	.	.	.	.	.	.	.	.	30	.	
.	1	Trainsoldat.												
1	.	Roßarzt (aus dem Civil-Verhältniß).												
		30 zweispänn. Fahrzeuge	30	.	.	.	.	.	.	.	.	.	.	
2	41	.... Summa	30	.	.	.	1	.	.	.	.	30	11	
		6. Feldgendarmerie-Abtheilung.												
.	7	Feldgendarmen, Ober-Gendarmen		.	.	.	.	.	.	7	7	.	.	
.	7	Feldgendarmen, Unteroffiziere		.	.	.	.	.	.	7	7	.	.	
.	7	Feldgendarmen, Gefreite . .		.	.	.	.	.	.	7	7	.	.	
.	21	.... Summa		.	.	.	.	.	.	21	21	.	.	

II. Waffen-Etat
der Besatzungs-Truppen.

Kopfzahl. Offiziere, Aerzte, obere Beamte.	Kopfzahl. Unteroffiziere, Gemeine, Unterbeamte.		Waffen. J. O. D.	A. O. S.	J. G. M/71 m. J. S. M/71.	R. M/79.	J. S. M/71.	A. F.	A. S.
		I. Infanterie.							
		Garnison-Bataillon.							
1	.	Bataillons-Kommandeur.							
4	.	Hauptleute.							
4	.	Premier-Lieutenants } einschl. 1 Adj.							
13	.	Sekonde-Lieutenants } einschl. 1 Adj.							
1	.	Stabsarzt.							
1	.	Assistenzarzt.							
1	.	Zahlmeister.							
.	4	Feldwebel	4	.	.	.	.	.	.
.	4	Vize-Feldwebel	4	.	.	.	.	.	.
.	16	Sergeanten	.	.	16	.	.	.	.
.	57	Unteroffiziere	.	.	57	.	.	.	.
.	1	Bataillons-Tambour	.	.	.	.	1	.	.
.	96	Gefreite } einschließlich 16 Spielleute							
.	824	Gemeine } einschließlich 16 Spielleute	.	.	904	.	16	.	.
.	4	Lazarethgehülfen	.	.	.	.	4	.	.
.	1	Büchsenmacher	.	.	.	.	1	.	.
25	1007	Summa	8	.	977	.	22	.	.
		II. Artillerie.							
		1. Ausfall-Batterie.							
1	.	Batterie-Kommandeur.							
2	.	Sekonde-Lieutenants.							
.	1	Feldwebel } einschl. 1 Zugführer	.	1	.	1	.	.	.
.	2	Sergeanten } einschl. 1 Zugführer	.	.	.	2	.	.	2
.	6	Unteroffiziere } einschl. 1 Zugführer	.	.	.	6	.	.	6
.	1	Trompeter	.	.	.	1	.	.	1
		davon:							
		36 zur Bedienung	.	.	.	.	.	36	.
.	6	Obergefreite; 21 zum Fahren	.	.	.	21	.	.	21
		10 zur Reserve	.	.	.	.	.	10	.
.	6	Gefreite							
.	55	Gemeine; darunter 1 Schlosser, 1 Sattler.							
3	77	Summa	.	1	.	31	.	46	30

Bemerkungen.

1. Rekruten-Depots, die als überplanmäßige Neuformationen bei den Garnison-Bataillonen aufgestellt werden, haben dieselbe Stärke wie das Rekruten-Depot eines Ersatz-Bataillons (vergl. J. Ersatz-Truppen I. 1. b. Seite 118.)

2. Werden den Garnison-Bat. Handwerker-Abtheilungen zugetheilt, so gilt für diese die Stärke der Handw. Abtheilung eines Ersatz-Bat. (vergl. J. Ers.-Tr. I. 1. c. S. 118.)

Bei überplanmäßiger Verstärkung der Ausfall-Batterien setzen sich dieselben auf die Stärke der Ref. Batterien (vergl. D. Feld-Ref. Truppen IV. 2. Seite 74.)

8

Kopfzahl. Offiziere, Aerzte, obere Beamte.	Kopfzahl. Unteroffiziere, Gemeine, Unterbeamte.		Waffen. J. L. C.	J. D. G.	J. G. M/71. m. J. S. M/71.	J. B. M/71. m. H. M/71.	J. S. M/71.	H. M/71.	J. S. U/M.	Bemerkungen.
27	1692	Summa für das Ersatz-Bataillon nebst Rekruten-Depot und Handwerker-Abtheilung . . .	13	.	1445	.	25*	.	209	* Diese J. S. M/71 werden nicht bereit gehalten, sondern aus den von den Bataillonen bei einer Mobilmachung abzuliefernden dergleichen gedeckt. — Vergl. §. 6 der Bestimmungen über die Aufbewahrung rc. der Waffen.
31	1913	Summa für die Ersatz-Bataillone der Garde-Regimenter z. F. und der Garde-Grenadier-Regimenter nebst Rekruten-Depot und Handwerker-Abtheilung	15	.	1689	.	30*	.	209	
		2. Ersatz-Kompagnie eines Jäger-Bataillons nebst Rekruten-Depot und Handwerker-Atheilung.								
		a. Ersatz-Kompagnie.								
1	.	Hauptmann.								
1	.	Premier-Lieutenant.								
2	.	Sekonde-Lieutenants.								
1	.	Assistenzarzt.								
1	.	Zahlmeister.								
.	1	Feldwebel	.	1	.	.	.	.	.	
.	1	Vize-Feldwebel	.	1	.	.	.	.	.	
.	4	Sergeanten	.	.	.	4	.	.	.	
.	16	Oberjäger bezw. Unteroffiziere .	.	.	.	16	.	.	.	
.	4	Hornisten	.	.	.	.	.	4	.	
.	20	Gefreite	.	.	.	20	.	.	.	
.	203	Gemeine	.	.	.	203	.	.	.	
.	1	Zahlmeister-Aspirant	.	.	.	.	.	1	.	
.	1	Lazarethgehülfe	.	.	.	.	.	1	.	
6	251		.	2	.	243	.	6	.	
		b. Rekruten-Depot.								Ueberplanmäßige Ersatz-Kompagnien werden in gleicher Stärke aufgestellt, abgesehen von dem Zahlmeister und dem Zahlmeister-Aspiranten.
1	.	Lieutenant.								
.	1	Vize-Feldwebel	.	1	.	.	.	.	.	
.	2	Sergeanten	.	.	.	2	.	.	.	
.	6	Oberjäger bezw. Unteroffiziere .	.	.	.	6	.	.	.	
.	9	Gefreite	.	.	.	9	.	.	.	
.	100	Rekruten	.	.	.	100	.	.	.	
1	118		.	1	.	117	.	.	.	
		c. Handwerker-Abtheilung.								
.	2	Sergeanten, Meister rc.	.	.	.	.	.	.	2	
.	2	. . . . Seite	.	.	.	.	.	.	2	

Kopfzahl. Offiziere, Aerzte, obere Beamte.	Kopfzahl. Unteroffiziere, Gemeine, Unterbeamte.		Waffen. J. O. G.	K. O. D. M/54.	R. G.	J. R. M/71 m. S. M/71.	K. M/79.	S. M/71.	K. O. M/54.	J. G. U/M.	Bemerkungen.
.	2	. . . . . . Uebertrag	.	.	.	.	.	.	.	2	
.	2	Unteroffiziere, Zuschneider (1 Schneider, 1 Schuhmacher)	.	.	.	.	.	.	.	2	
.	71	Gemeine, Oekonomie-Handwerker (43 Schneider, 28 Schuhmacher)	.	.	.	.	.	.	.	71	
.	75		.	.	.	.	.	.	.	75	
7	444	. . . . . . Summa	3	.	.	360	.	6*	.	75	* Werden nicht bereit gehalten, sondern aus den von dem Bataillon bei einer Mobilmachung abzuliefernden dergleichen gedeckt. Vergl. §. 6 der Bestimmungen über die Aufbewahrung rc. der Waffen.
		II. Kavallerie.									
		1. Ersatz-Eskadron des Regiments der Gardes du Corps nebst Handwerker-Abtheilung.									
		a. Ersatz-Eskadron.									
2	.	Rittmeister.									
1	.	Premier-Lieutenant.									
3	.	Sekonde-Lieutenants.									
1	.	Assistenzarzt.									
1	.	Zahlmeister.									
.	2	Wachtmeister	.	2	.	.	2	.	.	.	
.	2	Vize-Wachtmeister	.	2	.	.	2	.	.	.	
.	4	Sergeanten	.	.	.	.	4	.	4	.	
.	18	Unteroffiziere	.	.	.	.	18	.	18	.	
.	6	Trompeter	.	.	.	.	6	.	6	.	
.	26	Gefreite	.	.	.	.	26	.	26	.	
.	192	Gemeine	.	.	.	.	192	.	192	.	
.	1	Zahlmeister-Aspirant	.	.	.	.	.	.	1	.	
.	1	Roßarzt	.	.	1	.	.	.	.	.	
.	1	Fahnenschmied	.	.	.	.	1	.	1	.	
.	1	Lazarethgehülfe	.	.	.	.	.	.	.	1	
8	254		.	4	1	.	251	.	248	1	
		b. Handwerker-Abtheilung.									
.	2	Sergeanten, Meister rc.	.	.	.	.	.	.	2	.	
.	1	Sattlermeister.	.	.	.	.	.	.	1	.	
.	2	Unteroffiziere, Zuschneider (1 Schneider, 1 Schuhmacher)	.	.	.	.	.	.	2	.	
.	60	Gemeine, Oekonomie-Handwerker (30 Schneider, 24 Schuhmacher, 6 Sattler)	.	.	.	.	.	.	60	.	
.	65		.	.	.	.	.	.	65	.	
8	319	. . . . . . Summa	.	4	1	.	251	.	313	1	

537

Kopfzahl. Offiziere, Aerzte, obere Beamte.	Kopfzahl. Unteroffiziere, Gemeine, Unterbeamte.		Waffen. K. O. D. M/54 K. O. S. M/52.	Waffen. R. S.	Waffen. K. K. M/71.	Waffen. R. M/79.	Waffen. K. D. M/54. K. S. M/52. U. S.	Waffen. J. S. U/M.	Waffen. L. N/A.	Bemerkungen.
		2. Ersatz-Eskadron eines Kavallerie-Regiments (ausgenommen das Regiment der Gardes du Corps) nebst Handwerker-Abtheilung.								
		a. Ersatz-Eskadron.								
1	.	Rittmeister.								
1	.	Premier-Lieutenant.								
3	.	Sekonde-Lieutenants.								
1	.	Assistenzarzt.								
1	.	Zahlmeister.								
.	1	Wachtmeister	1	.	.	1	.	.	.	
.	1	Vize-Wachtmeister	1	.	.	1	.	.	.	
.	4	Sergeanten	.	.	.	4	4	.	.	
.	19	Unteroffiziere	.	.	.	19	19	.	.	
.	3	Trompeter	.	.	.	3	3	.	.	
.	25	Gefreite	.	.	25 resp.	25	25	.	25	
.	197	Gemeine	.	.	197 „	197	197	.	197	
.	1	Zahlmeister-Aspirant	.	.	.	.	1	.	.	
.	1	Roßarzt	.	1	.	.	.	.	.	
.	1	Fahnenschmied	.	.	.	1	1	.	.	
.	1	Lazarethgehülfe	.	.	.	.	.	1	.	
7	254	Ersatz-Eskadron eines Kürassier-Regiments	2	1	.	251	250	1	.	
7	254	Ersatz-Eskadron eines Dragoner- oder Husaren-Regiments	2	1	222	29	250	1	.	
7	254	Ersatz-Eskadron eines Ulanen-Regiments	2	1	222	29	28 222	1	222	

Kopfzahl.			Waffen.							Bemerkungen.
Offiziere, Aerzte, obere Beamte.	Unteroffiziere, Gemeine, Unterbeamte.		K. O. D. M/54. K. O. S. M/52.	K. S.	K. K. M/71.	K. M/70.	K. D. M/54. K. S. M/52. U. S.	J. S. U/M.	v. N/A.	
		b. Handwerker-Abtheilung.								
.	2	Sergeanten, Meister rc. . .	.	.	.	.	2	.	.	
.	1	Sattlermeister	.	.	.	.	1	.	.	
.	2	Unteroffiziere, Zuschneider (1 Schneider, 1 Schuhmacher)	.	.	.	.	2	.	.	
.	60	Gemeine, Oekonomie-Handwerker (30 Schneider, 24 Schuhmacher, 6 Sattler)	.	.	.	.	60	.	.	
.	65						65			
7	319	Summa Kürassier-Regiment	2*	1	.	251	315**	1	.	* K. O. D. M/54. ** K. D. M/54.
7	319	Summa Dragoner- oder Husaren-Regiment	2*	1	222	29	315**	1	.	* K. O. S. M/52. ** K. S. M/52.
7	319	Summa Ulanen-Regiment	2*	1	222	29	28** 287 †	1	222	* K. O. S. M/52. ** K. S. M/52. † U. S.
		Diejenigen Ersatz-Eskadrons, welche mit dem Ersatz an Bekleidung für ein Reserve-Kavallerie-Regiment beauftragt werden, erhalten eine Verstärkung der Handwerker-Abtheilung um: 1 Sergeanten, 1 Unteroffizier, 16 Schneider, 14 Schuhmacher, 4 Sattler, dafür 36 K. D. M/54 bezw. K. S. M/52 oder U. S.								

539

Kopfzahl.			Waffen.					Bemerkungen.
Offiziere, Aerzte, obere Beamte.	Unteroffiziere, Gemeine, Unterbeamte.		A. O. S.	R. S.	R. M/79.	A. K.	A. S.	
		III. Feld-Artillerie.						
		1. Stab der Ersatz-Abtheilung eines Feld-Artillerie-Regiments.						
1	.	Abtheilungs-Kommandeur.						
1	.	Sekonde-Lieutenant, Adjutant.						
1	.	Stabsarzt.						
1	.	Assistenzarzt.						
1	.	Zahlmeister.						
.	1	Unteroffizier, Schreiber	.	.	.	.	1	
.	1	Zahlmeister-Aspirant	.	.	.	.	1	
.	1	Roßarzt	.	1	.	.	.	
.	1	Fahnenschmied	.	.	.	.	1	
5	4	. . . . . . Summa	.	1	.	.	3	
		2. Ersatz-Batterie (einschl. Rekruten-Depot).						
		a. Ersatz-Batterie.						
1	.	Hauptmann.						
1	.	Premier-Lieutenant.						
2	.	Sekonde-Lieutenants.						
.	1	Feldwebel	1	.	1	.	.	
.	1	Vize-Feldwebel	1	.	1	.	.	
.	6	Sergeanten	.	.	6	.	6	
.	11	Unteroffiziere	.	.	11	.	11	
.	2	Trompeter	.	.	2	.	2	
.	9	Obergefreite } davon: 162 zur Bedienung	.	.	.	162	.	
.	10	Gefreite } 29 als Fahrer .	.	.	29	.	29	
.	174	Gemeine } 1 „ Sattler .	.	.	.	1	.	
		} 1 „ Schlosser	.	.	.	1	.	
.	1	Lazarethgehülfe	.	.	.	1	.	
4	215		2	.	50	165	48	

540

Kopfzahl.			Waffen.				Bemerkungen.
Offiziere, Aerzte, obere Beamte.	Unteroffiziere, Gemeine, Unterbeamte.		A. O. S.	R. M/79.	A. Z.	A. S.	
		b. Rekruten-Depot.					
1	.	Sekonde-Lieutenant.					
.	1	Vize-Feldwebel	1	.	.	.	
.	1	Sergeant	.	.	.	1	
.	3	Unteroffiziere	.	.	.	3	
.	5	Gefreite	.	.	5	.	
.	60	Rekruten	.	.	60	.	
1	70		1	.	65	4	
5	285	. . . . . . Summa	3	50	230	52	
		3. Reitende Ersatz-Batterie.					
1	.	Hauptmann.					
1	.	Premier-Lieutenant.					
2	.	Sekonde-Lieutenants.					
.	1	Wachtmeister	1	1	.	.	
.	1	Vize-Wachtmeister	1	1	.	.	
.	6	Sergeanten	.	6	.	6	
.	9	Unteroffiziere	.	9	.	9	
.	2	Trompeter	.	2	.	2	
.	9	Obergefreite } davon: 96 zur Bedienung,	.	96	.	96	
.	10	Gefreite } 21 als Fahrer,	.	21	.	21	
.	100	Gemeine } 1 „ Sattler,	.	1	.	1	
		1 „ Schlosser	.	1	.	1	
.	1	Lazarethgehülfe	.	.	1	.	
4	139	. . . . . . Summa	2	138	1	136	
		4. Gemischte Ersatz-Batterie (einschl. Rekruten-Depot).					
		a. Feld-Artillerie.					
1	.	Hauptmann.					
1	.	Premier-Lieutenant.					
1	.	Sekonde-Lieutenant.					
.	1	Feldwebel	1	1	.	.	
.	1	Vize-Feldwebel	1	1	.	.	
3	2	. . . . Seite	2	2	.	.	

Kopfzahl. Offiziere, Aerzte, obere Beamte.	Kopfzahl. Unteroffiziere, Gemeine, Unterbeamte.		Waffen. A. O. S.	Waffen. R. M/79.	Waffen. A. F.	Waffen. A. S.	Bemerkungen.
3	2	. . . . . . Uebertrag	2	2	.	.	
.	4	Sergeanten	.	4	.	4	
.	7	Unteroffiziere	.	7	.	7	
.	2	Trompeter	.	2	.	2	
.	6	Obergefreite } davon: 80 zur Bedienung,	.	.	80	.	
.	6	Gefreite } 18 als Fahrer,	.	18	.	18	
.	88	Gemeine } 1 " Sattler,	.	.	1	.	
		1 " Schlosser,	.	.	1	.	
.	1	Lazarethgehülfe	.	.	1	.	
3	116		2	33	83	31	
		b. Reitende Artillerie.					
1	.	Sekonde-Lieutenant.					
.	2	Sergeanten	.	2	.	2	
.	4	Unteroffiziere	.	4	.	4	
.	1	Trompeter	.	1	.	1	
.	3	Obergefreite } davon: 32 zur Bedienung,	.	32	.	32	
.	4	Gefreite } 7 als Fahrer,	.	7	.	7	
.	33	Gemeine } 1 " Sattler.	.	1	.	1	
1	47		.	47	.	47	
		c. Rekruten-Depot.					
1	70	Wie 2. b., vorstehend, Seite 124	1	.	65	4	
5	233	. . . . . . Summa	3	80	148	82	
		5. Handwerker-Abtheilung eines Feld-Artillerie-Regiments.					
1	.	Hauptmann oder Lieutenant, Oekonomie-Offizier.					
.	2	Sergeanten, Meister rc.	.	.	.	2	
.	3	Unteroffiziere, Zuschneider . . .	.	.	.	3	
.	1	Sattlermeister	.	.	.	1	
1	6	. . . . Seite	.	.	.	6	

542

K. Waffen-Etat

der planmäßigen Neuformationen.

Kopfzahl. Offiziere, Aerzte, obere Beamte.	Kopfzahl. Unteroffiziere, Gemeine, Unterbeamte.		Waffen. F. D. S.	K. D. S. M/52.	K. S.	J. G. M/71 m. J. S. M/71.	Apt. Ch. K. M/71.	R. M/79.	K. S. M/52.	K. S. A/M.	J. S. U/M.	Bemerkungen.
		I. Feld-Neuformationen.										
		1. Höhere Stäbe.										
		a. General-Kommando.										
66	240	Wie General-Kommando nebst Branchen bei den Feld-Truppen. (vergl. C. Feld-Truppen I. 1. Seite 39—44.) Es fallen jedoch davon fort: der Kommandeur der Artillerie (b.); als solcher fungirt der Kommandeur des zugetheilten kombinirten Feld-Artillerie-Regiments, und der Kommandeur der Ingenieure und Pioniere (c.)	1	1	1	5	1	56	51	53	76	Vergl. § 11 der Bestimmungen über die Aufbewahrung ꝛc. der Waffen.
		b. Divisions-Kommando.										
26	65	Wie Kommando einer Reserve-Division nebst Branchen. (vergl. D. Feld-Reserve-Truppen I. 1. Seite 69)	.	.	.	2	.	2	.	16	33	
		c. Infanterie-Brigade-Kommando.										
2	10	Wie Kommando einer Reserve-Infanterie-Brigade. (vergl. D. Feld-Reserve-Truppen I. 2. Seite 70)	.	.	.	1	.	.	.	5	2	

Kopfzahl.			Waffen.									Bemerkungen.
Offiziere, Aerzte, obere Beamte.	Unteroffiziere, Gemeine, Unterbeamte.		J. O. D.	A. O. G.	J. G. M/71 m. J. G. M/71.	R. M/79.	J. G. M/71.	A. R.	A. E.	K. G. A/M.	J. G. U/M.	
		2. Feld-Truppen.										
3	8	a. Stab eines Feld-Infanterie-Regiments. Wie Stab eines Reserve-Infanterie-Regiments. (vergl. D. Feld-Reserve-Truppen II. 1. Seite 71)	.	.	1	.	1	.	.	.	6	
25	1030	b. Feld-Infanterie-Bataillon. Wie ein Infanterie-Bataillon. (vergl. C. Feld-Truppen II. 4. Seite 50)	8	.	977	.	21	.	.	5	15	Das als Ersatz-Bataillon designirte Feld-Infanterie-Bataillon wird wie ein Ersatz-Bataillon (jedoch ohne Rekruten-Depot) aufgestellt. (Vergl. J. Ersatz-Truppen I. 1. Seite 117.)
3	8	c. Stab eines kombinirten Feld-Artillerie-Regiments. Wie Stab eines Feld-Artillerie-Regiments. (vergl. C. Feld-Truppen IV. 1. [einschl. Bemerk. 1.] Seite 55)	.	1	.	2	.	.	1	3	3	Siehe auch vorstehend unter 1a.
5	16	d. Stab einer kombinirten Feld-Artillerie-Abtheilung. Wie Stab einer Reserve-Artillerie-Abtheilung. (vergl. D. Feld-Reserve-Truppen IV. 1. Seite 74)	.	R. S. 2	.	3	.	.	3	2	5	
5	170	e. Reserve-Batterie. Wie Reserve-Batterie der Feld-Reserve-Truppen. (vergl. D. Feld-Reserve-Truppen IV. 2. Seite 74)	.	2	.	87	.	77	85	2	4	

Kopfzahl.			Waffen.						Bemerkungen.
Offiziere, Aerzte, obere Beamte.	Unteroffiziere, Gemeine, Unterbeamte.		K. D. S. M/52.	R. S.	Apt. Ch. K. M/71.	R. M/79.	K. S. A/M.	J. S. U/M.	
		f. Stab eines kombinirten Train-Bataillons.							
6	21	Wie Stab eines Train-Bataillons. (vergl. C. Feld-Truppen VI. 1. Seite 62)	.	.	5	.	6	7	
		II. Besatzungs-Neuformationen.							Als überplanmäßige Neuformation werden Depot-Eskadrons in nebenstehender Stärke, jedoch zu Fuß, aufgestellt. Roßarzt und Fahnenschmied kommen in Fortfall. Die Unteroffiziere, excl. Wachtmeister und Vize-Wachtmeister, erhalten alsdann Apt. Ch. K. M/71.
		Besatzungs-Eskadron.							
1	.	Rittmeister.							
1	.	Premier-Lieutenant.							
3	.	Sekonde-Lieutenants.							
.	1	Wachtmeister	1	.	.	1	.	.	
.	1	Vize-Wachtmeister	1	.	.	1	.	.	
.	4	Sergeanten	.	.	.	4	4	.	
.	9	Unteroffiziere	.	.	.	9	9	.	
.	3	Trompeter	.	.	.	3	3	.	
.	20	Gefreite	.	.	20	.	20	.	
.	112	Gemeine	.	.	112	.	112	.	
.	1	Roßarzt	.	1	.	.	.	.	
.	1	Fahnenschmied	.	.	.	.	1	.	
.	1	Lazarethgehülfe	.	.	.	.	.	1	
5	153	Summa	2	1	132	18	149	1	

553

L. Waffen-Etat
der Landsturm-Truppen.

Kopfzahl. Offiziere, Aerzte, obere Beamte.	Kopfzahl. Unteroffiziere, Gemeine, Unterbeamte.		Waffen. J. O. D.	N. O. S.	K. M/70.	Apt. J. G. M/62.*)	N. G.	K. S. A/M.	J. S. U/M.*)	Bemerkungen.
		I. Landsturm-Infanterie-Bataillon.								Die in Thorn aufzustellenden Landsturm-Bataillone erhalten J.G.M/71 m. J. S. M/71.
1	.	Bataillons-Kommandeur.								*) Die Landsturm-Infanterie-Bataillone werden successive, nach Maßgabe der vorhandenen Bestände, mit Infanterie-Gewehren M/71 oder Jägerbüchsen M/71 mit Infanterie-Seitengewehren bezw. Hirschfängern M/71 ausgerüstet. Innerhalb der einzelnen Bataillone ist die Bewaffnung jedoch eine gleichmäßige.
4	.	Kompagnieführer.								
4	.	Premier-Lieutenants } einschl. 1								
13	.	Sekonde-Lieutenants } Adjutant.								
1	.	Stabsarzt.								
1	.	Assistenzarzt.								
1	.	Zahlmeister.								
.	4	Feldwebel	4	.	.	.	.	.	.	
.	4	Vize-Feldwebel	4	.	.	.	.	.	.	
.	16	Sergeanten	.	.	.	16	.	.	16	
.	45	Unteroffiziere	.	.	.	45	.	.	45	
.	1	Bataillons-Tambour	.	.	.	.	.	.	1	
.	80	Gefreite } einschl. 16 Spielleute								
.	652	Gemeine } und 1 Büchsenmacher-Gehülfe.	.	.	.	716	.	.	732	
.	4	Lazarethgehülfen.	.	.	.	.	.	.	4	
25	806	. . . . . . Summa	8	.	.	777	.	.	798	Der Etat an Waffen für ein Landsturm-Infanterie-Bataillon beträgt alsdann: 8 J. O. D. 777 J. G. M/71 mit J. S. M/71 oder 777 J. B. M/71 mit H. M/71 21 J. S. U/M (1 Bat. Tamb. 16 Spielleute 4 Lazarethgeb.)«.
		II. Landsturm-Depot-Bataillon.								
25	1006	Wie Garnison-Bataillon, (vergl. H. Besatzungs-Truppen. I. Seite 113), jedoch mit nebenstehender Aenderung in der Bewaffnung	8	.	.	977	.	.	998	
		III. Landsturm-Batterie.								
3	77	Wie Ausfall-Batterie, (vergl. H. Besatzungs-Truppen. II. 1. Seite 113), jedoch mit nebenstehender Aenderung in der Bewaffnung	.	1	31	.	46	30	.	

Chapter 28

The Waffen-Etat (Weapons Establishment) was the official plan for the issue of individual armaments. Within these figures are listed the units and soldiers which carried the M/79 revolvers. It should be remembered that these figures apply to the years 1881 to about 1883. The Waffen-Etat was periodically modified and expanded, but the 1881 edition gives a good overview of which units and who was armed with the M/79s.

29. Die Revolver 79 und 83 bei Behörden

Die Verwendung von Revolvern im Dienste von Behörden, z. B. Zoll, Gendarmerien und Polizei wurden bisher nur von wenigen Autoren besprochen. Dieser Abschnitt soll für den interessierten Sammler Anregung sein, sich mit diesem Kapitel der Revolverbewaffnung in Deutschland einmal näher zu befassen.

Denn diese Zeitspanne umfasst ja nicht nur die Reichsrevolver-Ära, sondern auch die Zeit nach dem II. Weltkrieg, in der bekanntlich die Smith & Wesson Revolver vom Typ „Military & Police" oder Webley MK IV, beide im Kaliber .38 bei vielen Behörden Verwendung fanden.

Manche Überraschung dürfte auf den Leser warten.

Grenzaufseher

Der Revolver 79 wurde nachweislich am 20. Mai 1881 bei den Grenzaufsehern eingeführt und an die Berittenen ausgegeben; in Bayern ab 1895. In einigen Bezirken wurden auch Revolver 83 geführt.

Die in den **Abbildungen 29.1. und 29.1a.**wiedergegebene Verfügung stammt aus dem Jahr 1881.

Bemerkenswert ist Punkt 4, der die Trageweise im rechten Pistolenhalfter vorschreibt. Da auch noch ein linkes Holfter vorhanden war, kann man ersehen, dass vor der Einführung der Revolver 79 bei den Grenzaufsehern 2 Pistolen in den Sattelhalftern mitgeführt wurden! Bei diesen Pistolen handelte es sich um eine **verkleinerte Version der preußischen Perkussionspistole M/50**, die von der preußischen Finanzverwaltung beschafft worden war.

Geliefert hatte sie die Suhler Firma Valentin Christoph Schilling (Stempel auf dem Schlossblech: V.C.S.) Diese Revolver wurden später in schwarzen, ab 1927 braunen Taschen, am Mann getragen.

Die Revolver bezog man ebenfalls von der Firma V.C. Schilling; bestellt wurde durch die preußische Finanzverwaltung.

Ob diese Revolver spezielle Stempel, die auf deren Verwendung bei den Grenzwachen schließen lassen, aufwiesen, ist nicht bekannt.

Die nachfolgenden Angaben beziehen sich auf die preußische Bewaffnung. Da zu dieser Zeit die Ausrüstung der Grenzaufseher Ländersache war, gab es bei diesen Einheiten ein buntes Gemisch der verschiedenen Waffentypen. Der Parabellum-Forscher Reinhard Kornmayer hatte 1975 das Beschaffungsamt der Bundeszollverwaltung mit der Bitte um Angaben zur Bewaffnung der Zollbeamten vor 1945 angeschrieben. Die Antwort mag für ihn enttäuschend gewesen sein, denn 08- Pistolen waren im Verzeichnis der beziehbaren Geräte und Ausrüstungsstücke, Stand 1.1. 1939, nicht dabei. Interessanterweise wurden jedoch unter Geräte-Nr. 321 „Armeerevolver 79" aufgeführt!

Sie waren *„Zur Bewachung der Kassen und Dienstgebäude"* vorgesehen.

Die Revolver, die damals im Mai 1881 an die Grenzaufseher ausgeteilt worden waren, befanden sich demnach über 58 Jahre im Bestand der Nachfolgebehörde, der Reichsfinanzverwaltung.

Ob die Revolver analog zu den Pistolen ebenfalls mit dem Eigentumsstempel R.F.V. gekennzeichnet waren, konnte mangels Realstücke nicht nachgewiesen werden.

Der Bestand an Revolvern 79 bei der Reichsfinanzverwaltung mag zu den Gerüchten beigetragen haben, dass die Reichsrevolver angeblich noch im 2. WK verwendet worden sind. Dem war nicht so.

Die sächsischen Obergrenzaufseher erhielten am 1. Dezember 1890 Revolver des „Systems Mauser".

Gendarmerie und Polizei

Bayern

In Bayern wurden 1877/78 36 Werder-Pistolen an die Gendarmerie ausgegeben. Die zugehörigen Patronen führten die berittenen Gendarmen in einer Patronentasche mit, die mit dem königlichen Namenszug verziert war.

1886, im Zuge einer Ausrüstungsänderung, wurde der Namenszug gegen einen Wappenbeschlag mit der Devise (analog zum Militär) „In Treue Fest" ausgetauscht.

Bayern führte danach den Gendarmerie- Revolver M/92 ein.

Major Schröder schreibt in seinem Buch *„Das Kgl. Bayer. Gendarmerie Korps 1812 – 1912"*

„1901 wurde die Einführung des Gendarmerie-Revolvers M/99 neben dem Gewehre Allh. genehmigt."

Hier muss zumindest die Bezeichnung des Revolvers korrigiert werden. Im BHS liegt die Vorschrift des Gendarmerie-Revolvers, der dort mit M/92 bezeichnet wird.

Die Einführung erst 1901, also 9 Jahre nach der Annahme, ist ebenfalls unwahrscheinlich.

Leider war der Vorschrift keine Abbildung beigefügt. Aus der Beschreibung läßt sich nur annähernd das Aussehen ableiten:

- Rahmen mit dem Lauf fest verbunden,
- Kaliber 9,5 mm Zentralzündung,
- die Ladeklappe wird nach rechts umgelegt,
- 6-schüssig,
- Rückspringschloss, ohne separate Sicherung,
- Double Action-System

Die Beschreibung passt recht genau zum österreichischen k. k. Sicherheitsrevolver, von dem lt. Erlass vom 13. April 1884 500 Stück beschafft

168 Abschn. 7. Uniform, Bewaffnung und Waffengebrauch. Nr. 35.

35. In Verfolg der Verfügung vom 20. Mai d. J. III. 4912 [1]) erhalten Ew. rc. beifolgend x Exemplare der Instruktion, betreffend den Revolver M/79 nebst zugehöriger Munition [2]), wie solche für das Militär erlassen worden ist, um davon jedem mit dem Revolver auszurüstenden Beamten und jedem Hauptamt, in dessen Bezirk reitende Grenz-Aufsichts-Beamte stationirt sind, ein Exemplar alsbald zuzufertigen. Ein Exemplar ist für die dortseitigen Akten und der Ueberschuß ist für die Reserverevolver bestimmt. Ein etwaiger Nachbedarf ist hier zu verschreiben.

Bei der Zufertigung der Instruktion an die betheiligten Beamten, welche der Uebergabe der Revolver an dieselben um etwa acht Tage vorherzugehen hat, um den Beamten Zeit zu lassen, sich mit dem Inhalte der Instruktion bekannt zu machen, sind dieselben auf Folgendes zur strengsten Beachtung besonders hinzuweisen.

1. Der Revolver unterscheidet sich von den meisten ähnlichen Schußwaffen wesentlich dadurch, daß der Hahn an demselben nicht durch einen Druck am Abzug gespannt werden kann, sondern daß das Aufziehen (Spannen) des Hahns in derselben Weise zu geschehen hat, wie bei den bisherigen Perkussionspistolen. Der Versuch, den Hahn durch einen starken Druck am Abzug spannen zu wollen, hat ebenso leicht ein Brechen der Schloßtheile zur Folge, wie nach §. 10 Absatz 2 der Instruktion der Versuch, den Hahn in gleicher Weise aus der Ruhrast zu lösen.

2. Um den Revolver zu laden, muß, nach dem letzten Absatz unter lit. b im §. 15 der Instruktion, der Hahn vorher in Ruhrast gestellt werden. Nachdem dies geschehen, jedoch vor dem Laden, ist der Revolver außerdem — wie hiermit ausdrücklich vorgeschrieben wird — nach Anleitung der §§. 13 und 15 lit. d zu sichern, damit einem nicht beabsichtigten weiteren Aufziehen des Hahns und einem Losgehen der Waffe vorgebeugt wird. In dieser Stellung der Schloßtheile, „in Ruhrast und gesichert“ ist der Revolver, so lange er geladen ist und nicht damit geschossen werden soll, stets zu belassen, also auch beim Entladen.

3. Die Geschosse an den Patronen, welche zum Laden des Revolvers verwendet werden sollen, sind mittelst der gelieferten Geschoßfettung, wie im letzten Absatz des §. 25 der Instruktion vorgeschrieben, einzufetten und in dieser Einfettung, durch zeitweise Wiederholung derselben zu erhalten. Die hierzu etwa weiter erforderliche Geschoßfettung haben die betheiligten Beamten in der a. a. O. angegebenen Mischung selbst zu beschaffen.

4. Im Dienst wird der Revolver stets geladen aber gesichert (conf. Nr. 2) im rechten Pistolenhalfter geführt, welcher mit einem den Revolver gegen das Eindringen von Staub und Nässe gut schützenden ledernen Deckel versehen sein muß. Der linke Pistolenhalfter wird gleichwohl beizubehalten sein, um denselben, da jeder Beamte nur eines Revolvers bedarf, nöthigenfalls in angemessener Weise entsprechend zu beschweren und dadurch einem Verschieben des Sattels vorzubeugen.

5. Das Auseinandernehmen des Revolvers ist den Beamten nur in demselben Umfange gestattet, wie nach §. 19 Absatz 2 der Instruktion den Avancirten bei der Kavallerie. Sie dürfen also und nur im Falle des §. 23 lit. g,

---

35. 1. Aus dem Inhalt der oben angeführten C.-V. v. 20. Mai 1881. III. 4912, welche die bestehende Absicht der Lieferung der neuen Revolver ausspricht, ist nur die Bestimmung von Interesse, daß jeder der in Frage kommenden Beamten 12 Stück Patronen erhalten soll, über welche durch die Oberkontroleure, bezw. die Haupt-Amts-Dirigenten zur Vermeidung von mißbräuchlicher Anwendung besonders strenge Kontrole in derselben Weise geführt werden soll, wie dies hinsichtlich der Patronen zu dem neuen Grenz-Aufseher-Gewehre vorgeschrieben ist (s. vor Nr. 33).

35. 2. Wegen der Instruktion wie zu Nr. 34. 1.

29.1.–29.1a. Im Jahre 1881 wurden die Grenzaufseher mit dem Revolver M/79 ausgerüstet. Die Verfügung der preußischen Finanzverwaltung verfasste sie aus Auszügen der militärischen Instruktion. Interessant ist, dass die Geschosse der Patronen ungefettet bereit gehalten wurden. Erst vor dem Laden mussten sie eingefettet werden. Sammlung W. Speh

d. h. wenn anzunehmen, daß die innern Schloßtheile verschmutzt sind, das Schloßblech in der im §. 19 vorgeschriebenen Weise behufs Reinigung des Schlosses abnehmen. Jedes weitere Auseinandernehmen des Schlosses hat, wo es nothwendig wird, ausnahmslos durch einen Büchsenmacher zu geschehen. Wo in der Instruktion, wie unter lit. f und g im §. 23, von Pflichten und Befugnissen des Aufsichtführenden bei der Reinigung des Revolvers die Rede ist, hat solche der mit dem Revolver ausgerüstete Beamte selbst gewissenhaft auszuüben.

6. Von den Oberkontroleuren muß in erster Reihe erwartet werden, daß sie sich mit dem Inhalte der Instruktion und mit der Behandlung und Handhabung der Waffe bald vertraut machen, um die mit dieser Waffe versehenen Aufseher mit Erfolg überwachen zu können. Keinesfalls darf die neue Waffe den berittenen Grenzaufsehern übergeben werden, ohne daß dieselben vorher im Allgemeinen und praktisch durch den Oberkontroleur mit der Handhabung des Revolvers bekannt gemacht sind. Dem Oberkontroleur liegt auch ob, neben der Kontrole über die Munition mehrmals in jedem Jahre von dem Zustand der Schußwaffen der berittenen Grenzaufseher seines Bezirks Kenntniß zu nehmen und dabei vorgefundene Mängel ungesäumt zur Anzeige zu bringen. Jede Beschädigung, welche der Waffe nachweisbar durch vorschriftswidrige Handhabung oder Behandlung zugefügt worden, ist durch Vermittelung des vorgesetzten Hauptamts auf Kosten des schuldigen Beamten zu beseitigen. Wo dagegen nur das Bedürfniß einer gründlichen Reinigung der Waffe durch einen Büchsenmacher hervortritt, was namentlich dann der Fall ist, wenn die Schloßtheile anfangen nicht mehr regelmäßig und leicht zu funktioniren, ohne daß ein Verschulden des betreffenden Beamten vorliegt, sind die Kosten dafür auf Kap. 10 Tit. 9 des Etats anzuweisen. Eine solche Reinigung hat der Oberkontroleur, sobald und wo sie nöthig wird, beim vorgesetzten Hauptamt zu beantragen, wonach sich die Vorschrift im §. 23 lit. 1 modifizirt.

Zuwiderhandlungen gegen die Vorschriften der Instruktion oder gegen die vorstehenden Anordnungen, namentlich gegen die unter Nr. 2, sind unnachsichtlich und mit Strenge zu bestrafen.

Kleinere Reparaturen können zuverlässigen Büchsenmachern von den Hauptämtern übertragen werden; bei größeren Reparaturen empfiehlt es sich, mit dem Waffenfabrikanten V. Chr. Schilling zu Suhl in Verbindung zu treten, von welchem auch einzelne Theile des Revolvers, wo eine Erneuerung derselben nothwendig wird, ausnahmslos zu beziehen sind. Stellen sich beim Gebrauche der Waffe wesentliche Mängel heraus, so erwarte ich hierüber Bericht. C.=V. v. 1. Juni 1881. III. 7376.

36. Auch werden hier noch die folgenden älteren Bestimmungen von Interesse sein:

In der C.=V. v. 29. Septbr. 1822 ist bestimmt, daß die Waffen eiserne Inventarienstücke sein, von dem jedesmaligen Inhaber in brauchbarem Stande erhalten und so von ihm bei seinem Abgange abgeliefert werden sollen; auch ist unterm 19. Februar 1836 auf die Nothwendigkeit, von Zeit zu Zeit eine allgemeine Revision der Waffen vorzunehmen, aufmerksam gemacht und Erhaltung derselben in gutem Stande empfohlen worden. Es ist jedoch wahrgenommen worden, daß der Instandhaltung der Waffen nicht überall die gehörige Aufmerksamkeit gewidmet gewesen, und ist daher solches den Oberinspektoren und Oberkontroleuren wiederholt zur strengsten Pflicht zu machen. Nur in denjenigen Fällen, wo Waffen in Folge besonderer Ereignisse, z. B. beim Gefecht mit Schleichhändlern ꝛc. erweislich ohne Schuld der Beamten unbrauchbar werden oder verloren gehen, darf der Ersatz aus Staatsfonds geleistet werden, wogegen die in Folge des gewöhnlichen Gebrauchs nöthig werdenden Reparaturen von den Aufsehern aus eigenen Mitteln bewirkt und daher diejenigen von

In 1881 the border patrols were equipped with the Revolver M/79. The orders from the Prussian Finance Administration were excerpts from the military instructions. It is interesting to note that the bullets were stored without lubrication, and before being loaded they required lubrication.

W. Speh collection

worden waren. Geliefert hatte diesen Revolver die Wiener Firma „Leopold Gasser". Später lieferte die Nachfolgefirma „Leopold Ulrich" eine weitere Partie dieses Typs, der auf der linken Seite des Rahmens mit einem „LU"-Monogramm gekennzeichnet war.

Eine gesicherte Bestätigung für eine eventuelle Lieferung nach Bayern konnte nicht gefunden werden.

1896 wurden für die Wachtmeister probeweise Fahrräder eingeführt, dazu eine Ausrüstung, die das Mitführen des Revolvers auf dem Rad möglich machte.

Hessen

Das Großherzogtum Hessen verfügte über das Militär-Verordnungsblatt:

Großherzoglich Hessisches

Militär-Verordnungsblatt.

Darmstadt. № 23. 30. December 1894

(Zu Nr. G. A. 635.)

7) Betr.: **Die Bewaffnung der Fußgendarmen mit dem Armee-Revolver M 83.**

Der nachstehende Allerhöchste Erlaß wird hiermit bekannt gegeben.

Darmstadt, 15. August 1894.

Großherzogliche General-Adjutantur.

Wernher.

Dauber.

Ich bestimme hiermit, daß die Fußgendarmen Meines Gendarmerie-Corps, unter Beibehaltung des Gewehres, mit dem Armee-Revolver M/83 bewaffnet werden.

Darmstadt, 15. August 1894.

(gez.) **Ernst Ludwig.**

29.1b. Fußgendarm Hübner von der 8. Gendarmerie-Brigade Limburg, aufgenommen um 1890. Er ist bewaffnet mit dem in Hessen eingeführten Revolver 83. Sammlung R. Selzer

Photograph of a Foot Gendarme of Brigade Limburg, taken ca.1890. Gendarme Hübner is equipped with the Revolver 83 as issued in Hesse. R. Selzer collection

Werner Blankenstein berichtete 1931, dass die Oberwachtmeister und die berittenen Gendarmen 1885/1886 mit dem Revolver 79 ausgerüstet wurden. Sie ersetzten die alten Kavallerie- Pistolen M/50.

Im Jahre 1890 erhielten die Fußgendarmen den Revolver 83. Unabhängig davon unterstanden sie bei ihrer Dienstleistung den betreffenden Zivilbehörden und waren dem Innenministerium untergeordnet.

Zwischen Landwehr / Landsturm gibt es keinen unmittelbaren Zusammenhang mit der LG. Da viele Landgendarmen während des 1. Weltkrieges zur Feldgendarmerie (FG) übertraten und ihre Stellen in der Heimat für die Dauer ihrer Abwesenheit besetzt werden mußten, wurden hierzu teilweise Landwehr- / Landsturmmänner abkommandiert.

Preußen

Rolf Selzer hat in dankenswerter Weise Licht in die Organisationsstrukturen der Land- und Feldgendarmerie Preußens gebracht. Seine Ausführungen dazu sind nachfolgend widergegeben:

„Die Preußische Landgendarmerie (LG) war ***militärisch organisiert*** *und unterstand in Bezug auf Ökonomie, Disziplin und innere Verfassung dem Oberbefehl eines preußischen Generals als Militärchef im Kriegsministerium. Die LG waren Personen des Soldatenstandes und hatten Kombattanten-Status!*

29.1c. Angehöriger des Landsturmbataillons Nr.20 des XI. Armeekorps während des I.WK. Die Bewaffnung dieser Einheiten bestand in der Regel aus Gewehrtypen älterer Bauart oder aus Beutegewehren. Dieser Landsturmmann „führt" einen Revolver vom Typ Montenegrinischer Armeerevolver belgischer Herkunft. Ob es sich um eine offizielle Hilfsbewaffnung oder um eine Privatwaffe handelt, bleibt unbeantwortet. Sammlung des Autors

Member of the Landsturm battalion No.20, XI Army Corps during WWI. These units were normally equipped with older models, or captured weapons. This soldier carries a Montenegrin army type revolver of Belgium manufacture. Whether it is an official or privately-purchased example cannot be determined from the picture. Author's collection

Der Truppen-/Polizei-Stempel L.G. steht für Landgendarmerie. Leider kann man bei den Schuss- und Blankwaffen nicht immer eine einheitliche Durchnummerierung erkennen. Abweichend zu den Truppenstempel erfolgte jedenfalls keine Unterteilung nach den einzelnen Gendarmerie-Brigaden. Oder anders ausgedrückt, die Kompanie-Nummer fehlte. Wie auch bei den Truppenstempeln war somit ersichtlich, wie viele Waffen insgesamt vorhanden waren. Unabhabhängig davon war natürlich jede Waffe einem bestimmten Mann zugeordnet.

Die LG stellte bei einzelnen großen Manövern und im Krieg die FG".

Im Gegensatz zu den Feldjägern der Bundeswehr bestand die FG nur zu diesem Zeitpunkt, war also friedensmäßig nicht aktiv.

Die folgenden Angaben stammen aus Hermann Cron: „*Geschichte des Deutschen Heeres im Weltkrieg 1914 – 1918*". Berlin 1937, Reprint Osnabrück 1990.

„Die Feldgendarmerie bildete die Heerespolizei im Kriegsgebiet. Sie setzte sich zu je einem Drittel aus Obergendarmen von der Landgendarmerie des Friedensstandes, aus Unteroffizieren und aus Gefreiten der Kavallerie zusammen, die zu Feldgendarmen ernannt wurden. Diese Zusammensetzung kam auch im Dienst der Feldgendarmerie zum Ausdruck, der in Patrouillen zu je einem Obergendarmen einem Unteroffizier und einem Gefreiten erfolgte. Abgesehen von 6 Obergendarmen im Großen Hauptquartier war die Feldgendarmerie den Generalkommandos und Etappen-Inspektionen angeschlossen. Bei den ersteren befanden sich Trupps von je 60 Feldgendarmen, bei den Etappen-Inspektionen Abteilungen von verschiedener Stärke, doch wurden Trupp wie Abteilung von einem Rittmeister geführt, dem ein Wachtmeister für den inneren Dienst beigegeben war.

Die Zahl der Abteilungen stieg im Laufe des Krieges von 33 auf 115, wobei hervorzuheben ist, daß die Abteilung 112 bei der Heeresgruppe Deutscher Kronprinz als Feldgendarmerie-Eskadron 112 etatisiert wurde.

Höhere Gendarmerie-Verbände sind nur im Osten gebildet worden, wo die Feldgendarmerie-Brigade im General-Gouvernement Warschau und die Gendarmerie-Inspektion des Oberbefehlshabers Ost bestanden, erstere mit ihren Anfängen bis März 1915 zurückreichend, letztere seit Januar 1916.

Die seit der zweiten Hälfte des Jahres 1918 im Rücken des Westheeres in bedenklichem Umfange einreißende Disziplinlosigkeit veranlasste anfangs Oktober eine besondere Verstärkung der Heerespolizei durch ein aus 5 Kavallerie-Eskadrons gebildetes Feldgendarmerie-Korps zur besonderen Verwendung", das am 5.November 1918 die Bezeichnung Gendarmerie-Regiment 9 annahm".

Aufgabenverteilung zwischen LG und Polizei

Kommunalpolizei und Schutzmannschaft waren für ihre Stadt/Gemeinde zuständig. Die LG überwachte zur Fuß bzw. beritten den Rest.

Salopp ausgedrückt, sie war für das platte Land zuständig. Die LG waren innerhalb der Brigade auf einzelne Bezirke / Stationen verteilt, die sie zu überwachen hatten.

Gemeinsame Aktionen mit gegenseitiger Unterstützung waren möglich.

29.1d. Im Vergleich zur Landgendarmerie war die Feldgendarmerie eine militärische Formation innerhalb des Heeres, die heute den Traditionsnamen „Feldjäger" führen. Der links außen stehende Gendarm trägt den Revolver 83, der 3. von rechts die Pistole 08; ca. 1917. Sammlung R. Selzer

Distinct from the Landgendarmerie, the Feldgendarmerie was a military unit of the army. Today they have the traditional name Feldjäger. The gendarme on the left is carrying the Revolver 83, the third man a pistol 08. Taken ca.1917. R. Selzer collection

29.2. Die Landgendarmerie kennzeichnete Waffen und Ausrüstung mit einem L.G.-Stempel. Der abgebildete Stempel befindet sich auf der Innenseite einer für den Revolver 79 abgeänderten Kartusche der Pistole M/50.
Sammlung des Autors

The Landgendarmerie marked their arms and equipment with a L.G. marking. The example shown here is on the inside of a pistol M/50 pouch, modified for the Revolver M/79.
Author's collection

29.3. Stempel der Landgendarmerie auf dem Griffrücken eines Revolvers 83. Sammlung J. Lux

A Landgendarmerie marking on the backstrap of a Revolver M/83. J. Lux collection

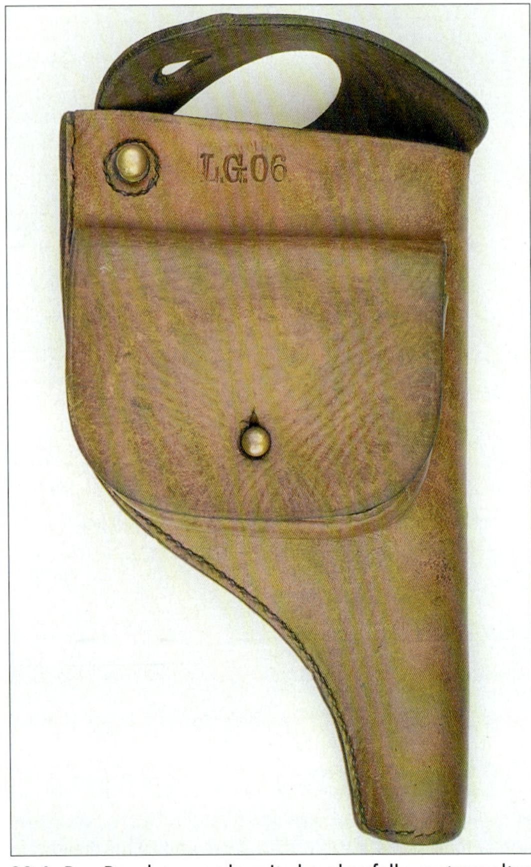

29.4. Der Revolver wurde mit der ebenfalls gestempelten Tasche erworben. Sammlung J. Lux
This revolver has survived with its original holster. J. Lux collection

Preußen kennzeichnete die Waffen und auch die zugehörige Ausrüstung seiner Land-Gendarmerie mit L.G.

Der abgebildete, L.G. (Die Waffe trägt nur diesen Einheitsstempel, ohne lfd. Nummer gestempelte Dreyse M/83 Revolver) wurde zivil beschossen (U mit Krone). Die Land-Gendarmerie nahm demnach die Güteprüfstellen der Armee nicht in Anspruch.

Sachsen

Die sächsische Gendarmerie, deren Bewaffnung in Händen der Armee lag, war nach Ausmusterung der Perkussionspistolen mit einem Sharps-Revolver bewaffnet worden. **(Siehe dazu Kapitel 4.2)**

Sachsen stempelte zusätzlich zum Stempel der Land-Gendarmerie (L.G.) eine Länderkennung: **SÄCHS. GEND.**

Die Polizeidirektionen in den Bundesstaaten des Deutschen Reiches waren für ihre Bewaffnung selber zuständig. Die Revolver des zivilen Marktes versuchten Händler wie Produzenten natürlich auch den Behörden zu verkaufen.

So beschaffte z.B. die Polizeidirektion Dresden einen Revolver, den die Suhler Firma C.G. Haenel angefertigt hatte.

Stempelung auf der Griffkappe: z. B. **K.P.D. Dr. 292** Königliche Polizei-Direktion Dresden, Waffe Nr. 292. (identisch mit der Seriennummer)

Der gleiche Revolvertyp mit der Seriennummer 165 wurde im Oktober 2002 auf der Gun Show in Tulsa, OK. USA angeboten.

Es handelte sich um einen Double Action Revolver im Kaliber 9 mm. Der Ausstoßer, in

Kombination mit der Trommelachsverriegelung, entlehnte man den belgischen Nagant-Revolvern. Ebenfalls die Schlosskonstruktion.

Länge	250 mm
Lauflänge	120 mm
Gewicht	940 g
	6 Kammern
	Nussholzgriffschalen

Die Trommelausfräsungen entsprachen denen des Revolver 83. Ebenso der linksseitige Sicherungsflügel.

M/83-Revolver in Polizeidiensten sind bekannt. So z. B. zwei Exemplare des Suhler Konsortiums mit folgender Markierung auf der äußeren Fläche des Abzugsbügels:

H.P.D.B. 37.
H.P.D.B. 50.

29.5.–29.7. Gendarmerierevolver mit Elementen der Revolver 79 und 83, in Belgien gefertigt. Die Waffe ist gut gearbeitet und mit einem Ausstoßer versehen. Sammlung W. Frank

A Belgium made Gendarmerie revolver with features of the Revolvers 79 and 83. The gun is well made and has an ejector. W. Frank collection

Herzogtümliche Polizei-Direktion Braunschweig, Waffe Nr. 37 bzw. 50

Auch der in **Kapitel 26** abgebildete belgische M/83-Nachbau zählt zu dieser Kategorie.

Bei welcher Gendarmerie-Einheit der nachfolgende Revolver in Diensten stand, läßt sich kaum rekonstruieren.

Es handelt sich um einen in Belgien produzierten und beschossenen Revolver, der Ähnlichkeit mit einem Revolver 79 hat, jedoch einen Lauf vom Typ M/83 besitzt.

Der Revolver verfügt über einen Ausstoßer und ist insgesamt gut verarbeitet, was man ja nicht immer von allen Lütticher Produkten behaupten kann.

Der interessante Stempel auf der Griffkappe G. C. mit einer Krone darüber und der Nummer 13 läßt sich nicht sicher deuten.

Quellen

Udo Lander: *„Des Rätsels Lösung"*, DWJ, 1995, S. 1720.

O. Schütze: *„Der preußische Steuerbeamte in Bezug auf seine Dienst- und Rechtsverhältnisse"*, Leipzig 1885.

SHS, 2122.

„Handfeuerwaffen der deutschen Gendarmerie und Polizei des 19. und 20. Jahrhunderts". Katalog zur Sonderausstellung der Wehrtechnischen Studiensammlung des BWB, der Deutschen Gesellschaft für Polizeigeschichte e.V. und des Verbandes für Waffentechnik und Geschichte e.V. ; Koblenz 1999.

Korrespondenz mit Herrn Wolfgang Speh, betr. Bewaffnung der Grenzwachen.

Korrespondenz mit Herrn Rolf Selzer, betr. Gendarmerie und Polizei.

Brief des Beschaffungsamtes der Bundeszollverwaltung vom 24.Oktober 1975 an Herrn Reinhard Kornmayer.

Werner Blankenstein: *„Die Preußische Landjägerei im Wandel der Zeiten"*, 1931.

Helmut Magrutsch: *„Die Bewaffnung der Wiener Sicherheitswache von 1869 bis 2002"*, Wien 2003. ISBN: 3-9501748-0-X

29.8. Auf der Griffkappe wurde dieser Revolver gekennzeichnet. Die Bedeutung von G.C. ist nicht eindeutig bestimmbar.
Sammlung W. Frank

Included in the buttcap markings on this revolver are the letters G.C. which have not been identified.
W. Frank collection

Chapter 29

The Reichsrevolver was not the only revolver issued to the armed forces, the gendarmerie, police units and local administrative officials. There were also a few other types of revolver issued to units which are worthy of mention.

It is well documented that the Grenzwachen (border guards) were armed with the M/79 revolver. This replaced a single-shot pistol of the M/50 design but in reduced size. Border guards were under the management of the finance administration of the Empire.

In Bavaria the gendarmerie were armed in 1877/78 with 36 M/69 Werder pistols. Subsequently they were issued the Gendarmerie Revolver M/92. The regulations for this revolver are in the BHS [Bayerisches Hauptstaatsarchiv = Bavarian State Archives] but the revolver itself remains unidentified. Unfortunately there is no illustration in the regulation manual, only a few written hints:

The frame and barrel are formed as one piece
Calibre is 9.5mm centre fire
The loading gate swings to the right
It has six chambers
It has a rebounding double-action lock, and is without the safety lever

In Grand Ducal Hesse (Hesse-Darmstadt) the gendarmerie was issued with the standard M/83 in December 1894, but in what quantity is unknown. In Prussia the situation was more complicated. In urban areas the police were in charge of law and order, but in the countryside the Landgendarmerie was responsible. These units were organized as military outfits and their personnel were classed as combatant soldiers. The Feldgendarmerie was a regular army unit which was subsequently re-named the Feldjäger; they were the military police (not to be confused with the Jägerkorps, who were riflemen, or from 1905 the Jäger zu Pferde, mounted riflemen) and their arming was, according to the Waffen-Etat, initially the M/79, and subsequently the Revolver 83 as the pictures show.

In Saxony the organization was similar to that in Prussia, but it should be noted that the municipal police of the Saxon capital, Dresden, were armed with a 9mm revolver produced by C.G. Haenel in Suhl. The use of revolvers by German police units during this period has not yet been systematically researched.

30. Anhang

Auflistung deutscher Regimenter, Stand 1914

Die folgenden Seiten werden für denjenigen nützlich sein, der nach Identifizierung eines Truppenstempels den Standort des jeweiligen Regiments in Erfahrung bringen möchte.

Umgekehrt kann ein Sammler nach einer Waffe suchen, die in seiner Heimatstadt oder in der näheren Umgebung einmal im Dienst gestanden hat. Der lokale Bezug macht das Stück dann besonders interessant.

Aber auch familiäre Aspekte können eine Rolle spielen. Hat der Urenkel ein Stück erwerben können, das den Stempel eines Regiments trägt, in dem der Urgroßvater einmal gedient hat, so ist diese Waffe für ihn sicherlich von besonderem Wert.

Vor Ausbruch des ersten Weltkriegs verfügte die deutsche Armee über 21 Armeekorps, die offiziell mit römischen Zahlen durchnummeriert waren. Die Armeekorps unterstanden den Kriegsministerien der folgenden Königreiche:

Preußen I. bis XI.
XX. bis XXI.

Württemberg XIII.

Sachsen XII. und XIX.

Baden XIV.

Bayern machte eine Ausnahme mit drei eigenen Armeekorps, die zu den 21 der preußisch-württembergischen Armeen addiert werden müssen. Die drei bayerischen Armeekorps besaßen die Nummern I. bis III.

Infanterie			
Regiments-Name	Errichtungsjahr	Standort	Armee-Korps
1. Garde-Regt. zu Fuß	1688	Potsdam	Garde-K.
2. Garde-Regt. zu Fuß	1813	Berlin	Garde-K.
Kaiser Alexander Garde-Grenadier-Regt. Nr. 1	1814	Berlin	Garde-K.
Kaiser Franz Garde-Grenadier-Regt. Nr. 2	1814	Berlin	Garde-K.
Garde-Füsilier-Regt.	1826	Berlin	Garde-K.
3. Garde-Regt. zu Fuß	1860	Berlin	Garde-K.
4. Garde-Regt. zu Fuß	1860	Berlin	Garde-K.
Königin Elisabeth Garde-Grenadier-Regt. Nr. 3	1860	Charlottenburg	Garde-K.
Königin Augusta Garde-Grenadier-Regt. Nr. 4	1860	Berlin	Garde-K.
5. Garde-Regt. zu Fuß	1897	Spandau	Garde-K.
Garde-Grenadier-Regt. Nr. 5	1897	Spandau	Garde-K.
Lehr-Infanterie-Bataillon	1819	Potsdam	Garde-K.
Grenadier-Regt. Kronprinz (1. Ostpreuß.) Nr. 1	1655	Königsberg i. Pr.	I. AK
Grenadier-Regt. König Friedrich Wilhelm IV. (1. Pommersches) Nr. 2	1679	Stettin	II. AK
Grenadier-Regt. König Friedrich Wilhelm I. (2. Ostpreußisches) Nr. 3	1685	Königsberg i. Pr.	I. AK
Grenadier-Regt. König Friedrich der Große (3. Ostpreußisches) Nr. 4	1626	Rastenburg	I. AK
Grenadier-Regt. König Friedrich I. (4. Ostpreußisches) Nr. 5	1689	Danzig	XVII. AK
Grenadier-Regt. Graf Kleist v. Nollendorf (1. Westpreußisches) Nr. 6	1772	Posen	V. AK
Grenadier-Regt. König Wilhelm I. (2. Westpreußisches) Nr. 7	1797	Liegnitz	V. AK
Leib-Grenadier-Regt. König Friedrich Wilhelm III. (1. Brandenburgisches) Nr. 8	1808	Frankfurt a. O.	III. AK
Colbergsches Grenadier-Regt. Graf Gneisenau (2. Pommersches) Nr. 9	1808	Stargard i. P.	II. AK
Grenadier-Regt. König Friedrich Wilhelm II. (1. Schlesisches) Nr. 10	1808	Schweidnitz	VI. AK
Grenadier-Regt. König Friedrich III. (2. Schlesisches) Nr. 11	1808	Breslau	VI. AK
Grenadier-Regt. Prinz Carl von Preußen (2. Brandenburgisches) Nr. 12	1813	Frankfurt a. O.	III. AK
Infanterie-Regt. Herwarth v. Bittenfeld (1. Westfälisches) Nr. 13	1813	Münster	VII. AK
Inf.-Regt. Graf Schwerin (3. Pommersches) Nr. 14	1813	Bromberg	II. AK
Inf.-Regt. Prinz Friedrich der Niederlande (2.Westfälisches) Nr. 15	1813	Minden	VII. AK
Inf.-Regt. Freiherr von Sparr (3. Westfälisches) Nr. 16	1813	Köln	VII. AK
Inf.-Regt. Graf Barfuß (4. Westfälisches) Nr. 17	1813	Mörchingen	XXI. AK
Inf.-Regt. von Grolman (1. Posensches) Nr. 18	1813	Osterode	XX. AK
Inf.-Regt. von Coubière (2. Posensches) Nr. 19	1813	Görlitz, II. Lauban	V. AK
Inf.-Regt. Graf Tauentzien von Wittenberg (3. Brandenburgisches) Nr. 20	1813	Wittenberg	III. AK
Inf.-Regt. von Borcke (4. Pommersches) Nr. 21	1813	Thorn	XVII. AK
Inf.-Regt. Keith (1. Oberschlesisches) Nr. 22	1813	Gleiwitz, III. Kattowitz	VI. AK
Inf.-Regt. von Winterfeldt (2. Oberschlesisches) Nr. 23	1813	Neiße	VI. AK
Inf.-Regt. Großherzog Friedrich Franz II. von Mecklenburg-Schwerin (4. Brandenburgisches) Nr. 24	1813	Neu-Ruppin	III. AK
Inf.-Regt. von Lützow (1. Rheinisches) Nr. 25	1813	Aachen	VIII. AK

Regiments-Name	Errichtungsjahr	Standort	Armee-Korps
Inf.-Regt. Fürst Leopold von Anhalt-Dessau (1. Magdeburgisches) Nr. 26	1813	Magdeburg	IV. AK
Inf.-Regt. Prinz Louis Ferdinand von Preußen (2. Magdeburgisches) Nr. 27	1815	Halberstadt	IV. AK
Inf.-Regt. von Goeben (2. Rheinisches) Nr. 28	1813	Ehrenbreitstein, I, II. Koblenz	VIII. AK.
Inf.-Regt. von Horn (3. Rheinisches) Nr. 29	1813	Trier	VIII. AK
Inf.-Regt. Graf Werder (4. Rheinisches) Nr. 30	1812	Saarlouis	XVI. AK
Inf.-Regt. Graf Bose (1. Thüringisches) Nr. 31	1812	Altona	IX. AK
2. Thüringisches Inf.-Regt. Nr. 32	1815	Meiningen	XI. AK
Füsilier-Regt. Graf Roon (Ostpreußisches) Nr. 33	1749	Gumbinnen	I. AK
Füsilier-Regt. Königin Viktoria von Schweden (Pommersches) Nr. 34	1720	Stettin, III. Swinemünde	II. AK
Füsilier-Regt. Prinz Heinrich von Preußen (Brandenburgisches) Nr. 35	1815	Brandenburg a. H.	III. AK
Füsilier-Regt. General-Feldmarschall Graf Blumenthal (Magdeburgisches) Nr. 36	1815	Halle a. S., II. Bernburg	IV. AK
Füsilier-Regt. von Steinmetz (Westpreußisches) Nr. 37	1818	Krotoschin	V. AK
Füsilier-Regt. General-Feldmarschall Graf Moltke (Schlesisches) Nr. 38	1818	Glatz	VI. AK
Niederrheinisches Füsilier-Regt. Nr. 39	1818	Düsseldorf	VII. AK
Füsilier-Regt. Fürst Karl-Anton von Hohenzollern (Hohenzollernsches) Nr. 40	1818	Rastatt	XIV. AK
Inf.-Regt. von Boyen (5. Ostpreußisches) Nr. 41	1860	Tilsit, III. Memel	I. AK
Inf.-Regt. Prinz Moritz von Anhalt-Dessau (5. Pommersches) Nr. 42	1860	Stralsund, III. Greifswald	II. AK
Inf.-Regt. Herzog Karl von Mecklenburg-Strelitz (6. Ostpreußisches) Nr. 43	1860	Königsberg i.Pr., II. Pillau	I. AK
Inf.-Regt. Graf Dönhoff (7. Ostpreußisches) Nr. 44	1860	Goldap	I. AK
8. Ostpreußisches Inf.-Regt. Nr. 45	1860	Insterburg I. Darkehmen	I. AK
Inf.-Regt. Graf Kirchbach (1. Niederschlesisches) Nr. 46	1860	Posen, III. Wreschen	V. AK
Inf.-Regt. König Ludwig III. v. Bayern (2. Niederschlesisches) Nr. 47	1860	Posen, II. Schrimm	V. AK
Inf.-Regt. v. Stülpnagel (5. Brandenburgisches) Nr. 48	1860	Cüstrin	III. AK
6. Pommersches Inf.-Regt. Nr. 49	1860	Gnesen	II. AK
3. Niederschlesisches Inf.-Regt. Nr. 50	1860	Rawitsch, III. Lissa, Breslau	V. AK
4. Niederschlesisches Inf.-Regt. Nr. 51	1860	Breslau	VI. AK
Inf.-Regt. von Alvensleben (6. Brandenburgisches) Nr. 52	1860	Cottbus, I. Crossen	III. AK
5. Westfälisches Inf.-Regt. Nr. 53	1860	Köln	VII. AK
Inf.-Regt. von der Goltz (7. Pommersches) Nr. 54	1860	Kolberg, III. Köslin	II. AK
Inf.-Regt. Graf Bülow von Dennewitz (6. Westfälisches) Nr. 55	1860	Detmold, I. Höxter II. Bielefeld	VII. AK
Inf.-Regt. Vogel von Falckenstein (7. Westfälisches) Nr. 56	1860	Wesel, III. Cleve	VII. AK
Inf-Regt. Herzog Ferdinand von Braunschweig (8. Westfälisches) Nr. 57	1860	Wesel	VII. AK
3. Posensches Inf.-Regt. Nr. 58	1860	Glogau, III. Fraustadt	V. AK

Regiments-Name	Errichtungsjahr	Standort	Armee-Korps
Inf.-Regt. Freiherr Hiller von Gaertringen (4. Posensches) Nr. 59	1860	Deutsch-Eylau, II. Soldau	XX. AK
Inf.-Regt. Markgraf Karl (7. Brandenburgisches) Nr. 60	1860	Weißenburg	XXI. AK
Inf.-Regt. von der Marwitz (8. Pommersches) Nr. 61	1860	Thorn	XVII. AK
3. Oberschlesisches Inf.-Regt. Nr. 62	1860	Cosel, III. Ratibor	VI. AK
4. Oberschlesisches Inf.-Regt. Nr. 63	1860	Oppeln, III. Lublinitz	VI. AK
Inf.-Regt. General-Feldmarschall Prinz Friedrich Karl von Preußen (8. Brandenburgisches) Nr. 64	1860	Prenzlau, III. Angermünde	III. AK
5. Rheinisches Inf.-Regt. Nr. 65	1860	Köln	VIII. AK
3. Magdeburgisches Inf.-Regt. Nr. 66	1860	Magdeburg	IV. AK
4. Magdeburgisches Inf.-Regt. Nr. 67	1860	Metz	XVI. AK
6. Rheinisches Inf.-Regt. Nr. 68	1860	Coblenz	VIII. AK
7. Rheinisches Inf.-Regt. Nr. 69	1860	Trier	VIII. AK
8. Rheinisches Inf.-Regt. Nr. 70	1860	Saarbrücken	XXI. AK
3. Thüringisches Inf.-Regt. Nr. 71	1860	Erfurt, I. Sondershausen	XI. AK
4. Thüringisches Inf.-Regt. Nr. 72	1860	Torgau, III. Eilenburg	IV. AK
Füsilier-Regt. General-Feldmarschall Prinz Albrecht von Preußen (Hannoversches) Nr. 73	1803	Hannover	X. AK
1. Hannoversches Inf.-Regt. Nr. 74	1813	Hannover	X. AK
Inf.-Regt. Bremen (1. Hanseatisches) Nr. 75	1866	Bremen, III. Stade	IX. AK
Inf.Regt. Hamburg (2. Hanseatisches) Nr. 76	1866	Hamburg	IX. AK
2. Hannoversches Inf.-Regt. Nr. 77	1813	Celle	X. AK
Inf.-Regt. Herzog Friedrich Wilhelm von Braunschweig (Ostfriesisches) Nr. 78	1813	Osnabrück, III. Aurich	X. AK
Inf.-Regt. von Voigts-Rhetz (3. Hannoversches) Nr. 79	1838	Hildesheim	X. AK
Füsilier-Regt. von Gerdsdorff (Kurhessisches) Nr. 80	1813	Wiesbaden, III. Homburg	XVIII. AK
Inf.-Regt. Landgraf Friedrich I. von Hessen-Cassel (1. Kurhessisches) Nr. 81	1813	Frankfurt a. M.	XVIII. AK
2. Kurhessisches Inf.-Regt. Nr. 82	1813	Göttingen	XI. AK
Inf.-Regt. von Wittich (3. Kurhessisches) Nr. 83	1813	Cassel, III. Arolsen	XI. AK
Inf.-Regt. von Manstein (Schleswigsches) Nr. 84	1866	Schleswig, II. Hadersleben	IX. AK
Inf.-Regt. Herzog von Holstein (Holsteinsches) Nr. 85	1866	Rendsburg, III. Kiel	IX. AK
Füsilier-Regt. Königin (Schleswig-Holsteinsches) Nr. 86	1866	Flensburg, III. Sonderburg	IX. AK
1. Nassauisches Inf.-Regt. Nr. 87	1809	Mainz	XVIII. AK
2. Nassauisches Inf.-Regt. Nr. 88	1808	Mainz, II. Hanau	XVIII. AK
Großherzogl. Mecklenburgisches Grenadier-Regt. Nr. 89	1782	Schwerin, II. Neustrelitz	IX. AK
Großherzogl. Mecklenburgisches Füsilier-Regt. Nr. 90 Kaiser Wilhelm	1788	Rostock, II. Wismar	IX. AK
Oldenburgisches Inf.-Regt. Nr. 91	1813	Oldenburg	X. AK
Braunschweigisches Inf.-Regt. Nr. 92	1809	Braunschweig	X. AK

Regiments-Name	Errichtungsjahr	Standort	Armee-Korps
Anhaltisches Inf.-Regt. Nr. 93	1807	Dessau, II. Zerbst	IV. AK
Inf.-Regt. Großherzog von Sachsen (5. Thüringisches) Nr. 94	1762	Weimar, II. Eisenach, III. Jena	XI. AK
6. Thüringisches Inf.-Regt. Nr. 95	1807	Gotha, II. Hildburghausen III. Coburg	XI. AK
7. Thüringisches Inf.-Regt. Nr. 96	1702/ I. 1897	I. u. II. Gera III. Rudolstadt	XI. AK
1. Oberrheinisches Inf.-Regt. Nr. 97	1881	Saarburg	XXI. AK
Metzer Inf.-Regt. Nr. 98	1881	Metz	XVI. AK
2. Oberrheinisches Inf.-Regt. Nr. 99	1881	Zabern, III. Pfalzburg	XV. AK
Königl. Sächs. 1. (Leib-)Grenadier-Regt. Nr. 100	1670	Dresden	XII. AK
Königl. Sächs. 2. Grenadier-Regt. Nr. 101 Kaiser Wilhelm, König von Preußen	1670	Dresden	XII. AK
Königl. Sächs. 3. Inf.-Regt. Nr. 102 König Ludwig III. von Bayern	1709	Zittau	XII. AK
Königl. Sächs. 4. Inf.-Regt. Nr. 103	1709	Bautzen	XII. AK
Königl. Sächs. 5. Inf.-Regt. Kronprinz Nr. 104	1701	Chemnitz	XIX. AK
Königl. Sächs. 6. Inf.-Regt. Nr. 105 König Wilhelm II. von Württemberg	1701	Straßburg i. E.	XIX. AK
Königl. Sächs. 7. Inf.-Regt. König Georg Nr. 106	1708	Leipzig	XIX. AK
Königl. Sächs. 8. Inf.-Regt. Prinz Johann Georg Nr. 107	1708	Leipzig	XIX. AK
Königl. Sächs. Schützen-(Füsilier-)Regt. Prinz Georg Nr. 108	1809	Dresden	XII. AK
1. Badisches Leib-Grenadier-Regt. Nr. 109	1803	Karlsruhe	XIV. AK
2. Badisches Grenadier-Regt. Kaiser Wilhelm I. Nr. 110	1852	Mannheim, II. Heidelberg	XIV. AK
Inf.-Regt. Markgraf Ludwig Wilhelm (3. Badisches) Nr. 111	1852	Rastatt	XIV. AK
4. Badisches Inf.-Regt. Prinz Wilhelm Nr. 112	1852	Mülhausen i. E.	XIV. AK
5. Badisches Inf.-Regt. Nr. 113	1861	Freiburg i. B.	XIV. AK
6. Badisches Inf.-Regt. Kaiser Friedrich III. Nr. 114	1867	Konstanz, Wachtkommando Burg Hohenzollern	XIV. AK
Leibgarde-Inf.-Regt. (1. Großherzogl. Hessisches) Nr. 115	1621	Darmstadt	XVIII. AK
Inf.-Regt. Kaiser Wilhelm (2. Großherzogl. Hess.) Nr. 116	1813	Gießen	XVIII. AK
Inf.-Leibregt. Großherzogin (3. Großherzogl. Hess.) Nr. 117	1697	Mainz	XVIII. AK
Inf.-Regt. Prinz Carl (4. Großherzogl. Hess.) Nr. 118	1791	Worms	XVIII. AK
Grenadier-Regt. Königin Olga (1. Württembergisches) Nr. 119	1673	Stuttgart	XIII. AK
Inf.-Regt. Kaiser Wilhelm, König von Preußen (2. Württembergisches) Nr. 120	1673	Ulm	XIII. AK
Inf.-Regt. Alt-Württemberg (3. Württ.) Nr. 121	1716	Ludwigsburg	XIII. AK
Füsilier-Regt. Kaiser Franz Joseph von Österreich, König von Ungarn (4. Württ.) Nr. 122	1806	Heilbronn, II. Mergentheim	XIII. AK
Grenadier-Regt. König Karl (5. Württ.) Nr. 123	1799	Ulm	XIII. AK
Inf.-Regt. König Wilhelm I. (6. Württ.) Nr. 124	1673	Weingarten	XIII. AK
Inf.-Regt. Kaiser Friedrich, König von Preußen (Württ.) Nr. 125	1809	Stuttgart	XIII. AK

Regiments-Name	Errich-tungsjahr	Standort	Armee-Korps
8. Württ. Inf.-Regt. Nr. 126 Großherzog Friedrich von Baden	1716	Straßburg i. E.	XIII. AK
9. Württ. Inf.-Regt. Nr. 127	1897	Ulm-Wiblingen	XIII. AK
Danziger Inf.-Regt. Nr. 128	1881	Danzig, III. Neufahrwasser	XVII. AK
3. Westpreuß. Inf.-Regt. Nr. 129	1881	Graudenz	XVII. AK
1. Lothringisches Inf.-Regt. Nr. 130	1881	Metz	XVI. AK
2. Lothringisches Inf.-Regt. Nr. 131	1881	Mörchingen	XXI. AK
1. Unter-Elsässisches Inf.-Regt. Nr. 132	1881	Straßburg i. E.	XV. AK
Königl. Sächs. 9. Inf.-Regt. Nr. 133	1881	Zwickau	XIX. AK
Königl. Sächs. 10. Inf.-Regt. Nr. 134	1881	Plauen	XIX. AK
3. Lothringisches Inf.-Regt. Nr. 135	1887	Diedenhofen	XVI. AK
4. Lothringisches Inf.-Regt. Nr. 136	1887	Straßburg i. E.	XV. AK
2. Unter-Elsässisches Inf.-Regt. Nr. 137	1887	Hagenau	XXI. AK
3. Unter-Elsässisches Inf.-Regt. Nr. 138	1887	Dieuze	XXI. AK
Königl. Sächs. 11. Inf.-Regt. Nr. 139	1887	Döbeln	XIX. AK
4. Westpreußisches Inf.-Regt. Nr. 140	1890	Hohensalza	II. AK
Kulmer Inf.-Regt. Nr. 141	1890	Graudenz, III. Straßburg i. Westpr.	XVII. AK
7. Badisches Inf.-Regt. Nr. 142	1890	Mülhausen i. E., II. Müllheim i. Br.	XIV. AK
4. Unter-Elsässisches Inf.-Regt. Nr. 143	1890	Straßburg i. E., III. Mutzig	XV. AK
5. Lothringisches Inf.-Regt. Nr. 144	1890	Metz-Diedenhofen	XVI. AK
Königs-Inf.-Regt. (6. Lothringisches) Nr. 145	1890	Metz	XVI. AK
1. Masurisches Inf.-Regt. Nr. 146	1897	Allenstein	XX. AK
2. Masurisches Inf.-Regt. Nr. 147	1897	Lyck, III. Lötzen	XX. AK
5. Westpreußisches Inf.-Regt. Nr. 148	1897	Elbing-Bromberg, III. Braunsberg	XX. AK
6. Westpreußisches Inf.-Regt. Nr. 149	1897	Schneidemühl, III. Dt. Krone	II. AK
1. Ermländisches Inf.-Regt. Nr. 150	1897	Allenstein	XX. AK
2. Ermländisches Inf.-Regt. Nr. 151	1897	Sensburg, II. Bischofsburg	XX. AK
Deutsch Ordens-Inf.-Regt. Nr. 152	1897	Marienburg III. Stuhm	XX. AK
8. Thüringisches Inf.-Regt. Nr. 153	1807	Altenburg, III. Merseburg	IV. AK
5. Niederschlesisches Inf.-Regt. Nr. 154	1897	Jauer, III. Striegau	V. AK
7. Westpreußisches Inf.-Regt. Nr. 155	1897	Ostrowo, III. Pleschen	V. AK
3. Schlesisches Inf.-Regt. Nr. 156	1897	Beuthen, III. Tarnowitz	VI. AK
4. Schlesisches Inf.-Regt. Nr. 157	1897	Brieg	VI. AK
7. Lothringisches Inf.-Regt. Nr. 158	1897	Paderborn, III. Senne	VII. AK
8. Lothringisches Inf.-Regt. Nr. 159	1897	Mülheim a. d. Ruhr, III. Geldern	VII. AK
9. Rheinisches Inf.-Regt. Nr. 160	1897	Bonn, I. Diez, III. Euskirchen	VIII. AK
10. Rheinisches Inf.-Regt. Nr. 161	1897	Düren, II. Eschweiler, III. Jülich	VIII. AK
Inf.-Regt. Lübeck (3. Hanseatisches) Nr. 162	1897	Lübeck, III. Eutin	IX. AK
Schleswig-Holsteinisches Inf.-Regt. Nr. 163	1897	Neumünster, III. Heide	IX AK

Regiments-Name	Errich-tungsjahr	Standort	Armee-Korps
4. Hannoversches Inf.-Regt. Nr. 164	1813	Hameln, III. Holzminden	X. AK
5. Hannoversches Inf.-Regt. Nr. 165	1813	Quedlinburg, II. Blankenburg	IV. AK
Inf.-Regt. Hessen-Homburg Nr. 166	1897	Bitsch	XXI. AK
1. Ober-Elsässisches Inf.-Regt. Nr. 167	1897	Cassel, III. Mühlhausen i. Th.	XI. AK
5. Großherzogl. Hess. Inf.- Regt. Nr. 168	1897	Offenbach, I. Butzbach, III. Friedberg i. H.	XVIII. AK
8. Badisches Inf.-Regt. Nr. 169	1897	Lahr, III. Villingen	XIV. AK
9. Badisches Inf.-Regt. Nr. 170	1897	Offenburg, III. Donaueschingen	XIV. AK
2. Ober-Elsässisches Inf.-Regt. Nr. 171	1897	Colmar i. E.	XV. AK
3. Ober-Elsässisches Inf.-Regt. Nr. 172	1897	Neubreisach	XV. AK
9. Lothringisches Inf.-Regt. Nr. 173	1897	Avold, III. Metz	XVI. AK
10. Lothringisches Inf.-Regt. Nr. 174	1897	Forbach, III. Straßburg i. E.	XXI. AK
8. Westpreußisches Inf.-Regt. Nr. 175	1897	Graudenz, III. Schwetz	XVII. AK
9. Westpreußisches Inf.-Regt. Nr. 176	1897	Kulm, II. Thorn	XVII. AK
Königl. Sächs. 12. Inf.-Regt. Nr. 177	1897	Dresden	XII. AK
Königl. Sächs. 13. Inf.-Regt. Nr. 178	1897	Kamenz	XII. AK
Königl. Sächs. 14. Inf.Regt. Nr. 179	1897	Wurzen-Leisnig	XIX. AK
10. Württ. Inf.-Regt. Nr. 180	1897	Tübingen, II. Gmünd	XIII. AK
Königl. Sächs. 15. Inf.-Regt. Nr. 181	1887	Chemnitz, III. Glauchau	XIX. AK
Königl. Sächs. 16. Inf.-Regt. Nr. 182	1912	Freiberg	XII. AK

Jäger und Schützen

Garde-Jäger-Bataillon	1744	Potsdam	Garde-K.
Garde-Schützen-Bataillon	1814	Berlin-Lichterfelde	Garde-K.
Jäger-Batl. Graf Yorck von Wartenburg (Ostpreußisches) Nr. 1	1744	Ortelsburg	XX. AK
Jäger-Batl. Fürst Bismarck (Pommersches) Nr. 2	1744	Kulm	XVII. AK
Brandenburgisches Jäger-Batl. Nr. 3	1815	Lübben	III. AK
Magdeburgisches Jäger-Batl. Nr. 4	1815	Naumburg a. S.	IV. AK
Jäger-Batl. von Neumann (1. Schlesisches) Nr. 5	1808	Hirschberg	V. AK
2. Schlesisches Jäger-Batl. Nr. 6	1808	Öls	VI. AK
Westfälisches Jäger-Batl. Nr. 7	1815	Bückeburg	VII. AK
Rheinisches Jäger-Batl. Nr. 8	1815	Schlettstadt	XV. AK
Lauenburgisches Jäger-Batl. Nr. 9	1866	Ratzeburg	IX. AK
Hannoversches Jäger-Batl. Nr. 10	1803	Goslar	X. AK
Kurhessisches Jäger-Batl. Nr. 11	1813	Marburg	XI. AK
Königl. Sächs. 1. Jäger-Batl. Nr. 12	1809	Freiberg	XII. AK
Königl. Sächs. 2. Jäger-Batl. Nr. 13	1809	Dresden	XII. AK
Großherzogl. Mecklenburg. Jäger-Batl. Nr. 14	1821	Colmar i. E.	XV. AK

Maschinengewehr-Abteilungen

Garde-MG.-Abtlg. Nr. 1	1901	Potsdam	Garde-K.
Garde-MG.-Abtlg. Nr. 2	1902	Berlin	Garde-K.

Regiments-Name	Errichtungsjahr	Standort	Armee-Korps
MG-Abtlg. Nr. 1	1900	Breslau	VI. AK
MG-Abtlg. Nr. 2	1901	Trier	VIII. AK
MG-Abtlg. Nr. 3	1902	Saarburg	XXI. AK
MG-Abtlg. Nr. 4	1901	Thorn	XVII. AK
MG-Abtlg. Nr. 5	1902	Insterburg	I. AK
MG-Abtlg. Nr. 6	1904	Metz	XI. AK
MG-Abtlg. Nr. 7	1900	Paderborn	VII. AK
MG-Abtlg. Nr. 8 (Königl. Sächs.)	1903	Leipzig	XIX. AK
Festungs-MG.-Abtlg. Nr. 1	1913	Königsberg i. Pr.	I. AK
Festungs-MG.-Abtlg. Nr. 2	1913	Feste Boyen	XX. AK
Festungs-MG.-Abtlg. Nr. 3	1913	Graudenz	XVII. AK
Festungs-MG.-Abtlg. Nr. 4	1913	Graudenz	XVII. AK
Festungs-MG.-Abtlg. Nr. 5	1913	Thorn	XVII. AK
Festungs-MG.-Abtlg. Nr. 6	1913	Posen	V. AK
Festungs-MG.-Abtlg. Nr. 7	1913	Köln	VIII. AK
Festungs-MG.-Abtlg. Nr. 8	1913	Mainz	XVIII. AK
Festungs-MG.-Abtlg. Nr. 9	1913	Straßburg i. E.	XV. AK
Festungs-MG.-Abtlg. Nr. 10	1913	Mutzig	XV. AK
Festungs-MG.-Abtlg. Nr. 11	1913	Diedenhofen	XVI. AK
Festungs-MG.-Abtlg. Nr. 12	1913	Metz	XVI. AK
Festungs-MG.-Abtlg. Nr. 13	1913	Metz	XVI. AK
Festungs-MG.-Abtlg. Nr. 14	1913	Metz	XVI. AK
Festungs-MG.-Abtlg. Nr. 15	1913	Metz	XVI. AK

Kavallerie
1. Kürassiere

Regt. der Gardes du Corps	1740	Potsdam	Garde-K.
Garde-Kürassier-Regt.	1815	Berlin	Garde-K.
Leib-Kürassier-Regt. Großer Kurfürst (Schlesisches) Nr. 1	1674	Breslau	VI. AK
Kürassier-Regt. Königin (Pommersches) Nr. 2	1717	Pasewalk	II. AK
Kürassier-Regt. Graf Wrangel (Ostpreußisches) Nr. 3	1717	Königsberg i. Pr.	I. AK
Kürassier-Regt. von Driesen (Westfälisches) Nr. 4	1717	Münster	VII. AK
Kürassier-Regt. Herzog Friedrich Eugen von Württemberg (Westpreuß.) Nr. 5	1717	Riesenburg, II. Rosenberg, III. Deutsch-Eylau	XX. AK
Kürassier-Regt. Kaiser Nikolaus I. von Rußland (Brandenburgisches) Nr. 6	1691	Brandenburg a. H.	III. AK
Kürassier-Regt. von Seydlitz (Magdeburgisches) Nr. 7	1815	I. Quedlinburg, II. - V. Halberstadt	IV. AK
Kürassier-Regt. Graf Geßler (Rheinisches) Nr. 8	1815	Deutz	VIII. AK
Königl. Sächs. Garde-Reiter-Regt. (1. Schweres Regt.)	1680	Dresden	XII. AK
Königl. Sächs. Karabinier-Regt. (2. Schweres Regt.)	1849	Borna (Bez. Leipzig)	XIX. AK

2. Dragoner

1. Garde-Dragoner-Regt. Königin Viktoria von Großbritannien und Irland	1815	Berlin	Garde-K.
2. Garde-Dragoner-Regt. Kaiserin Alexandra von Rußland	1860	Berlin	Garde-K.

Regiments-Name	Errich-tungsjahr	Standort	Armee-Korps
Dragoner-Regt. Prinz Albrecht von Preußen (Litthauisches) Nr. 1	1717	Tilsit	I. AK
1. Brandenburgisches Dragoner-Regt. Nr. 2	1689	Schwedt a. O.	III. AK
Grenadier-Regt. zu Pferde Freiherr von Derfflinger (Neumärkisches) Nr. 3	1704	Bromberg	II. AK
Dragoner-Regt. von Bredow (1.Schlesisches) Nr. 4	1815	Lüben	V. AK
Dragoner-Regt. Freiherr v. Manteuffel (Rheinisches) Nr. 5	1860	Hofgeismar	XI. AK
Magdeburgisches Dragoner-Regt. Nr. 6	1860	Mainz	XVIII. AK
Westfälisches Dragoner-Regt. Nr. 7	1860	Saarbrücken	XXI. AK
Dragoner-Regt. König Friedrich III. (2. Schlesisches) Nr. 8	1860	Kreuzburg/-Bernstadt/-Namslau	VI. AK
Dragoner-Regt. König Carl I. von Rumänien (1. Hannoversches) Nr. 9	1805	Metz	XVI. AK
Dragoner-Regt. König Albert von Sachsen (Ostpreußisches) Nr. 10	1866	Allenstein	XX. AK
Dragoner-Regt. von Wedel (Pommersches) Nr. 11	1866	Lyck	XX. AK
Dragoner-Regt. von Arnim (2. Brandenburg.) Nr. 12	1866	Gnesen	II. AK
Schleswig-Holsteinisches Dragoner-Regt. Nr. 13	1866	Metz	XVI. AK
Kurmärkisches Dragoner-Regt. Nr. 14	1866	Colmar i. E.	XV. AK
3. Schlesisches Dragoner-Regt. Nr. 15	1866	Hagenau	XV. AK
2. Hannoversches Dragoner-Regt. Nr. 16	1813	Lüneburg	X. AK
1. Großherzogl. Mecklenburg. Dragoner-Regt. Nr. 17	1819	Ludwigslust	IX. AK
2. Großherzogl. Mecklenburg. Dragoner-Regt. Nr. 18	1867	Parchim	IX. AK
Oldenburgisches Dragoner-Regt. Nr. 19	1849	Oldenburg	X. AK
1. Badisches Leib-Dragoner-Regt. Nr. 20	1803	Karlsruhe	XIV. AK
2. Badisches Dragoner-Regt. Nr. 21	1850	Bruchsal-Schwetzingen	XIV. AK
3. Badisches Dragoner-Regt. Prinz Karl Nr. 22	1850	Mülhausen i. E.	XIV. AK
Garde-Dragoner-Regt. (1. Großherzogl. Hess.) Nr. 23	1790	Darmstadt	XVIII. AK
Leib-Dragoner-Regt. (2. Großherzogl. Hess.) Nr. 24	1859	Darmstadt	XVIII. AK
Dragoner-Regt. Königin Olga (1. Württ.) Nr. 25	1813	Ludwigsburg	XIII. AK
Dragoner-Regt. König (2. Württ.) Nr. 26	1805	Stuttgart (Cannstatt)	XIII. AK

3. Husaren

Leib-Garde-Husaren-Regiment	1815	Potsdam	Garde-K.
1. Leib-Husaren-Regt. Nr. 1	1741	Danzig-Langfuhr	XVII. AK
2. Leib-Husaren-Regt. Königin Victoria von Preußen Nr. 2	1741	Danzig-Langfuhr	XVII. AK
Husaren-Regt. von Zieten (Brandenburgisches) Nr. 3	1730	Rathenow	III. AK

Regiments-Name	Errichtungsjahr	Standort	Armee-Korps
Husaren-Regt. von Schill (1. Schlesisches) Nr. 4	1741	Ohlau	VI. AK
Husaren-Regt. Fürst Blücher von Wahlstatt (Pommersches) Nr. 5	1758	Stolp	XVII. AK
Husaren-Regt. Graf Goetzen (2. Schlesisches) Nr. 6	1808	Leobschütz, Ratibor	VI. AK
Husaren-Regt. König Wilhelm I. (1. Rheinisches) Nr. 7	1815	Bonn	VIII. AK
Husaren-Regt. Kaiser Nikolaus II. von Rußland (1. Westfälisches) Nr. 8	1815	II. u. V. Paderborn, I., III. u. IV. Neuhaus	VII. AK
2. Rheinisches Husaren-Regt. Nr. 9	1815	Straßburg i. E.	XV. AK
Magdeburgisches Husaren-Regt. Nr. 10	1813	Stendal	IV. AK
2. Westfälisches Husaren-Regt. Nr. 11	1813	Crefeld	VII. AK
Thüringisches Husaren-Regt. Nr. 12	1791	Torgau	IV. AK
Husaren-Regt. König Humbert von Italien (1. Kurhessisches) Nr. 13	1813	Diedenhofen	XVI. AK
Husaren-Regt. Landgraf Friedrich II. von Hessen-Homburg (2. Kurhess.) Nr. 14	1813	Cassel	XI. AK
Husaren-Regt. Königin Wilhelmina der Niederlande (Hannoversches) Nr. 15	1803	Wandsbek	IX. AK
Husaren-Regt. Kaiser Franz Joseph von Österreich, König von Ungarn (Schleswig-Holsteinisches) Nr. 16	1866	Schleswig	IX. AK
Braunschweigisches Husaren-Regt. Nr. 17	1809	Braunschweig	X. AK
Königl. Sächs. Husaren-Regt. König Albert Nr. 18	1734	Großenhain	XII. AK
Königl. Sächs. 2. Husaren-Regt. Nr. 19	1791	Grimma	XIX. AK
Königl. Sächs. 3. Husaren-Regt. Nr. 20	1910	Bautzen	XII.AK

4. Ulanen

Regiments-Name	Errichtungsjahr	Standort	Armee-Korps
1. Garde-Ulanen-Regt.	1819	Potsdam	Garde-K.
2. Garde-Ulanen-Regt.	1819	Berlin	Garde-K.
3. Garde-Ulanen-Regt.	1860	Potsdam	Garde-K.
Ulanen-Regt. Kaiser Alexander III. von Rußland (Westpreußisches) Nr. 1	1745	Militsch-Ostrowo	V. AK
Ulanen-Regt. von Katzler (Schlesisches) Nr. 2	1745	Gleiwitz-Pleß	VI. AK
Ulanen-Regt. Kaiser Alexander II. von Rußland (1. Brandenburgisches) Nr. 3	1809	Fürstenwalde	III. A
Ulanen-Regt. von Schmidt (1. Pommersches) Nr. 4	1815	Thorn	XX. AK
Westfälisches Ulanen-Regt. Nr. 5	1815	Düsseldorf	VII. AK
Thüringisches Ulanen-Regt. Nr. 6	1813	Hanau	XVIII. AK
Ulanen-Regt. Großherzog Friedrich von Baden (Rheinisches) Nr. 7	1734	Saarbrücken	XXI. AK
Ulanen-Regt. Graf zu Dohna (Ostpreuß.) Nr. 8	1812	Gumbinnen-Stallupönen	I. AK
2. Pommersches Ulanen-Regt. Nr. 9	1860	Demmin	II. AK
Ulanen-Regt. Prinz August von Württemberg (Posensches) Nr. 10	1860	Züllichau	V. AK
Ulanen-Regt. Graf Haeseler (2. Brandenburgisches) Nr. 11	1860	Saarburg	XXI. AK
Litthauisches Ulanen-Regt. Nr. 12	1860	Insterburg	I. AK
Königs-Ulanen-Regt. (1. Hannoversches) Nr. 13	1803	Hannover	X. AK
2. Hannoversches Ulanen-Regt. Nr. 14	1805	Avold-Mörchingen	XVI. AK
Schleswig-Holsteinisches Ulanen-Regt. Nr. 15	1866	Saarburg	XXI. AK
Ulanen-Regt. Hennigs von Treffenfeld (Altmärkisches) Nr. 16	1866	Salzwedel-Gardelegen	IV. AK
Königl. Sächs. 1. Ulanen-Regt. Nr. 17 Kaiser Franz Joseph von Österreich, König von Ungarn	1867	Oschatz	XII. AK

Regiments-Name	Errichtungsjahr	Standort	Armee-Korps
Königl. Sächs. 2. Ulanen-Regt. Nr. 18	1867	Leipzig	XIX. AK
Ulanen-Regt. König Karl (1. Württ.) Nr. 19	1683	Ulm-Wiblingen	XIII. AK
Ulanen-Regt. König Wilhelm I. (2. Württ.) Nr. 20	1809	Ludwigsburg	XIII. AK
Königl. Sächs. 3. Ulanen-Regt. Nr. 21 Kaiser Wilhelm II., König von Preußen	1905	Chemnitz	XIX. AK

5. Jäger zu Pferde			
Regt. König-Jäger zu Pferd Nr. 1	1905	Posen	V. AK
Jäger-Regt. zu Pferd Nr. 2	1905	Langensalza	XI. AK
Jäger-Regt. zu Pferd Nr. 3	1905	Colmar i. E.	XV. AK
Jäger-Regt. zu Pferd Nr. 4	1906	Graudenz	XVII. AK
Jäger-Regt. zu Pferd Nr. 5	1908	Mülhausen i. E.	XIV. AK
Jäger-Regt. zu Pferd Nr. 6	1910	Erfurt	XI. AK
Jäger-Regt. zu Pferd Nr. 7	1913	Trier	VIII. AK
Jäger-Regt. zu Pferd Nr. 8	1913	Trier	VIII. AK
Jäger-Regt. zu Pferd Nr. 9	1913	Insterburg	I.AK
Jäger-Regt. zu Pferd Nr. 10	1913	Angerburg-Goldap	I. AK
Jäger-Regt. zu Pferd Nr. 11	1913	Tarnowitz-Lublinitz	VI. AK
Jäger-Regt. zu Pferd Nr. 12	1913	Avold	XVI. AK
Jäger-Regt. zu Pferd Nr. 13	1913	Saarlouis	XVI. AK

Feldartillerie			
1. Garde-Feldartillerie-Regt.	1816	Berlin	Garde-K.
2. Garde-Feldartillerie-Regt.	1872	Potsdam	Garde-K.
3. Garde-Feldartillerie-Regt.	1899	Berlin-Beeskow	Garde-K.
4. Garde-Feldartillerie-Regt.	1899	Potsdam	Garde-K.
Feldartill.-Regt. Prinz August von Preußen (1. Litthauisches) Nr. 1	1772	Gumbinnen-Insterburg	I. AK
1. Pommersches Feldartill.-Regt. Nr. 2	1808	Kolberg-Belgard	II. AK
Feldartill.-Regt. General-Feldzeugmeister (1. Brandenburgisches) Nr. 3	1816	Brandenburg a. H.	III. AK
Feldartill.-Regt. Prinzregent Luitpold von Bayern (Magdeburg.) Nr. 4	1816	Magdeburg	IV. AK
Feldartill.-Regt. von Podbielski (1. Niederschlesisches) Nr. 5	1816	Sprottau-Sagan	V. AK
Feldartill.-Regt. von Peucker (1. Schlesisches) Nr. 6	1808	Breslau	VI. AK
1. Westfäl. Feldartill.-Regt. Nr. 7	1816	Wesel-Düsseldorf	VII. AK
Feldartill.-Regt. von Holtzendorff (1. Rheinisches) Nr. 8	1816	Saarbrücken	XXI. AK
Feldartill.-Regt. General-Feldmarschall Graf Waldersee (Schleswigsches) Nr. 9	1866	Itzehoe	IX. AK
Feldartill.-Regt. von Scharnhorst (1. Hannoversches) Nr. 10	1803	Hannover	X. AK
1. Kurhessisches Feldartill.-Regt. Nr. 11	1813	Cassel-Fritzlar	XI. AK
Königl. Sächs. 1. Feldartill.-Regt. Nr. 12	1620	Dresden-Königsbrück	XII. AK
Feldartill.-Regt. König Karl (1. Württ.) Nr. 13	1736	Ulm-Stuttgart	XIII. AK
Feldartill.-Regt. Großherzog (1. Badisches) Nr. 14	1850	Karlsruhe	XIV. AK
1. Ober-Elsässisches Feldartill.-Regt. Nr. 15	1871	Saarburg-Mörchingen	XXI. AK

Regiments-Name	Errich-tungsjahr	Standort	Armee-Korps
1. Ostpreuß. Feldartill.-Regt. Nr. 16	1872	Königsberg i. Pr.	I. AK
2. Pommersches Feldartill.-Regt. Nr. 17	1872	Bromberg	II. AK
Feldartill.-Regt. General-Feldzeugmeister (2. Brandenburgisches) Nr. 18	1872	Frankfurt a. O.	XI. AK
1.Thüringisches Feldartill.-Regt. Nr. 19	1872	Erfurt	XI. AK
1. Posensches Feldartill.-Regt. Nr. 20	1872	Posen	V. AK
Feldartill.-Regt. von Clausewitz (1. Oberschlesisches) Nr. 21	1872	Neiße-Grottkau	VI. AK
2. Westfäl.Feldartill.-Regt. Nr. 22	1872	Münster	VII. AK
2. Rheinisches Feldartill.-Regt. Nr. 23	1872	Coblenz	VIII. AK
Holsteinisches Feldartill.-Regt. Nr. 24	1872	Güstrow-Neustrelitz	IX. AK
Großherzogl. Artilleriekorps, 1. Großherzogl. Hess. Feldartill.-Regt. Nr. 25	1790	Darmstadt	XVIII. AK
2. Hannoversches Feldartill.-Regt. Nr. 26	1872	Verden	X. AK
1. Nassauisches Feldartill.-Regt. Nr. 27	1833	Mainz-Wiesbaden	XVIII. AK
Königl. Sächs. 2. Feldartill.-Regt. Nr. 28	1872	Bautzen	XII. AK
2. Württ. Feldartill.-Regt. Nr. 29 Prinzregent Luitpold von Bayern	1736	Ludwigsburg	XIII. AK
2. Badisches Feldartill.-Regt. Nr. 30	1872	Rastatt	XIV. AK
1. Unter-Elsässisches Feldartill.-Regt. Nr. 31	1881	Hagenau	XXI. AK
Königl. Sächs. 3. Feldartill.-Regt. Nr. 32	1889	Riesa	XIX. AK
1. Lothringisches Feldartill.-Regt. Nr. 33	1890	Metz	XVI. AK
2. Lothringisches Feldartill.-Regt. Nr. 34	1890	Metz	XVI. AK
1. Westpreuß. Feldartill.-Regt. Nr. 35	1890	Deutsch-Eylau	XX. AK
2. Westpreuß. Feldartill.-Regt. Nr. 36	1890	Danzig	XVII. AK
2. Litthauisches Feldartill.-Regt. Nr. 37	1899	Insterburg	I. AK
Vorpommersches Feldartill.-Regt. Nr. 38	1899	Stettin	II. AK
Kurmärkisches Feldartill.-Regt. Nr. 39	1899	Perleberg	III.AK
Altmärkisches Feldartill.-Regt. Nr. 40	1899	Burg	IV. AK
2. Niederschles. Feldartill.-Regt. Nr. 41	1899	Glogau	V. AK
2. Schlesisches Feldartill.-Regt. Nr. 42	1899	Schweidnitz	VI. AK
Clevesches Feldartill.-Regt. Nr. 43	1899	Wesel	VII. AK
Triersches Feldartill.-Regt. Nr. 44	1899	Trier	VIII. AK
Lauenburgisches Feldartill.-Regt. Nr. 45	1899	Altona-Rendsburg	IX. AK
Niedersächsisches Feldartill.-Regt. Nr. 46	1899	Wolfenbüttel-Celle	X. AK
2. Kurhess. Feldartill.-Regt. Nr. 47	1899	Fulda	XI. AK
Königl. Sächs. 4. Feldartill.-Regt. Nr. 48	1899	Dresden	XII. AK
3. Württemb. Feldartill.-Regt. Nr. 49	1899	Ulm	XIII. AK
3. Badisches Feldartill.-Regt. Nr. 50	1899	Karlsruhe	XIV. AK
2. Ober-Elsässisches Feldartill.-Regt. Nr. 51	1899	Straßburg i. E.	XV. AK
2. Ostpreußisches Feldartill.-Regt. Nr. 52	1899	Königsberg i. Pr.	I. AK
Hinterpommersches Feldartill.-Regt. Nr. 53	1899	Bromberg-Hohensalza	II. AK
Neumärkisches Feldartill.-Regt. Nr. 54	1899	Cüstrin	III. AK
2. Thüringisches Feldartill.-Regt. Nr. 55	1899	Naumburg a. S.	XI. AK
2. Posensches Feldartill.-Regt. Nr. 56	1899	Lissa	V. AK
2. Oberschlesisches Feldartill.-Regt. Nr. 57	1899	Neustadt i. Oberschles.	VI. AK
Mindensches Feldartill.-Regt. Nr. 58	1899	Minden	VII. AK
Bergisches Feldartill.-Regt. Nr. 59	1899	Köln	VIII. AK
Großherzogl. Mecklenburg Feldartill.-Regt. Nr. 60	1899	Schwerin	IX. AK
2. Großherzogl. Hessisches Feldartill.-Regt. Nr. 61	1899	Darmstadt-Babenhausen	XVIII. AK
Ostfriesisches Feldartill.-Regt. Nr. 62	1899	Oldenburg-Osnabrück	X. AK

Regiments-Name	Errichtungsjahr	Standort	Armee-Korps
2. Nassauisches Feldartill.-Regt. Nr. 63 Frankfurt	1899	Frankfurt a. M.	XVIII. AK
Königl. Sächs. 5. Feldartill.-Regt. Nr. 64	1901	Pirna	XII. AK
4. Württemb. Feldartill.-Regt. Nr. 65	1899	Ludwigsburg	XIII. AK
4. Badisches Feldartill.-Regt. Nr. 66	1899	Lahr	XV. AK
2. Unter-Elsässisches Feldartill.-Regt. Nr. 67	1899	Hagenau-Bischweiler	XXI. AK
Königl. Sächs. 6. Feldartill.-Regt. Nr. 68	1899	Riesa	XIX. AK
3. Lothringisches Feldartill.-Regt. Nr. 69	1899	St. Avold	XVI. AK
4. Lothringisches Feldartill.-Regt. Nr. 70	1899	Metz-Saarlouis	XVI. AK
Feldartill.-Regt. Nr. 71 Groß-Komtur	1899	Graudenz	XVII. AK
Feldartill.-Regt. Nr. 72 Hochmeister	1899	Marienwerder-Stargard	XVII. AK
1. Masurisches Feldartill.-Regt. Nr. 73	1899	Allenstein	XX. AK
Torgauer Feldartill.-Regt. Nr. 74	1899	Torgau-Wittenberg	IV. AK
Mansfelder Feldartill.-Regt. Nr. 75	1899	Halle a. S.	IV. AK
5. Badisches Feldartill.-Regt. Nr. 76	1899	Freiburg i. B.	XIV. AK
Königl. Sächs. 7. Feldartill.-Regt. Nr. 77	1899	Leipzig	XIX. AK
König. Sächs. 8. Feldartill.-Regt. Nr. 78	1901	Wurzen	XIX. AK
3. Ostpreußisches Feldartill.-Regt. Nr. 79	1912	Osterode	XX. AK
3. Ober-Elsässisches Feldartill.-Regt. Nr. 80	1912	Colmar-Neubreisach	XV.AK
Thorner Feldartill.-Regt. Nr. 81	1912	Thorn	XVII. AK
2. Masurisches Feldartill.-Regt. Nr. 82	1912	Rastenburg-Lötzen	XX. AK
3. Rheinisches Feldartill.-Regt. Nr. 83	1912	Bonn-Düren	VIII. AK
Straßburger Feldartill.-Regt. Nr. 84	1912	Straßburg	XV. AK
Feldartillerie-Schießschule	1867	Jüterbog	Garde-K.

Fußartillerie

Regiments-Name	Errichtungsjahr	Standort	Armee-Korps
Garde-Fußartill.-Regt.	1865	Spandau	Garde-K.
Fußartill.-Regt. von Linger (Ostpreußisches) Nr. 1	1864	Königsberg i. Pr.	I. AK
Fußartill.-Regt. von Hindersin (1. Pommersches) Nr. 2	1865	Swinemünde-Emden	II. AK
Fußartill.-Regt. General-Feldzeugmeister (Brandenburgisches) Nr. 3	1864	Mainz	XVIII. AK
Fußartill.-Regt. Encke (Magdeburgisches) Nr. 4	1864	Magdeburg	IV. AK
Niederschlesisches Fußartill.-Regt. Nr. 5	1865	Posen	V.AK
Fußartill.-Regt. von Dieskau (Schlesisches) Nr. 6	1865	Neiße-Glogau	VI. AK
Westfälisches Fußartill.-Regt. Nr. 7	1864	Köln	VII. AK
Rheinisches Fußartill.-Regt. Nr. 8	1864	Metz	XVI. AK
Schleswig-Holsteinisches Fußartill.-Regt. Nr. 9	1893	Ehrenbreitstein	VIII. AK
Niedersächsisches Fußartill.-Regt. Nr. 10	1871	Straßburg i. E.	XV. AK
1. Westpreuß. Fußartill.-Regt. Nr. 11	1881	Thorn	XVII. AK
1. Königl. Sächs. Fußartill.-Regt. Nr. 12	1873	Metz	XIX. AK
Hohenzollernsches Fußartill.-Regt. Nr. 13	1805	Ulm-Breisach	XV. AK
Badisches Fußartill.-Regt. Nr. 14	1893	Straßburg i. E.	XIV. AK
2. Pommersches Fußartill.-Regt. Nr. 15	1893	Bromberg-Graudenz	II. AK
Lothringisches Fußartill.-Regt. Nr. 16	1912	Metz-Diedenhofen	XVI. AK
2.Westpreußisches Fußartill.-Regt. Nr. 17	1911	Danzig-Pillau	XVII. AK
Thüringisches Fußartill.-Regt. Nr. 18	1912	Niederzwehren (Cassel)	XI. AK
2. Königl. Sächs. Fußartill.-Regt. Nr. 19	1912	Dresden-Riesa	XII. AK
Lauenburgisches Fußartill.-Regt. Nr. 20	1912	Altona	IX. AK

Regiments-Name	Errichtungsjahr	Standort	Armee-Korps
Fußartillerie-Schießschule	1867	Jüterbog	Garde-K.
Oberfeuerwerkerschule	1840	Berlin	–
Artillerie-Prüfungs-Kommission	1809	Berlin	Kriegsminist.

Pioniere

Garde-Pionier-Bataillon	1810	Berlin	Garde-K.
Pionier-Batl. Fürst Radziwill (Ostpreußisches) Nr. 1	1780	Königsberg i. Pr.	I. AK
Pommersches Pionier-Batl. Nr. 2	1816	Stettin	II. AK
Pionier-Batl. von Rauch (1. Brandenburgisches) Nr. 3	1741	Spandau	III. AK
Magdeburgisches Pionier-Batl. Nr. 4	1816	Magdeburg	IV. AK
Niederschlesisches Pionier-Batl. Nr. 5	1816	Glogau	V. AK
Schlesisches Pionier-Batl. Nr. 6	1816	Neiße	VI. AK
1. Westfälisches Pionier-Batl. Nr. 7	1816	Köln	VII. AK
1. Rheinisches Pionier-Batl. Nr. 8	1816	Koblenz	VIII. AK
Schleswig-Holsteinisches Pionier-Batl. Nr. 9	1866	Harburg	IX. AK
Hannoversches Pionier-Batl. Nr. 10	1804	Minden	X. AK
Kurhessisches Pionier-Batl. Nr. 11	1842	Hann.-Münden	XI. AK
Königl. Sächs. 1. Pionier-Batl. Nr. 12	1698	Pirna	XII. AK
Württemberg. Pionier-Batl. Nr. 13	1814	Ulm	XIII. AK
Badisches Pionier-Batl. Nr. 14	1850	Kehl	XIV. AK
1. Elsässisches Pionier-Batl. Nr. 15	1871	Straßburg i. E.	XV. AK
1. Lothringisches Pionier-Batl. Nr. 16	1881	Metz	XVI. AK
1. Westpreußisches Pionier-Batl. Nr. 17	1890	Thorn	XVII. AK
Samländisches Pionier-Batl. Nr. 18	1893	Königsberg i. Pr.	I. AK
2. Elsässisches Pionier-Batl. Nr. 19	1893	Straßburg i. E.	XV. AK
2. Lothringisches Pionier-Batl. Nr. 20	1893	Metz	XVI. AK
1. Nassauisches Pionier-Batl. Nr. 21	1901	Mainz	XVIII. AK
Königl. Sächs. 2. Pionier-Batl. Nr. 22	1899	Riesa	XIX. AK
2. Westpreußisches Pionier-Batl. Nr. 23	1907	Graudenz	XX. AK
2. Westfälisches Pionier-Batl. Nr. 24	1908	Köln	VII. AK
2. Nassauisches Pionier-Batl. Nr. 25	1909	Mainz	XVIII. AK
Masurisches Pionier-Batl. Nr. 26	1912	Graudenz	XX. AK
2. Rheinisches Pionier-Batl. Nr. 27	1912	Trier	XXI. AK
2. Brandenburgisches Pionier-Batl. Nr. 28	1913	Cüstrin	III. AK
Posensches Pionier-Batl. Nr. 29	1913	Posen	V. AK
3. Rheinisches Pionier-Batl. Nr. 30	1913	Ehrenbreitstein	VIII. AK

Verkehrstruppen

Eisenbahn-Regt. Nr. 1	1875	Berlin	Garde-K.
Eisenbahn-Regt. Nr. 2	1890	Hanau	XVIII. AK
Eisenbahn-Regt. Nr. 3	1893	Hanau	XVIII. AK
Eisenbahn-Regt. Nr. 4	1913	Berlin	Garde-K.
Telegraphen-Batl. Nr. 1	1899	Berlin	Garde-K.
Telegraphen-Batl. Nr. 2	1899	Frankfurt a. O.-Cottbus	III. AK
Telegraphen-Batl. Nr. 3	1899	Koblenz-Darmstadt	VIII. AK
Telegraphen-Batl. Nr. 4	1907	Karlsruhe-Freiburg	XIV. AK
Telegraphen-Batl. Nr. 5	1912	Danzig	XVII. AK
Telegraphen-Batl. Nr. 6	1913	Hannover	X. AK
Königl. Sächs. Telegraphen-Batl. Nr. 7	1913	Dresden	XII. AK
Kriegstelegraphenschule	1913	Spandau	Garde-K.
Luftschiffer-Batl Nr. 1	1884	Berlin	Garde-K.
Luftschiffer-Batl Nr. 2	1911	Berlin-Dresden	Garde-K.
Luftschiffer-Batl Nr. 3	1911	Köln-Düsseldorf	VIII. AK

Regiments-Name	Errich- tungsjahr	Standort	Armee-Korps
Luftschiffer-Batl Nr. 4	1913	Mannheim-Metz	XIV. AK
Luftschiffer-Batl Nr. 5	1913	Graudenz	I. AK
Kurzfristig bestanden die Fliegerbataillone Nr. 1 - 4, sie wurden im Juni/Juli 1913 errichtet, aber bereits am 1. 10. 1913 wieder aufgelöst.			
Kraftfahr-Batl.	1911	Berlin	Garde-K.
Versuchs-Abteilung des Militär-Verkehrswesens	1890	Berlin	Garde-K.

Train

Regiments-Name	Errichtungsjahr	Standort	Armee-Korps
Garde-Train-Batl.	1853	Berlin	Garde-K.
Ostpreußisches Train-Batl. Nr. 1	1856	Königsberg i. Pr.	I. AK
Pommersches Train-Batl. Nr. 2	1853	Alt-Damm	II. AK
Brandenburgisches Train-Batl. Nr. 3	1853	Spandau	III. AK
Magdeburgisches Train-Batl. Nr. 4	1853	Magdeburg	IV. AK
Niederschlesisches Train-Batl. Nr. 5	1853	Posen	V. AK
Schlesisches Train-Batl. Nr. 6	1853	Breslau	VI. AK
Westfälisches Train-Batl. Nr. 7	1853	Münster	VII. AK
1. Rheinische Train-Batl. Nr. 8	1853	Coblenz	VIII. AK
Schleswig-Holsteinisches Train-Batl. Nr. 9	1866	Rendsburg	IX. AK
Hannoversches Train-Batl. Nr. 10	1866	Hannover	X. AK
Kurhessisches Train-Batl. Nr. 11	1854	Cassel	XI. AK
Königl. Sächs. 1. Train-Batl. Nr. 12	1849	Dresden-Bischofswerda	XII. AK
Württemberg. Train-Batl. Nr. 13	1871	Ludwigsburg	XIII. AK
Badisches Train-Batl. Nr. 14	1864	Durlach	XIV. AK
Elsässisches Train-Batl. Nr. 15	1871	Straßburg i. E.	XV. AK
Lothringisches Train-Batl. Nr. 16	1890	Saarlouis	XVI. AK
Westpreußisches Train-Batl. Nr. 17	1890	Danzig-Langfuhr	XVII. AK
Großherzogl. Hessisches Train-Batl. Nr. 18	1890	Darmstadt	XVIII. AK
Königl. Sächs. 2. Train-Batl. Nr. 19	1899	Leipzig	XIX. AK
Masurisches Train-Batl. Nr. 20	1912	Marienburg	XX. AK
2. Rheinisches Train-Batl. Nr. 21	1912	Forbach	XXI. AK

Königlich Bayerische Armee

Chef der Armee: Se. Majestät König Ludwig III.

Infanterie

Die Achselklappen der Infanterie-Regimenter in allen drei Armee-Korps waren rot, der Ärmelpatten-Vorstoß beim I. AK weiß, II. AK keinen, III. AK gelb.

Regiments-Name	Errichtungsjahr	Standort	Armee-Korps
Infanterie-Leib-Regt.	1814	München	I. (bayer.) AK
1. Infanterie-Regt. König	1778	München	I. AK
2. Infanterie-Regt. Kronprinz	1682	München	I. AK
3. Infanterie-Regt. Prinz Karl von Bayern	1698	Augsburg	I. AK
4. Inf.-Regt. König Wilhelm von Württemberg	1706	Metz	II. AK
5. Inf.-Regt. Großherzog Ernst Ludwig von Hessen	1722	Bamberg	II. AK
6. Inf.-Regt. Kaiser Wilhelm, König von Preußen	1725	Amberg	III. AK
7. Inf.-Regt. Prinz Leopold	1732	Bayreuth	III. AK
8. Inf.-Regt. Großherzog Friedrich II. von Baden	1753	Metz	II. AK
9. Inf.-Regt. Wrede	1803	Würzburg	II. AK
10. Inf.-Regt. König (bis 1913 Prinz Ludwig)	1682	Ingolstadt	III. AK
11. Inf.-Regt. von der Tann	1805	Regensburg	III. AK
12. Inf.-Regt. Prinz Arnulf	1814	Neu-Ulm	I. AK

Regiments-Name	Errichtungsjahr	Standort	Armee-Korps
13. Inf.-Regt. Franz Joseph I., Kaiser von Österreich und Apostolischer König von Ungarn	1806	Ingolstadt, III. Eichstädt	III. AK
14. Inf.-Regt. Hartmann	1814	Nürnberg	III. AK
15. Inf.-Regt. König Friedrich August von Sachsen	1722	Neuburg a. D.	I. AK
16. Inf.-Regt. Großherzog Ferdinand von Toskana	1878	Passau, I. Landshut	I. AK
17. Inf.-Regt. Orff	1878	Germersheim	I. AK
18. Inf.-Regt. Prinz Ludwig Ferdinand	1881	Landau	II. AK
19. Inf.-Regt. König Viktor Emanuel III. von Italien	1890	Erlangen	III. AK
20. Inf.-Regt. Prinz Franz	1897	Lindau, II. Kempten	I. AK
21. Inf.-Regt. Großherzog Friedrich Franz IV. von Mecklenburg-Schwerin	1897	Fürth, II. Sulzbach	III. AK
22. Inf.-Regt.	1897	Zweibrücken	II. AK
23. Inf.-Regt.	1897	Landau, II. Saargemünd, III. Lager Lechfeld	II. AK

Jäger			
1. Jäger-Batl. König	1815	Freising	I. AK
2. Jäger-Batl.	1753	Aschaffenburg	II. AK

MG-Abteilung			
1. MG-Abteilung	1913	Landau (zugeteilt 18. IR)	II. AK

Kavallerie			
1. Schweres Reiter-Regt. Prinz Karl von Bayern	1814	München	I. AK
2. Schweres Reiter-Regt. Erzherzog Franz Ferdinand von Österreich-Este	1815	Landshut	I. AK
1. Ulanen-Regt. Kaiser Wilhelm II., König von Preußen	1863	Bamberg	II. AK
2. Ulanen-Regt. König	1863	Ansbach	II. AK
1. Chevaulegers-Regt. Kaiser Nikolaus von Rußland	1682	Nürnberg	III. AK
2. Chevaulegers-Regt. Taxis	1682	Regensburg	III. AK
3. Chevaulegers-Regt. Herzog Karl Theodor	1724	Dieuze	II. AK
4. Chevaulegers-Regt. König	1744	Augsburg	I. AK
5. Chevaulegers-Regt. Erzherzog Friedrich von Österreich	1776	Saargemünd	II. AK
6. Chevaulegers-Regt. Prinz Albrecht von Preußen	1803	Bayreuth	III. AK
7. Chevaulegers-Regt. Prinz Alfons	1905	Straubing	III. AK
8. Chevaulegers-Regt.	1909	Dillingen	I. AK

Feldartillerie			
Regiments-Name	Errichtungsjahr	Standort	Armee-Korps
1. Feldartill.-Regt. Prinz-Regent Luitpold	1824	München	I. AK
2. Feldartill.-Regt. Horn	1824	Würzburg	II. AK
3. Feldartill.-Regt. Prinz Leopold	1848	Grafenwöhr	III. AK
4. Feldartill.-Regt. König	1859	Augsburg	I. AK
5. Feldartill.-Regt. König Alfons XIII. von Spanien	1890	Landau	II. AK
6. Feldartill.-Regt. Prinz Ferdinand von Bourbon, Herzog von Calabrien	1900	Fürth	III. AK
7. Feldartill.-Regt. Prinz-Regent Luitpold	1900	München	I. AK
8. Feldartill.-Regt. Prinz Heinrich von Preußen	1900	Nürnberg	III. AK
9. Feldartill.-Regt.	1901	Landsberg	I. AK
10. Feldartill.-Regt.	1901	Erlangen	III. AK
11. Feldartill.-Regt.	1901	Würzburg	II. AK
12. Feldartill.-Regt.	1901	Landau (Pfalz)	II. AK

Fußartillerie			
1. Fußartill.-Regt. vakant Bothmer	1873	München, I. Neu-Ulm	I. AK
2. Fußartill.-Regt.	1873	Metz	II. AK
3. Fußartill.-Regt.	1912	Ingolstadt	III. AK

Pioniere			
1. Pionier-Batl.	1900	München	I. AK
2. Pionier-Batl.	1872	Speyer	II. AK
3. Pionier-Batl. (früher 1.)	1872	Ingolstadt	II. AK
4. Pionier-Batl.	1912	Ingolstadt	III. AK

Verkehrstruppen			
Eisenbahn-Bataillon	1873	München	I. AK
1. Telegraphen-Batl.	1901	München	I. AK
2. Telegraphen-Bat.	1912	München	I. AK
Luft- und Kraftfahr-Batl.	1911	München	I. AK
Flieger-Batl.	1911	Ober-Schleißheim	I. AK

Train			
1. Train-Bataillon	1872	München	I. AK
2. Train-Bataillon	1872	Würzburg, III. Germersheim	II. AK
3. Train-Bataillon	1900	Fürth, I. Ingolstadt	III. AK

Zusammenfassung der von den Kriegsministerien bestellten Mengen

Reichsrevolver M/79

Datum Verfügung, Kontrakt	Anlass der Einführung	Königreich	Lieferant	Bestellmenge	Anmerkung
24. 3. 1879	Bewaffnung der Kavallerie, Feldartillerie, Uffz. der Fusstruppen	Preußen	Konsortium	41 000	belegt*
24. 3. 1879	Bewaffnung der Kavallerie, Feldartillerie, Uffz. der Fusstruppen	Preußen	Dreyse	19 000	belegt*
Mitte 1882	Bewaffnung der Kürassiere	Preußen	Konsortium	9000	belegt
31. 10. 1879	Ersatz für die Pistolen M/69	Bayern	Mauser	5003	belegt
22. 5. 1880	Ersatz für die Pistolen M/45	Bayern	Dreyse	505	belegt
22. 5. 1880	Aufgeschnittene Instruktionsrevolver	Bayern	Dreyse	40	belegt
14. 1. 1882	Ersatz für die Pistolen M/45	Bayern	Konsortium	2795	belegt
11. 10. 1882	Ersatz für die Pistolen M/45	Bayern	Konsortium	428	belegt
16. 3. 1882	Bewaffnung der Kavallerie, Feldartillerie, Uffz. der Fusstruppen	Sachsen	Konsortium	2000	belegt
28. 2. 1883	Mehrbedarf	Sachsen	Konsortium	2200	belegt
Dezember 1879	Bewaffnung der Kavallerie, Feldartillerie, Uffz. der Fusstruppen	Württemberg	Mauser	3000	belegt**
Summe				**84 971**	

* belegt durch Primär- und Sekundärquellen

** belegt durch Sekundärquellen und registrierten Seriennummern

Reichsrevolver M/83

Datum Verfügung, Kontrakt	Anlass der Einführung	Königreich	Lieferant	Bestellmenge	Anmerkung
November 1883	Bewaffnung der Krankenträger, Uffz. der Fusstruppen	Preußen	Konsortium	10 000	belegt
November 1883	Bedarf bei Train-Einheiten und der Artillerie	Preußen	Dreyse	13 000	errechnet
12. 8. 1884	Bewaffnung der Krankenträger, Uffz. der Fusstruppen	Bayern	Konsortium	3000	belegt
13. 6. 1884	Bewaffnung der Krankenträger, Uffz. der Fusstruppen, Fahnenträger, Tambours	Württemberg	Mauser	1500	belegt*
26. 5. 1884	Bewaffnung der Unteroffiziere und Krankenträger	Sachsen	Konsortium	2000	belegt
26. 5. 1884	Offiziersrevolver	Sachsen	Konsortium	2000	belegt
26. 9. 1884	Offiziersrevolver	Bayern	Konsortium	1000	belegt
Ende 1885	Offiziersrevolver	Bayern	Konsortium	181	belegt
31. 5. 1887	Für Neuformationen	Sachsen	Konsortium	1000	belegt
27. 2. 1888	Für Neuformationen	Sachsen	Konsortium	1000	belegt
2. 12. 1888	Bedarf bei der Artillerie und dem Train	Bayern	Dreyse	860	belegt
12. 3. 1891	Bewaffnung der Kanoniere der Feldartillerie	Preußen	Erfurt	92 500	errechnet
6. 5. 1891	Bewaffnung der Kanoniere der Feldartillerie	Sachsen	Konsortium	4000	belegt
5. 6. 1891	Nachbestellung	Sachsen	Konsortium	500	belegt
1893	Nachbestellung	Sachsen	Konsortium	300	belegt
6. 6. 1893	Bewaffnung der Kanoniere der Feldartillerie	Bayern	Konsortium	4296	belegt
1893/1894	Bewaffnung der Kanoniere der Feldartillerie	Württemberg	Erfurt	2500	errechnet
27. 3. 1894	Reserve	Sachsen	Konsortium	1000	belegt
8. 10. 1894	Aufgeschnittene Revolver für die Feldartillerie	Sachsen	Konsortium	33	belegt
1. 11. 1895	Nachbestellung	Sachsen	Konsortium	200	belegt
3. 2. 1896	Nachbestellung	Sachsen	Konsortium	500	belegt
1907	Nachbestellung	Preußen	Erfurt	einige wenige	belegt
Summe				**141 370**	

* belegt durch Primär- und Sekundärquellen

Um 1907 herum müssen nochmals einige wenige Revolver 83 in Erfurt komplettiert worden sein. Die Verwendung noch vorhandener Reserveteile liegt auf der Hand. Wie man sieht, wurde der Prägestempel nur für die beiden ersten Ziffern vorbereitet. Das jeweilige Prosuktionsjahr ergänzte man mittels Schlagzahlen.

Soldat Peter Pirner von der II. leichten Munitionskolonne des Feldartillerie-Regiments-Nr. 6, aufgenommen im April 1915.

Sammlung des Autors

Artilleristen, die ihren Revolver M/83 in einer Tasche führten, die sie als Berittene der Artillerie ausweisen. Sammlung des Autors

Sanitäter, bewaffnet mit dem Revolver M/83, bei einer Übung im Jahre 1909.

Sammlung U. Stutte

Abkürzungen

a/A	alter Art
A.K.O	Allgemeine Kabinetts Ordre
ARD	Algemeen Rijksarchief Den Haag
AMB	Armeemuseum Brüssel
A.V.	Armee-Verordnungsblatt
AWD	Artillerie-Werkstätten und Depots (Dresden)
B.A.V.	Bayerisches Armee-Verordnungsblatt
BHS	Bayerisches Hauptstaatsarchiv, Abt. Kriegsarchiv
Bkl. O.	Bekleidungsordnung
DWJ	Deutsches Waffenjournal
DWM	Deutsche Waffen- und Munitionsfabriken AG
DPMA	Deutsches Patentamt
GF	Gewehrfabrik Amberg
HMD	Heeresmuseum Delft
HRB I	Hans Reckendorf: „Die Faustfeuerwaffen der Königlich Bayerischen Armee". Dortmund 1981, Selbstverlag des Autors
HRB II	Hans Reckendorf: „Die bayerischen Handfeuerwaffen 1800 – 1875". Dortmund 1998, Selbstverlag des Autors
HRP	Hans Reckendorf: „Die Militär-Faustfeuerwaffen des Königreichs Preussen und des Deutschen Reiches". Dortmund 1978, Selbstverlag des Autors
HRT	Hans Reckendorf: „Beiträge zur Geschichte der Taschen und Trageweisen von Faustfeuerwaffen in Preußen". Selbstverlag des Autors, Dortmund 1994
KBKM	Königlich Bayerisches Kriegsministerium
KM	Kriegsministerium
KMV	Königliche Materialverwaltung (Sachsen)
KNIL	Königlich Niederländisch Indisches Heer
KPKM	Königlich Preußisches Kriegsministerium
KSKM	Königlich Sächsisches Kriegsministerium
KWKM	Königlich Württembergisches Kriegsminsiterium
lat.	lateinisch
M	Mark (Reichsmark)
n/A	neuer Art
NCO	non commissioned officer (Unteroffizier)
Pf	Pfennig
RHM	Rolf H. Müller: „Geschichte und Technik der europäischen Militärrevolver". Schwäbisch Hall, 1982
RWS	Rheinisch-Westfälische Sprengstoff Aktien-Gesellschaft
SAA	Single Action Army (Colt)
SAE	Stadtarchiv Erfurt
SAS	Stadtarchiv Suhl
SAZ	Stadtarchiv Zella- Mehlis
SBK	Studiensammlung der Bundeswehr, Koblenz
SHS	Sächsisches Hauptstaats-Archiv Dresden, Sächsisches Kriegsarchiv (P)
TSA	Thüringisches Staatsarchiv Meiningen

Danksagung

Das Buch wäre ohne Unterstützung und Hilfe nicht zu Stande gekommen.

Mein Dank gilt deshalb den Mitarbeiterinnen und Mitarbeitern der nachfolgend aufgelisteten Archive und Museen:

- **Bayerisches Hauptstaatsarchiv, Abt. IV, München,**
- **Sächsisches Hauptstaatsarchiv, Dresden,**
- **Thüringisches Staatsarchiv Meiningen**
- **Algemeen Rijksarchief, Den Haag,**
- **Stadtarchiv Zella-Mehlis,**
- **Stadtarchiv Erfurt,**
- **Stadtarchiv Suhl,**
- **Studiensammlung der Bundeswehr, Koblenz,**
- **Waffenmuseum Suhl,**
- **Waffen- und Heimatmuseum Oberndorf / a. Neckar**
- **Armeemuseum Brüssel,**
- **Heeresmuseum Delft,**
- **Panzermuseum Munster,**

Hinzu kommen die zahllosen Sammler, die mich mit Informationen über ihre Sammelstücke bedacht haben und dadurch häufig Aussagen ermöglichten, die mangels Primärquellen anders nicht zu beschaffen waren.

Insbesondere die Mitglieder des „Verbandes für Waffentechnik und Geschichte" sandten mir bereitwilligst diese Daten.

Rolf H. Müller (†) Idar-Oberstein, der mir seine Reichsrevolver- Aufzeichnungen übergeben hatte, sowie
Craig Brown, Boston, USA, der mir ebenfalls bereitwilligst seine Auflistung gesammelter Daten hat zukommen lassen.

Bob Adams, Albuquerque NM, USA, und die Studiensammlung der **Bundeswehr in Koblenz** hatten mir ihre Listen überlassen.

Werner Frank, Gelsenkirchen, brachte mir über Jahre hinweg von jeder seiner Reisen (und er war ständig auf Reisen) neue Daten mit.

Rudolf Schneider, machte es möglich einmal, in den Stahl eines M/83 hineinzuschauen.

Ewald Sprey, Gescher, gab mir wertvolle Tipps für die Fotoarbeiten und stellte Teile seiner Profiausrüstung zur Verfügung.

Dr. Jens Alles, Braunfels;
Heinz Hüve, Reken;
Johann Lux, Gelsenkirchen
stellten seltene Stücke aus ihren Sammlungen zum Ablichten zur Verfügung.

Bernd H. Kellner, Schwäbisch Gmünd, stellte mir bereitwillig seine Unterlagen über Dreyse und insbesondere Mauser zur Verfügung.

Nico van Gijn, Hoofddorp Niederlande, gab mir die Erlaubnis seine Abbildungen von Sauer & Sohn sowie der Fa. Haenel zur veröffentlichen.

Der Dank gilt auch den **Nachfahren von C.G. Haenel**, die das Recht zur Veröffentlichung an Nico van Gijn übertragen haben.

Cord C. Rather, Elstorf, der mir die Erlaubnis zur Abbildung seltener Taschen aus seiner Sammlung gab.

Rolf Selzer, Niederscheld, hat mir die verwickelten Strukturen der Gendarmerien und Polizei erläutert.

Zu empfehlen ist seine informative Homepage **www.kukri.de** „Bilddokumente zur deutschen Polizeigeschichte".

Dr.-Ing. Dirk Ziesing, Bochum, der mir freundlicherweise seine Fotos der Revolver für den Zivil-/Offiziersmarkt zur Verfügung stellte.

Dr. G. Sturgess, England, gab mir ausführliche Auskünfte und Fotomaterial über seine Revolver 79 und 83.

Antonius Rauch stellte mir seine seltenen Patronen zur Verfügung und stand mir bei der Abfassung des Patronen- Kapitels zur Seite.

Roy G. Jinks, der mir Daten aus dem S & W- Archiv hat zukommen lassen.

Rüdiger Franz erlaubte mir den für die Revolver-Geschichte wichtigen Teil des Waffenetats zu übernehmen.

Mein besonderer Dank gilt **Herrn Dr. De Witt Bailey,** England, der die englischen Bildunterschriften und Zusammenfassungen korrigierte und **Frau Dipl.-Reg. Katrin Opiolla**, die den deutschen Text von Fehlern und Stilblüten befreit hat.

Lou Behling, USA

Des weiteren erhielt ich bereitwillig Daten und Informationen von:

Theo Blickle
Erich Bogdahn
Heinz Bruhn
Kurt A. Bürki, Schweiz
Jim Cate, USA
Walter A. Dreschler, Niederlande
Herbert Düster
Helmut Fiedler
H. Fröhlich
Alex Galka, Belgien
Jochen Gräwe
Volker Gremler
Matthias Hartig
Hubert Hofschulte
Hans- Dieter Hofmann
Per S. Jensen, Dänemark
Norbert Jost
Martin Krause
Jan K. Kube
Oskar Küspert
A. Leitmann
Theo Löffler
Mathis Marx, Luxemburg
K.- Erich Mittelstädt
Irmin Mrongovius
Asbjörn Nicolaysen, Norwegen
Karl Niedermeier
Jeff Noll, USA
Franz Petter
Asbjörn Nicolaysen, Norwegen
Karl Niedermeier
Jeff Noll, USA
Franz Petter
Hartwig Petz
Thomas Schiller
Walter Schmid
Ignaz Schmidl
Dr. U. Scholz
P.H. Schuhmacher
Heinz Schulte
Dr. Rolf Schuster
Joschi Schuy, Österreich
Wolfgang Speh
Jan C. Still, USA
Werner Strehlow
Paul U. Stutte
Tony Taylerson, England
Peter Vogel
Uwe Weber
Elmar Weigand
Prof. Dr. W. Wimmel
Joseph Wotka, USA
Rolf Ziegenhan

Sie alle trugen in verschiedener Hinsicht zum Gelingen des Buches bei.

Ihnen allen gilt mein herzlichster Dank.

Index